# 圣地亚国家实验室冲击波研究发展历程

Impactful Times Memories of 60 Years of
Shock Wave Research at Sandia National Laboratories

［美］詹姆斯·R. 阿赛（James R. Asay）
［美］拉利特·C. 卡比尔达斯（Lalit C. Chhabildas）　著
［美］杰弗瑞·劳伦斯（R. Jeffery Lawrence）
［美］玛丽·安·斯温妮（Mary Ann Sweeney）

吴　强　李　俊　耿华运　等译

国防工业出版社

·北京·

著作权合同登记　图字:01－2022－4693号

**图书在版编目(CIP)数据**

圣地亚国家实验室冲击波研究发展历程/(美)詹姆斯·R.阿赛(James R. Asay)等著;吴强等译.—北京:国防工业出版社,2022.12

书名原文:Impactful Times:Memories of 60 Years of Shock Wave Research at Sandia National Laboratories

ISBN 978－7－118－12669－3

Ⅰ.①圣…　Ⅱ.①詹…　②吴…　Ⅲ.①冲击波－研究　Ⅳ.①O347.5

中国国家版本馆CIP数据核字(2023)第019687号

Impactful Times: Memories of 60 Years of Shock Wave Research at Sandia National Laboratories by James R. Asay, Lalit C. Chhabildas, R. Jeffery Lawrence and Mary Ann Sweeney.

Copyright © Sandia Corporation and the Authors 2017.

This edition has been translated and published under licence from Springer Nature Switzerland AG.

本书简体中文版由Springer授权国防工业出版社独家出版。

版权所有,侵权必究。

※

国防工业出版社出版发行

(北京市海淀区紫竹院南路23号　邮政编码100048)
北京龙世杰印刷有限公司印刷
新华书店经售

*

开本710×1000　1/16　印张38¾　字数705千字
2022年12月第1版第1次印刷　印数1—2000册　定价368.00元

(本书如有印装错误,我社负责调换)

国防书店:(010)88540777　　书店传真:(010)88540776
发行业务:(010)88540717　　发行传真:(010)88540762

# 序

本书命名为《圣地亚国家实验室冲击波研究发展历程》,2011年初秋开始编写,旨在记录冲击波研究的历史。很多于20世纪90年代末和21世纪初新加入圣地亚国家实验室(SNL)的员工,都曾向詹姆斯(吉姆)·阿赛(James(Jim) Asay)和拉利特·卡比尔达斯(拉利特·查比达斯(Lalit Chhabildas))询问过冲击波技术发展历史。为使本书全面完整,我们决定从20世纪50年代中期、冲击波研究在SNL兴起开始,记录迄今为止冲击波技术的发展和SNL取得的成就。本书内容包括研究材料高压响应行为的超高速冲击实验和磁加载实验的综述,描述材料响应的先进模型和从头算理论,以及用于解决大量实际问题的先进计算。

吉姆和拉利特于20世纪70年代早期至中期先后加入SNL,因而非常了解20世纪70年代至今SNL的冲击波研究历史。而对于那之前的历史,我们认为,重要的是让当时参加过研究的人也参与进来。因此,采用两种方式:一是邀请直接参与20世纪五六十年代冲击波研究的人员提供他们的个人回忆录。我们也访谈了多名早期参与者,包括林恩·巴克尔(Lynn Barker)、阿尔·哈拜(Al Chabai)、丹尼斯·海耶斯(Dennis Hayes)、罗伊(瑞德)·霍伦巴赫(Roy(Red) Hollenbach)、奥瓦尔·琼斯(Orval Jones)、查尔斯·卡恩斯(Charles Karnes)、唐·伦德根(Donald(Don) Lundergan)、达雷尔·芒森(Darrell Munson)和雷·里德(Ray Reed),了解他们对那一时期的看法。二是邀请鲍勃·格雷厄姆(Bob Graham,即Robert A. Graham,Bob 是Robert的昵称)为本书的共同作者。鲍勃是20世纪50年代中期许多早期实验技术的初创者,并一直是SNL和整个科学界冲击波研究的领导者。Bob最初同意了邀请,但由于另有委任,他不能长期参与。后来,杰弗瑞(杰夫)·劳伦斯(R. Jeffery(Jeff) Lawrence)和玛丽·安·斯温妮(Mary Ann Sweeney)也加入了记录这段历史的行列。杰夫在SNL从事冲击波研究的历史可以追溯到1963年,当时他在科特兰空军基地(Kirtland Air Force Base)担任军官,从事核武器易损性测试。因此,他的参与提供了早期历史的重要部分。杰夫还深度参与了许多描述材料动态行为的原始模型和分析冲击波问题的早期计算代码的开发工作。在杰夫之后不久,玛丽·安·斯温妮加入了这个团队。玛丽自20世纪70年代中期以来一直是SNL脉冲功率科学中心的技术人员,她曾在20世纪70年代至80年代使用过山姆·汤普森(Sam Thompson)计算代码,最近还担任美国能源部(Department of Energy,DOE)国家核安全管理局(National Nuclear Security Administration,NNSA)年度核武器库存管理计划(*Stockpile Stewardship and Management Plan*)的主编。玛丽提供了DOE和NNSA研究项目的知识、技术和编辑技能,不仅增加了本书的深度和广度,还使叙述更加简洁和流畅。

全书分成两部分。第一部分,"冲击波能力建设",讨论了20世纪50年代至今SNL产生精确加载条件的新实验平台和探测材料受冲击响应行为的新诊断方法的发展,还包括理论和建模的共同发展、实验冲击波驱动和诊断的发展。在整个技术讨论过程中,我们尽量确认所有的关键参与者以及已开发的主要技术,简要讨论了每一项进展及其评价和特性。

为呈现更多关于冲击波研究发展的亲身经历,第二部分,"回忆冲击波研究",提供了大量个人回忆录。这些个人回忆录是了解SNL冲击波项目研究人员个人看法和研究经历经验的窗口。为让尽可能多的人参与进来,我们尽了最大努力。我们联系了80多人,其中约一半人提供了他们的个人经历。我们要求每个参与者总结他(她)在冲击波研究中的角色并突出研究过程中的趣闻轶事。在叙述风格和方式上,我们特意不做引导,这就是为什么有些回忆录是意识流写作风格,而另一些回忆录则技术性更强,由重要论文的简短注释摘要构成。其结果是这部分成了一个丰富有趣的组合,突出了个性、个人奋斗和技术成功。每份回忆录中参与者姓名后面对应的时间代表他们在SNL参加工作和退休的时间,我们还尽量对每个人参与冲击波研究的实际时间做了确认。个人回忆录在全文中不受限制地夹杂引用,以引出研究观点,并为进一步阅读回忆录提供线索。对部分参与者(如鲍勃·格雷厄姆、沃尔特·赫尔曼(Walter Herrmann)、奥瓦尔·琼斯、乔治·萨马拉(George Samara)和山姆·汤普森(Sam Thompson),他人的回忆录也记录了他们对冲击波研究的开创性贡献。总之,技术探讨加上回忆录,形成了对SNL 60年冲击波研究的独到认识。

对于有兴趣探究SNL冲击波研究和技术的特定领域细节的读者们,本书给出了近1000篇参考文献目录。该目录由所有回忆录作者各自确认其20来种主要出版物而生成。这些文献在本书中用于讨论每10年间实验、建模和计算的发展。对那些在此期间做出了重要贡献但又没能提供回忆录或者无法联系到的人,则通过文献搜索来确定他们的主要成就。

我们还觉得,展示参加冲击波项目的人物照片会增加阅读兴趣。第一部分从第2章到第7章,每章时间跨度为10年,每章最后一节名为"那些人和那些地方"。这一节的照片介绍了在这10年中发展的关键设施和参与冲击波研究人员。虽然不总能找到一张与他(她)进行冲击波研究的那个年代完全对应的照片,但我们找到了大多数人在职业生涯中某个时间点的照片,通常是他们达到了一个特定的里程碑时,如晋升、获奖或取得荣誉等。尽管这些照片不能完整地展示特定成就,但它们是团队成就的代表。所有的照片都有注释,用于帮助了解其中的内容。这些照片和说明文字往往本身就是一个个故事。

  冲击波小组作为一个整体,在管理和技术领域对SNL乃至整个更广泛的科学界都产生了重大影响。小组有两人成为SNL执行副总裁,其中一人被任命为内华达试验场(现在熟知的内华达国家安全试验场,是一个从事核武器试验活动的组织)主席。小组还有多人晋升到SNL中层管理职位。小组的科学成就也同样卓著。SNL冲击波项目有三人入选美国国家工程院,多人取得在SNL的最高科学或工程学衔,或是实验室研究员、杰出技术人员,或是资深科学家。小组有一人从SNL退休后成为一名高级技术人员,在空军研究实验室(国防部的重要机构)担任重要的科学高级行政领导和顾问。小组有很多人或被任命为各种科学协会的会员,多人因其在各自的科学或工程组织中的技术成就获得最高奖。小组还有人成为了NNSA的高级项目主管。个人成就更多,难以一一介绍,但由"那些人和那些地方"章节的照片可以管中窥豹。总之,作为美国和国际科技界的一部分,SNL的冲击波研究项目不仅在管理技术活动方面,也在科学成就方面产生了重要影响。

  在本书中可以清楚地看到,有两个主要的冲击波研究方向贯穿SNL大部分历史:一个主要聚焦冲击波现象的科学方面,而另一个强调工程应用。我们三人(阿赛,卡比尔达斯和劳伦斯)都来自工程领域,因而对工程方面研究存在固有的偏爱,但我们还是会尽量呈现冲击波研究的平衡图景,特别是在确定关键冲击波技术方面。此外,回忆录作者一部分涉及冲击波研究的科学方面,而另一部分涉及冲击波研究的工程方面,这在许多情况下提供了一个平衡的视角。虽然我们努力让自己尽可能客观,但我们仍希望为遗漏某些人及其研究可能造成的任何疏忽而道歉。

美国新墨西哥州阿尔伯克基市詹姆斯·阿赛

拉利特·卡比尔达斯

杰弗瑞·劳伦斯

玛丽·安·斯温妮

## 第一部分　冲击波能力建设

**第1章　引言** ·········· 3
  1.1　圣地亚之起源 ·········· 3
  1.2　科学与工程 ·········· 5
  1.3　建立冲击波研究能力 ·········· 8
    1.3.1　实验、诊断和建模能力的进步 ·········· 8
    1.3.2　计算能力的发展和应用 ·········· 12
  1.4　本书结构 ·········· 15

**第2章　20世纪50年代:起源** ·········· 16
  2.1　背景 ·········· 16
  2.2　组件和系统要求 ·········· 22
  2.3　核试验和冲击波研究 ·········· 25
  2.4　用于冲击波研究的爆轰方法 ·········· 26
  2.5　精确冲击发射装置的发展 ·········· 29
  2.6　圣地亚一系列创新的冲击发射器 ·········· 35
  2.7　20世纪50年代的人物和地点 ·········· 38

**第3章　20世纪60年代:爆炸式增长** ·········· 41
  3.1　背景 ·········· 41
  3.2　时间分辨应力测量 ·········· 43
  3.3　时间分辨粒子速度测量 ·········· 47

3.4 弹-塑性材料 ········· 53
3.5 冲击导致的层裂 ········· 56
3.6 黏弹性材料 ········· 58
3.7 多孔材料(泡沫) ········· 60
3.8 计算能力 ········· 62
3.9 对美国国防部需求的响应 ········· 65
3.10 20世纪60年代的人物和地点 ········· 69

# 第4章 20世纪70年代：新的机遇 ········· 71

4.1 背景 ········· 71
4.2 任意反射面速度干涉测量系统 ········· 72
4.3 冲击诱导相变 ········· 76
4.4 二维计算程序 ········· 79
4.5 复合材料和混合物 ········· 81
4.6 基于损伤的层裂模型 ········· 83
4.7 地质资料：油页岩 ········· 84
4.8 压电材料和铁电材料 ········· 86
4.9 三阶弹性常数 ········· 87
4.10 压力的剪切加载 ········· 88
4.11 冲击上升时间与四次幂定律 ········· 90
4.12 加速度波 ········· 93
4.13 冲击热力学应用研究设施 ········· 93
4.14 冲击表面的大量喷射物 ········· 98
4.15 含能材料 ········· 98
4.16 20世纪70年代的人物和地点 ········· 104

# 第5章 20世纪80年代：激情年代 ········· 107

5.1 背景 ········· 107
5.2 高压材料强度 ········· 108
5.3 用于战略防御计划的三级轨道炮 ········· 111
5.4 二级轻气炮上氢的金属化 ········· 114

| | | |
|---|---|---|
| 5.5 | 用于斜波加载的梯度飞片 | 115 |
| 5.6 | 圣地亚超高速发射装置 | 117 |
| 5.7 | 广义破碎理论 | 122 |
| 5.8 | 用于兆巴剖面研究的激光窗口 | 126 |
| 5.9 | 冲击诱导的固态化学 | 128 |
| 5.10 | 用于鲍尔冲击应力计的压电聚合物 | 131 |
| 5.11 | 高保真铁电模型 | 132 |
| 5.12 | CTH：强大的三维流体力学程序 | 134 |
| 5.13 | "爱荷华"号战列舰的炮塔爆炸 | 137 |
| 5.14 | 20世纪80年代的人物和地点 | 140 |

## 第6章 20世纪90年代：黑色星期一  143

| | | |
|---|---|---|
| 6.1 | 背景 | 143 |
| 6.2 | 战区导弹防御系统的动能武器杀伤 | 148 |
| 6.3 | 空间碎片对国际空间站的影响 | 152 |
| 6.4 | 国防部/能源部谅解备忘录 | 154 |
| 6.5 | 介观尺度建模 | 155 |
| 6.6 | 介观尺度研究的线VISAR | 158 |
| 6.7 | MAVEN：基于实验科学的核武器模型认证 | 161 |
| 6.8 | 次临界实验的地下试验 | 163 |
| 6.9 | 加速战略计算计划在冲击波研究中的作用 | 167 |
| 6.10 | "舒梅克-列维"彗星以60km/s的速度撞击木星 | 169 |
| 6.11 | ALEGRA：下一代流体动力学代码 | 175 |
| 6.12 | 20世纪90年代的人物和地点 | 178 |

## 第7章 21世纪：千禧之年  181

| | | |
|---|---|---|
| 7.1 | 背景 | 181 |
| 7.2 | Z装置上的冲击波能力发展 | 185 |
| 7.3 | 数个兆巴的斜波加载 | 189 |
| 7.4 | 磁驱超高速飞片 | 193 |
| 7.5 | 第一性原理状态方程理论 | 200 |

| | | |
|---|---|---|
| 7.6 | 毒害物质的密封 | 203 |
| 7.7 | 紧凑型脉冲发生器:Veloce | 206 |
| 7.8 | 磁致压力剪切 | 208 |
| 7.9 | 新千年的STAR | 210 |
| | 7.9.1 颗粒材料压实的剪应力效应 | 211 |
| | 7.9.2 反向泰勒碰撞研究 | 212 |
| | 7.9.3 冲击汽化:动力学效应 | 214 |
| 7.10 | 21世纪的人物和地点 | 216 |

# 第8章 展望未来 … 220
8.1 回顾 … 220
8.2 展望 … 225

# 第二部分 回忆冲击波研究

第9章 圣地亚国家实验室冲击波研究的回忆 … 231
缩略语和缩略语列表 … 540
参考文献 … 547

# 第一部分
# 冲击波能力建设

# 第1章 引　　言

## 1.1　圣地亚之起源

圣地亚国家实验室(SNL)源于第二次世界大战和曼哈顿计划[①]。在美国参战之前，美国陆军在新墨西哥州阿尔伯克基市沙漠郊区租用了当时被称为奥克斯纳德油田的土地，为过境的陆军和海军飞机加油并提供服务。1941年1月，阿尔伯克基陆军空军基地开始建设，接近年底时"庞巴迪学校——陆军高级飞行学校"成立。不久后，该基地以陆军飞行员罗伊·科特兰(Roy S. Kirtland)上校的名字重新命名为科特兰场(Kirtland Field)，到1942年年中，基地建成。在战争期间，科特兰场扩大并作为一个主要的陆军航空兵训练基地。

莱斯利·格罗夫斯(Leslie Groves)将军和罗伯特·奥本海默(Robert Oppenheimer)博士共同领导了曼哈顿计划[②]。曼哈顿计划的两个主要组成部分是三体(Trinity)项目和艾伯塔(Alberta)项目。1945年7月16日，"三位一体"核试验准备在新墨西哥州的三体基地引爆第一颗核弹(绰号"小玩意")。艾伯塔项目包括组装、测试、装备和交付第一枚机载核武器(绰号"小男孩")，1945年8月6日，这枚枪式铀弹投向了广岛。3天后，另一枚内爆式钚弹"胖子"被投到长崎。

在曼哈顿计划期间，Z部门在Y项目或称Y场地[③]进行工程活动，Y场地是圣达菲(Santa Fe)西北部杰梅兹(Jemez)山脉高平顶山上的隐蔽处。Z部门是以该部门负责人、麻省理工学院辐射实验室教授杰罗德·扎卡里亚斯(Jerrold Za-

---

[①]　更多关于圣地亚起源和早年历史的细节，请参阅外界出版物：Necah Stewart Furman, *Sandia National Laboratories: The Postwar Decade* (University of New Mexico Press, Albuquerque, 1990)。这本858页厚的专著包含了大量注释和参考文献。也可参阅：Leland Johnson, "Sandia National Laboratories: A history of exceptional service in the national interest," ed. by C. Mora, J. J. Taylor, R. Ullrich, Sandia National Laboratories Report SAND97 - 1029, Albuquerque, NM, 1997.

[②]　*Los Alamos National Laboratory: A Proud Past, an Exciting Future* 1995年作为 *Dateline Los Alamos* 的特刊出版。*Dateline Los Alamos* 是洛斯阿拉莫斯国家实验室公共事务办公室主办的月刊。"三位一体"核试验50周年纪念特刊回忆和照片众多，回顾饶有趣味。

[③]　战争期间，"洛斯阿拉莫斯"一词并非保密代号。按照洛斯阿拉莫斯国家实验室历史专家艾伦·卡尔(Alan Carr)的说法，官方最早提到洛斯阿拉莫斯科学实验室是在1945年10月中旬。1981年1月1日改名为洛斯阿拉莫斯国家实验室。

charias)的名字命名的。该部门被认为是核弹项目的一个军械设计、测试和装配部门。Z部门是SNL的前身,1945年7月,在阿尔伯克基建立了试验场,进行武器研发、测试和炸弹组装。

战争快结束时,格罗夫斯和奥本海默面临的挑战是如何从生产核弹转变为生产和维持国家核武库、和平利用核能。当时,Y场地的空间非常紧张。而且,Z部门的成员需要与军方密切合作,由于该地地处偏远,武器部件的运输十分困难。此外,为了鼓励员工在战争结束后留下来,格罗夫斯和奥本海默决定将重点放在武器设计上(后来成为洛斯阿拉莫斯(Los Alamos)科学实验室),将武器生产和组装迁往其他地方。在7月16日之前的几个月,奥本海默开始找地方继续武器工程工作,尤其是非核方面的工作。由于科特兰场为"三位一体"核试验和艾伯塔项目提供了运输服务,因此决定将Z部门永久迁往该地。该军事基地从陆军航空兵基地转移到美国陆军主工程区,并被分配到美国陆军部曼哈顿工兵区。

战争结束时,Z部门已开始在阿尔伯克基装配武器。到1946年,这个地方被称为圣地亚基地,以附近的圣地亚山脉①命名。图1.1是一张包含阿尔伯克基试验场的早期照片。从1947年到1971年,圣地亚基地是美国国防部(Department of Defense,DOD)的主要核武器基地。在此期间,曼哈顿计划包括开发、设计、试验和培训在内的核武器研究都在圣地亚基地及其附属机构曼扎诺(Manzano)基地进行。武器的制造、装配和储存也在圣地亚基地进行。1971年,圣地亚基地并入科特兰空军基地。

图1.1　前景为科特兰陆军空军基地,背景为圣地亚基地(1945)。
圣地亚山脉在最左边的背景中可见
(经SNL许可转载)

---

① 这些山以西班牙语"西瓜"一词命名,因为从西边看去,它们在冬天日落时变成西瓜色。

到1948年4月1日,Z部门已发展到约500人,并更名为圣地亚实验室。到1948年中期,实验室员工已增至约1000人。1949年5月13日,杜鲁门总统给美国电话电报公司(AT&T)总裁勒罗伊·威尔逊(Leroy Wilson)写了一封简短的信:

我获悉,原子能委员会打算让贝尔电话实验室签署协议接管新墨西哥州阿尔伯克基圣地亚实验室。这一行动是原子武器计划的重要组成部分,对国防具有极其重要和紧迫的意义,应该有最好的技术指导。我认为,你们在这里有机会为国家利益作出杰出的贡献。

1949年11月1日,美国电话电报公司签订了由其圣地亚子公司接管圣地亚实验室的免费合同。1979年,美国国会正式确立圣地亚实验室为国家实验室。美国电话电报公司管理圣地亚实验室的合同有效期一直到1993年10月。目前,圣地亚国家实验室①由洛克希德·马丁公司的全资子公司圣地亚公司管理和运营。

## 1.2 科学与工程②

战争结束后,圣地亚的当务之急是建立核武库。早期的核武器是由亚声速飞机携带的。当时,结构和环境方面的要求同常规武器没有太大差别。因此,那时用于系统设计的工程程序和材料是足够的,但核武器有严格的可靠性和安全性要求。在那期间,圣地亚工程团队积极建立了新的安全概念,并对运行可靠性进行了大量试验。必须在所有环境中正常工作的新的子系统包括实现延时投放的降落伞、弱链和强链安全系统、可靠的气压和接触引信。

大气层外超声速导弹运载系统的出现对导弹的性能提出了更多要求。解决这些问题需要了解不利环境对组件和子系统的影响。一个重要问题是核爆炸时辐射产生的冲击的影响。低能X射线辐射常引起材料烧蚀,随之而来的冲击波可造成重大损伤。由此产生的应力波通过材料传播,经常引起部件或分系统故障,这可能会妨碍武器正确重返大气层和工作。解决这个问题需要了解辐射脉冲产生的应力水平和各种材料的拉伸破坏强度(也称为层裂强度)。在那种应

---

① SNL在新墨西哥州阿尔伯克基、加利福尼亚州利弗莫尔、内华达州托诺帕(Tonopa)试验场和夏威夷的考艾岛(Kauai)均运营实验室和试验装置。SNL还设有新墨西哥州卡尔斯巴德(Carlsbad)办事处(废物隔离试验工厂)、内华达州墨丘利(Mercury)办事处(支持内华达试验场)和得克萨斯州阿马里洛(Amarillo)办事处(武器评估测试实验室),在华盛顿特区有一个项目办公室。

② 本节中大部分材料是从第二部分中Don Lundergan、B. M. Butcher、A. J. Chabai和R. P. Reed的回忆总结出来的。

力环境和加载速率(通常称为应变率)条件下,材料经历的诸如弹-塑性行为等的力学响应知识体系尚未建立。当时可用的最高加载速率通常由霍普金森(Hopkinson)杆①提供,从低应变率和低应力状态外推材料响应是不可靠的。曼哈顿计划期间以及之后洛斯阿拉莫斯大量的冲击波研究提供了高压状态方程(EOS)的信息,但并没有给出数十千巴②压力范围和加载时间 $1\mu s$ 内的力学性能。

与发射速度和防御对策相关的受撞击材料响应行为也很重要。为了可靠地工作,子系统或部件必须在与地面或其他结构碰撞后,或在触点和其他武器引信激活后数微秒内保持其完整性,防止变形和破坏。因此,这一问题涉及大幅值应力波如何透过多种材料传播。

随着部件小型化的发展,武器系统也变得更加复杂。此外,武器的操作是按顺序进行的,每一个部件在下一个部件开始之前都要完全工作。因此,尺寸和动作顺序对武器的投放至关重要。与小型化相结合,另一个关键因素是为诸如陀螺仪、触发器和雷达等组件提供动力能量。所有需要的电力,要么是通过电力或是机械驱动。武器通常会储存很长时间,然后必须毫无故障地发挥作用。小型机载爆炸驱动源很有吸引力,因为它们可以被储存起来,然后引爆,根据需要产生巨大的能量。

炸药爆炸产生的应力波传播会对相邻的部件和子系统造成损伤。必须确定应力波是如何产生和在武器系统中传播的。但是,在工程模型中对于几千巴和高加载速率下的固体材料响应还缺乏基本了解。

武器设计者所面临的无数问题以及理解材料特性的需要,促进了对以下主题的冲击波研究:

(1)用于预测应力限值和做功时间的爆炸电源中混合物、复合材料和聚合物动态响应;

(2)冲击加载下压电和铁电体(FE)材料的机电效应和操作限值;

(3)用于雷管和爆炸电源的含能材料;

(4)脉冲辐射对武器结构和部件的影响;

(5)地质介质中核爆的地面冲击效应及其对地上和地下结构的影响;

(6)用于部件和子系统减震的多孔材料的压实特性;

(7)量化材料对脉冲辐射的响应的时间分辨计量计。

到20世纪50年代中期,圣地亚管理层决定建立一个模仿AT&T贝尔实验室

---

① 霍普金森杆提供了几千巴的加载应力和最高约1000/s的应变率。

② 1千巴 = 1000atm 或 14500lb/in² (psi)。千巴和兆巴为压强单位(1兆巴 = 1000 千巴),全书通用,不过有一些数字显示压强为吉帕或 GPa(1GPa = 10 千巴 = 0.01 兆巴)。

的研究项目,来支持这些工程应用。一个直接的结果是成立了研究理事会下辖的物理科学处(department)和物理研究处,由斯图亚特·海特(Stuart C. Hight)管理。到1957年,每个处都有好几个学科的30~40名科学研究人员。理查德·克拉森(Richard Claassen)领导的物理科学处从事基础研究,乔治·汉舍(George Hansche)领导的物理研究处从事应用研究。研究理事会的其他部门则负责武器效应、数学计算和空气动力学技术等领域①。

两个有远见的人深刻地影响了圣地亚冲击波研究的早期和后续发展。一位是弗兰克·尼尔森(Frank W. Neilson),另一位是唐·伦德根。尼尔森在20世纪50年代中期开始了一项研究工作,以了解铁电陶瓷对冲击载荷的响应。这一工作促成了时间分辨应力计的突破性发展②。作为部门主任,尼尔森从加州理工学院招募了奥瓦尔·琼斯。琼斯随后在圣地亚冲击波研究的发展和应用中发挥了重要作用。

在工程方面,材料与工艺开发主任查尔斯·比尔德(Charles Bild)也鼓励和大力支持用于武器部件和系统发展的冲击波研究。应该理事会电气系统部(Electrical Systems Department)经理里昂·史密斯(Leon Smith)的要求,伦德根于1957年用一门气体驱动炮对正在研制的接触引信进行弹射冲击试验。这项工作为一个新的项目——精准控制碰撞条件下的材料动态响应测量奠定了基础(见第2章)。伦德根认识到新兴的冲击波技术对圣地亚的任务至关重要,并提出了一个全面的计划:建立新部门,重点放在该技术的各个方面(理论建模、计算能力和实验研究)。1959年,伦德根招募了林恩·巴克尔,他和罗伊·霍伦巴赫对实验冲击波技术的发展和应用产生了深远的影响③。后来,在20世纪60年代中期,伦德根从麻省理工学院(MIT)招募了沃尔特·赫尔曼,以启动一个材料建模和流体力学计算代码开发项目。赫尔曼成功地完成了这项富有挑战性的任务,并将这些工作与一个强大的实验项目紧密结合起来,如下面的章节所述。

地质材料是圣地亚发挥冲击波技术重要作用的第三个技术领域。自成立以来,圣地亚与另外两个国家安全实验室——洛斯阿拉莫斯国家实验室(LANL)和劳伦斯利弗莫尔国家实验室(LLNL)④一起参与了核武器的实地试验。直到1963年10月10日,在美国、英国和苏联签署了一项禁止在大气层、海洋和太空进行核试验的条约之前,地面核试验一直很常见。圣地亚继续参与由其两个实

---

① 这些细节来自2012年与Orval Jones的私下讨论。本书第二部分有致敬Orval的内容。
② 此信息来自Bob Graham纪念George Samara在圣地亚的工作(2007年5月18日圣地亚国家实验室George Samara纪念研讨会)。Bob的"In Memoriam"收入本书第二部分。
③ 1961年,林恩·巴克尔请假去康奈尔大学攻读物理学博士学位,但在他的妻子病重后于1962年返回圣地亚。
④ 自1981年以来,这些实验室就以这些名称而闻名。全书后文将使用这些首字母缩略词。

验室领导的内华达试验场(Nevada Test Site,NTS)①的地下试验。

在早期的几年里,一些圣地亚人通过核试验对国防态势做出了重大贡献,包括鲍勃·巴斯(Bob Bass)、卡特·布罗伊斯(Carter Broyles)、罗纳德·卡尔森(Ronald Carlson)、阿尔伯特·哈拜(Albert Chabai)、亨特·德沃特(Hunter DeVault)、多丽丝·汉金斯(Doris Hankins)、比尔·佩雷特(Bill Perrett)、卡尔·史密斯(Carl T. Smith)、卢克·沃特曼(Luke Vortman)。一项重要贡献是评估核武器当量的一种新计量计技术。在20世纪60年代早期,巴斯和哈拜采用了最初由LLNL开发的SLIFER技术②,在地质材料(如火山凝灰岩、花岗岩、沙漠冲积层和盐)中获得连续的冲击波衰减数据。巴斯和哈拜发现了一个关于冲击位置与到达时间的普遍幂律关系,它是当量的函数,与地质材料无关。由于能够在装置爆炸后1h内提供当量评估,洛斯阿拉莫斯的鲍勃·布朗利(Bob Brownlee)在NTS许多核试验中使用了圣地亚SLIFER技术和这一关系。

随着冷战结束和签署《全面禁止核试验条约》(CTBT,已签署但尚未得到批准,因此尚未生效),所有地下核试验都已停止。自那时起,美国国家核安全局(NNSA)主要依靠核武库管理计划(SSP),通过先进计算和基于实验室实验开发复杂模型来维护和评估库存的安全性、安保性和有效性,而不使用地下核试验。一系列非凡的科学、技术和工程设施支持SSP。在圣地亚,特别是Z脉冲装置、冲击热力学应用研究(STAR)设施,支撑了对感兴趣的多种材料的冲击物理研究。这些贡献将在第6章和第7章中更详细地讨论。

## 1.3　建立冲击波研究能力

圣地亚启动冲击波研究项目的决定,对其处理各种各样武器科学和基础科学问题的能力的快速发展发挥了重要作用。在20世纪50年代中期,一项涉及冲击波的小范围持续性研究旨在了解动态冲击下铁电晶体的电输出,例如,基于小型爆轰的冲击放电。进行这项研究的动机,是需要发展各种组件,包括用于引爆核武器的爆炸驱动电源。

### 1.3.1　实验、诊断和建模能力的进步

由弗兰克·尼尔森、比尔·本尼迪克(Bill Benedick)和鲍勃·格雷厄姆组成

---

① 内华达试验场于2010年8月更名为内华达国家安全试验场(Nevada National Security Site, NNSS)。

② SLIFER 是 Shorted Location Indicator by Frequency of Electrical Resonance(电气谐振频率短路位置指示器)的首字母缩写。

的先锋队开始研究铁电陶瓷在冲击载荷作用下的电输出。钛酸钡是最早研究加载条件(如峰值应力和加载时间)如何产生电输出的材料之一。要了解耦合了力学和电学的响应特性不仅需要在实验上精细控制加载条件,而且还需要精确的诊断来测量输入应力和电学时间历程;(在这种条件下)冲击波控制技术和设备在20世纪50年代中期逐渐投入使用。

产生可控冲击压缩的最简单方式是薄圆盘(片)的平面加载。在这种结构中,平面冲击波传入圆盘,并在到达圆盘背面时被探测,从而确定冲击波速度。一般情况下,测量的是冲击波速度和由冲击波产生的输入压力或粒子速度①。这两个参数可以用于平面冲击波运动方程,以确定样品中产生的压力和密度或比容(密度的倒数)。通过不同初始冲击压力下的实验,得到了材料的压力-密度点轨迹,称为材料的雨贡纽(Hugoniot)曲线。该曲线用于开发材料模型来描述各种应用下的动态响应。

20世纪50年代,用于实验室冲击波实验的设备极为有限。在圣地亚进行的第一批实验使用的是曼哈顿计划开发的高爆炸药(HE)加载技术。爆炸平面冲击波发生器,即所谓的平面波透镜,被用来产生高的冲击压力。尼尔森的研究小组也采用了类似的技术,但适用于更低的压力。同时也采用了准确诊断方法,主要是为探测冲击波到达样品背面而研制的到达时间短路探针。此外,确定了铁电材料的冲击或力学响应和输出电量,以量化耦合的力-电行为。

HE实验是在技术区III中的一个偏远的户外地点进行的,距离圣地亚技术区I以南约5英里(1英里=1609m)。在20世纪60年代中期,这一工作逐渐发展成为物理研究处的一个重要推动力,该部门主要研究各种材料在冲击压缩下的物理和化学性质。在第3章~第5章中更详细地讨论了这项工作的开发和应用。

在对铁电材料进行冲击波研究的同时,另一个组织也开始了类似的项目,以了解接触引信和其他武器部件与系统的响应。唐·伦德根领导下的这项实验工作开始于铁电材料爆轰研究的几年后,最初关注的是部件响应的力学性能和工程影响。林恩·巴克尔(Lynn Barker)和瑞德·霍伦巴赫(Roy (Red) Hollenbach)是这项始于1957年左右的平行研究的主要参与者。

1958年,伦德根没有使用炸药装药,而是采取了一种不同的方法。这一方法不仅在圣地亚,而且在整个冲击波研究界,都对冲击波研究产生了持久的影响。他用口径100mm的空气压缩炮将弹丸加速至约0.3km/s的可控速度,通过

---

① 平面加载下的固体中产生纵向应力状态。在流体中,这就是压力。在固体中,两种状态之间的差异是固体屈服应力的三分之二,通常很小,因此在大多数情况下,应力和压力是相似的。在本书中,除非有必要在一些讨论中进行区分,否则,应力和压力可互换使用。

撞击,在平面圆盘靶上产生平面冲击波。空气炮是一种老掉牙的武器,曾被用来测试撞击对武器部件的影响。通过对炮管进行精密镗削和抛光,设计出具有平面性、标准冲击板的弹丸,并将平面靶样品精确对准标准冲击板,实现了最小倾角的精确垂直冲击。此外,使用压缩空气作为加速介质而不是炸药,避免了若干操作限制,例如实验地点和与炸药有关的安全规定。后来,这一空气炮升级为使用氦气,增加了撞击速度,并作为全天候室内设施被搬到了技术I区中更舒适的地方。

伦德根最初的空气炮发射器标志着一系列用于材料性能研究的精密炮装置的开始,也促进了它们在其他研究机构的发展,如第2章所述。图1.2总结了圣地亚冲击波能力的发展。1961年,鲍勃·格雷厄姆开发了一种口径40mm的火炮,用于提高了弹丸的速度(Graham, Ingram&Ingram, 1961)。稍晚些时候,格雷厄姆发明了一种氦气体炮,炮弹发射速度达到1km/s(Graham, 1961a)。这是当时冲击波实验的一项重大成就。1969年,达雷尔·芒森和雷·里德(Ray Reed)实现了一种口径89mm的火炮,将发射速度提高了一倍,达到2km/s以上,可提供数百千巴的冲击压力。几年后,鲍勃·梅(Bob May)在发射能力上取得了重大进步,他建造了一门二级轻气炮(Munson&May, 1975),速度增加了两倍,超过7km/s,冲击压力达到3~4兆巴。大约在1990年,拉利特·查比达斯发明了一种三级发射装置——超高速发射器(HVL),如第5章(Chhabildas et al. 1992, 1995)所述,其速度增加了一倍多,达到16km/s。

随着设备的快速发展,用于精确测量的诊断技术也迅速发展。最初用于测量冲击波特性的仪器主要由位于受冲击样品背面不同位置的短路电探针组成。探针的短路时刻体现了冲击波到达的位移-时间历史,从而确定出冲击波速度(Smith&Barker, 1962)。这种简单的技术并不是确定冲击波结构的最佳方法。为了提供更多关于冲击结构的细节,巴克尔和霍伦巴赫致力于自由面位移的连续测量。开发了斜线电阻(Barker, 1961, 1962; Barker&Hollenbach, 1964)和位移干涉仪技术(Barker&Hollenbach, 1965),如图1.2所示。这些发展情况将在第3章讨论。

在第3章讨论的20世纪60年代的两个突破性创新是直接测量应力的X-切石英计(Neilson&Benedick, 1960)和测量冲击波传播的粒子速度干涉仪技术(Barker, 1968)。尼尔森、本尼迪克和格雷厄姆石英计的进步(Neilson&Benedick, 1960; Neilson, Benedick, Brooks et al. 1962; Graham, 1961b, 1975)提供了随时间(即一个时间分辨的冲击剖面)的连续变化冲击压力测量能力(本书中有时也称应力)。1972年发明的VISAR(任意反射面速度干涉测量系统)是仪器领域的一项革命性进步,它允许对任何材料进行更深入的冲击波研究(Barkerand Hollenbach, 1972)。这两项创新对世界范围内的冲击波研究产生了深远影响。

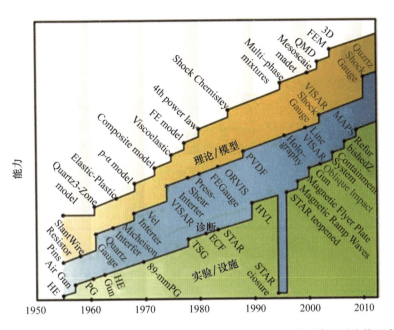

图 1.2 圣地亚冲击波能力的发展。1994 年实验能力的大幅度下降是因为管理当局决定拆除 STAR 设施并消除一切实验活动。图中使用的首字母缩略词如下:ECF(爆炸组件设施)、FE(铁电)、FEM(铁电模型)、HE(高能炸药)、HVL(超高速发射器)、MAPS(磁致压力剪切)、ORVIS(光学记录速度干涉仪系统)、$P-\alpha$ 模型(多孔材料响应模型)、PG(火药炮)、PVDF(聚偏二氟化物)、QMD(量子分子动力学)、STAR(冲击热力学应用研究)、TSG(二级轻气炮)、VISAR(任意反射面速度干涉测量系统)

这些应用包括:

(1) 动态弹性屈服;
(2) 动态压缩和拉伸强度;
(3) 测定冲击压缩导致的相变以及关联的相变动力学;
(4) 含能材料反应的开始和发展;
(5) 冲击压缩下的光学特性;
(6) 非均匀材料特性对平面冲击压缩的影响。

VISAR 之后还取得了其他重大进展,包括:

(1) ORVIS;
(2) 压电聚合物 PVDF;
(3) 线 VISAR;
(4) 动态全息技术测量非均匀物质运动;
(5) 基于 X – 切石英的冲击波速度 – 时间历史计量计,压力超过 3 兆巴直接测量冲击波速度（Knudson&Desjarlais,2009），以替代一个应力－时间（或粒子速度－时间）剖面计量计。

所有这些发展都将在后面的章节中进一步讨论。

在20世纪50年代中期和60年代初，圣地亚武器计划中还没有动态材料模型来预测感兴趣的材料（例如，金属、黏弹性材料、地质材料、混合物和复合材料、铁电和压电材料、多孔材料和炸药）响应。实验能力的快速发展导致了新的模型来理解基本的变形机制，并预测材料或部件如何响应冲击载荷。从尼尔森和本尼迪克1960年建立的压电材料电响应的三区模型（Neison&Benedick,1960）开始，建模缺失问题在20世纪60年代得到了明确的解决。该模型对冲击波测量的材料发展产生了重大影响。这一时期也开发了其他模型，包括金属弹－塑性模型、混合材料和层状复合材料的复合模型、含能材料模型以及动态破坏和破碎模型。此外，在21世纪头十年，从头算模型，如量子分子动力学，开始预测非常高压的材料 EOS 响应。图1.2总结了冲击材料理论研究的进展。这一进展需要三项工作的集成：实验进展、诊断发展和理论建模的进展，后面几章将对此进行讨论。

### 1.3.2 计算能力的发展和应用

发展真实的冲击波响应模型可以对武器部件和系统在动态加载时的性能进行详细的分析和预测。然而，这一步需要先进的计算机代码来模拟三维构型，并且计算机具有足够的速度和内存来执行复杂的模拟。幸运的是，这两种工具与图1.2中的冲击波加载能力是在同一时期发展的，因此允许越来越大、越来越逼真的模拟。图1.3总结了从20世纪50年代至今在编码和计算机能力方面的主要进展。

20世纪50—60年代期间，计算机的能力和冲击波传播的仿真建模还没有发展到可模拟现实几何构型中复杂问题的程度，例如炸药形成的弹坑、地下冲击波的传播及其与结构的相互作用，或耦合辐射－冲击波的响应。在最初的几年里，许多问题不得不依照各种相似率来推断。但随着仿真代码和更强大的计算机的快速发展，这种情况在20世纪60年代开始改变。

在此期间，已经有了 IBM 大型计算机，但受到速度和内存的限制，它只能用于简单的问题，例如设计和分析平面冲击波实验或武器部件的一维（1D）近似情况。此外，材料模型和代码（通常称为流体动力学代码，但有时也称为爆炸流体动力学程序）还没有问世。在20世纪60年代中期，模拟冲击波问题的唯一代码是一维代码 WONDY（有限差分拉格朗日代码）和 SWAP－9（跟踪冲击波的特征线代码）。

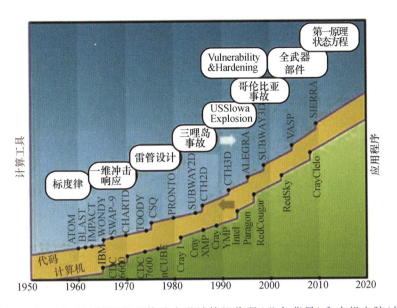

图1.3 用于冲击波模拟的流体动力学计算机代码(蓝色背景)和主机电脑(绿色背景)。图中使用的缩略词有:1D(一维)、ALEGRA(任意拉格朗日欧拉普适性研究应用)、CDC(控制数据公司)、EOS(状态方程)、IBM(国际商业机器公司)、TMI(三哩岛)。白色背景框表明在相应时间阶段圣地亚分析和计算能力的几个主要应用

从20世纪50年代初到70年代初,大型计算机的能力增长了1000倍,这与摩尔定律①相符。摩尔定律预测,计算能力每18个月就会增长一倍。20世纪70年代初引进的控制数据公司机器为开发下一代流体动力学代码提供了计算能力上的重大支撑,即如图1.3所示的二维代码TOODY和CSQ。圣地亚在1970年左右购买了一台CDC 6600,被认为是第一台超级计算机。到1976年,已有两台CDC 6600级计算机。后来,获得了一台CDC 7600级计算机,其速度大约是CDC-6600的10倍,内存512kB。利用这些计算机,二维代码TOODY和CSQ能够解决越来越复杂的问题,如尼龙球对钢板的超高速冲击,或1979年三哩岛事故中混凝土破裂的分析。20世纪80年代初,购买的一台内存为8MB的Cray 1,显著提高了处理大型冲击波问题的能力②。圣地亚的下一台大型计算机是Cray XMP,接着是80年代末的Cray YMP。这些机器能够存储大型数值模拟所需的非常大的数据库。

在Cray YMP之后是至今仍在使用的大规模并行处理(MPP)计算机。圣地

---

① 著名的摩尔定律由英特尔联合创始人戈登·摩尔(Gordon Moore)发表在月刊《电子》1965年4月19日一期上面。

② 有趣的题外话是,2011年的智能手机的计算能力与20世纪80年代早期的Cray 1相当。

亚的第一台 MPP 电脑是英特尔的 Paragon，它在解决几大冲击波问题方面发挥了突出作用。第一台用于解决冲击波应用的 MPP 计算机是加速战略计算计划（ASCI）红机。圣地亚研究人员现在经常使用 LANL 的 Cray Cielo 超级计算机进行更大型冲击波计算。Cielo 比 Cray 1 快 1000 万倍[①]。

在过去几十年里，计算能力的巨大增长对冲击波问题的复杂性、大小和类型产生了深远的影响。图 1.3 的顶部凸显了由于计算能力增加而带来的许多可能应用中的一部分。在 20 世纪 50—60 年代初，扩展解决方案常被用来预测地质介质中复杂激波传播的影响或大爆炸对结构的破坏。在 20 世纪 60 年代中后期，WONDY 和 SWAP-9 开始用于一维冲击响应仿真，包括实验和一些武器应用的设计和分析。正如第 3 章所述，武器计划中特别关注的多孔材料破碎问题，就可用 WONDY 进行预测。

20 世纪 70 年代，CSQ 和 TOODY 模拟了几个重要的武器问题以及其他问题，包括三哩岛核反应堆事故（第 4 章简要讨论）；在 20 世纪 80 年代末，正如第 5 章所讨论的，CTH 代码被用于分析"爱荷华"号战列舰炮塔爆炸。20 世纪 90 年代初，三维流体动力学代码（如 CTH）以及快速 MPP 计算的同时发展，使得可解决应用范围更广、复杂度更高的问题。值得注意的例子包括分析"舒梅克-列维"（Shoemaker-Levy）彗星对木星的撞击和导弹拦截系统的杀伤力，这两个都在第 6 章中讨论。木星撞击模拟提供了对陨石坑大小和撞击羽流的评估，使地球上的观测者能够解释"哈勃"望远镜获得的天文观测结果。在 2000 年，这些能力确认"哥伦比亚"号航天飞机失事的原因是燃料箱的泡沫碎片撞击了航天飞机机翼。

代码开发工作一直持续到 20 世纪 90 年代后期，持续提高了描述复杂材料现象的能力，包括模拟武器部件机电响应的三维 SUBWAY 代码（如第 6 章所讨论）。三维磁流体动力学代码 ALEGRA[②] 进一步扩展了可研究现象的类型（见第 6 章）。现在可用的材料特性第一性原理计算将在第 7 章中讨论。本书还讨论了其他几个模型开发工作和仿真示例。一个显然的结果是，通过冲击波研究、流体动力学代码开发和提高计算能力的协同努力，大大增加了可解决问题的复杂性。

为取得上述发展，20 世纪 60 年代圣地亚从事冲击研究的员工人数大幅增加。到 20 世纪 50 年代末，约 12 人，至 20 世纪 60 年代末，约 48 人。从事冲击研

---

① 目前最快的计算机，LLNL 的 Sequoia 比摩尔定律预测的快约 1000 倍（Bob Schmitt，Sandia National Laboratories，2013）。

② ALEGRA 是 Arbitrary Lagrangian Eulerian General Research Applications（任意拉格朗日欧拉普适性研究应用）的首字母缩写。

究的人员在20世纪70年代及之后继续增加,只是速度慢了下来。到20世纪70年代中期,部分研究人员主要由于圣地亚其他业务的拓展(如美国能源部的能源计划)离开了固体物理及固体动力学研究部门。21世纪初,磁加载的发现,大大扩展了冲击压缩研究材料响应行为的区域,随着磁驱动脉冲功率科学中心的聘用,从事冲击波研究的人数开始回升。这一冲击波物理的新兴领域将在第7章讨论。

## 1.4 本书结构

本书分为两部分:第一部分,冲击波能力建设;第二部分,回忆冲击波研究。第一部分除本章外还有7章。第2～第7章,按每十年一章组织,突出每个特定十年的主要发展和活动。第2章"起源",描述了导致20世纪50年代在圣地亚开展冲击波研究的历史机缘。第3章"爆炸式增长",是指20世纪60年代冲击波能力的迅速发展。第4章"新的机遇",强调了20世纪70年代出现的大量机会,以及同时开发并应用于解决重要问题的计算工具。第5章"激情年代",记录了20世纪80年代对这些能力的广泛应用。第6章"黑色星期一",描述了圣地亚的冲击波实验能力的几近消亡和复兴,以及计算能力进步对解决复杂冲击波问题的影响。第7章"千禧之年",讨论了重新激活圣地亚冲击波研究的技术和举措。第8章"展望未来",指出今后冲击波研究一些可能的方向。第二部分提供了圣地亚40多位冲击波研究人员的个人回忆;前面的章节从这些回忆中节选引用了部分内容,以突出研究人员个人的奋斗和成功。最后,参考文献目录列出了近1000种技术出版物,以供有兴趣去详细了解圣地亚国家实验室过去60年冲击波研究历史的人参考。

# 第 2 章　20 世纪 50 年代：起源

## 2.1　背　景

现代冲击压缩科学，发源于曼哈顿(Manhattan)计划在洛斯·阿拉莫斯(Los Alamos)进行的早期工作。当然，这项工作是核武器发展的重要支撑，首先是在第二次世界大战末期的原子弹，其次是聚变弹，两者都是冷战时期的支柱。

战后，核武器和许多附属领域的工作仍然是优先级别非常高的军事研究(R&D)计划。但是，为了保持全面控制民用核能研究，特别是为了发展核武器，1946 年成立了原子能委员会(AEC)。随后在 1974 年 AEC 转变为能源研究与发展管理局(ERDA)，紧接着在 1977 年转变为能源部(DOE)，并一直保留到今天。战后关于冲击压缩科学的大部分工作都是由这些机构提供资助，由能源部和国防部的众多民用合约商在国家安全实验室中进行，或在大学进行，这些大学包括但不限于布朗大学(Brown University)、加州理工学院(California Institute of Technology, Caltech)、佐治亚理工学院(Georgia Tech)、哈佛大学(Harvard University)、麻省理工学院(Massachusetts Institute of Technology, MIT)、加州大学圣地亚哥分校(University of California at San Diego)和华盛顿州立大学(Washington State University, WSU)。这些后续工作涉及的途径有些不同，主要集中在提高对更新、更安全核武器的认识和能力上，它们更适用于特定的军事目标。此外，国防部和国家安全实验室的科学家们认识到有必要研究和了解这些新武器对军事与民用设施及系统的影响。

第二次世界大战后，AEC 和 DOD 的紧急任务是建立核武库。对圣地亚来说，主要的需求是核武器系统的部件和结构必须符合作战要求，并且在部署时武器能够可靠的动作。但是，毫无疑问，武器也必须具有防止所有其他条件下意外核爆炸的安全性。早期的核武器是由亚声速飞机携带，只是因为它们的结构和环境要求与常规武器没有太大区别。相应地，在早期系统的设计中使用已有的工艺规程和材料就足够了，尽管它们需要完美地应用才能满足更严格的可靠性和安全性要求。在此期间，圣地亚工程小组开始积极发展创新的安全概念，并对运行可靠性进行大量的测试。有关部件和子系统的新安全概念包括使用降落伞延迟投递、弱链和强链安全系统、可靠的气压和接触引信等。

除了了解新设计的部件和系统对冲击或动态载荷的响应外,圣地亚的工程师还需要测量和预测核爆炸产生的冲击波对国家军事系统和预定目标的影响。这就需要进行大量的核试验,如大气层、地面、水下以及后来的全面地下试验。早期,这些研究主要涉及诸如弹坑、建筑物及其他结构破坏的宏观大尺度现象。这些测试的效果通常是通过后期诊断来获得的,可以用来进行比例分析。与此同时,科学家们需要获得与实际试验相关的、更复杂的数据。特别地,要明确实际核当量以及靶上动态载荷,以提高大规模效应分析能力。分析武器系统和其部件的具体响应需要详细的、时间分辨的数据,这使人们逐渐认识到需要补充对冲击波产生和传播的研发。但是,这些实验室研究工作面临压力,其规模远小于早期 LANL 的工作。LANL 的早期工作更与内爆物理直接相关,例如核材料模式装配或内爆过程中,实际核炸药包和武器部件的动作响应。

国家安全实验室,特别是圣地亚,已经在几个相关领域开展了工作,包括圣地亚当时"武器化"核心任务所需要的领域,或将所有需要的非核"铃铛和哨子"添加到新武器的开发队列中。更具体地说,圣地亚工程团队的任务是发展和分析子系统和部件受到脉冲压力和应力时的响应。在许多工作中,这些动态载荷在不到 $1\mu s$ 的时间内达到数十千巴。随着需求的逐渐明确,圣地亚意识到自己不具备所需的实验能力,而且在其他任何地方没有这样的能力。因此,迫切需要开发和实现这些能力。由于 20 世纪 50 年代末和 60 年代初冲击波实验能力的快速增长,使武器相关材料的动态行为研究成为可能,这导致设计新的诊断和加载技术,用于相关应力和时间状态下进行时间相关的材料响应特性的精确测量。发展这些能力对圣地亚的任务至关重要。此外,在此期间进行的基本实验和建模方法为后续研究项目奠定了基础,这些研究项目将压力扩展到了数十兆巴,这在今天仍是武器和其他应用所感兴趣的。

在 20 世纪 50 年代末和 60 年代初至中期,至少有四项主要的研发工作与动态材料响应相关。其主要目的是评估武器部件在冲击波载荷作用下的行为,即接触引信对冲击载荷的动态响应,或正在研制的为武器部件提供电流的爆炸装置的性能。对国家核武器试验活动的支持是冲击波研究的另一个早期驱动力。两种规划都激发了基础研究,重点是确定动态载荷下多种材料的特性和详细行为,这是发展武器部件和子系统所迫切需要的数据。研究方法强调发展理论和模型,以预测冲击波物理和武器效应现象如何影响理解武器部件的运行、面对敌对威胁表现出的弱点以及如何提高这些系统的生存能力和有效性。

圣地亚支持核试验的早期工作与武器地面试验和地下核试验(UGT)相关。圣地亚和洛斯阿拉莫斯一起在两个领域发挥了重要作用:①短时间测定早期地下试验核当量;②发展标度律和预测方法描述与地面和近地面核爆形成弹坑有关的现象。阿尔·哈拜和其他人一直在发展标度律来描述这些现象。正如丹尼斯·海耶斯所记得的,"阿尔·哈拜是一个熟练的用户,并且是维度分析的支持者,维度分析作为一种工具可以使那些不适合建模的测量系统化。例如,他对爆炸性弹坑数据标度的研究获得了国际认可,至今仍在使用。"

圣地亚利用电气谐振频率短路位置指示器(SLIFER)电缆来测量地下核爆炸的当量。在LLNL开发这种实时技术之前,使用放射化学方法,获得地下核试验当量需要数周甚至数月的时间。20世纪70年代末,海耶斯加入圣地亚后,有了一项重要发现,并对核试验项目产生深远影响。用他的话来说:

作为阿尔·哈拜工作的一个好学生,我在1964年左右也尝试过类似的分析。这一圣地亚小组,连同他们LANL的同事,已经收集了数百次到达时刻的测量数据,这些数据非常接近几十次地下核爆炸。但由于缺乏复杂的建模能力,这些数据在很大程度上仍未进行分析。事实证明,每次地下测试的当量都是根据事后采集气体中的放射性同位素比值来确定的,即放射化学分析。根据放射化学产率的立方根来计算冲击波的距离和到达时间,得到了一个显著的、低离散度的到达时刻通用曲线图,我自豪地把它钉在了我的桌子上方。我只是一个技术人员,太天真了,无法理解发表论文的重要性。

SLIFER数据可以在数小时或更短的时间内提供良好的当量估算,通常不确定性小于20%。这项技术对武器开发人员和其他实验人员非常有价值,他们可以迅速将数据反馈给测试和设计项目。图2.1所示的SLIFER概念是通过测量从核爆炸点沿径向放置的逐渐变短线缆的谐振频率来实现的。硬件结构简单,仅由一段空气或固体介质的同轴电缆作为振荡电路的元件组成。所使用的波长是感应的,通常小于谐振频率的1/4。当强冲击波从起爆点沿电缆向外扩展时,电缆被震碎,从而降低了电路的电感和频率。由于电缆不断被地面震动损坏而变短,可用电缆长度直接测量频率。因此,频率和到达时间的测量决定了冲击前沿位置与时间的关系。大约在那个时候,海耶斯写了一段代码,把频率和时间关系转换成SLIFER实验中电缆距离和时间的关系。然后,实验人员可以对结果进行三角测量,得到实际的距离和时间数据,并推导出当量。包括鲍勃·布朗利在内的LANL研究人员发现,这些数据特别有用。正如阿尔·哈拜在他的回忆录中所指出的:

洛斯阿拉莫斯国家实验室的鲍勃·布朗利注意到了这种幂律关系,他让圣地亚在内华达试验场对许多LANL武器发展事件进行了SLIFER测量。在装置安放孔的旁边,钻了1~3个垂直孔(每孔约100万美元),我们把SLIFER电缆放进去。对电缆相对于爆炸中心的位置进行了精确的测量。

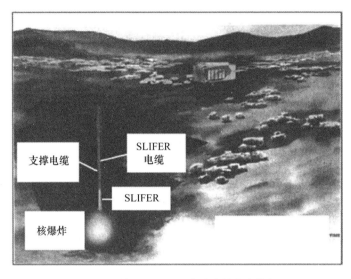

图 2.1　放置 SLIFER 计量计的艺术构想
(经许可转自 SNL Bass et al. 1976)

这一技术使我们能够在爆炸后 1h 内估算核当量,这对核装置工程师极为宝贵,使他们能够立即获得关于武器设计性能的数据。在大多数这些试验中,在爆炸产生的地下坑洞里钻了一个孔,并获得了一个放化试验样品,以确定该装置的当量和性能。但是这些结果在测试后几个月都没有得到,这就是为什么我们的 SLIFER 测量对 LANL 有这么大的价值。我们发现的这种普适关系后来被 LANL 的唐·艾勒斯利用更多的数据加以修正,并被其他国家采用作为核爆炸试验现场当量测量的标准。

SLIFER 技术的更多细节在阿尔·哈拜的回忆录和 Bass et al. 1976 文献中。海耶斯最初提出的比例关系得到了细化,并在地下核试验中得到了广泛的应用;它在估算核当量方面发挥了重要作用,并成为监测遵守 1974 年签订的《限制地下核试验条约》的主要工具之一。

圣地亚关于弹坑现象学的工作一直持续到 20 世纪 80 年代,包括解析和标度律技术,以及随后的一维和多维流体力学编码工作。在 20 世纪 50 年代末和 60 年代初,人们对预测常规爆炸和核爆炸形成的弹坑大小有很大的兴趣。由于地质材料的动态特性、流体力学计算代码和大型主机计算机还无法从数值表达上解决这些问题,阿尔·哈拜对常规弹坑和核爆弹坑进行了大量的研究,利用维度分析来区分哪些标度关系是弹坑形成的基础(Chabai, 1959, 1965; Chabai&Hankins, 1960)。他的工作为这两类爆炸物建立了适当的标度准则,并为实验验证标度准则奠定了基础。通过与实验数据的详细比较,证实了模型和计算的正确性。实验数据包括全面的核和非核现场试验,以及高质量的实验室规模的研究。图2.2显示了20世纪60年代早期的两个弹坑。

(a)　　　　　　　　　　　　　　　　　(b)

图2.2　内华达试验场的弹坑

(a)"滑板车行动"弹坑;(b)"轿车行动"弹坑。

(照片经圣地亚国家实验室许可转载)

1960年10月,内华达州试验场地进行了"滑板车行动"(Operation Scooter),500t常规烈性炸药在地下爆炸。这是美国同类爆炸项目中规模最大的一次。弹坑(图2.2(a))直径约300英尺(1英尺≈0.304m),最深处约80英尺。图2.2(b)为"轿车行动"(Operation Sedan)弹坑,它是1962年7月6日在内华达试验场引爆的埋在635英尺沙漠冲积层下的104kt核炸药所形成的,带走了$1.2×10^7$t土壤。"轿车"弹坑(图2.2(b))深320英尺,直径1280英尺。这两起试验都是"犁铧行动"(Operation Plowshare)的一部分。"犁铧行动"是美国以和平为目的的核爆炸技术项目,也是所谓和平核爆炸(Peaceful Nuclear Explosions)的一部分。在接下来的几年里,这项工作使圣地亚的流体力学编码能力取得重大改进。阿尔·哈拜、鲍勃·巴斯和保罗·亚灵顿为这些工作做出了重要贡献。许多早期的研究结果和数据在20世纪60年代末和70年代开始出现在公开文献中。

圣地亚在冲击压缩科学领域的首要研究重点就是基于曼哈顿计划实施阶段洛斯阿拉莫斯开发的技术。从20世纪50年代开始,圣地亚从事物理研究和物理科学的部门开始研究在几十千巴的压力和高温下铁电材料的特性和动态行为,其目的是了解冲击载荷下的电学性质,为武器应用开发"一次性"电源。到20世纪50年代末,这些小组已经大大扩展了圣地亚的"工程"重点。这两个部门由乔治·汉舍和迪克·克拉森(Dick Claassen)领导,最终包括了弗兰克·尼尔森、鲍勃·格雷厄姆、弗雷德·沃克(Fred Vook)、乔治·萨马拉和奥瓦尔·琼斯在内的顶尖科学家,以及后来的圣地亚主任阿尔·纳拉特(Al Narath)。对之后的冲击波研究方向有重要意义的项目包括铁磁性金属、铁电陶瓷和压电石英晶体的研究。虽然这些小组的研究方向是基础研究,但 X 切(X-cut)石英单晶的冲击响应研究发展出了第一个能够测量亚微秒、高压、冲击数据的冲击波压力计,这些冲击数据是 20 世纪 60 年代初核武器效应评估所必需的(Neilson&Benedick,1960;Graham,1961b,1962;Graham et al. 1961,1965a,b;Neilson et al. 1962)。在冲击部件研究和 UGT 实验中,极端的电子学和力学环境需要强大的石英应力计来解决冲击波结构的细节问题。这一发展改变了许多材料研究的游戏规则,包括用于国防项目的 UGT 武器效果测试能力,而这仅仅是该研究小组众多创新和进步之一。

乔治·萨马拉是在该团队提出长期愿景的管理人员之一。从 1971 年到 2006 年去世,他一直担任固体物理研究处的处长。此外,从 20 世纪 50 年代开始,另一组初出茅庐的圣地亚人更偏向于应用研究。这个新小组的主要工作是系统工程部(Systems Engineering Division)下属部门的部分工作,该部门是由林恩·巴克尔和唐·伦德根负责,两人都是实验室开展冲击波工程研究的最早支持者。该小组在开发创新的实验工具和设施以及确定分析能力方面发挥了领导作用,使研究关于武器部件及相关材料的动态响应问题成为可能。

越来越多的冲击波技术被用于确定各种武器输出对整体系统及部件的影响,其中包括美国武器系统的脆弱性和可生存性,以及增强其在敌对环境中能力的潜在对策。随着时间的推移,来自这些工作的数据有助于设计和实施许多新组件和相关系统。对系统和组件开发及其在不利环境中武器的脆弱性和生存能力的认识得到了极大的改善,这也是重要的成果。更好地定义美国武器对抗敌方系统和目标的能力与杀伤力是一项并行的工作,这些主要的成就来自于圣地亚在早期几年里协同结合发展和改进的实验、理论和建模能力。

1957 年的一份报告(Lundergan,1957)中举例说明了这个领域研究人员的远见。这份报告似乎是圣地亚在利用冲击波技术产生可靠的、高质量的核武器引信系统中所起作用的最早参考之一。在这份报告中,伦德根指出,现有的接触引信设计都是对基于整体测试的有限观察结果的经验评估。因此,它们不包含对未来设计的实际指导,而这些设计必然要求可靠性和截然不同的运行环境下的生存能力。他的观点是,获得所需数据的唯一可行方法是投资建设实验室规模的测试能力,这种能力以可重复的方式提供适合建模和未来设计计算的高精度时间分辨压力测量值。他的结论是,详细的材料状态方程和本构关系至关重要,而火炮发射技术是实现该目的的最佳工具。在早期 LANL 工作的基础上,他确定的需求包括获取许多新材料和未经测试材料的冲击雨贡纽曲线(描述材料在冲击载荷作用下动态响应特性的压力－密度曲线),以及更精细的材料响应行为(如弹塑性响应)。这些细节会影响材料界面和波阵面处复杂波反射以及许多其他特征,这些特征是优化引信设计的重要因素。这些现象将成为圣地亚和其他机构数十年来的重大研究领域。有了这种广博的智慧和洞察力,唐·伦德根或许可以因在圣地亚实施可用的冲击波研发技术而受到赞誉,到现在研究工作仍在按照他提出的方式进行着。

为了解决大量的设计问题,需要对实验和建模技术有一个基本的了解。事实上,这些技术代表了冲击波研发的核心,将占据圣地亚之后的 50 年甚至更长时间。始于 20 世纪 50 年代的研究领域包括:

(1) 爆炸电源中使用的混合物、复合材料和聚合物的动态响应,用于预测应力极限和做功时间;

(2) 武器部件和子系统相关材料的动态失效特性,用于预测部件和子系统中的应力波效应和作战能力;

(3) 压电和铁电材料在冲击载荷下产生的力电效应,用于预测电源发生器的工作极限;

(4) 预测雷管和爆电电源做功情况的含能材料;

(5) 用于部件和子系统减震的疏松多孔材料的压实行为;

(6) 时间分辨应力计,提供材料对脉冲辐射载荷响应的基本理解;

(7) 脉冲辐射对武器结构和部件的影响,用于预测武器部件的工作条件;

(8) 地质介质中核爆炸产生的地面震动,用于预测对地上和地下结构所造成的破坏。

以下各节将讨论这些发展:

(1) 组件和系统要求(2.2 节);

(2) 核试验和冲击波研究(2.3 节);

(3) 用于冲击波研究的爆炸方法(2.4 节);

(4) 精确冲击发射装置的发展(2.5 节);

(5) 圣地亚一系列创新的冲击发射器(2.6 节)。

## 2.2 组件和系统要求

超声速和大气层外的导弹运载系统及相关环境的出现对部件和子系统提出了额外的要求。为了解决这些问题,有必要了解不利环境的影响。一个主要问题是在高空大气层外核爆炸时产生的辐射冲击载荷的影响,这是大多数导弹和再入飞行器交战场景发生的地方。爆炸最大输出量时的高通、低能 X 射线辐射通常会导致材料表面快速烧蚀从而产生高强度冲击波,可能会引起材料内部损伤。这些应力波通过系统中的材料传播,通常会导致材料和部件的失效,妨碍武器再返回大气层工作。解决此问题需要了解辐射脉冲产生的应力、脉冲的持续时间以及材料的拉伸失效强度(称为断裂或层裂强度)。航空器壳体上的总冲击载荷也可能大到足以使外部可再入飞行器结构产生明显变形。在应用所需的应力和加载速率(通常指应变率)下缺少诸如弹塑性行为的力学响应知识。通过当时可用的最高加载率(通常使用几所大学里的霍普金森杆)得到的低应力、应变率下的材料相应特性外推到高应变率是不可靠的,因为材料的动态响应具有非常大的非线性特性。霍普金森杆只能提供几个千巴加载应力和约 $10^3/s$ 应变率下的材料数据。在曼哈顿计划研究期间和之后,洛斯阿拉莫斯进行的大量冲击波研究提供了流体力学高压状态方程特性数据,但在数十千巴范围内的力学和本构特性却几乎没有数据。与圣地亚的设计需求相关的应变速率范围通常超过 $10^5/s$(加载时间小于 $1\mu s$),并且加载应力超过几十千巴,而这些数据都是空白的。

除了由核武器辐射产生的冲击波外,其他还涉及材料受到与运载速度有关的冲击响应和防御措施影响的响应。可靠运行的关键要求是,在撞击地面或其他结构件,或触点和其他武器引信激活后,其结构,尤其是解保、引信和起爆组件必须在一段时间(通常为几毫秒)内保持完整性,以防止爆炸前这些子系统变形和破坏。要解决该问题,需要了解大振幅应力波(包括详细的波结构)如何在系统的多种材料中传播。

另一个动机是随着部件小型化的发展,武器系统变得越来越复杂,而第一代武器的组装很少强调尺寸要求。此外,武器的动作过程是连续的,每个组件在下一个组件动作开始之前就需要完全就绪到位。这些要求清楚地表明尺寸和时间同步对核武器的投射至关重要。与小型化相结合,另一个关键因素是为武器部组件包括陀螺仪、触发器和雷达等提供需要的能量。所有必需的能量均通过电力或机械驱动供给。同样,武器通常会存放很长时间,功能必须正常而不会失效。这使得为系统内部提供能量的小型爆炸装置(比如爆炸驱动的铁电电源)引人注目,因为它们可以长时间存储,引爆后释放所需的电能。小型爆炸装置被用来激活武器系统中的其他各种部件。

然而,炸药在核爆炸初期所释放的能量,随着大振幅应力波传播到周围的部件和子系统中,往往会对邻近部件造成损伤。因此,有必要准确确定这些应力波是如何产生并在系统中传播的。当时人们对应力波在液体中的传播以及小振幅弹性应力(声波)在固体中的传播都有很好的理解。但是,对工程应用和模型中高应力和高加载速率下固体材料的响应还缺乏基本的理解。

当务之急是通过冲击载荷方面的基础工程研究理解这个多尺度问题,并解决器件性能方面的相关不确定性。用于这些研究的已有实验设备受到严重限制,因此,20世纪50年代中期的实验工作就是提供这些数据。早期的冲击波实验是为了检验根据需要产生大电流的能力,重点是铁电材料,使用小的爆炸载荷来产生可控的平面载荷。因此,输出电流可与加载应力直接关联,并获得用于开发预测模型的相关力电响应数据。弗兰克·尼尔森、鲍勃·格雷厄姆和比尔·本尼迪克在这一工作中发挥了至关重要的作用。在短时间内,他们意识到需要更精确地控制样品加载条件,并且可以通过精确控制的平板冲击技术来实现。这种新方法是后续60年冲击波实验持续发展的主要推动力之一。

20世纪50年代开辟的,并在随后几年不断完善以满足部件和系统的工程需求的主要冲击波技术,概括如下:

(1) 使用炸药首次研究了样品的一维或平面冲击加载;

(2) 使用爆炸驱动的冲击波方法表征压电和铁电材料,特别是钛酸钡;

(3) 研制了第一台用于平面加载冲击响应研究的精确平板冲击发射器,在大多数研究中都取代了爆炸技术;

(4) 开发了用于力学响应和动态拉伸破坏行为研究的时间分辨仪器。

两个研究小组参与了这些工作。一个小组的研究重点是冲击变形过程中的物理过程,集中在当时的物理研究处,最初由乔治·汉舍管理。20世纪50年代末和60年代的主要人物包括戴夫·安德森(Dave Anderson)、比尔·本尼迪克、鲍勃·格雷厄姆、沃尔特·哈尔平(W. J. Halpin)、里德·荷兰(J. R. (Reid)Holland)、乔治·英格拉姆(George Ingram)、杰里·肯尼迪(Jerry Kennedy)、吉姆·肯尼迪(Jim Kennedy)、皮特·莱斯内(Pete Lysne)、弗兰克·尼尔森、马克·珀西瓦尔(Mark Percival)、雷·里德,迪克·罗德(Dick Rohde)、蒂尔曼·塔克、弗洛伊德·丢勒(Floyd Tuler)。这些研究人员中有许多人在冲击波研究方面取得了重大成就。

物理研究处的冲击波小组开始研究使武器部件承受平面应力加载的爆炸载荷。这些早期研究的主要目标是了解铁电材料(如钛酸钡)在爆炸作用下承受冲击载荷时的力电效应。尼尔森领导了大量的实验工作,并认识到冲击产生力电响应的基本原理。他提出当冲击载荷产生的电极化快速变化时,利用产生的位移电流可以作为武器子系统的电源。这一发展对几乎所有需要大电流的圣地亚组件都产生了深远的影响。这些铁电材料的研究导致了对武器和科学应用至关重要的几个重大发现,并使圣地亚在这类材料的研究中处于领先地位。简而言之,这项工作大大提高了圣地亚冲击波研究在国内和国际上的知名度。

在当时电气系统部的另一个研究小组,更侧重于工程应用,特别是直接应用于武器部件和子系统的材料力学响应。主要研究人员包括唐·伦德根、林恩·巴克尔和瑞德·霍伦巴赫。这个团队在20世纪50年代中期到20世纪60年代中期显著扩大。到20世纪60年代末,又有一些人加入了这项工作,包括拉里·伯索夫(Larry Bertholf)、巴里·布彻(Barry Butcher)、彼得·陈(Peter Chen)、道格·德拉姆赫勒(Doug Drumheller)、汤米·格斯(Tommy Guess)、沃尔特·赫尔曼、达雷尔·希克斯(Darrell Hicks)、詹姆斯·约翰逊(James Johnson)、查尔斯·卡恩斯、山姆·凯(Sam Key)、杰夫·劳伦斯(Jeff Lawrence)、拉里·李(Larry Lee)、鲍勃·梅、达雷尔·芒森、杰斯·农齐亚托(Jace Nunziato)、卡尔·舒勒(Karl Schuler)、比利·索恩(Billy Thorne)、鲍勃·沃尔什(Bob Walsh)、艾米莉·杨(Emily Young)。与物理研究处一样,这些人同样对冲击波研究做出了重大贡献。

## 2.3　核试验和冲击波研究

1963年签订《部分禁止核试验条约》(Limited Nuclear Test Ban Treaty, LTBT)前后,地下核试验成为唯一一种可以用来验证三个实验室正在开发的许多材料和部件核反应模型的技术。虽然不是圣地亚冲击波研究项目的主流工作,但是直接参与地下核试验的工程和设计团队的计算与实验支持是20世纪50年代和20世纪60年代的主要推动力。地下核试验比地上核武器试验要昂贵得多。然而,地下核试验提供了可控的和可重复的实验条件,并且其大规模的真空系统,能够更好地代表外大气层作战环境。因此,地下核试验项目是包括圣地亚在内的战略防务部门研究核武器脆弱性、生存能力和杀伤力等效应的重要支柱。

在隔热罩、雷达窗、硬化和相应对策以及许多其他应用方面,新材料正在迅速发展。所有这些都必须在核爆作战环境中进行测试。然而,在对这些实验进行最终分析之前,必须确定这些新材料的状态方程和冲击响应特性。实验数据和建模能力当时正在并行发展,圣地亚的两个冲击波研究部门正在解决这些问题。此外,核试验及其日益复杂的诊断技术开始产生数据,只有这些数据可以用于验证新开发的极端条件模型。与此同时,实验室的材料表征和模型开发也正在进行。这些并行路径的结果是模型验证,这为使用分析技术来设计更新、更安全、更有能力的作战系统提供了信心。这项以地下核试验为核心的大规模工作,推进了圣地亚早期的冲击工程能力,到今天仍在继续发展。

这种情况贯穿了整个20世纪60—70年代,直到①1974年签署了《有限禁止地下核试验条约》(或称《限当量条约》;TTBT)并于1990年生效,以及②发展了大型脉冲功率加速器,能够在实验室的地面试验中实现许多极端条件。TTBT有

150kt 的限制,到 1992 年结束之前,减缓了全面地下核试验计划。新的地面试验设备,已经列队开发了好几年,在圣地亚产生了一系列的脉冲功率加速器,以 HERMES、粒子束聚变加速器(Particle Beam Fusion Accelerator,PBFA)、Saturn 以及最近的 Z 装置(将在第 7 章讨论)为代表。地下核试验工作的结束也是 1996 年次临界实验工作的开始。次临界实验通常包括高能炸药和核材料,但核材料永远不能达到临界质量;因此,没有产生核当量。然而,次临界实验为武器设计者提供了大量的钚和其他材料的冲击数据。这项研究的更多细节见第 6 章。这些设施和项目承担了第二次世界大战后几十年来地下核试验历来所扮演的许多角色。

核试验场测试确定的几个材料问题,将通过圣地亚进行的冲击波研究加以解决:

(1) 材料动态特性,包括地面冲击研究感兴趣的各种地质材料和结构材料的相变;

(2) 材料的高压和高温响应,用于表征可能发生汽化情况下辐射沉积所产生的冲量;

(3) 测量部件和子系统中辐射沉积产生的应力脉冲,以确定辐射耦合系数;

(4) 材料在冲击载荷作用下的破坏特性,尤其是层裂强度。

## 2.4 用于冲击波研究的爆轰方法

物理研究处的冲击波小组在 20 世纪 50 年代中期开始利用爆轰加载使武器部件承受平面应力,目的是理解铁电材料(如钛酸钡)在炸药装药冲击载荷作用下产生的力电效应。早期的实验是在位于科特兰空军基地的一个偏远的圣地亚试验区中进行,该试验区靠近 III 区附近的 Y 区,现在那里仍然有重要的冲击波设备。尼尔森和他的同事们对这些材料进行了大量的实验(Kulterman et al. 1958;Neilson&Benedick,1960),并提出了多个力电模型,特别是冲击压电体电输出三区模型(three-zone model)。该模型考虑了石英单晶的弹性屈服,最终形成了弹性波和塑性波,从而改变了材料的极化状态,并产生了电流。模型预测和石英输出的一个显著特征是输出电流与样品/应力计界面处产生的应力或压力成正比。尼尔森还提出了当某些铁电体受到冲击载荷时,如何利用快速变化的极化状态所产生的位移电流。这些效应使得这些材料可以作为武器子系统的电源,被大量用于脉冲状态工作时需要大量电流的圣地亚部组件中。

冲击波实验的基本要求是产生明确定义的热力学状态,以获得材料特性信息,例如材料的雨贡纽响应。图 2.3 示出了利用平面冲击加载获取高压动态性质数据的实验方法。图中所示为在大的平板样品左侧对流体进行恒压(或对固体进行纵向应力)平面加载。在最简单的流体情况下，压力的瞬时作用会产生平面冲击波，以速度 $U_s$ 在样品中传播。对于恒压加载，冲击波将以稳定的波阵面传播，使材料从密度(或比体积，即密度的倒数)、比内能、粒子速度 $u_p$(假定材料处于静止状态时为零)取初始值状态和初始压力(通常也假定为零)下转变到所有这些变量取终值的状态。为了确定最终压力、密度、能量、冲击波和粒子速度，必须测量冲击波的两个热力学量，并将其与动量、质量和能量守恒方程式结合使用(Davison&Graham，1979；Boslough&Asay，1993；Drumheller，1998；Davison，2008；Forbes，2012)。所产生的压力和密度状态定义了雨贡纽曲线上的一个点，即不同终态压力下冲击载荷产生的状态轨迹，通常测量冲击波速度与其引起的冲击压力或粒子速度。如果峰值压力是恒定的，并且冲击波的结构不随传播距离而变化，则冲击速度取决于通过样品的传播时间。可以使用合适的测量仪表(例如前面讨论的石英测量仪或其他类型的应力计)来测量冲击压力，或者可以从粒子速度中推论得出。冲击引起的粒子速度可以通过测量自由面速度(几乎是粒子速度的两倍)来确定，这些技术将在以下各节中进行讨论。另外，样品的横向尺寸必须足够大，使边侧稀疏波①不影响测量这两个变量，即在测量区域内，冲击波传播仍是一维平面或单轴的。

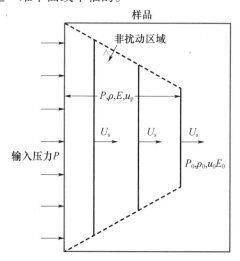

图 2.3　冲击加载实验示意图，$U_s$ 为平面冲击波阵面的传播速度。冲击压缩前初始压力 $P_0$(通常为零)、初始粒子速度 $u_0$(通常为零)、密度 $\rho_0$ 和内能 $E_0$。冲击之后，最终状态为压力 $P$、密度 $\rho$、粒子速度 $u_p$ 和内能 $E$。只有在样品中心不受边侧稀疏波扰动影响的区域才能获得良好数据

---

① 从边侧散发的波在图 2.3 中用虚线表示，定义了当冲击波波前通过材料传播时，剩余的单轴应变区域。

在20世纪50年代中期,产生平面冲击加载的技术仍然是有限的。主要的方法是洛斯阿拉莫斯开发的爆轰加载技术,用于测定材料在几百千巴到几兆巴极高压下的流体力学响应。利用炸药产生平面载荷的基本技术示意图如图2.4所示。配置具有不同反应速率的炸药组合,使平面样品的最终载荷是平面的,即加载压力几乎是瞬间施加在样品的一个平面上。这种结构被称为"平面波发生器"。圣地亚的尼尔森和他的同事使用适当的炸药和基板将此方法用于较低压力的研究工作。基板上的几个电短路探针通常用来确定冲击波到达样品的起始时间。测量仪或电探针都是用于确定冲击波到达后表面的时间,即可得到冲击波速度。如果在后表面使用时间分辨应力计,则冲击压力可以确定为时间的函数,这有助于推断材料在冲击状态下的特性。如果在离样品后表面不同距离的位置安装电短路探针(即不用测量仪)来探测受冲击的表面,则可以根据表面位移随时间的变化,通过微分得到自由面速度。通过上述冲击波速度和压力或粒子速度的测量,结合运动方程即可确定热力学状态。

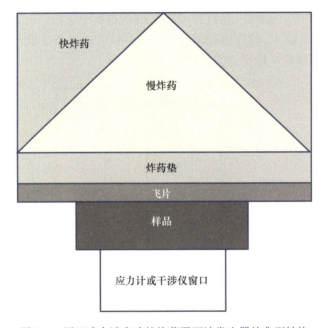

图2.4 用于冲击波实验的炸药平面波发生器的典型结构

虽然使用小的爆炸装药开展一维(单轴应变)平面冲击下铁电材料和其他材料的冲击波研究,是圣地亚早期冲击波项目的一个主要进展,但该方法也有几方面不足:使用炸药本身具有安全隐患,加载和卸载的路径不完全可控,峰值驱动压力不恒定,无法从冲击状态控制卸载状态。为了降低安全风险,这些实验是在处于偏远沙漠地区的技术Ⅲ区中进行的,这个地区常有响尾蛇、蝎子出没,还有其他一些令人不快的环境条件,如三月的新墨西哥沙尘暴。虽然解决了安全问题,但这不是冲击波研究的理想环境。虽然环境恶劣,但这些技术还是用于多种实验研究并取得了很好的结果(Jones et al. 1962;Jones&Holland,1964,1968;Jones,1967;Jones&Mote,1969)。

炮加载技术(2.5 节将讨论)出现后,除了开发改进雷管和中子发生器电源等特殊应用外,圣地亚大大减少了使用爆炸方法进行冲击波研究。比尔·本尼迪克在 Y 区爆炸发射场完成了许多这样的实验。鲍勃·格雷厄姆还在 20 世纪 80 年代中期进行了一项主要的冲击波实验,在发射场压缩疏松的金属和非金属粉末;格雷厄姆的研究涉及冲击压缩下化学过程,在布鲁诺·莫罗辛(Bruno Morosin)的回忆录和第 5 章将进行讨论。除了使用炸药进行精确的冲击波测量外,鲍勃·本汉姆(Bob Benham)还开发了一种光起爆高能炸药(LIHE)爆轰技术,即使用一个炸药薄片将整个武器组件暴露在冲击波下(Benham,1976)。LIHE 设施在 20 世纪 80 年代末被关闭和封存,后来因特殊用途又重新启用。

## 2.5 精确冲击发射装置的发展

1955 年,唐·伦德根来圣地亚不久就启动了一项与物理研究处开展的爆轰工作不同的冲击波研究计划。1957 年,应电气系统部经理里昂·史密斯的要求,伦德根用一枚抛射弹道炮对接触引信进行了弹丸撞击实验。当时,武器部件机构的工程师阿尔(阿伦)·贝克(Al(Allan) Beck)一直在Ⅲ区使用 4 英寸(1 英寸=2.54cm)口径的军用炮研究武器部件受到弹丸撞击时的响应。2.7 节"50 年代的人物和地点"中展示了一幅 1956 年贝克(Beck)炮控制室照片,该控制室位于Ⅲ区降落塔附近。伦德根最初将该炮用于接触引信实验,并对组件中产生的冲击压力进行了初步计算(Donald(Don) Lundergan,1957)。但实验无法精细控制每发弹丸的冲击轮廓,因此引信的电响应是不可预测的。伦德根很快意识到,需要对冲击进行良好的控制,才能产生精确的状态,从而将冲击应力与引信输出关联起来。稍早些时候,比尔·本尼迪克进行了分析,以评估使用气体炮进行冲击研究的可行性(Benedick,1956),因此,将军事应用的弹道炮技术提升到一个更精细、更精确水平的时机已经成熟。到 1958 年左右,最初用于接触引信研究的炮已被改装成用于冲击波材料研究的精确发射器。

1955 年,林恩·巴克尔结束了他在朝鲜战争中的军旅生涯(在那里他获得了美国海军杰出飞行十字勋章),并且还获得了亚利桑那大学的物理学硕士学位。随后,他加入了圣地亚的工程团队。他最初的任务是开发空投核武器飞机的安全投射核武器和逃生方法。在研究这个关键问题的过程中,巴克尔取得了他的第一个显著成就:发明了第一台圣地亚模拟计算机,用于分析核武器投射和引爆过程中飞机结构产生的热负荷[①]。到1957年初,Barker和伦德根都在里昂·史密斯的电气系统部工作。那年下半年,巴克尔晋升为科长,伦德根向他汇报工作,一直到巴克尔1960年卸任[②],伦德根接替他的职位。1962年初,伦德根进一步晋升为材料加工部门总监,巴克尔和瑞德·霍伦巴赫是其直接下属,三个人组成了开发工程应用冲击波技术的核心团队。

为了实现平面冲击波研究所需的精确碰撞条件,贝克炮被准确地重新镗孔至更精确的尺寸,重新安装了使用压缩空气的后腔,可以将装有平板飞片的弹丸加速到不同的碰撞速度,并设计了一个靶调校系统以实现小角度失调或倾斜情况下的精确平板撞击。一个可以泄压的靶室提供进出通道,用于放置正在开发的冲击波特性精确测量的新记录仪器(Lundergan,1960)。凭借他在机械和电气方面的创新才能,霍伦巴赫在精确冲击设备开发中发挥了领导作用。该设备于1958年左右投入运营,用于材料性能研究,并成为用于冲击波实验一系列精确炮的开端。材料和工艺开发主任查尔斯·比尔德在工程方面协助了新兴的冲击波项目。他鼓励并大力支持武器部件和系统开发的工作。在管理层的支持下,冲击波研究能力迅速增长。正如霍伦巴赫在他的回忆录中所述:

我们一开始什么都没有,只有一只被遗弃的激波管,没有测量仪器,只有我们两个人,而且我不确定我们是不是全职做这个项目。我们的研究从开炮使炮弹穿过平顶山打到一个布满锯屑的地堡然后费尽心力去找到样品碎片开始。早期的检测结果来自事后对靶的视觉检查(眼睛和显微镜)。大约在这个时候,我们的团队似乎真的在成长——更多的人、更好的设备、大量的仪器和更复杂的技术(探针、倾斜电阻)来获取和处理每一发实验数据。

图2.5为伦德根精确冲击炮的照片。该火炮位于开阔的沙漠地区(技术Ⅲ区),四周杂草丛生,沙尘暴频发,非冷即热,偶尔还会有响尾蛇出没。一个有趣的细节是,据我们所知,这是美国(可能是任何地方)第一个用于材料性能研究的精确撞击设备。火炮的炮口被精确地研磨成与腔轴垂直,从而保证弹丸近法向撞击垂直于弹轴的碰撞表面。它获取以前无法得到的数据的空前能力,为圣

---

[①] 巴克尔与阿赛的私人通信(L. M. Barker,private communication to J. R. Asay,2011)。
[②] 林恩·巴克尔于1961年离开圣地亚到位于纽约的哥伦比亚大学攻读物理学博士学位。1962年,他因妻子身体不好而回国,没有完成学位研究和论文。

地亚和世界各地其他机构增加火炮铺平了道路①。

图 2.5　1958 年,第一架用于精确冲击波研究的火炮发射装置
（拍摄于 1958 年 6 月 27 日,经 SNL 许可转载）

除了为开展冲击波实验提供比爆炸技术更安全的操作条件外,火炮还为研究材料响应提供了更好的冲击条件。图 2.6 比较了炸药加载和平板撞击在流体中产生的冲击波结构。平面爆轰加载产生的冲击波结构包括压力急剧增加到峰值的冲击前沿及其在流体样品中的传播。对于大多数爆轰装置,流体的峰值压力不是恒定的,因为炸药驱动产生的稀疏波传播速度要快于冲击波阵面,从而使其振幅衰减产生三角波,并导致所谓的泰勒(Taylor)波衰减现象。样品中的冲击压力变化使特定压力下研究材料的性能变得困难,因此很难获得材料准确的雨贡纽曲线。衰减问题在后来通过使用爆轰透镜驱动飞片撞击固定靶板技术（非常类似于炮发射技术）得到解决。在冲击载荷作用下,对样品的输入压力是不变的,直到飞片中向左运动的冲击波从飞片左边界反射回样品界面为止。就像爆轰加载一样,对于许多飞片装置结构都会产生稀疏波,最终追赶上冲击前沿并发生衰减。但是可以设计实验,使驱动压力和冲击幅值在传播过程中是恒定的,就可以在特定的冲击压力下精确测量材料的特性。此外,对冲击波和稀疏波结构的时间分辨测量也提供了关于材料特性的重要信息,特别是材料的卸载响应,这将在第 3 章说明。

---

① 在与吉姆·阿赛的私人谈话中(2012 年 11 月),伦德根提到,研发火炮装置期间,迪克·福尔斯(Dick Fowles)在斯坦福研究所(SRI)请求提供建造细节,以便在 SRI 建造类似设施。20 世纪 60 年代中期福尔斯搬去华盛顿州立大学后,他和乔治·杜瓦尔(George Duvall)教授在大学里建造了一个 4 英寸口径的氢气体炮。该设施被大量研究生用于基础材料特性研究以取得学位,其中包括一位本书作者——吉姆·阿赛,他在攻读博士学位时,将氢气体炮与圣地亚石英测量仪一起用于研究单晶氟化锂的动态屈服。

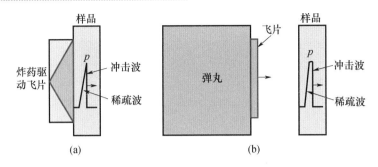

图 2.6　冲击加载样品的爆轰驱动及平板冲击技术

(a)爆轰加载使试样左边界的压力突然增加,产生以幅值 $p$ 向右传播的冲击波。爆炸加载也会立即产生冲击压力的卸载,从而产生随冲击而来的稀疏波,并随着冲击波在样品中传播而减弱冲击压力峰值。(b)平板撞击产生一个持续时间稳定的冲击波,直到从飞片背面反射冲击波所产生的稀疏波最终赶上正向冲击波并减弱它。这种结构允许研究稳定冲击加载下的材料,也可研究受控卸载下的材料。

虽然使用平板冲击改变了冲击波研究,但是必须发展新的技术来精确地描述冲击过程的所有方面,这需要新的仪器来测量冲击波和冲击条件的具体变量,特别是冲击载荷产生的压力和粒子速度状态。巴里·布彻在他的回忆中提及了这一点:

火炮以前被用于撞击实验,但相对我们的气体炮而言,这些都是初级的。控制室里摆满了最先进的示波器和计数器。照片用即显胶片拍摄,记录每次撞击触发后的一次扫描结果。然后用一台挺贵的数字化仪对胶片进行数字化,我记得,结果打印在 IBM 穿孔卡上。

尽管从今天的能力来看,为了精确测量发展必需的专业冲击技术似乎微不足道,但是为了几个目的必须发明新的诊断方法。这些目的包括表征样品中心的碰靶时间精确到纳秒以内,飞片击靶的控制偏差(或倾角)优于 $0.05°$,以及测量弹丸速度的不确定度不超过 1%。此外,需要用纳秒分辨率的记时仪器精确测量弹丸速度、冲击波速度以及卸载冲击压力产生的稀疏波传播速度。这些测量,特别是卸载波的测量,需要发展时间分辨的仪器来确定波结构的变化。然而在 20 世纪 50 年代,这些技术哪儿都没有。

圣地亚的研究人员开始开发用于精确火炮加载和时间分辨的波结构测量方法。这些为了描述碰撞条件和测量冲击特性的大量研究始于 20 世纪 50 年代,并在 60 年代末成为常规性工作。这些技术的进步发表在一系列论文中(Lundergan, 1957,1960,1961; Graham, 1958, 1961a, b; Graham et al. 1961; Neilson&Benedick, 1960; Barker, 1961, 1962; Smith&Barker, 1962)。除了诊断测量,格雷厄姆在 20 世纪 60 年代早期还开发了一个高精度的撞击设备,用于产生约 $0.02°$ 偏差的常规撞击,在使用石英压力计测定冲击波结构时,获得了极好的时间分辨率(Graham,1967)。图 2.7 为格雷厄姆的实验装置结构示意图。关于时间分辨的冲击波结构测量的更多细节,以及它们如何提供对于动态材料响应的新理解,将在第 3 章讨论。

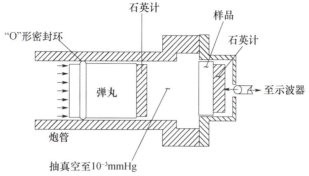

图 2.7　典型的气体驱动炮平靶撞击实验
(经许可转载自 Graham et al. 1967a。AIP 出版公司(AIP Publishing LLC)1967 年版权)

20 世纪 60 年代早期,这种炮从处于沙漠地带的技术Ⅲ区转移到技术Ⅰ区,并成为能够进行各种冲击波实验的现代化设备。图 2.8(a)所示为最早的伦德根炮被重新安置到更舒适的区域后的一张照片,经过重新设计该炮可以更加灵活地使用,并适用于更广泛的材料研究。照片中一位不具名的研究人员正在检查炮中的弹丸。图 2.8(b)为炮的结构示意图。该炮曾用于通用材料研究,直到 20 世纪 60 年代后期建造了第二门使用氢气作为增压气体的 100mm 气体炮,并安置在同一栋建筑内。最早那门伦德根炮经改装后专门用于剧毒物质铍的研究。20 世纪 80 年代后期,这两门炮都被搬回了沙漠,但这次搬到了 Y 区的一幢大楼里,位于制造第一门炮的技术Ⅲ区附近。这一设施后来被称为 STAR 设施,将在第 4 章讨论。伦德根最早的精确火炮发射器也进行了改进,用于斜向冲击研究,这些研究将在第 7 章进一步讨论。

图 2.8　(a)原 100mm 口径气体炮于 1960 年重新安置在技术Ⅰ区,
(b)第二门炮的示意图,经设计后性能提升并用于试验
((a)图由 SNL 提供,(b)图为巴里·布彻的私人收藏)

正如达雷尔·芒森在回忆录中所提到的,当他加入圣地亚的时候,炮加载技术正在发生重大变化:

我被录用了,并于1961年加入冶金学小组,在主任查尔斯·比尔德、处长比尔·奥尼尔(Bill O'Neill)、部门主管①塞西尔·拉塞尔(Cecil Russell)和科长基思·米德(Keith Mead)领导下工作。两年间,涉及常规的冶金问题,其中之一是为部门主管唐·伦德根领导下的一个小组获取纯金属样品,方法是操作一个压缩气体炮装置,研究炸弹部件特别是接触引信的冲击效应。这个小组可能是第一个认识到需要材料冲击波研究来支持武器计划的小组。我被任命为唐·伦德根所在部门的一个科长,在查尔斯·比尔德的领导下,负责监督4英寸口径压缩气体炮的操作。虽然炮在技术Ⅲ区,但办公室和实验室设在技术Ⅰ区806号楼。1966年是有趣的一年;进行了大规模改组,取消了大部分的科长,应我个人要求,我恢复了普通员工身份。1967年,又进行了一次重大改组,以适应冲击波材料研究日益增加的需求。比尔德在技术Ⅰ区有一栋老建筑(855号),经过改造,既能容纳来自技术Ⅲ区的4英寸炮,也能容纳为工程研究而新建的4英寸炮。布彻负责前者,拉里·李负责后者……

在伦德根于1958年证实用气体炮开展精确冲击实验之后,这项技术在圣地亚迅速发展。到20世纪60年代早期,鲍勃·格雷厄姆将一门40mm弹道炮改装成一门精确火炮,能够将弹丸发射速度到大约1km/s,以用于冲击波研究(Graham,1961a)。它最初用于研发广泛应用的石英应力计。和最早的伦德根炮一样,这门炮位于一个偏远的地区。稍晚些时候,格雷厄姆制造了一门氦气体炮,其最大速度也约为1km/s,位于技术Ⅰ区。格雷厄姆最初的火炮大约在那个时候停止使用。

在20世纪60年代末,沃尔特·赫尔曼和达雷尔·芒森决定在Y区建造用于冲击波实验的大口径火炮和二级轻气炮。设计的火炮有89mm口径和超过2km/s的弹速,地点位于伦德根炮附近,但是在专门为此目的建造的一座新建筑内。火炮也可以与另一种较小口径的炮管连接使它成为一门二级轻气炮,以实现速度高达7km/s。达雷尔·芒森回忆了这一重大进展事件:

1968年,我们发现了一些基于二级轻气炮的创新技术……这是正在开发的技术,在高速撞击方面远远优于爆炸方法。圣地亚对我推广的新技术产生了一些兴趣,在与研究副总裁(名字想不起来了)、阿尔·纳拉特和其他人的一次会议后,我提出要购买一门二级轻气炮。在接下来的一年里,基于席德·格林(Sid

---

① 编者注:当时圣地亚的部门经理被称为部门主管。

Green)和阿方·琼斯(Arfon Jones)制造和运行的一门炮,我指导从加利福尼州亚戈利塔(Goleta)市通用汽车公司采购了一门 3.5 英寸炮。我还负责了放置它的 9956 号楼的概念设计和最终设计(当时被称为"冠军 3 号"("Title III"))。该项目是国会预算中超过 10 万美元的单项拨款项目。这门炮于 1969 年 11 月送达,由通用汽车员工安装,并在圣诞节前成功地进行了第一次试射。

这座编号为 9956 的炮房长约 100 英尺,宽约 20 英尺,高到足以安装一台高架起重机。靠近这座建筑物的是一个防爆仪器室,里面装有示波器、脉冲发生器和点火电路。60 英尺长的炮沿着建筑的中心线对齐,并加装了一个直径 6 英尺的靶室。圣地亚的工作人员包括鲍勃·梅、雷·里德、保罗·曼森(Paul Matson)、鲍勃·比塞克(Bob Biesecker)和查尔斯·金赛(Charles Kinsey),以及提供支持的仍在操作 9950 工厂的工作人员和其他部门的一些人。不久之后,卡尔·康拉德(Carl Konrad)也加入了这个团队。该炮既可以作为最终直径 1.125 英寸的二级轻气炮使用,也可以作为直径 3.5 英寸的火炮使用。连接这些炮管的是一个锥形直径递减的耦合器部分(即锥形高压段)。

89mm 口径火炮能够发射超过 2km/s 的弹丸,这一改进使氢气体炮的冲击压力峰值提高了四倍(在高密度材料中最高可达 1 兆巴)。此外,二级轻气炮的速度几乎是一级火炮可能速度的 4 倍,在高密度材料冲击波压力峰值可以达到 3 兆巴。这种能力对圣地亚的应用至关重要,例如易损性研究和稍后将讨论的其他应用,因为它可以首次对冲击汽化进行研究,这种汽化改变了物理过程,也改变了冲击或辐射沉积产生的动量传递。

20 世纪 80 年代后期,火炮和二级轻气炮组合发展成了一个大型的研究设施(见林恩·巴克尔的回忆录和第 4 章),国际上称为冲击热力学应用研究设施。这一设施至今仍在运行,目前有五门独立研究炮,包括再次经过大改的最早的伦德根炮,即在炮膛中铣出一个槽,以允许有倾角的飞片斜向撞击,在冲击时产生纵向和剪切应力状态(见第 7 章)。

唐·伦德根的愿景是在冲击波建模和实验研究领域建立一个强大的跨学科计划,这一愿景在 20 世纪 50 年代扎根于实验领域,并将在接下来的几十年随着建模和计算工具的发展而开花结果。

## 2.6  圣地亚一系列创新的冲击发射器

平面冲击波研究从使用炸药到使用滑膛炮是一个范式转变。在证实了伦德根气体炮的精确程度后,这项技术在圣地亚和其他地方迅速发展。图 2.9 为用于材料研究发展的三种炮的加载系统示意图。伦德根炮在图中被称为气体炮,使用压缩空气在炮尾发射一个含有平板飞片的弹丸,速度最高可达 0.3km/s。对于大多数感兴趣的材料,在这个速度下产生的冲击压力通常在几十千巴的范围内。这一能力使研究低压下的弹-塑性响应成为可能,但在实际和科学应用中都需要提高弹丸速度。到 20 世纪 60 年代初,在火炮后膛中压缩到几千磅每平方英寸(pounds per square inch,1psi = 6.895kPa = 0.06895bar)的氦气取代了增压空气,由于氦具有更高的声速,使弹丸速度能够超过 1km/s,进而使各种材料的冲击压力超过 100 千巴。这满足了正在进行的若干武器设计工作的基本需要。但是,需要更高的冲击速度来研究武器方案所关心的现象,特别是材料失效和碎裂以及在武器系统中用于减缓冲击的多孔材料的完全压实。

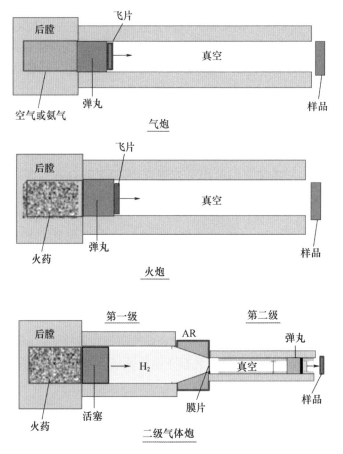

图 2.9 为增加冲击压力而开发的炮发射装置示意图。在二级轻气炮中,活塞在称为加速段的锥形部分(图中以 AR 标出)压缩气体

用火药代替加压气体以获得更高的击靶速度,产生了一种新的平面撞击发射器,后来被称为火炮。89mm口径火炮于1969年后期首次用于材料研究,其最大冲击速度为2.3km/s,在铝中产生的冲击压力为几百千巴,在钽等高密度材料中冲击压力高达1兆巴。从20世纪70年代初开始,这种炮被广泛用于材料研究,至今仍在使用。这类炮的不足之处在于它无法获得与武器问题有关的热力学状态,例如由X射线沉积和汽化引起的反冲冲击波。这些冲击波一般为几十千巴和1μs量级的持续时间,可能给武器材料和部件造成重大损伤。

20世纪50年代末,通用汽车公司开发了一种新的炮加载技术,即二级轻气炮,利用该技术可以到达部分冲击汽化的热力学状态。圣地亚在20世纪70年代末获得了这项技术,并将其完善用于材料研究,包括冲击引起的低熔点材料汽化。在圣地亚二级轻气炮(TSG)中,第一级由一个大口径火炮组成,通常用于加速一个重约20磅的聚乙烯活塞,并压缩这一级炮管内的氢气。在炮的锥形部分活塞将氢气进一步压缩到压力达到约100000psi,这一部分被称为加速段(Acceleration Reservoir),它连接第一级和口径更小的第二级发射管。高压气体使第二级入口处的安全膜片破裂,并将一个轻质弹丸(通常只有几十克)加速到8km/s的速度。在大多数应用中,实际最高速度约为7km/s,在高密度材料中产生数兆巴的冲击压力。在低熔点的材料中,如镉、锌和铅,当材料在冲击波作用和卸载后回到零压力时,会发生部分汽化。这一状态可以用激光测速仪来探测,该仪器是圣地亚在接下来的几十年里开发的。

一个规划性需求是发展更高发射速度能力,通常被称为超高速,以便用于支持X射线损伤性分析的完全汽化研究,以及延伸武器物理问题的更广阔的温压范围。正如精确炮发射装置的出现代表冲击波研究从使用炸药的一种范式转变,另一个突破就是实现超高速冲击。第一次尝试是通过开发由二级轻气炮组成的三级轨道炮,也称为轨道炮,即以大约6km/s的速度将弹丸射入第三级。轨道炮部分使用电磁加速器而不是气体压力来实现额外的速度提升。在第5章中讨论了该技术,取得了部分成功,但并未实现速度为15km/s的预定目标。

实现超高速的另一种尝试是成功的,需要对推进技术做另一种范式转变。这种方法使用一个非常高压力(通常是1兆巴或更高,而不是低速炮使用的几千磅每平方英寸),在大约1μs的时间内斜波压缩,以避免形成冲击波。这个推动力把一个薄飞片加速到超高速,其主要特点是通过驱动压力的平稳增加来加速飞片,可以防止冲击加热和随后的熔化或汽化。这种方法使TSG能力得到有效扩展,产生了一个三级发射装置,被称为超高速发射器,获得了大约12km/s的碰撞速度以便开展EOS研究,在第5章中有更详细的描述。这一概念的一个改进版本,称为增强型超高速发射器(EHVL),能够将材料碎片发射速度到大约

20km/s,用于超高速杀伤力研究。

利用快速脉冲功率设备产生的磁压力,能够在相似的加载时间尺度内获得更高的加载压力。这一类似的方法产生了更高的飞片速度,成功地实现了46km/s。这种技术称为磁驱动飞片(MF),将在第7章中讨论。利用磁驱动飞片方式能够产生高达40兆巴的冲击压力。此外,采用冲击与斜波加载相结合的方法可以获得EOS面上的完全压力-密度-温度状态,如第7章所讨论的。

过去60年圣地亚的冲击波项目中,平面冲击技术取得的显著进步如图2.10所示。所有这些实验能力在圣地亚依然存在,并经常用于各种武器和其他科学问题研究。每一个技术都将在接下来的章节中进行更详细的讨论。

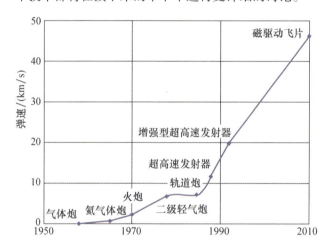

图2.10 圣地亚发展的飞片技术的最大发射速度

## 2.7 20世纪50年代的人物和地点

瑞德·霍伦巴赫,1952年晋升为科长(经SNL许可转载)

卢克·沃特曼,1951年晋升为部门主管(经SNL许可转载)

丹尼斯·海耶斯,1959年进入新墨西哥大学(UNM),在圣地亚上夜班(经SNL许可转载)

林恩·巴克尔,1957年在电气系统部晋升为科长(经SNL许可转载)

比尔·佩雷特,约1950年进行野外试验。本照片为鲍勃·佩雷特(Bob Perrett,比尔·佩雷特的儿子)的私人收藏

唐·伦德根,1960年在系统工程部晋升为科长(经SNL许可转载)

1949年,圣地亚首批永久性建筑之一(800号楼)(经SNL许可转载)

1960年,作为"犁铧行动"的一部分,"滑板车行动"携带了500t烈性炸药在内华达沙漠爆炸(经SNL许可转载)

阿尔·贝克用于接触引信研究的火炮,1956年(照片于1956年9月14日按阿尔·贝克的要求拍摄,经 SNL 许可转载)

阿尔·施瓦茨(Al Schwarz)(右)向亨利·温切尔(Henry Winchell)和伊芙琳·埃文斯(Evelyn Evans)解释武器技术参数,1956年(经 SNL 许可转载)

# 第3章　20世纪60年代：爆炸式增长

## 3.1　背　　景

20世纪60年代见证了圣地亚冲击波能力的惊人增长。随着不同压力冲击载荷精确产生和控制技术的迅速发展，精密诊断技术正以创纪录的速度发生重大革新。其目的是探测冲击波的详细结构，以了解材料动态响应的具体特征，例如材料在冲击载荷下普遍存在的双波结构，即弹性和塑性响应。这些信息对于正在开发的新材料模型是必要的。将这项新技术应用于国防界的迫切需求同样重要。特别是必须了解核环境中(如脉冲辐射源照射时)材料的应力响应，以便发展适当的实验技术与材料模型来模拟核环境对武器部件和系统的影响。

由于在设施和仪器设备方面投入了大量资源，圣地亚工作人员数量在20世纪60年代期间急剧增加。其中，聘用了许多具有实验专长和较强理论、建模和数值分析背景的工作人员。正如伦德根在他的回忆录中提到：

……过渡时期需要增加工作人员接受适当的训练。数字计算时代已经到来，需要冲击波研究结果的问题也越来越多。在20世纪60年代初，拉里·伯索夫、查尔斯·卡恩斯、沃尔特·赫尔曼、彼得·陈、巴里·布彻、卡尔·舒勒、达雷尔·芒森、弗洛伊德·丢勒、山姆·凯以及其他一些专业人员加入了这个组织。他们的贡献有助于理解和量化层裂和应力波在复合材料、层压板和泡沫中传播的时间依赖性。这些材料特性和相关的波传播代码为解决武器计划、核反应堆安全、装甲设计等领域的问题提供了输入和计算技术。

集体的专业知识和新技术的迅速发展促进了对材料基本现象的理解，从而为数字计算机代码建立了最先进的材料模型，促进了武器部件和子系统数值模拟能力的迅速发展。20世纪60年代这十年是实现伦德根在过去十年中形成的圣地亚跨学科冲击波能力愿景的重大飞跃[1]。由于全实验室对研究的新重视，使得实验室拥有充足的经费在相关领域聘用具有高学历的研究人员。20世纪50年代末，大约有12名工作人员参与了冲击波研究，到20世纪60年代末，研究

---

[1] 2012年12月，伦德根和阿赛之间的私人谈话。

人员已扩充到40多名。招聘一直持续到20世纪70年代及以后，但速度有所放缓。瑞德·霍伦巴赫在他的回忆录中提到了这种爆炸式增长："我们从赤贫变成了富翁"。研究机构富有远见卓识的天才弗兰克·尼尔森在谈到圣地亚研究时说过："金钱在这里就像润滑油，你靠不停地喷它来让事情进展得更快"①。到了20世纪70年代，这些高度集中的努力使圣地亚被公认是美国冲击波研究的领头羊。

1967年圣地亚新成立了力学性能处，赫尔曼任经理。该处设有四个分部从事材料响应研究工作。第二年，圣地亚进行了一次重大重组，该处变成了固体动力学研究处，由巴里·布彻、查尔斯·卡恩斯、达雷尔·芒森和奥登·伯切特（Olden Burchett）担任分部主管。伦德根从管理层退出，成为芒森所在部门的一名员工。赫尔曼的管理策略是将实验、建模和计算小组垂直地集成到同一个处，以保持伦德根最初的设想。这种组织结构可以通过各个领域的综合研究快速解决复杂的技术问题。赫尔曼的管理哲学不同于大多数其他机构，后者往往把实验、建模和计算等职能分开，因此需要小组间谈判来确定优先次序，从而使求解问题的进展变慢。例如，回顾很多圣地亚、洛斯阿拉莫斯和利弗莫尔（Livermore）的项目时发现，这三大实验室在处理一个共同的技术问题时，圣地亚的集成管理模式通常可最先获得结果。这种跨学科的管理方法持续了20多年，直到固体动力学研究处在20世纪90年代初因为圣地亚的全面重组而解散，第6章对此进行了更详细的讨论。在这种结构调整之后，各分部（在新结构中称为处）直接向主任汇报，而不是像以前那样向一名二级部门经理汇报。这项旨在提高运营和财政效率的结构调整对冲击波研究并不利，破坏了伦德根最初设想的综合、跨学科方法的差异化优势。

同时，固体物理研究处的人员编制水平和组织结构也发生了迅速的变化。奥瓦尔·琼斯于1961年以职员身份加入圣地亚，与弗兰克·尼尔森和比尔·本尼迪克一起从事铁电材料方面的工作。在他早期的职业生涯中，他为圣地亚冲击波压缩科学的发展做出了多项杰出贡献，包括给该专业不断增长的员工讲授冲击波物理课程，并参与到不断增长的研究科学的战略规划中。这些努力促使圣地亚成立了几个研究处，特别是一个专门从事冲击波研究的处室。奥瓦尔·琼斯等在20世纪60年代所制定的战略规划确定了圣地亚的主要研究方向，为冲击波研究强大而持续的管理承诺打下了坚实的基础，使得冲击波研究在未来几十年不断地吸引顶尖科学家加入。此外，奥瓦尔还为冲击波研究做出了开创性的技术贡献。其中包括早期用石英计研究金属材料的弹性屈服（Jones et al,

---

① 奥瓦尔·琼斯2013年8月给杰夫·劳伦斯的私人通信。

1962),最先用石英计开展金属材料弹性屈服的时间分辨测量(Jones&Mote,1969),与华盛顿州立大学的吉姆.约翰逊(Jim Johnson)和汤姆·麦克斯(Tom Michaels)发展了基于位错的弹性前驱波衰减理论(Johnson et al. 1970;Jones,1971),以及其他几项技术成就(Jones&Graham,1971年;Jones,1972,1973)。他富有远见的成就为圣地亚和其他机构未来多年的许多研究项目定下了基调并指明了方向。

琼斯很快在机构里升职,到1965年成为分部主管。为该处的科学研究和声誉留下不可磨灭印记的另一个人是乔治·萨马拉,他于1962年加入圣地亚,旋即于1962—1965年在军队义务服役3年,随后(1965年)回到同一处室,开始了一项关于静压的研究项目。萨马拉于1967年成为分部主管,1973年被提升为固体物理研究处经理,该部门下属于固体科学研究中心,奥瓦尔·琼斯为中心主任。萨玛拉一直担任该处经理,直到20世纪90年代初圣地亚大范围重组。在新的组织结构中,沃尔特·赫尔曼管理的处室仍置于琼斯的领导理事会之下。

以下各节讨论20世纪60年代主要的冲击波研究工作:
(1)时间分辨应力测量(3.2节);
(2)时间分辨粒子速度测量(3.3节);
(3)弹–塑性材料(3.4节);
(4)冲击导致的层裂(3.5节);
(5)黏弹性材料(3.6节);
(6)多孔材料(泡沫)(3.7节);
(7)计算能力(3.8节);
(8)对美国国防部需求的响应(3.9节)。

## 3.2 时间分辨应力测量

在这十年之初,乔治·安德森(George Anderson)领导的应用研究部和唐·伦德根领导的系统工程部的诊断技术飞速发展。安德森的部门专注于发展对铁电和压电材料的基本理解,最初使用高能炸药平面波驱动器,至20世纪60年代中期开始转向火炮发射器。伦德根的部门专注于改进1958年制造的气体炮发射器的精确冲击技术,并开发诊断冲击波结构的新仪器。对武器部件和系统以及地下核试验的研究表明,冲击波的具体结构关系到部件或系统的成功动作,测量冲击波结构十分必要。这两个部门的工作人员积极发展时间分辨诊断技术,以测量平板撞击或炸药爆炸所产生的冲击波。每个小组的技术方向最初是不同的,但是研究工作的大量重叠最终导致了资源和责任的竞争。

最主要的挑战是发展能够精确探测冲击波详细结构的纳秒时间分辨诊断方法。例如，在武器引信中，接触引信受冲击时既产生弹性波也产生塑性波，因此必须预测弹、塑性波在武器系统和部件中的各自传播方式。这一信息可以通过分析在受控冲击条件下冲击波的精细结构得到。冲击波的详细结构提供了有关物理机制的重要信息，比如产生弹性屈服的临界纵向应力（称为雨贡纽弹性极限，HEL），以及控制加载过程的临界纵向应力。典型的金属在到达 HEL 之前保持弹性，然后进入塑性（或类流体）变形，直到加载应力达到峰值。上述加载响应在低压下产生具有不同速度的双波结构：以弹性波速度（约等于常压下的纵波声速）传播的"弹性波"和以速度 $U_S$（取决于材料的体属性和冲击压力）传播的"塑性波"（Davion,2008；Forbes,2012）。图 3.1 给出了双波结构示意图，纵向应力和对应的粒子速度分别表示为 $\sigma_x$（$x$ 为波传播方向）和 $u_p$。图 3.1(b)给出了如何得到波结构详细测量结果或者说经由应力 – 应变响应相互关系获得。利用每个波的应力或粒子速度测量值和两波波速，结合平面冲击波传播的守恒方程可以确定应力 – 应变曲线（Davison and Graham,1979；Boslough and Asay,1993；Drumheller,1998；Davison,2008；Forbes,2012）。雨贡纽线（即单次冲击加载得到的各状态点轨迹）是分析冲击加载下材料响应的基本信息。对于许多冲击波应用，特别是那些需要快速解决方案的应用，雨贡纽线提供的基本材料特性可以为手里的问题给出初步的答案。

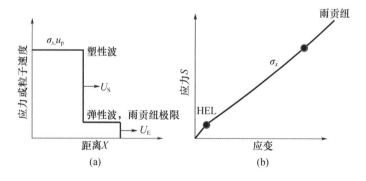

图 3.1 双波结构示意图

(a)弹塑性材料在低冲击应力下产生的双波结构；(b)多发冲击波实验获得的雨贡纽曲线。

为了测量冲击波的精细结构，圣地亚的研究人员战略性地投入了大量资源，开发了用于测量冲击加载下时间分辨应力曲线或时间分辨粒子速度剖面的诊断方法。如第 2 章所述，利用化爆加载，尼尔森和他的同事们迅速推进了对冲击压缩下压电和铁电响应的理解（Kulterman et al. 1958；Neilson&Benedick,1960）。这方面的专注工作很快有了回报，形成了著名的"三区模型"，用于预测压电晶体在冲击压缩下产生的电流（Neilson and Benedick,1960）。该模型识别出石英受

HEL以上冲击时弹性波和塑性波的形成,以及各波后产生的极化和电场状态。这为将X-切石英用于高质量应力计提供了理论依据。通过将石英置于平板样品的后表面,记录当冲击波到达界面时输出电流与时间的关系,便可得到与材料响应相关的时间分辨应力剖面。该应力计的一个重要特性是,后表面产生的电流剖面只取决于试样与应力计界面处的应力剖面。

图3.2显示了为用于应力波测量的三种主要石英计结构。最广泛使用的是分流保护环结构,其响应仅由固定应变下石英计的材料特性决定。而短路保护环和环形保护环结构也被用于特定应用场景。格雷厄姆讨论了这三种结构的具体要求和标定方法(Graham,1975)。

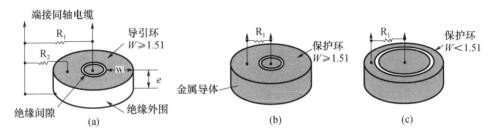

图3.2 用于冲击波测量的三种石英计结构
(a)分流保护环;(b)短路保护环;(c)环形保护环。
(经许可转载自Graham,1975,AIP出版公司1975年版权)

到20世纪60年代初,铁电材料和压电材料研究取得了重大进展。琼斯、尼尔森和本尼迪克进一步发展了线性压电模型来量化冲击波的时间分辨结构(Jones et al. 1962)。然而,该模型的适用性有限,因为它假定压电、介电和弹性行为是线性的,而众所周知,这些响应是高度非线性的。石英的高阶电致伸缩效应和不寻常的介电击穿行为当时还没有很好地理解,因此没有纳入模型。格雷厄姆和他的同事对此进行了全面的研究来确定这些影响。这些研究使我们对石英晶体冲击响应有了基本的了解,从而发展出可用于约30千巴(动态屈服点)以内冲击波实验的X-切石英(Graham,1961b,1962,1972a,b,1975,1976,1977,1979a,b;Graham et al,1961,1965;b;Neilson et al,1962;Graham&Jacobson,1973;Graham&Chen,1975;Graham &Yang,1975;Graham&Reed,1978)。

石英计对冲击波研究产生了变革性影响。它在当时的主要优势是,第一次可以直接测量主冲击波变量,即应力状态,而不用通过粒子速度(由位移数据微分得到)等其他测量值进行间接推导。此外,石英计测量天然具有很好的时间分辨特性,通常在纳秒尺度。因此,石英计被广泛用于圣地亚和其他机构的各种实验中。图3.3给出了用石英计研究30% Ni - 70% Fe合金的bcc-fcc(体心立方到面心立方)相变的一个示例(Graham et al. 1967a)。图3.3(a)中的示波器信号清晰地显示了弹塑性双波结构。图3.3(b)中的应力-密度曲线则给出了弹塑性压缩行为和相变的影响,其中应力随密度增大而迅速增大的初始段代表弹性响应。李·戴维森(Lee Davison)和格雷厄姆1979年的报告全面总结了石英计技术的广泛应用(Davison&Graham,1979)。

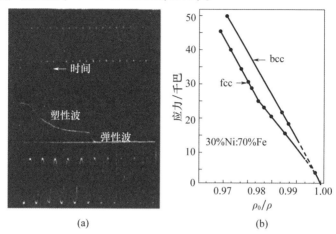

图3.3　30% Ni-70% Fe 合金的冲击压缩特性
(a)石英计记录信号,顶部和底部是时标信号;
(b)应力-密度曲线,表明材料发生了 bcc-fcc 相变。
(授权转载自 Graham et al,1967a,AIP 出版公司1967年版权)

格雷厄姆的开创性研究使压电科学进入大应变、高电场领域,与尼尔森和贝尼迪克的研究相结合后,产生了一种可用于多种应用的高精度的应力计。这项突破性的工作还获得了一项专利,如图3.4所示。

图3.4　弗兰克·尼尔森、比尔·本尼迪克、鲍勃·格雷厄姆(从左到右)共享了一项石英计的专利(1967)。格雷厄姆手里拿着一个石英计盘
(经 SNL 授权转载)

石英计是冲击波研究许多领域的革命性发展,并已在大量科学和武器研究中得到应用,包括核爆试验(Hayes and Kennedy,1969)、高能反应(Kennedy,1970;Hayes&Mitchell,1978)和弹性屈服(Jones et al. 1962)。由于其在恶劣环境下的稳健特性,在地下核试验高度专业化的应用中,它是脉冲 X 射线辐射下武器材料应力测量的主要传感器(Graham and Ingram,1968;Graham&Jacobson,1973)。曾参加过许多此类试验的阿尔·哈拜在他的回忆中提到:

……石英计提供了高精度的受 X 射线辐射后样品内产生的波形和冲击波峰值压力。在进行的许多测量(如脉冲、温度、冲击压力、位移等)中,可以说石英计提供了大量最重要的定量数据,从而使美国能够为海军和空军开发抗 X 射线的核弹头,从而提供了可靠的威慑。

对铁电和压电材料的研究一直持续到 20 世纪 70 年代和 80 年代初,格雷厄姆和其他几位研究人员通过前所未有的大量研究,进一步提高了对铁电和压电材料的基本认识,极大地扩大了实际应用范围(Lysne,1972b,1973,1975,1976,1977,1978a,b;Lysne and Bartel,1975;Graham,1961b,1962,1972a,b,1975,1976,1977;Graham&Yang,1975;Graham&Reed,1978;Graham et al,1992;Stanton&Graham,1977;Chen et al. 1976a,b,1978;Chen and Montgomery,1977,1978,1980)。

在 20 世纪 80 年代后期,一种名为聚偏二氟乙烯(PVDF)的聚合物被发现具有压电特性。很快 PVDF 也被尝试用于应力计,通过在厚的样品层之间夹一层薄层 PVDF,将导电导线延伸到样品外部进行应力测量(Graham,1979b,1980;Bauer et al. 1992;Lee,Williams,Graham,and Bauer,1986;Lee,Graham,Bauer and Reed,1988;Lee,Hyndman,Reed,and Bauer,1990;Lee,Johnson,Bauer et al,1992;Reed and Greenwoll,1989;Reed et al,1990)。这种结构可以确定冲击波通过应力计时的应力变化率,而不像石英压力计那样只能测量应力大小。PVDF 应力计是冲击波测量技术的另一个重大进步,将在 5.10 节详细讨论。

## 3.3 时间分辨粒子速度测量

唐·伦德根的工程系统部采用了一种不同的方法来开发精确的冲击波测量技术。他的团队专注于受冲击材料背面粒子速度的精确测量技术(如果不使用应力计,通常称为自由面速度)。而使用石英计时,目标是获得粒子速度的时间分辨测量,这将提供有关材料响应的详细信息。时间分辨粒子速度剖面和应力剖面通过运动守恒方程转换后是等价的,可得到相同的材料特性信息。在最早的粒子速度测量方法中,大量的短路电探针(30 个或更多的紧密分布探针)布局在距离样品表面不同高度的位置,用于跟踪冲击到达时的表面位移。其中位移和时间测量分别具有几微米和几纳秒的分辨率。对位移数据的微分产生了自由表面速度随时间的变化,即速度-时间剖面(Lundergan,1960,1961)。伦德根利用探针技术测量了铝的弹塑性波,并确定了铝在 37 千巴以内的弹塑性响应行为(Lundergan,1960,1961),这一点已被后来更精确的粒子速度数据证实。

下一个进步是对自由面位移的连续测量。朝着这个方向迈出的第一步是斜丝电阻计(Barker,1961,1962;Barker&Hollenbach,1964)。图 3.5 显示了结构示意图。该技术采用了一根电阻丝,以一个微小的倾角安装在导电样品的自由面或非导电样品的金属镀层上。当冲击波到达时,导线不断短路,从而改变导线电阻,在测量电路中表现为电压变化。这项技术可以连续记录时间分辨自由面位移(精度约为 3μm),并通过微分获得粒子速度(Barker,1961,1962;Smith and Barker,1962;Barker&Hollenbach,1964)。基于此技术测得了铝的精确雨贡纽曲线(Lundergan,1961;Lundergan&Herrmann,1963;Barker et al. 1964),后来在铝、铜、铅中实现了约 116 千巴峰值压力范围内的雨贡纽测量(Munson&Barker,1966)。

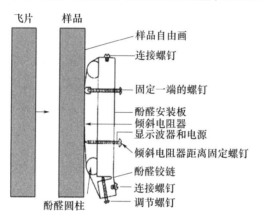

图 3.5 连续测量自由面位移的斜丝电阻
(经许可转自 Barker&Hollenbach,1964,AIP 出版公司 1964 年版权)

再下一个显著的进步是位移干涉仪,它通过具有亚波长分辨率的表面位移测量来提高精度。虽然这种干涉仪与斜丝电阻具有测量表面位移而不是粒子速度的相同局限性,但它是使用激光干涉技术的一种新方法的开始,使得之后的冲击波研究受益巨大。林恩·巴克尔和瑞德·霍伦巴赫(Roy(Red)Hollenbach)在 1963 年末开始用激光干涉技术进行冲击波研究,当时查理·卡恩斯(Charlie Karnes)刚刚进入圣地亚。据卡恩斯回忆:

……我 1963 年 6 月到圣地亚报到,我认为林恩是在 1963 年 9 月有了使用迈克尔逊(Michelson)干涉仪测量受撞击目标自由表面位移历史的想法。他和瑞德·霍伦巴赫在我们805号楼二楼的实验室里做了一个简单而巧妙的实验。

他们使用的炮管为三到四英尺长、内径4英寸、壁厚0.5英寸的铝管。将抛光过的铝板粘在聚氨酯泡沫圆柱块上并置于炮管的后端作为飞片,另一个抛光过的铝板放在炮管的另一端作为靶板。炮管靶端配合面为精密研磨和抛光过的方形面。带有飞片的塑料圆柱块被固定在铝管(即炮管)的一端,用一根细线固定在实验室固定的物体上。炮管的另一端是装有干涉仪元件的靶板。炮管被轻度抽真空,形成了一个使用大气压作为推进剂的气体炮,如果你愿意也可以称为"真空炮"。真空使靶板牢牢地固定在炮管的一端。干涉仪采用低功率氦氖激光作为光源,通过光电倍增管对干涉条纹进行监测并在示波器上显示输出。

另一根细金属线将干涉仪装置连接到靶板上。林恩紧紧抓住这根"靶线",以防元件掉到地板上。为了发射"炮",瑞德切断了固定弹丸的细线,弹丸沿炮管高速运动并撞击靶板。这是首次冲击波干涉仪实验,而我恰好是见证人。

随后,该技术很快应用于冲击波研究并被不断改进,第一篇关于迈克尔逊干涉法用于冲击波实验的论文于1965年11月发表(Barker&Hollenbach,1965)。通过对实验测得的连续位移数据进行微分处理便得到了清晰的弹塑性波结构。图3.6为干涉仪结构示意图。图底部的条纹数据产生了一个亚微米分辨率的时间分辨位移记录。

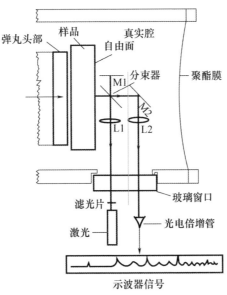

图3.6 用于冲击波实验的迈克尔逊干涉仪结构示意图。示波器记录显示了一个频率信号(带有定时标记),对该频率信号进行微分便得到冲击波到达后表面后的粒子速度剖面(经许可转自 Barker&Hollenbach,1965,AIP 出版公司1965年版权)

位移干涉仪由于空间分辨率的提高,相对于斜丝电阻法是一个明显的进步。但它受限于记录示波器的频率响应范围,只能用于相对较低的表面速度测量。然而,这项技术很快被圣地亚的速度干涉仪取代,这是巴克尔的另一个奇想,也是冲击波仪器的一个关键进步,它利用光学微分来提供粒子速度的直接测量,从而具备更高的精确度,时间分辨率达到几纳秒(Barker,1968,2000)。速度干涉仪大大扩展了石英计的应力范围,因为它可以获得超过100千巴的冲击应力。它的主要限制是反射面在测量期间必须保持高光(即类镜面)。因此,多孔材料或相变材料等非均匀材料通常不采用此方法进行测量。

图3.7为干涉仪示意图,称为圣地亚速度干涉仪。该技术利用光延迟产生一个比冲击样品的直接回光信号提前几纳秒的参考光信号。将两者结合得到一个与所记录表面的粒子速度成正比的拍频(Barker&Hollenbach,1972)。与石英计一样,速度干涉仪是一个突破性的进步,它允许直接高精度地测定一个冲击波变量,即粒子速度。这是巴克和霍伦巴赫在1964—1974年期间在他们实验室("意外幸运实验室"(Serendipity Lab))取得开创性进展的另一个例子。吉姆·约翰逊对此有着有趣的回忆:

> 林恩·巴克尔和瑞德·霍伦巴赫在"意外幸运实验室"的合作为实验冲击波研究建立了一个在我看来无可比拟的标准。林恩向我解释说,在圣地亚进行冲击波实验所涉及的新的纳秒响应区,线缆的长度非常重要,自此以后,我便永远记住了光速十分接近于1英尺/ns这一事实……

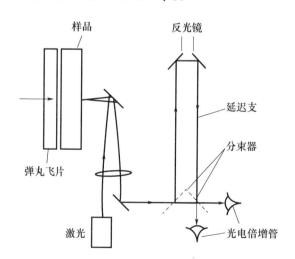

图3.7　自由表面速度测量用干涉仪
(经许可转载自 Barker,2000a,AIP 出版公司2000年版权)

图3.8说明了干涉仪中条纹改变的直接测量与粒子速度的关系。图的上半部分显示了使用图3.7（Johnson&Barker,1969）所示的在6061-T6铝合金样品背面熔融石英窗上获得的实际条纹记录。

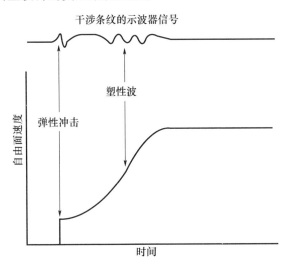

图3.8 在背面装有熔融石英窗的Al样品上获得的粒子速度剖面，上面为干涉仪条纹记录，下面为速度曲线。时间尺度是任意的（经许可转自Johnsonand Barker,1969,AIP出版公司1969年版权）

干涉仪的应用范围很广，包括测量铝中冲击波的精细结构（Barker,1968），这使得对传播中的冲击波（Johnson&Barker,1969）、板层板（Lundergan,1970;Lundergan&Drumheller,1971a,b;Barker,1971b）、黏弹性材料（Schuler,1970;Schuler and Nunziato,1974,1976）、弹性前驱波衰减（Asay et al.1975）的首次稳态波分析成为可能。

干涉仪用于评估冲击压缩物理机制的最早应用之一是由约翰逊和巴克尔用6061-T6铝合金（Johnson&Barker,1969）进行的。在大多数应力应变响应为正曲率的材料中，足够厚的试样在冲击载荷作用下产生稳定的冲击波，在传播中不改变其形状。这种效应是由于引起波发散的耗散机制和引起波变陡的下凹非线性响应之间的平衡。约翰逊和巴克尔是最早仔细研究铝中稳定的塑性波传播进行的人。计算在9~80千巴的冲击应力范围内进行，如图3.9所示。每一种情况下都观察到初始弹性冲击波，它由一个恒定的速度平台表示，然后是塑性压缩波。实验结果表明，随着冲击振幅的增大，塑性波的上升时间迅速减小。对不同试样厚度的实验表明，各峰值应力下的塑性冲击波上升时间保持不变，是稳定的。图中还显示了利用塑性耗散的位错理论和稳定波分析方法给出的稳态波计算结果（Johnson&Barker,1969）。位错模型包括材料初始位错密度的描述量、冲击压缩过程中位错增殖因子以及描述位错速度对应力的依赖关系的函数。实验和理论具有很好的一致性,这代表了20世纪60年代建模能力的重大进步,并有助于建立时间分辨波剖面测量在材料动态响应物理机制研究中的优势。

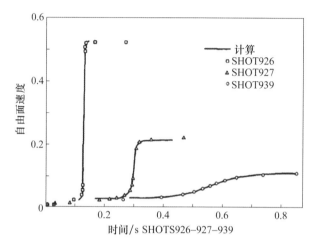

图3.9 动态屈服位错理论与实验剖面对比
(经许可转自 Johnson&Barker,1969,AIP 出版公司1969年版权)

这些实验的一个显著结果是塑性波的应变率或等效上升时间与峰值加载应力有很强的相关性,这对于建立冲击应变率与冲击应力之间的通用关系具有重要意义。后来,拉利特·查比达斯(Lalit Chhabildas)将这些结果绘成图,发现了最大应变速率与峰值应力的关系(Chhabildas and Asay,1979),并被丹尼斯·格雷迪(Dennis Grady)进一步确定为四次幂关系(Grady,1981b)。正如将在第4章讨论的那样,该响应在20世纪70年代后期通过查比达斯及其同事进行的额外实验以及20世纪80年代初期丹尼斯·格雷迪进行的理论分析而正式化,他们发现四次幂函数特性通常适用于广泛的固体材料。这一观察结果对控制冲击波消散的基本物理机制具有重要意义(Grady,2015)。

除了研究材料的压缩响应外,自由表面干涉测速还可以研究拉伸破坏应力(通常称为"层裂"强度),这将在3.5节中进行详细讨论。这种拉伸破坏通常发生在冲击波和从自由表面反射的卸载波相互作用的情况下。正如伦德根和他的同事首先指出的,准确测量层裂强度的能力是一项重要进步,因为这一信息对涉及材料或部件失效的武器应用至关重要(Lundergan and Smith,1962;Lundergan,1963)。

干涉测量法的另一个主要进步是在样品背面使用光学窗口。与石英计一样,使用经光学校准、阻抗基本匹配的窗口可以更好地判断样品中的实际冲击波结构,并允许研究卸载行为,如图3.8所示。1970年,巴克尔和霍伦巴赫报道了

Z-切蓝宝石、熔石英和有机玻璃（PMMA）等三种激光干涉测速窗口材料的首次光学校准（Barker&Hollenbach,1970）。除了PMMA在其可用应力范围内为黏弹性外，其余两种窗口材料在使用过程中保持弹性。

激光窗口的发展大大扩展了干涉仪的能力，并为冲击压缩的物理机制提供了额外的认识。巴克尔在20世纪60年代首次注意到，初始弹性加载是尖锐的，但是弹性卸载是分散的（Barker,1968）。这种效应在所有金属中普遍存在。据推测，产生这种效应的原因是多方面的，包括非均质效应（Asay and Lipkin,1978）、位错堆积以及从冲击状态卸载后会立即产生反向塑性流动的钉扎位错环（Johnson,1993）。最近对单晶铝的实验表明，后一机制可能在大多数情况下占主导地位（Winey et al. 2012）。

自巴克尔和霍伦巴赫的早期工作以来，人们还研究了其他几种窗口材料。杰克·怀斯（Jack Wise）和查比达斯（1986）对＜100＞LiF单晶进行了冲击加载下的光学校准，发现其在1.2兆巴压力范围内保持透明。麦克·菲尼西（Mike Furnish）及其同事将LiF的使用范围扩展到约1.8兆巴的冲击应力（Furnish et al. 1999），在这个压力下LiF在初始冲击加载后很快就失去了透明性。然而，斜波加载条件下LiF至少在8兆巴的峰值压力范围内保持透明（Fratanduono et al. 2011），由此表明，LiF的透明性对温度有很强的依赖性。LiF在常规火炮发射装置、激光和磁压缩实验中都有广泛的应用。它已成为高压冲击波研究的"主力"，是常规速度干涉实验中应用最广泛的激光窗口。

如前所述，X-切石英在用作冲击压缩下的应力计时其上限压力为30千巴。然而，当冲击应力超过5兆巴时，X-切石英又可以重新用作标准的冲击波传感器。在这种情况下，石英在冲击波阵面扫过后立即变为导体，因此材料中传播的冲击波阵面是一个以冲击波速度运动的反射面。这时，使用干涉法可以直接精确地测量冲击波速度，因此石英计实际上是一个时间分辨的冲击波速度或应力测量仪（因为窗口的EOS通常是已知的），而不是一个时间分辨的粒子速度测量仪。这种独特的应用是干涉测量领域一项改变游戏规则的开发成果，即VISAR，它由巴克尔和霍伦巴赫在20世纪70年代开发。第4章将具体讨论VISAR和它的几个应用实例。

## 3.4 弹-塑性材料

圣地亚的许多部件和子系统的运行受金属和其他材料的力学响应的调节。力学响应依赖于高加载速率和高应力下的弹塑性变形，因此这种行为通常称为弹塑性响应。如图3.1所示，超过材料弹性极限的冲击载荷所产生的弹性波和塑性波以不同的速度运动,从而在不同的时间到达记录位置(图 3.8)。弹性波的速度是恒定的(对于非衰减的弹性波),但塑性波的冲击波速度与应力有关,使得弹性波与塑性波之间的时间间隔随着应力的增加而减小。因此,对于实际应用,材料的响应必须在整个感兴趣的应力区域精确测量。唐·伦德根最初建立一个综合性冲击波研究项目的主要动机之一便是为了了解在武器系统中广泛使用的材料中的这种行为。伦德根回顾了启动弹塑性材料研究项目的动机:

……应力波传播和低应变率边界上材料特性数据已经存在,例如使用霍普金森杆和类似的大学实验室设备进行的研究。国家实验室在研究材料的流体力学行为方面的工作提供了一个上限。缺少与圣地亚子系统设计需求相关的应变率范围,因此,我们实验室开始了材料弹塑性行为的研究。

冲击压缩下弹性屈服应力的知识是计算机仿真模型的基本要求,也是迫切需要研究的课题。沃尔特·赫尔曼在 1964 年加入圣地亚之前在麻省理工学院担任教授,主要研究动态材料模型(Herrmann et al. 1962)的开发。伦德根的精密冲击设备也在 20 世纪 60 年代初开始用于获取材料性能数据。因此,伦德根与赫尔曼合作,将圣地亚新实验结果与不断发展的材料模型结合起来。在伦德根发表他第一篇关于铝的冲击加载响应的实验论文(Lundergan,1961)两年后,他和赫尔曼又联合发表了一篇关于铝的更具综合性的论文(Lundergan&Herrmann,1963)。当伦德根在 1964 年招募赫尔曼(Herrmann)到他的部门时,实验和建模工作显著加快,发表了多篇关于弹塑性响应建模和实验方面的论文(Barker et al. 1964,1966;Herrmann et al,1970;Herrmann,1973,1974)。

第一篇报道铝在 37 千巴范围内弹塑性响应的实验论文(Lundergan,1961),使用接触探针阵列来确定自由表面位移,从而确定粒子速度。虽然受到时间和空间分辨率的限制,但铝的压缩响应得到了准确的测定,并清楚地显示了在该应力范围内的弹塑性行为。这项工作之后,使用斜丝电阻(Lundergan and Herrmann,1963)更精确地测量了铝的冲击行为,甚至使用迈克尔逊位移干涉技术进行更精确的测量(Barker&Hollenbach,1965;Barker et al. 1966;Butcher&Karnes,1966;Munson&Barker,1966)。精密测试技术的发展使得人们获得了更多材料的基本 EOS 数据,芒森和巴克尔发表的铜、铝和铅的冲击压缩结果表明斜丝(Slant-Wire)技术和迈克尔逊干涉仪测试结果具有很好的一致性,同时还与经温度修正的静水压实验数据相一致,结果如图 3.10 所示。该图给出了冲击加载下的压力与工程应变($\Delta V/V_0$)关系。每条曲线向上凸起的性质,保证了冲击压缩产生的任意塑性波将演化为稳定的冲击波,其上升时间由耗散过程和压缩曲线的上凸性来平衡。

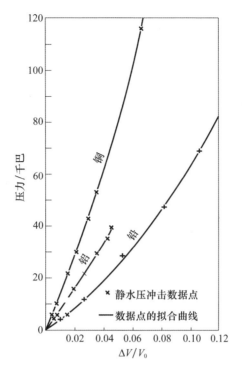

图3.10 由冲击波实验确定的铜、铝和铅的压力与体积变化数据
（经许可转自 Munson&Barker,1966,AIP 出版公司 1966 年版权）

20世纪60年代早期,石英计和干涉仪诊断技术的迅速发展为描述高速率屈服现象的模型提供了急需的初始弹性屈服特性数据库。特别是,出现了表明弹性屈服与速率有关且弹性极限随传播距离而变化的数据。琼斯、尼尔森和本尼迪克属于最早用新发明的石英计系统地研究几种金属的弹性屈服的那一批人（Jones et al. 1962）。

动态屈服的位错理论也在这个时候发展起来,并且刚刚开始用于预测冲击引起的屈服。巴里·布彻和达雷尔·芒森探索了利用类似约翰逊和巴克尔（1969）的位错理论来解释多晶金属的动态屈服（Butcherand Munson,1967）。奥瓦尔·琼斯和吉姆·莫特（Jim Mote）扩展了单晶铜动态屈服的实验研究（Jones&Mote,1969）,为不同滑移面系统中位错运动如何影响动态屈服的新理论描述奠定了基础。冲击载荷下屈服的方向依赖理论是由圣地亚的吉姆·约翰逊和华盛顿州立大学的研究生汤姆·麦克斯独立提出的,他们共同发表了经典的论文（Johnson, Jones, and Michaels, 1970）。随后该理论被应用于取得单晶铜（Jones&Mote,1969）和单晶钨（Michaels,1972）的新实验结果。这一理论是描述动态屈服的一大进步,至今仍在使用。另外一个关于 LiF 动态屈服的研究几乎是在同期开展的,实验同时使用石英计和速度干涉技术,关注的是微量杂质如何对动态弹性屈服产生重要影响(Asay et al. 1972,1975)。

整个20世纪60年代,圣地亚速度干涉仪技术和石英计被用于研究各种其他材料的动态屈服(Jones&Holland,1964,1968;Rohde,1969;Rohde&Jones,1968;Rohde&Graham,1969,1973;Rohde et al,1972)。基于两个小组的广泛工作,格雷厄姆和琼斯发表了所积累的动态弹性极限数据的总结(Graham&Jones,1968)。

在奥瓦尔·琼斯的领导下,固体物理研究处还聘请了几名材料学家从材料科学基础上开展动态屈服的冲击波研究。阿尔·史蒂文斯(Al Stevens)、迪克·罗德和拉里·波普(Larry Pope)因他们在这方面的专业知识而被招募,并对许多材料问题进行了研究,约翰逊随后将这些因素纳入了材料模型中。这些问题包括多维流(Johnson,1968b)、孪晶对动态屈服的影响(Johnson&Rohde,1971)以及任意波传播方向的晶体各向异性(Johnson,1971,1972a,b,1974b;Johnson&Pope,1975)。另一篇著名的论文(Johnson&Barker,1969)阐述了位错机制在稳态冲击波(即在物质中传播时保留其时间结构的冲击波)演化中的作用。

## 3.5 冲击导致的层裂

与冲击压缩过程中的动态屈服类似,材料的破坏常常源于实验时从表面反射应力波与卸载波(也称为稀疏波)相互作用而产生的拉伸应力。发生材料失效时的拉应力称为层裂应力或层裂强度。唐·伦德根回忆了研究材料失效的武器背景:

> 超声速和大气层外导弹运载系统及其相关环境的出现对圣地亚负责的部件和子系统提出了新的要求。为了满足这些需求,需要了解这些恶劣环境的影响。其中一项要求是了解新运载系统对应速度的冲击加载下,以及空间和对抗对应辐射下的材料特性。与高速冲击有关的一个问题是,结构必须在受冲击和引信启动后保持一段时间的完整性,以防止关键结构的变形或关键部件的破坏。与高能辐射相关的问题是材料的烧蚀和由此产生的高强度冲击波,产生的层裂可能阻止(成功的)再入大气层。

由于这种影响对武器部件和子系统的运行完整性(尤其是易损性分析)至关重要,因此在固体动力学研究处开展了一项重点研究工作,以确定层裂强度阈值,并建立材料模型来预测何时会发生层裂。1962年加入圣地亚后,巴里·布彻受命启动一个关于金属层裂行为的实验研究项目。他回忆说:

> ……一个被称为层裂(spall)的现象引起了人们的关注。压缩冲击波从自由

表面反射时会发生层裂。当加载波返回到材料中并与稀疏波相互作用时,产生的拉应力不断增大,直到足够强而使材料断裂。其结果是自由面和断裂面之间的物质以高速飞离。这与弹珠撞击两个静止的内联弹珠时的现象相同。撞击弹珠停止,远端弹珠以撞击速度飞离。由于高速运动的碎片可能会在空间中飞行,并在特殊部件发挥作用之前对它们造成冲击,因此,爆轰驱动系统中出现层裂的可能性令设计师颇为不安。

伦德根在20世纪50年代末建立的新型火炮冲击方法以及巴克尔和霍伦巴赫开发的新干涉测量技术是用于确定层裂强度的理想工具,通过设计飞片和试样的尺寸、测量样品的自由面速度历史来获取数据。图3.11展示了铁的典型层裂信号。自由面速度在2.0μs处的第一个增加代表弹性波,对应雨贡纽弹性极限2.2GPa。图3.11中,在自由面速度达到峰值后速度的突然减少或"回调"被标记为$\Delta u_{fs}$。正如布彻前面所述,它是由内部波相互作用导致样品内部分裂成两块的结果。自由面速度剖面的后续震荡是由层裂样品(即分裂的部分)中的波反射引起的。通过测量自由面速度特征,可以很容易地确定其层裂强度为3.8 GPa。

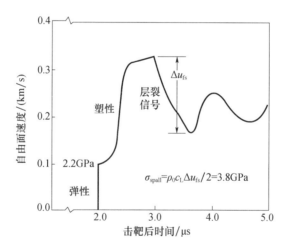

图3.11　冲击加载下铁的自由面速度呈典型的速度回落特征($\Delta u_{fs}$),即层裂。层裂强度$\sigma_{sp}$由图中公式确定,其中$\rho_0$为密度,$C_L$是弹性波速度

(经许可转自 Bertholf et al. 1975,AIP 出版公司1975年版权)

在20世纪60年代和70年代,进行了多种金属层裂的研究(Lundergan and Smith,1962;Lundergan,1963;Butcher,1967,1968;Guess and Lee,1968;Tuler and Butcher,1968;Davison&Johnson,1970;Davison,1974;Davison&Stevens,1972,1973;Davison et al. 1972,1977;Davison&Kipp,1978;Stevens&Tuler,1971;Stevens and Pope,1973;Stevens et al. 1973)。在不同峰值加载应力和不同拉伸加载速率（由样品厚度控制）下所开展的系统性试验研究为发展层裂理论模型提供了一个独特的数据库。赫尔曼1962年关于铝的动态响应的论文是最早讨论波相互作用和材料特性对层裂的重要性的论文之一（Herrmann et al. 1962）。丢勒和布彻（1968）最先将随时间变化的材料破坏纳入金属率相关层裂模型。由固体物理研究处的李·戴维森和同事在圣地亚发起的早期工作，激发了更基于物理的孔洞成核和生长层裂模型。为了将理论描述建立在坚实的物理基础上，进行了大量材料科学研究，以研究层裂过程中产生的冶金效应和损伤形态。这项专门的研究显著提升了对具有多种环境工况的武器系统的研究能力。

## 3.6 黏弹性材料

武器设计者感兴趣的另一类材料为聚合材料。它们的冲击响应与金属有很大的不同，并且在弹性响应中表现出很强的时间依赖性，这通常被称为黏弹性。在控制良好的加载条件下，对冲击波结构进行详细的研究是了解这些材料动态响应的必要条件。1967年加入圣地亚后，卡尔·舒勒开始了对聚甲基丙烯酸甲酯（PMMA）的系统研究，PMMA的注册商品名为有机玻璃（Plexiglas®）。PMMA在冲击载荷作用下表现出黏弹性行为，具有独特的波结构。在这些研究的同一时期，黏弹性现象的理论基础还没有发展到高应变率和高压区域。正如舒勒在他的回忆录中所说：

唐·伦德根雇用了我，他想让我研究聚合物材料中的波传播。主要原因有两个：一是低冲击波压力（<50千巴）下的金属行为正在被充分覆盖，但核武器涉及的许多聚合物只有准静态研究，缺乏冲击载荷作用下的材料特性研究，特别是时间依赖效应；二是林恩·巴克尔正在开发激光干涉仪，有机玻璃看起来像一个理想的低阻抗窗口材料。

舒勒是圣地亚速度干涉仪的最早使用人之一。他应用这一诊断方法研究PMMA取得进展得益于与林恩·巴克尔的密切合作。舒勒，回忆说：

我想，由于物理上的接近和我们对有机玻璃的共同兴趣，我与林恩·巴克尔密切合作。他绝对是我的良师。我永远记得，在他的小隔间里有一块黑板，上面写着"我十分愿意接受我是错的"。巴克尔很少出错。

舒勒的实验项目很快就产出了关于PMMA黏弹性响应的重要结果，这些结果发表于20世纪70年代初（Schuler，1970，1971）。

1970年左右，才华横溢的理论家杰斯·农齐亚托加入圣地亚成为沃尔特·

赫尔曼(Walt Herrmann)的下属,并和舒勒合作。通过这一合作,PMMA 数据被迅速集成到一个有理方程力学框架中,并在一系列的大量论文中发表(Nunziato et al. 1974a,b,1975;Nunziato and Schuler,1973a,b;Walsh&Schuler,1973;Schuler and Nunziato,1974,1976;Barker et al,1974b)。舒勒在他的回忆中评论说:

> 我的弱点是最后写论文工作。我写得不好也写得不快。我的办公室墙上总是挂着一幅漫画,描绘的是一间户外公寓,标题是"论文工作完成才算任务完成"。幸运的是,管理层意识到了这一点,并让我与杰斯·农齐亚托合作,他是一位出色的写作者。我们两个人一起写了好几篇论文。我会做实验,归纳数据,制作一些图片和表格,然后和杰斯讨论。我们会一起用数据测试已发表的理论,并仔细检查论文……

他们合作开发的 PMMA 黏弹性模型被纳入 WONDY 代码中,WONDY 代码在当时也得到了很好的开发。该代码为新理论与实验测量结果的比较提供了理想的测试平台,并且在这方面的作用令人佩服。图 3.12 为 PMMA 冲击加载实验和使用农齐亚托黏弹性模型的一维模拟。粒子速度在初始零时刻的突然增加代表材料纯弹性波到达。在此之后,粒子速度的逐渐增加是黏弹性作用的结果。实验和理论的紧密结合使我们能够快速地将这些独特的数据与农齐亚托和佛罗里达大学教授埃德·沃尔什(Ed Walsh)的精湛理论研究进行比较。

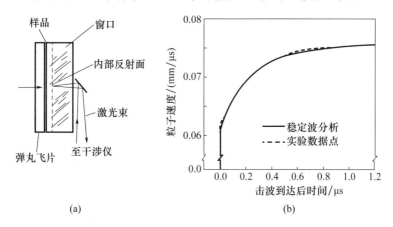

图 3.12　PMMA 的黏弹性波剖面
(a)实验技术;(b)任意时标下的实验和模拟剖面的比较。
注意与图 3.8 中金属表现出的弹塑性行为的对比。
(经许可转载自 Nunziato et al. 1974b 中图 8 和图 26,施普林格出版社 1974 年版权)

20 世纪 70 年代在发展理论框架方面取得的重大进展导致著名的物理学专著《固体力学》(Nunziato et al. 1974b,1984(second edition))的出版和广泛发行。

## 3.7 多孔材料(泡沫)

多孔固体是指小于理论密度的材料,通常称为"疏松"材料或"泡沫"。圣地亚对多孔材料冲击压实的研究是通过实验和理论相结合在短时间内获得显著成果的另一个例子。许多武器应用需要多孔材料的动态响应知识,因此固体动力学研究处投入了大量的理论和实验资源来获得对这些材料的基本了解。正如布彻在他的回忆中所指出的:

我被安排研究的另一个领域是金属和塑料多孔材料(即泡沫)的能量吸收。当碎片在泡沫中移动并使泡沫发生严重变形时,能量被耗散。实际上,在爆炸环境中,需要大量的泡沫来减缓高速碎片的运动速度,但泡沫的存在肯定比没有泡沫要好,因为它有助于保持物体的位置。当X射线非常高的能量在泡沫中沉积时,泡沫也很有用。有了泡沫,汽化物质有膨胀的空间,而不是像活塞一样被推动。我的一些工作与这种现象有关。在这段时间里,随着地下核试验的进行,我评估了这一材料响应在几次地下核试验中的有效性,看看我们是否能在数学上复现结果。那些试验确实是大物理试验,我至今仍为它们感到兴奋不已……

早期对多孔材料压实的处理是,假设在冲击载荷作用下,初始多孔或疏松材料被压缩至完全致密的固体而没有强度效应,从而导致温度升高(产生于孔洞塌缩所做的功)。该模型被称为"雪犁"模型,它很好地描述了压实多孔材料在远远超过材料强度的压力下的压力、密度和温度。福布斯(J. W. Forbes)提出了这一描述多孔材料高压压实的热力学模型(Forbes,2012)。

然而,圣地亚多孔材料的应用通常涉及低压局部压实,其强度效应不容忽视。沃尔特·赫尔曼认识到,多孔材料的动力响应在一定纵向应力范围内将保持弹性,此时施加的应力足以使内部孔洞开始塌陷;当应力超过这个值时,材料会逐渐压缩至固体密度。对于超过完全压实的应力,其响应由完全致密固体的EOS控制,但温度更高,如"雪犁"模型所述。在孔隙坍塌过程中所做的不可逆功会产生内部加热,导致其温度比致密固体被压缩到相同应力时的值要高得多。

从20世纪60年代末开始,赫尔曼启动了一项全面的研究计划来描述冲击波在多孔材料中的传播。作为这项工作的领导者,他开发了一个描述压实过程的模型,因其简单,全世界的研究人员至今仍然在使用这个模型,尽管后来开发了更复杂的模型。他设计了一个参数$\alpha$,即膨胀后体积或实际体积除以密实固体的常态体积(也即疏松材料初始密度除以密实固体密度),用于描述压实过程,从而建立了所谓 $P-\alpha$ 模型(Herrmann,1968,1969 a,b,1971,1972)①。压实到密实固体密度通常发生在几千巴至几十千巴的应力范围内,具体与泡沫材料的强度相关,因为内应力会导致所有孔隙坍塌。多孔材料压实的理论框架发表在经典论文《韧性多孔材料的动态压实本构方程》(Herrmann,1969a)和之前的一篇圣地亚报告(Herrmann,1968)中。多孔铁的典型压实曲线如图 3.13 所示。每条曲线的压力突然增加代表弹性响应。之后与标有"密实固体"的单一曲线会合前的曲线段代表材料的压实行为。$P-\alpha$ 模型是为描述此响应专门开发的。对于图中所示所有不同的初始孔隙度,模型都使用相同的参数。

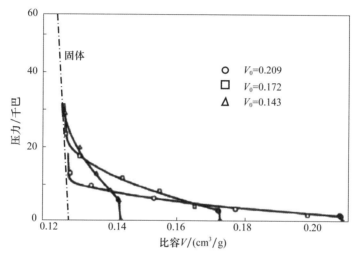

图 3.13　不同初始密度多孔铁的压实 $P-\alpha$ 曲线与实验数据的比较。比容为密度的倒数
(Herrmann,1972,经圣地亚国家实验室许可转载)

在 20 世纪 60 年代后期进行了广泛的实验来发展和验证模型(Lee,1967,1968,1972;Lysne&Halpin,1968;Butcher and Karnes,1969;Butcher,1971,1973;Butcher et al. 1973,1974)。后来的理论论文涉及各种改进(Herrmann,1971,1972)。$P-\alpha$ 模型被纳入了几种代码中,并持续为材料的冲击压实响应提供很好的预测(Herrmann,1969 b,,1971)。

为了减轻实际系统中材料的冲击损伤,孔隙大受关注,被认为是一种理想的对策或强化方法。对于本征强度不是直接或主要要求的材料,可以引入孔隙来衰减传播时会对其他材料层造成损害的冲击振幅。由于部分功被用于使多孔材料的孔隙塌缩,因此孔隙可迅速降低冲击振幅。实际上,这类材料所表现出的最大的冲击衰减量是空隙含量的第一个百分比左右(Herrmann&Lawrence,1978)。

---

① 严格来说,模型描述的是纵向应力,但在历史上它被称为压力,因此称为 $P-\alpha$ 模型。

包括率相关孔隙压实在内的其他几个模型也被建立起来并用于描述多孔材料（Davison，1971；Johnson，1968a；Butcher，1971；Butcher et al. 1974；Holt et al. 1974），但 $P-\alpha$ 模型是最简单和最广泛使用的。那时它在科学界和武器界被普遍使用，现今仍然在使用。最近，格雷迪和他的同事们开发了一种广义版本的 $P-\alpha$ 模型，称为 $P-\lambda$ 模型，它涵盖了更广泛的材料，如混合物和相变材料（Grady et al. 2000；Grady and Winfree，2001；Fenton et al. 2012）。对多孔材料的理论和实验研究相结合，确立了圣地亚对该类材料建模的领先地位。对多孔材料的研究是圣地亚冲击波研究领域的辉煌成果之一。

在最初的研究中，多孔材料压实仅针对纵向应力加载。最近的试验将其扩展至斜冲击炮加载（即在第一代伦德根炮基础上改进产生纵向和剪切应力联合加载状态），结果表明，压实后的最终材料状态不能只用一个参数如 $\alpha$ 来描述。特雷西·沃格勒（Tracy Vogler）发现，在压实过程中，除了纵向应力外，剪切应力对颗粒破碎和颗粒大小有显著影响（Vogler et al. 2011）。加入的剪切力对压实过程影响较大，使压实材料的颗粒尺寸变小。

## 3.8 计算能力

直到 20 世纪 60 年代，分析冲击波传播的实用计算技术由纸、铅笔和机械计算机组成。例如，在曼哈顿计划中，需要大量人员使用手工计算和当时有限的计算机器来设计和分析核武器的响应。唐·伦德根在他的回忆录中写道：

> 1957 年左右，确定应力波在武器结构中传播的最初计算是使用已知的弹性波速手动绘制应力波的发展图，并估计临界事件的次数。由于缺乏计算技术和材料特性参数，计算既烦琐又不准确。然而，计算结果确实表明存在一个问题……大约一年之后，我们开始使用有限的一些材料数据和马钱特（Marchant）机械计算机来计算。

正如他在回忆中所指出的那样，伦德根很快认识到这一不足，并提议进行全面的研究工作，发展可解决复杂武器问题的集成能力。雷·里德回忆道：

> 唐·伦德根早就认识到冲击波技术对圣地亚任务的重要性。他为一个全新的部门正式制定并提出了一项全面而详细的计划，重点放在与圣地亚任务密切相关的冲击波技术的所有方面——理论、计算和实验。我加入了由唐·伦德根规划和推进的新处室，而不是我之前的研发处。这个由伦德根规划的一开始包括四个部门的新组织，不久由沃尔特·赫尔曼领导，他是刚从麻省理工学院聘请来的。在四个部门主管拉里·伯索夫、奥登·伯切特、巴里·布彻和达雷尔·芒

森的领导下,该组织迅速扩大。这个由伦德根规划的新处室,即固体动力学研究处,是专门为武器理事会应用计算和实验冲击波技术而设立的,以补充物理研究处的理论研究工作。

20世纪60年代,圣地亚开始使用计算机代码,利用在此期间开发的材料模型来预测不同动态加载条件下应力波在各类材料和部件中的传播行为。

WONDY（Herrmann et al. 1967）是最早和最广泛使用的数值计算程序之一,于20世纪60年代和70年代发展起来,最初由麻省理工学院的赫尔曼开发,后来在圣地亚开发得更为广泛（例如,Lawrence, 1970; Kipp&Lawrence, 1982）。采用模块化的方法设计了一维拉格朗日①波传播程序,可以方便地改变材料响应模型和驱动条件。它的主要优点是它是独立的,包括输入和输出,并且可以在当前一代的个人电脑和笔记本电脑上在短短几秒内运行单独的算例。由于其灵活性,WONDY适合于涉及状态方程和本构模型变量的大参数研究,以及各种初始和边界条件。

该程序最初用于求解弹塑性材料中的波传播问题,但其模块化结构允许应用于各种不同的材料模型。WONDY在20世纪60年代和70年代因特定的技术应用和为在不断发展的圣地亚计算环境中运行而进行了几次改进（图1.3）（Herrmann et al. 1967, 1970; Herrmann1969c; Lawrence, 1970; Kipp&Lawrence, 1982; Herrmann&Bertholf, 1983）。杰夫·劳伦斯描述了该程序的主要特性：

由于其灵活性和模块化设计,WONDY在这些年被用作许多新模型、新数值技术和其他面向计算机的任务（如输入/输出）的"试验台"。新的有关状态方程和本构关系的例子包括材料孔隙度、累积损伤断裂和层裂,以及各种率相关材料响应。率相关有其自身的特征时间常数,不同于标准的冲击波传播分析的数值稳定性。因此,发展了对偶时不变解稳定性所必需的子循环新技术。率相关模型也是研究复杂层状复合材料的有效方法。其他的创新处理包括压电和铁电材料的电响应,以及用于提高计算效率的网格重划分技术。

WONDY能力的一个很好的例子是对率相关材料的衰减分析（Herrmann and Lawrence, 1978）。在实验和建模能力的开发和使用过程中,多种材料均表现出明显的率相关性。由于率相关对脉冲衰减的影响尚不清楚,但对武器应用很重要,所以WONDY被用来评估这些影响。图3.14给出了率相关黏弹性固体衰减效应的一个概念性示例。这个例子虽然只是理论上的,但却代表了真实的物质响应。对给定的材料（如复合材料）,一旦定量给出特定参数和率效应的数值,

---

① 拉格朗日参考系固定在材料坐标中。

这些曲线就可以用来确定给定位置的冲击应力幅值。重要的结果是,通过调整弛豫时间,工程材料的冲击衰减效应可以调整从而满足预期的载荷条件。对于复合材料,可以使用不同构型的层状材料进行调整,复合材料可以采用如第4章所述的黏弹性模型(图4.7)建模(Barker,1971b;Lawrence,1973)。这种技术允许制造复合结构,通过限制其承受的峰值应力来确保武器部件的保护。该建模能力已在各种应用中得到使用,包括武器部件的脉冲辐照效应。

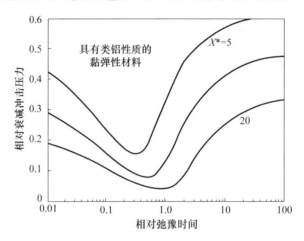

图3.14 峰值压力为材料体积模量约1/3的三角形冲击时,黏弹性对类铝材料冲击衰减的影响。弛豫时间以初始脉冲宽度为基准无量纲化;受衰减冲击压力以峰值负荷为基准无量纲化。曲线是传播距离乘以初始空间冲击脉冲宽度。该图代表了250千巴峰值压力和0.1μs脉冲宽度(典型的高爆加载约0.6mm空间脉冲宽度)1ns~10μs弛豫时间。在图中心附近,弛豫时间根据传播距离(这里约0.3cm),产生0.1~0.2倍的外加载荷的减震效果。较短的弛豫时间(左)产生的衰减相当于与速率无关的弹塑性材料;长弛豫时间(右)产生的响应几乎等同于纯弹性行为,衰减要小得多
(经许可转载和修改自 Herrmannand Lawrence,1978,ASME(美国机械工程师协会)1978 版权)

代码开发的下一步包括二维流体动力代码,这些代码用于模拟复杂的武器部件和系统。二维欧拉[①] - 拉格朗日流体力学代码的发展也始于20世纪60年代末。劳伦斯在接下来的回忆中准确地描述了欧拉流体力学代码的演变。

在20世纪70年代和80年代,山姆·汤普森(Sam Thompson)和他的同事们开始从支持美国核管理委员会(Nuclear Regulatory Commission)的小组转到应用冲击物理小组。这仍然是一个冲击物理代码开发在圣地亚快速发展的时期。汤普森带来了他自己开发的一套流体动力代码,最初是1维版本,分别是 CHART 和 CHARTD。这些演变成2维版本的 CSQ(CHART 的平方,CHART SQuared),后来

---

① 欧拉参照系在实验室中是固定的。

又演变成3维代码CTH（CSQ的二分之三次方，CSQ to the Three-Halves power）。与WONDY和TOODY相反，这些代码是欧拉的，而不是拉格朗日的，并且包含了辐射输运计算能力和它们自己的状态方程公式。除了汤普森，开发人员还包括迈克·麦格劳恩（Mike McGlaun）、汉克·劳森（Hank Lauson）、詹姆斯·皮瑞（James Peery）、史蒂夫·罗特勒（Steve Rottler）等。

但是，这类代码虽然包括了内部区域间的辐射传输，却未包含对外部辐射源随时间而沉积的显式处理办法，例如核武器产生的脉冲X射线源便需要如此处理。这些外部辐射源通常通过为该任务开发的外部子程序而纳入分析中。

关于汤普森的代码，迈克·麦格劳恩也回忆道：

山姆（Sam）开发了一套集成的软件来分析一维（1D）和二维（2D）强冲击问题。山姆的冲击波代码之一是一维有限差分拉格朗日辐射冲击物理代码CHARTD。山姆还开发了一套强大的预处理和后处理图形软件，用于分析状态方程、拉格朗日和欧拉点的时间历史以及一维和二维计算结果。山姆的软件功能强大，应用广泛，并且以准确、可靠和技术支持良好而闻名。

在20世纪60年代中期，林恩·巴克尔开始研究另一种进行一维冲击波模拟的方法。该方法根据一维运动方程将冲击波分解为在材料中传播的无数小应力跳跃，类似于特征线法代码（Asay et al. 1975）所使用的方法。巴克尔的SWAP（应力波应用程序）代码的最新版本称为SWAP-9（Barker&Young, 1974）。正如劳伦斯进一步指出的：

与此同时，在艾米莉·杨的帮助下，林恩·巴克尔正在开发SWAP代码。SWAP是一种特征线编码方法，运行速度比任何有限差分编码都要快得多，并且在整个计算空间中产生了针对各种冲击波和压力波传播和衰减的清晰映射。然而，对于波系作用非常复杂的综合性问题，SWAP代码很难解释。曾经尝试过多维特征线代码，但基本上没有得到长期的支持。

SWAP在武器应用中并没有得到应用，但是对于设计和分析冲击波实验的实验人员和建模人员来说，它非常有用。

## 3.9　对美国国防部需求的响应

数值模拟活动的增加，特别是由脉冲X射线冲击产生的模拟活动的增加，在很大程度上是由地下核武器效应试验的大幅度增加所引起的。非常需要分析能力来利用这些试验所产生的数据流。这一活动始于20世纪50年代末，但主要是在20世纪60年代初至中期，人们对导弹系统、再入飞行器，甚至卫星的核易损性和生存能力越来越感兴趣。对我们武器系统的主要威胁是暴露于大气层外核爆炸，特别是不受限制地输出其总输出能量的 3/4 左右，这种能量的形式是低能、高通量脉冲热（即黑体）X 射线。这可能是增加武器效应地下核试验活动的主要原因。当时，由阿尔·哈拜领导的圣地亚小组（丹尼斯·海耶斯是该小组的成员）开始与空军武器实验室（AFWL）的研究人员讨论这些问题。很明显，研究这些问题的主要工具是面向冲击波的相互作用，直接与冲击波的产生和传播有关，或与脉冲辐射载荷产生的脉冲加载下的结构响应有关。事实上，正是哈拜和他的团队将方向指向圣地亚正在进行的冲击波物理研究，当时该研究由唐·伦德根领导，包括林恩·巴克尔、巴里·布彻和他们的同事。

与此同时，在 20 世纪 60 年代早期，国防部推动了对这些问题的研究和理解，因为它们影响了导弹和其他系统的详细作战能力。推动这一工作的主要组织是国防原子能支持机构（Defense Atomic Support Agency，DASA），该机构后来演变为国防部核武器局（Defense Nuclear Agency，DNA），现在是国防威胁降低局（Defense Threat Reduction Agency，DTRA）。这包括研究美国自身系统的弱点和强化的关键领域，以及从这些武器对敌对系统的杀伤力的不同角度进行的类似研究。在 20 世纪 60 年代初停止大气和高空核试验后，成为这些数据的主要来源。地下核试验通常有两种类型：武器开发试验，主要由洛斯阿拉莫斯和劳伦斯利弗莫尔国家实验室进行；武器效应试验，主要在国防部/DASA 的赞助下进行。两种类型试验有一些重叠，一些效应试验经常会在开发试验中进行，反之亦然。

AFWL 是大部分武器效果测试准备、设计、执行以及测试后分析的集中点。由于靠近位于科特兰空军基地的圣地亚实验室（1971 年前被称为圣地亚基地），加上圣地亚参与了地下核试验项目的大部分阶段，圣地亚与 AFWL 很自然地建立了密切的工作关系。在"大图景"的这一小部分中，圣地亚的主要参与者是卡特·布罗伊斯和他的团队，他们为内华达试验场的许多地下核试验活动提供了支持。

在 AFWL 基地的另一边，空军上尉唐·兰伯森（Don Lamberson）领导着一群年轻的空军军官，对其中一类测试即一维脉冲 X 射线驱动冲击波研究，开展了大部分预先测试设计以及后分析工作。这些实验通常是在空军非常感兴趣的基础材料、特殊材料和复合材料的一维样品上进行的。典型的测试包括主动测量、时间分辨测量和冲击波剖面测量。他们第一次使用了圣地亚开发的石英计。

这些测试和相关实验的目的是获得基础材料、特殊材料和复合材料的实际动态压力历史，以支持建立导弹和武器系统的易损性和杀伤力水平。因此，材料动力学和系统响应理论计算的验证是一个重要的驱动因素。另一个目标是评价采用军事系统强化来对抗核武器影响的早期概念。另一个重要的目标是评估新的主动和被动实验技术,特别是在极端条件下的地下核试验环境。由于与地下核试验环境相关的不确定性,人们很早就知道,如果有足够的空间,应该尽可能地重复对样本的测试。

用于冲击波问题的计算机代码的迅速增长,特别是在20世纪60年代,使得对复杂武器交战中这些脉冲X射线效应的详细分析成为可能。这些代码是必要的,因为冲击传播现象具有极端非线性:简单或封闭形式的分析技术不能提供准确的求解结果。

丹尼斯·海耶斯编写了一个最早的一维计算机代码VANDAL,用于评估X射线在潜在目标中的吸收和沉积。赫尔曼和他的同事改进了一维有限差分编码WONDY来处理这些短脉冲X射线沉积问题。在此期间实现的其他代码包括一维辐射流体动力学代码CHARTD,它模拟了内部辐射输运(Thompson, 1969,1970,1973;Thompson&Lauson,1972)。随着第一个二维拉格朗日流体动力代码TOODY(Thorne&Herrmann,1967)和CHARTD之后的二维Eulerian(欧拉)版本即CSQ的出现,冲击波问题的二维计算机能力也在20世纪60年代出现。其中,CSQ同其前身一维版本类似,包括基于扩散近似的辐射输运(Thompson,1979)。

在内华达试验场进行了许多试验,以量化核武器爆炸产生的应力波,并将结果与数值预测进行比较。在X射线易损性研究中,石英计在定量测试辐射产生的应力脉冲方面发挥了主要作用。正如阿尔·哈拜所回忆的:

利用不同的核源提供不同光谱分布的X射线,并在管道内进行实验,测量X射线沉积对材料的影响。通常情况下,X射线沉积的水平足够高,以至于暴露的材料样品的表面被加热到汽化水平以上,从样品中产生"放气",并在剩余的固体材料中产生冲击波。由弗兰克·尼尔森在圣地亚开发的石英计是测量这种冲击波的一个非常重要的设备。这种测量技术被广泛应用于NTS的所有X射线易损性测试,使用者不仅是圣地亚,还有许多其他机构的实验人员。石英计提供了高精度的样品受X射线照射"放气"所产生的波形和峰值冲击波幅值。在许多已开展的测量中(如脉冲、温度、冲击压力、位移等),可以公平地说,石英计提供了大量的最重要的定量数据,允许美国为海军和空军发展耐X射线辐射的核弹头,从而提供一个可信的威慑。

为了强调石英计的改变测试规则的能力,参与了许多实验的雷·里德也回忆道:

……我了解到,圣地亚专利拥有的实验室用石英计设计不能用于核现场测试……在这些随意设计的基础上,我发展了一系列标准化的"圣地亚现场测试石英计",与理想的实验室"圣地亚石英计"不同……在理想的"圣地亚石英计"中,当应力波通过石英盘时,厚飞片的轻微倾斜和持续的平面冲击产生一个具有很窄上升沿的持续性理想平台。这演示了所需的线性响应。相反,对于"圣地亚现场测试石英计",一个持续的、近似平面撞击也会导致一个初始的、狭窄的台阶,但是,随之而来的是一个非线性的,振幅逐步攀升直至突然中断的波,而不是一个平台。在以前的一些现场测试中,相对终态振幅是初始阶段的两倍多(非常不理想的响应)。在现场试验中,受任意形式的应力脉冲加载,所记录的脉冲形状既不像特征阶跃响应,也不像施加的输入脉冲。这种畸变响应深刻地显示了极端的非线性响应。关键是,无论是应用现场测试石英计所记录的脉冲形,状还是峰值振幅,都没有接近真实的波形再现。

应该指出的是,随着后期地面试验脉冲辐射能力的出现,石英计也被用来测量来自脉冲电子束的应力波,以进一步了解热弹性能量耦合(Graham and Hutchison,1967;Graham et al. 1967b)。

虽然与冲击波现象的直接联系较少,但许多其他试验,其中一些是为测试后回收而设计的,包括了全尺度或更经常是亚尺度的再入飞行器空壳。这些试验的目的是研究这些结构在脉冲 X 射线武器输出时的屈曲。由于这些壳体的屈曲特性是由比材料冲击响应(以微秒为单位)长几个数量级的时间常数(以毫秒为单位)来表征的,因此这两种响应模式通常可以解耦。如果正确地验证了冲击传播代码,就可以利用它计算出辐射诱导的脉冲,然后将其作为结构响应模型和代码的相对简单的输入。

同样令人感兴趣的是,在这些年里,相当大的努力被用于开发可计算这些 X 射线诱发脉冲的封闭式分析模型。这项工作最初由 AFWL 发起,后来由圣地亚大力扩展。最后,这些模型被证明是相当成功的,在接下来的数年已经应用于许多不同的问题,其范围从脉冲功率实验(Lawrence et al. 2002,2009 a,b)、近地轨道发射地面脉冲激光器(Lawrence et al. 1991),到针对可能撞击地球的流星体或小行星的防御(Lawrence et al. 2012)。

针对脉冲驱动下结构和壳体屈曲的相对简单的模型在这个时候也被开发出来,开展者主要是斯坦福研究所的科学家。这些方法产生了用于壳体屈曲的压力–冲量阈值($P-I$曲线)。这些曲线都是由与结构及其材料的基本特性相关的直接性质导出的。他们对这些武器系统在脉冲 X 射线载荷作用下产生结构屈曲时的易损性和生存能力提供了很好的估计(Lindbergand Florence,1983)。

## 3.10 20世纪60年代的人物和地点

沃尔特·赫尔曼,1967年晋升为新成立的力学性能处经理(经SNL许可转载)

阿尔·哈拜,1965年晋升为地下物理部主管(经SNL许可转载)

李·戴维森,1968年晋升为冲击波物理研究部主管(经SNL许可转载)

卢克·沃特曼在郊狼(Coyote)峡谷引爆了3万磅炸药(经SNL许可转载)

杜安·休斯(Duane Hughes)、迪克·特雷格(Dick Traeger)和奥瓦尔·琼斯(从左到右)正在讨论圣地亚新的科学与工程联合项目,1966年(经SNL许可转载)

乔治·萨马拉,1967年晋升为固体物理研究部主管(经SNL许可转载)

菲尔·斯坦顿（Phil Stanton），1968年获得得克萨斯大学博士学位（经 SNL 许可转载）

吉姆·约翰逊，一整天辛勤理论工作后正在放松（约1970年）（吉姆·约翰逊个人收藏）

格伦·西伊（Glenn Seay），1964年晋升为物理研究处经理（经 SNL 许可转载）

布鲁诺·莫罗辛，1967年晋升为新成立的化学物理研究部主管（经 SNL 许可转载）

乔治·英格拉姆，手持新的蓝宝石传感器，1966年（经 SNL 许可转载）

鲍勃·格雷厄姆（左）和弗兰克·尼尔森在检查石英计，1962年（经 SNL 许可转载）

# 第4章　20世纪70年代：新的机遇

## 4.1　背　　景

1973年，圣地亚国家实验室进行了大裁员，这一举动在冲击波研究领域引起了轩然大波。巴里·布彻在他的回忆录中对这一时期进行了描述：

这是圣地亚国家实验室历史上少有的动荡时期之一，由于预算削减，裁员已大势所趋。此时，地下核试验已经结束，当年参与其中的大多数员工面临被裁的厄运。人们的注意力转向了如何保护零部件免受爆炸伤害。在这段时间里，有时员工们非常紧张，他们履行着职责，却不确定第二天是否还有工作等着他们。

唐·伦德根是当年被裁掉的员工之一，20世纪50年代末，他与林恩·巴克尔和瑞德·霍伦巴赫共同创立了冲击波研究小组，致力于冲击波在工程领域的应用。1968年左右，赫尔曼被提升为处室经理，而伦德根则退出管理层，成为一名普通员工。伦德根被列入裁员名单在员工中引起了相当大的不满，尤其是冲击波研究小组创建之初就和伦德根并肩作战的林恩·巴克尔。巴克尔和卡尔·舒勒联合其他员工，立即给上级管理部门写了一封抗议信。虽然这封抗议信有无效果我们不得而知，但最终结果是伦德根在其后一周从裁员名单上撤下了。然而，伦德根还是在两年后离开了固体动力学研究处，加入圣地亚的另一个团队，进行新智能仪器的开发。他在新岗位表现出色，于1985年被评为优秀技术人员。他在情报方法方面的工作不仅使他本人和团队在业内赢得认可，而且还进一步提高了圣地亚在美国情报界的地位。他的主要成就之一是一项用于探测外国地下核试验的创新监视技术。另一项高风险、高回报的成果则证明，伦德根在识别和实现前瞻性技术方面有独特天赋。

1973年的大裁员使圣地亚的一些技术人员开始认真考虑退休前的人生规划。吉姆·约翰逊离开圣地亚到盐湖城的Terra Tek公司工作。Terra Tek公司是一家规模虽小但正在发展壮大的公司，该公司共有约50名员工，可以为新员工提供极具吸引力的股票期权。林恩·巴克尔也于1974年中加入Terra Tek公司与吉姆·约翰逊会合。这两位极具创新精神的研究人员的离开是圣地亚冲击波研究的重大损失。不过，巴克尔在1981年回归圣地亚，成为吉姆·阿赛所在的热机械与物理研究部的一员,该部门当时在沃尔特·赫尔曼的固体动力学研究处开展实验研究。巴克尔重操旧业,此后继续不断为冲击波物理研究做出重大贡献,直到1990年退休。因退休第二次离开圣地亚的巴克尔,通过创新实现了单台VISAR多目标点测速并将VISAR商业化。

20世纪70年代中期,尽管圣地亚的经费预算存在不确定性,但这并没有阻碍冲击波测试仪器的发展(包括激光干涉测速仪器的革命性发展)。所研究材料的种类和数量大幅度持续增长,更多材料性能的测量获得突破,计算能力大幅提高,从而进一步提高了冲击波问题的解决能力。本章讨论的20世纪70年代冲击波研究的主要进展包括:

(1) 任意反射面速度干涉测量系统(4.2节);
(2) 冲击诱导相变(4.3节);
(3) 二维计算程序(4.4节);
(4) 复合材料和混合物(4.5节);
(5) 基于损伤的层裂模型(4.6节);
(6) 地质材料:油页岩(4.7节);
(7) 压电材料和铁电材料(4.8节);
(8) 三阶弹性常数(4.9节);
(9) 压力的剪切加载(4.10节);
(10) 冲击上升时间和四次幂定律(4.11节);
(11) 加速度波(4.12节);
(12) 冲击热力学应用研究设施(4.13节);
(13) 冲击表面的大量喷射物(4.14节);
(14) 含能材料(4.15节)。

## 4.2 任意反射面速度干涉测量系统

1972年,冲击波诊断领域发生了又一次改变游戏规则的事件,对圣地亚乃至全世界冲击波研究都产生了并将继续产生革命性的影响。之前由巴克尔和霍伦巴赫为研究冲击波而开发的干涉技术,即迈克尔逊位移干涉仪(Barker&Hollenbach,1965)和圣地亚速度干涉仪(Barker,1968),有一个严重缺陷,即均要求实验过程中被测样品自由面必须保持镜面反射。大多数情况下,这一要求是无法实现的,因为冲击诱导(的一系列)效应会使反射面产生漫反射。这些效应包括:①可能会发生冲击诱发的相变;②多孔材料和复合材料的冲击压缩表现出非均匀响应特征的尺寸和干涉仪记录尺寸相当。③冲击波作用下自由面的微物质喷射。因而迫切需要一种适用于任意材料、在任意加载条件下通用的干涉测量技术。

1972年,巴克尔和霍伦巴赫通过精巧设计研发了VISAR,解决了上述迫切需求问题。VISAR的结构示意图如图4.1所示。VISAR基于光学原理甄别漫反射表面反射的激光信号,通过两条延迟路径的光学信号,直接获得粒子速度。这也被称为广角迈克尔逊干涉仪(Gillar et al. 1968)。该方法与圣地亚速度干涉仪的原理基本相同,唯一的不同在于两条光延迟路径时间的差异很小,在1~2ns的量级上,与圣地亚的速度干涉仪相比,这一巧妙设计使得速度干涉仪的时间分辨率得到显著提高。此外,来自漫反射表面的反射光在反射信号中产生散斑图案,因此当两条光延迟路径重叠时,速度干涉仪中就将产生条纹图案。该图像用光电倍增管或光电二极管记录,即可获得与表面速度相关的条纹变化(Barker and Hollenbach,1972)。在一条延迟路径上插入1/4波片,利用一对光电倍增管

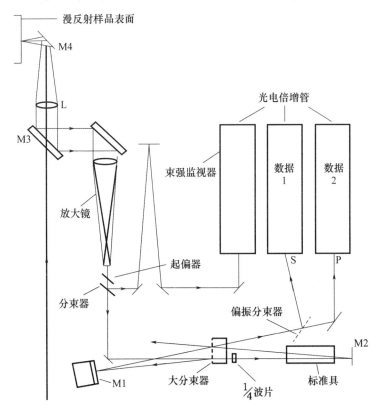

图4.1 测量任意运动表面速度的VISAR原理图
(经许可转载自Barker,2000a,AIP出版公司2000年版权)

监测获得两幅90°反相条纹图像,并利用光束强度监测器进行分析,最终确定粒子速度(Barker,1974)。这种速度干涉测量方法的最大优点是可以测量任意表面,而迈克尔逊和圣地亚速度干涉仪只能测量镜面。这种速度干涉测量方法的时间分辨率也比以前的干涉仪高得多,粒子速度测量的精度也有所提高。关于"VISAR"这个名字的由来,巴克的回忆录中是这样阐述的:

我记得当瑞德·霍伦巴赫和我开始意识到我们在激光速度干涉仪中发现了一个多么强大的冲击波测量工具,样品表面不需要抛光到镜面,它就可以工作了——漫反射表面工作得很好!与我们之前的洛克希德(Lockheed)干涉仪不同,我们的干涉仪至少要精确十倍!

我们决定寻找一个听起来花哨的首字母缩略词,这个缩略词应该来自描述干涉仪的单词。有一天早上,我们花了至少一个小时的时间,试图寻找一个合适的名字,包含"速度干涉仪"和"任意反射面"这两个词,以强调它既适用于漫反射表面,也适用于抛光成镜面的表面。当我们最终用"系统"(system)这个词得到一个"s"时,我们有了任意反射面速度干涉测量系统(Velocity Interferometer System for Any Reflector),或者VISAR。然后我们想知道为什么我们花了这么长时间才看到它。这很有意义,听起来不错,而且描述了我们的产品。

对VISAR中产生的条纹进行分析是一个虽然精密但相对简单的过程,如早期报告(Barker,1971a,1974)所述。在大多数中等粒子速度实验中,粒子速度测量的不确定度在1%左右,时间分辨率为1~2ns(Barker&Hollenbach,1972;Barker and Schuler,1974;Barker,2000a)。利用现代化的仪器,例如光电二极管或高速条纹相机来记录条纹信号,VISAR的时间分辨率可以得到大幅度的提升,虽然对单个条纹的测量精度会有所降低。图4.2所示为铁的冲击实验中记录的干涉信号,图4.3所示为处理后的自由表面速度。

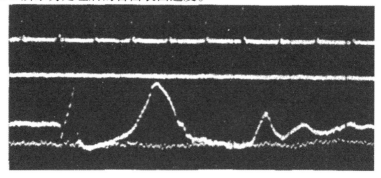

图4.2 光电倍增管铁冲击实验VISAR记录。顶部为时间标记。图中示出了一条数据径迹和光束强度监视器图像(底部曲线)
(经许可转自 Barker and Hollenbach,1972,AIP 出版公司1972年版权)

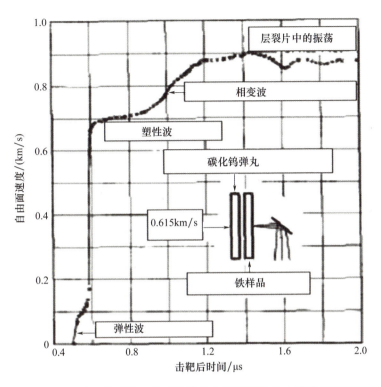

图4.3 通过原始条纹信号处理得到铁在冲击高压下的自由面粒子速度剖面。速度剖面清楚显示了弹性波,$\alpha$ 相中传播的第一塑性波(预示发生 $\alpha \to \varepsilon$ 相变),$\varepsilon$ 相中传播的第二塑性波。粒子速度剖面顶端附近速度的微弱增加可以用来确定卸载路径,最后的振荡可以用来确定层裂强度

(经许可转自 Barker&Hollenbach,1974,AIP 出版公司 1974 版权)

由于其通用性,VISAR 已被广泛应用,包括:

(1) 应力加载和卸载的测量(Chhabildas and Asay,1979,1982;Chhabildas and Grady,1984;Chhabildas and Miller,1985;Wise et al. 1982;Chhabildas and Barker,1988;Davis et al. 2002;Davis,2005;Davis&Hayes,2007;Davis&Foiles,2005);

(2) 多孔材料的冲击压缩实验(Asay and Barker,1974;Trott et al. 2000,2001,2002,2006,2007);

(3) 层裂,多形相变或熔化,冲击诱导的汽化(Barker&Hollenbach,1974;Barker,1975;Asay&Hayes,1975 年;Asay et al. 1988;Chhabildas et al. 2006);

(4) 腔内弹速测量(Munson & May,1975;Hawke et al. 1991a,b);

(5) 磁驱动飞片速度加载至 46km/s(Knudson et al. 2003d,2012;Lemke et al. 2011);

（6）兆巴压力斜波实验（Chhabildas et al. 1988；Asay&Knudson,2005；Hayes et al. 2004；Davis & Hayes,2007；Davis,2005,2006,2008；Davis et al. 2005）；

（7）斜波加载下折射率的连续测量（Hayes et al. 2003）；

（8）利用在高压下可导电窗口材料中冲击波波前的反射实现冲击波速度的直接测量（本节已描述）（Knudson et al. 2001,2003a,2008,2012）。

最近,直接冲击波速度测量技术已用于获取数十个兆巴加载压力下的状态方程数据（Knudson and Desjarlais,2009）,详见第 7 章。

从 20 世纪 70 年代开始,VISAR 的应用领域进一步拓展,比如用来测量压剪实验中的剪切波和粒子速度（Chhabildas et al. 1979；Chhabildas and Swegle,1980）,至今（该技术）仍应用于 STAR 和 Z 装置相关测量中。第 7 章对 VISAR 在这些领域的应用做了进一步讨论。此外,通过对条纹相机中用以记录光学信号的条纹数据进行修改（Bloomquist and Sheffield,1983a,b）,可以将其时间分辨率从纳秒量级提高到皮秒量级。由于其广泛的通用性,自问世以来,VISAR 技术使冲击波研究发生了革命性改变,产生了深远的影响。

在其职业生涯中,巴克尔不仅在实验技术和应用方面,而且在计算机程序和材料模型的开发方面,对冲击波研究领域做出了许多重要贡献。由于这些开创性的贡献,他在 1999 年获得了冲击压缩科学奖（Shock Compression Science Award）。另一位来自圣地亚冲击波项目的"巨人"、1991 年获得冲击压缩科学奖的鲍勃·格雷厄姆对巴克尔给予了最高的评价[①]："林恩·巴克尔作为固体动力学研究组的领军实验研究人员,或许也是世界上最好的实验研究人员。他的……VISAR 已经成为使用最广泛的拟流体（冲击作用下的固体）研究技术。"

## 4.3　冲击诱导相变

VISAR 的成功应用领域之一在于它研究材料相变的能力。在大多数情况下,使用圣地亚速度干涉仪是不可能的,因为多形相变会导致固体的镜面失去反射能力。这个问题通过 VISAR 得到了解决,并在其开发的早期进行了一些相变研究。最著名的使用莫过于测量 130 千巴下 $\alpha$-$\varepsilon$ 铁的多形相变。1956 年,洛斯阿拉莫斯国家实验室首次发现了这种相变,当时使用的是电探针冲击波技术,这与当时著名的高压科学研究人员 P. W. 布里奇曼（Bridgman）开展的流体静水压测量相矛盾。布里奇曼最初并没有在静水压力测量中观察到这种转变,许多

---

[①] 引自鲍勃·格雷厄姆纪念乔治·萨马拉在圣地亚的工作的评论。该评论发表于 2007 年 5 月 18 日圣地亚的乔治·萨马拉纪念研讨会。

人也不相信它会在亚微秒级的冲击波实验中发生。后来,当布里奇曼用静态方法证实了洛斯阿拉莫斯国家实验室的结果时,利用冲击波研究相变这种方法的可信度才得到普遍认可,科学地位大幅提高。

为了证明 VISAR 在相变应用中的能力,巴克尔和霍伦巴赫在阿姆科(Armco)铁(一种工业纯铁)上进行了广泛的实验(Barker&Hollenbach,1974)。利用图 4.3 所示不同加载压力下的粒子速度剖面,他们获得了 α→六角密积 ε 铁相变发生的准确压力点、相转变时间,以及重新相变为初始 α(体心立方)铁的压力。巴克尔和霍伦巴赫获得了 130 千巴冲击诱导 α-ε 相变的第一个完整的加载和卸载波形,如图 4.4 所示。这一标志性成果被印在了冲击压缩科学奖奖牌上,如图 4.5 所示。该奖项从 1987 年开始每隔一年颁发一次,奖励那些对冲击波研究做出重大贡献的研究人员①。奖状上的说明是"以表彰他在时间测量和解释受冲击压缩物质的非线性物理过程方面的杰出贡献。"

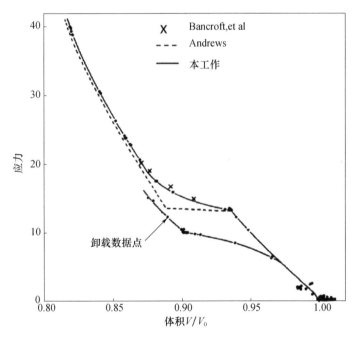

图 4.4　冲击压缩-卸载下铁的 α-ε 相变。在压缩过程中,相变发生在 130 千巴左右,卸载过程中的相变发生在 100 千巴左右(经许可转自 Barker&Hollenbach,1974,AIP 出版公司 1974 年版权)

---

① 截至 2015 年,获得该奖项的圣地亚研究人员包括鲍勃·格雷厄姆(1993)、林恩·巴克尔(1999)、吉姆·阿赛(2003)、丹尼斯·格雷迪(2007)和詹姆斯·N·约翰逊(2011)。

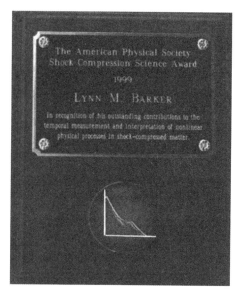

图 4.5　印在冲击压缩科学奖奖牌上的铁相变图标

（经许可转自 1999 年凝聚介质冲击压缩会议论文集（SCCM – 1999 Proceedings）。该论文集由 M. D. Furnish（弗尼希）等编辑，AIP 出版公司 2000 年版权）

VISAR 对于研究高压下冲击热效应引起的熔化相变也是必不可少的。研究结果通过对固液混合相区内部及其附近冲击状态卸载时稀疏波速的精确测量获得。这种波速从固体的弹性纵波速度到代表流体响应的体波速度的转变，提供了一种直接测量固体 – 液体相变的方法。采用该技术阿赛和海耶斯在 1975 年首次研究了铝的冲击熔化现象，此后又对铋开展了相关研究（Asay, 1977a）。吉姆·约翰逊对多相和熔化相变的理论建模做出了重要贡献，特别是建立了第一个三相状态方程，其中包括铋的固态 I – 固态 II 熔化相。该模型被纳入丹尼斯·海耶斯开发的冲击波计算程序中，用于模拟分析阿赛的实验结果，包括相变动力学的影响。用约翰逊的话来说：

相变研究主题是我能够学习到冲击波物理学新方面的另一个领域。我参与了吉姆·阿赛和丹尼斯·海耶斯对铋的相变的研究（Johnson, Asay, and Hayes, 1974）。铋有一个非常有趣的特性，那就是单次冲击压缩不仅可以探测固态 I – 固态 II 转变，而且可以探测液相。因此，三相点的存在对理论家提出了挑战。丹尼斯在如何处理这些问题上做了一些很好的工作（Hayes, 1975），我从这种互动中受益匪浅。

对于固态铝，其发生冲击熔化的压力约为 1.2 兆巴（Furnish et al. 1999），这一冲击压力需要采用二级或三级轻气炮加载方可实现。在最初开展铝的冲击熔化实验时,尚不具备这种加载能力,所以只能开展多孔铝的冲击熔化实验,以提高冲击温度,从而使其可以在较低的压力下达到熔化状态。热力学计算预测,采用60%理论密度的多孔铝,冲击熔化压力为75千巴。VISAR的问世,为多孔材料的冲击波实验提供了一种理想选择。幸运的是,巴克尔建议将VISAR用于多孔材料冲击熔化的研究,这一建议加速了这些实验的成功(Asay and Hayes, 1975)。后续铋的冲击熔化实验进一步验证了通过卸载波速法进行熔化甄别的有效性(Johnson et al. 1974; Asay, 1977; Furnish et al. 1999; Chhabildas et al. 2000a)。巴克尔还在采用VISAR研究多孔材料冲击下的"边缘效应"方面做出了贡献,"边缘效应"指当多孔铝被压实到固体密度时,通过测量边缘对比度来估计粒子速度的空间变化(Asay&Barker, 1974)。

在随后的几年中,圣地亚人以及其他机构的研究人员采用VISAR对众多材料进行了冲击相变研究。参考书目中列出了阿赛、巴克尔、查比达斯、弗尼希、格雷迪、肯尼迪、克努森(Knudson)、蒙哥马利(Montgomery)、赛斯·鲁特(Seth Root)、鲍勃·塞切尔(Bob Setchell)、韦恩·特洛特(Wayne Trott)、沃格勒和怀斯等的几篇论文,以及其他事例,都证明了VISAR在冲击领域的应用非常广泛[①]。

## 4.4 二维计算程序

20世纪70年代,除了重大的实验研究进展之外,建模和计算能力也得到快速提高。这种快速提高得益于各种武器问题建模和模拟的需求。20世纪60年代的冲击波程序主要集中在一维冲击波的传播问题上,而20世纪70年代则实现了多个二维流体动力学程序。随着20世纪60年代材料模型的发展和部分一维冲击波实验验证,20世纪70年代,功能强大的计算机的出现使武器部件和子系统的二维仿真成为可能。然而,这些模拟通常都极耗时间,大量的时间被用于建模和分析。正如迈克·麦格劳恩在他的回忆中所说:

20世纪70年代,计算非常费力。我们在一沓沓的卡片上打孔输入。然后走路穿过技术区("跑腿网络",运动鞋网络,形容使用人工或移动物理媒介的方式传输电子信息),将卡片组提交于计算器,之后要等好几天才能得到结果。如果输入有误,我们就得重新来一遍。我们采用CDC(Control Data Corporation)公司的6600s和7600s进行计算。后来在邻近大楼中建立了一个远程批处理设

---

[①] 最近有几项VISAR带来的冲击波研究的创新,其中包括多点测量的发展,林恩·巴克尔回忆了其初创及讨论;非均匀变形的研究,如第4章所述;跟踪冲击波前沿的能力,如第7章所述;检测氚的金属化,如第7章所述;使用条纹摄影得到常规亚纳秒分辨率,如第7章所述。

施,处理过程才变得相对容易。此后,我们可以在隔壁楼里读入卡片组并接收打印输出,而无需走路穿过技术区域。

最早模拟二维实验的重要实例之一是一个经典的超高速冲击实验,由一个尼龙球以 5.18km/s 的速度撞击铁板。仿真和实验的结合证明,在侵彻和铁板破坏过程中,$\alpha-\varepsilon$ 相变发挥着至关重要的作用,这是因为,这一冲击压力已经超过了铁的 $\alpha-\varepsilon$ 相变阈值压力。伯索夫及其同事(Bertholf et al. 1975)用二维欧拉流体动力学程序 CSQII(Thompson,1976,1979)和二维拉格朗日流体动力学程序 TOODY(Thorne&Herrmann,1967)对这一影响进行了系统研究。在这两种情况下,他们均采用精确的弹塑性模型、层裂强度对尼龙和钢进行描述,同时对材料进行了更为精细的网格划分。他们还对考虑 $\alpha-\varepsilon$ 相变和不考虑 $\alpha-\varepsilon$ 相变两种状态下的冲击响应进行了模拟,用以评估相变对仿真结果的影响,同时他们还进一步将数值模拟结果和铁的冲击回收样品进行了对比。如图 4.6 所示,计算结果与实验结果非常吻合。需要特别指出的是,考虑相变会对计算的层裂区域造成显著影响。用他们的话来说(Bertholf et al. 1975):

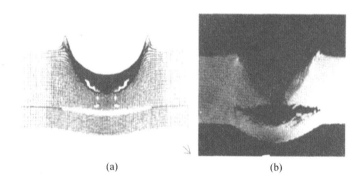

图 4.6 直径 9.53mm 的尼龙球以 5.18km/s 的速度撞击 12.7mm 厚钢板的 TOODY 计算结果对比。数值模拟如图(a)所示,实验结果如图(b)所示
(经许可转自 Bertholf et al. 1975 的图 5,AIP 出版公司 1975 年版权)

计算结果表明,为了获得与实验一致的结果,必须考虑铁的 $\alpha(bcc)-\varepsilon$(hcp)相变。计算结果还表明,获取实验上准确的钢层裂强度的必要性。为了准确地预测实验中观测到的后表面层裂现象,还需要处理弹塑性响应、建立良好的断裂数值模型和较高的数值分辨率。

圣地亚采用冲击物理程序的另一个知名实例是对三哩岛事故的分析,这一事故发生在 1979 年 3 月 28 日,当时位于宾夕法尼亚州的三哩岛核电站两个核反应堆中的一个发生了部分核熔毁。这是美国商业核电站历史上最严重的事故。部分熔毁导致少量放射性气体和放射性碘释放到环境中。这次事故是由于系统中的一个安全阀失灵造成的,这使得大量核反应堆冷却剂泄漏。其中一个问题是,释放的氢气是否会导致反应堆的混凝土结构失效。当时负责流体动力学处的丹尼斯·海耶斯被要求协助分析事故。他组建了一个研究小组来解决这个问题。用他的话来说:

> 在像圣地亚这样的地方,一些有趣的问题可能不期而遇。1979年三哩岛反应堆事故发生后不久,我接到一个电话,请我们帮助解决氢气释放问题。针对重大问题"内部氢爆炸是否会破坏反应堆的混凝土密封结构",我组建了一个由圣地亚专家组成的团队。我们夜以继日地工作,与三哩岛现场的官员们保持着电话联系。当时有山姆·汤普森和他研发的ANEOS状态方程和CSQ程序,有材料和化学问题专家迈克·西斯拉克(Mike Cieslak)、爆炸问题专家丹尼斯·米切尔(Dennis Mitchell)和冲击致混凝土损伤专家沃尔特·默芬(Walt Murfin)通力协作,我们向三哩岛应急管理部门提供了明确的应急指导:没有(混凝土)保护壳失效的风险。但之后产生的大量氢气由于没有足够氧气而未发生爆炸,这一更大的问题尚未得到验证。我一直相信,我们在这一努力中取得的良好成绩帮助圣地亚在核反应堆安全领域建立了自己的地位。

20世纪70年代,二维程序TOODY和CSQII的发展,以及它们在解决复杂多维问题中的应用,是下一代程序和计算机的先导,下一代程序和计算机在20世纪90年代及以后显著提高了计算能力。下面几章将讨论其中的一些问题。

## 4.5 复合材料和混合物

复合材料,包括叠层材料和混合物,在再入飞行器的隔热层中发挥着重要作用。为了开发和分析这些部件,需要建立复合材料的动力学响应模型。伦德根很早就认识到这一需求,并在20世纪60年代末启动了一个研究复合材料的项目。首次对铝和聚甲基丙烯酸甲酯(PMMA)叠层的实验使用了1958年研发的第一代气体炮和巴克尔与霍伦巴赫开发的速度干涉仪(Lundergan,1970),随后该团队又开展了多个关于此类板状复合材料的实验。20世纪60年代末,当道格·德拉姆赫勒被聘用时,该团队积累了丰富的复合材料及其他复杂材料建模所需理论力学专业知识。德拉姆赫勒和伦德根与他人合作进行了几项层压复合材料的研究,从而对冲击波在这些材料中的传播有了基本的了解。这个团队在20世纪70年代早期发表了几篇论文(Lundergan&Drumheller,1971a,b;Drumheller&Bedford,1973;Drumheller&Lundergan,1975)。

除了德拉姆赫勒之外(德拉姆赫勒采用连续介质力学方法描述了冲击在叠层材料中的传播),巴克尔发展了一种新型物理模型,该模型基于冲击波在复合材料数层介质间的多次实际反射,这种多次反射将导致冲击波剖面趋于平滑。这种集体响应很像一种黏性的或称为麦克斯韦的材料,这种材料中波由于黏性和非平衡力的作用而发生弥散。这个简单而巧妙的模型可以通过对单层材料的属性加以预先确定。它还可以有效地预测波的上升时间和麦克斯韦模型中层内波的反射(Barker,1971b;Barker et al. 1974b)。这一模型的初次校验,是通过基于特征线的 SWAP 程序(Barker&Young,1974)对分层复合材料中波传播的实际稳定波剖面的计算实现的,通过计算结果与模型预测结果的比较校验了模型正确性。图 4.7 显示在铝 - PMMA 叠层复合材料中,巴克尔模型与计算波形的一致性非常好。巴克尔的复合模型也在 WONDY 应力波程序中实现,用于更通用的应用场景(Lawrence,1970)。

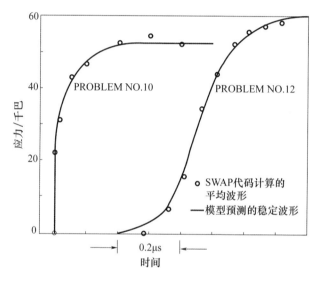

图 4.7 使用 SWAP 程序(Barker&Young,1974)和巴克尔复合模型(经许可转自 Barker,1971b,SAGE 出版公司 1971 年版权)计算所得铝 - PMMA 叠层稳态波剖面的对比

在很大程度上,叠层复合材料的实验和理论工作是理解更复杂的混合物的前提。伦德根最先在一种高强玻璃增强树脂上进行了混合物冲击波实验,这一实验证明了这种材料中冲击波传播的复杂性。第二年,芒森等进行了对石英 - 酚醛复合材料的冲击传播实验和理论分析(Munson&Schuler,1971)。芒森等对类似材料进行了更多的实验(Munson and Schuler,1971;Lee,1972,1973;Munson et al. 1977)。德拉姆赫勒领导了一项理论工作,开发复合材料和混合物的连续模型,这些模型可以应用到当时可用的流体力学程序中。这些模型(Drumheller&Bedford,1973;Drumheller&Lundergan,1975;Drumheller,1978,1982a,b)被应用于不同的混合物,特别是铝填充环氧树脂。

关于混合物的理论工作一直持续到20世纪80年代,尽管处于较低水平,但也产生了可以在程序中实现的材料模型来模拟各种材料的响应(Drumheller,1984;Drumheller,1984)。20世纪90年代末,作为利用大规模并行计算机程序开发预测能力研究工作的一部分,人们重新燃起了对填充铝环氧树脂的兴趣。

## 4.6 基于损伤的层裂模型

冲击引起的层裂发生在许多应用中,包括在不利环境中武器作战及其易损性;因此,针对这一问题开展了众多重要的实验和理论研究。20世纪60年代对冲击诱导层裂的实验研究,以及1968年弗洛伊德·丢勒和巴里·布彻针对这一问题的早期建模,导致了20世纪70年代更为复杂的实验和理论工作。在实验测量的基础上,丢勒和布彻建立了一个简单的压力-时间关系,较好地描述了从初始微层裂到最终面断裂的层裂随时间的演化过程,然而,该模型是完全经验性的。典型的层裂信号会存在自由面速度峰值回落 $\Delta u$(图3.11)。固体动力学研究处的协同理论工作,将观察到的层裂应力与物理过程联系了起来,这些物理过程可以用在快速施加单轴拉应力状态下形成的孔隙的成核和增长来描述。这种方法还需要进一步了解在拉应力作用下产生空洞的相关物理机制,以及这些空洞是如何长大并聚集成裂缝的。

大部分的冲击波回收实验,特别是铍的研究,需要所有的事后碎片,这些实验都集中在乔治·萨马拉管理的固体物理研究处,虽然这些实验通常是由固体动力学研究处在伦德根的气体炮上进行的。在回收实验的冲击加载和释放过程中,必须消除或至少最小化初始一维应变加载的试样边缘产生的二维效应。李·戴维森领导的冲击物理小组投入了相当大的努力来产生拉伸应力状态,用以诱导初期和充分层裂,并开发了用于冲击实验后冶金检验的回收装置。为了获得更好的回收装置,史蒂文斯和琼斯(1972)对目标回收装置进行了几次二维模拟,以优化配置,使回收样品的径向释放效应最小化。

这些研究为基于第一代伦德根炮对铍进行长时间的冲击回收实验奠定了基础,伦德根炮被移到了技术Ⅰ区(图2.8),并在铍周围建立了一个围护结构。随后进行了一系列的铍回收实验,研究了结构对喷射的影响(Stevens and Pope,1973),并确定了残余力学性能(Stevens,1974;Pope&Stevens,1973;Pope&Johnson,1975)。还在多晶和单晶铝样品上进行了另一组回收实验,目的是检测面心立方材料的孔隙成核和生长效应(Stevens et al. 1972,1973)。

大量冲击波回收实验和连续波剖面测量实验量化了层裂过程,这使得基于损伤的模型得以发展,这些模型可以被纳入到用于模拟冲击波诱导层裂的程序中(Davison&Stevens,1973;Davison et al. 1977;Kipp and Stevens,1976;Kipp and Davison,1982)。这些先进的断裂模型主要是在一维计算机程序中实现的,用于解决各种各样的问题,正如马林·基普(Marlin Kipp)在他的回忆录中所写:

> 我参与了阿尔·史蒂文斯和李·戴维森用 WONDY 和 TOODY 建立韧性断裂模型的工作。李和阿尔建立了一个连续介质模型,该模型将塑性和孔隙生长耦合起来。孔隙的形成使有效模量不断降低,导致随着层裂的演化引起的稀疏波卸载。阿尔在 WONDY 中使用这一模型时遇到了不稳定性问题,所以我被招募来寻找一种方法让它正常运行。这一困境似乎来自如何对模型表达式中的导数进行差分表述,所以我转而去求助外部数值常微分方程(ODE)解算器(该解算器来自圣地亚开发的数学库),解算器从 WONDY 中调用,直接解决了每个单元和时间步长的微分方程问题。我强制密度和人工黏度随时间步长呈线性变化,这项技术效果很好,结果稳定。我们得到了铝合金平面冲击的一些 VISAR 数据,并着手为模型的孔隙增长部分确定一组合适的参数。我们在李的办公室外的走廊墙上贴满了纸,上面记录了每组参数变化的运行结果,直到我们得到了令人满意的数据匹配。我们会在 WONDY 中进行模拟,等待通讯员把带着图表的纸卷送过来;然后我们会把这些图表贴在墙上,决定下一个参数的变化。最终,我们得到了一组令人满意的参数,与平板冲击实验的单轴应变数据相匹配。然后我将模型放入 TOODY 中,我们将相同的参数集应用到二维杆件冲击构型中,得到了实验中看到的中心空隙的增长。这是继最小应力准则之后,层裂模拟的又一重大进步。

这项研究工作奠定了圣地亚在这一领域此后几年的领导地位,并为其他机构的类似工作奠定了基础。

## 4.7 地质资料:油页岩

20世纪70年代中期,沃尔特·赫尔曼重组了固体动力学研究处,成立了一个以地质材料为重点的实验部门。这个管理决策的动机是为了增加这些材料的知识基础,以支持正在进行的地下核试验项目,并响应圣地亚正在建立的从油页岩中提取石油的能源倡议。这一实验部门在20世纪70年代能源危机期间美国能源部建立的新能源倡议中发挥了主导作用。也是在这段时间,该实验部门又雇用了几名工作人员,包括丹尼斯·格雷迪、保罗·亚灵顿、马林·基普和比尔·布朗。格雷迪回忆道:

我是1974年加入冲击波物理小组的。我是被达雷尔·芒森招录来的。无论是对冲击波物理小组还是圣地亚国家实验室，那都是一个飞速发展的时期。除了我之外，保罗·亚灵顿、马林·基普和比尔·布朗都在前后几个月内加入了计算组或实验组。

那之前的几年，我在斯坦福研究所的国防部核武器局进行地质材料冲击波状态方程实验研究。在实验冲击波物理小组，我承担了类似的实验工作，主要为圣地亚的核地面冲击和钻地武器效应项目提供支撑。

在这一阶段的初期发生的两件事给我带来了好运。第一件事是新近由林恩·巴克尔研发的VISAR测试技术得到了应用，我有机会首次获得岩石和矿物的一些高分辨率冲击波结构测量数据。第二件事是林恩·巴克尔刚刚离开圣地亚前往盐湖城的Terra Tek公司，我非常幸运地与罗伊（瑞德）·霍伦巴赫在他离开阿尔伯克基圣地亚实验室之前的最后几年中共事，霍伦巴赫是VISAR技术应用方面最重要的专家之一。

格雷迪是地质材料早期实验冲击波研究的富有才智的推动者，在此期间还有其他几个人加入了这一实验工作，包括卡尔·舒勒、理查德·施密特（Richard Schmidt）、皮特·莱斯内、阿尔·史蒂文斯，以及后来的麦克·菲尼西。格雷迪进一步指出：

20世纪70年代中期的能源危机促使三大国家实验室开始通过技术创新来支持美国在能源方面的重点工作。除其他工作外，人们还积极探讨高效利用和回收油页岩、油砂、深煤汽化的相关技术问题。爆炸和静水压裂技术（现在普遍称为液压破碎法或水力压裂法）等方法得到了深入研究。我们发现并进一步研究了若干冲击波物理问题。一个关键问题是发展高效的爆炸断裂和破碎实验方法，这一方法主要用以对整个落基山脉各州储量十分丰富的油页岩矿床进行原位干馏。冲击物理小组对油页岩和其他岩石材料进行了系统的冲击层裂和破碎研究。这些工作为落实在支持各种能量回收计划的计算机代码中的破裂和破碎理论提供了基础。

图4.8是马林·基普和丹尼斯·格雷迪选择油页岩块进行大规模爆炸破碎实验。在此期间，依托创新能源计划和圣地亚地面冲击波项目，他们发表了大量关于一般的地质材料以及特别的油页岩的动态压缩的报告和论文（Lysne，1970；Stevens et al. 1974；Butcher and Stevens，1975；Grady and Hollenbach，1977；Schuler et al. 1976；Schuler&Schmidt，1977；Grady et al. 1977，1978；Grady，1979；Grady and Kipp，1979，1980；Kipp，1979；Boade et al. 1981）。对地质材料动态压裂的研究也为近年来水力压裂技术在商业采油中的应用奠定了基础。除了支持国防部核武

器局的能源计划和地质材料研究外,该研究还衍生出了阿尔·哈拜团队当时正在开发的侵彻力学能力(Chabai et al. 1974,1977;Byers&Chabai,1977;Byers et al. 1978)。

图4.8 马林·基普和丹尼斯·格雷迪检查油页岩样品
(经SNL许可转载)

## 4.8 压电材料和铁电材料

在这一时期,对铁电材料和压电材料的研究仍在继续。格雷厄姆、尼尔森和本尼迪克完善了X-切石英应力计,使这一技术成功应用于大多数低压冲击波实验,并继续提高了石英计的解析能力和精度(Neilson and Benedick,1960;Graham,1961a,b,1970)。这一技术可用于早期干涉仪技术不适用的各种应用场合,如相变材料(Johnson et al. 1974)、含能材料(Kennedy,1970,1973)和辐射诱导的应力脉冲。通过适当的冲击控制,它的精度和时间分辨率可以媲美甚至超过VISAR发明之前的干涉仪技术。在适当的冲击倾斜度和测量横截面积下,石英计的最高时间分辨率可以达到1ns。

在发展和应用这些通用仪表方面的许多进一步的改进发生在20世纪70年代。格雷厄姆进行了几项研究来确定石英的压电、弹性和介电响应的非线性应变关系(Graham,1972b)。莱斯内提出了冲击诱导极化理论,并将其应用于石英(Lysne,1972b)。格雷厄姆和罗恩·雅各布森(Ron Jacobson)(1973)开发了锂铌酸盐应力计,这种应力计具有更高的电流输出,使得其对脉冲辐射实验特别有用。格雷厄姆和杨(Yang,1975)研究了时间对电击穿的影响,并深入研究了与应力计一起使用的短路及分流保护环的影响(Graham,1975)。格雷厄姆和陈

(1975)特别发现了压电固体和石英的力-电耦合效应。关于这个多产的冲击波测量仪,20世纪70年代还有其他一些出版物(Graham,1974,1976;Lysne and Bartel,1975;Lysne,1976;Graham&Reed,1978)。

除了压电材料的研究,20世纪70年代还对铁电材料进行了几项研究。这些研究包括铁电陶瓷中的介电击穿(Lysne,1975)、冲击波诱导极化(Lysne,1977)、压电固体中的非线性波传播(Lawrence&Davison,1977)、介电弛豫(Lysne,1983)以及正常模式和非线性响应(Chen et al. 1976a,b;Graham&Chen,1975;Chen&Montgomery,1977,1978,1980;Chen &Tucker,1981)。20世纪70年代,圣地亚对压电材料和铁电材料进行了积极而持续的研究,形成了在冲击波领域的另一个优势。

## 4.9 三阶弹性常数

作为压电和铁电材料中力-电效应的补充,格雷厄姆启动了一个精确评估单晶脆性材料(包括石英、铌酸锂和蓝宝石)三阶弹性(TOE)常数的项目。通过确定在弹性范围内单轴应变下冲击波速度与冲击压力的关系,可以确定某些二阶、三阶、四阶弹性常数(Graham,1972a,1977)。这些可以通过声速与静水压力的测量(Fritz&Graham,1974)来补充,以确定晶体石英和其他晶体的全套弹性常数。之后的实验由鲁特和阿赛(2009a,b)使用斜波结合冲击加载X-切石英确定了相同的三阶常数组合。等熵加载实验提供的弹性常数与格雷厄姆早期的冲击加载结果非常一致,但误差大大降低。此外,由斜波加载实验可知,斜波演变为冲击波的速度可以用来确定三阶和四阶弹性常数。表4.1来自鲁特和阿赛论文(2009b)中的表1,将无冲击或斜波加载的高阶弹性常数与冲击压缩的类似常数进行比较(Graham,1972a)。两种方法的良好一致性证明了方法的准确性。有关磁性斜波加载的进一步讨论,请参阅7.3节。斜波实验结果的不确定度较低,因为波速沿剖面连续测量,偏离线性得到高阶系数。在实验中,只确定每个雨贡纽点的冲击波速度,然后将点的轨迹拟合为一个高阶多项式来确定高阶弹性常数。

表4.1 由冲击和无冲击压缩确定的弹性常数

| 方法 | $C_{11}$/GPa | $C_{111}$/GPa | $C_{1111}$/GPa |
| --- | --- | --- | --- |
| 冲击(Graham,1972b) | 86.8 ± 0.95 | -300 ± 30 | 7500 ± 2500 |
| 无冲击(Root&Asay,2009b) | 86.487 ± 0.089 | -319.93 ± 4.76 | 7988 ± 106.0 |

## 4.10 压力的剪切加载

确定材料在冲击状态下的压缩剪切（屈服）强度，以建立材料响应的完整本构方程是圣地亚冲击波研究的一个持续项目，这一项目从伦德根对金属弹塑性行为的研究开始。在20世纪70年代末，巴里·布彻发起了一项研究计划，在冲击压缩导致的纵向应力加载下，直接测量剪应力和纵向应力。布朗大学的罗德·克利夫顿（Rod Clifton）教授已经证明了这一技术的可行性，这一技术称为"压力-剪切"或"压缩-剪切"实验。布朗大学之前的压力-剪切（P-S）实验表明，这些测量结果可以直接确定高压材料的强度，这是建立动态材料响应的完整力学模型所必需的。另一个诱因是，1977年的火炮事故打断了当时主要使用该设施的吉姆·阿赛和拉利特·查比达斯正在进行的实验项目。基于火炮的研究项目因调查而停止，因此在技术I区开始使用处里的气体炮进行新研究工作（更多信息，请参阅阿赛、布彻、查比达斯和康拉德的回忆）。

布彻小组的另一名实验员赫伯·萨瑟兰（Herb Sutherland）一直在开发一种同时测量纵向和横向速度的技术，使用两个VISAR来确定条纹在与表面法线相垂直的角度上的位移（Chhabildas et al. 1979）。将从相反角度得到的两个测量结果结合起来，就得到了自由表面的纵向和横向速度。在火炮事件发生后不久，萨瑟兰被调到化石能源研究部门，查比达斯接管了这个项目。通过一系列的实验，查比达斯和同事证明了双VISAR方法提供了纵向和横向速度的准确数据（Chhabildas et al. 1979; Chhabildas and Swegle, 1980, 1982; Chhabildas&Hardy, 1982），这是圣地亚开发压力-剪切实验加载能力的第一步。下一步是开发一种在冲击波实验中产生两个应力分量的方法。

克利夫顿教授开发的压力-剪切测量技术（Duprey and Clifton, 2000）涉及对弹丸具有倾斜角度（高达30°）的平板对倾斜角度相同目标的冲击。在冲击时，如果飞片和试样之间的界面不发生滑移，目标试样中将同时产生高振幅纵波和横波。当输入剪切应力大于试样的临界剪切强度而小于飞片的剪切强度时，试样中剪切波的幅值受其剪切强度的限制。因此，测量试样自由表面的横向速度可以直接测量由冲击引起的纵向应力处的剪切强度。然而，为了防止旋转和保持冲击面与目标的对准，布朗大学火炮的内膛沿其轴线研磨了一个槽，该槽与弹丸上的一个键相匹配，以防止弹丸旋转。

由于圣地亚当时没有斜向冲击能力，查比达斯开发了吉姆·约翰逊（1971）提出的一种技术，该技术使用各向异性Y切石英圆盘作为高振幅剪切波的产生器。在标准平板实验中,当 Y 切石英受到冲击时,产生准纵波①和准横波。当试样与晶体后表面黏结时,试样中会产生与斜向冲击相似的压力-剪切波,可以像斜向冲击一样确定剪切强度。上面讨论的双 VISAR 技术可以用来分析运动的两个分量。查比达斯和哈迪(Hardy,1982)通过对一级气体炮的一系列实验,开发了一种标准化的方法,将 Y 切压力-剪切发生器和双 VISAR 技术应用于多种实验中(Chhabildas&Swegle,1980,1982)。

该技术的应用需要对完整的结构进行数值模拟,包括 Y 型切割石英剪切发生器,该剪切发生器在粘接到其后表面的样品中产生纵波和横波。因此,这些波可用于在给定的纵向应力下产生剪切应力。杰弗里·斯威格(Jeffrey Swegle)在 1975 年加入圣地亚,斯威格在二维流体力学程序 TOODY 中实现了约翰逊的晶体石英各向异性材料模型。该程序模拟了几个 Y 切石英作为应力计对铝的实验,实验结果与模拟结果吻合较好(Swegle&Chhabildas,1981)。查比达斯记得:

这个项目给了我一个与鲍勃·哈迪(Bob Hardy)和杰弗里·斯威格(Jeffrey Swegle)合作的机会。杰夫(杰弗里的昵称)是 1975 年到的,大约比我早一年半。他的专长是程序研究,负责 TOODY 程序。我开发了压力-剪切实验技术,以 Y 切石英的输出为发生器,将感兴趣的材料粘接到晶体上。杰夫做了模型。我们研究了压剪加载对铝、填充铝环氧树脂(Chhabildas&Swegle,1982)、PZT 95/5 (Chhabildas&Hardy,1982)和 PBX 9404(Chhabildas and Kipp,1985)等材料性能的影响。

以铝填充环氧树脂为黏结剂的压力-剪切实验对比如图 4.9 所示。P-S 加载技术也被扩展应用到几种武器材料,包括铝填充环氧树脂(Chhabildas and Swegle,1982)、PZT 95/5(Chhabildas and Hardy,1982)和 PBX 9404 炸药(Chhabildas and Kipp,1985)。

Y 切石英压剪发生器的纵向应力最高不超过 30 千巴,因为石英在该应力下产生结晶方向发生屈服。为了扩大应力范围,最初由伦德根在 1957 年开发的 4 英寸气体炮在 20 世纪 80 年代中期沿着内孔研磨了一个小槽。正如布朗大学早些时候所示,这种改进允许使用倾斜飞片进行实验,但直到 2005 年沃格勒和他的同事发起了一个研究颗粒材料剪切响应的项目(Vogler et al. 2011),这种炮才开始被用于压剪研究。第 7 章讨论了这种应用。

---

① 准纵波指主要的响应是纵向应力,但存在相耦合的剪切应力。与准横波响应相类似。

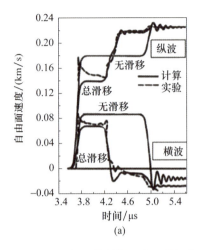
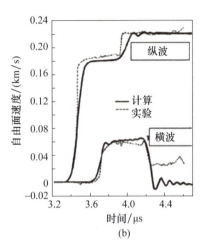

图4.9 Y切石英晶体压力-剪切实验。图(a)示出了表面滑移,即一个Y切晶体与另一个Y切晶体粘接时,程序模拟与实验结果的差异。图(b)通过表面处理消除滑移,得到实验与理论的一致

(经许可转自 Chhabildas&Swegle,1980,AIP 出版公司 1980 年版权)

## 4.11 冲击上升时间与四次幂定律

20 世纪 70 年代末,巴里·布彻发起了一个确定高压冲击波上升沿时间的项目。当时,关于黏塑性特性如何影响冲击波上升沿时间,以及上升沿时间如何依赖于冲击波幅值,文献中存在着相互矛盾的数据和理论。1968 年巴克尔用圣地亚速度干涉仪观察到,随着冲击幅度的增大,受冲击铝的上升时间迅速减小(图 3.9)。格雷迪随后对数据进行了拟合,发现应变率与冲击压力呈逆四次幂关系。自 1976 年加入圣地亚后,拉利特·查比达斯被要求启动一个研究项目来测量金属在兆巴压力下的冲击波上升沿时间。当时火炮已经投入使用,但它的速度和压力有限,二级轻气炮已经可以使用,但是它还没有被配置用于精确的冲击波实验。查比达斯回忆道:

为了获得兆巴压力,我们需要使用二级轻气炮。不幸的是,在当时,还没有建立用于精密状态方程研究的二级轻气炮。马林·基普和乔尔·利普金(Joel Lipkin)用这种非精密控制的气体炮研究了聚乙烯(模拟雨滴)在太空导弹隔热材料上造成的成坑行为。那时,圣地亚还没有建立起用于状态方程研究的二级轻气炮标准技术,更不用说像 VISAR 这样的时间分辨诊断技术了。我和巴里谈过用 VISAR 在火炮上测量上升时间,因为通过将弹丸加速到超过 2km/s,可以在

钽和钨中获得接近兆巴的压力。巴里说,这太容易了,不会有任何挑战。我们真正想做的是让二级轻气炮工作,从而实现时间分辨的冲击波剖面测量。测量金属的上升时间是实现这一目标的手段。

在卡尔·康拉德和鲍勃·哈迪的帮助下,查比达斯在STAR装置上配置了二级轻气炮,这样就可以用VISAR精确测量冲击波的上升时间。利用VISAR,对铝、铜和钢进行了系统的研究(Chhabildas and Asay,1979)。在较低的冲击应力下(通常在100千巴以下),冲击波结构和上升时间可以用现有的VISAR仪器测量。一旦超过这一压力范围,VISAR就无法精确测量大多数材料的冲击波上升时间。结合铍的冲击波测量,所收集的数据集显示,在所研究的所有材料中,上升时间与冲击波峰值应力的变化惊人地相似,如图4.10所示。

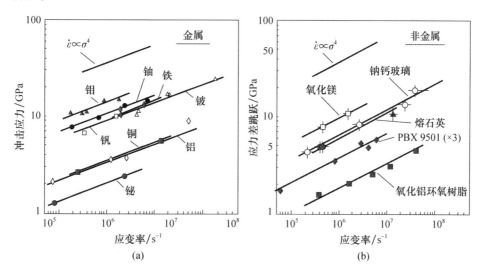

图4.10 几种金属(a)和非金属(b)的冲击波上升时间与应变率峰值的关系
(经许可转自Grady,2010a,AIP出版公司2010版权)

丹尼斯·格雷迪详细分析了这些上升时间数据,数据显示,对于金属和非金属元素,冲击波数据可以拟合成一种关系,这种关系预示着在均质金属中,冲击加载产生的应变率峰值①与冲击压力峰值的四次方成正比(Grady,1981b)。这种关系被称为四次方标度关系或"四次幂定律"。这种关系可以作如下解释:冲击压缩产生的耗散能量乘以加载时间,或者说作用量的积分,应该为常数。后续开发了各种黏性经验模型来预测对应力的类似速率依赖性(Hayes and Grady,

---

① 大多数情况下实际上使用峰值应力和雨贡纽弹性极限之间的差异。

1982；Swegle&Grady,1985,1986a,b),但是直到最近才有一个坚实的理论基础（Grady,2015)来解释这种行为。不过,海耶斯和格雷迪1982年的最初研究是值得关注的,因为冲击波的上升时间是由假定的塑性黏度的应变率依赖性计算决定的。这允许在压缩过程中测定塑性波中的压力、温度和密度,并测定屈服强度等力学性能。第5章将进一步讨论这种应用。最近,格雷迪(2015)为四次幂定律提供了理论基础,并确定了导致这种深远影响的物理机制(Grady,2016)。这一激动人心的进展可能导致新的理论和实验研究,阐明耗散作用作为固体材料动力破坏的统一属性的作用。LLNL的罗杰·米尼奇(Roger Minich)也在发展冲击波耗散作用的基本理论,该理论基于能量守恒、动量守恒和冲击波前沿的尺度不变性,导致金属中最大应变率对冲击波峰值应力的四次幂依赖关系。理论中的物理常数导致了观测到的冲击波不变量,这对冲击波结构、产生的熵、微观结构变形机制的重要性以及冲击波前沿能量的非平衡输运具有深远的意义。

最近,这一标度关系的适用范围进一步扩展,对应变速率约为 $10^{10}/s$,峰值冲击应力为 400 千巴以上的铝的研究表明,这一规律仍然符合得很好,如图 4.11 所示(Crowhurst et al. 2011)。值得注意的是,这些实验验证了应变率超过五个数量级的关系。格雷迪最近指出,对于其他材料类别,如复合材料、板层合板和多孔材料,其上升时间与峰值应力之间关系虽然与金属不同,但仍具有确定的幂次依赖关系。在这些情况下,四次方关系不适用,但幂次关系仍然适用(Grady,2010a；Vogler et al. 2012)。

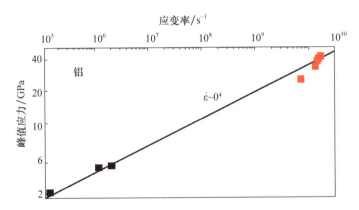

图 4.11　铝的 5 个数量级以上的四次幂定律的应用。右上角的数据点来自 Crowhurst et al. 2011

(经许可转自该文献的图 4,文献完整标引信息为：Crowhurst et al., Invariance of the dissipative action at ultrahigh strain rates above the strong shock threshold, Phys. Rev. Lett. 107,104322 (2011),美国物理协会(American Physical Society)2011 版权)

## 4.12　加速度波

在20世纪70年代,大量的注意力集中在理解黏性阻尼机制对冲击波结构的影响上。与此同时,也发展了关于这些效应如何影响平面斜波的演化的研究,该波在文献中被称为"加速度波"。彼得·陈在华盛顿大学完成了关于加速度波的博士论文,并于1965年加入圣地亚,为实验冲击波工作提供理论支持。他立即启动了一个研究项目,与圣地亚和其他地方的几个人合作,研究各种材料的具有任意结构的纵向和横向(剪切)加速度波的演化和衰减。很快便有其他人加入这一工作,包括杰斯·农齐亚托,他也是一位杰出多产的理论家。

陈和农齐亚托是圣地亚研究加速度波的主要学者,当然亦有众多其他合作者参与其中。在前后大约10年的时间里,他们完成了几十篇关于平面加速度波问题的出版物。其中一些主题包括加速度波[①]的增长和热力学效应(Chen,1968a,1968b,1973)、纵波和横波的传播以及预压缩对加速度波增长的影响(Nunziato,1975;Nunziato et al. 1975,1978b)。然而,对加速度波的广泛研究并没有影响圣地亚的实验项目,因为在那个时期,通过平滑的斜波加载产生良好控制的加速度波的技术非常有限。巴克尔和霍伦巴赫(1970)已经证实可以采用熔融石英垫层产生约30千巴的光滑斜波(即加速度波),但这一技术无法产生更高压力的平稳斜波。后来,阿赛、克林特·霍尔(Clint Hall)等在1999年发明的磁驱动技术使得更高压力的斜波加载成为可能,可以对任意材料平稳地斜波加载至高达4兆巴的压力。这一创新发展将在第7章中讨论。

## 4.13　冲击热力学应用研究设施

圣地亚的主要炮加载设施之一是由达雷尔·芒森最初在Ⅲ区(Y区)建造的火炮和二级轻气炮设施。这些炮为20世纪80年代在STAR装置上建造的气体炮提供了技术储备。芒森是20世纪60年代末沃尔特·赫尔曼管理的固体动力学研究处的四名部门主管之一。芒森的回忆为我们提供了一个视角,让我们有机会了解那个地方如何起源,以及后来是如何演变成一个世界级的研究装置的。

在此之前(1962年),比尔德的理事会在Y区(Ⅲ区周围的建筑群)建造了一个爆轰实验场。这包括一座防弹建筑物(9950号建筑物),屋顶上有一个射击

---

[①] 请注意,加速度波的幅度是指加速度的大小,而不是波所达到的峰值应力。

台,可通过建筑物后面的土坡进入。允许的装药量是25磅(1磅=0.45kg)烈性炸药。该实验场包括防弹实验室、一间爆炸物库房和一间爆炸物装配大楼。该实验场没有被用来对材料进行预期的爆轰实验;相反,大楼里只有一台高压爆炸箔机器。此时,基于国防需求,需要研究在4英寸压缩气体炮所产生的冲击波压力水平上导弹部件的易损性。经过对更高冲击压力下材料研究的需求进行艰难的讨论后,我获得了这个设施,用以提高在更高冲击压力下材料响应的研究能力。

在后来的几年里,这组最初的建筑成为一个大型冲击波设施的集中点,其中包括几支用于研究的气体炮。卡尔·康拉德是那里最早的员工助理之一,后来成为设施主管。康拉德的回忆包括了对早期发展的记忆:

1969年,我被达雷尔·芒森聘用。达雷尔是部门主管(基层经理),当时正开始建造一个新炮用以替代Y区9950建筑里面的爆轰设施。我的第一个任务是向Y区9950建筑里的雷·里德报告。我的任务是将9956控制室中的仪表架连接到冲击室,冲击室位于炮厅里面。我认为我将48根硬质50Ω电缆连接到了机架上,并将给定机架上的每根电缆长度保持在1英寸以内。当时,火炮还没有交付,9956号楼包括一个100英尺(30.5m)长的火炮舱和一个附加的地堡式控制室。由于9950仍然被用来作为50磅(22.7kg)爆轰场地,因此需要一个地堡式的大房间来保护人员。这种区别在后来的设施使用中被证明是很重要的。

雷·里德(图4.12)在大口径火炮的采购和安装启用中发挥了突出作用,他也是最早使用该炮的工作人员之一。里德回顾了这一关键能力的发展:

图4.12 雷·里德、迪克·林格尔(Dick Lingle)和鲍勃·哈迪(左至右)在火炮控制室中准备进行冲击波实验(大约在1970年)

(卡尔·康拉德私人收藏)

在 Y 区 9950 号大楼附近,芒森所在的部门后来建造了一个大型巴特勒建筑掩体①,用来放置一门新的火炮,用以开展更高速度的冲击研究(数年后,在这个掩体中,在火炮旁边又安装了一门二级轻气炮)。一间毗邻的新控制室和仪器室安置了一系列的记录仪器,使操作者和实验者免受可能的伤害。鲍勃·梅积极参与了该设施的初步架构设置。为了给火炮做准备,我为测试室开发了相关的记录设备和仪器,这些仪器设备很快就位。

圣地亚公司的第一门火炮及其相关的大型实验室是由通用汽车公司(GM)在加州圣巴巴拉(Santa Barbara)设计、制造和组装的。从封闭的炮口,炮弹被发射到一个大体积真空圆柱形密闭室。密闭室中的实验标靶在炮口位置进行冲击加载(图4.13)。对布置实验的人员来说,密闭靶室的大小只勉强够站立。横向端口允许在撞击过程中进行照相和 X 射线诊断,以及进行电子和 VISAR 监测。

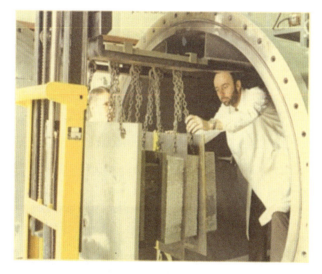

图 4.13　鲍勃·梅正在调整火炮冲击靶室的捕集板
(卡尔·康拉德私人收藏)

作为圣地亚公司的代表,我在通用汽车工厂参观了火炮的弹丸从火药枪室发射到靶室的单次验收测试过程。在炮口处,弹丸对被测靶材产生冲击加载。

---

① 巴特勒(美国巴特勒轻钢制造公司)建筑是一种带有地基的"临时"波纹金属结构。由于第二次世界大战后快速扩张的需要,圣地亚依赖(并且仍然依赖)这样的结构。1949 年安装的两座巴特勒大楼,即 849 号楼和 851 号楼,在 I 区仍然在用。参阅 R. A. Ullrich, C. Martin, and D. Gerdes, Historic Building Survey and Assessment Sandia National Laboratories New Mexico Site Albuquerque, New Mexico, Vol. 1: Survey and Assessment, Sandia National Laboratories Report No. SAND2010 – 6117P (August 2010).

真空靶室的体积和强度足以捕获和容纳膨胀的爆炸产物、撞击破坏实验的残骸和实验的碎片。密闭室的进入和密闭都是通过后方一个沉重的与密闭室直径相同的铰链圆形门。

该火炮设施最初在1970年早期使用一门89mm口径的火炮,但在1977年11月进行了扩容。此时,火炮被设计使用第二级轻气炮筒,该炮筒具有较小的内径。火药炮里的弹丸将把炮管里的氢气压缩到一个高压(大约10万psi),并在第二个炮管里加速一个较小的弹丸。这种炮弹的速度可达7km/s左右。最初,只有火炮可正常使用。组合式二级轻气炮在1970年中期投入使用。炮舱照片如图4.14所示,左边是火炮,右边是二级轻气炮。后来,该设施的面积有所增加,包括一个机加工车间和用于弹道实验的扩展区域(未显示)。从1971—1977年,该设施一直用于各种冲击波研究,直到1977年11月1日发生了一起重大事故,大大改变了此后冲击波研究工作的进程,这一改变实际上是朝着更好的方向发展。正如当时的设施主管卡尔·康拉德所说:

1977年11月1日,我们的火炮发生了重大事故,损毁了9956号大楼。此后该大楼关闭了大约一年。我认为事故发生后修复9956大楼花费了大约10万美元;事故调查的费用比这高4~5倍。所有的炮没有被损坏,仪器的损伤也非常微小,人员在加固后的控制室里很安全(控制室最初是作为一个爆炸地堡设计的,因为9956大楼建成时,这一场地仍然是一个爆轰场所)。这是一个非常困难的时期,调查中发生了几件事,严重阻碍了我们之后的行动。

经过批准,该设施得到了全面重建,并扩大了规模,从而大大提高了在早期配置中挤在一起的两门炮的作业效率,如图4.14所示。康拉德进一步阐述:

图4.14 1976年前后的STAR装置。在那个时候,火炮(左)和二级轻气炮(右)是唯一的高速发射器
(巴里·布彻私人收藏)

事故发生后的重建工作实际上开启了STAR装置向世界级装置的扩张。在原有的单级气体炮控制室东面,我们迅速地增加了一个新的炮台。另外,还增加了一个新的火药炮舱、一个通风通道、控制室、光学洁净室、制靶实验室、暗室和洗手间。1980年早期增加了TBF(终端弹道学装置,Terminal Ballistics Facility)炮。

事故发生时,装置的直接管理职责刚刚从达雷尔·芒森移交给巴里·布彻。布彻清楚地回忆了整个事件:

> 在我接手9950场地的火炮两周后,它爆炸了。在一次常规实验结束时,热气体吹掉了门上的捕集系统,并向大楼排放。该建筑是典型的金属建筑,有一个钢框架,金属板构成外墙。内部的超压击穿了许多支撑外墙金属片的铆钉,整栋建筑看起来就像是有人轻轻地把所有的墙壁往外推。幸运的是没有人受伤。事实上,火炮操作人员开始并没有发现异常,直到他们走出控制室地堡,看到所有的烟灰和碎片,才知道出事了。事故的原因追溯到了收集器上的螺栓。调查显示,尽管后门上有48个1英寸长钢螺栓需要螺母紧固,技术人员为减少工作量,经常在实验中不紧固所有的螺栓(在此次事故中有7枚是紧固的)……在重建装置的过程中,我们试图解决所有在初始建设时尚属未知因而留存下来的不良特性。新版本是一个世界级的装置,推动圣地亚遥遥领先于在这个国家的任何其他组织。

后来,该装置又增加了几门炮,在20世纪80年代中期,总数达到了6门(戏称为"六炮装置",拥有"西方最快的炮")。其中包括唐·伦德根最初制造的气体炮,该气体炮在炮管中加入了研磨槽,并使用了斜向冲击弹,在冲击时可同时产生纵向应力和纯剪切运动。原伦德根炮仍然用于压力 - 剪切研究,特别是研究纯剪切应力在颗粒材料压实中的主导作用(Vogler et al. 2011)。其他火炮包括最初建造在技术一区855号楼的4英寸氢气体炮,这是一门于2003年拆除的三级轨道炮,以及名为终端弹道设施的小型二级轻气炮。

在20世纪80年代初,该设施被命名为冲击热力学应用研究设施,或称STAR装置。关于这个名字的产生,巴克尔回忆了一件有趣的轶事:

> 当我们的炮设施在Ⅲ区成形时,在周一上午的一次安全会议上,吉姆·阿赛表示,我们的新设施应该有自己的名字。阿赛要求我们考虑一下,并在下次安全会议上对这个名字提出建议。我向我的妻子婉儿(Val[①])提到了命名比赛,她立刻对比赛产生了兴趣,我们讨论了一些可能的名字。我建议使用冲击设施,但是婉儿并不认同。然后我们写下了一些相关的单词,如冲击、研究、应用研究等,

---

[①] 译者注:Val(瓦尔)是一个中性的英文名字,是瓦伦丁(Valentine)或瓦莱丽(Valerie)的缩写。这里音译为"婉儿",以作昵称。

最后是热力学。在研究了这些词一段时间后,婉儿说:"冲击波热力学应用研究(Shock Thermodynamics Applied Research)怎么样?这个名字讲得通吗?这有可能让它成为明星(STAR)设施!"我对婉儿说,"我觉得你已经给我们新设施起好名字了!"STAR 这个名字就是这样来的。

## 4.14　冲击表面的大量喷射物

由于 VISAR 被用于更高的冲击应力和更一般的加载条件,观察到了一些意想不到的影响。其中之一是,当用 VISAR 监测的样品的后自由表面达到几百千巴冲击应力时,会造成光信号的丢失。这种冲击压力水平通常由火炮和二级轻气炮加载获得。样品表面通常用研磨机研磨得非常平整,导致表面粗糙度只有几微米。表面通常没有进一步抛光,因为 VISAR 是在假设它可以用于任何表面的前提下制作的。由于该系统通常成功地用于较低冲击应力下测量具有相似表面条件的样品的自由表面速度,这是一个令人困惑的结果。

在极低应力条件下,冲击波的上升时间一般为 100ns,而在 100 千巴以上的应力条件下,大多数材料的冲击波上升时间是无法精确获得的;根据四次幂定律,上升时间可能远小于 1ns。这将使冲击波厚度等于或小于表面粗糙度尺度。众所周知,当前沿很陡的冲击波与表面沟槽相互作用时,会形成射流,并以比表面平均速度快得多的速度从沟槽中喷出物质。吉姆·阿赛认为这种效应是在微观尺度上发生的,并开发了 VISAR 技术来测量被抛射物质撞击到离自由表面几毫米远的薄箔上的动量(这项技术现在称为阿赛膜技术)。在一些基本假设下,箔片获得的速度决定了沉积在箔片上的质量,也就是从表面喷射出去物质的质量(Asay,1977b,1978;Asay and Bertholf,1978)。利用前沿可控的冲击波(Asay,1977b)和时间分辨全息实验(Asay et al. 1976)进行的系统实验证实,这种效应是由表面缺陷引起的材料微喷射引起的。这种效应之前在内爆表面的 X 射线中观察到,由于 X 射线图像看起来"毛茸茸"的,因此称为"绒毛"。然而,在圣地亚实验之前,这种"绒毛"从未被量化过。圣地亚测量冲击波作用于表面时的喷射物的技术很快被武器界采用,并且仍然广泛地用作估算冲击波自由表面喷射物质量的标准技术。

## 4.15　含能材料

圣地亚组件和子系统的另一个关键方面涉及含能材料在低应力水平下的响应,在低应力水平下起爆可能存在问题。20 世纪 60 年代的技术问题包括建立启动反应所需的冲击应力,从爆燃(燃烧反应)到爆轰(瞬发爆炸反应)的过渡,以及二维流动对诸如导爆索等含能系统性能的影响。一个具体的应用是中子发生器的一次性电源,这种电源使用小型爆炸使得铁电体中产生大量电流。1962年,曾在洛斯阿拉莫斯进行爆炸起爆和冲击压缩研究的格伦·西伊被聘为物理研究处(后来成为固体物理研究处)新成立的动态应力研究部的主管。西伊给初露头角的冲击波研究小组带来了含能材料和铁电响应的专业知识。后来在20世纪60年代,阿尔·纳拉特(当时的研究负责人,后来成为圣地亚国家实验室主任)和奥瓦尔·琼斯(当时是物理研究处的一个部门主管,后来成为圣地亚国家实验室执行副主任)做了一个战略决策:通过雇佣另一位经验丰富的研究员、伊利诺伊理工学院的吉姆·肯尼迪开启含能材料的研究。由于洛斯阿拉莫斯在这方面已经有了一个既定的计划,两个实验室之间关于含能材料研究的竞争已迫在眉睫。正如肯尼迪的回忆所指出的:

> 因为我在芝加哥的伊利诺伊理工学院有9年的炸药研发经验,我于1968年7月被聘用。正如阿尔·纳拉特很久以后对我说的,聘用我,圣地亚是打算进入炸药研究领域,"与洛斯阿拉莫斯展开竞争。"纳拉特说这话的时候大约是1984年,我想(但没有大声说出来),这听起来很荒谬。那之后不久,纳拉特去了AT&T贝尔实验室(AT&T Bell Labs)镀金①,这样他就可以回到圣地亚,成为实验室首位本土主任。

这一具有先见之明的战略为炸药的重大研究工作奠定了基础,并导致了一系列根本性的发现。20世纪70年代后期,在丹尼斯·海耶斯的领导下,这一倡议为爆炸组件设施奠定了基础,该设施成为圣地亚武器项目的基本组成部分。

蒂姆·特鲁卡诺(Tim Trucano)那时候是新墨西哥大学学生,他仍然记得实习时坐在肯尼迪正在开展实验的场地的那些激动人心的日子:

> 1971年的夏天对我而言是大事将临的重要预兆,但我当时并不知道。我被聘为"暑期学生发展助理",招聘主管是李·戴维森。这个小组被称为"冲击波研究部"……头两周我在一个爆炸现场度过。那年夏天,我的导师是吉姆·肯尼迪;他当时正在现场进行炸药的冲击起爆实验。现场工作人员修改了标准的

---

① 编者注:当肯尼迪于1968年被聘用时,阿尔·纳拉特是固态科学研究负责人。AT&T的政策是圣地亚的主任必须来自AT&T贝尔实验室;因此,纳拉特在成为主任之前不得不在贝尔实验室待一段时间。因此,从1984年3月31日开始,时任圣地亚执行副主任的纳拉特转到贝尔实验室(Sandia Lab News, March 30, 1984, vol. 36, no. 7, p. 1)担任政府系统副总裁。在该职位上,他领导了所有研发工作,以支持贝尔实验室为联邦政府工作。在AT&T管理圣地亚的近44年里,纳拉特是唯一一位在圣地亚开始职业生涯的主任。纳拉特于1989年返回圣地亚(Letter addressed to all Sandians, April 17, 1989, in the Sandia Lab News, vol. 41, no. 8, p. 1),于1989年4月1日至1995年8月15日担任主任。

操作程序,而涉及我的条款写着"确保蒂姆在掩体里"之类的话。我还记得底塔西特(Detasheet®,杜邦公司的一种挠性炸药)小薄片爆炸,通过高速示波器记录数据,以及由此产生的大量的记录示波器轨迹的宝丽来照片。我还记得,在最初的两周内,我立刻对冲击波、爆炸等感到好奇。

当我坐在那里的时候,在这个场地的实验高潮是一次巨大的燃料-空气爆炸实验(在吉姆的冲击起爆研究兴趣之外),大约30磅或40磅TNT/PBX爆炸透镜将一个铝制飞片驱动进一个大气囊中。这是我经历过的最大的爆炸。事后,我们盯着烧焦的地面,吉姆立刻评论说,那是一场爆燃,而不是爆炸(想象一下爆炸会是什么样子!)我产生了更多的好奇心——吉姆是怎么知道的?爆燃吗?原来,如果爆炸发生,塑料袋会被切成三角形的碎片(我记得),因为气体中传播的爆轰波导致了爆轰胞格的不稳定性。

在奥瓦尔·琼斯(肯尼迪1969年上任时他已成为处室经理)和查克·马德(Chuck Mader)的指导下,肯尼迪开始研究PBX 9404炸药。在他的第一个项目中,石英计用于确定输入的平面冲击波在爆轰发生前在PBX 9404中传播的距离(称为"到爆轰距离")。通过使用新开发的气体炮仔细研究爆炸反应的各个方面,他建立了圣地亚在含能材料研究方面的威信(Kennedy,1970)。同时,大约在那个时候,杰斯·农齐亚托也加入了这个正在成长的实验项目,主要为该项目提供理论支持。正如肯尼迪所说:

> 那时(1974年),圣地亚把固体动力学研究处的一位理论家杰斯·农齐亚托带到了固体物理研究处,和我一起分析冲击波演化的结果。农齐亚托已初试牛刀,在圣地亚与沃尔特·赫尔曼合作进行了多孔材料的冲击研究,与卡尔·舒勒合作研究了PMMA在冲击波阵面的黏弹性行为。当时炸药界普遍认为,在非均质炸药中,冲击波增长到爆轰是由于冲击波前沿的能量迅速释放引起的。利用基于连续介质力学的奇异表面分析(另一个圣地亚的强项),农齐亚托推导出一个方程,利用该方程可以分析冲击波发展行为,从而估计冲击波阵面的能量释放。我们1975年的数据集是关于初始冲击波压力下的冲击波波形演变,这将导致冲击波在炸药中传播7mm距离内即发生爆炸,这是一种相当强的驱动条件。令我们惊讶的是,农齐亚托对波形演化数据的分析显示,爆炸在冲击波阵面吸收能量而并不是释放能量。

肯尼迪和农齐亚托的研究结果支持了圣地亚关于含能材料的研究项目,也引起了外界的关注。肯尼迪注意到,当LANL得知这些新结果时,他们的反应令人惊讶:

不久之后，当我们在洛斯阿拉莫斯国家实验室与比尔·戴维斯（Bill Davis）和威尔顿·菲克特（Wildon Fickett）分享这些研究结果时，洛斯阿拉莫斯国家实验室的研究人员感到惊讶：

（1）农齐亚托已经独立推导出洛斯阿拉莫斯之前推导出但是从未公开发表过的"冲击演化方程"（"[脏话，已删除]，圣地亚得到了冲击变化方程！"——比尔·戴维斯）。

（2）冲击波阵面行为是吸热的。

菲克特和戴维斯似乎是受此刺激，开始认真完成他们正在写的一本书，因此他们在1979年出版的经典著作《爆轰》①中包含了冲击演化方程的推导过程。据我所知，在1976年发表论文（Nunziato and Kennedy，1976）之前或之后，除了1976年爆炸研讨会上关于弯曲波中冲击波演化的相关论文（Chen&Kennedy，1976）之外，没有对该方程进行进一步的研究工作。

图4.15展示了PBX 9404炸药的冲击发展到爆轰行为，以及从数据推断的吸热反应。低冲击幅度下意想不到的吸热反应发生是由于混合材料中具有不同冲击波阻抗的组分引起冲击波弥散而造成的。圣地亚上马不久的冲击波计划产生了不俗影响，并在含能材料领域与其他实验室产生了竞争；这种竞争将持续多年。在接下来的几年中，圣地亚国家实验室在PBX 9404炸药和其他含能材料的理解方面做出了几项重大贡献，为该领域的后续研究人员铺平了道路，其中包括史蒂夫·谢菲尔德（Steve Sheffield）、阿尔·施瓦茨和丹尼斯·米切尔。

继肯尼迪20世纪70年代发表含能材料权威论文后，又有几篇其他出版物解决了各种各样的问题，包括含能材料中冲击波的演化，计算进入金属平板的爆炸脉冲，确定起爆炸药的输出压力场，以及飞片传输爆轰、密实炸药中爆轰波的点火和爆燃、在起爆过程中的冲击波增长模式。这些1970—1978年的研究导致肯尼迪和农齐亚托发表了几篇论文（Kennedy，1971，1972，1973；Davison et al. 1972；Kennedy and Schwarz，1974；Kennedy，Nunziato，and Hardesty，1976；Kennedy and Nunziato，1976；Nunziato and Kennedy，1976；Nunziato et al. 1977，1978a，b）。这一系列工作有助于提高对含能材料中冲击波传播的科学理解，并与其他两个实验室产生了"白热化"竞争。正如丹尼斯·海耶斯的回忆中提到的，这项研究也迅速被整合到圣地亚的武器设计中。

---

① 编者注：Wildon Fickett and William C. Davis，Detonation（University of California Press，Berkeley，1979）。这本书现在有平装本，于2000年首次出版，作为对1979年作品略作更改的未删节再版，书名为《爆轰：理论和实验》（Detonation：Theory and Experiment（Dover Publications，Mineola，NY，2000））。

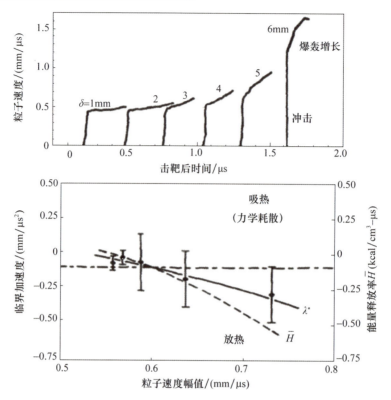

图4.15 PBX 9404 的冲击发展到爆轰行为。(a)代表到爆轰距离为δ的粒子速度剖面,粒子速度剖面亦可反映冲击波发展情况和反应增长情况,由初始冲击波振幅随距离δ的增加表示。(b)结果来自一个单一的界面,$\lambda^*$ 是稳定冲击波的临界加速度,$\bar{H}$ 是能量释放率。图中 $x$ 轴上的变量 $\bar{v}$ 是理性力学中用于表示低压侧冲击波近似的粒子速度幅值的奇异曲面符号

(经许可转自 Kennedy&Nunziato,1976,爱思唯尔有限公司1976年版权)

肯尼迪在含能材料研究方面的领导能力吸引了其他几位研究人员来到这个领域。他在回忆中写道:

1976年,当我从研究转向元件设计时,鲍勃·塞切尔加入了固体物理研究处,对同一种炸药进行斜波后紧跟冲击加载时波演化的行为进行研究。他发现(Setchell,1981)斜波对炸药进行了预压缩并使其钝化,因此随后的冲击波无法诱导炸药发生显著的反应,这可以从前面的波形判断出来。经过几毫米的传播后,斜波被冲击波前沿超越,此后不再发生预压缩。这时候,波后发生化学反应的证据立即被注意到……

1974年,唐·哈迪斯蒂(Don Hardesty)在完成了硕博士阶段的燃烧方面研究工作后,加入了固体物理研究部门处。此后他一直研究炸药,直到大约在1977年加入圣地亚在利弗莫尔刚刚起步的燃烧研究机构。在阿尔伯克基期间,

他与皮特·莱斯内合作研究了液态硝基甲烷的冲击波起爆行为,并开发了一种液态物质通用的雨贡纽关系,至今仍被引用(Hardesty&Lysne,1974)。他们的工作促使唐·阿莫斯(Don Amos)、农齐亚托和我使用平行反应模型(Nunziato,Kennedy&Amos,1977)分析实验中硝基甲烷的冲击波驱动热爆炸行为。

虽然唐·哈迪斯蒂在阿尔伯克基的圣地亚只待了很短的一段时间,但他对含能材料的理解做出了几项基础贡献(Hardesty&Lysne,1974;Hardesty,1976a,b;Hardesty&Kennedy,1977)。他还开发了一种方法,通过 VISAR 测量(Hardesty,1976b)确定透明高能液体(如硝基甲烷)折射率的变化。其他圣地亚研究人员,莱斯内、哈迪斯蒂、安妮塔·伦伦德、特洛特、农齐亚托、梅尔·贝尔(Mel Baer)等也发表了含能材料论文(Lysne&Hardesty,1973;Renlund&Trott,1988,1990;Renlund et al.1989;Baer,1988,1994,1996,1997,2000;Baer&Nunziato,1983,1986,1989;Baer&Trott,2002 a,b,2004;Baer et al.1986,1995,1996a,b,1998)。梅尔·贝尔的杰出工作确立了其在介观非均匀炸药建模方面的领导地位,有力地证明了非均匀性在炸药冲击起爆的起始和发展中的作用。这将在第6章进一步讨论。

1980年肯尼迪离开圣地亚后,鲍勃·塞切尔成为炸药研究的首席研究员。他的重要贡献之一是,通过足够强度的斜波将含能材料缓慢压缩产生足以诱发自持爆轰的应力直到形成冲击波前沿,最终,观察到正常的爆炸行为(Setchell,1981)。塞切尔还取得了其他一些值得关注的成果,包括起始脉冲持续时间的影响(Setchell,1982)、前驱波对起爆的影响(Setchell,1983)、粒度对冲击敏感性的影响(Setchell,1984)、化学反应的影响(Setchell,1986),以及微观结构对粒状炸药冲击起爆的影响(Setchell,1987)。这些观测结果对于建立预测爆炸行为的模型很重要(Nunziato and Kipp,1983;Baer and Nunziato,1983,1986;Nunziato,1984)。

除了李·戴维森所在部门的基础研究,在20世纪70年代中期,丹尼斯·海耶斯还发起了一个致力于对外服务的含能材料小组。这项工作发起的部分原因是固体物理研究处不想从事应用相关的工作。海耶斯说:

1974年,我成为爆炸元件部门的主管。大部分工作是关于核武器的预定部件。但我们确实得到了相当可观的海军经费来研究多孔HNS[①]炸药。美国海军在他们的C-4导弹上安装了HNS雷管和弱爆轰引信,迫切需要对这种新型炸药的性能有更全面的了解。炸药研究处不愿承担这项对外服务的工作,因此我们在部门内建立了相关能力。主要负责人是丹尼斯·米切尔和阿尔·施瓦茨。米切尔对多孔HNS进行了冲击波阵面VISAR测量,从而可以测量状态方程和反

---

[①] 编者注:HNS即六硝基芪,是一种具有良好热稳定性和真空稳定性的烈性炸药,由美国海军在20世纪60年代研制。

应速率;施瓦茨建立了我们自己的 VISAR,并对组件性能进行了无数次测量,可以与模型结果进行比较。吉姆·肯尼迪和史蒂夫·谢菲尔德是有价值的团队成员。我完成了大部分的建模工作,结果得到了关于材料的相当完整的描述。在山姆·汤普森的帮助下,我们将 HNS 的反应动力学引入到 CSQ(三维流体动力学代码 CTH 的二维前身)中,并对爆轰转角等在元件设计中重要的二维现象进行了大量的数值研究。

几年之内,含能材料应用研究成为圣地亚的一项主要活动,并由此建立了一栋新的大楼,即爆炸组件设施,在这里以这项研究为主。实验室里安装了一门一级气体炮用于实验研究,后来由当时的部门主管劳埃德·邦松(Lloyd Bonzon)管理。20 世纪 90 年代"黑色星期一"(1994 年 12 月 12 日)之后是冲击波研究极其艰难的一段时期,邦松在拯救圣地亚实验冲击波研究方面发挥了关键作用。这将在第 6 章中讨论。

## 4.16　20 世纪 70 年代的人物和地点

鲍勃·梅,1970 年在新安装的火炮旁(经 SNL 许可转载)

新主任奥瓦尔·琼斯(左)(固态科学研究)和阿尔·纳拉特(物理科学研究),1971 年(经 SNL 许可转载)

鲍勃·哈迪,1970 年手持进行火药炮实验的靶板(经 SNL 许可转载)

鲍勃·塞切尔,1975 年,正在调节激光(经 SNL 许可转载)

自左至右：流体与热科学处经理丹尼斯·海耶斯，热机械与物理研究部主管吉姆·阿赛、艾琳·乔治(Aileen George)和阿尔·查韦斯(Al Chavez)，1978年(经SNL许可转载)

迪克·罗德，1970年晋升为冶金一部主管(经SNL许可转载)

阿尔·史蒂文斯(左)和查普·查普曼(Chap Chapman)，1976(经SNL许可转载)

拉里·伯索夫、杰里·弗里德曼(Jerry Freedman)和史蒂夫·本茨利(Steve Benzley)(从左到右)，1974年(经SNL许可转载)

菲尔·米德(Phil Mead)和唐·伦德根(右)，1976年正在编辑《圣地亚国家实验室技术能力》(经SNL许可转载)

查理·丹尼尔斯(Charlie Daniels)(左)和比尔·本尼迪克，非强烈爆炸破坏系统的发明者，1977年(经SNL许可转载)

李·戴维森（右）和鲍勃·亨德森（Bob Henderson），在检查一个爆炸线波发生器，1972年（经SNL许可转载）

吉姆·莫格福德（Jim Mogford）、维克·恩格尔（Vic Engel）、格拉迪丝·罗（Gladys Rowe）、鲍勃·埃斯特利（Bob Esterly）、查理·温特（Charlie Winter）、迪克·克兰纳（Dick Craner）和杰夫·劳伦斯（自左至右），1978年在一次管理人员会议上（经SNL许可转载）

鲍勃·格雷厄姆（左）和罗恩·雅各布森，1974年，检查铌酸锂应力计（经SNL许可转载）

1974年，美国机械工程师协会授予杰斯·Pi Tau Sigma金奖，以表彰他"毕业后10年内在机械工程领域的杰出成就"。照片为农齐亚托展示奖牌和奖状（经SNL许可转载）

冲击物理研究部吉姆·肯尼迪，1973年（吉姆·肯尼迪私人收藏）

# 第5章　20世纪80年代：激情年代

## 5.1　背　景

前20年圣地亚的冲击波研究带来了：①实验技术的进步；②对大量材料进行的动态响应研究；③先进的材料模型；④系列化的一维、二维计算机程序，这些程序可以高精度模拟材料在武器组件和子系统中的行为。然而，还需要更加完善的三维(3D)程序能力来对武器组件和子系统进行高保真仿真。

在20世纪80年代，两项重要进展对随后几年的冲击波活动产生了深远的影响。首先，罗纳德·里根总统于1983年启动了战略防御计划(SDI)。这个雄心勃勃的计划提出了地基和天基资产，以保护美国免受核导弹的攻击。SDI——众所周知的"星球大战"计划，被批评为不切实际，甚至不科学。还有人声称，这将破坏以"相互确保摧毁"(MAD)概念为基础的脆弱的国际协定的稳定，并重新点燃进攻性军备竞赛。尽管存在这些担忧，该项目还是继续进行，并在几个研究机构中引发了新的举措。

为了实现SDI的研究目标，美国能源部的三个国家安全实验室(当时称为"国家武器实验室")、许多大学和工业机构提出了若干创新技术。到20世纪80年代中期，SDI创新科学和技术办公室提供了大量资金，主要用于应用研究领域。虽然所提出的概念并未落实到实际应用中，但通过SDI发展的基本技术为后来的科学创新奠定了基础，至今仍在持续影响着美国在高能量密度物理、超级计算、先进材料以及其他重要学科的研究项目。

起初，许多科学家对近期的"星球大战"式导弹防御系统持怀疑态度，他们认为需要几年的研究才能确定实用导弹防御技术的可行性。1993年，该计划的研究重点从国家导弹防御转向战区导弹防御(TMD)，研究范围从全球转向重点区域覆盖。无论如何，战略防御计划和战区导弹防御计划对圣地亚的冲击波计划都有重要影响。

作为最初SDI计划的一部分，圣地亚开始了几项战略工作。其中之一是一个旨在发展一种超过15km/s速度的克级弹丸发射能力新项目。这样的速度是现有二级轻气炮最高速度的两倍左右。实验冲击波小组由吉姆·阿赛管理，他是李·戴维森固体动力学研究处下属部门的主管,也是这项工作的参研人员之一,采用发展的两种方法之一,最终的发射能力实际上超过了目标速度。

第二项重要进展是启动国家安全实验室大规模并行计算。开发这种突破性的技术是 SDI 的既定目标之一,它使用了数千个并行处理器,而不是标准计算机中使用的单处理器。其目的是使计算速度比传统能力高出很多个数量级。在主任埃德·巴西斯(Ed Barsis)的领导下,圣地亚在开辟大规模并行计算的初期发挥了作用,并且在 20 世纪 90 年代的短时间内,拥有世界上最快的超级计算机。大规模并行计算最终对进行武器和其他科学应用的动态事件的真实数值模拟能力产生了重大影响。

如本章所述,这一时期冲击波研究的主要进展包括:
(1) 高压材料强度(5.2 节);
(2) 用于战略防御计划的三级轨道炮(5.3 节);
(3) 二级轻气炮上氢的金属化(5.4 节);
(4) 用于斜波加载的梯度飞片(5.5 节);
(5) 圣地亚超高速发射装置(5.6 节);
(6) 广义破碎理论(5.7 节);
(7) 用于兆巴剖面研究的激光窗口(5.8 节);
(8) 冲击诱导的固态化学(5.9 节);
(9) 用于鲍尔冲击应力计的压电聚合物(5.10 节);
(10) 高保真铁电模型(5.11 节);
(11) CTH:强大的三维流体力学程序(5.12 节);
(12) "爱荷华"号战列舰的炮塔爆炸(5.13 节)。

## 5.2 高压材料强度

冲击波研究的一个主要目标是在感兴趣的应力范围内充分表征材料的力学特性和物理特性,以便精确建立连续介质模型。材料强度,通常是对屈服强度随应变速率、应力和温度关系的描述,这一描述对材料的精确模拟至关重要。在大多数情况下,初始屈服强度很容易通过测量弹塑性波结构在低峰值冲击应力(通常小于 100 千巴,可观察到弹性响应)的弹性响应确定。已经开发的众多应力计和干涉仪技术可以用来提供这方面的信息。然而,高应力冲击压缩后的材料强度(通常大于 100 千巴)很难用现有的技术测量。典型的方法,如压电应力计、干涉仪技术和压剪技术已经在圣地亚使用,然而,对于这一应力水平下的金属研究,特别是在几个兆巴的应力条件下,相关后期纵向应力计的测量并不成功。但在这种超高应力下的强度信息可以用以解决各种武器问题,也可以用以支撑其他科学应用所需。

阿赛和利普金(1978)首先提出了一种冲击波剖面测量技术,通过从给定的冲击状态卸载和重新加载来提取强度信息。该技术称为"自洽强度测量",在铝表面约 30 千巴的冲击应力下进行了验证,测量结果与其他技术(如静水压力下确定的抗压屈服强度)吻合良好。在 20 世纪 80 年代早期,该技术被扩展到在 STAR 装置使用火炮在铝和其他几种材料中施加几百千巴的应力(Asay and Chhabildas,1981;Chhabildas and Asay,1982;Chhabildas et al. 1982),后来使用二级轻气炮在钽中实现接近兆巴,在钨中实现接近 2.5 兆巴的压力(Chhabildas&Barker,1988;Chhabildas et al. 1988)。

在演示了铝的强度测量到 200 千巴左右后,查比达斯和阿赛急于将这种能力扩展到兆巴压力和更广泛的材料。不幸的是,圣地亚没有计划需求,因而这方面的可自由支配资金极为有限。然而,来自 LLNL 的丹·斯坦伯格(Dan Steinberg)一直在为武器项目开发本构模型,该模型需要各种材料在数百千巴压力下的强度数据。LLNL 的威廉(比尔)J. 内利斯(William J. (Bill) Nellis)领导下的冲击波小组既没有时间分辨干涉技术,也没有波剖面分析方面的技术专长,并且没有兴趣从事这项工作。斯坦伯格于是通过阿赛和查比达斯进行实验。这些实验的其中一种材料是铍,由于其毒性,如果不对火炮设施进行重大改造,就无法对其进行研究,因此阿赛和查比达斯最初拒绝做这项工作。然而,LLNL 坚持并向圣地亚的高层提出了他们的要求。查比达斯回忆当时的事件道:

LLNL 的丹·斯坦伯格特别欣赏我们在强度方面的工作;他用这些实验结果来发展强度模型,现在称为 Guinan – Steinberg(贵南 – 斯坦伯格)本构模型,用于流体力学程序。丹想让我们在冲击状态下测量材料的强度!当 LLNL 的哈尔·格拉博斯克(Hal Graboske)和丹·斯坦伯格直接向我们提出最初的请求时,我们并没有太激动,而是拒绝了邀请,因为铍具有毒性,我们必须采取各种保护措施。LLNL 的人随后直接向我们的上层管理部门提出了要求,我们别无选择,只能照办。

该项目最终持续了 2 年多的时间,向我们提供了很多资金支持,帮助维持了当时的实验能力,也提升了圣地亚在高压材料强度领域的地位。同时,采用自洽波剖面法测定了几种材料的强度;丹·斯坦伯格和他在 LLNL 的同事在 20 世纪 70 年代和 80 年代主要使用这些结果来开发高压强度模型(Dan Steinberg,1996),这些模型目前仍在使用(Asay et al. 2009)。当前 STAR 和 Z 装置上仍在继续进行关于高压强度的研究。最近,布朗、斯科特·亚历山大(Scott Alexander)、阿赛等(2013a,2014a)将自洽波剖面技术推广到 Z 装置上用于 2 兆巴以上钽斜波加载研究。图5.1中的新结果代表了用多种技术对高压强度进行的最精确测量,这些测量结果用于评估各种材料模型,包括LLNL正在开发的多尺度位错模型(Barton et al. 2011)。在大压力范围内模型预测结果和实验数据均吻合得相当好,特别是由于多尺度位错模型建模和实验研究是独立进行,说明我们从微观尺度和介观尺度预测连续体行为的能力正在增强。

考虑不同加载速率的影响,利用Z装置获得钽的斜波结果与金刚石压砧(DAC)结果(Dewaele&Loubeyre, 2005)、压力-剪切测量(Duprey&Clifton, 2000)、早前准等熵加载研究(Chhabildas et al. 1990; Chhabildas and Asay, 1992; Vogler and Chhabildas, 2006)以及瑞利泰勒扰动增长(Park et al. 2012)均有很好的符合性。基于位错的LLNL多尺度强度模型在预测材料的位错结构及其他性能方面,与强度数据的一致性最好,如图5.1所示。许多经验强度模型(Steinberg et al. 1980; Steinberg&Lund, 1989; Preston et al. 2003)的预测结果远远低于实验结果,且超出了大部分数据的误差棒范围,如图5.1所示。

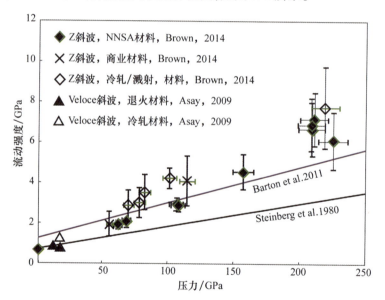

图5.1 钽的准等熵(斜波)压缩流变强度与冲击压力的关系。新的Z装置数据用两种不同的Ta样品得到了。通过实测卸载剖面,估算了平均流强和平均压力。实心菱形和空心菱形数据点分别代表两种Ta样品数据:一种通过标准材料制备,另一种通过溅射和冷轧(cold-rolled,CR)材料制备(私人收藏,J. L. Brown et al. 2014a),标记为"Barton et al. 2011"的曲线是基于位错的多尺度强度模型计算结果

从几次强度实验中,特别是对硬脆材料的强度实验中得到的一项观察结果是,从冲击波剖面测量中推断出的剪切应力状态不符合弹塑性理论的预期。弹

塑性理论是一种常用的模型,用于低应力下的动态加载。对于这种明显的异常现象,人们提出了几种解释。其中丹尼斯·格雷迪提出的假设特别有吸引力,尽管还没有得到实验证实。格雷迪认为,在极高的应力和应变速率下,冲击波导致的变形将冲击波的耗散能沉积在小于 1 μm 宽度的小区域,但这一宽度小于冲击波宽度。因此,这些局域化区域在冲击压力上升时刻的温度非常高,但在达到峰值稳态后(通过热扩散)迅速冷却。结果是由于热阱和高度局域化温度导致材料先被软化,之后随着局域热区冷却恢复强度。热阱效应是冲击波上升前沿时间内发生的耗散与产生的局部塑性区域相互作用的结果。局域化区域宽度在低应力下初步估计小于 1 μm(Grady and Asay,1982),这一宽度随着冲击应力的增加而迅速减小。作为海耶斯和格雷迪(1982)早期工作的扩展,斯威格和格雷迪(1986a,b)基于这一思想开发了一个数值模型,可用于计算机模拟铝中冲击波和反射冲击波传播特性。斯威格和格雷迪的计算支持了冲击波导致软化效应这一假设。冲击软化也发生在脆性材料中,如氧化铝(Reinhart and Chhabildas,2003)、蓝宝石(Reinhart et al. 2006)以及碳化硼(Vogler et al. 2004),结果显示初始冲击波及之后的反射冲击波与弹塑性模型存在很大偏差(Reinhart et al. 2002,2006)。表观冲击软化和恢复的其他机制包括不可逆位错运动(Johnson,1993;Winey et al. 2012)和不同晶粒的非均匀各向异性屈服变形(Asay&Lipkin,1978)。

## 5.3 用于战略防御计划的三级轨道炮

响应 SDI 计划启动的几个研究项目中,李·戴维森领导的固体动力学研究处受资助与 LANL 共同进行一个战略项目,旨在开发一种超高速发射器,最终能够产生足够高的速度拦截和摧毁针对美国的弹道导弹。为了实现这个目标,LANL 采用了一种爆炸驱动技术。而在圣地亚,吉姆·阿赛提议使用一种二级轻气炮以最高 7km/s 的速度发射弹丸到第三级即电磁发射器(通常称为轨道炮),后者进一步将弹丸加速到 15km/s。概念可行性是研究产生更高速度的第一步。

当时轨道炮技术在美国和其他地方已经很成熟,尽管速度被限制在 5km/s 多一点(Hawke et al. 1991a)。这种限制被认为是由于导电铜轨的烧蚀,该导电铜轨处于炮膛内,用于产生推进磁场。研究认为,在初始磁加速作用下,加热后的铜轨表面会汽化并烧蚀进入炮管,从而导致被加速材料的质量显著增加。然而,如果弹丸最初以足够高的速度插入轨道炮,就没有足够的时间发生烧蚀。热扩散计算表明,要达到这一条件,最小注入速度必须达到 5km/s。要获得这一最小速度,必须使用二级轻气炮。然而,将二级轻气炮和电磁轨道炮这两种截然不同的概念结合起来是一项艰巨的任务。图5.2是三级轨道炮发射器的概念图。

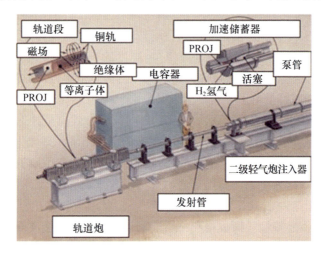

图5.2 三级轨道炮,图中右边的二级轻气炮以大约6km/s的速度向左边所示的轨道炮内发射弹丸。轨道炮进一步将弹丸加速到7.5km/s
(吉姆·阿赛私人收藏)

阿赛召集了一个由数名圣地亚员工组成的团队,包括克林特·霍尔、卡尔·康拉德、吉姆·洪(Jim Ang)、林恩·巴克尔、卡尔·舒勒、格里·威尔曼(Gerry Wellman)和蒂姆·特鲁卡,他们都对冲击波研究做出了重大贡献,还有兰迪·希克曼(Randy Hickman)、比尔·莱因哈特(Bill Reinhart)、格里·索夫(Gerry Sauve)、史蒂夫·克努森(Steve Knudsen)、安妮塔·瓦西(Anita Vasey)和约翰·马丁内斯(John Martinez)作为合同员工参与其中。新墨西哥大学的莫森·沙欣普尔(Mohsen Shahinpoor)教授进行了仿真,优化了用于高速向第三级轨道炮中注入弹丸的二级轻气炮的性能。阿赛还招募了两名LLNL的研究人员,罗恩·霍克(Ron Hawke)和艾伦·苏索夫(Allan Susoeff),他们都是该技术的知名专家,来自LLNL之前的轨道炮项目。该项目在1980年中期开始,在硬件方面,不论是二级轻气炮还是轨道炮,当时都没有现成的硬件可供利用。该团队设计、购买并实现了一个二级轻气炮发射器、轨道炮、一个3MJ轨道炮电源,以及大量的用于监控和记录整体性能的诊断和仪器设备。许多障碍都被一一克服,大约2年内一个三级轨道炮在STAR装置上投入使用。

其中一个主要的挑战是如何建立一个电流传导电枢,该电枢需要将进入轨道炮速度高达6km/s的氢气增压炮弹连接起来。这一挑战就像在一场完全由氢气(一种极好的绝缘体)构成的飓风中划火柴,从而触发弹丸第二阶段的驱动。这一问题通过发明一种新的自弧电枢得到了解决,当弹丸进入轨道炮段时,自弧

电枢在弹丸底部自动产生电流。克林特·霍尔在回忆中谈到了他对这个具有挑战性的问题的看法:

> 吉姆显然认为我不会把事情搞砸,实际上他给了我一个备受瞩目的项目……我在 STAR 的第一个真正的项目。我将成为二级气炮注入轨道炮系统(STAR-FIRE)的机械系统负责人。哈哈,我完全有能力搞定这件事……一个简单二级轻气炮,发射精致弹丸,弹丸不适合连接装置,以大约 6km/s 的速度射向固定的复合膛体,膛体必须绝对洁净以防止前电弧的形成,炮膛大部分时间直径几乎相同,需要维持 $10^{-3}$ torr 的真空,没有弹丸漏气,哦,还需要在轨道炮的正前方测量弹丸速度,这样才能在正确的时间释放电能……我们启动了二级轻气炮装置,并投入使用,我们将一个 STAR 装置废料堆的燃料箱进行改造后作为撞击室,并找到了如何制作和对齐连接部位,使弹丸实际上能穿过它们而不是将它们变成碎片云。剩下的问题是炮弹的窜气问题。如果不解决这个问题,就无法进行腔内速度测量,而且轨道炮在每次发射时都会产生前电弧……我把解决方案描画出来,并向林恩·巴克尔解释,他说"这听起来很合理……"我想出了加工办法并制作了一个用于测试。好吧,长话短说,第一次实验成功了,并且成为了 STAR-FIRE 项目的一项支持技术。另一个导致可重复的电弧自发生弹丸的创新,包括银-环氧树脂保险丝(吉姆的想法,使用环氧树脂,通过烧蚀创建一个自定时启动电弧)与高度复杂的思高(Scotch)胶带模具系统。

在该项目开始大约 2 年后,三级轨道炮已投入使用并定期发射以评估其性能。弹丸最高速度达到 7.5km/s,此时二级轻气炮注入弹丸的速度为 6km/s。

在使这一复杂系统实现正常运行的过程中,其他几个工作人员也发挥了重要作用。通过莫森·沙欣普尔的计算,二级火炮的性能得到优化,使弹丸在进入轨道炮之前的加速度载荷最小化。格里·威尔曼和卡尔·舒勒对轨道炮中用于弹丸加速的等离子电枢进行了详细的数值分析(Wellman&Schuler,1988)。蒂姆·特鲁卡诺进行了数值模拟来评估和减少弹丸的气刨(Barker et al. 1988,1989),吉姆·洪参与了弹丸的设计和制造(Ang et al. 1993a)。林恩·巴克尔确定了由于金属的滑动接触引起的点蚀机理(Barker et al. 1988),并通过弹体设计将点蚀最小化。虽然这种独特的发射装置(Hawke et al. 1991a,b)没有达到预定速度 15km/s 的目标,但它确实为轨道炮获得了创纪录的速度,并使罗恩·霍克获得了著名的 IEEE Peter Mark 奖章,以表彰他对电磁发射技术的杰出贡献。由于系统的速度增量较低,该项目于 20 世纪 80 年代后期终止。那时,另一种获得超高速的方法显示出了希望,并被证明是成功的,产生了圣地亚超高速发射器(HVL,也称为三级轻气炮),这将在 5.6 节中讨论。

## 5.4 二级轻气炮上氢的金属化

最终导致 HVL 成功的技术源自使用二级轻气炮制造金属氢项目。林恩·巴克尔 1974 年离开圣地亚加入盐湖城的 Terra Tek 公司,1981 年他回归圣地亚,以研究人员的身份加入吉姆·阿赛的实验部门。巴克尔启动了两个重要项目,这两个项目都需要开发产生兆巴压力的无冲击(斜波)加载技术。这一持久的个人目标源于巴克尔在 20 世纪 60 年代末的早期工作,即利用熔石英缓冲器产生斜波。

巴克尔的两个项目使用了截然不同的方法来实现非冲击加载。一种方法是实验室指导研发(LDRD)项目,该项目采用充满氦气的炮管中的高速钨飞片压缩夹在两块钨板之间的固体氢样品,以防止冲击载荷。另一种方法是开发一种标准的梯度飞片,用于二级轻气炮,在与目标碰撞时,随着时间的推移产生逐渐增加的应力,直到兆巴压力,而不像用单一密度飞片进行冲击加载所获得的突然冲击。这两个项目都极具挑战性,同时不仅可以为 HVL,而且可以为后续在 Z 上使用磁加载实现比 HVL 能达到的更高弹丸速度的研究工作提供关键技术支撑。

金属氢项目的目标是在兆巴压力下使氢金属化,正如一些固态理论预测的那样。LLNL 之前采用圆柱形磁压缩法开展的实验表明,氢金属化发生在 2 兆巴左右,但这些结果并不明确。巴克尔的方法采用 4.2 K 条件下的固体氢作为初始样品,固定在两个钨圆盘之间,置于二级轻气炮延伸炮管里。二级轻气炮炮管内充满氦气,随着弹丸在炮管内加速,固体氢逐渐被压缩到兆巴压力。在压缩过程中,使用 VISAR 和 4 台 MeV X 光机测量压力和密度。

但是,必须克服几个主要困难。一是开发一个低温系统,在几开的温度下生产固态氢,然后将其逐渐压缩到兆巴压力。一个 VISAR 监测后面钨圆盘的压力历史,四个快速 MeV X 光机确定钨板间隔中氢的压缩密度。由此得到的压力和密度的热力学测量结果可以与理论进行比较。随后还进行了额外的电导率实验,以确定试样在压缩过程中是否变成金属。

第一个任务是实现一个可操作的低温系统(Barker et al. 1986),并提供一个目标夹具来夹持样品,这一任务进行了两年,并且已经完成。巴克尔开发了一个独特的目标插入系统,其中固体氢样品是在杰克·怀斯开发的氢低温恒温器中制备的。含氢试样的靶夹具紧接炮管端口,在固体试样预热前迅速插入。然后弹丸在炮的充气发射管中等熵压缩到高压。正如阿赛在他的回忆中所说:

林恩设想了一种新技术,将固体样品置于钨的短炮管延伸部分中,在弹丸发射之前这部分构成二级轻气炮管的一部分。夹具最初被放置在撞击室外面的低温恒温器中,冷却使氢凝固,然后在撞击前迅速插入并对准炮管,有点像垒球投球。林恩称这个奇妙的设计为瞬时插入机制(TIM),并称之为"小蒂姆"(Tiny TIM)——"小"是因为它太大了。我不知道是否有人告诉过他,它看起来像一个经典的鲁布·戈德堡(Rube Goldberg)精巧装置①,尽管确实如此,但它确实管用。

项目的第二部分的概念非常简单,但是很难实现。目标是将氢样品连续压缩到几兆巴压力。这是通过在二级轻气炮的炮管中填充氢气,氢气被发射管中含有钨片的高速弹丸连续压缩。在早期的实验中,X 射线照片显示,随着氢压力的增加,样品夹具中的前钨板断裂成几块碎片。虽然有几次试图消除这个问题,但都没有成功,所以在二级轻气炮上制造金属氢的目标最终没有实现。然而,一个意想不到但很重要的副产品,涉及将薄板无冲击加速到超高速度,取得了成功并强烈影响了圣地亚后来的冲击波计划。

## 5.5 用于斜波加载的梯度飞片

巴克尔回归圣地亚后开始的另一个项目涉及一种新的方法,用于在平板撞击实验样本中产生无冲击加载,通常称为"斜波"加载。这是他长期目标的延续,即开发无冲击压缩高压加载技术。1970 年,他和瑞德·霍伦巴赫发表了一篇论文,表明熔融石英的冲击加载可以实现斜波加载。产生的斜波可以输入与熔融石英粘接的样品。然而,熔融石英的峰值应力被限制在 35 千巴左右,而且由于很难再现,将这一思路拓展到其他"玻璃型"材料的尝试并不十分成功。几位冲击波研究领域的研究人员的目标是将斜波加载时的峰值应力扩展到兆巴压力。

巴克尔提出的无冲击或斜波加载的新方法是连续改变冲击平板的密度,使冲击平板从冲击表面的低初始密度到接近背面的钽的高密度。图 5.3(c)(Asay&Knudson,2005)说明了初始小幅度冲击后续斜波加载的概念。对平面试样的正常平面冲击在流体中产生陡峭的冲击载荷和单个冲击波,或在固体中过载冲击,如图 5.3(a)所示。当冲击压力小于 30 千巴时,冲击熔融石英缓冲器会在熔融石英中产生斜波,并导致附着在石英背面的样品的斜波加载。巴克尔的

---

① 美国漫画家鲁布·戈德堡(1883—1970)在他的作品中创作出的被设计得过度复杂的机械组合,用以完成实际上非常简单的工作。

方法是将弹丸制造成一个密度变化的飞片,从碰撞面如泡沫一样的低密度到如冲击平板背面的钽一样的高密度。这在冲击样品中产生一个小的初始冲击,之后压力随着应力波从飞片的高密度区域反射而逐渐增加。计算结果表明,数兆巴的峰值斜波加载应力是可以达到的。

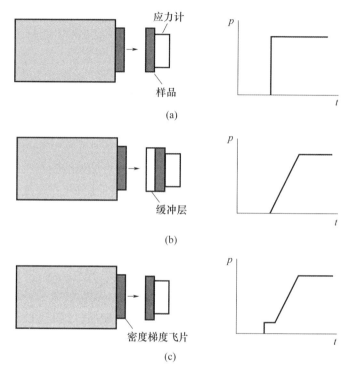

图5.3 斜波加载示意图。右边的图表说明了每个试样左边所经历的应力加载历史
(a)平面试样冲击加载的典型冲击条件;(b)熔融石英缓冲器,用于在样品中产生无冲击加载;(c)用于直接冲击/无冲击加载样品的梯度飞片。
(经施普林格科学与商业媒体(Springer Science&Business Media)许可转自 Asay&Knudson,2005,图 10.2,施普林格科学与商业媒体 2005 年版权)

斜波加载的一个主要优势是可以实现低温高压加载。冲击负荷到兆巴压力时通常会在金属中产生几千开的温升。与此相反,斜波加载时材料的温度与冲击导致的温度相比非常低。斜波所产生的热力学状态几乎是等熵的,因此这类实验称为等熵压缩实验(ICE)。这是巴克尔提出的另一个恰当的缩略语。图5.4生动地说明了冲击和斜波加载所得 LiF 温度的巨大差异。在 2 兆巴的冲击压缩下,LiF 会产生大约 4000K 的温升,而相同压力的斜波加载,只会导致几百开的温升。虽然不同的材料会表现出不同的热响应,但在密度变化确定的前提下,雨贡纽温度与等熵温度的主要区别将与图 5.4 所示的结果相似。

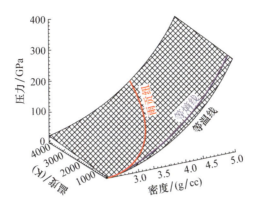

图 5.4 冲击(雨贡纽)和斜波(准等熵)压缩在 LiF 中达到的温度状态。
值得注意的是,等熵加载实现的温度状态类似于等温(恒温)压缩
(让 – 保罗·戴维斯(Jean – Paul Davis)私人收藏)

巴克尔、卡尔·康拉德和之后的道格·斯科特(Doug Scott)采用了一种非传统的方法来制造梯度飞片,巴克尔的论文将其描述为"枕垫"。他用这个术语来强调斜波加载产生连续的或"软的"应力加载,而不是通过冲击加载获得突然的或"硬的"应力变化。巴克尔和斯科特在酒精溶液中制备了几种不同密度的微米级细粉悬浮液,并将其沉积在平板上。流体悬浮体的沉降遵循斯托克斯定律(Stokes'law),沉降速率随密度而变化,从而使密度较高的颗粒先于密度较低的颗粒沉降。最终沉淀物(Barker,1984)可加压或加热改变密度分布制成圆盘状,作为二级轻气炮的飞片。经过艰苦努力,这一过程得到了完善,对数个"枕垫"飞片进行测试的结果表明,其可以产生超过 2.5 兆巴斜波加载压力。该技术用于测量几种金属的高压准等熵响应,包括氢金属化实验中使用的钨板(Barker,1984;Barker et al. 1986;Chhabildas&Barker,1988;Chhabildas et al. 1988)。虽然成功实现了兆巴量级准等熵加载、测量技术,但在实际制作过程中密度的小变化使得不可能生产两片一模一样的"枕垫"飞片。质量控制的困难,加上巴克尔于 1990 年退休,使得在当时的准等熵压缩实验研究中无法广泛使用梯度飞片。然而,该研究中建立的薄板无冲击加速的概念为后续研究方法提供了方向,现在已经是常规方法。

## 5.6 圣地亚超高速发射装置

在氢金属化项目接近尾声时(在 5.4 节中讨论),拉利特·查比达斯和林恩·巴克尔开始了一项研究工作,以理解控制夹持固体氢的夹具中钨板破碎的基本机制。为了系统地确定材料性能(如屈服或层裂强度)的影响,查比达斯进

行了一系列控制良好的实验(Barker&Chhabildas,1990;Barker et al. 1990),采用相同质量的不同平板材料,使用相同的峰值驱动压力,测量每一种材料的"破碎程度"(Chhabildas et al. 1990a)。用来筛选更好的抗破碎候选材料的标准是破碎后的平均碎片大小。实验结果相当令人惊讶。一般认为,屈服或层裂强度会抵抗不稳定性,而这种不稳定性会引起平板断裂。然而,研究发现单一的材料性质不适用于估算气体炮驱动平板的碎片大小或碎片数量。钨具有最高的屈服强度,但抗破碎性最差,在加速过程中容易破碎。所有其他测试材料也在兆巴压力气体加载过程中破碎,并显示出独特的碎片分布。然而,碎片大小与层裂强度/板密度之比之间存在很强的相关性,查比达斯称之为"比强度"(Chhabildas et al. 1990)。根据这一规律确定了一种非常好的飞片材料,即钛合金,因为它具有高层裂强度和低密度。查比达斯回忆起这个激动人心的发展时说:

> 我观察到每种材料的平均碎片大小与其特定的碎片强度之间存在相关性,即碎片强度与密度之比(Chhabildas,Barker,Asay,and Trucano,1990)。为了验证这一经验关系,我选择了钛合金 Ti-6Al-4V 作为候选材料,以使碎片数量最少。令我惊讶的是,我们发射的合金飞片完好无损!

这一惊人结果是圣地亚超高速发射的开始。冲击波研究人员从20世纪60年代开始就一直在尝试发射速度超过10km/s("超高速"的定义)的弹丸,以便用于军事和科学应用。包括轨道炮项目在内的几个方法都没有成功。然而,通过气体加速研究获得的对板块破碎的认识是一个关键突破。查比达斯和他的同事采用的方法包括将动量从一个速度较低但比较重的二级轻气炮弹丸转移到一个较轻的第三级飞片。根据飞片所需的名义平板尺寸和质量,要在亚微秒量级的作用时间尺度内发射弹丸,需要兆巴压力。在这种速度下直接撞击会使飞片熔化,甚至可能使其汽化。

因此,需要弹丸与飞片之间的无冲击相互作用。巴克尔开发的"枕垫"飞片技术最初即是用于这一目的,尽管后来查比达斯发现,一个精心设计的多层梯度密度飞片更容易制造、复制和表征,而且效果非常好。此外,一个夹持末端飞片的短管组件必须耦合到二级轻气炮的炮口,以便第二级弹丸不会由于自由飞行而与第三级飞片产生"极端"倾斜。第三级炮管采用钨材料加工,内膛直径与二级轻气炮发射管直径相匹配,这一技术与氢金属化项目中使用的技术相似。一个薄飞片被精确地安装在钨管中,与二级轻气炮腔体端口相距数毫米。该方法使用了一个较重的多层飞片对一个较轻的薄飞片进行无冲击压缩,多层飞片的速度最高可达7km/s。在撞击时,较轻的飞片被无冲击地加速到更高的速度,这一过程很像一个重球撞击轻球。改进后的三级炮结构称为圣地亚超高速发射器(Chhabildas et al. 1991),或 HVL,图5.5所示是该装置的示意图。在这种结构中,梯度密度飞片撞击目标飞片产生几乎光滑、无冲击的压缩加载,最终使目标飞片的最大压力达到2~3兆巴,并将飞片加速到20km/s(Thornhill et al. 2006)。

超高速发射飞片之前,必须解决无数的工程细节问题。克林特·霍尔和比尔·莱因哈特对这些问题进行了深入探讨。霍尔回忆说:

过了很久之后,我们终于将弹丸的制造和重复性、对中稳定性、飞片制造工艺性和二级轻气炮性能大大提高。该项目最终实现了用于高精度状态方程测量的平坦、完整飞片的发射。

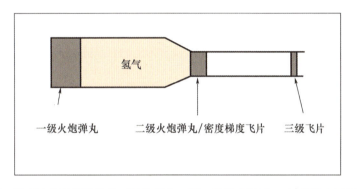

图5.5 超高速发射薄飞片的三级炮概念。第二级弹丸以7km/s的最大速度发射,
并以无冲击加载压力将第三级弹丸加速至兆巴左右
(拉利特·查比达斯私人收藏)

制作二级飞片也是一个挑战。最初使用的是一种简单的双层飞片,但它不能产生良好的无冲击加载。巴克尔研制的梯度飞片使第三级飞片的加速平稳性大大提高。通过大量的建模和测试,合理设计的多层飞片更易于制造,工作效果良好。莱因哈特记得:

这些飞片从简单的PMMA/铜叠层飞片,到巴克尔发明的"枕垫"飞片(由喷射粉末冶金和采用沉降技术制造,实现冲击阻抗的连续变化),到查比达斯的"层板"飞片(PMMA/Al/Ti/铜),直到如今仍在使用的查比达斯多层飞片的最终构型(聚甲基戊烯/Mg/Al/Ti/Cu/Ta)。

进行了大量的二维模拟,以确定多层飞片的材料结构,以使产生的冲击最小化,同时将冲击过程中产生的二维效应降到最低。这一点十分必要,因为当时想要发射"大块"的弹丸。由于随着技术的改进,发射速度已经从最初的以12km/s发射"大块"弹丸提高到将近20km/s(Chhabildas et al. 1994;Thornhill et al. 2006),所以了解上述效应特别重要。蒂姆·特鲁卡诺进行了广泛的二维模拟,对于优化大质量弹丸的设计至关重要(Trucano&Chhabildas,1993,1995)。蒂姆说:

直到今天,我仍然觉得我最好的,也是最令人满意的计算预测是我与查比达斯(大约在1993—1994年)合作预测加工完成的三级炮的首次实验结果。第三段腔体以及第二段到第三段的过渡段腔体的内弹道性能仿真,充分发挥了CTH所具有的全部计算能力。我们对最终弹丸速度的预测值和观测值的误差只有数个百分点,最终的弹丸形状与实验结果非常接近。

伦德根的战略目标是将实验、建模和计算结合,从而实现三者独立运作时所不能达到的目标。三级炮的非凡成就可以说是伦德根战略目标的缩影。

对于通过实验获得新材料响应机制,HVL的研发是一个重大突破,这对后续武器和其他科学应用都产生了深远的影响。在较短的时间内,飞片速度从10km/s(Chhabildas et al. 1990,1992,1994,1995;Chhabildas&Knudson,2005)增加到12km/s(Chhabildas et al. 1993b),然后进一步提高到超过16km/s(Chhabildas et al. 1995)。随后的研究使得弹丸的发射质量得到提高(Chhabildas et al. 1994),同时弹丸的发射速度也提高到20km/s左右(Thornhill et al. 2006)。图5.6为拉利特·查比达斯手持HVL三级延伸装置的照片。正如查比达斯所提到的,"我们发射铝、钛、镁和钽的速度超过了10km/s。需要指出的是,我们将0.5mm厚的钛合金飞片加速到了12km/s以上。"

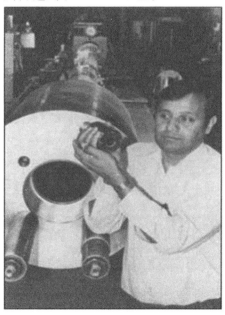

图5.6 拉利特·查比达斯站在二级轻气炮的尾端,手持第三级延伸装置,这一装置的最终飞片速度超过了10km/s
(经SNL许可转载)

冲击加载和卸载会使物质处于高度膨胀状态，之前并没有有效手段对这一状态进行科学研究，而HVL的研发使得这一科学研究成为可能。处于高度膨胀的热力学状态的物质通常称为"温稠密物质"，这一概念在许多天文学应用中非常重要，也是当前NNSA核武库管理计划中一个引起强烈科学兴趣的领域。蒂姆·特鲁卡诺简洁地描述了这种模式的转变：

由于20世纪80年代积累的资金、项目驱动、研究机会和人才的共同作用，圣地亚的冲击波研究工作深入高速冲击的各个领域。这些领域包括如何实现超高速撞击，如何对其进行表征，如何对其进行物理（即实验）和计算模拟，以及如何评估其效应。这项工作包括开发实验能力、理论解读能力、计算能力和特定的应用程序——在20世纪80年代以前，这些都不存在。作为工作的一部分，圣地亚彻底融入了国内国际活跃起来的超高速冲击物理学界。

冲击诱导汽化的实验早期已经在二级轻气炮上完成（Asay et al. 1988）；但是，冲击诱导局部汽化的材料仅限于低熔点的材料，如铅和镉，而且实际上只有一小部分材料汽化。HVL极大地扩展了用于冲击汽化研究的工程和科学材料种类，并探测得到受5兆巴冲击加载再卸载的锌将完全汽化（Brannon&Chhabildas，1995）。其他文献（Chhabildas et al. 2006）给出了铟和铝完全汽化的例子。

HVL还在吸引其他政府机构的大量冲击波研究基金方面发挥了作用。正如查比达斯所说：

应约翰逊航天中心（JSC）和马歇尔太空飞行中心（MSFC）的要求，我们评估了碎片屏蔽设计的性能。我们评估的第一个碎片屏蔽设计称为"惠普尔缓冲罩"①，我们评估了其在冲击速度为10km/s时（太空碎片的典型速度）的防护性能，这在今天已经可以在实验室复现……DNA的康奈尔（Connell）中校甚至资助了一个基础研究项目，研究锌的冲击汽化动力学，并确定弹丸形状对撞击薄片产生的碎片的演化的影响。

为美国国家航空航天局（NASA）所做的防护罩研究提供了第一手实验数据，用于评估冲击速度大于10km/s时名为惠普尔缓冲罩的设计的碎片屏蔽性能。NASA还发起了HVL实验，以模拟被称为太空"垃圾"的轨道碎片的影响（Lawrence，1990b，1992a；Lawrence et al. 1995；Chhabildas et al. 1993a；Ang et al. 1991；Boslough et al. 1993，1994a）。

此外，作为最初SDI项目的一个副产品，战区导弹防御计划启动了一项持续数年的项目，该项目使用HVL评估击杀任务中速度超过10km/s的弹片的杀伤

---

① 以其发明人Fred Lawrence Whipple（弗雷德·劳伦斯·惠普尔，1906—2004）命名。

力。正如查比达斯在他的回忆录中所指出的,在圣地亚的协助下,其他具有传统二级轻气炮的政府机构也在升级其设施,以具备超高速发射能力。

应 DNA 的约翰·康奈尔(John Connell)中校的要求,该技术被转移到海军研究实验室(NRL)和美国空军阿诺德工程开发中心(AEDC),用于评估对空间结构的杀伤力影响。比尔·莱因哈特是技术转移的关键。他做事有条理,善于计划和处理许多细节。这些设备最令人印象深刻的地方是,弹丸自由飞行的时间超过 1ms,飞行距离超过几十米,拍摄 X 光照片,击中离预定轨道不到 1m 的目标。在 AEDC,我们可以将厚 50mm、重 7.6g 的钛飞片加速到 9.2km/s。DNA 希望我们开发一种技术来发射"大块"的弹丸而非飞片(Chhabildas, Trucano, Reinhart, and Hall, 1994)。我们利用内部的实验室指导研发项目,最终实现了 16km/s 的发射速度。

三级炮的研制还提供了一种新的实验能力,可以为超高速穿透、冲击闪光和碎片云生成的流体动力学程序提供基准测试数据(Ang, 1990; Ang et al. 1991; Chhabildas et al. 1993a, 2006; Konrad et al. 1994; Lawrence et al. 2006)。到目前为止(2016 年),HVL 仍持续用于各种武器和其他科学应用。

## 5.7 广义破碎理论

在 20 世纪 70 年代末,丹尼斯·格雷迪、马林·基普、卡尔·舒勒等开发了实验技术来表征地质材料的动态特性。具体问题涉及动态加载下的断裂强度,以及这些材料(特别是油页岩)在拉伸加载下如何破碎。在爆炸实验中,如图 5.7 所示,在炸药周围的介质中产生的碎片大小随与炸药的距离而变化。正如基普所说:

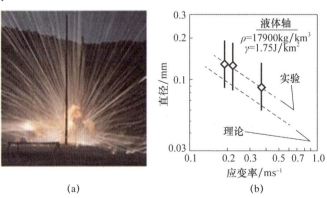

(a)　　　　　　　　　　　(b)

图 5.7　爆炸破碎

(a)爆炸驱动柱状破碎照片;(b)碎片大小与格雷迪 – 基普(Grady – Kipp)碎片理论的比较。(经许可转自 Grady, 2010b, 图 2, 施普林格科学与商业媒体 2009 年版权)

我们处对油页岩样品开展了广泛的静态和动态测试,我和丹尼斯·格雷迪一起开始了一个动态碎裂研究,这一研究最终扩展到众多其他材料并持续多年,直到丹尼斯在20世纪90年代退休……意料之中的是,爆炸中心附近的碎片尺寸非常小,随着距离炸药距离的增加,碎片颗粒的尺寸还逐渐增加。这种尺寸差异不利于现场开采和干馏,其他公司的做法是尽量降低加载率,以便形成细小颗粒……

由于爆炸压力和加载速率(应变速率)依赖于峰值应力,距离炸药越近的加载应变速率越高,从而导致碎片尺寸越小,说明碎片尺寸与应变速率有很强的相关性。

当时还没有解析模型来描述应变速率与碎片大小之间的关系。不过,通过这些和其他研究,格雷迪开发了一个基于能量和动量的广义模型,该模型有效地预测了特定加载应变率下的碎片大小(Grady,1981a,1982a,b,c,1993,2010b)。该模型基于中心外爆系统中保持动能和动量守恒。由于系统(如一个膨胀的壳体)的总能量并不用于破碎,所以能量被分解为质心能量和所产生碎片局部动能。局部动能可用来产生新生碎片的表面能及其局部动能。该方法得到了碎片尺寸、表面能和膨胀应变率之间的定量表达式。格雷迪专门研究了使用屈服强度来量化模型中预测平均碎片大小所需的表面能量的韧性材料与使用断裂韧性来确定形成碎片所需能量的脆性材料之间的关系(Grady,2006)。使用基本材料性能,如抗拉强度、膨胀率(即应变率)和破坏应变,该广义模型在预测几种不同材料的平均碎片质量方面非常准确(Grady,1981a,1982a,b,1990)。通过将模型耦合到程序模拟框架的输出路径中,格雷迪破碎模型被成功植入二维和三维流体力学程序(Kipp&Davison,1982;Kipp and Grady,1983;Trucano et al. 1990)。这种方法允许在大量的系统应用程序中通过计算机模拟确定生成碎片的加载条件来确定碎片大小,即峰值应力和膨胀率。图5.7所示的是模型预测的平均碎片大小与实验结果的对比。

除了使用炸药进行实验外,格雷迪还开发了一种新的实验技术,使用膨胀金属环将碎片大小与拉伸速率系统地联系起来(Forrestal et al. 1978)。这些实验建立了断裂尺寸与应变速率之间的基本关系,加速了金属断裂模型的发展。基普指出,断裂对应变率依赖关系的研究主要针对金属。第一个研究方向是环的膨胀(由丹尼斯·格雷迪和戴夫·本森(Dave Benson)用电磁方法完成)和碎片形成模型的开发。我在WONDY中采用等速度梯度建立了一个一维等效膨胀环模型,用以模拟膨胀环的状态,然后随机插入具有任意起始阈值的初始缺陷点。建立的断裂模型在拉伸时会引入适当的能量耗散,结果该模型的预测结果与数据吻合得非常好:即使初始缺陷点的数量很大,也只有足够的能量让少数几个缺陷点长大形成裂纹,最终在实验中也只观察到少量大小随机的碎片。丹尼斯·格雷迪发表了一篇关于碎裂的有创意的论文,该论文为我们之后多年在韧性、脆性和液体材料碎裂方面的研究奠定了基础。在杰夫·斯威格(Jeff Swegle)的帮助下,该模型作为一个监测工具被成功植入 CTH 程序(也就是说,虽然碎片已经定义为形成,但材料却并没有分裂成真实的碎片,而这种定义的碎片其总数可以用统计图表汇总,分布也可通过后处理得到)。我们发现,如果从模拟中取平均碎片大小,并采用指数分布处理该平均值,那么就可以获得合理的实际碎片分布。这种方法成了一个强大的工具,在我职业生涯的剩余时间里,我广泛地使用它来解决各种各样的碎片形成问题,从细小的液滴到套管的爆炸膨胀。对应变率的依赖清楚地解释了为什么像"管状榴弹"一样的爆炸装置(这也是大多数破碎弹的特点)爆炸后会形成条状碎片,这是因为轴向应变率通常比周向应变率小得多,同时,应变率越大,平均尺寸越小。另外,球形装置,即在一个金属薄壳内放置一个中心起爆的球形炸药,理论上将导致方形碎片。在这种情况下,应变速率在所有圆周方向上都是一致的,这一结果得到了闪光照相实验的证实。

格雷迪在这方面研究的成熟模型在 1981 年出版(Grady,1981a)。早期的研究为该模型的发展完善提供了大量数据(Grady&Hollenbach,1977;Grady&Kipp,1979;Grady et al. 1978)。后来涉及数值方面的论文(Kipp et al. 1993;Grady&Kipp,1985a)对这一解析模型进行了验证。

令人惊讶的是,动态碎片模型被发现具有比最初预期更广的普适性。在科学兴趣的具体应用中,霍利安(Holian)和格雷迪(1988)使用分子动力学(MD)模拟来研究凝聚态的微观破碎。在 MD 模拟中,物质绝热膨胀,导致分裂成几个不同的原子团簇。利用兰纳 - 琼斯(Lennard - Jones)对势为原子相互作用提供引力阱。模拟结果发现,团簇质量的均匀分布观测为指数分布,利用格雷迪碎片模型可以较好地预测团簇的平均质量。对原子团簇在系统快速膨胀过程中如何形成的数值模拟,提供了对碎片分布性质的深入了解,也提供了碎片平均质量与碎片模型估计数的合理一致性。

格雷迪和他的同事们也用这个模型来估计由"大爆炸"引起的星系分布。为了做出这些估计,他们对大爆炸瞬间的引力和均匀性做了几个简化的假设,以确定后来物质是如何分裂成星系的。他们假定宇宙是均匀膨胀的。利用观测到的宇宙中星系的光度来估计它们的有效质量,并与计算结果进行比较。图 5.8 显示了破碎理论与现有星系分布的一致性,假设星系的光度与绝对质量成正比(Brown,Karpp,Grady,1983)。结果表明,该理论在很大程度上可以用来估计破碎度;然而,对有效断裂能的成因(即重力、暗能量或暗质量)的未知影响了这种比较的准确性。

第一部分　冲击波能力建设

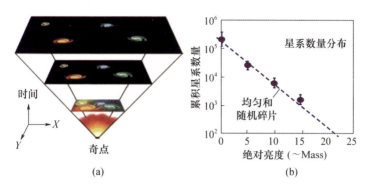

图 5.8　大尺度破碎,即"大爆炸"

(a)宇宙膨胀图示(转载自 Fredrik,Wikimedia Commons2004,http://commons.wikimedia.org/wiki/File%3AUniverse_expansion.png,不受版权限制);(b)碎片理论与宇宙膨胀数据的比较

(经许可转自 Brown,Karpp,Grady,1983,图 4,施普林格科学和商业媒体 1983 年版权)。

碎片模型另一个更令人印象深刻的实例是其在原子尺度上的模拟结果。在这个例子中,格雷迪使用这个模型来估计由 70MeV 的碳和银原子核碰撞而产生的碎片(原子)。在碰撞中产生的不同原子的数量,如图 5.9 所示,是用感光乳剂照相的结果。利用核结合能作为抗断裂能,对原子碎片进行了定量测量。图中所示与实验结果(Grady,2010b)非常吻合。上面的例子说明了碎片模型适用的极端范围。这些例子和理论分子动力学模拟证实了该模型预测原子裂变、油页岩破裂、装甲破坏和星系分布的可信度。

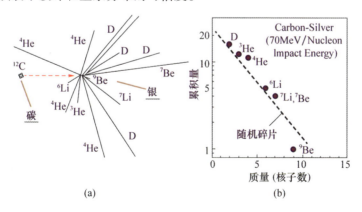

图 5.9　小尺度碎片

(a)碳核与银核碰撞;(b)碰撞累积同位素数分布。

(图(a)、(b)为 Grady,2010b 图 4,经许可转载,施普林格科学和商业媒体 2009 年版权)

## 5.8 用于兆巴剖面研究的激光窗口

在20世纪80年代,激光干涉测量的一个主要目标是确定在冲击压力1兆巴及以上的任意载荷作用下的近原位粒子速度剖面。这一压力需求来源于其他国家安全实验室的武器项目,以及研究材料在接近冲击熔融时的特性这一科学目标。这需要挑选一种激光窗口,在这些高应力水平下该窗口能够保持透明,并具有与所研究样品相对一致的匹配阻抗。

巴克尔和霍伦巴赫在1970年的研究首次确定了熔融石英、PMMA和蓝宝石的光学特性(Barker&Hollenbach,1970),虽然限于低压,但这是当时仅有的可用数据。在20世纪70年代中期,拉里·李通过对蓝宝石、LiF和PMMA的多次实验,用以探索这些窗口材料保持透明的极限压力(Lee,1976),其中采用火炮确定的蓝宝石的极限压力约为0.5兆巴。然而,这些结果并未考虑折射率的变化。在20世纪70年代末,查比达斯(Chhabildas&Asay,1979)证明PMMA窗口在高达220千巴的压力下仍然可以使用。20世纪80年代初,杰克·怀斯对数种VISAR激光窗口候选材料在兆巴压力下的性能进行了研究。在压力超过几百千巴时,大多数候选窗口材料都被压缩到完全塑性状态,这使得选出一种性能良好的窗口材料任务极具挑战性。在这期间怀斯对数种材料进行了研究,其中还包括液体材料(Wise,1984)。单晶蓝宝石被确定并非一种好的窗口材料,因为其弹性屈服强度只有大约200千巴。怀斯和查比达斯(1986)发现,单晶LiF(<100>取向)一直到1.2兆巴压力仍然表现出很好的透明性,尽管这种窗口材料在数千巴即产生了弹性屈服。他们对LiF的光学性能进行了详细研究,发现在1.2兆巴以下,其折射率与密度呈线性关系。海耶斯后来证明,折射率的线性相关保证了LiF窗口的常系数校正可以用于任意波长(Hayes,2001)。如果温度对折射率不产生影响的话,这种线性关系预计可适用于任意加载条件。然而,保罗·里格(Paulo Rigg)和他的同事最近的实验表明,数兆巴压力下,温度将对折射率产生影响,在这种应力水平下,波剖面的分析必须考虑温度效应(Rigg et al. 2014)。

弗尼希等(1999)进一步发现,可以在LiF中获得约1.8兆巴的冲击压力,但这一冲击压力下,冲击波诱导的激光吸收会产生随时间变化的透明度损失。由于冲击波温度的升高,电子带隙的闭合导致了LiF材料的透明性降低。富兰坦多诺(Fratanduono)等(2011)最新的研究成果支持了这一假设,他们发现当LiF被斜波压缩到8兆巴时,透明度仍然不会降低,这显然是因为温度较低。弗尼希和他的同事还发现,LiF的折射率随密度的线性变化,在他们预期的不确定度水平之内。塞切尔进一步证明了 Z 切单晶蓝宝石在低冲击温度下,在冲击加载和卸载过程中其折射率随密度呈现线性关系(Setchell2002)。LiF 仍然是动态冲击下激光干涉测速用的最广泛的透明窗口材料,在斜波实验中,LiF 的压力使用范围不小于 8 兆巴。同样,在斜波加载压力高达 40GPa 时,PMMA 表现出良好的透明性,所以斜波加载压力低于 40GPa 时,PMMA 也可以用作窗口材料(Anderson,Chhabildas,Reinhart,1998)。

  LiF 已经成为 Z 装置上高压材料研究的一种主要窗口材料,它的一个主要应用是在斜波实验中直接确定试样的输入压力历史,从而进行拉格朗日波分析。这种装置的示意图如图 5.10 所示。通过带状发生器的磁效应产生一个斜波传入贴附在电极上的 LiF 窗口。将背面贴附 LiF 的钽样品安装在另一电极上,该钽样品将通过对向电极中传播的类似斜波进行压缩。通过电磁加载在铝电极背面的粒子速度剖面的测量结果,利用丹尼斯·海耶斯(Hayes et al. 2004)最初开发的反向分析技术可确定安装在相反电极上的样品的输入波剖面。利用贾斯汀·布朗(Justin Brown)(Brown, Alexander, Asay et al. 2013)开发的传递函数对样品/LiF 窗口数据进行卷积处理,即可精确地确定样品中的原位粒子速度剖面。利用传递函数估计样品的输入和输出粒子速度分布后,就可以确定加载和卸载条件下波速与粒子速度的函数关系。图 5.10(b)中的两个剖面给出了连续的拉格朗日波速(即经过密度压缩修正后的声速)与粒子速度的函数关系(图 5.10(c)),从而利用运动方程对压力-密度曲线进行了精确测量。加载和卸载条件下的波速向我们提供了塑性区域体波声速与压力的函数关系,波形的三角部分的卸载速度可以用来获取钽和其他材料在高压下的流变强度(Brown, Alexander, Asay et al. 2014a; Brown, Knudson, Alexander, Asay, 2014b)。LiF 窗口已被用于等熵加载下的材料物性研究,对于高阻抗材料(如金),等熵加载压力已经高达 5 兆巴,对于低阻抗材料(如氘),等熵加载压力已经高达 3 兆巴。几个应用场景将在下面几章进行讨论。

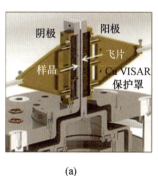

(a)

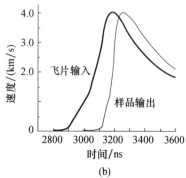

(b)

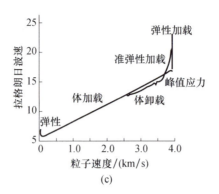

图5.10 在Z装置上,采用LiF窗口对Ta进行斜波实验
(a)样品示意图;(b)带有LiF窗的驱动器和Ta样品上获得的速度剖面;
(c)加、卸载波速(贾斯汀·布朗私人收藏)。

## 5.9 冲击诱导的固态化学

在20世纪80年代中期以前,大多数冲击波研究都明确指出,在冲击压缩过程中会发生力学和物理过程。1979年,李·戴维森和鲍勃·格雷厄姆发表了一篇综述,全面总结了全球范围内正在进行的冲击波研究(Lee Davison and Bob Graham,1979)。格雷厄姆指出,苏联的几个实验室正在努力了解在冲击压缩下发生的化学过程。基于这一发现,他开始对这些文献资料进行更广泛的评估,正如布鲁诺·莫罗辛在他的回忆录中所说:

他惊讶地发现一项研究非常深入的科学成果,该成果报告了冲击过程中的化学变化和化学反应。这与大多数美国专家的观点截然不同,美国专家普遍认为,普通惰性固体材料中,在冲击波压缩时间尺度上不可能发生化学反应。

这一重大发现促成了圣地亚的一项重大研究,研究重点是冲击波诱导的固态化学,即众所周知的"冲击化学"。

格雷厄姆组建了一个由不同专业背景的研究人员组成的核心团队,致力于解决与冲击化学相关的技术问题。这个小组包括格雷厄姆自己,研究冲击和爆炸物理;布鲁诺·莫罗辛,研究X射线衍射和一般材料属性;吉恩·文图里尼(Gene Venturini),研究电子自旋共振和其他磁性;马蒂·卡尔(Marty Carr),研究电子衍射;马克·博斯洛(Mark Boslough),研究地球物理和行星物理学;W. F. 哈米特(W. F. Hammetter),研究相变和化学效应;J. E. 斯穆格列斯基(J. E. Smugeresky),研究显微结构分析;R. T. 西冈(R. T. Cygan),研究核磁共振(NMR)谱;鲍勃·塞切尔,研究冲击波诱导的化学反应性;I. K. 西蒙森(I. K. Simonsen),研究金属间化合物的合成;堀江由贵(Yuki Horie),研究材料建模;埃德·博尚(Ed Beauchamp),研究陶瓷和烧结效应;戴夫·韦伯(Dave Webb),研究数值模拟。另外还有几位对特定材料有技术专长的圣地亚人参加了研究工作。

最初的研究工作集中在几种陶瓷上,包括氧化钛、氧化铝和氧化锆,以及黄铁矿,以观察冲击改性是否产生可重复的化学效应。这项研究后来拓展到其他材料。团队就一系列广泛的技术问题开展了讨论,以确定在冲击压缩过程中造成这些材料发生物理和化学变化的化学效应。格雷厄姆领导研究了冲击压缩和化学反应之间的相互作用。从1984年开始,圣地亚公开发表了几项关于冲击化学的研究成果,这些成果历时10年,其中涉及大量的科学研究内容。

冲击化学这一项目的早期目标之一是优化设计冲击回收装置,使其能够保证在冲击粉末样品中产生可以精确控制的压力和温度,以确保结果能够复现(Graham&Webb,1984,1986)。采用优化设计的回收装置,结合可以对加载条件进行控制的不同尺寸爆轰加载装置研究了几种不同材料和混合物粉体的冲击化学特性。装置的尺寸和结构会导致冲击加载的样品产生显著的局部相互作用和温度变化。对完成冲击加载和卸载后的密实材料进行了多种化学变化检测(Graham et al. 1986a,b;Dodson&Boslough,1990)。其中X射线衍射是评估物理变化的主要手段,正如Morosin所说:

最初的三种诊断工具是:常规X射线衍射花样和确定衍射峰展宽、电子顺磁共振特征的强度和形状、透射电镜图像的位错密度测定。结合韦伯的二维数值计算得到的样品压力和温度,通过对腔内不同位置以及不同加载装置卸载的微小但经仔细分离的颗粒样品进行诊断,获得了一致且可重复的结果。

通过大量的实验,系统地解决了几个热力学和化学问题。冲击加载及回收实验涉及众多材料粉末样品,包括有机、无机样品以及各种地球矿物和颗粒(Hellmann et al. 1984;Graham et al. 1986a,b;Boslough et al. 1986a;Smugeresky et al. 1988;Graham,1988,1989)。然后对冲击后的粉末进行了不同的物理和化学分析。具体的研究包括用X射线衍射确定形态(Morosin&Graham,1984,1986;Morosin et al. 1986),光学性质的变化(Boslough et al. 1986b),电子显微镜测定电子态(Graham&Carr,1986;Myers et al. 1986),磁效应和微波损耗测量以解决溶解效应(Venturini et al. 1986,1988;Cygan et al. 1989),核磁共振波谱(Cygan et al. 1990;Cygan&Boslough,1994)和放热能量释放(Hammetter et al. 1984)。这些广泛且相互配合的实验和诊断至关重要,解决了许多与冲击诱导化学有关的问题,包括冲击加载期间的化学反应性(Setchell,1986;Morosin et al. 1988a,b);冲击合成金属粉末的能力,如镍铝合金(Hammetter et al. 1988);以及特定固相的冲击合成(Morosin&Graham,1984;Morosin et al. 1988a,1992;Graham et al. 1986a,1988a,b;Boslough and Graham,1985;Venturini et al. 1986;Simonsen et al. 1986;Horie et al. 1986a,b;Boslough,1989,1991,1992)。数值模拟与实验研究相结合,确定了引起化学变化的热力学状态和介观尺度的加载过程。具体的例子包括Ni-Al粉体的建模(Taylor,Boslough,Horie,1988)和化学过程的建模(Horie&Kipp,1988)。实验中采用了炸药爆轰和弹丸冲击两种加载方法。图5.11显示了鲍勃·格雷厄姆和布鲁诺·莫罗辛准备气体炮实验的照片。

莫罗辛回忆了这个项目的快速进展历程:

到1987年,这一核心小组完成并在6月21日至26日的美国物理学会冲击会议上发表了8篇短文,主导了冲击化学领域,这些论文随后被收录在会议论文集中。论文内容包括特定无机化合物的冲击诱导化学反应,缺陷形成及其带来的影响(如增强催化作用),对X射线衍射谱线展宽的初步评估,以及增强的烧结特性,均是基于冲击加载单质无机化合物以及一种相对复杂的矿物(绿脱石),这种矿物牵涉行星表面(特别是火星)的物质演化。主要正面结果表明,不同于苏联开展的实验,圣地亚的实验结果重复性非常好,并与戴夫·韦伯初步计算的压力和温度一致。此后,这些三维计算的精度更高,并且我们根据各种实验进一步获得了样品和回收腔提取位置的准确对应关系,结果表明,对于各种不同的实验冲击回收装置,实验和计算吻合得都特别好。此外,鲍勃·格雷厄姆结合堀江由贵的讨论和建模结果,获得了冲击化学的一个概念性化学反应模型。冲击化学过程涉及局部湍流混合、可能产生大量缺陷、短暂而快速的渡越脉冲温度偏移——所有这些都是由瞬态高压脉冲引起的。

图5.11 鲍勃·格雷厄姆(左)和布鲁诺·莫罗辛准备进行气体炮实验
(经SNL许可转载)

十多年来,通过冲击化学项目进行了一系列广泛、仔细和良好协调的实验,对了解有机和无机粉末在冲击压缩过程中发生的热力学、物理和化学过程做出了重要贡献。Morosin 强调：

我们必须记住，这是在里根总统时代，面对苏联威胁，发起了"星球大战"计划。从冲击化学研究中产生了全新的、长寿命、惰性电池的概念，这种电池即使在冲击导致的可能熔融条件下亦可正常工作，其本质是一个冲击激活电池。

## 5.10 用于鲍尔冲击应力计的压电聚合物

早期冲击波实验中发现了聚合物和弹性体的电效应（Graham，1979b，1980），导致使用聚合物制作冲击波测量计（Champion and Benedick，1968）。此后，在20世纪70年代，日本研究人员和法国科学家弗朗索瓦·鲍尔（Francois Bauer）先后发现了一种聚合物压电材料——聚偏二氟乙烯（PVDF）。作为一名研究生，鲍尔在圣-路易法德研究所（ISL）对 PVDF 进行了详细系统的研究，并为其用于冲击波测量计开发了严格的材料控制工艺和实验装置。圣地亚的科学家们在一次国际会议上获悉这项创新性工作。正如雷·里德所回忆的：

在阿尔伯克基举行的美国物理学会（American Physical Society）研讨会上，我们第一次见到了法国科学家弗朗索瓦·鲍尔。鲍尔在会上发表了一篇关于他的学位研究工作的论文，涉及日本人新发现的一种薄膜压电聚合物材料——聚偏二氟乙烯，或称 PVDF。鲍尔熟悉格雷厄姆和本尼迪克在 X 切石英晶体方面的工作。本尼迪克说法语。鲍尔当时作为一名研究生正在寻求学位论文方面的资助，他声称可以用他特殊处理过的 PVDF 制作重复性良好的动态特性测量装置。他说服了持怀疑态度的格雷厄姆，用圣地亚精密气体炮设备测试了这种据称（但不可信）性能优越的材料动态特性。格雷厄姆对鲍尔的 PVDF 进行的气体炮测试结果很满意。格雷厄姆也说服了我（我之前也同样持怀疑态度）。那次接触之后，圣地亚、Ktech 公司和 ISL 之间形成了正式的合作关系。

这项工作为使用 PVDF 应力计精确测量冲击波提供了动力，并作为标准的"鲍尔 PVDF 冲击传感器"被圣地亚和其他地方采用（Lee，Williams，Graham，Bauer，1986；Reed&Greenwoll，1989；Bauer et al. 1992）。

PVDF 冲击传感器是一个 25 μm 厚的压电聚合物，这种传感器在 250 千巴以下的单轴冲击压缩下具有良好的冲击响应，当然这种传感器也已经被用于更高压力场合，但测量结果的可信度会有所降低（Anderson，Chhabildas，Reinhart，1998）。冲击加载过程中的电荷释放量通过精密的高频电流监测分流电阻以"电流模式"进行精确测量。压电电荷释放的时间导数通过测量其在一个已知的精密电阻上的电压下降来获得，这种方法提供了一种加载速率直接测量方法。

这种测量随时间的数值积分给出了电荷-时间剖面；记录压力加载速率可以精确给出冲击波在 25 μm 厚传感器和电绝缘材料层之间的反射过程。从电荷-压力关系可以看出，电荷-时间剖面与压力时间有关；数值积分给出了速度-时间和位移-时间剖面。

在电流模式下使用时，信号的大小与通过应力计的粒子速度变化值成正比，或速度随时间的变化率（加速度）。由于质点加速度是冲击波微分动量方程中的一个直接量，因此使用这种应力计可以提高应力波加载时获得的应力-应变关系的准确性。对加速度剖面的积分可以获得激光速度干涉仪实验中通常测量的粒子速度剖面。对加速度的直接测量是冲击波测量仪器的一大进步。

PVDF 应力计广泛应用于各种领域，包括辐射载荷的表征和含能材料的非能量响应（Graham et al. 1988a；Lee, William, Graham, Bauer, 1986；Lee, Graham, Bauer, Reed, 1988；Lee, Hyndam, Reed, Bauer, 1990；Lee, Johnson, Bauer et al. 1992；Bauer et al. 1992）。由于聚合物在高应力下普遍存在相变，PVDF 主要用于小于 200 千巴的冲击压力。PVDF 应力计在武器相关材料的设计方面具有重要价值。经过迈克·福雷斯特（Forrestal）及其同事（2003）的大量工作，基于 PVDF 的加速度计也得到认证。针对 PVDF 加速度计，1990—1995 年举行了几次专题研讨会，对这种传感器性能相关的重要研究结果进行了讨论。

## 5.11　高保真铁电模型

对冲击引起的铁电响应的基本认识始于尼尔森和本尼迪克在 20 世纪 50 年代和 60 年代的工作，在接下来的 20 年里这一认识得到迅速发展。这些都使我们对冲击铁电响应有了细致而基本的理解，同时我们将这些结果用于仿真模型的修正。参与这项长期而广泛的实验工作的主要研究人员包括比尔·本尼迪克、鲍勃·格雷厄姆、彼得·莱斯内（Peter Lysne）、弗兰克·尼尔森和鲍勃·塞切尔，当然还有许多其他人员。

为了将大量实验和理论数据一并代入众多组件的实际模型中，史蒂夫·蒙哥马利（Steve Montgomery）于 1975 年受聘于一个探索性的起爆系统开发小组，以便继续分析爆炸驱动铁电电源。蒙哥马利很快就掌握了冲击波物理学，并确定了组件应用中需要解决的关键问题。他回忆说：

在等待我的安全许可期间，我研究了圣地亚之前在介电材料冲击压缩方面的工作。通过对一些综述文章和丹尼斯·海耶斯编写的一组工作笔记的阅览，我基本掌握了冲击波压缩的基础知识。

蒙哥马利进一步回顾了一些早期发展情况：

弗兰克·尼尔森在1960年之前几年就提出,利用材料在冲击压缩下电极化的快速变化所产生的位移电流可以制作电源。那之后的十年,圣地亚的研究小组利用炸药和气体炮加载对多种不同的材料进行了广泛实验,用以研究这一设想的可行性。例如,将X切石英晶体中的非线性压电响应作为冲击压缩加载材料的应力测量标准,利用多晶铁电陶瓷在冲击压缩下的去极化特性开发了多种冲击驱动电源。这些目的在于提高对铁电陶瓷极化变化的认识的应用研究继续进行:皮特·莱斯内在进行实验并开发简单的电响应模型,彼得·陈在开发用于数值模拟的更精确的机电耦合本构模型。我当时与莱斯内和陈等协同工作,以便在了解他们所做工作的基础上开发应用模型。

　　陈和李·戴维森建立了一个一维模型,用以描述材料极化方向和材料运动方向相同时的机电耦合响应。这种特殊的模式称为轴向加载模式。杰夫·劳伦斯和戴维森在一维冲击波程序WONDY中为这种特殊情况建立了一个数值模型。我的小组感兴趣的是垂直加载模式,也就是极化方向垂直于物质运动的方向。我将WONDY中的轴向加载模式转换为垂直加载模式,并应用该模型研发了一个小组感兴趣的复杂装置。该装置采用之前设计的爆炸加载装置来产生用于铁电陶瓷去极化所需的冲击压缩。这项工作达到的顶峰是对该装置进行的"海军上将实验",实验室副主任参加了这次实验。令我和三个管理层(基层、中层和高层)感到欣慰的是,该装置的电输出与我预测的结果非常接近,此后,该装置进入产品开发阶段。在铁电装置的演示实验之后,上级要求我主要负责"潘兴"-Ⅱ型(Pershing Ⅱ)导弹侵彻弹头的起爆系统。

　　然而,由于一项国际军备限制协议,"潘兴"-Ⅱ项目被取消,蒙哥马利此后参与了圣地亚的其他项目。

　　在接下来的几年里,特别是在沃尔特·赫尔曼的固体动力学小组短期工作后,蒙哥马利主要开始从事各种冲击应用问题。然而,他在20世纪80年代中后期重新将注意力转移到铁电材料。他进一步回忆道:

　　1986年,我又开始铁电陶瓷冲击压缩极化变化的研究。圣地亚开发中子发生器的团队由丹尼斯·海耶斯掌管,他希望用模拟作为原型测试的补充,从而了解在开发过程中遇到的问题。当时组件所使用铁电陶瓷的力学性能和介电性能尚未开展系统研究。拉利特·查比达斯开展了冲击压缩下铁电陶瓷响应的实验研究。我对组件进行多维模拟的方法进行了调研。在此基础上,与帕特·查韦斯(Pat Chavez)合作开发了SUBWAY程序仿真框架。

　　计算能力持续提高,之后圣地亚有了CDC、Cray、DEC和SUN系统,三维模拟得以实现。我决定为SUBWAY开发一个集成的三维有限元框架,并与李·泰勒(Lee Taylor)合作使用显式有限元程序Pronto来代替TOODY的功能。早期对该组件三维模拟的结果好坏不一。但在一些方面,特别是模拟陶瓷中电场的能力,得到了开发小组的好评。然而,虽然模拟结果与实测结果相近,但仍有改进的空间。

我对铁电陶瓷工作和应用建模的兴趣促使我在1992年夏天转入中子发生器团队。在参与多个中子发生器开发项目的同时,我通过对工作条件下铁电陶瓷和封装材料的基本了解,进一步提高了模拟能力。

在2011年退休之前,蒙哥马利对铁电模型进行了改进和完善,使其可以精确模拟一系列复杂可控的实验。这些实验包括:①戴夫·泽赫(Dave Zeuch)为了了解畴翻转对晶体取向的依赖关系而开展的准静态实验(Zeuch et al. 1992,1993,1994,1999,2000);②鲍勃·塞切尔、拉利特·查比达斯、麦克·菲尼西和马克·安德森(Mark Anderson)为了理解耦合机电响应而联合主导的火炮实验;③马克·安德森和鲍勃·塞切尔为了了解复杂载荷的影响而进行的二维和三维冲击实验(Furnish et al. 2000;Setchell et al. 2000,2006,2007a,b);④杰克·怀斯为了进一步检验加载路径的相关性而开展的斜波加载实验。

这些实验工作的结果为改进蒙哥马利、丽贝卡·布兰农(Rebecca Brannon)和约书亚·罗宾斯(Joshua Robbins)合作开发的材料响应模型提供了基础数据(Montgomery et al. 2002)。这一宏大项目最终的结果是生成了一个压缩铁电模型,该模型可以通过大型计算机模拟可靠预测组件的响应。对铁电材料和PZT 95/5的认识有了很大的提高,特别是改进了计算机仿真程序SUBWAY,该程序现在用于武器系统中电源的常规仿真(Montgomery et al. 1995,1996)。正如蒙哥马利所指出的,"我经常在大型并行计算机上进行模拟……大约有500万个网格,有些组件的模拟甚至涉及数千万个网格。"20世纪50年代以来中子发生器团队取得的这些引人注目的成就,是各类试验工作进入巅峰状态的强有力证明,也有力推动了一维到三维模型开发验证实验和大规模并行计算。这一实例再一次印证了伦德根的战略眼光。

## 5.12 CTH:强大的三维流体力学程序

20世纪90年代初,CTH成为圣地亚和其他机构进行复杂冲击波问题研究的主要流体动力学程序。程序的开发得益于多年来管理层的持续支持和工作人员卓越的技术专长。CTH是山姆·汤普森的智慧结晶,他在开发冲击波应用程序方面经验丰富。汤普森于1966年加入圣地亚,他早期的工作包括与戴夫·麦克洛斯基(Dave McCloskey)一起开发解析形式的状态方程。20世纪60年代末,他加入了沃尔特·赫尔曼日益壮大的固体动力学研究处。他开发的第一个冲击波程序是一维拉格朗日程序 CHARTD（Thompson，1969，1970，1973；Thompson &Lauson，1972）。在此期间，CHARTD 被用于处理各种冲击波和辐射问题。在 20 世纪 70 年代，汤普森对 CHARTD 做了一些改进，并实现了二维欧拉流体动力学程序的开发，产生了多个版本的二维欧拉流体动力程序 CSQ（Thompson，1976，1979）。1980 年，汤普森晋升为热流体分析部门主管。这使得赫尔曼团队未能紧接着开发出多维流体动力学程序，特别是开发一种强大的三维计算机程序，用以应对武器和其他科学应用方面日益增长的模拟需求。此外，2D 程序 CSQ 的经费支持减少，同时赫尔曼团队未能在 3D 程序开发方面全力以赴（有关圣地亚的程序开发活动的广泛讨论，请参阅吉恩·赫特尔（Gene Hertel）的回忆录）。

1982 年，奥瓦尔·琼斯晋升为负责基建、武器分析、开发测试和制造的实验室副主任。沃尔特·赫尔曼晋升为工程科学主任。之后，赫尔曼提拔时任固体物理研究处一个部门的主管李·戴维森接替他担任固体动力学研究处经理。戴维森有远见的决定之一是极力劝说山姆·汤普森回到处里管理程序开发工作。正如蒂姆·特鲁卡诺回忆的那样：

李说服山姆·汤普森离开核反应堆安全程序开发部门回来振兴 CSQ，并着手研发一个真正的三维程序，该程序将被称为 CTH。山姆回来时，把迈克·麦格劳恩也带来了。在那接下来的十年时间里，我与山姆和迈克密切合作，因为正是他们的计算工具让我能够开展大部分的计算工作……

最初跟随阿尔·哈拜从事成坑研究的迈克·麦格劳恩，对他在汤普森手下的新任务记忆犹新："我 1986 年回到冲击波物理小组设计和开发 CTH。我们决定开发一个紧密集成的程序包，用于三维、二维和一维问题的建模。"

1988 年末，戴维森（Davison）从固体动力学研究处转到了工程科学部，仍然受赫尔曼领导。丹尼斯·海耶斯成为了固体动力学研究处经理，在他 1 年的任期内，促进了强大程序的开发工作。海耶斯回忆说：

1988—1989 年，我转到冲击物理处。计算领域发生了翻天覆地的变化。并行计算的时代已经到来，我们在该领域布置人手研发冲击波程序，取得了良好进展。另一个相关工作是将 CTH 程序从一个串行集成的项目转换为一个完整的软件工程项目，其好处至今仍然存在。

在海耶斯的领导下，三维 CTH 的开发取得了快速进展。除了 CTH，他还与詹姆斯·皮瑞一起实施了一个新的程序开发项目，该项目最初由皮瑞担任项目负责人，目的是与脉冲功率科学中心合作构建一个三维磁流体动力学（MHD）程序。该程序将成为该中心研究高温等离子体状态的主要工具。该程序最初称为 RHALE，也就是"鲁棒流体动力学任意拉格朗日欧拉"的简称，但后来更名为

ALEGRA，即"任意拉格朗日欧拉通用程序"的简称（Haill et al. 2003；Robinson, et al, 2008, 2011）。结果表明，在21世纪初，该程序对Z上进行的高能量密度研究产生了重大影响，极大地影响了脉冲功率装置上正在进行的冲击波研究的转换效果。

1989年，海耶斯离开固体动力学研究处到华盛顿工作，吉姆·阿赛被提拔为该处经理。菲尔·斯坦顿接任阿赛成为新的实验部门主管。山姆·汤普森也在那时离开了这个处，回到反应堆安全的研究中，迈克·麦格劳恩晋升为程序开发分部主管。保罗·亚灵顿管理着该处的程序应用分部，主要从事地质材料建模。当时，美国国防高级研究计划局（DARPA）刚刚在多个实验室之间发起了一场竞赛，旨在开发一种强大的三维流体力学程序，供所有国防部实验室和承包商使用，用以维持国防问题的最佳建模能力，为此将提供额外的资助。固体动力学研究处的管理团队做出了一个战略性的决定，即由史蒂夫·罗特勒领导9名团队成员参加这场角逐。麦格劳恩生动地回忆道：

我们开始与DARPA合作……国防部想要为他们的实验室和承包商提高冲击建模能力。DARPA向LANL、LLNL和SNL提供资助用以开发冲击波程序，并提供经费让我们将CTH发送给国防部的关键用户，并添加他们需要的功能。用户对CTH非常满意。在一年的时间里，DARPA对CTH注入了大量的经费。DARPA是一个很好的合作伙伴，帮助CTH趋于成熟的同时，使其增加了许多国防部关注的重要功能。我们的外部用户群爆炸式增长（我可没想用双关语）。到1995年，CTH拥有130多个外部用户。DARPA的支持在圣地亚内部也具有重要的政治意义，因为他们的资金增加了……能源部也向我们提供资助，因为我们具有研发世界领先技术的声誉。

特鲁卡诺还记得：

我相信山姆回来后的第一个雇员是史蒂夫·罗特勒，他很快在LANL-圣地亚SDI项目中发挥了重要作用；在那十年的晚些时候，史蒂夫成为CTH第一个正式的PI（首席研究员），带领CTH成为DARPA选择的国防部新一代流体力学程序。史蒂夫最终成为圣地亚核武器部门的总工程师（实验室副主任）[1]。

由于CTH团队的奉献和卓越的努力，该程序被选为国防部应用程序的首选程序，并获得了大量外部资助，并且这些资助还将持续。在1990年罗特勒晋升为管理人员之后，吉恩·赫特尔接管了这个项目，他的管理技能使程序在用户群体中继续保持领先的地位。赫特尔说：

---

[1] 2015年，罗特勒再次晋升，担任圣地亚实验室副主任和核安全执行副总裁。

CTH 是美国使用最广泛的流体动力学程序,也是国防部高性能计算机上记录在案的使用最多的程序。CTH 在圣地亚和洛斯阿拉莫斯被广泛用于模拟各种各样的现象。

圣地亚实验室的另一项涉及炸药的应用是模拟一个带凹槽铜衬管在不同角速度下的旋转,以深入了解旋转速度与产生的射流之间的相关性。自 20 世纪 50 年代初以来,带凹槽(相对于光滑而言)衬管被用以抵消旋转对特定装药形状的射流行为的影响。然而,直到 20 世纪 90 年代末,才实现随旋转角速度增加引起的整个衬管崩塌和最终射流溃散的三维数值建模。这些模拟使用 CTH 欧拉冲击波程序进行,将铜衬管建模为 Mie – Grüneisen 固体,这类固体在高应变率的层裂强度到低应变率和大应变的单轴拉伸强度范围内,具有屈服强度和断裂强度随应变硬化的特性。模拟获得的合成辐射成像结果与来自匹克丁尼兵工厂(Picatinny Arsenal)的试验获得的辐射成像结果吻合得非常好。由于在特定装药形状技术方面的重要贡献,马林·基普、雷纳·马丁内斯和吉恩·赫特尔,以及美国陆军匹克丁尼兵工厂的欧内斯特·贝克(Ernest Baker)、布莱恩·福克斯(Brian Fuchs)和查克·钦(Chuck Chin)一起获得了 1999 年第 18 届弹道学国际研讨会(International Symposium on Ballistics)的尼尔·格里菲斯(Neil Griffiths)奖(Kipp et al. 1999)。这项研究是将计算和实验结合应用于特定装药形状射流弹药研究的另一个例子。

CTH 在常规和核武器领域(Baer et al. 1996a)以及基础科学研究(Boslough et al. 1995a,b;Boslough&Crawford,1996,1997,2008)还有大量的其他应用。

## 5.13 "爱荷华"号战列舰的炮塔爆炸

通过冲击波项目发展起来的能力有助于对一些国家和国际重要问题进行分析。其中一个发生在 20 世纪 80 年代的问题,与美国"爱荷华"号战列舰(USS Iowa)上的爆炸有关。作为冲击波项目研究工作之一的流体动力学程序 CSQ 在确定爆炸的潜在关键原因方面发挥了重要作用。用以描述高能反应中的多相流模型的发展在该问题研究中也起到了至关重要的作用。此外,来自圣地亚冲击波研究人员的专业知识对于使用程序和材料模型来确定最有可能导致事故的动态影响至关重要。

1989 年 4 月 19 日,USS Iowa 的中炮塔发生了一次大爆炸,造成舰艇重大损坏和大量人员伤亡(Schwoebel,1999)。USS Iowa 是美国海军中第四艘战列舰,以美国第 29 个州爱荷华命名,也是第二次世界大战期间唯一一艘在大西洋服役的该级别战列舰。爆炸发生在中心炮室,造成 47 名机组人员死亡,炮塔严重受损。

图 5.12 所示为船上一架照相机拍摄到的爆炸后的照片。

图 5.12 "爱荷华"号战列舰炮塔爆炸。事故发生后,炮塔上的中心炮就躺在甲板上(经托马斯·贾雷尔(Thomas Jarrell)中尉许可转载,不受版权限制,图片地址:DN-SC-90-05388,美国海军,1989,http://commons.wikimedia.org/wiki/File:USS_Iowa_BB61_Iowa_Explosion_1989.jpg)

  对该事故进行了两项主要调查,一项由海军进行,另一项由美国国会审计总署(General Accounting Office)在圣地亚的协助下进行。这些调查得出了相互矛盾的结论。海军的调查结论是,其中一名炮塔班组成员故意制造了这起事件。圣地亚的调查重点是确定爆炸的可能原因,得出的结论是爆炸发生在装炮时。由理查德·施沃贝尔(Richard Schwoebel)领导的一组研究人员全职从事这项调查工作 2 年。1999 年,施沃贝尔出版了一本关于圣地亚调查的书,书名为《"爱荷华"舰上的爆炸》(Schwoebel,1999)。

  图 5.13 显示了爆炸的 16 英寸炮的横截面示意图。炮尾装有 5 个含硝化纤维推进剂的火药包,这些火药包意外地过冲到炮尾。每个炸药包由均匀的多层圆柱形穿孔推进剂颗粒和随机放置在包尾部的"微调"层组成,"微调"层用以平衡袋子的重量。为了查明事故的可能原因,进行了几次计算机分析和小规模试验。卡尔·舒勒进行了分析,结果显示火药包被挤入尾部 24 英寸,比海军宣称的 21 英寸深 3 英寸。此外,圣地亚的研究得出结论,火药包组件受到过冲击压缩载荷。肯·格温(Ken Gwinn)对冲击后的火药包组件进行了结构分析,结果表明加载时局部可能产生了高应力,这种高应力将使火药颗粒沿横向方向断裂。为了评估这种情况发生的可能性,保罗·库珀(Paul Cooper)采用装有 D-846 火药粉末的小袋进行了 450 次跌落试验。试验表明,在高速压缩时,火药包组件经常会着火。他的研究证实,对于冲击过载,火药颗粒经历了脆性断裂和能量局域化,产生的局部高温足以使火药发生起爆。

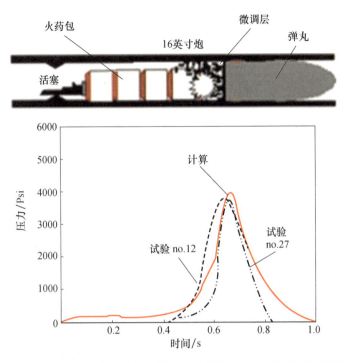

图5.13 显示了5个火药包意外尾部过冲情况。内部弹道计算表明，爆炸很可能是在第一个火药包的微调层开始的

梅尔·贝尔对随后的燃烧进行了内部弹道分析，如图5.12所示。在这些计算开始的时候，CTH还无法处理多相流，这种多相流是指起爆过程中出现在尾部的火药气体和未反应物质的混合物(Baer and Nunziato,1983,1986,1989)。鲍尔在CTH中建立了多相流处理能力，从而实现了燃烧过程的模拟。通过该程序鲍尔研究了单个火药颗粒所受到的动态载荷。他的分析也证实了微调层是最脆弱的，并确定爆炸最可能发生在第一个(最前方)火药包附近。后来在开膛炮上进行的全尺寸实验证实，在这种情况下，低速冲压加载确实会引发剧烈燃烧事件。

根据这些初步结果，海军要求圣地亚用一门开膛炮进行全尺寸实验。这些实验最终确定了火药包组件可以在过冲载荷下发生起爆。1991年7月，圣地亚调查小组向海军高层提交了他们的最终调查结果；此后不久，美国海军向最初卷入调查的船员家属道歉。虽然最初海军对这一事故的原因设想早已被证明是错误的，一些怀疑论者仍然没有完全相信圣地亚的结论。许多人现在相信了圣地亚的评估结论，认为这是这起事故最有可能的原因。

## 5.14 20世纪80年代的人物和地点

蒂姆·特鲁卡诺,在西伯利亚南部伊尔库茨克附近的贝加尔湖地区等火车(蒂姆·特鲁卡诺私人收藏;1990年8月参加苏联冲击波物理学会议期间由LLNL的马文·罗斯(Marvin Ross)拍摄)

卡尔·康拉德(左)和戴夫·考克斯(Dave Cox)在火炮冲击室(经SNL许可转载)

皮特·莱斯内,1989年获得杰出技术人员表彰(经SNL许可再版)

弗朗索瓦·鲍尔和雷·里德(右),1986年(鲍尔私人收藏)

沃尔特·赫尔曼,1982年晋升为工程科学主任(经SNL许可转载)

达雷尔·芒森,1983年获杰出技术人员表彰(经SNL许可转载)

# 第一部分 冲击波能力建设

赫伯·萨瑟兰,1989年获得杰出技术人员表彰(经SNL许可转载)

道格·德拉姆赫勒,1989年获得杰出技术人员表彰(经SNL许可转载)

保罗·亚灵顿、阿奇·法恩斯沃思、比尔·戴维(从左至右),1988年因在武器应用中使用流体动力学程序获得优秀奖(经SNL许可转载)

丹尼斯·格雷迪和STAR装置。格雷迪1990年当选为美国物理学会会士(APS Fellow)(经SNL许可再版)

杰斯·农齐亚托(左)和山姆·汤普森(右上),1980年获得晋升任命(经SNL许可转载)

林恩·巴克尔,1983年获得杰出技术人员表彰(经SNL许可转载)

## 圣地亚国家实验室冲击波研究发展历程

鲍勃·格雷厄姆,1983 年获得杰出技术人员表彰(经 SNL 许可转载)

乔治·萨马拉,1986 年当选为美国国家工程院院士(经 SNL 许可转载)

埃德·巴西斯,计算机科学与数学中心主任,1988 年(经 SNL 许可转载)

卡尔·舒勒,1985 年获得杰出技术人员表彰(经 SNL 许可转载)

奥瓦尔·琼斯(左)和参议员约翰·格伦(John Glenn),1980 年(经 SNL 许可转载)

拉里·李(鲍尔的私人收藏)

# 第6章 20世纪90年代:黑色星期一

## 6.1 背 景

20世纪90年代是圣地亚冲击波研究的动荡时期,因为包括实验设施在内的实验项目几乎被取消。三个管理决策导致了这个具有挑战性的事件。第一个决定是在20世纪90年代初对整个实验室的管理进行改组。因此,圣地亚的所有处,包括第二级部门(即原先的处级)中乔治·萨马拉和吉姆·阿赛管理的冲击波研究部门都被解散了。由萨马拉和阿赛管理的基层(第一级)部门(现在改名为部)成为由两名不同主任直接管理的独立部门。此外,沃尔特·赫尔曼辞去了工程科学主任的职务;这就是阿赛的冲击波部门所在的理事会。理事会随后被取消,阿赛管理的冲击波部门被移交给埃德·巴西斯,他是计算研究中心的主任。这导致了一种两级管理结构,由每一名主任监督直属经理们,而不是以前那样由三或四名二级(中层)经理向每一名主任汇报工作。

越来越多的直接报告使得主任们很难理解各个独立部门的日常运作,也很难协调各个部门之间的长期研究活动。这项职能以前是由中层经理负责,而现在他们不再有管理权限。因此,冲击波研究中具有凝聚力、协调性和综合性的活动受到了严重影响,而这些活动之前在与外部组织就共同关心的问题进行竞争方面具有重大优势。与此同时,用于冲击波研究的资源正在减少。因此,新的架构鼓励每个基层部门单独竞争日益减少的资源,而不是把重点放在以前由一名中层经理指导管理的综合研究项目上。不仅如此,在解决复杂的科学和工程问题时,这种架构对与其他实验室竞争的能力有重要影响;几年之后,它也对圣地亚的实验冲击波研究产生了几乎毁灭性的影响。

幸运的是,在新世纪00年代,圣地亚恢复了原来的管理架构①,所以再次变成通常由3~4个一级部门经理向二级经理汇报。这一改变恢复了各部门之间迫切需要的协调和综合办法。此外,额外的资源,如6.7节中讨论的内部资助的

---

① 在20世纪90年代初期之前的圣地亚管理结构中,一级管理人员称为主管,第二级为经理。新世纪00年代中期圣地亚恢复原来的管理结构后,一级管理人员的名称由"主管"改为"经理",二级经理的名称由"经理"改为"高级经理"。

MAVEN项目集,以及增加了来自能源部和NNSA之外的政府机构的资金使得新的实验能力得到了发展。这些额外的资金来源对恢复实验活动至关重要。

第二个管理决定是对每个部门占用的空间收费,这使得拥有大型实验设施的部门处于不利地位。单是STAR设施每年的空间占用费就超过45万美元(按当年的美元计算),随着资金的减少,STAR成为了关闭的首要目标。

第三个决定对圣地亚的实验冲击波研究有更直接的影响。在20世纪90年代末,所有三个武器实验室(现在称为国家安全实验室)都开始采购大规模并行处理(MPP)计算机,并重组其代码以使用新的MPP架构的重要工作。作为计算研究中心主任的埃德·巴西斯,最初通过购买几台多处理计算机在实验室中率先实现了并行计算,这导致了圣地亚第一台MPP计算机(Intel Paragon)的诞生。为了以最快的速度将现有代码重新配置在这台新机器上运行,巴西斯基本上将所有可用的资源都用于这项工作。所有的实验设施,包括当时由菲尔·斯坦顿管理的巴西斯下属的一个实验冲击波部门,都很难与其他参与建模或代码开发的计算部门竞争资源。正如蒂姆·特鲁卡诺所说:

> 当时,由于资金削减和对未来需求的不确定性,圣地亚的实验设施承受着巨大的压力。当我在1980年被录用时,冲击波小组包括理论、计算和实验,属于一个单独的二级组织。这是我们团队的独特优势。当我们完成我上面总结的任务时,冲击波小组正在分离,在另一个组织中进行实验工作而不是计算工作。整个计算小组已被转移到一个计算科学中心,该中心的重点是提高圣地亚的并行计算能力。计算冲击波工作是并行计算的一个很好的驱动。实验工作不是,尤其是在因为实验室环境带来了日益增加的资金挑战时。

曾经管理过一级部门的二级经理必须找到新工作。许多人成为了项目经理。乔治·萨马拉成了设在圣地亚的能源部基础能源科学研究项目经理。吉姆·阿赛最初是埃德·巴西斯的项目经理,参与了开发涉及并行计算的多个实验室活动。丹尼斯·海耶斯从华盛顿特区的主任工作返回后,负责管理国防项目办公室(Defense Programs Office)的新中心,该中心旨在制定战略计划,并在圣地亚的研究和武器项目组织之间更紧密地协调活动。吉姆·阿赛于1993年左右作为一名"跨部门经理"[①]加入海耶斯所负责的中心,并帮助发起了几项活动,包括与私营企业签订研究协议,以及与苏联签订正式研究协议等。

在埃德·巴西斯领导下,菲尔·斯坦顿的实验冲击物理部持续了几年,但他难以获得不断减少的内部和外部资源。随着1991年底冷战的结束,外来资金大

---

① 在海耶斯的新中心,设立了一个被称为"跨部门经理"的管理职位,旨在评估研究活动,以使武器项目获得最佳的短期和长期利益。

大减少。实验研究人员减少到只剩下马克·博斯洛、拉利特·查比达斯、戴夫（大卫）·克劳福德（Dave（David）Crawford）、丹尼斯·格雷迪和麦克·菲尼西；由于内部调动和退休，技术员的人数也减少了。1994年12月12日，埃德·巴西斯宣布完全取消实验活动。因为这一天是星期一，所以被实验冲击物理部的实验员们称为"黑色星期一"。以下是几位直接受影响的人对这一痛苦事件的描述。

克林特·霍尔回忆道：

当时，大约有10名圣地亚员工和8名合同工在STAR工作。吉姆·阿赛已被提升为二级经理，不再与该站点有关联。我们的部门经理菲尔·斯坦顿打电话到STAR，告诉卡尔他要在I区为所有圣地亚员工召开一次强制性的员工会议，不能有任何借口不参加。那是在12月初，每个人都在为圣诞节做准备，没有人知道会议的内容。所有的STAR技术人员挤着一辆面包车前往该地点。当我们到达那里时，整个部门的员工都已经聚集在会议室里了，只有站着的地方了，整个会议室充斥着低声交谈。菲尔站起来，接着说了下面的话。由于主任埃德·巴西斯的决定，冲击物理部立即解散。他对所有的STAR技术人员说，我们现在什么也不用做，只能集中精力在圣地亚再找一份工作。合同工们将在一个月内被安置到其他地方，工作人员将被重新分配到整个中心。当时，整个会场寂静到你可以听到针掉下来的声音。

卡尔·康拉德记得：

我想我们都明白我们遇到了麻烦，因为我们的外部客户没有延长他们的项目，但当埃德·巴西斯终止项目时，我仍然措手不及。1994年12月12日的黑色星期一，是我在STAR最不想细讲的一段。当他们离开现场时，我记得我打电话给戴夫·考克斯，问他是否申请了操作808炮的职位。他还不知道有这个空缺，在他们接受申请的最后一天才申请并得到了这份工作。结果，克林特·霍尔、比尔·莱因哈特和我是该站点最后三个研究人员，而拉利特·查比达斯是最后一个工作人员……

拉利特·查比达斯回忆道：

为了促进合作，我和丹尼斯、菲尔·斯坦顿以及陆军研究实验室（ARL）的托尼·周（Tony Chou）访问了德国的恩斯特·马赫研究所（Ernst Mach Institut）和法国的格拉马特研究中心（Centre d'Etudes de Gramat）。在我们回来后，我们在1994年12月12日星期一发现，艾德将在大约6个月后关闭STAR，并在1个月内解雇所有的合同工。

比尔·莱因哈特记得：

1995年似乎是STAR的末日。其他人已经说明了理由；关闭的最后日期也提到了。可能还没有意识到的是，在那个时候，我还没有准备好认输。1994—1995年，互联网和电子邮件已经进入STAR。虽然记得不太清楚，但我确实发送了电子邮件给我们的秘书、经理和主任助理，露西尔·维杜戈（Lucille Verdugo）、安妮塔·瓦西，还有其他人——讲了STAR的状态并提供了许多继续以更低的成本运行的建议（最后无效），但我还是吸引了主任艾德的不必要注意（可能不是我想要的）。我也与Ktech公司就接管该设施的可能性进行了接触，并与菲利普斯实验室（Phillips Laboratory）的管理人员取得了联系……不管怎样，部门关闭仍在继续，但我仍没有放弃。

事实上，STAR在1995年5月5日进行了最后一次实验，然后事实上，实验设施被关闭了。然而，在查比达斯的领导下，它在90年代后期被重新启用，虽然技术研究人员较少，但运营效率更高。

乔治·萨马拉的固体物理研究处最初的实验工作是在一个不同的理事会下进行的，没有直接受到巴西斯的决定的影响，处里的实验研究仍少量地进行。马克·安德森和鲍勃·塞切尔是1996年鲍勃·格雷厄姆退休后剩下的实验人员。劳埃德·邦松领导下的一项关于含能材料的小型实验也在爆炸组件设施（Explosive Components Facility）中继续进行，主要参与者是安妮塔·伦伦德，以及来自工程科学中心的韦恩·特洛特和梅尔·贝尔。

除了这一痛苦事件，其他失去冲击波研究人员的事件也发生在这十年。林恩·巴克尔于1990年初退休。于1961年冲击波研究早期阶段加入圣地亚的奥瓦尔·琼斯在1993年退休。当然，琼斯自1973年以后就很少积极参与冲击波研究了。李·戴维森也于1993年退休，并开始编辑施普林格-弗拉格出版社系列图书中关于冲击波研究的几个章节。阿尔·哈拜于1994年退休，但继续担任内华达项目的顾问。职业生涯中做出了冲击波方面多项开创性贡献的鲍勃·格雷厄姆，于1996年在圣地亚提出的以减少员工为目的的自愿离职激励计划（VSIP）下退休。他退休后继续进行冲击波研究，并撰写了几篇关于撞击事件的文章。丹尼斯·格雷迪也在VSIP计划下于1996年退休，部分原因是"黑色星期一"事件的余波。他加入了当地的一家公司，应用研究协会（Applied Research Associates），并继续与圣地亚的研究人员合作。皮特·莱斯内于1996年退休。他在圣地亚的头10年的时间里从事冲击波研究，其余时间从事地质应用研究。卡尔·康拉德于1998年退休，但继续与STAR和Z装置上的冲击波小组合作，担任Ktech公司的合同工，直到他接受内华达州负责管理LLNL的贾斯珀（JASPER）气体炮操作的职位，以获取钚数据。丹尼斯·海耶斯于1994年离开罗杰·哈根格鲁伯(Roger Hagengruber)领导下的国防项目办公室,1995 年从圣地亚退休,1996—1997 年成为位于拉斯维加斯的洛克希德·马丁内华达技术公司的总裁。1997 年,他从该职位退休,成为了在 1997 年启动的 Z 装置上开展冲击波研究项目的顾问。他继续担任顾问直到 2010 年,为帮助复活的实验冲击波项目顺利度过在 Z 装置上的早期阶段(见第 7 章)做出了重大贡献,并在 2000 年后几年因其高能密度物理研究获得了国家的认可。

自不必说,在这十年中模型和计算冲击波研究蓬勃发展。在 20 世纪 80 年代开发的强大的三维代码 CTH 已经开始通过在复杂动态问题建模方面的优越能力产生巨大收益。到 20 世纪 90 年代初,CTH 成为大型计算机模拟的主力。它被广泛应用,包括分析 1989 年 4 月"爱荷华"号战列舰炮塔爆炸和行星撞击物理学效应(例如,1994 年广为人知的发生在木星上的"舒梅克-列维"(Shoemaker-Levy)撞击)。随着不断壮大的用户群体赋予新的能力,计算冲击波的研究能力不断提高。重要的工作还包括艾伦·罗宾逊(Allen Robinson)致力于将 CTH 移植到 MPP 计算机上运行,以及戴夫·克劳福德致力于为 CTH 添加自适应网格精细方法。

得益于圣地亚长期的实验研究历史和先进的材料模型开发,CTH 不仅在圣地亚,而且在全国,已经成为冲击波问题研究的领先计算工具。正如吉恩·赫特尔所阐释的:

> 数值模拟可以探索材料在超出目前可用的实验或诊断能力的压力和温度状态下的响应。然而,只有对计算中使用的求解方法和材料响应模型的准确性有某种理由相信时,模拟才有用。目前,精确的材料响应模型只存在于冲击压缩研究中感兴趣的材料范围和加载状态的一小部分。

赫特尔的观点有效地阐明了长期以来将伦德根和赫尔曼发起的三项主要研究工作整合在一起的好处,以及继续将实验、理论和计算研究项目强有力地结合的需求。

以下各节讨论 20 世纪 90 年代冲击波研究的主要进展:

(1) 战区导弹防御系统的动能武器杀伤(6.2 节);
(2) 空间碎片对国际空间站的影响(6.3 节);
(3) 国防部/能源部谅解备忘录(6.4 节);
(4) 介观尺度建模(6.5 节);
(5) 介观尺度研究的线 VISAR(6.6 节);
(6) MAVEN:基于实验科学的核武器模型认证(6.7 节);
(7) 次临界实验的地下试验(6.8 节);
(8) 加速战略计算计划在冲击波研究中的作用(6.9 节);

(9)"舒梅克-列维"彗星以60km/s的速度撞击木星(6.10节);

(10) ALEGRA:下一代流体动力学代码(6.11节)。

## 6.2 战区导弹防御系统的动能武器杀伤

超高速发射器发展于20世纪80年代后期和90年代初期,在接下来的几十年里为研究和应用提供了新的机遇。这些机遇包括研究超高速弹丸与导弹目标碰撞时的现象的几个外部项目。导弹防御作战包括一系列广泛的现象,包括力学响应、侵彻、材料失效、层裂和破碎、熔化和汽化、内部碎片生成以及随后与内部部件的相互作用、光的发射和辐射的传输、外部碎片和结构破坏。这些相互作用经常发生在速度超过10km/s时,产生诸如熔化和汽化之类的热力学效应,但人们对这些热力学效应还不是很了解。图6.1概要地描述了这些现象。对于预测冲击系统的损伤程度和生存能力具有重要意义的现象包括①冲击波的产生和材料响应;②侵彻和破碎;③材料失效和结构响应;④内部和外部碎片的影响。与这些现象有关的几个效应在STAR设施上进行了研究。

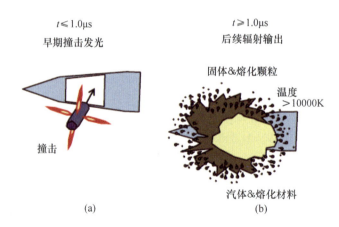

图6.1 动能拦截器作用于空间目标如卫星或弹道导弹产生的现象说明
(a)碰撞事件的早期行为。(b)受撞击系统的后期行为和碎片产物的预期温度。
(经科维德科技公司,(Corvid Technologies)J. 考格(J. Cogar)和海军水面作战中心
(Naval Surface Warfare Center)B. 凯瑟(B. Kiser)同意转载,2014 版权)

当时,HVL是实验室中唯一能够在良好控制条件下产生适当作战速度的设备。此外,STAR上的一些诊断方法可用于表征不同的现象(例如,碰撞产生的材料状态方程和碎片传播)。这种独特的能力为20世纪90年代初的实验冲击物理研究创造了重要的新机遇。拉利特·查比达斯回忆道:

美国宇航局和国防部核武器局寻求这项技术。在外部资金的支持下,我成为了这些可报销项目的经理。这让我有机会与包括比尔·莱因哈特、杰夫·米勒(Jeff Miller)、卢巴·克梅蒂克(Luba Kmetyk)、蒂姆·特鲁卡诺(Tim Trucano)、马克·博斯洛和吉姆·洪在内的团队合作。这项技术的发展对个人是有益的。

战区导弹防御(TMD)是战略防御计划(SDI)的后续研究项目,开始于20世纪80年代中期,由里根总统领导。SDI的目标是针对从数千英里(1英里 = 1.609km)之外瞄准美国的导弹提供防御。美国陆军战区高空区域防御系统(THAAD,"萨德")是TMD的一个组成部分,其设计目的是通过对抗数百英里外的来袭导弹,扩大局部防御范围。正在开发的击杀杀伤拦截器将在此范围内提供多个交战选项。"萨德"导弹的设计初衷是与目标弹道导弹相撞,而不是像碎片破片式战斗部弹头那样在附近爆炸摧毁目标。位于华盛顿特区的国防部核武器局和位于亚拉巴马州亨茨维尔(Huntsville, AL)的陆军导弹防御局(MDA)是参与这项技术开发的主要政府机构。

需要对冲击现象学、冲击物理学和光谱学有详细的了解,以预测影响、理解后果,并分析动能导弹防御作战场景。具体来说,需要结合实验室规模实验、一维和多维数值模型、解析的标度律分析来建立工程模型。图6.1说明了动能交战涉及的各种现象。最初的撞击会产生亚微秒(不到$10^{-6}s$)的闪光,持续时间很短。撞击产生的应力波会削弱结构,并产生断裂和破裂碎片,从而破坏目标的其他部分。最后,弹道导弹目标的结构失效会产生具有特定的、持续时间几百毫秒光信号的外部碎片。这些多重效应可以阻止导弹执行其任务。在应用击杀概念开发防御战略时,必须理解这些不同的效应和可观察到的信号,比如撞击时产生的闪光。这些信息对于评估是否成功拦截至关重要。

为了了解冲击现象,在圣地亚的HVL上进行了大量的基础和应用实验。在20世纪90年代初,DNA支持了一个基础研究项目,研究汽化动力学和评估弹丸形状对薄板撞击碎片演化的作用(Konrad et al. 1994)。实验中产生的典型碎屑云如图6.2所示,表明飞片形状和方向对碎屑云形状有较大的影响,从而影响对其他结构构件的损伤。HVL实验中,钽飞片的速度可达10km/s,从而使锌靶材完全汽化。结果描述了多相(液相和气相)流对撞击碎片的动力学效应(Brannon&Chhabildas,1995)。

了解闪光信号对评估杀伤力问题也至关重要。吉姆·洪(1990,1992)进行了大量的实验来量化冲击闪光光谱,他在回忆中提到:

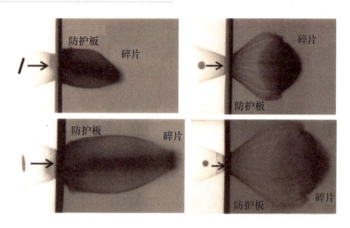

图6.2 飞片形状和方向对金属板受撞击后碎片形成的影响的X射线图像
(经许可转自 Konrad et al. 1994,AIP出版公司1994年版权)

我有机会继续我的冲击闪光研究;我能够与 EG&G① 普林斯顿应用研究公司(Princeton Applied Research Corporation)合作,并采购了最新式的光学多通道分析仪(OMA)来捕捉冲击闪光信号的时间分辨光谱。这个独特的诊断导致了美国空军和战略防御司令部(U. S. Army Space and Strategic Defense Command)的一个项目,把这个OMA送到安迪·威廉姆斯(Andy Williams)在海军研究实验室的二级轻气炮设施。他的终极弹道学捕获舱可以测试包括少量烈性炸药在内的目标。在那里,我们能够捕捉到独特的时间分辨光谱,将冲击闪光的光发射与随后的高爆轰光谱特征区分开。

在2000年初,杰夫·劳伦斯发起了一项建模工作来理解和预测在超高速撞击交战过程中产生的光学信号。电磁波谱从长波长延伸到伽马射线,导致实验表征困难。劳伦斯领导了一个实验室指导研发(LDRD)项目,以获得扩展光谱区域的撞击闪光数据。目的是表征不同弹丸和靶材(包括金属－金属和金属－复合材料烧蚀体)的冲击闪光特征,以及对含能材料的冲击(Lawrence et al. 2006;Reinhart et al. 2008)。利用STAR的二级轻气炮、三级HVL和Z装置上的磁发射飞片,产生了6~25km/s的碰撞速度。利用光学多通道分析仪对撞击后的时间分辨光谱进行了表征,测量了早期和晚期产生的从可见光到红外光波段的光谱(Thornhill et al. 2008)。图6.3给出了钛弹撞击铝在可见光范围内的典型冲击闪光特征。这些实验有助于建立现象学模型理解和预测冲击闪光特征

---

① EG&G公司由麻省理工学院一名教授和两名学生创立于1931年,1947年组建为股份有限公司,涉足医疗、航空航天、电信、半导体、摄影等行业,擅长X射线仪器。1999年与原帕金埃尔默公司合并为帕金埃默公司(PerkinElmer Inc,PE)。

以进行杀伤力分析(Lawrence et al. 2006)。观察到特定的光谱和时间特征,可用于与理论模型或数值模型进行比较,或开发用于预测不同交战条件下光学闪光的分析模型。在几个数量级的光通量上得到的数据与预测的光发射和计算的温度状态基本一致(Lawrence et al. 2006)。此外,这些数据还允许评估常用的模型(如 MBBAY[①]),该模型将冲击耦合效率与产生的光通量联系起来。为了确定使用冲击闪光作为判别措施的能力,将光谱数据与预期谱线的 CTH 计算以及国家标准与技术研究所(National Institute of Standards and Technology)的数据进行了比较。

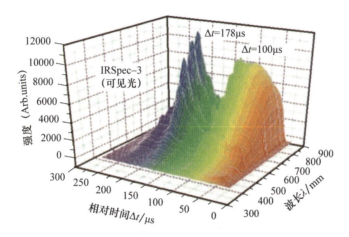

图 6.3　钛弹以 9.8km/s 的速度撞击铝靶产生的冲击闪光(含时间和光谱分布)
(经许可转自 Reinhart et al. 2008,爱思唯尔有限公司 2008 年版权)

1999 年,导弹防御局在圣地亚启动了一个为期 3 年的项目,使用 HVL 验证正在开发的击杀评估代码,该代码用于预测动能冲击对导弹目标的杀伤力。该方法是利用 CTH 来模拟 HVL 实验并建立杀伤力要求。然后将这些结果集成到一个工程代码中进行杀伤力评估。为了支持陆军的需求,HVL 在中断 6 年后很快被重新启用,并用于 10km/s 或更高速度范围的冲击试验。

圣地亚为研究超高速撞击现象而开发的 HVL 炮技术和仪器方法也被移植到其他组织。正如查比达斯所说,"这项技术已经被移植到海军研究实验室和美国空军阿诺德工程开发中心用以评价对空间结构的杀伤力影响"。这些是针对空间结构的杀伤力效应评估研究的大型科学设施。此外,这两个设施的飞行距离都很长,因此可以更真实地评估超高速的毁伤影响。这项技术转移的实际

---

① MBBAY 是 Modified BBAY 的首字母缩写词,而 BBAY 代表模型开发者(Hans) Bethe,(William) Bade,(John) Averell,和(Jerrold) Yos。该模型由圣地亚修订。

好处就是可以在 AEDC 二级轻气炮上研究实际尺寸的弹丸和靶,因其具有更大口径的炮管。

## 6.3 空间碎片对国际空间站的影响

由于发射卫星数目不断增加,相应的碰撞破碎造成在近地轨道(LEO)上运行的厘米大小块状碎片数量大幅度增加。2009 年,俄罗斯的一颗通信卫星"宇宙"-2251 号(Kosmos 2251)撞上了美国商业通信卫星铱-33(Iridium33)的太阳能电池板,进一步加剧了这一问题。随着太阳能面板的破碎,铱-33 卫星脱出轨道,而"宇宙"-2251 号卫星则分裂成多个碎片。这次碰撞产生了 2000 多块大小超过 10cm 的碎片和数千块更小的碎片。被一块"方糖"大小的太空碎片以轨道速度击中,相当于站在一枚爆炸的手榴弹旁边,因为它的相对速度很高,而且在撞击时释放出巨大的动能。厘米大小的碎片就能完全摧毁卫星,对国际空间站也能造成相当大的破坏。图 6.4 是根据实际数据绘制的空间碎片问题示意图。它是一位艺术家对截至 2010 年初地球周围太空碎片的实际相对分布情况的再现(Stansbery,2011)。

图 6.4 空间碎片分布的概念图(有时称为"近地轨道蜂窝")。相对距离和数量比是按比例显示的,但轨道物体本身的大小被大大夸大了(经 NASA 轨道碎片计划办公室(Orbital Debris Program Office)许可转载,http://orbitaldebris.jsc.nasa.gov/photogallery/beehives/LEO1280.jpg)

第一部分　冲击波能力建设

在20世纪90年代初,HVL是唯一能够以预期的撞击速度研究碎片撞击对真实空间站结构的影响的唯一设施。查比达斯回忆说:

马歇尔太空飞行中心要求我们评估碎片屏蔽设计。我们最先测量评估的碎片防护层设计,称为"惠普尔缓冲罩",冲击速度为10km/s(即太空型速度),已经可以在实验室里重现了!

在NASA、约翰逊航天中心和MSFC的合作下,利用HVL进行了几个实验来模拟碎片对典型结构材料的冲击。HVL能实现的超高速度对这一分析至关重要,因为熔化和汽化等材料的相变对保护底层结构的碎片防护层(通常称为"缓冲罩")的设计有显著的影响。以前的碎片屏蔽测试上限为7km/s,使用标准的轻气体炮和球形弹丸,这并不能完全解决这些影响。然而,实际空间碎片更像板状,撞击产生的碎片会更具破坏性(Konrad et al. 1994)。在HVL实验的基础上,设计并测试了一种由薄金属板和3M® Nextel®布组成的复合缓冲罩,并将其应用于"自由"号空间站(Ang et al. 1991;Boslough et al. 1993;Chhabildas et al. 1993a;Lawrence et al. 1995)。"自由"号之后的国际空间站更容易受到碎片撞击,因为它的体积更大。另一个需要屏蔽碎片的太空装置是"哈勃"太空望远镜(HST)。图6.5所示的钻孔显示了碎片撞击望远镜所产生的众多影响,这些钻孔标记了碎片颗粒撞击的各个位置。保护罩上所显示的多重冲击,着重说明了碎片问题的严重程度,表征碎片冲击效应的必要性以及缓解问题的手段。查比达斯在回忆中强调,他对能够帮助解决国家关心的问题感到很满意。"我们在将这些缓冲罩设计应用于'自由'号空间站之前对其进行了测试,我觉得这对我们国家的太空计划有很大帮助,同时也感到满足与自豪。"

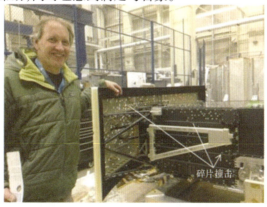

图6.5　2014年,马克·博斯洛和"广角行星照相机"2合影。"哈勃"太空望远镜曾使用该相机拍摄如图6.12(b)所示的"舒梅克-列维"9号撞击。相机结构上的微型撞击坑已经被钻出来,留下了可见的小孔

(马克·博斯洛私人收藏)

## 6.4 国防部/能源部谅解备忘录

20世纪80年代，DOD和DOE签署了一份谅解备忘录(MOU)，共同资助国家安全实验室的冲击波研究项目，研究共同感兴趣的材料。谅解备忘录项目于20世纪80年代中后期由马克斯·纽森(Max Newsom)在圣地亚创立，先是由比尔·塔克(Bill Tucker)管理，后来由汤姆·希区柯克(Tom Hitchcock)管理，研究内容包括地质材料、金属、陶瓷、多孔材料、含能材料、混凝土等。在MOU的赞助下进行了广泛的研究，包括高压状态方程、材料强度、断裂和破碎。这项根据MOU开展的研究非常成功并持续了数年。这个项目从开始就由丹尼斯·格雷迪管理，他在STAR关闭之前是圣地亚固体动力学研究处的实验研究项目经理。格雷迪提到：

> 20世纪80年代末出现了一个广泛的研究项目，要求DOD和国家实验室就共同关心的问题共同努力。圣地亚利用碰撞下的冲击物理方法研究了材料性能，对在军用装甲具有潜在应用前景的低密度、高强度陶瓷材料进行了大量实验研究。从这一工作中，获得了一系列陶瓷的雨贡纽状态方程和动态强度特性，至今仍是计算分析陶瓷在终端弹道环境下性能的基础数据。

格雷迪担任项目负责人直到1996年退休，之后由拉利特·查比达斯负责。查比达斯开创了在中间应变率下研究材料行为的新方法，这对材料建模研究非常重要(Chhabildas et al. 1997)。他回忆说：

> 丹尼斯·格雷迪退休后，我继任了……(MOU基金)来重新指导冲击波物理活动……达尔格伦(Dahlgren)海军水面武器中心(NSWC)的伦纳德·威尔逊在推动我们前进的过程中发挥了关键作用。他资助研究一种海军炸药PBXN-128的特性。我们首先使用ECF压缩气体炮，从而将实验控制在气体炮的速度范围内。当时我在圣地亚一级炮上开发了一种技术，用密度梯度的多层飞片冲击套管圆柱形靶材实现单轴应力实验……结果令人惊讶的是，我们可以进行应变率高于霍普金森杆实验但低于冲击加载实验的单轴应力实验！我们创造了这些"中间应变率"实验，研究了氧化铝、碳化硅、碳化硼等陶瓷材料……

开发的其他新技术包括对许多金属管控制良好的断裂破碎研究(Vogler et al. 2003)，以及扩展早期陶瓷研究至包括兆巴应力范围的冲击强度测定(Reinhart&Chhabildas,2003)。2004年，特雷西·沃格勒开始负责MOU项目，并利用最初由唐·伦德根在20世纪50年代建造的火炮的改进型，进一步研究多孔金属的复合压力剪切特性。这项一直持续到现在的研究工作是为了确定剪切效应在金属粉末粉碎过程中的重要性(Vogler et al. 2011)。

## 6.5 介观尺度建模

冲击物理学界的一个长期目标是开发连续介质模型,以描绘在冲击压缩下主导材料响应的物理效应。例如,非均质炸药在冲击加载过程中形成热点产生的点火、金属和合金在冲击加载过程中过早熔化、混合材料和复合材料中的冲击波传播、材料的破坏和破碎以及多孔材料的冲击响应等。在动态材料响应模型中包含材料结构精细细节的尝试可以追溯到20世纪70年代早期伦德根(Lundergan,1970;Lundergan&Drumheller,1971a,b,1972)、德拉姆海勒(Drumheller&Bedford,1973;Drumheller&Lundergan,1975;Drumheller,1984;Drumheller et al. 1982)、农齐亚托(Nunziato et al. 1978a,b)、戴维森(Davison,1971;Davison et al. 1977)、斯威格与格雷迪(1986a,b)与巴克尔(1971b)的工作。巴克尔早期在板层压制品中的冲击波传播工作尤其值得注意,因为它实现了从单个成分的测量属性和复合结构的知识到连续尺度的麦克斯韦材料动态响应模型参数的贯通,以准确预测平均或连续的材料响应。

从几微米到毫米的材料尺度被称为介观尺度,颗粒大小、杂质、混合物成分的多少和冲击诱导效应(如微剪切带)都是重要的介观尺度材料特征。更精细的材料特征,如位错结构,通常被称为微观尺度。梅尔·贝尔从1975年到2010年退休,一直致力于将介观尺度效应纳入材料的冲击响应中。他早期的工作包括开发多相模型来描述非均匀材料的响应,而不涉及材料的结构细节。1986年,他和杰斯·农齐亚托发表了一篇关于反应性颗粒材料中从爆燃-爆轰转变(DDT)的两相混合理论的经典综述(Baer and Nunziato,1986)。这篇被广泛引用的论文概述了一种处理完全可压缩反应混合物的建模方法。贝尔回忆说:

当时,多相建模主要是在推进剂和火炮领域,人们认识到这些方法与爆炸理论不相容。圣地亚炸药部件组织赞助了我们的工作,要求我们为更好地了解DDT如何应用于雷管部件提供建模协助。需要一种新的方法将高速爆燃与冲击波物理耦合起来,并导入爆轰状态。我们发展了一种将体积分数作为独立运动变量的连续混合理论方法,该方法允许所有相和爆轰状态的可压缩性。在本文的附录中(译者注:原文如此),对模型进行了简要的特征分析,表明该模型具有良好的数学结构,符合经典黎曼理论。这引起了世界各地几位数学家的注意,我们的连续混合方法成为后来几项工作的基础。LANL的同事们后来对连续介质混合模型产生了兴趣,他们称之为B-N(贝尔-农齐亚托)模型。LANL对模型进行了一些修改;然而,最初的B-N模型仍然被认为是开创性的工作。不幸的是，杰斯·农齐亚托在模型于多相界中名声大噪之前就去世了。

在那之后，贝尔又研究了一些多相连续介质混合理论，包括对炸药的进一步研究（Baer et al. 1986；Baer，1994，1997）。在他的回忆录中列出了一份更全面的带注解的关于含能材料的出版物清单。非均质材料在冲击压缩过程中的许多重要物理过程发生在晶体或晶粒水平。贝尔和其他人的多相建模工作强调了在连续模型中包含材料形貌的结构细节的必要性，并导致了后来在圣地亚进行的介观尺度研究。贝尔的第一篇关于介观尺度建模的论文明确处理了波在多相反应材料中的传播（Baer，1997）。当时，随着计算软件和硬件的进步和改进，冲击波物理模型发生了巨大变化。在 CTH 中实现的高阶限流器和自适应网格细化大大降低了人工黏度的影响，并允许更真实地计算真实材料效应对冲击波结构的影响。此外，人们还修改了 CTH 使其能够在这段时间内获得的新型高性能 MPP 计算机上运行。这使得对材料特性的全三维模拟成为可能，并带来了新的建模思路。贝尔回忆道：

> 鲍勃·格雷厄姆认为，通过模拟多粒子系统的冲击加载，可以对混合材料的冲击过程有更深入的了解，比如加州大学圣迭戈分校（University of California San Diego）的戴夫·本森基于对"圆形"粒子冲击加载的二维模拟研究。然而，本森的方法似乎过于简单，并且在某种程度上与通常表示高能复合材料的真实几何形状相背离。为此，发展了一种利用三维冲击波物理分析的新方法。这篇文章首次在介观尺度模拟了有序阵列球的冲击加载。介观尺度模拟表明了非均质材料冲击波不是简单的状态跃变这一经典观点。此外，模拟结果表明，介观尺度模型可能为与微观力学有关的能量局域化提供新的见解，这将大大改进现有的冲击点火描述。这是一个令人兴奋的发现，我们继续改进有代表性的介观尺度模型，并激励新的实验努力。

贝尔建立了一个数值模拟，它可以精确地确定非均质结构，从而评估材料结构对波传播的影响。他对锡球晶格中冲击波传播的模拟，包括了对 EOS 的完整描述、锡熔化和锡（I）–锡（III）多相相变，提供了冲击加载在异质材料中不仅仅是一个通常假定的冲击变量的跳跃的第一个确凿证明。这些模拟使用的是三维 CTH 代码。此外，韦恩·特洛特对冲击锡晶格进行了详细的 VISAR 实验来评估模拟结果（Baer&Trott，2004）。由图 6.6 可以看出，特洛特的实验结果与三维仿真结果非常吻合。在这些模拟完成之后，随着线 VISAR 系统的出现，更详细的时间和空间信息允许研究介观尺度特征对波传播的影响。梅尔·贝尔和韦恩·特洛特利用线 VISAR 对许多非均质材料的研究（见 6.6 节）证实了这一点。

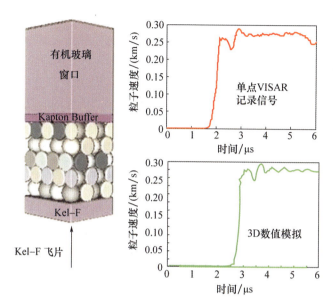

图6.6 冲击加载锡球晶格的数值模拟。用了锡的完全
状态方程,包括熔化和多相转变。时间尺度是任意的
(经许可转自 Baer&Trott,2004,AIP 出版公司 2004 版权)

随着介观尺度建模技术的发展,对非均质材料冲击载荷的建模需要更具有代表性的微观结构。上述工作将微观结构处理为有序球体,导致在冲击过程中产生共振波。此外,显微照相表明,高密度复合材料通常由具有随机取向的平面界面和内部晶体缺陷的单个晶体组成。随机和不同粒度分布是真实材料微观结构的重要方面。贝尔通过使用蒙特卡罗粒子填充方法,包括更加真实的微观结构,从而解决了这些问题。蒙特卡罗粒子填充方法生成了具有真实材料代表性的介观尺度几何图形。后来,层析成像技术成为可能,可以产生和量化实际的三维微观结构。贝尔证明了随机性增强了波阵面的均匀性以及对材料界面和晶体接触处能量沉积的影响(Baer et al. 1998)。此外,他还表明,当反应行为包括在冲击加载模拟中时,在非均质材料中的爆轰表明存在多个波,具有冲击波聚焦和与稀疏波相互作用的模式。贝尔在他的回忆中对这些观察的评论如下:

介观尺度模拟首次对爆轰波结构产生了新的认识。这与气体爆炸的实验观测结果是一致的,实验结果早就表明经典的爆炸模型如 Chapman – Jouget (CJ) 和 Zeldovich – von Neuman – Doring (ZND) 模型是不正确的。俄罗斯科学院化学物理研究所的阿纳托利·德雷明(Anatoly Dremin)等研究人员认为,当化学与冲击波过程相互作用时,会在冲击波前沿产生弥散行为。本论文首次在晶体水平上对弥散非平面凝聚相高能复合材料的爆轰波进行了数值模拟。

这些计算研究得到了补充,包括查比达斯管理的DOD/DOE MOU项目下的实验研究(Chhabildas et al. 2002;Kipp et al. 1998,2000;Furnish et al. 2000,2007,2009)和一个新的LDRD项目的实施(见6.6节)。这使得在贝尔的领导下,DOD和DOE在2003年前后推出了一份新的谅解备忘录,主要关注介观尺度的热力学及其反应。其他一些人也进行了许多关于波在非均质材料中传播的介观尺度研究,包括特雷西·沃格勒、麦克·菲尼西、马林·基普及其同事(Borg&Vogler,2009a,b,2013;Borg et al. 2009;Vogler&Clayton,2008;Vogler et al. 2004,2008,2011,2012)。

## 6.6　介观尺度研究的线VISAR

众所周知,冲击压缩多晶金属和其他非均匀材料,如颗粒材料或复合材料,不会产生均匀的平面波。对铝的早期卸载和再加载波实验(Lipkin and Asay,1977;Asay&Lipkin,1978)研究表明,晶体尺度上的微观结构非均质响应对观测到的波形有重要影响。一个明显的例子是,对细孔聚氨酯泡沫的实际结构的三维数值模拟(图6.7)在空间和时间变量上都与均匀行为存在较大偏差,并且与模型材料上的实验结果一致(Kipp et al. 2000)。类似地,对可追溯到20世纪70年代的炸药的实验表明,点火是不均匀的,发生在局部的"热点"上。吉姆·肯尼迪记录了部分多孔炸药局部热点的非均质点火:

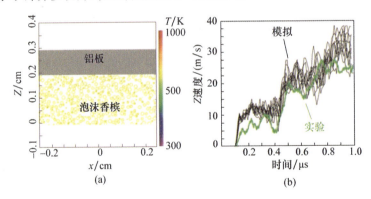

图6.7　(a)多孔聚氨酯泡沫塑料("香槟色")板撞击铝板和(b)泡沫体采用25000个空心球体的三维模型,撞击速度为565m/s

(经许可转自Kipp et al. 2000,AIP出版公司2000年版权)

1976年,当我从研究转向元件设计时,鲍勃·塞切尔加入了固体物理研究处,采用斜波紧随冲击波方式对同一种炸药进行了波的演化研究。他发现(Setchell,1981)斜波对炸药进行了预压缩并使其变得不敏感,因此随后的冲击波无法刺激任何明显的反应,这可以从前沿后面的波形判断出来。经过几毫米的传播距离后,斜波被冲击波前沿超越,没有预压缩。此时,可以立即注意到前沿后方有反应的迹象。这表明,即使是非常温和的预压缩,在不到 1 μs 的时间内,也能够关闭孔隙,消除炸药中的热点,否则,冲击压缩会激发反应。

这些结果有助于使用连续介质理论对非均质炸药的热点起爆进行明确处理(Nunziato et al. 1978a,b)。梅尔·贝尔通过在介观尺度上使用数值模拟对材料响应进行严格建模,推广了这些结果。1986—2004 年,他与同事发表了几篇关于介观尺度建模的论文(参阅参考文献中贝尔等的论文列表)。

虽然以前曾测量过炸药热点的局部光发射,但尚未对局部粒子速度场进行直接测量。为了验证贝尔的理论预测,需要获得颗粒炸药和非均质炸药中粒子速度变化的定量数据。在 20 世纪 90 年代末,韦恩·特洛特、拉利特·查比达斯和吉姆·阿赛联合提出使用改进的 VISAR 来进行这些测量。该方法是在非均匀样品上成像一条从 1mm 到几十毫米不等的线,而不是通常成像的几百微米大小的点。为了实现这一目标,标准的 VISAR 被轻微地散焦,以监测几个"线"条纹,这些"线"条纹表示粒子在样品上投影条纹位置的速度,然后用光学条纹相机记录条纹信息,提供关于样品上该位置的局部粒子速度的时间数据。该方法是对光学记录速度干涉仪系统(ORVIS)的一种改进,ORVIS 最初由道格·布卢姆奎斯特(Doug Bloomquist)和史蒂夫·谢菲尔德(Steve Sheffield)开发,用于记录样品上单个点的速度(Bloomquist&Sheffield,1983a,b),通常称为线 VISAR。

特洛特将该系统(Trott et al. 2000,2001)开发为一种精密工具,用于对几种金属、含能材料和颗粒材料进行局部粒子速度测量(Chhabildas et al. 2002;Trott et al. 2000,2001,2006;Furnish et al. 2006,2007,2009;Vogler et al. 2008)。在含能材料和含能材料替代物(如糖)上获得的空间分辨率粒子速度数据(Trott et al. 2007)有助于验证梅尔·贝尔等在 20 世纪 90 年代末和 21 世纪初开发的材料响应介观尺度模型(Baer&Trott,2002a,b,2004;Kipp et al. 1998,2000)。尽管线 VISAR 在圣地亚已被广泛用于量化受冲击非均质材料粒子速度的空间变化,但其在应用方面仍有许多问题需要解决。图 6.8 显示了一条线 VISAR 记录,以及低冲击应力下颗粒糖受冲击后的粒子速度分布。这一能力代表了在介观尺度或亚晶粒尺度材料研究的 VISAR 方面的重大进展。然而,正如特雷西·沃格勒在他的回忆录中所言:

线 VISAR 前景诱人,但却极其令人沮丧。例如,钨合金的工作产生了该材料的层裂强度分布,但试图获得类似的碳化硅数据没有成功。这样的数据对于丽贝卡·布兰农和她的同事开发的随机失效模型来说是非常有价值的。现实情况是,总的来说,这个工具是复杂的,难以达到良好的工作状态。虽然韦恩·特洛特能够做到这一点,但其他大多数人都证明不成功。此外,从实验中获得的条纹图像的分析已经证明存在问题。韦恩使用了一种简单的划线方法来分析数据,而汤姆·奥(Tom Ao)开发了一种傅里叶变换方法来平滑结果。这就提出了一个问题,在线 VISAR 测量中观察到的空间变化中,有多少是由于点与点之间行为的实际差异造成的,又有多少是噪声或测量技术人为造成的。由于没有对控制良好的现象进行系统的线 VISAR 研究,因此也提出了关于测量重复性的问题。

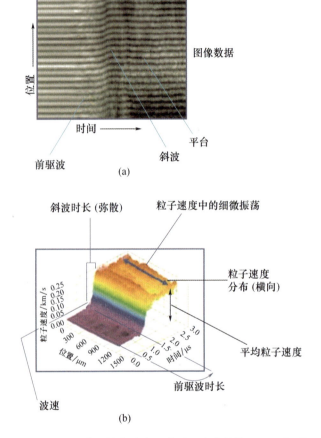

图 6.8 平板糖试样在冲击压缩过程中获得的 VISAR 记录
(a)显示了从位于糖样品背面的塑料板上的一条 1mm 长的线得到的
速度条纹记录;(b)显示了沿直线测量的速度变化。
(经许可转自 Trott et al. 2007,AIP 出版公司 2007 版权)

麦克·菲尼西进一步强调,需要使线 VISAR 数据成为异质物质行为的定量度量:

现在[2013],我的重点回到了阿尔伯克基,主要集中在动态集成压缩实验(DICE)和 STAR 设备上的实验。这包括线 VISAR 的建立以及更多的普通拍摄,包括层裂问题、强度测量,等等,其目的仍然是超越"好的图像"这一目标,以解决诸如不稳定间距、材料属性扰动的影响以及层裂中的屈服机制等问题。我们已经开始与英国原子武器研究机构(AWE)就这一目的开展富有成效的合作。这将导致什么结果,时间会告诉我们。

线 VISAR 目前已被多名研究者积极使用,希望在今后的研究中能够解决许多技术问题。在许多方面,这项工作仍处于起步阶段;随着使用和理解的增加,动态材料特性的统计表示并不遥远。

## 6.7　MAVEN:基于实验科学的核武器模型认证

在设计和分析武器部件和子系统时,越来越多地强调模拟而不是实验测试,这导致了多方努力以确保模拟中的模型和算法准确一致。直到 20 世纪 90 年代中期,基于单轴加载或其他实验的模型还没有验证其对复杂加载条件的可预测性。特别是,对某些加载条件下导致失效的动态材料特性仍然知之甚少。史蒂夫·蒙哥马利回忆道:

DOE 启动了核武库管理方案(Storage Stewardship Initiative),以减少对昂贵试验的依赖,并增加使用模拟技术来设计和分析整个核武器综合体中的核武器。从 1996 到 2002 年,核武库管理和部件开发基金大大增加了实验工作和代码开发,提高了模拟能力。

作为 1994 年《国防授权法案》(National Defense Authorization Act)授权的新的核武库管理计划的一部分,20 世纪 90 年代中期,丹尼斯·海耶斯手下的项目经理史蒂夫·罗特勒发起了一个以实验为重点的研究项目,专门解决验证问题。由此产生科学鉴定核武器模型的项目集 MAVEN,于 1997 年底开始,由海梅·莫亚(Jaime Moya)管理。发起这项工作的部分原因是为了重振圣地亚的所有实验研究。它对振兴冲击波物理研究产生了重要影响。

MAVEN 涵盖了武器部件和子系统的几个领域,包括准静态评估、部件的冲击和振动测试、辐射诱导脉冲、炸药起爆、点火科学中的混合多相流和中子发生器的脉冲电流电源等技术。拉利特·查比达斯获得了该项目下两项主要冲击波实验工作的资金。一项工作是扩展对用于电源的压电陶瓷 PZT95/5 的冲击响应和氧化铝填充环氧密封剂的早期研究;另一项工作是发展实验技术以验证计算机模型和新开发的任意拉格朗日-欧拉(ALE)代码,特别是用于模拟电源性能的 ALEGRA 代码。

虽然在 20 世纪 70 年代和 80 年代初,在氧化铝填充环氧树脂方面已经完成了大量的实验工作,但是由于环氧树脂配方的改变,需要进行更多的研究。此外,对冲击铁电体产生电流的去极化机理还没有完全了解,因此对 PZT 95/5 铁电陶瓷的机电性能也进行了进一步的研究,目的是同时测量铁电陶瓷的电响应和力学响应。代码验证工作特别集中于 ALEGRA 代码(见 6.11 节),该代码始于 20 世纪 80 年代,由于在此期间进行了大量开发,目前已处于最后阶段。

拉利特·查比达斯成立了一个团队来完成这两项任务。这个团队包括拉利特·查比达斯、马克·安德森、迈克·弗尼希、卡尔·康拉德、杰弗里·劳伦斯、丹·莫舍(Dan Mosher)、比尔·莱因哈特和鲍勃·塞切尔。史蒂夫·蒙哥马利将实验结果实现到 SUBWAY 代码中,用于预测电源性能。后来,杰夫·劳伦斯作为项目经理全面负责上述两项任务,即更好地理解 PZT 95/5 和改进使用 ALEGRA 进行组件建模的能力。在 3 年的时间里,对这两个实验项目进行了大量的研究。因此,封装剂和铁电陶瓷的机械响应与铁电陶瓷的机电特性得到了更好的理解,并为组件应用建模。这些结果发表在一系列论文中(Furnish et al. 2000;Setchell2003,2005,2007;Setchell et al. 2000,2006,2007a,b),并被蒙哥马利集成到材料模型中,用于模拟铁电电源的响应(Montgomery et al. 2002;Montgomery&Zeuch,2004;Montgomery,2008)。在 STAR 上进行了多个多维实验,验证了复杂加载条件下的 ALEGRA 和三维 CTH 代码(Konrad et al. 2000;Chhabildas et al. 2000b,2003;Furnish et al. 2002)。

除了冲击波研究,进行准静态试验也有资金支持,这将对建模过程产生重大影响。正如蒙哥马利所述:

在此期间,杰夫·凯克(Jeff Keck)和我开发了一些专门的冲击压缩测试程序集,以帮助验证三维加载构型中的模型。其中一些试验是在洛斯阿拉莫斯用质子射线照相法进行的,目的是观察爆炸载荷下组件的变形。先后由鲍勃·格雷厄姆和鲍勃·塞切尔进行的另外的测试,使用弹丸撞击来研究不同三维加载历史下的组件和材料响应。我们能够建造一种先进的密闭容器,从而能够对陶瓷进行复杂应力状态和感兴趣温度范围内电偏置状态下的研究。准静态加载实验表明,铁电畴的相变与应力场中自发电极化方向有关。这一重要的观察澄清了由鲍勃·塞切尔、拉利特·查比达斯、迈克·弗尼希和马克·安德森对陶瓷的机械和电气响应进行的综合冲击压缩研究的许多结果。冲击压缩实验具有挑战性,因为除了标准的机械测量诊断外,还测量了来自陶瓷的电压和电流。实验结果为与丽贝卡·布兰农和约书亚·罗宾斯合作开发的模拟代码(SUBWAY)改进材料响应模型提供了基础数据。

通过 SSP 了解陶瓷响应的重要工作已于 2002 年有效完成。在资助减少的情况下,2003—2008 年与 Setchell、安德森和戴夫考克斯合作开展了一些额外的研究,以提高理解介电性能、初始温度和组成变化对陶瓷和密封材料的冲击压缩响应的影响。这些研究有效地形成了量化设备性能不确定性这一新方案的主要动机。

## 6.8 次临界实验的地下试验

SSP 将重点放在 NNSA 国家安全实验室的冲击波研究上，研究适用于核武器运行的热力学体系。这一方案使开发现实的材料模型成为可能，可结合迅速发展的计算能力在没有地下核试验的情况下模拟武器性能。SSP 强烈影响了实验设施和科学研究的发展，以满足国家武器计划的需要。它对内华达试验场（NTS）的地下核武器系统测试也产生了类似的影响，该试验场现在被称为内华达国家安全试验场（NNSS）。正如弗尼希的回忆：

在 1992 年 9 月最后一次核试验后不久，武器设计实验室开始积极进行试验，以满足国家核武库管理计划的要求，并利用 NTS。在洛斯阿拉莫斯，原定于 NTS 的第一个次临界实验（SCE）[①]Rebound–I 于 1996 年初进入了开展"局部"测试的阶段。这些局部实验是在赞助实验室（洛斯阿拉莫斯 LANL、利弗莫尔 LLNL，乃至 AWE）实施的，为在 NTS 进行实验做准备。

LANL 和 LLNL 主要负责进行次临界实验。虽然不是主要参与者，但圣地亚在阿尔伯克基和 NTS 有专门的研究团队支持 LANL 的实验。圣地亚几乎没有参与到 LLNL 的工作中来，而 LLNL 的工作大约与 LANL 首次 SCE 同时开始。英国的原子武器研究机构也参加了后来的次临界实验。在他的回忆中，弗尼希捕捉到了一个关于英国参与的有趣轶事。"Vito"（也称为 Etna）是 2002 年初在英国进行的一项测试。英国参与其中的事实在当时是秘密；在试验场行话中，AWE 人员被称为"得克萨斯人"。

圣地亚对冲击波技术的长期开发和应用是其参与内华达研究活动的基础。当时，戴维·汤普森（David Thompson）领导着 NTS 的圣地亚团队，成员包括迈克·伯克（Mike Burke）、罗德·希尔（Rod Shear）和杰里·查尔（Jerry Chael）等。在阿尔伯克基，几个部门继承了地下测试时代的测试现场工作。但是，支持地下试验的工作在 1996 年初发生了重大变化，原因是 NTS 的工作减少。大约在这个时候，一项全 SNL 范围内的自愿离职激励计划（VSIP）将 NTS 的工作人员确定为"受影响的"，并规定在这一区域裁减 4 名工作人员。最终五名 NTS 工作人员因 VSIP 而退休。在计算机科学与数学中心，VSIP 影响了菲尔·斯坦顿管理的实验冲击物理研

---

① "次临界实验"是指含有核材料但在实验过程中不会产生任何核当量（即不产生核爆、不释放核能）的实验。次临界实验有时被称为亚临界实验。

究,也影响了迈克·弗尼希的研究,他在保罗·亚灵顿管理的计算研究兄弟部门工作。弗尼希是一名实验冲击波物理学家,他以前曾从事地下核试验工作。他转到了NTS支持部门,该部门已经解决了必要的实验人员裁减,于是使得第五名NTS有关工作人员(卡尔·史密斯(Carl Smith))可根据VSIP退休。就这样,弗尼希和先前从亚灵顿部门转过来的汤姆·伯格斯特雷泽(Tom Bergstresser)成为圣地亚在NTS的核心团队,负责现场冲击波诊断工作。韦恩·库克(Wayne Cook)和后来的比尔·博耶尔(Bill Boyer)是这项工作的管理人员。

在SSP资助下,将在试验场I区进行次临界实验。I区是尤卡平原(Yucca Flat)武器试验盆地中心附近的核试验区,面积27平方英里(1平方英里=2.59×$10^6 m^2$),在1952—1955年期间进行过四次大气核试验。在I区进行了三次地下核试验,一次在1971年,两次在1990年。从那时起,所有的SCE都在I区的U1a[①]综合体进行,这是一个1000英尺深的地下设施,用于动态测试,包括含有特殊核材料的次临界实验和不能在地面上进行的毒害材料的流体动力学测试。在20世纪80年代和90年代,开始施工以进一步发展该地下综合体,以便用于进行特意设计的低当量试验,包括安全试验和其他仍然处于次临界状态或产生微不足道的核能释放的试验。该设施当时被称为Lyner(莱纳),即"低当量核实验研究"(Low-Yield Nuclear Experiment Research)。在首次次临界实验Rebound-I期间,Lyner被重新命名为"U1a",以强调SCE是零当量实验。图6.9为现有U1a综合体示意图,图中示出了进行各种次临界实验的位置。

圣地亚参与SCE项目包括两项主要活动:部署先进的冲击波仪器和实施先进的放射线成像。圣地亚的一部分SCE项目由拉里·波西(Larry Posey)管理,后来由保罗·拉格林(Paul Raglin)管理,他为圣地亚的参与提供了经济支持,并与LANL和LLNL就圣地亚的角色进行了谈判。从第一个LANL次临界实验开始,圣地亚的参与影响了正在进行的冲击波实验的类型,也服务于指导柏克德内华达(BN)公司对圣地亚项目的支持。BN负责仪器开发,并在次临界实验期间为两个核武器设计实验室和圣地亚提供人员支持。

20世纪90年代末,制定Z装置上的冲击波计划期间,保罗·拉格林管理着圣地亚次临界实验的资金。吉姆·阿赛和保罗·拉格林讨论确定了Z装置上需要额外的VISAR支持,以及安排内华达VISAR和BN公司人员在空闲时进行Z装置上实验的可能性。除了帮助Z,这将保持圣地亚和NTS次临界人员与仪器设备对SCE的高度准备状态。

---

① "U1a"的意思是"NTS1区地下试验场A"(Underground Site A in NTS Area I)。

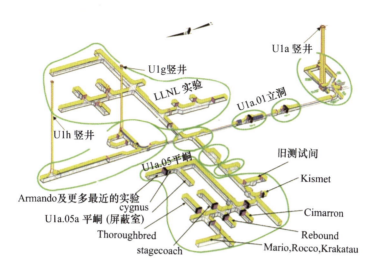

图6.9 位于内华达国家安全试验场的U1a设施示意图。1997年,在该地区进行的首次次临界实验是Rebound-I。U1a.05是随后Armando、Thermos、Barolo、Bacchus、Gemini和Leda等试验的地点。U1a.05包括由圣地亚和LANL为Armando联合开发的Cygnus X光机,至今仍在使用

(经许可转自"U1a Complex – Status U1a as of 6/30/14",由NSTec公司鲍勃·卡卡瓦莱(Bob Caccavale)提供的非版权图)

认识到这一需求,拉格林将资金集中在采购具有双重用途的多点 VISAR 干涉技术上,并指导 BN 公司操作人员(主要是埃德·马什(Ed Marsh)、格雷格·米兹(Greg Mize)和斯科特·沃克(Scott Walker))在 NTS 不需要的情况下在 Z 装置上的冲击实验中使用 BN VISAR。这一方式为最初不熟悉 VISAR 技术的 BN 操作技术人员提供了丰富的经验,从而提高了他们在次临界实验方面的技能。这使圣地亚的次临界项目受益,因为它保持了即刻参与 SCE 的能力,同时为 Z 装置上刚刚起步的冲击波研究提供了迫切需要的 VISAR 仪器。这种双重用途的方法一直持续到2002年 Mario 和 Rocco 次临界实验,也就是 MaRocco 计划进行为止。弗尼希在他的回忆中对此评论道:

……这种战术对柏克德和 SCE 项目也有好处:人员和设备都处于良好的准备状态。在一些情况下,NTS 的时间表允许几周时间用于 VISAR 调试,但是项目管理人员惊讶地发现 VISAR 团队仅在两天之后就做好测试准备了。

此外,拉格林的策略大大加快了 Z 装置上冲击波项目的发展和成功,该计划于1997年开始实施,到1999年就已得到了关于氘和其他材料的状态方程的多项可发表结果(Asay et al. 2000;Asay,2000;Hall et al. 2000;Knudson et al. 2001)。冲击物理研究中的这一新举措将在第7章讨论。

弗尼希被指定为圣地亚的诊断科学家,并在 NNSS 的实际次临界实验开始之前,领导了在 LANL 的几个预备实验中使用 VISAR。这些实验集中于扩展之前在圣地亚开发的用于精确测量聚氨酯材料的实验流程和仪器技术。这是对 LANL SCE 项目的重要贡献。除了传统的材料性能测量,弗尼希还领导了应用吉姆·阿赛之前在圣地亚开发的物质喷射技术(Asay et al. 1976;Asay,1978)对 Pu 和其他武器材料进行类似测量。他成功地在 1998 年 12 月的 Cimarron 次临界实验和 2003 年年中进行的 Thoroughbred 实验中进行了喷射实验。该方法的演示奠定了其在以后的实验中进一步使用的优先级,但是 LANL 宣称这些实验的总体领导地位始于 2004 年的 Krakatau SCE。此时,圣地亚相应减少了它在次临界实验中开展微喷测量的工作。

除了动态冲击波实验,圣地亚还在建立高分辨率放射照相法作为 SCE 的主要诊断法方面发挥了重要作用。约翰·门兴(John Maenchen)首先提倡并实现了在圣地亚开发一种先进射线照相技术,使用感应电压叠加器(IVA)技术。这项技术由 LANL 和圣地亚联合实施,用于位于 U1a 综合体的"天鹅座"(Cygnus)电子束加速器。天鹅座最初打算只在 2004 年进行的 Armando 次临界实验上使用,但是它在提供高质量的 X 射线照片方面的成功促使在随后的 SCE 中继续使用。截至 2015 年年中,在 U1a[①]的"天鹅座"上进行了近 3000 发次实验,为分析实施的数量不多的 SCE 做好准备。虽然门兴是 IVA 技术的早期驱动者,但布赖恩·奥利弗(Brian Oliver)为 NNSS 使用"天鹅座"提供了持续的规划和技术领导,迈克·马扎拉基斯(Mike Mazarakis)在完善该技术方面发挥了重要作用。在撰写本书时,比尔·斯蒂格(Bill Stygar)、乔什·莱克比(Josh Leckbee)和圣地亚实验室的兰迪·麦基(Randy McKee)正在提出一种新的俄罗斯线性变压器驱动器(LTD)技术的改型,作为"天鹅座"射线成像能力的替代选择之一。

圣地亚对次临界项目做出了许多重大贡献,包括:①使用圣地亚开发的 VISAR 研究材料;②应用实验方法研究材料失效和物质喷射;③实现先进的放射照相;④由高素质人员参与冲击物理和摄影;⑤辅导和培训许多参与 SCE 的 NTS 技术人员。弗尼希领导的圣地亚项目产生了高度灵活、目前仍然在使用的 VISAR 系统,实现了其他实验室还在继续使用的喷射技术。他的回忆更详细地描述了这些工作。

---

[①] NNSA、NNSS 和三个实验室目前正在考虑一项针对 SCE 的 U1a 先进射线照相能力的综合性新计划。

## 6.9 加速战略计算计划在冲击波研究中的作用

在 20 世纪 80 年代,用于数值模拟的最大计算机是 Cray 机器。1989—1990 年,圣地亚得到了最后一台 Cray YMP 并购买了各种不同的工作站,之后的几年没有增加任何新的计算能力。20 世纪 90 年代初,随着 MPP 的出现,圣地亚开始停止使用串行处理计算机。然而,到那个时候,所有的冲击波代码都是为最多只有几个处理器的计算机编写的(当时最常用的 Cray YMP 超级计算机有 4 个处理器),需要花费大量精力将代码转换为 MPP。正如丹尼斯·海耶斯回忆 1988—1989 年期间所说:

计算机世界发生了重大的变化。我们(固体物理研究处)配备了并行计算机来实现冲击编码,并取得了良好的进展。另一个相关的工作是将 CTH 代码从一个垂直集成的项目转换为一个完整的软件工程项目,其好处至今仍然存在。

圣地亚在研究和开发提高 MPP 计算机应用程序扩展性能的技术方面有着悠久的历史。埃德·巴西斯在圣地亚的中心购得的第一台重要的 MPP 计算机是 Intel Paragon,它是圣地亚的第一台由 DOE 资助的加速战略计算计划(ASCI)计算机的先驱前身。Paragon 于 1993 年购买,计算速度为 143Gflops(每秒 1430 亿次浮点运算),内存为 38 GB(380 亿字节内存)。在 Paragon 之前,圣地亚购买了多个 nCUBE 系统作为并行算法开发的测试平台。圣地亚并行处理部门的研究人员罗伯特·本纳(Robert Benner)、约翰·古斯塔夫森(John Gustafson)和加里·蒙特里(Gary Montry)首先获得卡普(Karp)奖,然后在 1987 年使用 nCUBE 10 获得第一个戈登·贝尔(Gordon Bell)奖。

第二个 ASCI 机器,Cray Red Storm 于 2004 年购得。它的计算速度为 497 Tflops(每秒 497 万亿次浮点运算),内存为 76.8TB(内存 76.8 万亿字节)。此外,美国能源部还采购了两台 MPP 机器,一台在 LANL,另一台在 LLNL。2011 年购得的 LANL Cray Cielo 的计算速度为 1374 Tflops,内存为 286 TB。LLNL 的 IBM Sequoia 也是在 2011 年购得的,计算速度为 1717 Tflops,内存为 1500 TB。值得注意的是,CTH 被用于 Sequoia 的扩展研究,使用了整个机器和 150 万个处理器。

随着计算能力的巨大提高,可以基于真实的材料响应模型用 CTH 和其他代码对极其复杂的冲击波问题进行模拟计算。正如马林·基普在他的回忆录中提到的:

我们已经从穿孔卡片时代来到了与各种大小机器连接的台式机时代;我们已经在桌面计算机上进行至少一维和二维的模拟,而在我职业生涯开始的时候这需要房间大小的计算机……到 2011 年,使用 CTH 的三维计算可以容纳惊人的 10 亿个单元,而我们在 20 世纪 80 年代末使用 Cray 时只能容纳 600 万个单元。在第一次签约的时候,我根本没想到我们会解决这些问题!

能力的巨大增长的一个例子是在薄铝板旁边的爆炸装药的模拟。根据材料强度和板上特定位置的加载速度,爆炸将板粉碎成大量的小碎片。凭着 20 世纪 80 年代的计算能力,Grady - Kipp 破碎模型被用于估计碎片分布:首先通过部分或组件的计算机仿真来确定不同位置的加载速率,然后应用断裂模型估计在不同的加载速率下产生碎片的尺寸。

相比之下,当材料的属性得到准确定义时,在现有的计算能力下,无需使用 Grady - Kipp 碎片模型就可以直接准确地解析单个碎片。图 6.10 显示了这种能力的一个例子,其中由金属片组成的结构被炸药爆炸加载。这张图描绘了结构各部分被撕裂时的速度。精确解析这些薄片需要非常精细的数值网格大小,目前只能使用非常大规模的计算平台来实现(Doerfler&Vigil,2013)。通过与实验数据的比较,可对控制金属板破碎过程的材料性能进行准确评估,从而为优化材料性能和结构设计以承受给定的爆炸载荷提供一种系统的方法。图 6.10 所示的 32 亿单元 CTH 仿真是在 4000 个处理器和 1GB 内存下进行的,大约是 Cielo 计算机全容量的 1/4。这些结果有助于设计者更好地理解结构在极端爆炸荷载作用下的响应,从而提高结构的强度。然而,根据应用程序的不同,在许多情况下可能不需要碎片的具体细节,Grady 的分析方法仍然是估计碎片分布的一种充分而有效的方法。

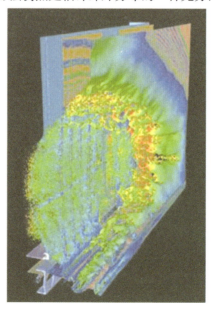

图 6.10 爆炸加载的金属薄板结构
(经许可转自 Attaway et al. 2011,圣地亚国家实验室)

截至2013年,计算能力持续增长的又一个例子,是圣地亚的研究人员在位于LLNL的大型并行计算机上使用CTH进行了冲击波计算。在取得巨大成功后,《圣地亚每日新闻》[①]宣布:

CTH在超过100万个核心上运行1万亿区域:成功！CTH团队宣布在LLNL HPC(高性能计算机)系统Sequoia上演示超过100万个核心的可扩展性。试验问题是一个三维相互作用的冲击波物理问题。这个问题包括一万亿个区域,每个核心大约有一百万个区域。CTH是一种多物理计算工具,用于模拟许多材料在高速率、大变形和冲击物理中的应用。

## 6.10 "舒梅克-列维"彗星以60km/s的速度撞击木星

随着CTH流体力学代码在20世纪90年代初被开发出来,一个重大事件加速了它的发展,并导致了国际上对圣地亚超高速现象建模的重新认识。这就是发生在1994年7月的"舒梅克-列维"9号彗星(SL9)撞击木星。

这一事件提供了一个令人信服的机会来验证CTH对超高速撞击事件的三维建模能力,马克·博斯洛是圣地亚第一个认识到这一点的人。在预期撞击发生的前一年左右,他主张利用CTH来实现这一目标的研究工作,并在获得批准后组建了一个团队对超高速冲击事件进行建模。在一年之内,研究小组对SL9撞击进行了三维高保真模拟,准确地预测了撞击造成的蒸气羽流,从地球上就能看到。在他的回忆录中,博斯洛描述了导致SL9撞击木星三维模拟的事件。这些模拟结果为圣地亚和团队成员获得了重要的外部认可,同时建立了CTH作为预测超高速撞击现象的首要流体力学代码的能力。本节只对这个故事做一个简要的总结,更完整的细节可见博斯洛的回忆录。

国际天文联盟(International Astronomical Union)于1993年3月25日发布了一项公告,首次公开描述了这颗后来被称为"舒梅克-列维"9号的彗星:

它确实是一个独特的物体,不同于我所见过的任何彗星形式。一般来说,它的外观是一串核碎片沿着轨道展开,尾巴从整个核彗尾上伸出来,看起来像一块碎片在轨道平面上向两个方向展开[②]。

---

① Bob Schmitt, CTH development team, Sandia National Laboratories, September 2013.

② 根据大卫·列维所著的《舒梅克:有影响的人》(*Shoemaker: The Man Who Made an Impact*)(普林斯顿大学出版社,2000年)一书,这些话是詹姆斯·斯科蒂(James Scotti)说的,他当晚在基特峰(Kitt Peak)的Spacewatch望远镜观察时,舒梅克和列维联系了他,问他是否能看到这个物体。斯科蒂于1993年3月26日向马萨诸塞州剑桥市小行星中心主任布莱恩·马斯登(Brian Marsden)发送了一封电子邮件。该电邮副本参阅David Levy, *Impact Jupiter: The Crash of Comet Shoemaker-Levy* 9 (Basic Books, Cambridge, MA 1995), pp. 27–28。

## 圣地亚国家实验室冲击波研究发展历程

博斯洛还记得这份公告：

这是一个令人困惑的发现，因为它的独特性质，行星科学家们非常兴奋。在万维网出现之前的那些日子里①，我第一次读到它是在1993年7月的《天空与望远镜》杂志上。共同发现者大卫·列维(David Levy)(定期专栏作家)描述了帕洛马山(Palomar Mountain)顶上的偶然事件，导致卡罗琳·舒梅克(Carolyn Shoemaker)最先在受损的被木星眩光污染的胶片上识别出彗星。这张照片是在夜里其余时间云层遮盖天空之前拍摄的。"我不知道这是什么"，她说。"它看起来……像一颗被压扁的彗星"②。

大约在那个时候，博斯洛是实验冲击物理部的一名工作人员，与拉利特·查比达斯和STAR设施的其他人一起工作，测试碎片防护层对太空碎片的有效性。这些实验的目的是为计算研究中心的其他侧重于计算冲击物理的部门验证撞击和爆炸的数值模拟。博斯洛刚刚获批一个LDRD项目，该项目旨在模拟6500万年前恐龙灭绝的撞击事件的影响和地震后果。通过修改一些重要阶段目标，该项目被重新定向以包括SL9对木星的影响。此外，英特尔新推出的Paragon MPP计算机刚刚可以进行流体力学计算，使得及时应用于行星研究成为可能。

博斯洛和他的合作者围绕新开发的模拟SL9撞击的CTH流体代码制定了一个全面的研究计划，并征求了CTH开发项目负责人迈克·麦格劳恩和计算机科学与数学中心主任艾德·巴西斯的同意。博斯洛回忆说：

艾德·巴西斯给我们开了绿灯（继续计算）。我们的目标是用一个大问题来测试这台机器，用我们的结果为天文学家第二年夏天的观测提供建议，然后用观测结果作为我们模型的验证机会。

在巴西斯的同意下，博斯洛、戴夫·克劳福德和蒂姆·特鲁卡诺开始使用CTH代码来建模撞击，首先是二维的，然后是三维的。艾伦·罗宾逊也加入了这项工作，目的是将PCTH移植到Intel Paragon上。他当时正在开发一种名为PCTH的3D版本，用于MPP计算机。这是当时世界上速度最快的计算机，并有

---

① 编者注：CERN（欧洲核子研究中心）的软件工程师蒂姆·伯纳斯-李(Tim Berners-Lee)于1989年发明了万维网。然而，直到1993年4月，CERN才宣布任何人都可以在免版税的基础上使用该技术。1994年，万维网联盟成立。

② Carolyn S. Shoemaker and Eugene M. Shoemaker, "A Comet Like No Other," in *The Great Comet Crash: The Impact of Comet Shoemaker Levy 9 on Jupiter*, edited by John Robert Spencer (Cambridge University Press, Cambridge, 1995). 完整的引用是"I don't know what this is, but it looks like a squashed comet."（"我不知道这是什么，但它看起来像一颗被压扁的彗星。"）

望大大提高撞击事件的分辨率。

随着圣地亚计划的实施,行星科学家最初希望撞击发生在木星面向地球的一侧。这是不可能的。博斯洛在他的回忆中说:"然而,没过多久,轨道动力学家就有了足够的数据来计算撞击点。这次碰撞将会发生在木星的背面,而且不会像我们所希望的那样从地球上直接看到。"这使得将该事件的数值模拟与实际摄影数据进行比较的工作变得更加困难,并激发了高保真度的计算机模拟来识别对天文学家有用的撞击信号。

博斯洛在他的回忆中进一步指出:

1994年技术的融合使科学界能够充分利用这一事件。时间安排得很好。第一,Intel Paragon允许我们以足够的保真度对事件进行建模,从而做出有用的预测。第二,刚刚修好的"哈勃"太空望远镜正在拍摄异常清晰的图像。第三,更容易被遗忘的是互联网的作用,它刚刚开始连接各种研究机构,允许信息的快速传播。

CTH自7月之后获得快速发展,代码在1993年秋季便开始产生令人感兴趣的结果。博斯洛对通过圣地亚计算得到的越来越多的认识发表了评论:"到1993年10月,蒂姆·特鲁卡诺已经完成了第一个二维模拟,展示了彗星碎片如何在进入木星大气层时破碎。"

特鲁卡诺的模拟提供了一个将会影响木星的液体表面的碎片尺寸估计,这对于理解碎片以60km/s的速度运动并撞击木星表面的可观测效果至关重要。正如博斯洛在1993年10月18日于科罗拉多州博尔德(Boulder)举行的美国天文学会行星科学分会(American Astronomical Society's Division for Planetary Sciences)会议的新闻稿中所指出的:

圣地亚国家实验室的研究人员进行了超级计算机模拟,以找出明年夏天"苏梅克-列维"9号彗星与木星相撞时会发生什么。一些天文学家预测这次撞击将是有史以来最壮观的天文事件之一。望远镜和宇宙飞船正在重新安排时间来观察将要呈现的结果,但是他们会看到什么呢?为了帮助回答这个问题,圣地亚的科学家们使用了最初为了了解核武器内部情况而开发的计算机代码。计算机模拟表明,当彗星进入木星大气层时,压力逐渐增加。大气层顶部很薄,所以在头1s左右,彗星几乎不受阻碍地穿过大气层。然而,在接下来的1s里,压力迅速增加,使彗星变形,直到它开始分裂……在彗星开始分裂后,能量通过一些不为人知的机制非常迅速地释放出来。圣地亚的计算主要涉及导致分裂的过程。其中一个令人惊讶的结果是,对于像预计在明年夏天发生的那样的碰撞,彗星被大气阻力造成的巨大变形撕裂。

在1993年秋季，艾伦·罗宾逊的团队正在积极开发可以在Intel Paragon上运行的PCTH代码。这是一个重要的进步，因为Paragon上可用的计算速度和内存的巨大增长为碎片与木星大气层的相互作用提供了更好的定义，并有助于澄清碎片将如何分裂。这对于确定撞击产生的羽流的大小是否可以从地球上观测到特别重要，因为撞击预计在木星的阴影中，但在可观测表面的边界（边缘）附近。1994年初，终于能够在Intel Paragon上执行3D流体代码计算了。博斯洛描述了第一个由行星界获得的彗星撞击的三维模拟：

1994年初，戴夫在Paragon上对各种假设的碎片大小进行了三维模拟，结果显示火球将以比其他小组预测得更快的速度和更高的高度喷射出去。我们还表明，对于倾斜的撞击（碎片进入时将与当地的地平线成45°角），羽流将沿尾流喷射——角度相同，但方向相反。因为我们可以使用世界上最强大的计算机，我们具有更高分辨率和三维优势，这都是做出这些预测所需要的。

这是一项重要的进展，为"哈勃"太空望远镜观测到由此产生的羽流提供了希望，并使天文学家能够推断出有关撞击的信息。麦克·麦格劳恩在他的回忆录中强调了这一突破性的发展：

艾伦的团队得到了PCTH的一个版本，该版本具有出色的并行加速和良好的性能……马克·博斯洛、戴夫·克劳福德和蒂姆·特鲁卡诺是第一批用户。1994年，他们利用Intel Paragon的三维计算分析了"舒梅克－列维"9号彗星对木星的撞击。事实证明，PCTH取得了惊人的成功。天文学家无法观测到彗星的撞击，因为它们在木星背对地球的一侧。我们的计算表明，在木星明显的视觉边缘（翼）应该有一个可见的光学信号。天文学家可以从这个光学信号中推断出关于撞击的信息。马克、戴夫和蒂姆获得了圣地亚质量奖，并就此发表了几篇论文。这是关于PCTH能力和大规模并行计算机威力的很好展示。

圣地亚团队在开发代码方面取得了快速的进展，已经能够精确地模拟撞击和由此产生的蒸气羽流，他们预测这些蒸气羽流可以从地球上看到。这个专门的研究小组所进行的开创性研究，展示了大型复杂撞击事件的首次三维计算，并为未来的MPP计算机应用确立了性能标准。

图6.11显示了彗星3km碎片的CTH模拟，该碎片由水冰组成，以60km/s的速度运行，在撞击前约55s进入木星大气层。计算结果表明，该碎片在最初10s内将其600万t动能的大部分沉积到大气中。这就解释了水冰碎片云和冲击波加热的氢气和氦气夹杂在羽流中的原因。

第一部分 冲击波能力建设

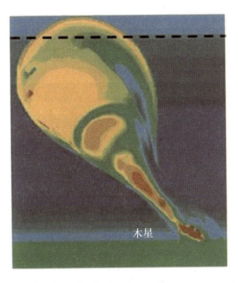

图6.11 模拟的彗星撞击木星55s后的一个3km碎片。从地球上可以看到虚线上方的羽状碎片。羽流中的温度用颜色表示：蓝色为100K，红色为3300K（经施普林格科学和商业媒体许可转自Crawford et al. 1994,图4）

图6.12显示了计算出的撞击后几分钟内从地球观测到的羽流大小与1994年7月16日在相应时间拍摄的"哈勃"太空望远镜（HST）图像的比较（Hammel et al. 1995；Boslough et al. 1995a，b；Boslough&Crawford，1996，1997；Crawford et al. 1994,1995）。在HST图像中，组成彗星尾巴的碎片串是按字母顺序识别的。"G"碎片直径约3km。图6.12(a)为一个3km碎片形成的羽流在撞击木星后不同时间的三维CTH计算结果。密度的对数以灰度表示，在$10 \sim 12 g/cm^3$截断；撞击后的时间是以分钟为单位的（Boslough&Crawford，1997）。由于撞击点在地球上是看不见的，所以计算出火球的演化过程对天文学家来说很重要，因为他们在撞击后只能看到部分羽流。图6.12(b)按与CTH计算相似的时间顺序和间隔展示了撞击后HST图像。博斯洛在回忆中提到了天文学家海蒂·哈默尔（Heidi Hammel）在第一次看到羽流照片时的评论[1]。2015年1月，在与马克的一封电子邮件中，海蒂回忆道："我们随后把HST拍摄到的G羽流上升和下降的延时照片放在一起。它们与圣地亚的预测模型惊人地相似，以至于之后很多年我一直把它们并排展示。"

---

[1] 海蒂·哈默尔是麻省理工学院的首席研究科学家，也是"哈勃"太空望远镜木星运动科学观测小组的成员，负责拍摄撞击羽流的广角行星相机。

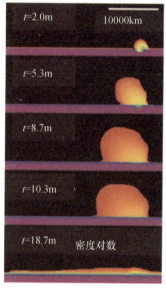 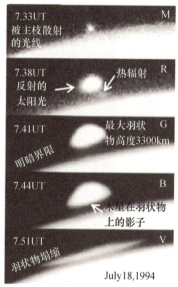

(a) 三维火球模拟　　(b) 哈勃拍摄的撞击G

图6.12　(a)撞击后直径3km碎片的三维火球/羽流演化模拟,时间以分钟为单位。(b)撞击后不同时间获得的相似大小碎片HST图像

（经许可转自 Boslough&Crawford,1997,图6,John Wiley&Sons 出版公司2006年版权,感谢 NASA 和太空望远镜科学研究所(STScI)允许使用"哈勃"图像）

　　从1994年7月16日开始,彗星对木星的撞击是地球上观测到的最壮观的事件之一。圣地亚研究小组对 SL9 撞击木星的开创性和鼓舞人心的研究获得了相当大的国际认可。利用20世纪90年代可用的计算能力和代码,准确预测喷射羽流的演化是可能的,这一事实非常了不起,这是团队的才能、精力和奉献精神的体现。他们的开创性成果得益于三维 PCTH 流体动力代码无与伦比的能力和大规模并行计算的使用。

　　为了使国际社会进一步注意到这些独特的结果,马克于撞击事件之后的1994年7月在新墨西哥州圣达菲市的举办了一次超高速冲击研讨会(HVIS)的特别会议。吉恩·舒梅克(Gene Shoemaker)在会上做了主题报告,提到了卡罗琳·舒梅克和许多国际研究人员,他们用张贴报告展示了在彗星撞击方面的工作结果。CTH 的结果特别受到计算、行星科学和冲击波物理学界的欢迎。图6.13为吉恩·舒梅克在参加 HVIS 发表主题报告之前几天评审圣地亚相关研究结果的照片。

图 6.13　吉恩·舒梅克（坐着）在圣地亚的虚拟现实系统上查看撞击事件的重现。在他身后的是吉姆·阿赛（左）、马克·博斯洛（中）和克雷格·彼得森（Craig Peterson）（经圣地亚国家实验室许可转载）

## 6.11　ALEGRA：下一代流体动力学代码

作为固体动力学研究部门的二级经理，丹尼斯·海耶斯 1989 年开始开发包括磁流体动力学（MHD）现象在内的强大的三维流体力学代码。脉冲功率科学中心已经认识到需要这样一个代码来研究在 Z 加速器（有时称为 Z 机器，或 Z）上产生的高温等离子体和电流，其概念如图 6.14 所示。当时，Z 被用来在 100～400ns 的时间内产生大约 20MA 的电流（2007 年翻新的 Z 现在可以在稍长的时间尺度产生超过 25MA 的特定波形的电流脉冲）。

Z 机器已用于惯性约束聚变（ICF）应用的 X 射线等离子体实验（Sweeney，2002）和脉冲磁场高压下的材料性能实验（Asay&Knudson，2005）。在等离子体实验中，利用高电流将钨丝的柱状丝阵汽化到等离子体状态。图 6.15 的顶部显示了用于创建高温等离子体的典型丝阵构型。通常，一个产生 Z 箍缩等离子体的丝阵包含大约 300 根特别细的钨丝。当在机器中施加电流脉冲时，每根钨丝都传导总电流的一部分并加热到等离子体状态。由等离子体鞘中流动的电流在丝阵周围产生的周向磁场通过洛伦兹力相互作用，使等离子体向中心轴（Z 轴）加速。因此，"Z 箍缩"这个名字被用来描述等离子体的最终压缩状态。圆柱形等离子体在反弹前的速度通常达到 100km/s 左右。

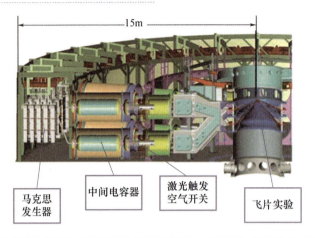

图 6.14 Z(有时称为 Z 加速器)的半截面示意图。电能最初储存在马克思发生器(Marx Generator)中。当机器发动后,能量通过一系列中间状态进行转换,最终用 100ns 级的时间传送到中央真空室的靶上。图中,飞片平板实验在真空室内进行

(兰迪·麦基私人收藏,2014)

汇聚等离子体产生几百万摄氏度的高温和 Z 箍缩等离子体软 X 辐射。强辐射可用于向心聚爆位于包含 Z 箍缩的黑腔内的靶丸。含有氢燃料混合物的靶丸通过其外表面的能量吸收发生内爆迅速收缩,导致氢混合物中随后产生高密度和高温。脉冲功率下的光谱学和其他诊断方法被用来研究对 ICF 内爆很重要的物理过程。靶丸既可以由轴上黑腔的 Z 箍缩直接辐射,也可以是轴外间接辐射,如图 6.15 所示。在 Z 装置上用电流研究脉冲功率点火的方法称为磁化线惯

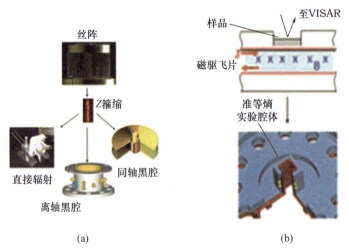

图 6.15 Z 机器上使用的测试布局
(a)在等离子体实验中,采用丝阵产生强 Z 箍缩等离子体;(b)用于产生平面样品磁加载的布局。
(吉姆·阿赛私人收藏)

性聚变（Magnetized Liner Inertial Fusion，MagLIF）。这个直接驱动的概念使用激光在一个被磁场压缩的圆柱形套筒内预热聚变燃料。预热燃料降低了达到点火温度所需的压缩，外加磁场的存在抑制热传导，从而增强了燃料内部的 α 粒子沉积（Slutz et al. 2010；Sefkow et al. 2014；Gomez et al. 2015）。

高温等离子体还可用于辐照薄试样平板，并通过烧蚀前表面在板内驱动平面冲击波。这种方法首次尝试是在 1997 年 Z 上冲击波能力的早期开发中（Hall et al. 2000），但是由于该方法没有提供空间上一致的恒压驱动而停止。这一主要限制严重影响了用 Z 箍缩源测量冲击波速度的精度。随后，正如第 7 章所详细描述的，圣地亚的冲击波研究人员发现，冲击波实验的最优配置不是 Z 箍缩源，而是短路产生材料试样的高压磁加载，如图 6.15 所示。

在 Z 箍缩实验中需要一种新的耦合电磁效应的流体力学代码来对这种现象进行建模，随后在磁驱动实验中也需要这样做，如图 6.15 所示。因此，一个耦合的 MHD 代码不仅必须包含传统流体力学代码中已经存在的精确的状态方程和材料特性，而且还必须包含磁效应和电效应。MHD 代码的框架是基于圣地亚之前开发的流体动力学代码，例如 CTH 和 PRONTO，它们已经集成到新的 ALE 编码结构中。ALE 规划允许材料流过一个固定的网格（纯欧拉），随材料运动（纯拉格朗日），或独立于材料运动。这种方法允许以拉格朗日方法进行计算，直到网格变形过大，此时可以移动高度变形的网格点，将变形降低到可接受的水平。最终得到的圣地亚 MHD 代码 ALEGRA 是基于有限元的 ALE 技术版本。汤姆·海伊尔（Tom Haill）在他的回忆录中详细叙述了 ALEGRA 的开发和应用。

固体动力学研究处的丹尼斯·海耶斯和脉冲功率科学中心（Pulsed Power Sciences Center）的唐·库克（Don Cook）在 1989 年初启动了一个联合资助项目来开发 ALEGRA，吉姆·阿赛在 1989 年末成为固体动力学研究处经理后继续了这个项目。詹姆斯·皮瑞最初是这个项目的负责人，直到 20 世纪 90 年代末他离开这个部门，艾伦·罗宾逊接手了这个项目。

ALEGRA 的发展始于 20 世纪 90 年代初，由迈克·麦格劳恩领导。麦格劳恩回忆说：

> 20 世纪 80 年代末，我和蒂姆·特鲁卡诺开始研究 CTH 以外的冲击物理代码。圣地亚的惯性约束核聚变团体需要 CTH 不能提供的能力。我们认为最好的基本策略是开发一个 ALE 代码。ALE 代码中的网格可以是欧拉网格或拉格朗日网格，也可以是任意运动网格。

詹姆斯·皮瑞、肯特·巴吉（Kent Budge）和迈克·王（Mike Wong）在 1990 年开始开发一种名为 RHALE 的 3D 代码。他们研究了 CTH 算法以及圣地亚的 PRONTO 有限元拉格朗日瞬态动力学代码中的算法。计划是两者兼顾。决定使用 C++ 而不是 FORTRAN 语言。后来他们将代码重新命名为 ALEGRA。这是一个非常具有挑战性的项目。ALEGRA 显示了巨大的能力。它是一种专用代码,并不适合所有应用。

随后,ALEGRA 发展成为一个完整的三维 MHD 代码,具有最先进的 EOS 功能和适用于各种材料的基本模型。它是结合了材料电导率和等离子体特性的真实模型,通常用于 Z 箍缩实验的设计和建模。该代码还用于圣地亚武器组件的建模。ALEGRA 对在 Z 机器上进行的动态材料性能实验产生了重要影响。相关的理论应用将在第 7 章进行说明。

## 6.12　20 世纪 90 年代的人物和地点

巴里·布彻,1990 年获得杰出技术人员表彰(经 SNL 许可转载)

杰夫·昆滕斯(Jeff Quintenz),1998 年晋升为高级经理(经 SNL 许可转载)

麦克·麦格劳恩,1990 年晋升为计算物理与机械部门主管(经 SNL 许可转载)

史蒂夫·蒙哥马利于 1999 年获得杰出技术人员表彰(经 SNL 许可转载)

马林·基普,1992 年获得杰出技术人员表彰(经 SNL 许可转载)

彼得·陈,1996 年获得杰出技术人员表彰(经 SNL 许可转载)

比利·索恩,1990年获得杰出技术人员表彰(经SNL许可转载)

迈克·德贾莱斯(Mike Desjarlais),1996年获得杰出技术人员表彰,2000年晋升为高级研究员(Senior Scientist)(经SNL许可转载)

梅尔·贝尔,1998年晋升为高级研究员(经SNL许可转载)

沃尔特·赫尔曼,1992年晋升为实验室研究员,1993年当选为美国国家工程院院士(经SNL许可转载)

瑞克·斯皮尔曼(Rick Spielman)站在Z机器脉冲形成区上方,1996年(经SNL许可转载)

克林特·霍尔(左)和比尔·莱因哈特往火药炮中装填弹丸(经SNL许可转载)

圣地亚国家实验室冲击波研究发展历程

拉利特·查比达斯,于2000年当选为美国物理学会会士(查比达斯私人收藏)

鲍勃·格雷厄姆,获得"冲击波压缩科学奖","以表彰他在凝聚态冲击波压缩方面的研究成果,特别是对压电冲击波仪器的发展"(经许可转自 SCCM – 1993Proceedings,ed. by M. D. Furnish et al. AIP 出版公司 1994 年版权)

# 第7章 21世纪:千禧之年

## 7.1 背 景

世纪之交以后,圣地亚的实验和理论冲击波研究发生了巨大的变化。在20世纪50年代和60年代,指导和解释冲击波实验的计算能力非常有限,常见的是使用计算尺和小型台式计算器。20世纪50年代,用于测量冲击压缩和动态材料响应的精密仪器也是有限的。在最初的几十年里,尽管有这些限制,但实验人员和建模人员的创新和直觉对推进冲击波研究至关重要。到20世纪60年代末,描述复合材料和多孔材料等复杂材料冲击压缩的动态唯象模型开始建立。20世纪60年代发展起来的先进加载和诊断技术,推动着后来几十年里知识的进步。这种情况在高压应用中尤其明显,直到20世纪70年代中期,时间分辨的压力计在圣地亚变得非常常见。鲍勃·格雷厄姆和他的团队专注于开发压电式压力计,也被称为石英计(Graham,1961a,b;Graham,1975;Neilson&Benedick,1960;Neilson et al.1962;Graham&Ingram,1968;Graham&Reed,1978)。与此同时,林恩·巴克尔和他的团队专注于开发光学干涉测量仪,特别是任意反射面速度干涉测量系统,该系统是由Michelson干涉仪的广角版发展而来的(Barker&Hollenbach,1965,1972;Barker,1968,2000a)。这些技术的发展使得在理解动态压缩过程方面取得了相当大的进展。早期的研究人员对开发出具有开创性的新功能,并使用这种新的测量仪来解决复杂的动态材料问题充满激情。

到1990年,许多早期为冲击波研究做出开创性贡献的科研人员相继离开了圣地亚,转到没有直接参与冲击波研究的其他机构。剩下的人中,有很大一部分人在20世纪90年代和21世纪初退休,包括:1990年林恩·巴克尔和杰斯·农齐亚托离开;1993年彼得·陈、李·戴维森、沃尔特·赫尔曼和奥瓦尔·琼斯离开;1994年阿尔·哈拜、查理·丹尼尔斯、鲍勃·梅、雷·里德和山姆·汤普森离开;1995年格里·克里(Gerry Kerley)离开;1996年丹尼斯·格雷迪、彼得·莱斯内、鲍勃·格雷厄姆、丹尼斯·海耶斯、卡尔·舒勒、卡尔·史密斯、菲尔·斯坦顿和阿尔·史蒂文斯离开;1997年巴里·布彻和布鲁诺·莫罗辛离开;1999年丹尼斯·米切尔和史蒂夫·帕斯曼离开;2000年迪克·罗德离开;2002

年吉姆·阿赛离开;2003年达雷尔·芒森和杰夫·斯威格离开;2004年道格·德拉姆赫勒和拉里·波普离开;2005年杰夫·劳伦斯和赫伯·萨瑟兰离开;2006年鲍勃·哈迪和迈克·麦格劳恩离开;2007年拉利特·查比达斯离开;2008年鲍勃·塞切尔离开;2010年梅尔·贝尔和韦恩·特洛特离开;2011年马林·基普、史蒂夫·蒙哥马利和保罗·亚灵顿离开。这些核心研究人员的离去在某些技术领域留下了空白,但圣地亚在20世纪90年代末和21世纪初很有远见地聘用了极具天赋的人才,从而维持了一流冲击波研究机构的声誉。

人员流失也对前几十年建造的冲击波设施的维护和运行产生了不利影响。随着鲍勃·格雷厄姆于1996年退休,鲍勃·塞切尔成为乔治·萨马拉最初的研究冲击波的部门中仅存的一位实验人员。塞切尔继续使用格雷厄姆20世纪60年代建造的氦气体炮进行各种研究工作,包括蓝宝石在冲击压缩下的折射率(Setchell,2002);力学响应,冲击导致的退极化;冲击压缩铁电体的微观结构效应(Setchell et al. 2000,2006,2007a,b;Setchell,2003,2005,2007)等。塞切尔后面的工作显著改进了这一时期铁电陶瓷材料模型(Montgomery et al. 2002;Montgomery&Zeuch,2004;Montgomery,2008)。2008年塞切尔退休后,氦气体炮停止了所有运行,转移到STAR设施。

梅尔·贝尔和韦恩·特洛特已经建立了一个协同研究项目,利用线VISAR研究含能材料中冲击波开始和增长的介观尺度机制。当他们2010年退休时,这项创新的研究工作遭受了严重的损失,但玛西娅·库珀(Marcia Cooper)和其他研究人员仍在坚持。今天,含能材料的研究仍在爆炸组件设施继续进行着,在一定程度上也在STAR继续进行着,但是更多的是关注武器应用而不是基础研究。

随着Z装置①磁驱冲击波技术的发展,实验冲击波物理学在20世纪90年代末发生了重大变化,其中包括:①1994年通过《国防授权法案》启动的NNSA核武库管理计划,确定了极端压力和温度条件下聚焦冲击波研究的必要性;②1995年汤姆·桑福德(Tom Sanford)在Z箍缩技术上取得突破(Sanford et al. 1996;Sweeney,2002),将等离子体源的功率输出提高了几个数量级;③脉冲功率科学中心管理层在探索利用Z装置进行材料研究的新机遇方面的远见和风险;④发展对SSP至关重要的冲击波研究能力的早期战略决策;⑤将冲击波物理学和脉冲功率方面富有经验的人结合起来,他们坚持寻找可靠和精细的动力源使Z装

---

① Z是圣地亚的一个强大的脉冲功率加速器,它诞生于1996年10月,是对当时已有11年历史的PBFA II(粒子束聚变加速器II)进行了三个月的改造后建成,可以从内爆Z箍缩产生强烈的X射线。自1997年6月以来,Z一直用于冲击物理学、武器效应、辐射输运、惯性约束聚变和动态材料研究等实验研究。2006年7月末,Z被关闭进行全面翻新,更换过时的组件,提高可靠性和精度,允许脉冲波形灵活性,增加诊断访问,并提高高能性能。这次大规模翻新后的第一发实验是在2007年9月进行的。

置上产生冲击波和斜波；⑥聘请高质量的大学毕业生，他们为 21 世纪初刚刚起步的冲击波研究项目带来了新的思考和激情。

另一个重要的发展是圣地亚实施的 MPP 工作，该工作始于 20 世纪 90 年代，并在 21 世纪初通过加速战略计算计划迅速增长。3D-MHD 代码 ALEGRA（Haill et al. 2003；Robinson et al. 2008，2011）直接受益于这一发展，其最初专注于脉冲功率和 Z 箍缩物理应用。用 MPP 计算机可以解决非常大的问题，使从头算的量子分子动力学（QMD）状态方程（EOS）计算成为可能，最初用于低分子量元素，然后用于更多类别的材料。包括迈克·德贾莱斯在内的极具天赋的理论家聚集在脉冲功率科学中心，将 QMD 理论与马库斯·克努森（Marcus Knudson）、克林特·霍尔、丹·多兰（Dan Dolan）、赛斯·鲁特等在 Z 装置上的高精度冲击波数据关联起来。这个由理论和实验研究人员组成的团队在精密的 EOS 数据上取得了一系列突破，而这些数据在其他实验平台上还无法获得。实验、理论和计算在同一个部门（管理结构上为二级部门）的结合，代表了唐·伦德根倡导并由沃尔特·赫尔曼在 1966 年实施的统一方法的回归。

许多因素使圣地亚的冲击波研究走向复兴：①发现 Z 是一种高质量的冲击波和斜波驱动器；②新研究人员加入冲击波研究项目；③强调 SSP 所需的基本理解。在 20 世纪 90 年代末加入圣地亚冲击波项目的研究人员包括斯科特·亚历山大、贾斯汀·布朗、凯尔·科克伦（Kyle Cochrane）、让-保罗·戴维斯、迈克·德贾莱斯、丹·多兰、凯瑟琳·霍兰德（Kathleen Holland）、马库斯·克努森、鲁迪·马扎尔（Rudy Magyar）、赛斯·鲁特、克里斯·西格尔（Chris Seagle）、托马斯·马特森（Thomas Mattsson）、希思·汉肖（Heath Hanshaw）、卢克·舒伦伯格（Luke Shulenburger），还有特雷西·沃格勒。他们每个人都带来了新的技能和方法，形成了一个丰富多样的冲击波计划。此外，以前在 STAR 设施建造的火炮也变得活跃起来，今天仍用于各种内部和外部项目研究。

2002 年阿赛退休后，材料研究由高级经理狄龙·麦克丹尼尔（Dillon McDaniel）负责；在克里斯·迪尼（Chris Deeney）的领导下，继续开展 Z 相关的冲击波研究。拉利特·查比达斯在 2003 年被提升为这些项目的部门经理，当时他已经在管理 STAR 的研究项目。2007 年查比达斯退休，2006 年迪尼被调到华盛顿工作，之后克林特·霍尔晋升为部门经理，Z 和 STAR 的两个冲击波团队合并为一个部门，托马斯·梅尔霍恩（Thomas Mehlhorn）担任高级经理。几个创新和战略方向持续影响着今天的圣地亚冲击波研究，其中包括从 2008—2011 年聘请多恩·弗里克（Dawn Flicker）领导理论方面的研究。直到最近，Z 和 STAR 的材料研究一直由高能量密度科学部高级经理马克·赫尔曼（Mark Herrmann）领导，2011—2013 年期间由多恩·弗里克管理 Z 装置的动态材料实验项目，由托马斯·马特森从 2011 年至今管理高能量密度物理（HEDP）理论研究，由戈登·莱夫斯特（Gordon Leifeste）从 2011 年开始管理 STAR 和紧凑型脉冲发生器 Veloce 的固体力学实验。2013 年 6 月成立了新的高能量密度（HED）材料物理部，多恩·弗里克于 2013 年 7 月晋升为该部高级经理，马克·赫尔曼于 2013 年 9 月成为脉冲功率科学中心主任。约翰·本尼奇（John Benage）（以前在 LANL）于 2013 年成为动态材料特性研究的经理。2014 年 9 月马克离开[①]后，由杜安·迪莫斯（Duane Dimos）临时管理，直到中心主任 Keith Matzen 回归（"休假"约两年半去担任核武器科技项目主任），中心的冲击波研究继续蓬勃发展。

21 世纪头十年，圣地亚研究冲击波的一般方法与过去几十年明显不同。早期使用炸药和炮发射器的研究相对便宜（以今天的美元计算，每发几千美元），而且实验可以在确定的几天内进行。通常，除了研究人员，只有少数人参与实验。虽然这种传统方法仍然在 ECF、STAR 和 Veloce（这将在稍后讨论）使用，但是目前一些基础冲击波研究主要集中在 Z 装置上。Z 实验非常昂贵（每发 10 万美元或更多），规划和调度实验必须提前至少 3~4 个月开始。此外，现在每发实验的 EOS 必要性和技术方案都要经过国家 HED 理事会的严格审查才能获得批准。这是特别强调要确保批准的实验能满足 NNSA SSP 或其他主要项目的规划需要。一旦特定的实验被批准，准备工作通常包括详细的理论和计算分析，以及协调团队工作，包括参与到 Z 实验中的多达 50 名的操作人员。作为与冲击波研究相关的具体示例，磁驱动飞片实验的设计需要使用 ALEGRA 和电路代码进行大量计算，以确定时间电流曲线，防止飞片因电流扩散或强烈冲击而熔化或蒸发。

尽管有这些限制，现在大部分的 Z 打靶计划都用于材料实验。Z 的材料研究项目所具有的独特的压力和温度范围，使其牢牢地融入国家 SSP 的任务中。利用 Z 装置上的磁驱斜波加载能力，可以在低温条件下实现样品兆巴量级压力。只有金刚石压砧（DAC）可以产生等温静水压力状态，但是目前 DAC 的最高压力在 3 兆巴且样品通常只有几微米大小。与之相比，Z 装置上等熵压缩实验试样是毫米尺寸，且 Z 装置上磁驱发射飞片能够精准产生数十兆巴的冲击压力与相应的极端温度。这使得研究人员能够进入被称为高能量密度物理的热力学区域。这是一个材料响应区域，包括固体、液体和等离子体状态下极高的压力、密度和温度。这些物质状态产生于行星、恒星和核武器中。其他的极端条件物质状态包括低温高压、以及低压低密度高温状态。冲击-斜波（冲击加载到中间状态，然后斜波进一步加载到峰值压力）、斜波-冲击（斜波加载到高压，然后是

---

① 马克·赫尔曼现在是 LLNL 的国家点火装置（NIF）主任。

冲击加载)或冲击加载-卸载实验的组合,有可能获得位于这两个极端条件之间的许多热力学状态。虽然强激光,如国家点火装置,可以获得比 Z 更高的冲击压力,但在 Z 装置上可以达到的热力学状态范围内,激光实验不能提供像磁驱动飞片一样精确的雨贡纽、卸载和准等熵加载 EOS 数据(Knudson et al. 2003b, 2004)。

反过来,高精度的 EOS 数据提供了对从头算理论的重要评估和区分其他理论的方法。Z 装置冲击波物理项目创造了多项第一。例如:①氘在近 2 兆巴压力下的高精度冲击 Hugoniot 数据(Knudson et al. 2004,2015),如 7.4 节所述,解决了 LLNL 在 Nova 激光器上获得的冲击 Hugoniot 数据上的争议(Collins et al. 1998;Knudson et al. 2003a,b,c);②发现了超高压碳三相点(Knudson et al. 2008),这对推测行星组成和质量有意义;③水的超高压 EOS 测量(Knudson et al. 2012),对推断海王星、天王星、系外行星等巨型行星的质量具有参考意义。

本章讨论的 21 世纪头十年冲击波研究的主要进展,包括:
(1) Z 装置上的冲击波能力发展(7.2 节);
(2) 数个兆巴的斜波加载(7.3 节);
(3) 磁驱超高速飞片(7.4 节);
(4) 第一性原理状态方程理论(7.5 节);
(5) 毒害物质的密封(7.6 节);
(6) 紧凑型脉冲发生器:Veloce(7.7 节);
(7) 磁致压力剪切(7.8 节);
(8) 新千年的 STAR(7.9 节);
(9) 颗粒材料压实的剪应力效应(7.9.1 节);
(10) 反向泰勒碰撞研究(7.9.2 节);
(11) 冲击汽化:动力学效应(7.9.3 节)。

## 7.2 Z 装置上的冲击波能力发展

20 世纪 50 年代中期到 90 年代初,用于冲击波研究的主要方法包括平面波炸药透镜或炮驱动发射的平面撞击。20 世纪 90 年代中期,许多实验室正在为 ICF 应用开发大功率激光器(Da Silva et al. 1997)。这一学科不断发展的一个副产品涉及将激光能量沉积到一个几百微米厚的小平板上,或沉积到一个镀金的腔体上,该腔体释放出一个软 X 射线脉冲,通常持续时间为几纳秒,随后沉积到一个平板上。表层的快速加热和汽化会产生强烈的冲击波,可用于 EOS 研究(Da Silva et al. 1997)。然而,激光产生的冲击波并不稳定(恒压幅值),这使得

EOS 的研究严重复杂化。尽管如此，激光冲击技术在过去的 20 年里已经成熟，其结果是现在可以在数个兆巴压力下测量 EOS 性能，精度达到几个百分点。

当时，其他实验室为 ICF 和 EOS 的应用开发了激光加载技术，而在圣地亚，快速脉冲功率技术被寻求用于 ICF 和武器应用。快速脉冲功率被定义为在几百纳秒的时间内向负载传输大电流（数十兆安）的能力。这种能力是通过一系列脉冲电力系统逐步发展起来的，从 20 世纪 60 年代的 SPASTIC 和 HERMES I 扩展到 20 世纪 90 年代的 PBFA I 和 II（Sweeney，2002）。1996 年，关于 PBFA II 的研究改变了方向，从光离子源转变为用于内爆金属丝生成等离子体的电流源。转换后的机器被命名为 Z 加速器（通常称为 Z 机器或简称 Z），并产生约 20 MA 电流内爆圆柱形等离子体。Z 被用于 ICF 研究将近十年，直到国会在 2004 年拨出资金进行重大翻新，以提高输出电流和运行效率。2007 年完成 Z 装置的升级，新装置的电流超过 25MA，由于峰值压力是电流的平方，因此 EOS 实验压力更高。

快速脉冲功率能力导致了一个革命性的进步，能够实现超高压斜波和冲击波实验。Z 装置最初是为了产生强 X 射线源而建造的，它为圣地亚强大的实验冲击波计划提供了一个重生机会。这种能力始于唐·库克，他在 1993—1999 年期间担任脉冲功率科学中心主任。1996 年夏天，库克要求冲击波研究项目的吉姆·阿赛为 Z 装置上开展高压 EOS 制定一个计划。阿赛记得：

> 回到冲击波研究的转变开始于 1996 年初夏的一个早晨，唐来到我的办公室……他想在 Z 装置中发展冲击波能力……这一新的推动力来自于对圣地亚脉冲动力科学项目的回顾，该项目强调了研究高能量密度物理的必要性，以支持新成立的 NNSA 库存管理项目。

阿赛组建了一个小团队，最初由拉利特·查比达斯、克林特·霍尔和他自己组成。查比达斯和比尔·莱因哈特专注于重建 STAR 设施过去的所有能力，而霍尔和阿赛专注于在 Z 装置上建立新的冲击波能力。刚开始，只有霍尔和阿赛在一起工作，后来马库斯·克努森于 1998 年加入。在 Z 装置几名工作人员的支持下，三人紧密合作，在之后 5 年发展冲击波能力。卡尔·康拉德也在项目启动后不久加入了这项工作，并在 Z 装置上实现 VISAR 诊断技术发挥了重要作用。2002 年阿赛退休后，霍尔和克努森以及接替阿赛担任经理的克里斯·迪尼，大大扩展了圣地亚在 Z 装置上的冲击波计划，获得了国际公认的影响力。

1996 年 10 月，Z 的主要作业方式是当大电流通过几百根细（大约是人头发直径的 1/10）的高密度金属丝组成的圆柱形阵列时，这些金属丝会汽化成导电等离子体，由此在阵列周围产生的环形磁场使这种导电等离子体向中心（Z 轴，因此称为"Z 箍缩"）加速移动。内爆等离子体在圆柱形外壳（黑腔）内的停滞会产生一个温度更高的等离子体,它在几纳秒的时间内放射出几电子伏(数万度)的高能 X 射线。镀金黑腔的内部充当黑体辐射体,并以特定波长重新发射 X 射线。这种强 X 射线爆发使容纳氢燃料混合物的 ICF 靶丸发生内爆。它也可以用来辐照放置在圆柱形腔体外径上的薄圆柱形样品盘。产生的脉冲能量沉积在薄圆盘上,因前表面的烧蚀而产生平面冲击波。能量沉积计算表明,在许多材料中(如铝),可以产生高达 5 兆巴的冲击压力,超过了二级轻气炮所能产生的压力。

阿赛、霍尔以及后来的马库斯·克努森在 1997—1999 年对 Z 箍缩模式进行了大约 2 年的研究。加州理工学院的博士后凯瑟琳·霍兰德也参与了这些实验。霍尔回忆道:

我们开始为光学冲击波传感器和 VISAR 系统建立基础设施,但遇到一些精确计时的障碍并随后克服了,比如小的样品尺寸、光纤中折射率随固有辐射的变化、衰减的压力脉冲和非均匀烧蚀加载。

Z 装置的冲击波实验上使用 VISAR 存在的一个问题是,Z 箍缩产生辐射脉冲后立即发生光信号丢失,即强辐射脉冲产生的光纤暗化导致 VISAR 信号的丢失。爆炸元件研究所的凯文·弗莱明提出了解决这一问题的新方法,为 Z 装置上发展光纤式干涉测速技术提供了宝贵的帮助。他指出,用自行车电缆方式屏蔽 VISAR 光纤电缆可以有效地减少辐射变暗。这是一个快速和廉价的解决方案,使 VISAR 可用在 Z 装置上进行冲击波实验。系统地解决了这些问题后,在大约一年后的 1997 年 10 月 6 日进行了第一次 Z 箍缩冲击波实验(Z Shot 135)。正如 Z 装置运行主页上摘录的那样,"这将是第一次 EOS 打靶。我们有三种辅助设备(包含 Z 箍缩的主黑腔的圆柱形附件)——冲击间断(Shock Break Out)、VISAR 和几个 X 射线二极管(XRD)"。

根据华盛顿州立大学瑜伽士·古普塔(Yogi Gupta)教授极具建设性的建议,1996 年后期,阿赛和霍尔在冲击波工作开始后立即作出战略决定,重点发展低温能力以获取低温雨贡纽数据,液态氘($D_2$)是首批研究材料之一。这是一个高风险的决定,因为 Z 装置尚没有被证明是一个可靠的冲击波源,另外,在 Z 装置上也没有用于冲击波实验的 20K 低温能力。这种能力必须从头开始开发,需要 2 年多的时间才能完成。此外,还需要几种冲击波诊断方法(即多个 VISAR 和光谱仪设备)和大量的资源来实现这些精细能力。没有可用的冲击波源很难做到这一点。当时,通过脉冲功率科学中心分配的资金也不足以实现这些目标。

幸运的是,各方面都取得了迅速进展。圣地亚系统、科学和技术副总裁格里·约纳斯(Gerry Yonas)和脉冲功率科学研究中心副主任杰夫·昆滕斯同意分担开发低温系统的成本,该系统在 1999 年初开始用于冲击波物理研究(Hanson et al. 2000)。STAR 的拉利特·查比达斯和比尔·莱因哈特提供了一个新的激光光源,即一台被弃用的 VISAR,另外又租了一台 VISAR。麦克·菲尼西和保罗·拉格林通过内华达试验场次临界实验项目为两台多点 VISAR 提供财力支持。NTS 还派了三名经验丰富的技术人员将这些 VISAR 部署到 Z 装置上。1990 年离开圣地亚后,林恩·巴克尔发明了一种多光束 VISAR,并申请了专利[①](Barker,2000b;此外,参见本书中巴克尔的回忆录)。这一概念的变体被开发并用于 Z 装置上,由于能够进行高精度高压 EOS 测量为实验成功做出了重要贡献。约翰·波特(John Porter)贡献了一些他在 Z 装置上的专用发次测试冲击波实验的构型,并帮助支持了低温系统的开发。当时 Z 装置的运营经理约翰·希曼(Johann Seaman)重新分配了大量运营资金来配置仪器,这使得 VISAR 可以在 Z 装置的强辐射环境下进行实验。这些多方面的努力很快取得了进展,霍尔在 1999 年夏天的凝聚态冲击波压缩会议(Hall et al. 2000)上报告了第一次 Z 箍缩冲击波 EOS 实验。戴夫·汉森(Dave Hanson)(Hanson et al. 2000)在同一个会议上报告了用于 Z 装置上冲击 EOS 测量的低温系统。

采用 Z 箍缩法产生平面冲击波,成功地产生了强冲击波压力(Hall et al. 2000),但是 EOS 的精度却没有达到炮上可用的标准要求。脉冲辐射源不能产生稳定的冲击波,空间均匀性(平面性)较差。通过调整能量沉积过程有希望产生脉冲持续时间更长、冲击衰减更少和平面度更好的冲击波。但在 1999 年初,这些工作即被停止了,因为发现了一种纯磁驱方式可产生高质量的斜波加载及后来的冲击加载(Asay,2000;Asay et al. 2000)。正如克努森对这一时期的评论:

Z 加速器上的 Z 箍缩加载被证明至少是一个多级脉冲压缩。我们曾认为,由此产生的 X 射线爆发不足以作为动态压缩源。相反,我们想要的是一种能够产生数十纳秒持续稳定冲击波的源。因此,我们花了将近一年的时间来研究使用低密度、碳基泡沫材料(如 TPX®,TPX 是热塑性聚合物聚甲基戊烯(PMP)的商标名)作为样品受到辐射量的一种"调节"方法,这样产生的辐射和泡沫夯具将支持一个明显更长、更稳定的冲击。这些努力虽然有些希望,但最终证明是无效的,而且没有成功。我们无法得到任何值得发表的结果。

然而,在 Z 装置上产生高质量冲击波的道路,已进行了 2 年的探索,即将迎来曙光。

---

① L. M. Barker, "Multi-beam VISAR using image coupling from one optical fiber bundle to another through the VISAR interferometer," U. S. Patent 5,870,192, issued February 9,1999.

## 7.3 数个兆巴的斜波加载

在 Z 装置上发现一个高质量的磁驱动斜波是偶然的。Z 箍缩技术的联合开发者瑞克·斯皮尔曼需要一种非侵入性的诊断方法来测量靠近 Z 箍缩源的电流,因为那里的辐射场非常高。1999 年初,他与吉姆·阿赛和克林特·霍尔讨论后得出结论,VISAR 是测量粒子速度以及获取 Z 箍缩源附近的流体压力、磁场和电流数据的最好工具。这种方法的第一个实验就取得了成功(Leon et al. 1999;Asay,2000),随着进一步的发展(Hall et al. 2001a,2002),最终使高精度斜波实验达到约 4 兆巴。正如克林特·霍尔所记得的:

> 吉姆和我把两个小圆盘(一个铜片和一个铁片)放在阳极板上,然后把屏蔽的 VISAR 诊断仪安装在每个圆盘的后面以测量它们各自的自由表面速度。Z 装置实验是在周五下午晚些时候进行实验的,他们保存了原始的 VISAR 数据,并转交给我,以使我在接下来的周一上午进行分析。我坚持到了周六午饭时间,然后就去上班看我们记录了什么。我坐下来,打开文件,对它们进行处理。完成这些以后,我从铁的数据中得到了很好的迹线,但它有一个奇怪的特征,我无法理解。碰巧拉利特也在他的办公室里工作,所以我下楼给他看了迹线。他立刻想到这可能清楚地显示了铁的 α-ε 相变,但不记得在什么压力下应该发生,所以我们跳上公司的卡车前往Ⅰ区,希望在那里找到可能记得相变的人。我们能做得最好的事情就是在门外的海报上找到一个利用炮实验获得的铁的相图(我们只能"借用")。果然,实验结果可以相互对照,因此 Z 装置上的磁加载所产生的斜波实验获得了认可。

第一个实验的目的不是为了解决驱动均匀性问题,也没有理论方法来精确分析斜波。但是,实验确实证明了产生高质量磁驱斜波的可能性,并在随后快速改进。特别是,与阿特·图尔(Art Toor)的技术讨论及大卫·莱斯曼(David Reisman)的 2D MHD 模拟有助于开发 Z 装置实验构型,使样品获得平面的准等熵压缩。

利用磁驱进行等熵压缩实验(ICE)的基本概念如图 7.1 所示。图 7.1(a)为利用阳极和阴极之间产生的磁压力,对直径约 12mm 的圆柱形样品进行平面加载的装置构型,这种结构被称为"ICE 立方体"。电磁能量脉冲使靶的阳极和阴极上产生电流。电极表面或表面附近的电流在两者之间的间隙(通常约为 1mm)产生磁场,通过洛伦兹力与电极上的电流相互作用,从而对电极产生磁压力。施加的磁压力或应力(如图 7.1(b)右侧所示)在电极上产生一个倾斜的应力波,该应力波传播到电极后表面的样品中。如果设计正确,样品不会经历磁载荷或热载荷,只会受到如图 7.1(b)所示的平滑压力载荷。

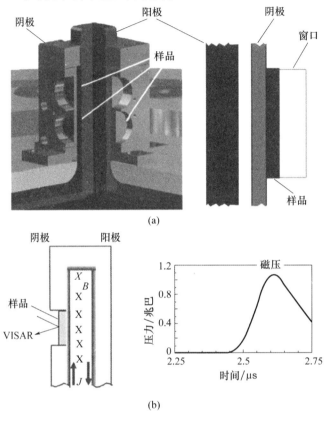

图 7.1 （a）ICE 立方体硬件示意图和（b）左边是磁驱加载基本概念图。
$J$ 为电流密度，$B$ 为感应磁通量。右侧为样品中感应的磁压力
（经许可转自 Asay&Knudson,2005,图 10.3 和 10.7,施普林格科学和商业媒体 2005 年版权）

克林特·霍尔在与图尔和莱斯曼进行讨论后，做了一项富有洞察力的创新，允许在一个 Z 实验中同时加载多个样品。这种结构由四个单独的铝板或铜板组成，利用金刚石在金属板上加工沉孔用于安装样品，如图 7.1 左上方所示。这些金属板用螺栓连接在一起，形成一个空心立方体（阳极），安装在装置载流中心部分的阴极上。如图 7.1(b)左侧所示，它们的顶部均短接。当电流在两个表面上流动时，间隙（通常约为 1mm）中产生的磁场使样品立方体的内表面上产生几乎均匀的磁压力（Reisman et al. 2001），从而产生应力波通过立方体的薄金属底板传播进入样品，如图 7.1(b)左侧所示。克林特称这个装置为"ICE 立方体"，恰当地描述了它的功能。一个 ICE 立方体的典型尺寸约为 30mm，样品直径 10~15mm、厚度 1~2mm。图 7.2 为霍尔使用铝 ICE 立方体进行实验的照片。铜最

初用于 ICE 立方体是因为它的高导电性,大多数斜波实验是用铝 ICE 立方体进行的。典型的电流上升时间范围为 200~300ns,及时整形以尽量减少冲击波的形成(Hayes et al. 2004;Davis,2006)。

图 7.2　克林特·霍尔在 Z 装置上搭建铝 ICE 立方体实验。光纤电缆传输和接收 VISAR 信号,用于斜波或冲击加载样品的分析
(经 SNL 许可转载)

磁驱斜波加载最重要的特征是电流平稳增大,对应的压力随时间逐渐增大,如图 7.1(b)所示。这样可以使用相对简单的方法来分析样品中应力波的演化,进而推断在斜波压缩下的压力或应力和密度的关系(Hayes et al. 2004;Hall et al. 2001a,2002;Davis,2005,2006;Davis et al. 2005;Reisman et al. 2001a,b)。特别地,海耶斯使用 WONDY 代码开发了一种技术,将运动方程在空间中向后积分,而不是在时间中向前积分,就像通常在数值模拟中所做的那样,通过测量铝板上的粒子速度剖面来确定输入压力历史。当然,这需要好的铝 EOS 参数。这项技术一直沿用至今。平稳压缩在许多应用中都很重要,包括相边界的确定(Asay et al. 2000;Davis et al. 2002;Davis&Hayes,2007;Davis&Foiles,2005)、动态屈服强度的测量(Asay et al. 2008,2009,2011;Vogler&Chhabildas,2006;Vogler,2009)以及飞片加速(Hall et al. 2001b;Knudson et al. 2003d)。涉及形成电流脉冲能力的另一重要进展是通过在 Z 装置上发射不同的组件以获得最佳压力驱动历史来延迟样品中冲击波的形成(Davis,2006;Hayes et al. 2004;Lemke et al. 2011)。这一发展显著增加了可以研究的样品厚度,并在发射飞片时减缓了冲击波的形成。

平稳增加磁载荷实现兆巴量级的斜波加载是 Z 装置进行材料研究的一个重大突破。霍普金森杆单轴应力实验通常用于研究材料在 $10^3 \text{ s}^{-1}$ 左右应变率下的响应。查比达斯开发了一种样品构型,允许在斜坡加载下以 $10^5 \text{ s}^{-1}$ 左右应变率测量单轴应力(Chhabildas et al. 1997),在 $10^6 \text{ s}^{-1}$ 应变率的单轴应力条件下应力高达2.5兆巴s(Chhabildas et al. 1988)。因此,磁驱斜波压缩是将这类材料研究扩展到单轴应变载荷的$10^5 \sim 10^8 \text{ s}^{-1}$应变率和更高压力的第一种精确方法。由于斜波压缩比冲击波加载耗散小得多,几乎等同于等熵加载产生的热力学状态。对于只表现出体积响应的液体,即使是固体,强度效应产生的塑性耗散也相对较小,因此压缩过程称为"准等熵"。由于耗散很小,斜波加载产生的热力学条件可以使材料进入以前无法达到的高压状态,但温度比冲击加载低得多。图7.3显示了铝在冲击和斜波加载时压力-密度-温度状态的差异(Asay&Knudson,2005)。

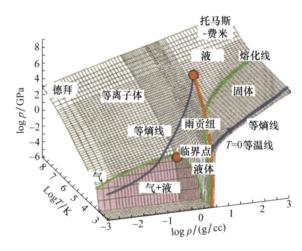

图7.3 冲击和斜波加载下的准等熵状态,铝的近似压力、密度和温度状态、加载能力的结合使人们能够研究新的物理状态,包括高压低温固态、高压高温以及气态和膨胀等离子体。CP代表铝的临界点

(经许可转自 Asay&Knudson,2005,图10.13,施普林格科学和商业媒体2005年版权)

从第一次等熵压缩实验(Barker&Hollenbach,1970)开始,几十年来冲击波学界一直无法实现将材料斜波加载到兆巴压力的能力。巴克尔和霍伦巴赫使用熔石英缓冲器产生斜波,可以实现样品的斜波加载。20世纪80年代,由巴克尔和道格·斯科特(Baker,1984)开发的梯度密度飞片虽然有希望实现这一目标,但飞片在可重复性和均匀性方面存在限制,无法广泛使用。由查比达斯(Chhabildas&Barker,1988;Chhabildas et al. 1988,1990,1992)开发的用于超高速发射器的梯度飞片也产生了接近非冲击载荷的加载,并且具有很好的重复性,但是与这里描述的磁驱加载相比,它并不能平稳地增加压力。激光加载也证明了有将材料加载到几兆巴的能力,但是样品很小,通常只有几十微米的厚度(Fratanduono et al. 2011)。

磁驱加载虽然避免了这些问题,但同时也引入了其他问题,如电流扩散和应力波对样品的冲击。电流扩散非常快（Lemke et al. 2011），但是，幸运的是，对于像铝和铜这样的良导体，样品中的应力波前沿超过了电流扩散前沿，因此样品在加载前保持在常态。通过适当地对电流随时间的曲线整形，可以控制样品中冲击波的形成。

磁驱斜波加载技术自20世纪90年代末建立以来，通过许多研究人员的共同努力，一直在不断完善和改进。这些研究人员包括（按字母顺序）汤姆·奥、吉姆·阿赛、让-保罗·戴维斯、克里斯·迪尼、麦克·菲尼西、托玛斯·海伊尔（Thomas Haill）、克林特·霍尔、丹尼斯·海耶斯、兰迪·希克曼、马库斯·克努森、雷·莱姆克（Ray Lemke）、大卫·莱斯曼（LLNL，现在在SNL）、赛斯·鲁特、克里斯·西格尔、瑞克·斯皮尔曼、阿特·图尔（LLNL）、特雷西·沃格勒和杰克·怀斯。该技术已被用于测量大量材料的EOS性能，其精度接近于冲击载荷下的EOS。这些结果对武器和行星科学等所需的材料建模具有非常宝贵的价值。

## 7.4　磁驱超高速飞片

在Z装置上产生高质量的冲击波涉及利用高压斜波加载来发射超高速的薄飞片，就像HVL一样，但远远超过了以前所有装置的能力。这一突破性进展是由于斜波加载产生的压力平稳增加到峰值压力。这是革命性的，因为"平滑"的压力剖面减轻了冲击波的形成和飞片上的热效应。热效应可能会导致熔化或汽化，这首次在HVL中得到证明。图7.1（b）所示的压力历史可以使样品连续加载进行准等熵EOS研究，也可以使导电板本身作为一个飞片进行发射，冲击位于后面的样品，就像传统的冲击实验一样。在飞片模式下，马库斯·克努森、克林特·霍尔、雷·莱姆克等已经证明，直径为17mm、厚度为1mm的飞片速度可高达46km/s（Lemke et al. 2003a，b，2005，2011）。对于EOS研究来说，这比传统的二级轻气炮要高5倍，比HVL要高4倍。使用铝飞片，在高阻抗材料中可以产生高达40兆巴的冲击压力。这个速度范围大大扩展了实验室中可用的压力，使EOS的测量到达数兆巴时仍具有较高的精度。在Z装置上发射飞片的典型结构如图7.4所示。金刚石加工的埋头式阳极和阴极带状线导体底座厚度约为1mm，实验中作为飞片。磁压力是通过洛伦兹力在阳极和阴极飞片之间的间隙（A-K间隙）中产生的。每发实验可以使用多个样品，得到多个雨贡纽数据点。

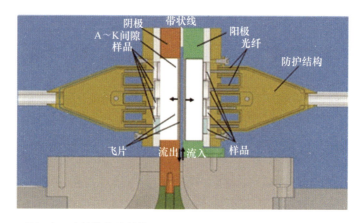

图 7.4 磁驱动飞片的带状线结构。电流从阴极上的带状线流入,从阳极上的带状线流出。两者通常都是铝。J 是电极上的电流密度(A/cm)。阴极和阳极板厚约 1mm,实验中作为飞片。磁压力是通过洛伦兹力在阳极和阴极飞片之间的 A－K 间隙中产生的。每个实验使用多个样品得到多个雨贡纽数据点。光纤和样品需要屏蔽磁场效应

(M. D. Knudson 私人收藏)

下面这段克努森的话抓住了这一发展的激动人心之处:

下一个重大突破发生在 1999 年华盛顿州西雅图召开的美国物理学会等离子体物理会议上。吉姆·阿赛、克林特·霍尔和我在西雅图威斯汀(Westin)酒店的大堂里,讨论这种类型的实验传递给电极的脉冲大小。信封背面的计算表明,脉冲足以发射相对较薄的阳极板,厚度约为 1mm,速度非常快,远远超过 10km/s。那天晚上,我进行了一些简单的流体动力学代码模拟,结果令人非常鼓舞。从那次会议回来后,我们立即开始计划在 Z 装置上进行专门的实验来验证这个新概念。由于 Z 实验的硬件设计和制造大约需要 3~4 个月的时间,第一次实验要到 2000 年春天才能进行。

与此同时,我们在 2000 年加尔文评审(Garwin Review)[①]上提出了在 Z 装置上进行磁加速飞片的想法。加尔文评审是圣地亚脉冲功率项目的年度外部评审。我在为期两天评审的第一天提出了我们的计划。我永远不会忘记大卫·莱斯曼的回应,他将在第二天参加 ICE 平台进展情况会议。他对我们提出的想法很感兴趣,那天晚上,他在酒店房间里进行了几次 MACH2[②] 的计算,包括全磁流

---

① 根据 1993 年颁布的《政府绩效和成果法案》(Government Performance and Results Act, GPRA),2000 年 5 月 17 日至 19 日,由 14 人组成的外部同行评审小组(加尔文委员会),对圣地迪亚国家实验室的脉冲功率计划进行了绩效评估。

② MACH2 是由 NumerEx 公司开发的 2.5 维磁流体动力学仿真代码。2.5 维是指包含三维对称性以近似三维的二维模拟。

体力学计算。他给出的结论是：这是个好主意，但不幸的是它永远不会奏效。MACH2 的计算表明，无论初始电极有多厚，磁场扩散都非常严重，在到达最终速度之前，磁场就会烧穿金属板，因此金属板在撞击前会蒸发。

几周后，我们进行了计划中的实验。考虑到当时我们只有几个 VISAR 通道，我们不得不依赖于冲击起跳的测量。这是一种有效的反射率测量方法，当冲击波到达自由面时，反射率会突然下降，从而获得通过多个楔形靶的传输时间测量值，从而推断出冲击波速度。我仍然记得，第一发飞片实验的晚上，我坐在家里分析数据，非常焦虑，当我绘制出起跳时间与距离的关系时，我的手真的在颤抖。你瞧，尽管进行了 MACH2 模拟，但数据表明，在撞击后，很大一部分飞片仍处于完全压实的状态，这意味着模拟中的扩散速度过高。这标志着 Z 装置上磁加速飞片平台的诞生。

如图 7.5 所示，马库斯·克努森拿着一个飞片组件。克林特·霍尔也还记得这一重大的突破性进展：

图 7.5　马库斯·克努森站在 Z 机器前，手里拿着一个飞片，发射后飞行速度将超过 10km/s

（经 SNL 许可转载）

当时，吉姆、马库斯和我在会谈间隙坐在一张桌子旁，开始讨论另一个整体概念。我们认为，我们可以将面板的底部作为一个飞片发射，并对我们的样品进行冲击加载，获得高压雨贡纽数据，而不是直接将斜波加载传输到感兴趣的样品中。我们做了当时任何有自尊心的物理学家都会做的事，在鸡尾酒餐巾上画了一张草图，塞进我们的一个衣服口袋里，然后继续我们的会谈！当我们回到圣地亚，我们确实找回了那幅"高度精确的科学草图"，做了一些计算，进行了实验，我们的第一发实验超过了 HVL 多年来的发展，适用于 EOS 研究的金属飞片速度达到大约 10km/s。

构思和发展磁驱动飞片用于超高压力的冲击雨贡纽精确测量,确实是一个改变游戏规则的事件,因为 HVL 早期使用的是传统的二级轻气炮。在 HVL 上发射高脉冲负载飞片所积累的经验教训,对 Z 装置上实现类似能力是非常有价值的。

后来根据迪克·李(Dick Lee)和理查德·莫尔(Richard More)的稠密等离子体电导率模型(Lee&More,1984),迈克·德贾莱斯进行了从头算模拟,结果表明铝在熔点附近的实际高压电导率将比 MACH2 中使用的数值大 2 倍;因此,这个金属板没有像莱斯曼预测的那样熔化和汽化(Desjarlais,2001;Desjarlais et al, 2002)。这些重大的理论和实验突破,证实可以通过新的实验和理论方法在超高冲击压力下获得准确 EOS 数据,对冲击波领域产生了深远的影响。线 VISAR 实验量化了这种结构产生载荷的非平面性,其结果满足 EOS 研究对平面性的要求(Knudson et al. 2003d)。一种带状线结构(稍后将讨论)进一步改善了加载均匀性。自 2000 年第一次实验以来,克努森不断改进飞片技术,使速度大大超过 ~10km/s(Hall et al. 2001b;Knudson et al. 2003d),并将 EOS 精度提高到与炮加载实验相当(Knudson&Desjarlais,2009)。

为了探索磁驱动飞片可能的速度范围,雷·莱姆克使用 ALEGRA MHD 模拟进行了大量的研究,为目前新版 Z 装置的能力设定了一个大约 46km/s 的上限(Lemke et al. 2002,2003a,b,2004,2005,2011)。他的计算进一步表明,在足够大的电流下,飞片速度可能高达 65km/s(Lemke et al. 2014)。然而,由于电流扩散的限制和不能在飞片中形成冲击波的要求,这预计将是任何磁驱动飞片的上限(Lemke et al. 2011)。一般情况下,ALEGRA 预测的飞片速度能够准确地再现 VISAR 测量的最终飞片速度,误差在 1% ~2% ,如图 7.6 所示。由于这些实验的复杂性,我们通常使用 ALEGRA 的计算来定义每个飞片实验的实验参数。

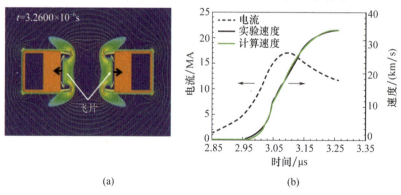

图 7.6　发射铝飞片的带状线结构

(a)磁场对称性和飞片发射实验的 MHD 模拟;(b)Z 装置磁发射铝飞片的模拟飞片速度和实验飞片速度的比较。铝片厚度 0.9mm,峰值电流约 22 MA,峰值速度约 34km/s。

(经许可转自 Lemke et al. 2011,爱思唯尔有限公司(Elsevier LTD)2011 年版权)

马库斯·克努森倡导使用磁驱动飞片技术来研究几种具有科学和规划意义的材料,其精确度达到了前所未有的高度,压力也远远超过了实验室中传统发射装置的能力。采用该方法获得:①铝的接近绝对雨贡纽数据,然后测量其进入液-气混合区的卸载绝热线(Knudson et al. 2005);②通过冲击加载和部分卸载来确定铍的高压 EOS 和高压固液相边界,包括在 2 兆巴附近发生 hcp-bcc 相变,以及多相转变附近的高压屈服强度;③水的超高压雨贡纽,这将用来修正巨型行星和系外行星组成[①]的传统概念(Knudson et al. 2012);④碳的高压三相点和新固相的发现(Knudson et al. 2008);⑤对石英进行上百次的冲击雨贡纽/冲击波测量,压力达到 16 兆巴以上,确立石英作为高压 EOS 测量最精确的标准材料(Knudson&Desjarlais,2009);⑥对液氘的高压 EOS 进行了广泛的研究,与从头算的理论进行了比较,确立了 Z 装置数据为公认的氢的高压 EOS(Knudson et al. 2001,2003a,b,2004)。

对液氘的广泛研究始于 2000 年,一直持续到现在,这是一项显著的成就,它确立了圣地亚在 Z 装置上进行冲击波研究的可信度,并帮助确立了圣地亚在国家核安全局 HEDP 国家计划中的作用。20 世纪 90 年代末,LLNL 的 Nova 激光冲击实验(Collins et al. 1998)结果表明,氘的冲击雨贡纽在兆巴压力下(最大压缩比约为 6)比经典唯象模型的预测值(最大压缩比约为 4)软化 50%。随着磁驱动飞片技术在 2000 年的成功发展,克努森获得了氘在相同压力水平下的冲击数据,但精度有了大幅度提高(Knudson et al. 2001,2003a,b,2004)。Z 数据表明,压力-密度关系的最大压缩比更接近经典模型,如图 7.7 所示。然而,参与激光实验的研究人员坚持认为他们的氘数据是正确的;这场争论持续了好几年,涉及大多数高压领域。为了解决这个争议,克努森的团队进行了一系列实验,包括从冲击状态再冲击,多次反射冲击压缩,以及将雨贡纽数据扩展到更高的压力和温度范围(Bailey et al. 2008);这些实验支持了更硬的压缩响应。此外,为冲击波研究而发展的非常精确的石英标准材料数据(Knudson&Desjarlais,2009)也大大降低了氘雨贡纽数据的误差,如图 7.7 中的绿色数据点(Knudson,2012)所示。新的石英标准数据(Knudson,2012)显著降低了氘雨贡纽的误差棒,这使得克里的半经验模型(Kerley,2003)和德贾莱斯的从头算理论(Desjarlais,2003)可以被区分。所有数据,包括最近的数据,均为圣地亚的结果提供了令人信服的证据,现在已被科学界普遍接受。后来,激光冲击实验发现了早期的系统误差。因此,现在报道的 Z 和激光数据在误差范围内是一致的(Hicks,Boehly,Celliers et al. 2009;Knudson&Desjarlais,2009)。在过去的十年中,对氢 EOS 的理解和精确模型的改进,对巨型行星内部、天体物理等离子体、温稠密物质和惯性约束聚变的应用具有重要意义。

---

[①] 更多讨论见 7.5 节。

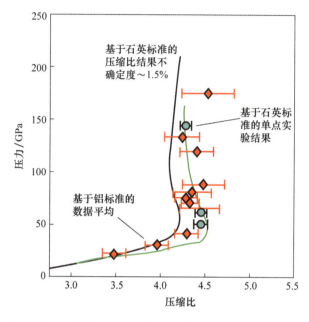

图7.7 Z装置上获得的液态氘雨贡纽实验数据与 SESAME EOS 列表(黑色曲线,Kerley 2003)和 QMD 计算(绿色曲线,Desjarlais,2003)比较。红色方块代表多次实验的平均值。绿色圆圈是利用修正的石英冲击速度计得到的,显著降低了误差棒(Knudson,2012)。较精确的 Z 值和 QMD 计算结果具有较好的一致性;Kerley 的模型比高压下的数据具有更大的不可压缩性。原始的 LLNL 数据没有显示出来,最大压缩比达到了 6(Collins et al. 1998)

(图片来自 M. D. 克努森私人收藏,2014)

最近,马库斯·克努森和 Z 装置上的一组研究人员有了另一个里程碑式的发现。利用 Z 装置,他们获得了令人信服的证据,证明高密度液态氘在高压和相对低温下从绝缘体突然转变为金属。氢在元素周期表碱金属的顶端,即使是低温固体,它仍然是绝缘体。1935 年,尤金·维格纳(Eugene Wigner)和希拉德·亨廷顿(Hillard Huntington)曾预测,在 250 千巴左右的低温下,氢会通过压力诱导的电子带隙闭合而变成金属(Wigner&Huntington,1935)。自那次预测以来,直接观察这样一个难以捉摸的转变被描述为"高压研究的圣杯"(McMahon et al.,Reviews of Modern Physics,84,1608(2012)),并进行了多次尝试。理论预测相变压力在一个惊人的压力范围内变化。在这之前,研究人员进行了大量实验尝试,包括苏联和 20 世纪 70 年代 LLNL 的圆柱形磁压缩(Grigoryey, Kormer, Mikhailova et al. 1972;Hawke,1974),20 世纪 80 年代圣地亚利用二级轻气炮进行的非冲击压缩(如 5.4 节所述),20 世纪 90 年代,LLNL 利用二级轻气炮进行的温度驱动冲击实验(Weir et al. 1996;Nellis et al. 1999),21 世纪前十年 LLNL 的激光驱动冲击实验(Loubeyre,Brygoo,Eggert et al,2012)以及静态金刚石压砧实验

（McMahon et al,2012）。克努森和他的同事们实验工作的独特之处（Knudson, Desjarlais, Becker et al. 2015）是在 Z 实验中开发了一种冲击和非冲击（斜波）相结合的加载路径，控制压缩产生的温度状态，以获得理论预测的氘从绝缘分子液体转变为导电液体的状态。正如图 5.4 的 LiF 和图 7.3 的铝所示，在高压下通过冲击波和非冲击波压缩进入宽广的温度区间，从而实现了特定的热力学状态。

虽然比尔·内利斯和同事（Weir et al. 1996；Nellis et al. 1999；Nellis, 2001, 2013）观察到了 1.4 兆巴冲击压力作用下氢变成了导体（样品夹在两个蓝宝石压砧中），但最初认为这种类似金属的行为是由冲击产生的高温（~3000K）所致，而不是像维格纳和亨廷顿预测的那样，由密度驱动的电子带隙闭合引起。最近在 Z 装置上进行的冲击–斜波实验中，克努森和他的团队使用了定义明确的飞片产生冲击，将液态氘冲击至相对较低的压力和温度状态，然后利用斜波加载将其压缩至约 3 兆巴（Knudson et al. 2015），保持较低温度的同时保持较高的压力。实验发现有突发光反射现象，这是金属光泽的特征，并且通过 LiF 窗口直接测量了压力状态。通过改变初始冲击波的幅值，克努森和他的同事首次能够追踪到金属化转变的压力–温度边界，这将有助于使用其他实验技术，如等温金刚石压砧，来鉴别相变。尽管与直接观测的绝缘体–金属转变在性质上有质的不同，而且压力比维格纳和亨廷顿的预测高一个数量级（约 2.5 兆巴），但是，正如他们所预测的那样，这为压力诱导、密度驱动的转变提供了令人信服的证据。

Z 装置上的液体氢金属化研究类似于 80 年前的固体氢猜想，是受罗斯托克（Rostock）大学理论学家（Lorenzen, Holst, and Redmer, 2011）基于密度泛函理论从头算的分子动力学模拟的启发。确定氢的金属化相变可能有助于解释一个长期存在的行星演化模型谜团，那些模型提出，土星和木星两者的年龄相差 20 亿年。高压下氢金属化驱动的氢和氦的分离对理解这些气态巨行星的演化和内部结构具有重要意义。例如，参见 Salpeter（1973）、Hawke（1974）、Lorenzen et al.（2011）和 McMahon et al.（2012），以及其他参考文献。稠密液体氘的行为对于理解核武器的模拟性能和提高惯性约束聚变靶的性能也至关重要。确定相变的压力–温度边界为理论和先进的模拟技术提供了新的参考。研究人员从实验上对这个一阶转变的证实，很可能会给行星科学和凝聚态物质领域带来活力，并为高压科学研究金属化现象开辟新的前景。

在 1999 年第一次磁驱动飞片实验之后的十年里，Z 装置上的冲击波研究组受益于一些新毕业的学生迅速增长。此外，20 世纪 80 年代沃尔特·赫尔曼领导的几名实验人员通过内部转移和重组，重新加入了冲击波计划。脉冲功率科学中心几个不同技术领域的研究人员通过增加创新的仪器和冲击波研究的理论能力，增强了该计划的广度，特别是吉姆·贝利（Jim Bailey）建立了冲击压缩氘的辐射温度测量技术,戴夫·汉森实现了一种新的低温能力可以在几开尔文的温度下对液体进行冲击波实验。凯尔·科克伦、迈克·德贾莱斯、希思·汉肖、托马斯·马特森和其他新进人员为项目带来强大的理论支持,特别是在从头算建模领域。

Z 装置上可用的磁载荷能力大大扩展了实验室获取 EOS 数据的范围。通过冲击加载或斜波加载然后卸载的多路径结合,现在可以研究各种材料的全区 EOS 面,包括膨胀状态,如图 7.3 所示的铝。国内和国际社会非常感兴趣的一个研究领域是关于材料在极端压力和温度下的行为,即 HEDP。热稠密物质的研究涵盖了高压缩和几千电子伏范围内的材料响应,这些条件在超新星、吸积盘和恒星内部都很普遍。这些状态也在实际应用中产生,如激光等离子体和 Z 箍缩。在 Z 装置上进行的冲击波实验对理解各种 HEDP 现象有很大的帮助。

## 7.5 第一性原理状态方程理论

从 20 世纪 90 年代末开始,在 LLNL 进行的氘的 Nova 激光实验首次获取比气体炮更高压力的冲击雨贡纽数据。后来,在 Z 装置上产生了一组类似的新数据,氘的研究激发了圣地亚的几个理论研究者使用量子分子动力学(QMD)来预测雨贡纽曲线。QMD 是冲击至几个兆巴压力下低分子量液体 EOS 特性的强大工具,但它需要很大的计算能力。新的氘超高压冲击波数据提供了一个难得的机会,可以用快速的 MPP 计算机来解决这些计算量大的问题。冲击波实验所获得的热力学状态称为"温稠密物质",在这个区域内,受激电子态的热占据是不可忽略的,离子是强耦合的。

2000 年早期,迈克·德贾莱斯在圣地亚领导着面向 EOS 应用程序的 QMD 框架开发。他第一次运用该理论是关于铝的导电性在磁驱动飞片上的应用。现有的 MHD 电导率模型预测,Z 装置上的高电流密度会使铝飞片在全速发射前完全扩散并蒸发。然而,马库斯·克努森在磁驱发射飞片上的初步实验表明,这些结果是错误的。

发表在《物理评论 E》(Physical Review E)上的一篇论文(Desjarlais, Kress, Collins, 2002)使用 QMD 模拟为非常态环境下材料创建精确电导率模型的能力。冲击波研究的第一个应用是铝电导率,这是建立飞片模型所必需的。这一进展对于预测设计模拟至关重要,并作为一个直接的结果,通过更精确的预射设计,迅速提高了数据积累的速度。

QMD 模拟结果表明,铝的导电性比经典理论预测的要高得多,因此,在受到冲击后,飞片的很大一部分仍能在卸载后的常态下保留下来。这一结论成功解释了实验中观察到的飞片结果以及大卫·莱斯曼在之前 MACH2 仿真中出现的计算错误。德贾莱斯对铝电导率的 QMD 研究对所有 Z 飞片实验的设计产生了重大影响，包括飞片材料的工作极限、厚度和脉冲形状要求（Desjarlais，2001；Desjarlais et al. 2002）。这一初步从头算研究是其他几种材料的冲击加载和卸载响应 QMD 预测的基础。

一个具体的例子突出了 QMD 在解决液态氘高压冲击雨贡纽的争论中所起的作用。对当时 SNL 和 LLNL 关于氘 EOS 实验数据差异引起的争议，德贾莱斯产生了兴趣，并开始了 QMD 研究工作，以预测氘的雨贡纽。利用维也纳工业大学（Technical University of Vienna）开发的密度泛函理论（DFT）代码 VASP（维也纳从头算模拟程序），他开发了一套交换作用势来处理氘的离子和电子，并模拟之前约 400 千巴的气体炮数据。模拟结果与实验数据非常吻合。受此鼓舞，他将计算扩展到 1.5 兆巴左右的冲击压力（Desjarlais，2003），即 Z 和 Nova 激光数据明显不一致的区域。QMD 预测的结果与克努森的 Z 数据吻合较好（图 7.7），与 400 千巴以上的激光数据严重不符。为了进一步支持更严格的 EOS 响应，对实验中由冲击反射产生的再压缩状态进行了 QMD 模拟，再次表明与实验有良好一致性，并验证了 Z 的结果（Desjarlais，2003）。此外，QMD 计算还预测了冲击温度测量结果（Bailey et al. 2008）和高压下雨贡纽数据（Knudson et al. 2001，2003a，b）。这些高度一致的研究结果为圣地亚的结果提供了令人信服的证据，并在解决氘的争议中起到了关键作用。

利用从头算理论，实验和理论结合继续研究其他材料，包括：①数兆巴下冲击加载 – 卸载的铝进入汽化区域（Knudson et al. 2003d，2005）；②石英的高压雨贡纽数据 （Knudson&Desjarlais，2009）；③确定碳的新相（Knudson et al. 2008）；④水的超高压缩（Knudson et al. 2012）；⑤多孔材料的压实（Cochrane et al. 2014）；⑥其他流体和泡沫材料在数个兆巴范围内的研究（Root et al. 2010，2013a，b；Mattsson et al. 2010）；⑦最近发现的液氘金属化转变（Knudson et al. 2015）。其中，石英实验尤其值得注意：大量磁驱动飞片加载到 16 兆巴的数据已经证明石英是测量高压冲击波最精确的标准激光"窗口"之一（Knudson 和 Desjarlais，2009）。由于大多数（如果不是全部的话）激光窗口在冲击加载到几个兆巴时是导电的，这样激光窗口就变成了一个冲击波速度计（Knudson& Desjarlais，2009），而不是巴克尔最初设想的粒子速度计（Barker&Hollenbach，1970，1972）。石英的实验结果与 QMD 计算结果也具有良好一致性，提供了关于其高压响应的深层次物理理解。正如德贾莱斯所评论的，"（石英的）QMD 研究中观察到了一个扩展的分解区和相应的比热结果，这成功解释了石英的 $U_s - u_p$ 非线性关系。"

克努森对于碳（金刚石）的冲击实验表明，高精度雨贡纽数据可以用来识别相图中的细微变化（Knudson et al. 2008）。克努森推断出高压下存在一种碳的新相,即 bc8,并且金刚石相、新相和液碳在沿雨贡纽线约 8.5 兆巴处存在三相点。德贾莱斯的 QMD 计算预测了这些结果:"通过 QMD 计算预测了雨贡纽线穿过金刚石 - 液碳 - bc8 共存区时 $U_s - u_p$ 的细微变化,并取得了相应观测数据,这为金刚石 - 液碳 - bc8 三相点提供了令人信服的证据,也是碳中 bc8 相存在的第一个实验证据。"实验和理论研究得到的碳的相图如图 7.8 所示。

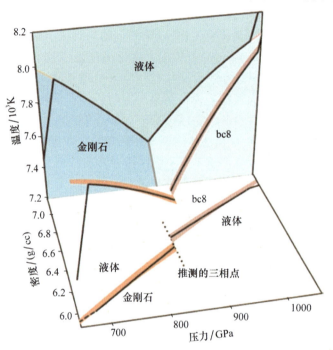

图 7.8 $P-\rho-T$ 空间碳的共存区域。雨贡纽(黑线)在约 680 GPa (6.02 g/cc) 时进入金刚石相,在约 850 GPa 时达到金刚石 - bc8 - 液碳三相点,在约 1040 GPa (7.04 g/cc) 时离开 bc8 - 液碳共存区(粉红带)

(经许可转自 Knudson et al. 2008,AAAS2008 年版权)

近年来,围绕其他恒星的系外行星的发现出现了爆炸性增长,其中包括"热海王星"和"冰巨星"两类行星。系外行星体内存在的温度和压力状态决定了新发现的行星属于哪一类。了解这些行星的组成,以及宽广压力 - 温度范围内水等轻元素和化合物的 EOS,对于研究太阳系和其他恒星系外行星系统中行星的组成和演化是很重要的。在过去,这些信息大多来自于唯象的状态方程,如 ANEOS 和 SESAME。然而,从头算 EOS 的能力越来越强,这对行星科学重要材料的高压特性研究提供了有利条件。水是一个特别的例子。利用等熵压缩技术可以快速使液态水固化,也可以观察到相变的时间尺度(Dolan et al. 2007)。克努森获得的压力 4.5 兆巴的水最新飞片加载实验数据和德贾莱斯的 QMD 计算(Knudson et al. 2012），建立了一个精确的、与过去使用经典模型有很大不同的水的 EOS 数据。一个值得注意的结果是，根据水的第一性原理 EOS 计算，估计海王星和天王星的核心温度比早期模型预测的要低 20%（Knudson et al. 2012）。

在 Z 装置上获得并得到从头算支持的 ICE 和冲击数据已经将圣地亚冲击波计划确立为基础科学和武器界的重要资产。吉姆·阿赛在他的回忆中，引用了《圣地亚实验室新闻》(*Sandia Lab News*) 的一篇文章（Vol. 64, No. 4, p. 1, Feb. 24, 2012），强调了这一认识：

> 国会和能源部都认识到圣地亚及其合作实验室，LANL 和 LLNL 在 Z 装置上进行的实验价值，这些实验支持 NNSA 的核武库管理计划。参议院能源和水资源发展小组委员会（Senate's Subcommittee on Energy&Water Development) 在 2012 年的拨款法案中评论道："委员会明白，(两次)Z 装置(钚)实验中获得的钚在高压下行为的全新且惊人的数据，是对核武库管理计划最有价值的贡献之一。委员会继续大力支持圣地亚在 Z 装置上所进行的武器物理研究，这些研究对维持安全、可靠和有效的核武库至关重要。"NNSA 负责国防项目的副局长唐·库克在谈到圣地亚和 LANL 在 Z 装置上联合进行的钚研究时说："这些高质量的数据可能会提供新的见解，挑战我们的基本认识……这一成就是我们对核武库管理计划做出的最有价值的技术贡献之一。"

在撰写本书时，圣地亚冲击波研究组在高压 EOS 研究方面保持着强大的理论和实验项目。QMD 在这一广泛努力中发挥着核心作用。其他参与的理论家包括托马斯·马特森和凯尔·科克伦，他们将 QMD 模拟扩展到包括氙和二氧化碳的其他流体（Root et al. 2013a, b）以及聚合物（Mattsson et al. 2010）。形成了包括一个多样化研究团队的综合能力，以解决 NNSA 核武库管理计划中广泛存在的材料问题。成功解决了氘在高压下响应特性的争议就是一个很好的例子。

## 7.6 毒害物质的密封

磁驱斜波和冲击加载技术也已应用于常规实验室环境中无法研究的有毒材料，如铍、钚和铀等。在磁驱动器的早期开发中，吉姆·阿赛、克里斯·迪尼和克林特·霍尔提出，磁驱斜波加载应该是 NNSA SSP 研究某些锕系元素和其他材料具有战略性的能力建设，并与其他国家安全实验室的同事讨论了实现这一目标的各种方法。NNSS 炸药驱动的快速脉冲功率的开发首先是与鲍勃·考布尔（Bob Cauble）、阿特·图尔和其他 LLNL 人员讨论的。当时（大约在 2001 年），LLNL 没有兴趣使用脉冲功率技术联合研究毒害材料，圣地亚也放弃了这个选择。克里斯·迪尼采用的另一种方法是在 NTS（现在称为 NNSS）的地下环境中安装一个小型脉冲功率系统，专门研究毒害物质。其他实验室也不接受这一选择,经过相当多的讨论后,没有实施。

以下所述的第三种方法得到了认真考虑。它最终导致了当时 NNSA 唯一的毒害物质高压斜波加载实验能力的成功开发。克里斯·迪尼设想了一个创新的安全壳系统,非常适合这一应用。在这种情况下,ICE 立方体被封闭在硬化钢容器内,连接到 Z 装置中心部分的电流源。斜波或冲击加载实验照常进行,但在获得数据之前一刹那,环绕密封室的 36 个雷管被触发,将 ICE 立方体与装置的其余部分隔开。电脉冲通过靶后马上启动密封程序。密封室和毒害残留物被储存起来,最终可以安全地运送到储存地点。

21 世纪初,在 Z 装置上实现这一能力需要花费数年的艰苦努力,包括:①设计从未在高能脉冲电源环境中使用过的爆炸安全壳系统;②协调多个内部和外部团队,在机械、电气、爆炸、脉冲电源等领域拥有不同的专业知识;③与环境、安全和健康(ES&H)组织协调安全问题;④与 LANL 合作,由 LANL 准备样品并安排往返圣地亚的运输;⑤获得适当的地方、州和国家批准。图 7.9(a) 是密封系统示意图,密封所必需的复杂机械-电气-爆炸物结构确保对有毒样品进行斜波加载实验后的密封。几个有毒样品被安装在内部(主)安全壳的一个 ICE 立方体上。在样品区域的底部放置了一系列铜挡板,以吸收样品在斜波加载时产生的兆巴压力。图 7.9(b) 为脉冲功率科学中心脉冲功率工程部经理兰迪·麦基,他在设计和改进安全壳系统方面发挥了重要作用;图中他站在一个实际的密封室旁边。关闭外部安全壳所需的 36 个雷管在安全壳底部附近呈环状分布。

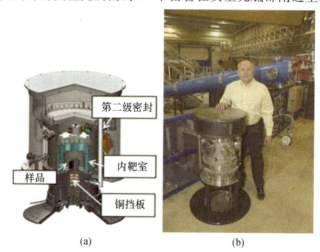

图 7.9　Z 装置上用于毒害材料研究的安全壳系统
(a)试验后隔离试样的爆燃室示意图;(b)兰迪·麦基和一个用于 Z 装置上的密封室。在该密封室底部可以看到 36 个雷管。
((a)为兰迪·麦基私人收藏;(b)经 SNL 许可转载)

圣地亚和其他地方的一些人认为这个项目无法完成，至少不能在短时间内完成。另一个实验室的一名高级管理人员说："他们永远不会在 Z 装置上打钚。"然而，迪尼获得了当地管理部门的批准，并继续进行该项目，由于克林特·霍尔暂时离开了团队，迪尼亲自组织与管理完成项目所需的各种内部和外部团队。迪尼能够吸引霍尔重新加入这个团队，这加快了项目的发展。霍尔将各个工作组组织成一个协调的团队，在接下来的 3 年里，完成了所需的密封室首次试射任务。这种成功正如霍尔在他的回忆中所描述的那样：

经过几年的工作，我们准备首次在 Z 装置上对完整的系统进行测试。我们开了一炮，所有的实时指标都显示它运转正常，但唯一不确定的是期待已久的氦泄漏测试。我们把系统从装置上取下来，并把它与探测器连接起来。可以肯定地说试验绝对没有发生泄漏，我跳了"快乐的舞蹈"！这个系统的第一次运行和我们预期的一样好，甚至更好。证明这是另一种真正为 Z 和圣地亚的冲击波物理研究提供未来的技术，即使我们当时没有完全理解它。

随着密封系统的成功，还需要进行额外的工作。为了获得在 Z 装置上进行钚实验的内部和外部授权，并与 LANL 建立实验室间的合作关系以确定适当的实验，准备样品，将样品运送到圣地亚并将废物从圣地亚运送出去，并分析结果。迪尼和霍尔解决了这些问题，并且 2006 年 5 月 25 日以马库斯·克努森为主的实验人员进行了钚的第一次实验（Z Shot 1720）。霍尔回忆起这一刻：

好吧，长话短说，"在全世界的注视下"，三个月的时间里，我们确实在 Z 装置上进行了三发钚的实验，它们都很好地被密封住了，而且都很顺利地被转移走了。马库斯和丹尼斯·海耶斯合作从数据的分析中做了一些很好的推论，所有的后勤工作都进行得很完美。你看，我们用很少的预算完成了看似不可能的事情！这个实验非常重要，因为它不仅为钚的行为提供了一些新的认识，也保证了圣地亚未来许多年在 DMP① 的发展。

克努森作为实验人员，在 2006 年 6 月 14 日（Z Shot 1731）和 7 月 19 日（Z Shot 1757）又进行了两次钚的打靶实验。这三个实验的目的是获得前所未有的钚老化信息。

将液态氘 EOS 问题作为 Z 冲击波方案的首要目标，并决定继续发展 Z 冲击波技术研究毒害物质的能力，这一组合策略取得了无数的成果。氘 EOS 争议的解决使圣地亚和 Z 装置在 NNSA 的国防项目和科学界中崭露头角。钚的首次斜

---

① DMP 是 NNSA 科学项目子项目的缩写。该子项目的正式名称是动态材料特性（Dynamic Materials Properties）。

波加载实验巩固了圣地亚在核武库管理计划中的地位,并在未来几年增加了对圣地亚冲击波研究的资助。此外,密封系统现在打开了通往全新业务的大门,使圣地亚能够带来一个全新的客户群,这个客户群具有高度认可的与武器物理无关的国家需求。如果没有这个系统,在 Z 装置上进行冲击波研究的所有问题将仍然以国防计划为中心。

参议院 2012 财年《能源和水资源发展拨款法案》[①]强调,承认 Z 装置在增进对核武器性能的了解方面发挥的作用,该法案建议为支持圣地亚的核武器研究提供额外资金:

*科学活动*——……委员会赞扬圣地亚国家实验室在翻新后的 Z 装置上成功和安全地进行了两发钚实验。委员会了解到,这些实验产生了关于钚在高压下行为的全新而令人惊讶的数据,而这些新数据是对核武库管理计划最有价值的贡献之一。委员会继续大力支持圣地亚 Z 装置的武器物理研究,这些研究对维持安全、可靠和有效的核武库至关重要。

自从 Z 在 2007 年财政年度末完成更新工作以来,在 Z 装置上进行的毒害物质实验,特别是钚的实验已经很多,而且还将继续进行更多的实验。自翻新以来,到 2016 财年末,又进行了 17 次钚打靶实验。此外,安全壳系统已经变得比 2006 财年前三次 Pu 打靶复杂得多,当时 Z 还没有翻新。安全腔现在包括一个围绕安全壳系统的帐篷结构,它保持负压,并包含任何被释放的毒害物质和其他附加的安全措施。Z 装置上的钚实验不断产生令人惊讶的新数据。2013 年 5 月 15 日,Z 装置的输送电流增加了 45%,在钚中实现了最高压力斜波压缩实验。这一成就需要非常精确的 16MA 电流脉冲整形。新数据将减少用于评估美国核武库安全性和性能的复杂模拟代码的不确定性。

## 7.7 紧凑型脉冲发生器:Veloce

虽然 Z 实验提供了其他方法很难获得的超高斜波压力(高达 4 兆巴)和冲击压力(约 40 兆巴)的数据,但是实验是非常昂贵的。科学和武器也需要较低压力的斜波加载数据(小于 500 千巴)。认识到这一需求,克林特·霍尔在 2004 年启动了一个项目,建造一个脉冲功率发生器用于低压段的斜波和冲击研究,尤其是针对圣地亚武器项目的研究。第一台脉冲发生器由一家法国公司根据合同建造,名为 Veloce,于 2006 年投入使用。华盛顿州立大学也建造了一个类似的

---

① FY2012 Senate Energy and Water Development Appropriations Bill. Senate Report 112 - 075, Government Printing Office,(2012),p. 101.

小型脉冲发生器。冲击加载和斜波加载技术在如7.10图所示的装置上都得到了完善,产生高达3MA的电流,上升时间约为450ns。高质量的斜波加载已经在几种金属上实现,钽的峰值压力约为170千巴,使用成本与气体炮研究的成本相当(Ao et al. 2007,2008;Asay et al. 2008,2009,2011)。Veloce也被用来发射速度为几千米每秒以内的飞片,虽然这个速度很容易用更传统的技术获得。尽管Veloce的驱动压力被限制在200千巴左右,但目前在圣地亚工作的大卫·莱斯曼和其他人正在努力开发一种小型紧凑脉冲发生器,名为Thor,它将能够产生兆巴量级的斜波加载压力。

图7.10　紧凑型脉冲发生器的照片。根据达到的峰值电流和样品的阻抗,
该脉冲发生器用于产生峰值压力约为200千巴的磁驱斜波加载
(兰迪·希克曼私人收藏)

Veloce还为Z装置上的冲击波项目做出了重要贡献,在将概念转移到Z装置之前,为新的实验方法提供了一个低成本的试验平台,如图7.11所示。阳极和阴极板被一个0.35mm厚的聚酰亚胺层隔开,这就使得在样品尺寸以上的横向磁场在两者之间的间隙几乎是均匀的(Chantrenne et al. 2009)。样品被放置在两个相对的面板上,每个面板上的粒子速度剖面用于确定压力-体积响应。

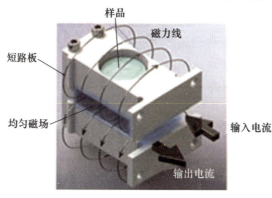

图7.11　针对ICE实验在Veloce发展的带状线技术
(吉姆·阿赛私人收藏)

如果样品响应是应变率相关的,则移除一个样品,直接测量铝板的粒子速度历史。这可以确定样品的加载粒子速度历史,并可用于确定材料的响应。与 ICE 立体体构型相比,这种方法在横向和纵向上提供了更好的样品表面压力均匀性(通常小于平均粒子速度的 1% 的变化)。对于给定的施加电流,该方法还可以产生更有效的较高压力载荷,并且可以通过测量与样品直接相对的面板速度历史来精确分析率相关的材料特性。详细的 MHD 分析和实验测量确定了样品直径上磁载荷的均匀性,约为 1%(Chantrenne et al. 2009)。

测量作用在对面平板上的输入粒子速度,则可以利用海耶斯反向分析法(Asay et al. 2009)直接确定样品的输入剖面。然后使用标准的建模技术,用任何材料模型(包括速率相关模型)模拟被测样品的输出剖面。该技术从 2006 年开始在 Veloce 上首次开发和完善,然后经过少量修改转移到 Z 装置(Asay et al. 2009,2011)。现在带状线构型通常用于 Z 装置上非常高的压力测量和实现最高的飞片速度。Z 装置上的构型如图 7.4 所示。

技术转移到 Z 装置的另一个例子是由杰克·怀斯在 Veloce 上开发的一种独特的加热技术(Wise et al. 2013),该技术允许样品在斜波加载前预先加热到数百摄氏度。这项技术在 Veloce 上完善后转移到 Z 装置上,从而在开发期间节省了大量资金。在铍样品上成功地进行了高温实验(Z Shot 2189),升温至 656℃,斜波加载至高压。怀斯还设计了一个软回收筒,并在 Veloce 上实现,预计将在 Z 装置上使用(Chantrenne et al. 2009)。

## 7.8 磁致压力剪切

在 Z 装置上证实了斜波加载之后,立即进行了相关协同工作,开发了从卸载波剖面获取材料强度信息的实验技术,就像冲击加载 - 卸载波剖面一样。早期结果在 Veloce 上得到证实,并扩展到 Z(Asay et al. 2008,2009,2011;Ao et al. 2009a)。贾斯汀·布朗将峰值压力和强度测量精度的结果扩展应用到 Z 装置上(Brown,Alexander,Asay et al. 2013,2014a;Brown,Knudson,Alexander,Asay,2014b)。钽在 2.5 兆巴压力下的流变强度研究结果如图 5.1 所示。尽管如此,还是投入了大量的工作来开发用于 Z 装置上的替代技术,该技术可以直接测量高压下的流变强度。这项工作开始于 2007 年,是斯科特·亚历山大领导的实验室指导研发项目。它是基于为斜向碰撞气体炮研究(前面已讨论)而发展的压力剪切技术。将这一基本概念应用到磁加载技术中,需要一种新的方法来产生应力张量的剪切分量。

该技术最初是在 Veloce 脉冲发生器上构思和实现的。在这种方法中,将来自 Veloce 的脉冲电流施加到包含样品的带状线构型上之前,在垂直于样品方向施加高达 10T(10 万高斯)的准静态磁场几毫秒。不管是金属还是非金属,这一外场使导电条纹线和样品达到饱和。如前所述,脉冲电流作用于准静态磁场峰值处时,施加的电流会对样品组装产生一个纵向应力,外加磁场产生的洛伦兹力也会在驱动平板上产生一个横向应力。在准静态外加磁场与电流的相互作用下,驱动平板中产生横向运动和剪切应力,使其达到临界剪切强度。若驱动板(通常为钼)的剪切强度大于样品的剪切强度,则驱动板中产生的剪切波进入样品,并在样品中产生剪切应力,且剪切应力通过界面传递。通过样品传递的剪切应力等于样品在相应纵向应力下的剪切强度。通过将样品中的剪切波传递到弹性支承板(称为压砧)中,并测量其自由面粒子速度,可以确定样品的剪切强度。同样,这取决于剪切应力在两者之间的界面上传递。目前,正在进行一些工作来评估和开发最有利于剪切传播的条件。

磁致纵向应力和纯剪切的概念如图 7.12 所示。采用双 VISAR 系统技术(Chhabildas et al. 1979)来确定纵向和横向速度,如斜向冲击实验;这将对材料施加纵向应力产生剪切变形。尽管 Veloce 概念的发展是极其复杂的,需要进行大量的实验来解决脉冲功率、仪器和材料问题,但这些问题在铝的磁致压力剪切(MAPS)实验中得到了成功的解决和验证(Alexander et al. 2010)。图 7.13 为采用 MAPS 技术对铝样品进行流变强度(它是临界剪切强度的两倍)的实验测定,并与卸载波剖面测定的流变强度进行对比(Huang&Asay,2005)。MAPS 技术已经用于升级的 Z 装置上。未来 Z 装置实验将研究包括钽在内高 Z 材料的临界剪切强度。

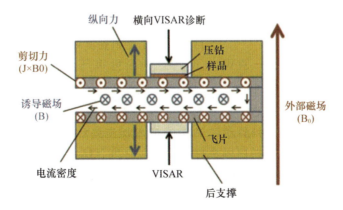

图 7.12　用于在薄样品上诱发正常纵向应力(压力)和剪切载荷的磁致压力剪切带状线技术。如同用于斜冲击技术,旁轴式 VISAR 用于确定纵向和横向粒子速度
(经许可转自 Alexander et al. 2010,AIP 出版公司 2010 版权)

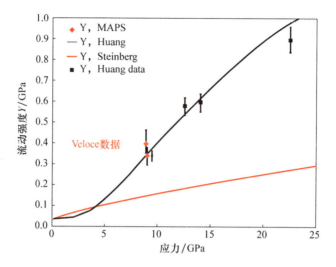

图7.13 采用MAPS技术确定的流变强度与先前纵向卸载波剖面技术结果的对比图。Al数据和模型结果来自Huang和Asay（2005）
（经许可转自Alexander et al. 2010，AIP出版公司2010版权）

## 7.9 新千年的STAR

1995年5月，STAR在完成了预定的最后一发实验后决定拆除，在拉利特·查比达斯和比尔·莱因哈特为主的几个人的努力下，于20世纪90年代末得到了恢复。在约翰·马丁内斯和汤姆·桑希尔的协助下，STAR今天继续在莱因哈特的管理下运营。自从该设施重新开放以来，已经开发了许多新技术和仪器，特别是在三级炮上开发出发射弹速达19km/s以上的加载技术（Thornhill et al. 2006）。

STAR采用了多种新技术，包括验证计算机代码的多维度实验（Chhabildas et al. 2000b，2003，2006）、微观结构对层裂的影响（Chhabildas et al. 2002；Vogler&Asay，2004；Furnish et al. 2006，2007；Vogler&Clayton，2008；Vogler et al. 2008）以及压力-剪切测量技术（Vogler et al. 2011）。在STAR上的其他实验研究包括评价冲击加载的二维效应（Reinhart et al. 2002），可控膨胀管的破碎（Vogler et al. 2003），超高速侵彻（Bessette et al. 2004），混凝土动力学响应（Hall et al. 1999），冲击导致的汽化（Chhabildas et al. 2006），陶瓷、混合物和粉末的冲击压实（Vogler et al. 2007），玻璃的高压材料强度（Alexander et al. 2008），陶瓷、蓝宝石等材料的相变和强度（Reinhart&Chhabildas，2003；Bessette et al. 2004；Reinhart et al. 2006，2007；Vogler&Asay，2004；Vogler et al. 2004；Vogler&Chhabildas，2006）。

同时还引入了时间分辨的光谱测量技术,并对光谱范围从可见光扩展到红外再到太赫兹波段,用于监测高速撞击产生的碎片(Reinhart et al. 2008;Thornhill et al. 2008,2009;Wanke et al. 2007)。此外,特雷西·沃格勒和他的同事利用 STAR 的斜向冲击技术,恢复了压力剪切压缩技术,并将其应用于一些高压剪切强度的研究中。沃格勒还用它来研究颗粒材料的纵向冲击和剪切压实(Vogler et al. 2011)。

一直到 2007 年,STAR 都是由拉利特·查比达斯管理,到 2010 年交给克林特·霍尔,目前由戈登·莱夫斯特管理。在撰写本书时,该设施资金充足,并继续为各种内部和外部机构提供有价值的数据。下面重点介绍一些新技术的发展。

### 7.9.1 颗粒材料压实的剪应力效应

圣地亚结合纵向和剪切载荷的研究始于 20 世纪 80 年代初拉利特·查比达斯及其同事的工作(Chhabildas et al.1979;Chhabildas&Swegle,1980;Chhabildas&Hardy,1982)。该技术利用 Y 切石英晶体的正常碰撞,同时产生纵波和横波,并传播至粘接在晶体后表面的样品上。这一技术有效地用于几种惰性和含能材料的研究中(Chhabildas&Swegle,1982;Chhabildas&Kipp,1985),但存在的主要缺点是石英驱动的最大纵向应力仅为 30 千巴左右,需要碰撞技术将冲击压力提高到更高的值。一种最初由布朗大学开发的斜向冲击技术被用于这一目的(Duprey&Clifton,2000)。然而,直到 2010 年左右斜向冲击加载技术在 STAR 才成功实施(Vogler et al. 2011)。

为了实现这一目标,伦德根最早的弹丸发射器,有时也称为精密冲击发射器(Barker,1961;Smith&Barker,1962),在 1980 年被转移到 STAR,并改装成斜向冲击炮。在这种组装中,沿炮管内部铣削了一个直槽,在发射过程中,弹丸通过一个销子控制在槽内,该销子可防止弹丸旋转,从而使安装在斜角上的飞片以相同角度撞击样品。当受到冲击时,纵波和横波的产生比例由斜角和表面的滑移程度决定。这种方法允许在给定的纵向应力下直接测量剪切强度。该技术称为压缩-剪切实验,或者更常见的是压力-剪切(P-S)实验。P-S 装配如图 7.14(a)所示,用两个偏离轴心的 VISAR(图 7.14(a)中分别表示为 V1 和 V2)测量与剪切强度有关的纵向速度和横向速度,通过 VISAR 信号的相加和相减可以确定两个速度(Chhabildas et al. 1979;Chhabildas&Hardy,1982)。

特雷西·沃格勒和他的同事将这种技术用于 STAR 斜向冲击炮,并将其应用于几项高压剪切强度研究中。其中一个应用是研究颗粒材料在纵向冲击-剪切联合作用下的冲击压实行为(Vogler et al. 2011)。一个值得关注的结果是,碳化钨(WC)粉末由于具有高强度,即便冲击应力达到 45 千巴,正常的冲击压实并不会改变起始材料的平均颗粒大小,如图 7.14(b)的左图所示。然而,在相同应力下,如果在纵向压缩加载后跟随一个 2 千巴的纯剪切应力波扫过颗粒,初始颗粒被粉碎成单独纵向压缩时的 1/10 大小(Vogler et al. 2011),所得微观结构如图 7.14(b)的右图所示。实验结果表明,由于颗粒间的滑动摩擦,当剪切应力很小时,颗粒大小会发生较大的变化。这种效应在以前对颗粒材料进行的许多冲击压实实验中没有观察到,突出了在冲击压实过程中需要考虑颗粒间的摩擦效应。

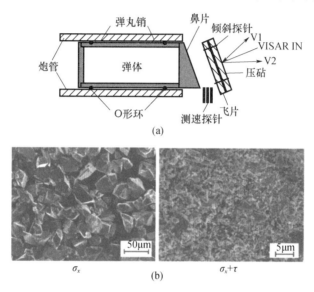

图 7.14 产生颗粒材料压力 – 剪切载荷的斜向冲击技术

(a)实验技术。在基板和压砧之间包含一个细颗粒样品。一束普通激光束入射到砧上,偏离轴心的 VISAR 光束 V1 和 V2 用于确定纵向和剪切粒子速度(经 SNL 许可转自 Vogler et al. 2011)。(b)仅用于纵向应力加载和应力 – 剪切联合加载的 WC 颗粒试样的压实实验结果(特雷西·沃格勒私人收藏)。

## 7.9.2 反向泰勒碰撞研究

霍普金森杆实验(Kolsky,1949)被广泛用于确定材料在应变率 $10 \sim 10^3 \text{ s}^{-1}$ 单轴应力加载下的断裂强度,而冲击实验则用于确定在应变率超过 $10^5 \text{ s}^{-1}$ 单轴应变加载下的断裂强度。霍普金森杆实验由两个细长、小直径的杆(加载输入和输出杆)组成,它们之间夹着一个薄的样品。由于加载杆的长径比较大,样品的输入应力基本上是单轴或一维应力加载。这是因为大的长径比导致横向应力载荷为零(大气压),而在单轴应变冲击波实验中惯性约束能产生大的横向应力。断裂强度定义为材料屈服时的动态应力(如冲击波实验中的 HEL)。之前讨论的斜波实验也可以提供 $10^5 \text{ s}^{-1}$ 左右的加载速率,但这是单轴应变实验,因此从这些实验中获得的材料破坏数据不能直接与霍普金森杆的结果进行比较。

泰勒碰撞实验(Taylor,1946,1948)是将一个小直径圆柱形杆撞击到刚性板上,为霍普金森杆和冲击波实验不同加载速率之间架起桥梁。然后通过回收实验结合原位高速摄影来确定圆柱的塑性变形,利用测量圆柱杆的减速过程来确定圆柱的断裂强度。由于回收后进行事后分析简单易行,这一技术对延展性好的样品非常有效。然而,由于无法回收到完整的样品,还无法应用于如陶瓷等脆性材料。

在 STAR 发展了一个新实验方法,即采用刚性顶砧撞击固定套筒棒,并利用其加速度剖面来估计单轴应力加载时的动态屈服强度。图 7.15(a)说明了该方法。正如正常的冲击波实验那样,使用多层密度材料作为顶砧在样品中提供了一个时间相关的加载剖面,而不是一个间断的冲击(Chhabildas et al. 1992,1997)。采用一级压缩气体炮加载和速度干涉测量,对陶瓷棒试样后表面的加载行为进行了实验研究。通过杆的长径比设计和随时间变化的加载剖面,使样品实现与传统霍普金森杆实验一样的近单轴应力加载。在这实验中,采用时间分

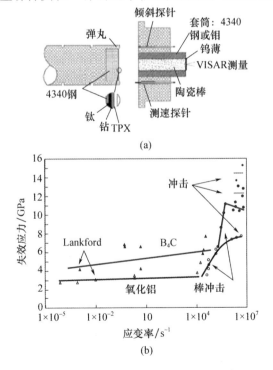

图 7.15 基于套筒棒的非冲击加载技术

(a)实验装配图;(b)氧化铝(黑线符号)和 B4C(亮线和实心圆符号)的断裂应力随应变率的变化。

(拉利特・查比达斯私人收藏)

辨诊断技术首次确定了材料在应变率为 $10^5/s$ 的近单轴应力加载下的断裂强度。只要杆的长径比大于 4 就能获得单轴应力加载。当采用多层密度材料(Chhabildas et al. 1993b,1995)撞击裸露的和有套管的陶瓷棒时(Chhabildas et al. 1997,1998,1999；Holland et al. 2000)，由 VISAR 确定的粒子速度峰值是材料在加载过程中断裂的一种量度。陶瓷棒在加载过程中总是会断裂，特别是没有套管的情况，因此，这种测试方法非常适合脆性陶瓷。

图 7.15(b)所示为应变率 $10^{-5} \sim 10^7 s^{-1}$ 范围内多次实验所得断裂强度随应变率的变化。泰勒(棒)碰撞实验给出了 Coors AD995 氧化铝(Chhabildas et al. 1997)和碳化硼($B_4C$)在 $10^4 \sim 10^6 s^{-1}$ 应变率范围内的结果。碳化硅的实验结果(Holland et al. 2000)也符合同样的变化趋势(图中未显示)。图中还给出了准静态压缩、霍普金森杆加载(Lankford,1981)和 $10^6 s^{-1}$ 左右应变率的氧化铝(正方形)和碳化硼(菱形)的冲击雨贡纽结果(Grady,1992,1995b)，以及碳化硼在更高压力下(约 15 GPa)的冲击雨贡纽数据(Brar et al. 1992)。

这种新的测试方法的独特之处(Chhabildas et al. 1997)在于：①当应力脉冲通过相对短的棒时，利用多层密度飞片产生随时间变化的应力脉冲，使从初始的单轴应变加载平稳有效地转变到单轴应力加载状态；②通过增加冲击速度和不同层级密度飞片设计的综合考虑，加载速率可从 $10^4 \sim 10^6 s^{-1}$ 不等；③从这种装配中获得 $10^4 s^{-1}$ 的加载速率，这是分离式霍普金森杆或冲击加载技术都难以实现的；④套筒棒与多层密度飞片相结合，可消除样品中产生的拉伸损伤；⑤通过改变加载阶段套管的尺寸和材料来改变样品构型，可以控制棒的损伤。这种测试方法也可用于评估许多韧性和脆性材料的损伤模型。

通过对多层密度材料和更低碰撞速度的合理设计，可以获得与分离式霍普金森杆相适应的应变速率。因此，这项技术对脆性材料非常有价值。在霍普金森杆实验中，脆性材料的处理面临着相当大的挑战，特别是测量过程中如何防止断裂。

### 7.9.3 冲击汽化：动力学效应

正如 6.2 节所讨论的，太空界和国防界对冲击汽化对太空杀伤力和脆弱性影响的评估非常感兴趣。用于研究撞击产生的液体-汽化碎片的技术最初发展于 20 世纪 80 年代末。早期的冲击汽化效应研究包括镉(Asay et al. 1990)、铅(Asay et al. 1988,1990)、锌(Wise et al. 1992)和多孔铝(Kerley&Wise,1988)。在这些研究中，液体-汽化产物被允许在 10mm 左右的间隙中传播，并停滞在一个标记板上。然后，利用 VISAR 测量标记板的碎片运动，将结果与预期碎片运动的计算模拟关联，从而推算碎片的热力学状态。早期的研究是在 STAR 的二级轻气炮上进行的。由于冲击速度限制在 7km/s 以内，并没有使加载或卸载样品高度汽化。后来,三级轻气炮(Chhabildas et al. 1993b,1995)将这些研究扩展到了更高的冲击速度,使锌冲击至 550 GPa (Brannon 和 Chhabildas,1995),并在冲击状态卸载后达到了完全汽化。对铝的类似研究(Chhabildas et al. 2003)表明,很难将实验结果(冲击压力低于 230 GPa 发生汽化)与计算模拟的预期汽化进行比较,即使是在间隙传播距离为 100mm 量级。因此对于铝,冲击汽化阈值被确定为 230 GPa 左右(Chhabildas et al. 2003)。

为了进一步研究冲击汽化过程,需要研究铝、铟和锌液-汽混合碎片的动力学和输运特性。对于这三种材料,常压下的熔化温度 $T_m$ 和汽化温度 $T_V$ 是显著不同的。铝、锌和铟的熔点分别为 660℃、420℃ 和 156℃,而沸点分别为 2467℃、907℃ 和 2270℃。铝和铟的熔化温度 $T_m$ 相差很大,但沸点 $T_V$ 却相差无几。铝、锌和铟完全汽化所需的能量分别为 13.9kJ/g、2.28kJ/g 和 2.56kJ/g。铝和铟的汽化温度 $T_V$ 是相当的,但达到汽化状态所需的能量 $E_V$ 却大不相同。同样地,铟和锌达到汽化状态所需的能量 $E_V$ 相当。这三种材料都将在 10km/s 左右的碰撞速度下完全熔化,但由于沸点和汽化能不同,冲击汽化的膨胀过程也不同。

在冲击压力大于 3 兆巴时,影响铝和铟在混合液-汽态中碎片输运特性的相对重要的基本热力学参数是通过碰撞产生的碎片在 120mm 间隔的观察板间的停滞运动来确定的,这些碎片在轴向和横向上沿观察板之间的间隙扩展。间隙尺寸还提供了一个持续时间,在该时间内,冲击汽化动力学过程在停滞之前发生。作为间隙传播距离的函数,在标记板上加载行为(自由表面速度与冲击速度之比)的减少决定了汽化过程的动力学。

图 7.16 的速度比为实测标记板自由面(加载)速度峰值与实验中产生峰值

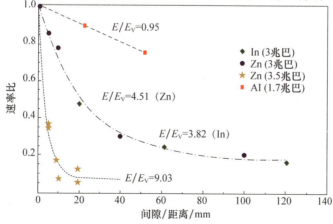

图 7.16　自由表面峰值速度与冲击速度之比的变化,即碎片云对标记板上峰值应力载荷与停滞前穿过的间隙的估计
(经许可转自 Chhabildas et al. 2006,爱思唯尔有限公司 2006 年版权)

应力的冲击速度的归一化比值。图中所示锌和铟的冲击能 $E$ 与其汽化能之比（$E/E_V$）接近（Chhabildas et al. 2006）。值得注意的是，当 $E/E_V$ 接近时，两种材料的传播行为相似。由于本研究中锌的 $T_V$ 和 $E_V$ 最低，预计汽化含量最高。将所有关于锌（$E/E_V=9$）和铝（$E/E_V=0.9$）的冲击汽化研究结果结合起来，可以更好地理解冲击汽化过程。换句话说，冲击汽化动力学具有时间相关性，在本研究中，$E/E_V$ 从 1~9 不等，$E/E_V$ 越大，冲击波汽化过程越快。这些首次的实验测量证实了汽化过程动力学可以作为材料中冲击应力或冲击能的函数。需要解决的一个主要问题是，这是否像锌和铟数据所显示的那样，代表着一种普遍的行为。另一个问题是当碎片在停滞之前以混合相的形式传播时，液体变为蒸汽的分数比如何变化。这些信息可以帮助计算模拟开发更好的材料膨胀汽化流动模型。

## 7.10 21 世纪的人物和地点

吉姆·洪，2004 年晋升为可扩展系统集成部经理（经 SNL 许可转载）

狄龙·麦克丹尼尔、弗拉基米尔·弗尔托夫（Vladimir Fortov）、杰夫·劳伦斯（从左至右），拍摄于 2003 年；2013 年，弗尔托夫当选俄罗斯科学院院长（杰夫·劳伦斯私人收藏）

克里斯·迪尼（左）和唐·库克，2011 年，在内华达试验场参观用于锕系元素研究的炮

吉姆·贝利，2002 年获得杰出技术人员表彰（经 SNL 许可转载）

第一部分　冲击波能力建设

韦恩·特洛特,2000 年获得杰出技术人员表彰(经 SNL 许可转载)

玛丽·安·斯温妮,2013 年获得个人国防项目优秀奖(Individual Defense Programs Award of Excellence)并获得杰出技术人员表彰(经 SNL 许可转载)

2004 年,斯莫伦(Smolen)将军向新墨西哥武器系统工程中心主任史蒂夫·罗特勒(右)颁发"模范文职人员奖"(Award for Exemplary Civilian Service)(经 SNL 许可转载)

马库斯·克努森,2014 年当选美国物理学会会士(经 SNL 许可转载)

杰克·怀斯(左),2016 年获得杰出技术人员表彰;比尔·莱因哈特,2013 年获得杰出技术人员表彰(比尔·莱因哈特私人收藏)

拉利特·查比达斯,2003 年晋升为固体动力学与含能材料部经理(经 SNL 许可转载)

圣地亚国家实验室冲击波研究发展历程

蒂姆·特鲁卡诺,2006 年晋升为高级研究员(经 SNL 许可转载)

比尔·普劳德(Bill Proud)、麦克·菲尼西、林恩·弗尼希(Linn Furnish)(从左到右)(迈克·弗尼希私人收藏)

丹·卡罗尔(Dan Carroll)、艾伦·罗宾逊、肯特·巴吉和苏·卡罗尔(Sue Carroll),2001 年,ALEGRA 团队成员在获奖晚宴上(从左至右)(经 SNL 许可转载)

基思·马岑,脉冲功率科学中心主任。2013 年基思·马岑(Keith Matzen)(后面)向一位日本游客解释 Z 箍缩实验构型(经 SNL 许可转载)

吉姆·阿赛,2003 年入选国家工程院(吉姆·阿赛私人收藏)

吉姆·约翰逊,2011 年获得乔治·杜瓦尔冲击压缩科学奖(吉姆·约翰逊私人收藏)

第一部分　冲击波能力建设

特雷西·沃格勒,2011年担任凝聚介质冲击压缩会议(SCCM)大会联合主席。2016年,他获得杰出技术人员表彰(特雷西·沃格勒私人收藏)

约翰·本尼奇、多恩·弗里克、戈登·莱夫斯特和托马斯·马特森(从左到右)站在Thor前。Thor是一种紧凑的脉冲发生器,能够产生兆巴量级的压力。多恩是HED材料物理部高级经理,约翰是动态材料性能经理,戈登是固体动力学实验经理,托马斯是HEDP理论经理(经SNL许可转载)

# 第 8 章 展望未来

## 8.1 回　　顾

本书介绍了冲击波科学的概况,描述了过去 60 年来在圣地亚进行的一些开创性研究。冲击波项目的组织和实施与其他机构的类似研究项目截然不同。20 世纪 50 年代建立了两项独立的冲击波研究工作,一项侧重于对冲击波压缩过程的科学理解,另一项侧重于工程应用。

在科学方面,弗兰克·尼尔森最初的冲击波研究重点是了解铁电材料和压电材料在冲击载荷作用下的基本机电响应。这项工作源于开发新设备以满足国家核武器计划不断发展的要求。尼尔逊与比尔·本尼迪克和鲍勃·格雷厄姆一起进行了许多实验,对这些材料有了基本的了解,并对机电响应进行了理论描述。最初,在洛斯阿拉莫斯开发的爆炸平面波发生装置上进行了实验研究,以产生精确的加载条件,使电输出与冲击应力相关联。洛斯阿拉莫斯的研究为在武器部件中使用这些材料铺平了道路,而且对开发用于实验的诊断传感器也很重要。特别是,在 20 世纪 60 年代初立即得到了回报,包括第一个用于冲击波研究的时间分辨应力计和开发用于武器部件的爆炸放能电源。在乔治·萨马拉的指导下,后来一个被命名为固体物理学研究处的研究组织从这一早期的倡议中诞生了,该组织致力于研究各种受冲击压缩的材料的物理和化学特性。

在工程方面,唐·伦德根强调了武器问题的工程解决方案,主要集中在相关系统中使用的材料类别,其动机是了解当时部署的接触引信和其他部件的响应。伦德根认识到,解决这些复杂问题需要广泛的实验研究,同时还需要综合开发新的材料模型和流体力学代码来模拟组件和系统。因此,他发起了一项协同研究工作,将新实验能力的结果与先进的材料模型结合起来,用于新兴的流体动力学计算代码。这一目标通过将三个单独管理的活动合并到一个组织内由一位经理领导得以实现。

伦德根在 1962 年组织并领导了物理特性研究部门,开始实施这一研究目标,他招募了几个关键人物,他们成功地实现了他的愿景。特别值得一提的是,他最初招募了林恩·巴克尔、瑞德·霍伦巴赫两位富有创新精神的实验家,他们开发了新的冲击波技术和诊断方法,至今仍在使用。伦德根在20世纪60年代早期为这个部门增加了几个实验人员和建模人员。20世纪60年代中期,他聘请了麻省理工学院的研究助理沃尔特·赫尔曼。赫尔曼在材料建模和代码开发方面拥有丰富的经验。20世纪60年代末,伦德根从管理层卸任。1968年,赫尔曼管理着一个研究冲击波的部门,并将其命名为固体动力学研究处。该部门和名称一直有效,直到20世纪90年代初被圣地亚重组。赫尔曼推动了伦德根的愿景,通过大量增加工作人员和将下属部门(当时称为部门)紧密地组织在一起,共同致力于应用集成的实验、建模和模拟能力来解决核武器的应用和其他涉及国家利益的问题。

多年来,对各种引信设计的研究一直持续到现在。现在,能够对用于接触引信的任何材料和几乎任何冲击环境的其他武器组件进行精确的引信性能模拟。此外,对含能材料的研究导致了改进的雷管和用于点火装置的爆炸驱动电发生器的发展。这项研究不仅允许开发用于这些装置的复杂材料模型,包括复合材料和铁电相变,而且还允许在流体动力学计算代码中实现这些模型,以验证核武器部件和系统。

实验冲击波研究活动的一项里程碑式的成就是利用高速平板撞击发射器开发了平面冲击技术。尼尔森的团队最初使用平面波爆炸发生器进行冲击波研究,而伦德根在20世纪50年代末开始向使用滑膛炮过渡。在这个设计中,装在炮射弹上的飞片产生精确的冲击加载,且比高能爆炸具有更好的安全性和控制性、更灵活可调的撞击状态、更高精度的冲击波运动特性精密测量(如冲击状态下的冲击波速度、应力或粒子速度)。伦德根开发的第一个精确冲击发射器是一个改变游戏规则的能力,由此开始在圣地亚和其他地方建设一系列炮,并逐步增加发射速度和相应的冲击压力。

状态方程研究发射能力迅速增长,从20世纪50年代一个初始速度约0.3km/s的空气压缩炮,到20世纪60年代略超过1km/s的氢气压缩炮,到20世纪70年代初2km/s的火炮,到20世纪80年代早期7km/s的二级轻气(氢气)炮,最后是20世纪90年代最大速度20km/s的三级炮(超高速发射器)。在20世纪90年代末,人们发现来自快速脉冲电流源的磁场可以将完整的飞片发射到更高的速度;到2010年,速度已达到46km/s。这个巨大的速度增加导致在实验室条件下精确地产生和测量近千倍的冲击压力,即从20世纪60年代早期的数十千巴到20世纪90年代二级轻气炮的几个兆巴再到21世纪磁驱动飞片的数十兆巴。这种碰撞速度和压力范围允许整个武器应用场景内的冲击研究,从适用于武器运载系统的低压到现代核武器的工作压力。

另一种从炮技术发展而来并在几十年里逐步发展起来的战略能力是将材料

光滑压缩到兆巴压力的能力,称为斜波或准等熵加载。这一额外的改变游戏规则的技术是由于固体动力学研究长期致力于探索比冲击波压缩更冷(同一压力状态下温度更低)的高压热力学区域。第一次开发斜波加载的实验是在20世纪60年代末使用熔石英产生的,随后采用了几种密度梯度飞片方法,于1999年又在Z设备上进行了磁加载(第一次产生了数兆巴的平稳光滑压力加载)。此外,磁加载技术允许在样品中产生更复杂的加载历史。通过加载条件的改进和数据分析技术的发展,Z装置上斜波加载数据的精度已接近传统冲击波技术的精度。因此,现在有可能精确地确定4兆巴压力区域内任何材料状态方程的整个曲面。这一里程碑式的成就现在正被包括激光压缩在内的其他平台模仿(激光压缩可以产生更高的斜波加载压力,但由于样品尺寸较小,可到达的状态方程曲面区间有限,数据不确定性也更高)。

到20世纪70年代中期,固体物理研究处和固体动力学研究处的实验诊断技术已经发展到比较成熟的阶段,能够对几百千巴压力下的冲击现象进行高分辨率的测量。1960年左右,圣地亚开发的石英计是第一个用于这些测量的时间分辨应力计,其应力限制在30千巴左右。20世纪70年代初,林恩·巴克尔在圣地亚发明了VISAR,到20世纪80—90年代,二级轻气炮上VISAR的测量已扩展到数个兆巴,到2010年,在Z平台上则达到数十兆巴。多年来,VISAR的能力得到了增强(尤其是巴克尔的回忆),它也改变了冲击波研究的游戏规则,并继续作为世界各地实验室冲击波研究的主要诊断工具。

圣地亚为冲击波研究开发了其他几种诊断方法,包括铌酸锂PZT压力计、铁电应力计、聚偏二氟乙烯应力计、线VISAR(也称为ORVIS)和压力-剪切干涉仪;这些在前面的章节中已讨论。作为一种联合,时-空分辨的诊断允许对材料响应进行深入研究,不仅可以在超长的压力、温度和密度范围内进行,而且可以在足以观察非均匀现象的尺度内进行,例如由晶粒取向或其他局部变形引起的现象。在宽范围压力、特定体积和温度条件下精细探测材料动态响应的能力的巨大增长,使下一代材料模型的开发能够(更加精确地)描述这些响应。

在圣地亚冲击波程序中,还开发了多种材料模型。这些模型包括多孔材料的动态响应、聚合物的黏弹性响应、金属的动态响应和失效、压电材料和铁电材料的机电行为。此外,还发展了利用量子分子动力学分析复合材料的冲击行为、含能材料的起爆特性、相变动力学和量子分子动力学从头算物态方程。其中,许多模型已在流体动力学代码中实现,以用于描述大动态范围内的材料响应。这些改进使各种与武器和基础科学有关的应用能够得到解决。

在实验和建模的同时,大量的工作致力于开发流体动力学代码来模拟动态材料响应。这些工作从一维拉格朗日代码WAVE开始,这是沃尔特·赫尔曼从麻省理工学院带来的。这段代码演变成了一维拉格朗日代码 WONDY。另一个一维代码 CHARTD 也是在当时由山姆·汤普森开发的。计算能力在 20 世纪 70 年代和 20 世纪 80 年代发展到二维代码,包括拉格朗日代码 TOODY 和欧拉代码 CSQ。这些流体动力学代码,特别是汤普森的 CSQ 和他后来的二维版的 CTH,用于解决 20 世纪 70 年代和 80 年代的几个科学问题,包括三哩岛核事故和美国"爱荷华"号战列舰炮塔爆炸。汤普森的三维流体力学代码 CTH 在 20 世纪 90 年代中期成为解决复杂问题的主要工具,并结合了圣地亚和其他实验室在过去几十年里开发的一系列材料模型,以解决一系列科学和实际应用问题。CTH 在许多核、国防部军火和常规问题上发挥了关键作用,比如解释"舒梅克 - 列维"彗星撞击木星所产生的汽化羽流。由吉恩·赫特尔多年来管理的 CTH 在整个冲击波物理学界被广泛应用。由史蒂夫·蒙哥马利开发的机电代码 SUBWAY 可以精确描述压电和铁电器件产生的冲击波电流。ALEGRA 是迈克·麦格劳恩、詹姆斯·皮瑞和同事们在圣地亚开发的下一代代码之一。ALEGRA 将这些功能扩展到包括对脉冲功率和其他应用很重要的三维磁流体动力学现象。

圣地亚冲击波研究在更复杂的科学和实际问题上的广泛应用展现了在过去 60 年里取得的进展。在圣地亚冲击波计划开始的时候,很多应用都没有预想到。前面第一部分的章节和第二部分的个人回忆展示了人们如何参与这项工作,他们所经历的奋斗,在某些情况下导致研究工作转向成功或失败的道路,以及设想实现时令人兴奋的时刻。许多人的辛勤工作和奉献使圣地亚的冲击压缩科学融入了高压科学的主流。个别研究人员获得的许多奖励、已经解决的国家问题以及对这项研究的国际认可都突出了这项工作的特殊影响。

除了在发展武器部件和子系统方面做出重大贡献外,圣地亚的冲击波计划还对核武器试验计划做出了重大贡献。第二次世界大战结束后不久进行了早期试验,以确定武器的效力、核当量和爆炸能力。核试验提供了关于武器在各种条件下如何发挥作用以及结构在遭受核爆炸时如何响应的信息。LANL 和 LLNL 主要负责测试核武器,但圣地亚在整个测试阶段提供最先进的诊断方面发挥了重要的支持作用。直到美国、英国和苏联于 1963 年签署了《部分禁止核试验条约》,只允许进行地下核试验之前,核武器试验都是在地面上进行的,地点要么在内华达州的试验基地,要么在太平洋的不同地点。美国内华达试验场持续不断地进行地下试验,直到 1992 年 9 月完成了最后一次核试验。

在停止大气和地下核试验之前,圣地亚一直是积极的参与者。在地下测试的早期阶段,圣地亚的研究人员,包括卢克·沃特曼、阿尔·哈拜和卡特·布罗伊斯,在许多测试任务中进行了仪器和诊断改进;由此获得了冲击波传播、爆炸坑及其与结构的冲击相互作用等关键特性。在第 2 章中讨论的缩比关系的演变和电气谐振频率短路位置指示器(SLIFER)技术的使用,是圣地亚对量化核当量的重要贡献。这些测量,结合缩比定律,提供了一个核装置在起爆发生后数小时内的当量,而标准放射化学分析需要数周到数月的时间。随着时间分辨石英计和干涉测量技术的发展,圣地亚首次测量了辐射引起的应力脉冲,以量化组件对脉冲核辐射的响应。后来,卡尔·舒勒、丹尼斯·格雷迪、拉利特·查比达斯、麦克·菲尼西等对地质材料进行了广泛的测试,这些测试提供了材料特性,从而精确地模拟了地面震动传播及其与结构的相互作用。

在停止核试验之后,LANL 和 LLNL 开始在 NTS 积极进行非核试验,以满足核武库管理的需要。1994 年《国防授权法案》发起的美国国家核安全管理局核武库管理计划,将冲击波研究重点放在紧扣核武器动作的热力学体系上。这一新的推力促使 NTS 开始进行次临界实验,使材料和系统处于不产生核当量的相关热力学条件下;现有的数据是重要的,并校验了用于预测和分析武器性能的各种代码的仿真能力。圣地亚在次临界实验中发挥了另一个重要作用,它利用 VISAR 和其他诊断技术提供了冲击载荷作用下钢系元素动态响应的关键数据。麦克·菲尼西和汤姆·伯格斯特雷泽使用这些诊断方法:①验证状态方程模型;②确定材料失效机制;③研究钢系元素和其他材料的微喷行为。这些实验证明了圣地亚在冲击波研究方面的专业知识对 NNSA 核武器项目具有重要贡献。

通过过去 60 年在实验技术、诊断仪器和理论建模方面的领先发展,圣地亚冲击波项目将继续保持领先地位。特别是多恩·弗里克领导的高能量密度材料物理部门掌握的多项独特能力确保了其牢固的战略地位,具体如下:

◇ 多年来,在开发和使用线 VISAR 方面积累了丰富的专业知识,可用于复杂材料介观尺度实验的开展和分析。

◇ STAR 设施对于"一站式实验"来说是独一无二的,因为它拥有全方位的发射能力,其中包括超高速发射器以及一套丰富的诊断系统,用于撞击杀伤力和材料性能研究。

◇ 斜向冲击炮和磁致压力剪切技术的结合能力是独一无二的,适用于在兆巴压力范围内的直接剪切强度测量。

◇ Z 装置是唯一能够对具有微观结构特征的毫米级样品进行光滑斜波压缩的设备。当与磁驱动飞片冲击压缩和卸载实验相结合时,Z 可实现数兆巴范围内压力、体积和能量曲面的研究。能够任意调整加载历史的能力,例如在 Z 装置上发展的冲击-斜波技术,是冲击压缩科学的一个范式转变,它扩展了可研究的状态方程曲面。

◇ 部门的实验研究与理论量子分子动力学从头算建模紧密结合。

◇ 为了抵消 Z 实验的高成本,Veloce 脉冲电源设备可以更低的成本进行数百千巴的斜波加载实验（在 Veloce 上每次实验只需几千美元，而在 Z 装置上每次则需几十万美元）。

◇ Z 装置上正在开发的磁驱柱面加载能力将作为兆巴压力范围内多种非平面材料研究的替代技术。

◇ 正在积极寻求新的直接温度诊断方法，用于冲击和斜波加载实验。

◇ 圣地亚冲击波项目与阿贡国家实验室(Argonne National Laboratory, ANL)的下一代先进光源紧密结合，以期实现在原子和微观层面进行此类材料的首次研究。

## 8.2 展　　望

圣地亚的冲击波研究对核武器计划和解决国家许多其他问题做出了重大贡献，部分原因是先进材料模型和仿真能力的发展。在过去 60 年中，在理解和预测材料动态响应方面取得了重大进展，但仍有大量工作有待深入，特别是在认识材料的失效行为及其后续响应方面。这对于建立精确的模型来描述非均质材料在压缩和拉伸下的动态响应尤为重要。目前和未来几代冲击波研究人员仍面临若干技术挑战，其中一些挑战概述如下。

模型唯一性的求解对于提高预测能力至关重要。自冲击波研究开始以来，人们就认识到可以用不同的材料响应模型来描述相同的实验观测，通常用时间分辨的波形来表示。一个著名的例子是冲击卸载 - 再加载的材料响应，可用基于率无关的介观尺度模型或基于率相关的位错模型进行恰当的建模（更多详细的讨论参阅：Asay&Lipkin, 1978；Johnson, 1993；Winey et al. 2012，等等）。也可引用其他几个例子来说明宏观连续体测量的非唯一性问题。为了实现真正的预测能力，需要新的实验、诊断和计算技术来识别变形过程导致材料响应的特征行为。对物理过程的明确解释是必要的第一步，它可以使建模唯一化，并最终具有预测能力。

精确的温度测量是热力学一致性描述所必需的。高压建模的一个目标是确定热力学的状态方程曲面，所有其他热力学变量都可以从中推导出来。这需要通过测量压力、体积和温度($P$、$V$、$T$)来确定亥姆霍兹自由能函数，而不是通过冲击波和斜波实验确定压力、体积和能量($P$、$V$、$E$)。几十年来，测量冲击压缩材料的温度一直是许多冲击波项目的目标，许多人一直致力于这项工作。虽然透明材料能够获得准确的温度测量，但这种测量方法却不能常规地、任意地应用于任何材料。例如，辐射法温度测量通常可行，但这并不能用于如金属等非透明材料或透明窗口的界面。所以，需要新的方法来确定冲击波和斜波实验中获得的温度状态。最近的一项透过透明窗口观察受冲击金箔的发射率的新方法(Dolan et al. 2013a)看起来很有希望,如果它能被进一步完善以用于一般用途的话。考虑到状态方程建模的巨大好处,其他新颖的方法也应该被广泛地采用。

需要在原子尺度上测量材料响应,以严格验证第一性原理状态方程。在连续尺度上已进行大量的冲击波和斜波实验。而原子尺度或微观水平上的材料特性数据将有助于解释材料特性差异的问题,并有助于在原子水平上建立更真实的状态方程模型。一个例子是在高压下材料的强度测定。这些数据通常是通过连续体测量得到的,例如波剖面测量,并基于一系列的假设和解释。这一问题可以通过原子尺度的强度测量来解决。利用 X 射线衍射确定晶格间距,推断冲击加载下的强度特性已经取得了相当大的进展。通过将这些数据与连续体测量数据进行比较,可以消除解读中的差异(Turneaure&Gupta, 2007; Comley et al. 2013)。

需要把从原子尺度到连续体的多个尺度连接起来的材料模型。介观尺度(晶粒尺度)效应对连续介质响应的作用早就被认识和积极研究。虽然最近的多尺度模型能够将微观尺度上有效的位错机制与连续体水平上的材料强度测量结合起来(Becker, 2004; Barton et al. 2011),但大多数中尺度模型仍是基于晶粒尺度的。尽管这些方法很有希望,仍要使用可调参量来模拟位错过程和描述连续体响应,这再次引起了非唯一性担忧。这一缺陷有可能通过原子水平的实时测量来消除,从而量化位错分布和其他微观变形机制。

对于高压缩状态的探测需要新的诊断工具。半个世纪以来,冲击变形特征的波剖面测量一直是探测材料动态行为的主要工具,也是建立连续介质模型的有效来源。然而,需要新的方法来探测从原子到连续体的整个尺度上的材料行为。最近在先进光子源(Advanced Photon Source, APS)建立的动态压缩线站(Dynamic Compression Sector, DCS[①])有望成为在原子和微观层面探测材料的可行工具。由于其独特的能力,来自高能同步加速器束流线产生的强 X 射线脉冲可用于探测不同加载平台产生的冲击状态,包括一级/二级轻气炮、激光冲击加载、磁驱冲击/斜波加载。这套设备将是第一次在微观尺度上实时探测材料响应行为,并进行时间分辨的 X 射线衍射和成像测量。与连续介质测量相结合,这一技术不仅能够提供材料在原子尺度上如何动态压缩的基本信息,而且还能够评估连续介质响应的统计内涵。此外,这将有助于确定多个空间尺度下的真实变形机制。

需要研究更复杂几何结构下材料响应的实验技术。正如本书所讨论的,绝

---

① DCS 是华盛顿州立大学冲击物理研究所、伊利诺伊州阿贡国家实验室的先进光子源和 DOE/NNSA 国家安全实验室之间的合作成果。

大多数冲击波测量都是针对一维平面载荷进行的。这种结构适于产生良好的单轴应变状态以便于开发材料模型。然而,该方法忽略了更为复杂的变形模式,如由材料内部的相对运动引起的剪切或局部变形。斜向平面碰撞虽是直接量化剪切响应的一个步骤,但仍然是一维平面加载。复杂几何结构的例子如确定球形或圆柱形会聚的材料特性,也是一维加载,但涉及材料段的相对运动。这两种方法都比平面加载更难以产生和诊断[①],但在 Z 装置上对两种前沿的研究均取得了显著进展(Dolan et al. 2013b; Lemke et al. 2011)。雷·莱姆克和丹·多兰已经证明了利用磁压缩将外径为 3mm 的聚芯型 Be 圆柱体加载至 10 兆巴并精确测量状态方程的能力。这一技术对于探测材料的性质,特别是状态方程和强度是有希望的,而其实现的压力状态和变形特征是平面加载无法达到的(Trunin et al. 2001)。

固体动力学研究的成功经验表明,实验、建模和流体动力学代码开发的紧密结合是武器科学和其他应用的必要条件。固体物理研究处在弗兰克·尼尔森、奥瓦尔·琼斯、罗伯特·格雷厄姆和乔治·萨马拉的指导下,对压电材料和铁电材料有了全面的理论认识。在脉冲功率科学中心管理的冲击波项目中,这些理念一直延续到今天,该中心仍在使用 Z 和 STAR 设施进行高压冲击波研究。实验研究也得到了强大的理论建模和不断增强的 ALEGRA 磁流体动力代码的支撑。最近几篇基于第一性原理的论文强调了这种紧密的相互作用,也印证了伦德根在 20 世纪 50 年代提出的集成冲击波能力的设想。

虽然没有直接关联到脉冲功率冲击波计划,但是计算和数学科学中心(Computational and Mathematical Sciences Center)各部门、综合军事系统中心(Integrated Military Systems Center)的杀伤力和威胁部门(Lethality & Threat Department)以及圣地亚爆炸组件设施的高能研究部门仍在继续发展最先进的材料模型。此外,最新的计算技术还被用来模拟一系列由客户驱动的问题,无论是与武器相关的问题,还是涉及国家利益的其他研究。最近的一个例子是 2013 年俄罗斯车里雅宾斯克(Chelyabinsk)附近的小行星解体分析(Brown, Assink, Astiz et al. 2013b)。

由于脉冲功率科学中心综合了世界一流的能力,圣地亚的冲击波项目状态良好,并有可能继续下去,至少在短期内是这样。圣地亚的冲击波研究人员一直保持着乐观的态度,尤其是在 20 世纪 90 年代的黑暗时期。在过去的 60 年里,这种态度为该项目提供了良好的支撑,并有望在未来继续这样做。

---

① 雷·莱姆克与吉姆·阿赛 2014 年关于圆柱会聚材料响应分析的私人通信。

# 第二部分
# 回忆冲击波研究

# 第 9 章　圣地亚国家实验室冲击波研究的回忆

编者注：这些个人的回忆为了解参与圣地亚国家实验室冲击波研究项目人员的个人经历提供了一个窗口，我们努力联系并鼓励尽可能多的人提供个人回忆资料。联系了 80 多人，大约 40 人提供了他们个人经历的回忆。我们请每位撰稿人都提供他们在圣地亚国家实验室冲击波研究中所起作用的总结，得到了尽可能多的有趣事件或研究过程中发生的轶事。我们故意很少指导他们的写作风格和格式，有些回忆写成意识流形式，而其他回忆则更具技术性，并且包含提交者主要论文的简短注释摘要。结果较为丰富，而且很有趣，既突出了个人特色，又包含个人努力工作和技术成功的内容。为每个人提供的年份代表他或她在圣地亚国家实验室工作的年份与离开的年份。如果这与该人离开冲击波项目的年份不同，那么也会在脚注中注明该年份。在第一部分中，我们引用了大量各种回忆内容，以突出圣地亚国家实验室冲击波研究个人方面的内容，同时指导进一步阅读回忆内容。在某些情况下（如乔治·萨马拉和沃尔特·赫尔曼），使用其他人的回忆来捕捉这些研究人员对冲击波项目所做出的重大贡献。总的来说，这些回忆能够使我们以独立视角了解圣地亚国家实验室的冲击波项目。在第 2～第 7 章最后部分还配有少量照片剪辑，以配合这些人员的回忆，这些照片通常包含着他们的故事。

因为这些回忆可能作为单独的部分来阅读，我们试图定义每个回忆中的几乎所有首字母缩略词，值得注意的是，任意反射面速度干涉仪系统的首字母缩写 VISAR 是一个例外，因为在第一部分和与冲击波物理学有关的圣地亚国家实验室出版物中经常使用 VISAR。此外，在某些情况下，我们使用现代版本的首字母缩略词，而不是该缩写词的历史定义。一个典型的例子是国防部，最近将其首字母缩略词从 DoD 改为 DOD。

# 詹姆斯·洪
# James A. Ang
（1989 至今①）

我的研究和开发职业生涯始于加州大学伯克利分校的燃烧和火灾研究。1986 年夏天，我取得了博士学位，并在加利福尼亚州圣巴巴拉市的小型国防承包商通用研究公司（GRC）工作。取得物理学学士学位和机械工程学士学位后，我直接进入研究生院继续学术生涯，这项工作的一部分吸引力就是有机会住在圣巴巴拉。该职位使得我偶然进入 GRC 的一个研究冲击波与冲击杀伤的科学家小组，包括亚历克斯·查特斯（Alex Charters）和比尔·伊斯贝尔（Bill Isbell）。亚历克斯在二战前和二战期间是阿伯丁武器试验场（Aberdeen Proving Grounds）美国陆军弹道研究实验室（U. S. Army Ballistic Research Laboratories）的研究员。当我考虑是否进入圣地亚国家实验室的冲击波物理小组时，亚历克斯告诉我，这是加入诸如沃尔特·赫尔曼和山姆·汤普森等研究领导者团队的绝佳机会。比尔首次商业化了 VISAR 系统，这也许是促使林恩·巴克尔启动 Valyn VIP 的创业精神。GRC 与能源部国家安全实验室互动历史悠久，GRC 将圣地亚国家实验室的洁净室技术商业化，并围绕这项技术建立了成功的业务。GRC 的另一项业务是支持能源部和国防部核武器局，为地下核试验提供仪器和诊断方法。

我在 GRC 工作了三年半，为国防部战略防御计划组织（SDIO，现在称为导弹防御局）的系统工程和技术援助合同提供支持。在 GRC 期间，我开发了一个理论和分析模型来解释光学冲击闪光发射，我还领导了 GRC 国防高级研究计划局（DARPA）电能炮系统（EEGS）研究的系统工程分析，该研究项目的负责人是大卫·哈迪森（David Hardison）。作为我轨道炮工作的一部分，比尔和我参加了在科罗拉多州杜兰戈（Durango）举办的轨道炮技术研讨会，在这次研讨会上我遇到了吉姆·阿赛。我不记得我们谈话的具体内容，但我记得吉姆和 HELEOS 轨道炮项目给我留下了深刻印象。在完成 DARPA EEGS 研究后，我意识到该离开 GRC 了，我的 GRC 主管告诉我，为了进行涉及系统工程以外的研究，我应该去国家安全实验室，我花了很长时间安排圣地亚国家实验室的面试之旅。回想起来，我的职业生涯变化恰逢其时，因为在我离开后的几年内，削减了 SDIO 资金，停

---

① 詹姆斯（吉姆）·洪于 1994 年左右不再积极参与冲击波工作。在撰写本文时，他带领一个计算小组开发解决冲击波问题的相关能力。

止了地下核试验。

我于1989年12月加入吉姆·阿赛的冲击波实验物理部门。该组的其他部门是迈克·麦格劳恩的冲击波代码开发部门和保罗·亚灵顿的冲击波武器分析部门。这三个部门组成了丹尼斯·海耶斯的固体动力学研究处,我们在沃尔特·赫尔曼领导的工程科学中心工作。我们三个人几乎在同一时间进入工作:詹姆斯·皮瑞跟随麦格劳恩、艾略特·方跟随亚灵顿,以及我跟随阿赛。我很自豪能与这群成功的圣地亚国家实验室同事一起工作。

我刚加入圣地亚国家实验室时,被分配参与HELEOS轨道炮项目,这个概念很简单,即将一个二级轻气炮的弹丸发射到轨道炮的后膛,这里为第三级加速。弹丸及其电枢的完整性、电容器组放电的精确定时等都存在许多工程挑战,该项目成功地实现了注入弹丸的轨道炮加速,这证明了团队的工程开发技能。我记得吉姆·阿赛为HELEOS项目组建了一个团队,其中包括来自LLNL的罗恩·霍克和艾伦·苏索夫,这一经历让我很好地为之后许多次与其他国家实验室的同行合作做好了准备。HELEOS[①]项目最终被林恩·巴克尔、拉利特·查比达斯和比尔·莱因哈特成功开发的发射飞片的密度梯度冲击器所取代。据我所知,Z目前发射飞片的最高速度约为45km/s。看到电磁发射技术取得的进展,这是非常有趣和令人印象深刻的事情。

我很高兴有机会继续研究冲击闪光。那里我与EG&G普林斯顿应用研究公司(Princeton Applied Research Corporation)合作,采购了首台光学多通道分析仪(OMA),来捕获冲击闪光特征的时间分辨光谱。这种独特的诊断方法使我们得到了美国陆军太空和战略防御司令部(Space and Strategic Defense Command)的一个项目,将这台OMA送到海军研究实验室安迪·威廉姆斯的二级轻气炮装置,其终端弹道收集器的额定值允许测试包含少量高爆炸药的目标。在那里我们能够记录独特的时间分辨光谱,用以区分冲击闪光发射与随后的高爆炸药爆炸光谱特征。

吉姆·阿赛引导我参加了弹道全息工作,这是20世纪80年代后期由加里·霍夫(Gary Hough)在LTV公司导弹和电子小组开发的。在吉姆的推荐下,在20世纪90年代初我还访问了查理·麦克米兰(Charlie McMillan)及其在LLNL的工厂,了解他开发用于测量从受冲击金属表面喷出颗粒尺寸分布的全息系统。这次背景研究帮助我创建了一个小项目来发展这个最初加里·霍夫证明的概念,使用脉冲激光记录终端弹道冲击产生碎片气泡的全息图像。加里的关键见解是,虽然冲击产生的碎片气泡可能移动太快,而无法直接对这些碎片表面

---

① 编者注:STARFIRE是一个联合SNL/LLNL项目,旨在开发一种用于状态方程实验的超高速电磁发射器(Hypervelocity Electromagnetic Launcher for Equation of State, HELEOS)。

进行成像,但碎片碎块的阴影图对静止背景的全息图像会记录三维(3D)信息。在我方技术专家斯科特·高斯林(Scott Gosling)的强有力支持下,我们很快就集成并演示了我们自己的这种 3D 诊断功能。与加里起初的工作(Hough et al. 1990)的主要差异和进步包括使用调 Q、倍频 Nd-YAG 激光器记录图像,这样可以使用连续波倍频 Nd-YAG 激光器进行图像重建。斯科特·高斯林还设计开发了一种计算机控制的三轴台式显微镜,用于分析和记录冲击碎片的定量 3D 信息,包括每个碎块阴影图的位置和大小数据。

通过圣地亚国家实验室光度计部门比尔·斯威特(Bill Sweatt)和布鲁斯·汉舍(Bruce Hansche)的另外光学工程分析,我们能够将全息诊断系统的分辨率量化到小于 5μm,该分辨率远远超出了当时 3D 模拟能力的精度。最终,当我们的中心主任埃德·巴西斯决定关闭 STAR 装置时,也封存了我们的脉冲激光全息诊断功能。接着重点是大规模并行计算能力和应用的开发,而不是实验能力。离开冲击波物理学领域到高性能计算领域工作后,我不时会想到我们最终可能需要高分辨率的 3D 实验数据,来验证我们先进的 3D 建模和仿真功能。

圣地亚国家实验室的冲击波同事们建立了广泛而深入的实验、计算和理论能力基础,包括我们对核武器及其他领域数十年的贡献。在许多实验室同事的大部分职业生涯都是冲击物理学的背景下,我只短暂地参与了现场研究,但我为自己微不足道的贡献感到自豪。

**在大规模并行处理历史上圣地亚国家实验室的主要贡献**

25 年前,圣地亚国家实验室(Gustafson,Montryand Benner,1988)开发了一个关于弱扩展的开创性分析方法,这有助于在分布式存储器上建立明确的消息传递,即大规模并行处理(MPP)方式,使得高性能计算技术超越了 20 世纪 80 年代普遍应用的基于矢量的超级计算机[1]。当时,传统观点认为阿姆达尔(Amdahl)定律[2]将多个处理器的实际数量限制到屈指可数,例如,Cray YMP 超级计算机中只有四个处理器。关键的见解是,通过使用更大规模的并行性来解决更大的问题规模,应用程序的串行部分可能占据总计算时间的一小部分。圣地亚向 HPC 同行介绍了这种"弱扩展"概念,并帮助开创了 MPP 超级计算的时代。

圣地亚在技术研发方面有着悠久历史,可以提高 MPP 应用的扩展性能。圣地亚开创的一项关键技术是用于大规模 MPP 超级计算机的轻量级内核操作系

---

[1] 编者注:本纳、古斯塔夫森和蒙特里为此获得 1987 年首届戈登·贝尔奖以及艾伦·卡普(Allan Karp)挑战奖,三人于 1988 年 3 月 2 日在旧金山举行的计算会议上正式获得了这些奖项。

[2] 以 IBM 计算机架构师吉恩·阿姆达尔(Gene Amdahl)命名的定律,在并行计算中使用多个处理器的应用程序的加速受限于应用程序串行部分所需的时间。

统软件,这项研究源于轻量级内核操作系统能够最大限度地降低操作系统噪声对应用程序性能的开销影响。轻量级内核操作系统还可以最大化应用程序可用的内存量。轻量级内核系统软件已应用于圣地亚的四代 MPP 超级计算机。

另一项关键支持技术是圣地亚研发的图形分区算法。在 MPP 超级计算机的早期开发过程中,研究人员认识到具有显式消息传递的批量同步编程模型并不能自动提供良好的扩展性能,确保以下几点非常重要:

(1)应用程序以平衡方式映射到计算节点,这样每个节点在给定的计算阶段都有相同数量的计算工作;

(2)还需以一种方式映射应用程序,使得一旦所有节点完成其计算阶段节点间通信量最小。为了解决这个分区问题,圣地亚开发了 Chaco(Hendrickson& Leland,1993),这是一种用于分割图的多级算法。Chaco 可用于有效的域分解,以将科学或工程应用映射到分布式存储器 MPP 系统。

**开创性的工作**

1. J. L. Gustafson, G. R. Montry, and R. E. Benner, "Development of parallel methods for a 1024 – processor hypercube," SIAM Journal on Scientific and Statistical Computing 9, pp. 609 – 638 (1988).

2. B. A. Hendrickson and R. W. Leland, "A multi – level algorithm for partitioning graphs," in Supercomputing 1995 Proceedings of the ACM/IEEE Conference on Supercomputing, San Diego, December 1995 (ACM Digital Library, Association for Computing Machinery, Inc., New York, 1995) [on CD – ROM as article no. 28 and on http://dl.acm.org/citation.cfm? doid = 224170.224228].

3. G. M. Amdahl, "Validity of the single – processor approach to achieving large scale computing capabilities," in The American Federation of Information Processing Societies (AFIPS), Vol. 30 (AFIPS Press, Reston, VA, 1967), pp. 483 – 485.

# 詹姆斯·阿赛
# James R. Asay
（1971—2002）

在加入圣地亚之前 6 年,我开始从事冲击压缩科学方面的研究工作。1964 年,我参加了空军,并在新墨西哥州阿尔伯克基柯特兰空军基地服役 4 年,在唐纳德·兰伯森(Donald Lamberson)上尉和科学顾问亚瑟·冈瑟(Arthur Guenther)的指导下,使用超声波技术研究材料的高压响应。在 1968 年秋天离开空军后,我进入华盛顿州立大学(WSU)物理系,师从乔治·杜瓦尔教授,他在几年前开始了冲击波项目研究。在博士论文项目中我使用圣地亚开发的石英计,研究了二价杂质(特别是 $Mg^{++}$)对 <100> LiF 单晶的动态屈服的影响。我于 1970 年 12 月获得了 WSU 的物理学博士学位。

1970 年 9 月,我面试圣地亚的一个研究职位,其中包括与沃尔特·赫尔曼所在部门和奥瓦尔·琼斯所在部门的几位工作人员和管理人员进行讨论,两个部门都从事冲击波研究;赫尔曼的部门拥有更多的工程方法,琼斯的部门更关注科学问题。尽管我发现两组研究都令人兴奋,但由于实验、建模和计算之间存在着紧密联系,我更倾向于赫尔曼的部门。沃尔特希望为高压研究建立更强大的实验性工作,因此我在达雷尔·芒森的实验小组中获得了一个职位。我也期待柯特兰空军基地亚瑟·冈瑟的录用,所以我推迟接受圣地亚的录用。圣地亚当时正处于招聘冻结或招聘人数有限的时期,达雷尔每周都会打电话给我,看我是否做出了决定。我还接到了柯特兰工作人员的电话,告诉我因为缺乏长期的就业保障不要去圣地亚。大约一个月之后,我没有收到空军的消息,于是接受了圣地亚的聘用,这是我做过的最聪明的决定之一。

**抵达圣地亚**。我于 1971 年初到圣地亚报道,最初的职责包括开发 Y 区火药炮的研究项目,后来称为冲击热力学应用研究设施。起初我在达雷尔·芒森的小组,但不久之后通过重组巴里·布彻成为我的部门主管。为了支持更高压力的材料研究,我在弹丸设计和实验配置方面做出了贡献,以便在精确的冲击条件下进行精确的波形测量。沃尔特·赫尔曼还鼓励我继续研究 LiF,以解决关于弹性前驱波衰减的争议。当时弹性屈服的位错理论已经很好地建立了,并且已经扩展到加州大学洛杉矶分校的约翰·吉尔曼(John Gilman)、洛斯阿拉莫斯国家实验室(LANL)的约翰·泰勒(John Taylor)以及圣地亚国家实验室和 LANL 吉姆·约翰逊等的冲击波实验。对于该理论,弹性前驱波衰减的预测仅需要知道初始位错密度和位错速度的应力依赖性。然而,当在理论中使用观察到的初始密度时,数值模拟预测具有样品厚度的弹性波衰减非常小。为了匹配实验结果,需要更高的位错密度(通常系数为 $10^3$)。

沃尔特等怀疑冲击倾斜和石英计的面积平均效应冲刷掉了非常薄(几微米)的弹性峰,石英计的直径通常为几毫米。我使用超纯样品进行了干涉仪实验,应该能够解决这个问题,因为干涉仪记录区域直径为 0.1mm,能够有效地消除倾斜问题。然而,当进行实验时,前驱波振幅再现了在 WSU 用石英计获得的数据。我开发的基于位错的模型,用于描述弹性前沿的位错成核产生的弹性屈服,并用于由达雷尔·希克斯和黛安·霍尔德里奇(Diane Holdridge)开发的特征代码,与实验非常吻合。建模的结果是,位错的快速产生必须发生在弹性冲击前沿,以解释快速衰减。

在我的职业生涯中,通常选择具有引领性影响的研究领域,这些领域没有过多的研究人员,并且具有挑战性。我通常会在一个特定的问题上花费大约 4 年时间,这是一段足够长的时间,可以取得一些重大进展并发表几篇论文,然后转移到另一个领域。关于高压强度和高压等熵加载的开发研究是例外,因为我一直在到目前还从事这些领域的研究。

**冲击诱导的熔化**。我早期的目标之一是开发一些技术,来检测和表征冲击诱导的金属熔化。一些研究人员之前已经表明,标准方法(如冲击速度测量)对于冲击加载期间的熔化开始是不敏感的。我回顾了俄罗斯的工作(特别是 Altshuler(阿尔舒勒)的工作),他讨论了在高冲击压力下测量声速的技术。我决定通过测量固液混合相区附近以及内部冲击和卸载波形来解决熔化问题。卸载波形理论上允许将初始卸载波速的测量结果作为熔化时从纵波速度向体波速度的转变。选择了铝和铋进行研究。大卫·鲍德温是我这个项目的助理。

当时使用冲击发射器获得的峰值速度以及相应的应力极为有限。火药炮是圣地亚最高速的炮,速度上限约为 2.2km/s。在这个速度下的冲击应力不足以冲击熔融像铝这样的金属(所需的冲击应力约为 1.2 兆巴)。出于这个原因,我决定使用多孔(膨胀)铝,将冲击状态下的温度提高到在低得多的冲击应力下发生熔化的程度。该方法首先将多孔样品冲击至固体密度和高温,留出足够的时间进行热平衡,然后引入受控的卸载波,以确定该应力下的声速。需要多孔铝(约为固体密度的60%),以在 75 千巴附近引发冲击熔化,这可以用火药炮来实现这样的效果。使用预热的固体铋或多孔铋,可以在气体炮上冲击熔化铋。

为了使多孔材料技术起作用,需要高孔隙率,以在冲击压缩后获得更大温升;需要小孔径,以快速实现热平衡。对供应商来说,制造这些材料并不容易:获得高质量的多孔样品存在一些缺陷。最后,我从阿贡国家实验室 Y - 12 分部获得了1μm孔径、60%固体密度的多孔铝,我无法获得类似质量的多孔铋。因此,通过将固体铋预热至接近熔化并将其冲击到熔化相中来进行首次熔化实验,这样导致在几千巴范围内冲击应力下部分熔化,具体取决于初始温度,最大到固体Ⅰ－固体Ⅱ－液相之间的17千巴三相点。热力学计算表明,当冲击波首次进入固液混合相区时,冲击波形存在不连续的情况。

进行了铋的一系列冲击波形实验,以包含熔化区域,结果是测得的第一个冲击波波形进入固液混合相区域。进行这些实验的时候,吉姆·约翰逊开发了一个铋的三相热力学模型,该模型包含相变动力学,且丹尼斯·海耶斯在现有的一维(1D)波码中运用了该模型,这样能够允许通过比较模拟结果与波形来详细评估实验中发生的相变动力学。与预期结果相反,比较清楚地表明,熔化状态下强度损失的弹塑性效应以及可能的动力学主导了热力学计算预测的特征。因此,仅从冲击波形中检测不到熔化。

然而,我坚持采取另一种方法明确地识别冲击诱导的熔化。首先将样品预热至熔化边界附近的状态,将其冲击成固液混合相,然后从该状态卸载。卸载波的时间分辨测量结果作为一种诊断方法来测量该状态下的声速。很多人认为,熔化可以当作从固相中测得的弹性纵向速度到熔化区域中整体波速的转变。这一假设通过以下观察得到证实:在发生熔化过程中,测得的初始卸载速度向液体的体积速度特性迅速降低。这些结果首次使用波形分布方法检测冲击诱导的熔化,表明可以高精度地应用该技术。

当接近完成首次铋冲击压缩实验时,终于得到了高质量的多孔铝,并且在火药炮上进行了铝的冲击加载和卸载实验。新开发的VISAR对于测量冲击压缩多孔材料的卸载波速是至关重要的。在熔化相附近和熔化相中的几个实验结果表明,在预期的熔化压力下,从弹性纵向到整体初始卸载速度显著下降,与对铋实验所观察到的结果一样。此外,实验确定的熔化转变压力与丹尼斯·海耶斯的状态方程计算结果非常吻合。使用卸载波来识别铝和铋中的冲击诱导熔化的实验能够强有力证实该方法,并且一些研究人员随后使用该技术在高压下检测了其他材料中的冲击诱导熔化。在火药炮实验中,大卫·考克斯(David Cox)是我的助理。

粒子速度离散作为异质响应的指标。铝实验的一个新颖衍生物是在冲击压缩后立即观察到的峰值粒子速度中具有强烈的分散现象。随着材料接近均匀的冲击状态,速度变化的幅度减小。当冲击首先到达记录表面时,VISAR发生完全的条纹对比度损失,然后约50ns后逐渐恢复到完全对比度。我当时与林恩·巴克尔在一个办公室,我们对此困惑了一段时间。我记得林恩提出了粒子速度色散的概念,即在表面上的不同位置产生不同的条纹移位,导致条纹对比度的整体损失。我将这个想法变成了条纹对比的模型,并计算了与观察结果匹配所必需的粒子速度变化。该实验的意外收获是:VISAR 的潜在严重限制最终给出了受冲击时多孔材料的非均匀响应估计,并且还提供了对机械平衡所需时间的估计——类似"把柠檬变成柠檬水"这种情况。该技术仍在使用,特别是俄罗斯的 Y·梅斯切里科夫(Y. Mescherykov)及其同事,他们使用这种方法开发了物质行为的介尺度模型。

**质量喷射研究**。当我们将 VISAR 测量方法应用到更高的压力状况时,我们发现自由表面反射的高压冲击波将引起返回光信号立即消失。由于开发的 VISAR 可用于任何表面,并且在低冲击压力下常规的研磨表面亦起作用,因此光源损失是令人困惑的。一个假设是,当从自由表面反射一个强烈的冲击波时,将会引起一股很细的样品材料喷射流,LANL 的研究人员将其称为绒毛。然而,喷射物的来源是未知的,并且对于给定的表面或材料喷射物的量也未知。一些研究人员认为各种来源(包括表面氧化物、表面杂质、晶界、表面附近的杂质和夹杂物或表面粗糙度)都可能产生这种影响;然而,没有数据支持这些假设。

我决定研究控制大规模抛射的物理机制,使用我们部门的可自由支配资金和脉冲功率科学中心的配套资金。因为该中心的研究人员有可控聚变含有氢同位素冲击内爆靶丸这一项目,所以对这种效应有直接的兴趣。由于推测的喷射材料量非常小,因此需要一种高灵敏度的方法来检测和量化喷射材料量。当时,没有诊断方法可以进行这样的测量。我开发了一种方法,包括从高速低密度喷射物到与表面分开已知距离的薄箔动量转移。同时喷射物和粒子速度的时间分辨测量结果与假设在箔膜上粘附多少质量(恢复系数)相结合,可用于量化喷射质量的质量-速度分布。

我从非常薄的光束分裂薄膜开始,它可以检测喷射物质,灵敏度约为 $50ng/cm^2$。在第一个实验中,收集箔膜与受冲击到 250 千巴的平面铝板的重叠表面分离,该冲击振幅产生足够的喷出质量,在箔膜上记录时间分辨的 VISAR 数据。在接下来的几年中,探索了表征喷射效应的其他诊断技术。对于这些技术中的一项技术,VISAR 箔膜测量与保罗·米克斯(Paul Mix)和弗兰克·佩里(Frank Perry)开发的同时四脉冲差分全息术相结合,以验证在离散位置喷射的微量质量,并且实际上与表面凹坑和划痕相关。大约 4 年的研究证实了这种机制,并得到了喷射质量的预测模型。拉里·伯索夫使用 TOODY 流体动力学代码对不同缺陷几何形状的二维(2D)模拟结果量化了候选缺陷几何形状的喷射质量,使得能够成功开发该模型。此外,在后来的二级轻气炮实验中研究了熔化和汽化的影响,且由蒂姆·特鲁卡诺以 1D 拉格朗日和欧拉建模。

**在冲击加载条件下的材料强度研究**。我的兴趣之一可追溯到 20 世纪 70 年代后期,涉及在高冲击压力下材料的抗压强度,这是科学和武器界非常感兴趣的领域。那时,基本上没有关于这个主题的数据,且很少研究。在武器系统的计算机模拟中,材料强度的重要性日益明显;然而,由于缺乏对强度与压力相关性的知识,大多数计算假设强度是恒定的。当时和现在的主要问题是,在冲击加载到高压之后,敏感技术无法准确地确定材料强度。在高冲击压力下,低压下的技术(如横向纵向应力或压缩剪切测量)是不可靠的。

根据迪克·福尔斯(Dick Fowles)(Fowles,1961)1961年发表的一篇论文,我开发了一种波形技术,用于估算冲击状态下的剪切强度。福尔斯建立了用单轴应力的准静态屈服强度描述单轴应变抗压强度的关系,他的模型描述了冲击状态下压缩冲击波和卸载波的弹塑性结构。从低压应变率数据可知,压力和塑性加工硬化应该增加抗压强度,但是在高冲击压力下没有定量数据。我的方法是:首先将材料冲击到高压,然后在两个单独的实验中测量冲击状态的卸载和再加载波形。基于福尔斯的模型,可以组合两种波的弹性部分,来估计冲击状态下的抗压强度。为了测试这一想法,我使用铝进行了波形剖面实验,冲击应力约为30千巴。压缩波形表明特征性的弹塑性波结构,与之前其他人观察到的模型一致,但卸载和再加载波形与预测结果有很大不同。

基于这些观察结果,乔尔·利普金和我发表了两篇论文(Lipkin&Asay,1977;Asay&Lipkin,1978),对结果进行了初步解释,并为研究高压材料强度的持续研究计划奠定了基础。第一篇论文讨论了对弹塑性预测偏差做出反应的潜在物质机制,该文提出在不同晶粒中冲击压缩产生的剪切应力状态是不均匀的,可以用连续模型中的分布函数来描述剪切应力的变化。当在WONDY代码中实现这种方法时,合理地模拟了卸载和再加载的结果。该方法明确地假设,与宏观尺度相比,冲击状态在小范围内是异质的,并且该现象在宏观或连续的尺度上影响物理现象。我记得至少有一次与沃尔特·赫尔曼讨论过这个问题。我不确定他是否认为这种详细程度是描述连续反应的必要条件,他认为这就像描述"跳蚤上的跳蚤"。然而,基于预测和物理的材料模型现代方法,是建立在微尺度(位错维度)、介尺度(晶粒尺寸)以及宏观尺度效应的相互作用基础上的。

第二篇论文使用了基本的弹塑性假设,表明卸载和再加载结果可以结合起来,无需已知静水压力在冲击状态下就可独立地确定剪切应力状态和剪切强度,该模型称为"自洽模型",并且一些研究人员仍在使用该模型。拉利特·查比达斯和我扩展了该模型,以确定火药炮以及后来的二级轻气炮上的高压材料强度性能。在高压下通过波形测量结果确定强度性质,关键取决于杰克·怀斯和拉利特将单晶LiF作为激光窗口至约1.8兆巴的标定。他们的开创性工作仍用于世界各地实验室的波形研究。

我们的剪切强度测量技术在冲击波领域和其他武器实验室得到了相当多的关注。劳伦斯利弗莫尔国家实验室（LLNL）的丹·斯坦伯格有兴趣将这些研究结果扩展到几种与武器相关的材料，他曾试图说服 LLNL 冲击物理学组长，为 LLNL 的类似实验开发波形能力，但该组不感兴趣。因此，丹资助我们完成这项工作，在几年内我们对 LLNL 武器项目感兴趣的几种材料进行了强度试验。

要求研究的材料之一是铍，除了强度特性外，LLNL 的哈尔·格拉博斯克还希望我们研究这种材料中可能的相变，并确定 Grüneisen（格律奈森）系数。Lalit、卡尔·康拉德和我讨论过这个问题，但我认为在火药炮上开发一个安全壳结构太危险而且成本昂贵，所以我们决定不开展这方面的研究。然而，格拉博斯克向圣地亚国家实验室的高层管理人员提出了他的请求，结果我们的副总裁约翰·高尔特（John Galt）做出了指示要求开展这方面的研究。我们用木板和塑料板构建了一个简单的安全壳结构，并进行了一系列的冲击加载和卸载实验，这项工作提供了关于铍高压强度的独特数据，确认在该应力范围内不会发生相变。

我们的 LLNL 实验具有以下几点好处：斯坦伯格使用这些数据开发了一个仍然在武器实验室使用的广义强度模型，我们获得的额外资金有助于维持我们的实验工作，几种金属的冲击上升时间测量结果帮助丹尼斯·格雷迪建立应变率和峰值应力之间的四次方关系，这种关系已成为预测冲击波上升时间的通用定律。

**斜波生成**。1970 年，林恩·巴克尔和瑞德·霍伦巴赫发现，在冲击到约 30 千巴，熔融石英的异常压缩响应（应力 - 应变的负曲率）产生斜波。由于这种不寻常的响应，测试样品可以黏合到熔融石英缓冲层的背面，并加载可预测上升时间的斜波或者无冲击应力波。主要限制是 30 千巴的峰值应力，因为熔融石英恢复了高于该值的正常材料响应。冲击波物理学的这一主要成就允许无需主雨贡纽就得到压缩数据。我们有兴趣通过使用不同的材料或方法来扩展 30 千巴的压力限制。1979 年底，我和比尔·本尼迪克讨论了这个问题，比尔对很多事情非常了解，而且在他的射击场所还储存有很多资料，他提及一种名为 Pyroceram® 的商品，是一种用作厨房台面的陶瓷，在较大压力范围内表现出类似的性能。我从比尔那里得到了这种材料的样品，并进行了一系列实验，其中将铝样品安装在 Pyroceram® 缓冲层上冲击到约 200 千巴，这样在不同厚度的铝样品中产生受控的斜波。对多波形分布的分析允许在该范围内确定铝的准等熵。Pyroceram® 作为高压斜波发生器具有相当大的前景，并且有几个人表示有兴趣使用这种材料。然而，进一步的研究表明，材料内的密度变化极大地限制了其再现性，因此兴趣逐渐消失。

在继续寻求开发高压斜波发生器时，我们尝试了其他方法。拉利特建造了一个由一系列薄盘组成的冲击器,通过连续小幅加载应力,在冲击表面产生准平稳的压力升高。通过颗粒沉降技术开发了一种分级密度冲击器,该技术在冲击时产生小的初始作用,并且压力平稳地增加到峰值应力。尽管这是一种很有前景的技术,但是很难制造分级密度盘,局部密度的变化很小,这会产生轻微的非平面冲击。杰克·怀斯和克林特·霍尔采用等离子喷涂技术制造了一种分级密度冲击器,该冲击器也能平稳增大冲击压力,但通过板的密度变化很小。目前通常不使用这些技术。磁加载技术避免了许多这些问题,目前常用于产生高达 4 兆巴的高质量斜波。

**晋升为主管**。1978 年 12 月,沃尔特·赫尔曼提升我为热机械和物理部门的主管,该部门的前任主管是巴里·布彻。这是一个现在称为部门经理的一级管理职位。尽管我不愿意离开技术工作,但我认为这次机会是对圣地亚研究产生更广泛影响的一种方式。在该职位上,我很少从事直接研究工作,但通过持续的合作参与了一些工作。我的目标是建立一个更强大的实验项目,继续开发先进的仪器设备,将 STAR 扩展为冲击波领域可用的独特世界级水平设备,并专注于提升超高速发射器速度,以便研究几兆巴的状态方程。超高速( >10km/s)超出了目前圣地亚研究的范围,但通过与几位科学家的讨论,将其确定为进入高压状态模拟核武器的关键需求。这种超高速能力还将开启冲击诱发汽化,这对圣地亚 X 射线破坏性问题很重要。那时,没有设施可以在这个物质响应区域产生准确的冲击波数据。

尽管道格·德拉姆赫勒作为一位备受尊敬的连续介质力学理论家,也是该组成员,但是该部门主要由实验人士组成。实验人士包括丹尼斯·格雷迪和拉利特·查比达斯;几年后聘用了杰克·怀斯和麦克·菲尼西。丹尼斯·格雷迪是我 WSU 的师弟,在一系列领域具有很强的理论和实验能力,包括断裂和碎裂、冲击波结构和多维冲击波传播。拉利特是康奈尔大学的毕业生,非常了解高压物理学;杰克拥有空气动力学背景,是一位非常细致、注重细节的实验人士。麦克曾就读于斯坦福大学和康奈尔大学,广泛了解地球物理学。在 20 世纪 80 年代末,我们聘请了通用研究公司的吉姆·洪,这样加强了我们在超高速冲击现象方面的能力。此外,林恩·巴克尔于 1980 年返回圣地亚国家实验室,重新加入该小组,这大大增强了我们的仪器开发能力。总而言之,这是一个极其强大和多才多艺的实验人士群体。在 20 世纪 80 年代早期,蒂姆·特鲁卡诺也成为该部门的一员,促成了一个结合理论、建模、实验和计算专业专家的强大团队。这对于快速解决复杂问题非常重要,并使我们能够解决各种问题,而无需经常与其他小组协商以获得计算或理论支持。该小组取得了许多重大成就,包括开发通用碎裂关系、了解地质材料的高压响应、发现冲击波结构的通用规律、利用改进的火炮和后来的磁驱动器实现超高速发射能力,以及成功使用脉冲功率技术寻求兆巴斜波发生器。由于这些成就以及其他成就,我们在武器和科学界获得了重要的认可。

**线 VISAR 开发**。巴克尔和霍伦巴赫率先开发干涉测量学代表了研究波结构能力的深刻进步,并显著改善了对高压材料现象的认识。VISAR 是这一发展的缩影,对全球的冲击波项目产生了深远的影响。可以说没有其他单一诊断方法具有如此广泛的影响。然而,从那时起圣地亚开发的几种新诊断方法显著提高了我们对材料响应的理解。

在 20 世纪 80 年代中期,道格·布卢姆奎斯特已经证明,来自冲击表面上记录激光点的返回光信号可以通过条纹相机而不是标准 VISAR 中的光电倍增管进行成像和记录。为了实现这一点,VISAR 中的内部光学元件略微错位,使得延迟和快速光学返回信号的组合引起条纹相机记录一系列条纹。当表面移动时条纹的位移可直接测量粒子速度。道格将这种经过改进的 VISAR 称为光学记录速度干涉仪系统,即 ORVIS。

在 20 世纪 90 年代后期,根据德国卡尔斯鲁厄(Karlsruhe)库尔特·鲍蒙(Kurt Baumung)先前的工作,我们意识到表面上记录的线而不是点可以用 VISAR 成像和记录。原则上,这允许沿线测量粒子速度的空间变化,且量化异质材料响应的影响,需要这些信息来开发动态响应的多尺度模型。领导开发高能材料研究的先进仪器的韦恩·特洛特,一直在使用 ORVIS 记录表面速度。我鼓励他提出一项实验室指导研发(LDRD)提案,以扩展该技术记录时间分辨的线运动,用于研究异质材料响应。韦恩对此建议采取了后续行动,并开发了一种强大的线成像 VISAR(或 ORVIS)系统与一种有效表征不规则表面速度的数据分析方法。到目前为止,该能力已用于韦恩、拉利特·查比达斯、麦克·菲尼西等研究惰性和含能材料的异质冲击响应。梅尔·贝尔是圣地亚含能材料的主要建模者之一,使用线 VISAR 数据开发了多尺度材料模型。

**用于压力剪切测量的 VISAR**。我们开发的另一项技术扩展了 VISAR 的能力,用来测量冲击材料的纵向和纯剪切响应。在该方法中,通过倾斜冲击或其他方式在样品中同时产生纵向和横向运动。以两个离轴角度观察表面的两个 VISAR(有时称为横向 VISAR)用于直接确定两个粒子速度。最初为了测试这个想法,使用了 Y 切石英晶体在冲击载荷期间产生耦合的纵向剪切波,如最初由吉姆·约翰逊提出的方案一样。通过将样品黏合到晶体的背面,样品中产生纵向和纯剪切应力波。拉利特和杰夫·斯威格在铝和氧化铝填充的环氧树脂上使用这种方法来同时确定压力-体积和剪切应力-应变关系。该技术的主要限制是在 Y 切石英中动态屈服开始时应力极限为 30 千巴。不过,横向 VISAR 可以与其他压力剪切技术一起使用,例如倾斜冲击和磁力施加磁致压力剪切(MAPS)技术。另外,两个应力分量允许开发用于计算机模拟更好的本构模型。

**差分全息术**。我们还探讨了使用动态和差分全息术来表征冲击加载过程中粒子或表面的离散运动。差分全息术的工作方式与干涉测量法大致相同,只是干涉照片全息术在两个不同时间产生条纹图案,来描述二维位移。保罗·米克斯和弗兰克·佩里开发了差分全息术,用于早期研究表面喷射物以及铌酸锂超出其弹性极限的晶体表面运动。在后面的实验中,在拍摄之前自由表面的全息图在四个视角下部分地曝光照相板。在冲击事件期间,以相同的角度叠加四张另外的全息图(每个相隔15ns),在四个不同时间产生表面的等高线条纹图案。四张快照表示屈服期间的局部变形,对应于随着时间增加断裂区域差异位移增大。

后来,我所在小组中的吉姆·洪使用类似的全息方法,在超高速冲击事件中产生的碎块云中生成粒子分布影像。先前的工作表明,冲击诱导的碎块和蒸发是在大多数超高速冲击事件中发生的高度非均匀过程。对于分析碎块的大小分布以分析对航天器结构的损害,人们相当有兴趣。吉姆开发了一种动态全息技术,提供了这些信息,用于STAR的几项杀伤力研究。

**三级轨道炮**。在20世纪80年代中期,里根总统提出一项新的导弹防御计划,称为"星球大战"或战略防御计划(SDI)。星球大战涉及圣地亚和其他两个国防项目实验室,其中一项工作需要至少15km/s的高速射弹发射器。我当时向部门经理李·戴维森和圣地亚的SDI项目经理提议,我们开发一种高速轨道炮,后来称为STARFIRE。除了SDI目标之外,这将大大扩展可用于冲击压缩研究的状态方程区域。我们首次尝试使用超高速发射器,采用混合方法,将二级轻气炮作为喷射器连接到附加的第三级电磁轨道炮上,可以在3m内磁力加速弹丸。轨道炮领域的许多人认为,这种方法可以在初始加速期间防止轨道炮后膛中的导电铜轨受到侵蚀,而侵蚀曾将先前的轨道炮速度限制在大约6km/s。日本研究人员尝试过混合驱动概念,但他们的炮遭遇了灾难性的失败,项目已经中止。

为了启动该项目,我们从物理应用公司(Physics Applications, Inc.)购买了一个12mm内径的二级轻气炮,并将其安装在STAR的主炮舱中(已改装了该炮,目前在WSU冲击物理学研究所服务)。我招募了美国领先的高速轨道炮专家、LLNL的罗恩·霍克,聘请他一半时间担任整个项目的负责人,他和他的助理艾伦·苏索夫直接开展该项目大约3年。克林特·霍尔是圣地亚的机械负责人,同时聘请了其他几位合同雇员,包括兰迪·希克曼、格里·索夫和比尔·莱因哈特,以协助建设和运营。卡尔·康拉德集成了大量诊断技术,用于评估炮的性能,将其整合到一个新的高效控制室中,并参与测试炮的性能。在该项目结束时,吉姆·洪参与完善了仪表和射弹发射技术,卡尔·舒勒还通过数值研究对了解射弹的等离子体电枢性能做出了重要贡献。

在确定轨道炮是否增加从二级轻气炮注入的射弹的速度方面,VISAR 非常有用,通过将一小片 Scotch – Brite®胶带黏合到抛射体的前表面来确定射弹的速度,胶带由看起来像微型立方体反射器的微观孔隙组成,并将大部分激光返回到输入光束的轴上。这样的光线插入 VISAR,用于通过炮的第二级和第三级完全发射期间准确且连续地确定射弹速度。使用这种方法,可以直接测量轨道炮的速度增益。

起初,当射弹离开二级轻气炮并进入轨道炮部分时,我们没有成功地启动连接在射弹后部的薄导电保险丝中的电流。利用所产生的磁压建立电流传导对于磁推进是必要的。在氢气环境中射弹以 6km/s 的速度行进时间不到 $1\mu s$,两个导电轨之间即达到几十千安的电流,是一项艰巨的挑战。尝试了各种技术,但没有任何效果。克林特·霍尔通过一种新颖的射弹设计解决了这个问题,这种设计在首次进入轨道炮时自动启动熔断器中的电流。通过此修复尝试,磁力加速射弹,在 3m 内增加的速度可达 1.5km/s,具体取决于充电电压,该轨道炮射弹设计获得了美国专利。蒂姆·特鲁卡诺与林恩·巴克尔合作,通过涉及高速金属对金属滑动接触的数值模拟,帮助消除了一个主要问题。我们最终实现了约 7.5km/s 的记录实验速度。然而,该速度是一个上限,因为在保险丝中形成的载流等离子体没有按预期工作。由于没有理论指导来解决这个问题,1989 年停止该项目。

**建立高速炮的能力**。在 20 世纪 70 年代,STAR 大约有四名工作人员,卡尔·康拉德担任该装置主管,鲍勃·哈迪担任候补主管。直到 20 世纪 90 年代关闭 STAR,卡尔一直是主管。在 1996 年重建 STAR 后,比尔·莱因哈特担任主管,并继续承担同样的职责。该装置最初包括用于操作火药炮的大约 3000 平方英尺地方,也可以转换成二级轻气炮,用于更高速度的实验,工作人员办公室和样品制备室位于现场的其他建筑物内。在 1977 年 11 月 1 日火药炮发生事故之后,完全摧毁了放置炮的金属板建筑。在第二年完成安全审查后,重建了该炮舱,并且在新建筑物中并排放置了由备件组装的一个火药炮和一个二级轻气炮。为了减轻这种安排的拥挤状况,稍后建设了另一座建筑物,每个建筑物分别放置一个炮。

后来增加了一个 X 射线处理实验室和其他炮舱,以便放置最初位于技术区 I 的气体炮以及轨道炮,轨道炮的炮舱改造为丹尼斯·格雷迪的终端弹道装置(TBF),用于弹道导弹影响研究。此外,唐·伦德根于 1958 年建造的原始"冲击机"被移至该装置中,并且通过沿着炮管内部长度铣削一个小凹槽进行改装。

然后具有倾斜冲击表面的射弹(通常与法线倾斜约30°)可以发射并冲击类似倾斜的目标,同时产生纵向和纯剪切应力状态。该炮目前称为"倾斜冲击炮",用于金属粉末和其他材料的剪切强度研究。随着增加这些广泛的设置,在卡尔·康拉德的管理下,STAR 的总实验室面积从 1981 年约 3000 平方英尺增加到 1991 年 15000 平方英尺,使其成为可用于材料特性研究的最大、最灵活的设施之一,能力范围从几十米/秒到近 20km/s 的冲击速度,在单一装置中这是独一无二的。在 20 世纪 80 年代停止轨道炮项目之前的一段时间里,STAR 是一个六炮装置,拥有"西部最高速的炮"。

在早期甚至目前,STAR 是圣地亚大部分冲击波研究的焦点,其综合功能无处不在;它具有国际声誉,在理解高压科学方面取得了许多重大进展。

**二级轻气炮上的氢金属化项目。**当 1980 年林恩·巴克尔回到圣地亚时,他接受了两项重大挑战。一项挑战是 LDRD 项目,用于对二级轻气炮进行无冲击或等熵压缩氢气至兆巴压力,以测试高压金属化理论。该项目继续他的目标,开发斜波或准等熵材料加载技术,从 1970 年开始使用熔融石英斜波发生器,并需要一个低温系统来制备固体氢。林恩设想了一种新技术,该技术可以在钨的短炮管延伸段中制备固体样品,在发射之前短炮管延伸段成为二级轻气炮管的一部分。最初将夹具置于冲击室外的低温恒温器中,冷却以固化氢气,然后在冲击之前快速插入并对准炮管,有点像垒球投球。这必须在最初冷却到几开尔文温度的氢气蒸发之前完成。林恩称这种装置为瞬态插入机制(TIM),并将其称为"小蒂姆"(微型 TIM),"小"是因为其较大。我不知道是否有人告诉过他,这看起来像一个经典的鲁布·戈德堡装置,尽管它确实如此,但是它确实能够有效工作。

将氢样品限制在钨管延伸部分中的两块钨板之间,预先放置在主两级发射炮管中的氦气,在发射期间被高速射弹逐渐压缩,在第一块钨板上压力平稳升高到几兆巴。VISAR 监测第二块板的后表面以确定样品中的压力。由吉姆·常(Jim Chang)在脉冲功率科学中心开发的四台 1ns 闪光 X 射线机,通过小的蓝宝石填充槽测量两块钨板的分开距离,从而测量压缩过程中固体氢的密度。通过数值分析和氢的理论建模,蒂姆·特鲁卡诺和格里·克里在设计系统方面发挥了重要作用。

这个复杂的项目需要改装炮,以等熵压缩固体氢,安装四台快速 X 射线机,以及开发独特的低温腔体和插入机构。尽管林恩成功地使这种复杂装置各个部分正常工作,并且他进行了多次实验,但闪光 X 射线表明第一块钨板易受冲击诱导不稳定性的影响,在气体加速厚板时产生这种不稳定性。即使钨的强度非常高,也不足以防止形成这些不稳定性,并且该板立即破碎成碎块。由于无法确定氢的高压等熵,已停止该项目。然而,一个重要的意外收获促使我们开发一直追求的超高速发射能力。

**超高速发射器的开发**。大约在那个时候,拉利特正在研究使用多层飞片高压加速分解不同板材,以产生几乎连续的加载,他有一个重要的发现,即在这些条件下飞片破裂的趋势受控于飞片的抗压强度除以其密度或者归一化强度。飞片的归一化强度越高,其抵抗破碎能力越强,此类飞片在破碎之前可以加速至更高的速度。钛合金因其高强度和低密度而成为最佳选择之一。

利用氢气实验的结果,拉利特、比尔和克林特·霍尔改进了二级轻气炮,从通常上限约 7km/s 大幅提高发射速度,他们在炮筒上建造了包含要加速飞板的一个钨延伸段。蒂姆·特鲁卡诺对该配置的数值模拟对于优化设计是必要的。所采用的方法旨在使用二级轻气炮发射多层射弹冲击器,并且冲击炮管延伸段中的钛板。飞板的准平滑加速通过动量传递使其比原始射弹具有更高的速度,这种独特的能力称为超高速发射器(HVL),对于状态方程研究实现了 11km/s 的冲击速度,对于致死率研究实现了约 20km/s 的冲击速度。

**开发高压斜波加载的冲击"枕垫"**。作为继续努力开发高压等熵压缩实验(ICE)的重要一步,林恩·巴克尔于 20 世纪 80 年代初返回圣地亚国家实验室后,承担了另一项创新项目,他开发了一种用于产生高压斜波的专用射弹冲击器。该方法涉及使用流体中细粉悬浮液的沉降来制作具有受控渐变密度的平盘,得到的圆盘在冲击表面上具有低密度层,密度逐渐增大,在后表面上具有高密度层(如钨层)。这种配置得到了加载历史,包括初始小幅增压,随后平滑升高到由冲击器最终密度和射弹速度确定的峰值压力。因为最初为"软"冲击,随后平稳增加压力,林恩将这种梯度密度冲击器描述为"枕垫"。

经过数月的艰苦开发工作后,产生了高质量的枕垫,但密度的微小变化造成输入应力的轻微不均匀性,因此,在斜波测量中限制了确定材料准等熵压缩响应的准确性。此外,用于产生粉末受控沉降的装置复杂,难以使用。当林恩于 1990 年从圣地亚退休时,枕垫沉淀技术没有继续下去。然而,该项目是我们继续开发高质量兆巴斜波发生器目标的重要一步。最终磁加载技术实现了这一目标。

**升级为部门经理**。1989 年底,我升任时为工程科学主任沃尔特·赫尔曼手下的处室经理,在接受这一职位时,我的目标是在代码开发和实验程序之间建立更加紧密的联系,并扩展建模工作,以包括多个尺度范围内材料响应的整合。该部门由我腾出的实验分部、迈克·麦格劳恩领导的代码开发分部以及代码应用分部组成,代码应用分部在保罗·亚灵顿领导下在内华达试验场参与了大量冲击波工作。爆炸部件处的菲尔·斯坦顿很快填补了我的实验职位。

**开发 3-D CTH 代码**。我所在处室的计算目标是继续开发正在进行的先进计算机代码,包括用于脉冲功率应用的三维(3D)磁流体动力学代码 ALEGRA 和 3D 流体动力学代码 CTH。ALEGRA 最初由迈克·麦格劳恩指导,后来得到了詹姆斯·皮瑞、艾伦·罗宾逊和蒂姆·特鲁卡诺的支持,将在 8 年后启动的脉冲动力科学中心一个新的冲击波项目中起到关键作用。然而,当时 DARPA 已经开始了支持国防部(DOD)用于武器应用的通用流体动力学代码项目。经过几年的评估期,期间用户在能源部(DOE)武器实验室判断备选代码的技术能力,DARPA 将继续支持选定代码,供所有 DOD 合同商使用。LANL 和 LLNL 具有现成的流体动力学代码,激烈争夺这一有利可图的奖项。许多人认为 LANL 代码 MESA 会因其先进的开发状态而入选。山姆·汤普森和迈克·麦格劳恩已经在圣地亚开发了类似的代码 CTH,但之前没有尝试过用其参与竞争。

迈克·麦格劳恩、保罗·亚灵顿和我决定组建一个研究团队,努力争取 DARPA 的支持,因为这将带来持久的经济回报。史蒂夫·罗特勒被公认为处里经验最丰富的分析师之一,由他担任团队负责人。他抽调了 9 名员工,在接下来的几年里针对 DOD 应用改进了 CTH 的功能和用户界面,在开发阶段进行了几次技术和客户评估活动。CTH 在技术能力方面与其他两个代码相当,但在客户满意度方面表现优异。通过史蒂夫的领导和团队的辛勤工作,CTH 最终入选支持 DOD 承包商应用,并仍然用于此目的。当史蒂夫在另一个处晋升时,吉恩·赫特尔成为了项目负责人,并进一步完善了 CTH 供 DOD 使用。CTH 仍然是冲击现象许多建模人员的"代码之选",在几个圣地亚和国家安全问题上做出了有影响的贡献。

**关闭 STAR**。1991—1992 年,在实验室主任阿尔·纳拉特的领导下,圣地亚高层管理人员重组并精简了全部管理结构,结果是淘汰了直线管理的第二级,即处室经理,那些直线经理变成了各种各样的项目经理。沃尔特·赫尔曼此时也辞去了工程科学主任的职务,埃德·巴西斯取代了他。我成了一名项目经理,主要在埃德领导下从事计算领域的研发工作,最初参与各种活动,包括开发圣地亚的并行计算项目。尽管 STAR 在其他世界级组织中处于领先水平,且其员工因专业知识而在国际上得到了认可,但埃德决定不在工程科学的实验性冲击波计划中投入资金。因此,埃德将实验研究资金重定向投入并行计算项目。由于这种动荡,大多数实验人士要么离开,要么安排支持工程科学的计算工作。这种不幸的转变涉及拉利特,安排他针对客户应用学习 CTH。

埃德还决定完全拆除 STAR。幸运的是,拉利特能够获得足够的外部资金来维持该装置进行小规模冲击波工作,持续数年,直到实验冲击物理学情况好转。其余 STAR 人员巧妙地保存了关于炮的一些关键仪器设备和操作资料,以防止这些资料被当作废物利用。此外,劳埃德·邦松作为含能材料部门的一位一级经理,接手管理 STAR。对于困难时期的设施维护,劳埃德公认的高效运营设施的技能是至关重要的。

1995 年 12 月,在埃德的授权下,实验人士被列入了一个受影响的名单,以清除所有实验冲击波工作人员。大多数设施工作人员和实验人士离开或被安置在别处。埃德终止了与所有参与 STAR 维护和操作的合同工(包括炮清洁工)的合作。丹尼斯·格雷迪根据自愿离职激励计划(VSIP)从圣地亚退休,麦克·菲尼西加入了内华达试验场参与测试的地球科学小组。该装置经理卡尔·史密斯在圣地亚担任环境安全和健康职位。候补经理克林特·霍尔在脉冲功率科学中心的起草文件部门从事临时工作。比尔暂时留在 STAR,做其他人以前做过的所有事情,包括清洁炮、准备丹尼斯·格雷迪的 DOD/DOE 谅解备忘录(MOU)项目实验、进行实验和分析数据。

1996 年初,拉利特进入脉冲功率科学中心,接替丹尼斯·格雷迪的 DOD/DOE MOU 项目。他和比尔对 TBF 炮进行了杆式冲击实验,并制定了如何重启 STAR 的战略。在唐·库克的领导下,脉冲功率科学中心提供了少量的种子资金。劳埃德同意接管 STAR 的管理责任和运作,确保有效运营该装置。STAR 于 1996 年 4 月重新投入运营,约翰·马丁内斯是 Ktech 公司的承包商,曾在该装置现场工作,根据需要帮助清洁与操作炮。克林特、比尔和拉利特是原始团队中仅剩的人员,可以使用炮且具有操作经验。

**在国防项目办公室工作一段时间。**大约在 1992 年,丹尼斯·海耶斯从华盛顿特区任职回来,并在实验室副主任罗杰·哈根格鲁伯领导下的国防项目办公室内成立了一个新小组。该小组的一个目的是在圣地亚的研究组织和武器计划之间建立更牢固的联系。丹尼斯·海耶斯问我是否会对新小组的一个职位感兴趣,经过几个星期的深思熟虑之后,我接受了这个职位,令埃德感到很失望。我最初的职务是作为"跨部门"研究管理人员①,这意味着我将帮助集中圣地亚国家实验室的不同研究工作,以支持武器项目的中期和长期需求。我在这个职位工作,从事各种国防项目问题,直到 1996 年夏天,我有机会回到我真正感兴趣的冲击波研究上。

**开始脉冲功率冲击波研究。**圣地亚开发快速脉冲功率系统,为在超高压下进行高精度冲击物理实验提供了革命性的新方法。快速脉冲功率定义为在几百纳秒内将大量电流(即几十兆安)输送到电负载上。Z 装置具有此功能,由脉冲功率科学中心运营。在 2002 年退休之前,我的职责是使用这项技术开发冲击波

---

① 跨部门管理人员的作用是鼓励应用小组和研究组织之间的互动,以便集中进行直接有益于武器计划的短期和长期研究。

项目,花费了我在圣地亚职业生涯的最后5年时间,退休后我继续在该中心担任顾问。

影响我重新进入冲击压缩领域的重要因素以及使用Z对冲击物理学的具体贡献涉及三个主要事件:圣地亚管理结构的变化与实验冲击物理学的撤资、1992—1996年我参与国防项目活动,以及唐·库克富有远见的目标,即在脉冲功率科学中心开展冲击波工作。如果没有改变管理结构,留在工程科学中心,可能会对那个职位感到满意,而不是倾向于做出改变。尽管我在国防项目办公室拓宽了视野,但是我对这项工作没有和对冲击波研究一样的热情,并且急于回来从事研究工作。

回到冲击波研究的过渡始于1996年初夏的一个早晨,当时唐在国防项目大楼参加会议后来到我的办公室。他告诉我他想用Z开发冲击波能力,并问我是否会感兴趣。这一新推动力的动机来自圣地亚脉冲功率科学项目的评审,评审强调需要使用Z和激光设备来研究高能量密度物理(HEDP),以支持新成立的NNSA(国家核安全管理局)核武库管理项目。Z最近实现了产生强X射线源的重要里程碑,该X射线源具有惯性约束聚变(ICF)应用的巨大潜力。唐在这个新项目上没有多少经济支持,但他想尽早启动这个项目。

我渴望重新回到冲击压缩科学研究工作中,于是抓住机会迎接这一挑战。此次机会提供了与我解决问题的方法的完美匹配:这是一个未开发的新研究领域,有强大的项目需求,没有其他人正在开发脉冲功率冲击波工作,主要的挑战是找到合适的人、正确的设备和足够的资金。尽管当时并不明显,但可以克服这些障碍。几个月后,过渡的细节问题得到了解决,我正式进入唐的中心。1997财政年度开始认真进行脉冲功率冲击波项目。

除了缺乏经济资源外,无法立即获得研究人员和冲击波诊断系统。幸运的是,克林特·霍尔之前曾在该中心的工程部门担任过职务,尽管他曾在工程科学中心申请职位,他的转职非常突出。作为该中心汤姆·梅尔霍恩(Tom Mehlhorn)的Z箍缩物理部门的成员,拉利特·查比达斯正在STAR进行冲击波项目。几个月后,克林特和拉利特两位都来我这里了,我们的冲击波组开始运转。就像唐·伦德根最初的冲击波一样,这是一种自下而上的方法,幸运的是有一个白手起家的结果,正如1958年瑞德·霍伦巴赫描述冲击波项目一样。

克林特专注于为Z开发冲击波实验的基础装置,他在实施新机械系统方面的创新才能,以及他能够使一切事情良好工作的能力是快速发展冲击波能力的一个重要因素。拉利特专注于将STAR恢复到之前作为世界级装置的地位。由于他广泛的外部联系和为客户识别正确问题的诀窍,他能够开发出几种新的超高速杀伤力项目,这些项目利用其独特的能力并获得稳定的资金。STAR具有现成的实验方法和仪器,Z 和 STAR 的冲击波诊断协同作用对于开发 Z 装置上的冲击波能力是至关重要的,即使我们最初必须使用废弃(留存的)干涉仪系统和记录诊断。我们还能够让卡尔·康德拉从他在机器人领域的工作中回来,致力于从 STAR 转移仪表技术到 VISAR,这样极大地帮助了在 Z 装置上快速实施 VISAR。

**Z 箍缩驱动的冲击波**。最初通过 ICF 项目开发了 Z,用于研究高温等离子体的物理特性。这个非常大的装置(直径 > 100 英尺)可以在 100~300ns 内发送超过 25MA 电流到包含冲击波实验的低阻抗负载。可以不同的操作模式施加所产生的电能,主要的操作模式以及为 ICF 应用开发的原始操作模式采用非常细(直径小于人类头发的 1/10)高密度金属(通常为钨)丝的圆柱形阵列,可以传导组合电流,在脉冲持续时间内最大为 25MA。通过电阻加热金属丝的汽化与圆柱形等离子体鞘的形成来产生圆周磁场,这样等离子体向丝阵的中心加速,速度接近 100km/s。中心处的等离子体的停滞(Z 轴,此为名称"Z 箍缩"的由来,从而有"Z 机器")在镀金空心圆柱体中(称为黑腔)产生几电子伏的温度。这种强烈的辐射源可用于烧蚀内爆一个小的靶丸,其中含有氢燃料混合物,并且位于黑腔中,直到那时为止,这是大多数 Z 研究的焦点。一个有趣的插曲是,在电影《十一罗汉》中,Z 箍缩被吹捧为主要破坏性设备。

高温等离子体也可用于照射附着在黑腔上的圆柱形圆盘,并通过它烧蚀产生平面冲击波。在 Z 装置上的第一次冲击波工作中,我们采用辐射方法产生冲击波。然而,在大约一年后停止该技术。首先,因为它未能提供高质量状态实验方程所必需的空间均匀和压力恒定的驱动;其次,因为发现了更好的冲击波驱动器。对于烧蚀驱动的实验,鲍勃·考布尔(LLNL)帮助设计构型以优化空腔中产生的软 X 射线光谱,蒂姆·特鲁卡诺进行了模拟工作以设计最佳的冲击波驱动构型。中心和其他装置的若干工作人员为我们的项目做出了重大贡献;许多人都是自愿"捐赠",因为我们没有多少资金:克林特·霍尔领导冲击波部件的工程设计,高能部件部门的凯文·弗莱明协助转移了先前为 VISAR 开发的光纤系统,约翰·波特允许我们在他的几个 Z 实验中"搭车",并且还投入了几发次实验来评估用于优化冲击波的空腔构型,协调 Z 实验资源的约翰·希曼动用他的资金购买了诊断设备,并稍后于临近 Z 中心附近建造了一个专用屏幕室,专门用于 VISAR。约翰·波特支持这项工作的动机是开发冲击波诊断方法,来校准黑腔中的峰值辐射温度,以帮助模拟 Z 箍缩源的效率。

对于状态方程应用,必须解决几个问题,包括用于将激光信号传送到目标区域与从目标区域传送激光信号的光纤电缆的 X 射线变暗。这些问题得到了解决,在铝上获得了最大到约 1 兆巴的冲击波雨贡纽数据。然而,状态方程数据的误差棒是不可接受的,并且在2000年初停止了该技术,当时开发了磁驱动飞片技术。尽管如此,我们确实通过几个技术会议报告的辐射驱动获得了合理的冲击波数据。

尽管在1997年初启动项目时,我们甚至未确定进行精确冲击波测量的概念,但我与包括WSU的瑜伽士·古普塔教授在内的几个人进行了交谈,讨论了我们应该关注的第一个材料。我们对辐射驱动的初步实验是在铝上进行的,但我们认为,准确的铝雨贡纽数据不会引起科学界或武器界太大兴趣。我们的目标是尽早将Z建成HEDP研究的重要装置。

**关于Z的低温能力**。当时,吉尔伯特(瑞普)·柯林斯(Gilbert(Rip) Collins)领导的LLNL激光组在利用传统方法难以接近的压力下获得冲击波数据方面取得了很大进展,并且已经产生了关于氘的高压雨贡纽数据。他们的结果与大多数理论预测结果悬殊,数据表明氘的50%更软响应有利于正在LLNL开发的国家点火装置产生氢燃料的点火(后来马库斯·克努森通过在Z装置上进行细致的冲击波实验,证实这些结果具有重大错误。马库斯在Z装置上冲击工作开始约一年后被聘用)。我们认为,即使更加困难,液态氘准确的状态数据方程将使Z名扬四方,有助于将其建立为更好的高压材料研究平台,或者至少使其与激光技术相提并论。

为了进行氘的状态方程实验,我们需要Z具有低温能力。尽管我们没有一个好的冲击波驱动器,但我主张并找到资金在项目开始时开始低温工作。戴夫·汉森及其助理鲍勃·约翰斯顿(Bob Johnston)在脉冲功率科学中心工作,可以开发系统。戴夫是建造实用低温系统的专家,也精通脉冲电源系统。尽管戴夫的经理约翰·波特愿意分担开发成本,因为使用Z箍缩源实验也需要低温系统,但我们中心的资金微不足道,并不足以支持这项工作。

我需要额外的60万美元用于这项工作,所以一天清晨,我去拜访实验室副主任格里·约纳斯,他管理中心的LDRD资金。格里说,脉冲功率应该为此提供资金,而不是LDRD。但他说"如果脉冲功率投入一半,我会投入另一半",他认为他们可能不会提供。我以此为契机,立即前往拜访该中心副主任杰夫·昆滕斯,他同意提供相同的资金。那天上午晚些时候,在格里办公室的主任会议上,杰夫提到脉冲功率会投入一半资金。格里倒吸了一口气,但还是承诺配套资金,因此我们正在寻找的低温系统有了着落。通过戴夫和鲍勃的才能,我们在两年内使Z有了一个工作良好的低温系统。该系统的一个独特之处在于,低温腔体在目标释放能量期间受到Z(相当于几磅TNT)的保护,可以多次使用,大大降低了开展低温状态方程实验的成本。

**发现Z的磁力驱动器**。使用Z来产生应力波的另一种模式更适合于产生高精度的平面压缩。在这种直接压力产生方法中,将电流施加到两块平坦的平行铝板上,铝板间隔约 1mm 并在一端短路,这样在板内表面上产生几乎均匀的磁场。增加磁压在板中产生传播的斜波,因此在连接到其后表面的样品中产生传播的斜波。通常板尺寸为:长 5cm、宽 2cm,包含直径约 1.5cm、厚 1~2mm 的样品。值得注意的是,使用 Z 的现有功能,约 400nm 样品平稳增大输入压力,最高可达 4 兆巴。平稳的压力增加使得通过板传播斜波,并进入附着在其后表面上的样品,随着其变化越来越陡峭,最终形成冲击波。因此,在几乎等熵的条件下,加载样品到高压。尽管这种热力学路径并不处于恒温状态,但它比冲击压缩更接近于等温加载,冲击压缩通常产生几千摄氏度的温升。因此,斜波压缩实验得到的数据更容易与等温加载实验的数据进行比较,例如金刚石压砧(DAC)。

1999 年初,克林特和我通过瑞克·斯皮尔曼的项目测试了直接磁加载技术,开发新的电流诊断方法。瑞克想用一种非电方法来测量 Z 中心附近的电流,Z 中心附近磁场和电场都很强。现有的电气诊断技术并未在该区域提供可靠的结果。瑞克、克林特和我讨论了使用 VISAR 测量来确定位于钢卷板中心附近薄板上峰值压力的可能性,该薄板向负载传导电流。我们认为,通过测量板中产生的峰值压力,我们可以确定磁场,从而确定电流密度。

在实现瑞克的目标过程中,我们还想证明使用 Z 测量状态方程高压斜波加载的可行性。为了进行第一次磁力驱动实验,在钢卷板上钻了几个小孔。铜盘放在一个孔中,铁盘放在另一个孔中,VISAR 干涉仪测量两者的响应。圆盘与板齐平,并在其前表面上传导电流。该配置重现了卷绕板经历的磁场,因此复制了该位置处的电流。在分析结果过程中,克林特和拉利特发现铁盘的波形表现出最初用冲击波观察到的 $\alpha-\varepsilon$ 相变的典型双波结构特征,在铁相变过程中产生的独特双波结构是我们选择铁样品进行测试的原因之一;观察相变将确保测量结果是可靠的。这是一个非常令人兴奋的结果,强烈暗示磁性方法可用于材料研究。鉴于这一突破,进行了其他实验,包括对相同半径下两个厚度的铁盘进行射击。该实验产生高质量 VISAR 数据可以分析铁中斜波的演变,从而分析铁的应力-体积响应以及估算该位置电流密度所需的峰值应力。

**在 Z 装置上开展兆巴斜波研究**。在我们在 Z 装置上验证了这些第一次斜波实验之后,克林特和我开始大力改进构型,以便进行任何材料兆巴压力的精确实验。我们与 LLNL 的阿特·图尔和大卫·莱斯曼就最佳构型一直进行讨论。在这些讨论中,建议使用"方形阳极"构型来安装样品,以产生更平面的加载。然而,当时并不清楚这种形状是否会产生 1D 薄盘的平面加载。大卫·莱斯曼的大量 MHD 模拟结果证实,这种布置确实产生了平面度到几个百分点的应力波。将这一概念工程化设计成一种稳健的设计,仍用于目前的斜波实验。该设计涉及将四个相等尺寸的铝或铜板拧在一起,以形成平板附接样品,称为ICE立方体(用于等熵压缩实验立方体)。最初的设计经过雷·莱姆克、让-保罗·戴维斯、汤姆·海尔(Tom Haill)和苏菲·尚特雷纳(Sophie Chantrenne)(当时的Ktech公司承包商)的二维和三维MHD模拟以及马库斯·克努森等的材料实验,经过多次改进与细化。保罗·拉格林在内华达试验场(NTS)管理圣地亚的次临界实验项目,通过为NTS开发的VISAR仪器在Z装置上可用、为Z实验提供资金,并与LANL和LLNL激烈争论和谈判以争取对该项目的支持,为冲击波项目做出了巨大贡献,从而大大加速了我们的步伐。

在将磁加载概念作为高压状态方程研究的重点后,在短时间内我们取得了重大进展。1999年夏季,在犹他州雪鸟(Snow Bird)的凝聚态物质冲击压缩专题会议(Topical Group Conferenceon Shock Compression of Condensed Matter)上发表了四篇关于使用Z进行冲击波和斜波实验的论文(Asay2000;Asay, Hall, Holland et al. 2000;Hall, Asay, Trott et al. 2000;Hanson, Asay, Hall et al. 2000)。以参会报告和邀请报告的形式介绍了辐射驱动方法、磁加载方法以及我们在开发研究低温流体能力方面的进展。

**需要新的方法来分析斜波实验中的高压数据**。丹尼斯·海耶斯使用向后积分技术开发了第一种精确方法,用于确定样本的斜波输入。该方法估计输入压力历史,并与测量的输出波形分布一起使用,以确定样品的连续应力-体积响应。让-保罗·戴维斯(圣地亚)、史蒂夫·罗斯曼(Steve Rothman)(原子武器研究机构)和乔恩·埃格特(Jon Eggert)(LLNL)采用了其他方法,这些方法优于后向积分技术。最近,圣地亚的一名新员工贾斯汀·布朗采用了一种快速傅里叶变换方法,有望提供更准确的分析。这一系列分析技术对于交叉检查每种分析技术规定的准确性、确定潜在的系统误差以及建立对结果的信心是有价值的。

**新员工加入了Z冲击波项目**。在接下来的几年里,脉冲功率科学中心吸引了几位才华横溢的研究生,其冲击波工作迅速增长。在20世纪90年代末,当该项目刚刚开始时,我们很幸运地聘请了加州理工学院的凯瑟琳·霍兰德和让-保罗·戴维斯以及WSU的马库斯·克努森来帮助开展冲击波研究,后来加入的其他毕业生包括丹·多兰、斯科特·亚历山大、特雷西·沃格勒、汤姆·奥、赛斯·鲁特、克里斯·西格尔和贾斯汀·布朗。此外,20世纪80年代和90年代的原始冲击波组的几名成员,包括麦克·菲尼西、兰迪·希克曼和杰克·怀斯重新开始研究冲击物理学的各个方面。该中心的其他几位研究人员也通过添加最先进的仪器做出了重大贡献:吉姆·贝利开发了测量冲击液体温度的光谱技术,戴夫·汉森开发了新型低温技术,能够在低至4K的温度下进行冲击波实验。此外,迈克·德贾莱斯、托马斯·马特森等开发的从头算理论为整体冲击波项目增添了一个关键组成部分。特别是,迈克的从头算铝的高压电导率工作是磁性发射薄板的能力的突破。继唐·库克之后,中心主任杰夫·昆滕斯和基思·马岑也承担了重要的管理职责,以确保冲击波在 Z 装置上的成功。

到 1999 年,冲击波工作已经变得足够大,足以证明在二级经理下设一个单独小组是合理的。由于我已经是二级经理,因此在名为冲击和 Z 箍缩物理的小组中产生了一个名为武器物理的职位,我还被指派负责管理比尔·博耶尔的 NTS 小组,并且 STAR 装置工作人员仍然直接向我报告。我必须在冲击和 Z 箍缩物理小组中替换自己,为此职位发布了招聘广告。有几个人申请该职位,包括当时正在研究中心 Z 箍缩等离子体物理学工作的克里斯·迪尼,克里斯显然是最有资格的人选,但是他当时在 DOE/NNSA 工作。这本来是一个为期两年的工作,但他同意在 1 年后离开,所以我等了 8 个月让他作为冲击小组的负责人接管日常管理职责。这是我较好的管理决策之一,并对 Z 装置上的冲击波项目产生了持久的影响。当我 2002 年退休时,那个二级职位被取消了,但几年后重新设立了这个职位。那时,克里斯晋升到这一二级位置,他将克林特提拔为冲击波小组的负责人。克林特以此身份工作,直到 2010 年他在圣地亚另就他职,多恩·弗里克晋升到该职位。克里斯于 2007 年离开圣地亚,接受 NNSA 的任职,在那里他负责国防项目实验室的所有材料研究。

**磁驱飞片**。使用 Z 装置上的斜波来研究兆巴压力下的材料响应,已经产生了几项突破性成就。让-保罗·戴维斯及其同事得到了钽的近等熵压力测量值约为 4 兆巴,特雷西·沃格勒及其同事使用 1978 年开发的卸载波形技术确定 Al 的抗压强度约为 500 千巴,Ta 的抗压强度约为 1 兆巴。汤姆·奥、特雷西·沃格勒、马库斯·克努森、贾斯汀·布朗和我测量了 Al、Ta 和 LiF 的强度,压力从 170 千巴到大约 2.5 兆巴(对于 Ta)。贾斯汀目前正在开发实验和计算方法,以提高 Z 在几兆巴压力下抗压强度数据的准确性。

1999 年秋天,马库斯和克林特提议使用磁力斜波加载来发射高速飞片,我们三人在西雅图美国物理学会等离子体物理分会(American Physical Society Division of Plasma Physics) - 会议上讨论了这个问题并同意继续进行该项工作。在飞片模式中,由斜波加载期间产生的磁场加速 Al 导电板。如果正确设计输入电流历史,则飞片连续加速到高速。可以很容易地达到远远超过传统技术的速度,大大扩展状态方程研究的压力范围。一个潜在的问题是必须精确控制电流脉冲时间历程,以确保在达到最终速度之前不会在 Al 板中形成冲击波。否则,在发射期间飞片可能熔化或蒸发且分解。

在发射期间确定飞片中的实际热力学状态需要对实验构型进行精确的 MHD 模拟。需要飞片准确的状态方程及其在高压和高温下的电导率。迈克·

德贾莱斯开发了一种高压液态 Al 电导率的量子分子动力学模型,该模型与迪克·李和理查德·莫尔(LLNL)先前开发的模型有很大不同。他的模型预测毫米尺寸的飞片可以完整加速到高速。李-莫尔模型的计算结果表明,不能高速发射 Al 飞片。然而,根据迈克的理论,马库斯、雷·莱姆克等证明,可以发射直径为 15mm、厚度达 1mm 的铝飞片到大约 46km/s。也就是说,大约是使用二级轻气炮传统技术可能发射速度的 5 倍,从而允许冲击压力高达 40 兆巴。这种能力远远超过了我们使用轨道炮开发超高速 15km/s 的最初目标。

**整形电流驱动器用于改善斜波生成**。我对高压斜波和磁力驱动飞片的贡献之一,是实现对电流历史的及时精确整形,以防止在样品或飞板中形成冲击波。一天晚上,我正在分析斜波如何随着传播距离变陡,并意识到可以使用冲击速度和粒子速度数据以及分析特征方法在拉格朗日坐标中解决这个问题。输入压力中的简单线性斜波将在样品中快速形成冲击。然而,通过利用特定的非线性时间历史对电流进行整形,更大的样品厚度推迟形成冲击。对于理想的电流形状,在特定的样品位置会形成单个冲击,这是可以使用指定峰值压力研究斜波的最大厚度。通过改装激光触发系统,实现任意形式输出电流的能力需要付出相当大的努力,却为冲击波项目带来了巨大的好处。有几个人详细检查了当前的波形要求,包括大卫·莱斯曼(之前在 LLNL,当时在圣地亚)、丹尼斯·海耶斯和让-保罗·戴维斯。特别是让-保罗的大量工作经历使得斜波压缩研究能够达到几兆巴压力,并且可以将飞片发射到超过 40km/s。这项工作对修改激光触发电路产生了重大影响,使之可以触发 Z 中产生电流的 36 个电容器。

**氘的状态方程**。到 2000 年,马库斯和 Z 加速器团队开始使用磁飞片技术获取氘的数据。在接下来的几年里,他们制作了一个高度精确的雨贡纽,最大压力到 1.8 兆巴,导致修订了早期用激光技术获得的雨贡纽数据。新数据还符合迈克·德贾莱斯的从头算结果的实验不确定性范围,为实验和理论提供了极大的信心。随后马库斯和冲击波团队发表的几篇关于氘的出版物扩展了雨贡纽数据,这些数据已成为标准化数据集,目前已被大多数研究人员所接受。此外,该团队还获得了以下状态方程数据:压力最大到 18 兆巴的水和金刚石、压力最大到 8 兆巴的氙、在 5 兆巴卸载受冲击的 Al 进入蒸汽状态、压力最大到 5 兆巴的铍。这些开创性的成果大大超过了 1997 年的最初目标,即 Z 得到全球认可,并且将该装置牢固地确立为超高压状态方程研究的主要平台之一。通过这些实验建立的实验、理论和计算之间的联系还实现了在 20 世纪 60 年代唐·伦德根的愿景,即将冲击波研究的这三个方面结合起来。

**在 Z 装置上开展有毒物质研究**。Z 的状态方程能力已经扩展到有毒材料(如铍和钚)的研究,大多数实验室都无法处理这些材料。通过克里斯·迪尼的巧妙构造设计开发了这种能力,然后由马库斯和克林特·霍尔实施,用于 Z 的前三次钚实验。这些首次实验在 2006 年 Z 关闭进行全面整修之前进行。由于人们越来越关注工人的安全和翻新 Z 的服务期限,目前的安全壳系统与 2006 年使用的安全壳系统相差悬殊。通过加强安全壳基础装置并进行详细的安全分析,以获得圣地亚和 DOE 批准,约翰·波特、比尔·斯蒂格、兰迪·麦基和他们的工作人员做出了巨大贡献。作为安全壳系统的一部分,有毒样品位于钢制容器内,超快速关闭阀可防止蒸发的有毒物质逸出。在点燃 Z 时,引发炸药装药,封闭阳极和阴极之间的间隙,将安全壳腔体与加速器的其余部分隔离。在关闭之前,样品构型从 Z 接收电流并承受磁加载,收集 VISAR 数据并将其传送到记录仪器上。已经过彻底验证的安全壳系统可用于有毒物质,Z 是目前唯一可用于这些材料高压状态方程的地上动态高压装置。将冲击波计划整合到支持 NNSA 核武库管理项目的国家工作中,负责管理 Z 装置上冲击物理学项目的团队受到了赞扬。

**开发 Veloce**。2004 年克林特启动了一个项目,建造一个名为 Veloce 的紧凑型脉冲功率发生器,用于低压材料研究。目标是通过提供大约 170 千巴压力的数据来减轻对 Z 的斜波实验的高需求。另一个目的是以更快的转换速率开发新技术,如不同的源构型、软恢复、磁压力剪切产生和预热,然后可以将其转移到 Z 装置上。此外,脉冲发生器构造成这样的型式,与 Z 相比运营便宜,并且可以进行大量的实验。法国一家公司制造了 Veloce,能够向包含样品的 15mm 宽带状负荷输送约 3MA 的电流。汤姆·奥和苏菲·尚特雷纳对带状线几何结构进行了仔细研究,以确定平面磁力驱动器,在材料研究中其均匀性约为 1%。兰迪·希克曼承担了 Veloce 的管理工作,并一直忙于各种项目。已经用该系统进行了大量的材料研究。

**磁力产生的压力剪切实验**。大约在 2007 年,斯科特·亚历山大、汤姆·海尔和我在 Veloce 上开发了一种创新技术,称为 MAPS,用于磁力施加压力剪切,该技术使用交叉磁场,将样品同时加载到纵向应力下的高压,然后应用纯剪切应力斜波来直接确定纵向应力状态下的剪切强度。横向 VISAR 测量剪切应力所产生的横向速度。这种新颖的概念可以直接测量高应力下的抗压强度,这是该领域的长期目标,目前斯科特正追求这样的目标。我们提交了该概念的专利草案,但没有申请实际专利。

**结束语**。Z 装置上可用的高压状态方程能力的广度使其成为 HEDP 国际研究的关键组成部分。该区域的物质现象发生在天体物理环境中。在高温端,热致密物质包含数百倍压缩和几千电子伏的温度,这些条件在天体物理环境(如超新星、吸积盘和恒星内部)中普遍存在。在实际应用中也产生这些状态,例如激光等离子体和Z箍缩。了解这些现象对于在实验室环境中实现ICF是至关重要的。在核武器运行期间也出现了类似的现象，这增加了Z在我们国家的核武器项目中发挥的重要作用。

Z在冲击波研究中的主要影响在2012年《圣地亚实验室新闻》(Vol. 64, No. 4, p. 1, February 24, 2012)中的一篇文章中有简明扼要的介绍：

美国国会和能源部都认识到圣地亚及其合作实验室（洛斯阿拉莫斯(LANL)和劳伦斯利弗莫尔(LLNL)）在Z装置上实验对于支持NNSA核武库管理项目的价值。参议院能源和水资源发展小组委员会的2012年发展拨款法案评论认为："委员会理解关于钚的两个Z实验产生了关于高压下钚行为的新的且令人惊讶的数据，这些新数据是对核武库管理计划项目最有价值的贡献之一。该委员会继续大力支持在圣地亚的Z装置上开展武器物理活动，这些活动对于维持安全、可靠和有效的核武库是至关重要的。"NNSA国防项目副主任唐·库克在关于圣地亚和LANL合作开展的Z装置上钚研究工作中写道，"这些高质量的数据可能会提供新的见解，并挑战我们对这种极其复杂的材料的基本理解。这一成就一直是我们对核武库管理项目最有价值的技术贡献之一。"

2002年从圣地亚退休后，我在WSU冲击物理研究所(ISP)工作了4年，与瑜伽士·古普塔教授以及几位研究生和博士后一起工作。在2006年作为ISP荣誉教授从WSU退休后，我又回到圣地亚担任Z装置上冲击波项目顾问，一直工作到2012年。

在高级经理多恩·弗里克和经理托马斯·马特森、约翰·本尼奇和戈登·利弗斯特(Gordon Liefeste)（戈登在STAR和内华达国家安全试验场指导冲击波研究）的领导下，Z和STAR上的整个理论和实验冲击波项目目前强大而健壮。此外，该小组还将实验、理论和计算能力整合到一个二级部门，类似于沃尔特·赫尔曼最早发展的结构（与2013年10月到2014年9月脉冲功率科学中心马克·赫尔曼无关，沃尔特·赫尔曼在2014年9月成为国家点火装置负责人）[①]。现有冲击波小组的广泛人才与早期圣地亚的研究人员相匹配，该小组与20世纪50年代至90年代的冲击波组一样强大，富有创新活力。值得注意的是，新一代研究人员彻底改变了圣地亚的冲击物理学研究状况，在国家计划以及在世界范围内声名远扬，在21世纪的冲击物理学中创造了世界一流。

我很幸运能够在我的职业生涯中与许多有才华的人一起工作，最早是柯特

---

① 编者注：基思·马岑从2005年1月至2013年7月任脉冲功率科学中心主任，并于2015年3月再次担任主任，之前担任圣地亚国家实验室核武器科学和技术项目主任近两年。杜安·迪莫斯从2014年9月至2015年3月担任临时中心主任。

兰空军基地的唐·兰伯森上尉和亚瑟·冈瑟博士,他们向我指出了高压研究的方向,WSU 的乔治·杜瓦尔教授让我自由地选择博士论文论题;然后林恩·巴克尔提供了使用 VISAR 的初步指导,并且给我灵感继续他的许多初步研究项目;又有克林特·霍尔传授开发复杂系统的诀窍;有马库斯·克努森对冲击波研究的专业知识和直觉,使得 Z 磁力驱动压力技术得到了国际社会的认可;有拉利特·查比达斯在我的大多数研究项目中与我合作,确实做了很多工作,且直接激发了我的一些认识;还有我的家人以及其他许多我有幸与之合作的有才华的同事。保罗·拉格林在 20 世纪 90 年代后期通过与其他国防计划实验室谈判,为最初陷入困境的 Z 冲击物理项目提供资源,其在启动冲击波工作方面的计划技能特别值得称赞。此外,WSU 的 ISP 的瑜伽士·古普塔教授非常支持向圣地亚和 DOE 管理层倡导冲击波研究,这大大加速了 Z 研究项目。最后,我从大量的机缘巧合中受益匪浅。

## 梅尔文·贝尔
## Melvin R. Baer
（1975—2010）

我于2010年作为工程科学高级研究员退休,在圣地亚国家实验室工作了35年。我在科罗拉多州立大学获得了机械工程学士学位(1970年)、硕士学位(1972年)和博士学位(1975年),我的博士论文研究涉及液相火箭的燃烧不稳定性。我于1975年加入圣地亚,是空气动力学小组的技术人员。1978年我转到工程科学中心,并于1989年获得杰出技术人员表彰。1997年我成为高级研究员。我从事能量材料领域的基础研究,包括炸药和烟火研究、中尺度研究、爆炸行为以及状态方程研究、反应过程、危险评估和计算冲击物理学。我是"爱荷华"战列舰事故圣地亚调查组的组员,同时也是国家运输安全委员会(National-Transportation Safety Board)调查 TWA 800 航班事故的团队成员。我还任职国防部先进能量学计划(Advanced EnergeticsInitiative)技术小组、国防威胁降低局基础科学研究评估小组以及联合简易爆炸装置控制组织(Joint Improvised Explosive DeviceDefeat Organization)运营科学和技术常设委员会的委员。目前,我是美国国家科学院武器装备委员会的小组成员,我在圣地亚人员配备联盟有一个人员扩充职位,指导新员工进行高能材料研究。

**关于研究和应用活动的评论以及关键参考文献**

1. M. R. Baer and J. W. Nunziato, "A two – phase mixture theory for the deflagration – to – detonation transition (DDT) in reactive granular materials," *International Journal of Multiphase Flow* 12, no. 6, pp. 861 – 889 (1986).

这篇广泛引用的论文概述了处理完全可压缩的反应性混合物的建模方法。当时,主要在推进和枪炮领域中开发多相建模,并且认识到这些方法与爆炸理论不相容。圣地亚的爆炸组件部门赞助了我们的工作,要求提供建模帮助,以便更好地了解应用于雷管组件的DDT。需要一种新的方法,可以将高速爆燃与冲击物理耦合,并且包容爆炸状态。我们开发了连续混合理论方法,将体积分数视为独立的运动变量,并允许所有相的可压缩性和爆炸状态。在本论文的附录中,一个简短的特征分析表明,数学上很好地给出建模,并与经典黎曼理论一致。这引起了世界几位数学家的注意,我们的连续混合方法成为后续几篇文章的基础。洛斯阿拉莫斯国家实验室(LANL)的同事后来对连续混合模型感兴趣,他们称之为 B-N(Baer-Nunziato)模型。LANL 对模型进行了一些修改;不过,原来的 B-N 模型仍然被认为是开创性的工作。不幸的是,杰斯·农齐亚托在这项工作在多相领域中名声大噪之前去世了。

圣地亚的其他几项多相冲击物理学研究(如史蒂夫·帕斯曼和道格·德拉姆赫勒的研究)为原始 B-N 模型的发展做出了很大贡献,后来在冲击物理学代码 CTH 中采用了该模型。

2. M. R. Baer, R. J. Gross, J. W. Nunziato, and E. A. Igel, "An experimental and-theoretical study of deflagration-to-detonation transition (DDT) in the granularexplosive, CP," *Combustion and Flame* 65, pp. 15-30 (1986).

本文介绍了连续混合物 B-N 模型应用于爆炸性 CP,2-(5-氰基四唑啉)五胺钴(Ⅲ)高氯酸盐。爆炸组分研究人员对 CP 非常感兴趣;这是圣地亚选择的雷管爆炸物。该论文报道了颗粒状 CP 中 DDT 的理论和实验相结合的研究。最重要的是,我们证明了压缩主导高速爆燃到爆炸的转变过程。我们研究了初始密度的影响,表明低负荷和非常高负荷密度不利于此转变过程,并且存在 DDT 发生的最有效点。英国的菲尔德(Field)教授及其同事在后续工作中进一步评估了 CP 的 DDT 行为。在 CP 的生产结束后,圣地亚该炸药物变成不能用作雷管材料。对雷管的研究随后转向开发半导体电桥、光学发射器和小型化设备。

3. M. R. Baer and J. W. Nunziato, "Compressive combustion of granular materials induced by low-velocity impact," *9th International Symposium on Detonation*, edited by J. M. Short, E. L. Lee, OCNR 113291-7, pp. 293-305 (1989).

DOD 的 HARP(火箭推进剂危害评估)项目主要赞助了此项工作。那时,推进领域开始在推进剂配方中加入大部分炸药(主要是硝胺、RDX 和 HMX)。人们担心新添加剂是否会极大地改变高能推进剂中 DOD 的可能性。为此,我们进行了协作建模和实验,以研究引起反应流动行为的低影响阈值。我们的论文将 B-N 模型应用于几种粒状炸药,这复制了海军水面作战中心的哈罗德·桑达斯基(Harold Sandusky)的实验研究。这项工作表明连续混合方法可以描述多种含能材料中的 DDT 行为。在本文的基础上,与洛克希德·马丁公司的埃里克·马西森(Erik Matheson)合作进行了后续模型开发,将此方法扩展到处理推进剂中冲击诱发炸药爆轰转变(XDT)行为。这项工作由海军根据推进剂危害技术分析计划项目(Propellant HazardsTechnical Analysis Program)赞助,将 B-N 模型纳入 CTH 冲击物理分析。力学与多相方法的耦合称为 CDAR(耦合损伤和反应)模型。许多 XDT 工作仍然是保密的,因此公开文献中很少报道。

4. M. R. Baer, "A mixture model for shock compression of porous multi-component reactive mixtures," in *High-Pressure Science and Technology* 1993, edited by

S. C. Schmidt, J. W. Shancr, G. A. Samara, and M. Ross (American Institute of Physics, Melville, NY, 1994), AIP Conference Proceedings 309, pp. 1247 – 1250.

该文将 B – N 模型扩展到多组分混合物,并特别应用于爆能研究(ballotechnics[①])和由金属和有机反应材料组成的烟火混合物。那时,使用有效的单一材料模型对这些类别的含能材料进行了许多冲击物理分析,这些模型在预测冲击响应方面存在局限性。因此,混合理论形式上扩展到包括任意数量的成分,以确定可以描述冲击响应以及动量和能量中间相影响允许的相位相互作用关系。讨论了建模的应用,以及建模处理冲击加载铝和氧化铁粉末的多孔混合物。

5. M. R. Baer, E. S. Hertel, and R. L. Bell, "Multidimensional DDT modeling of energetic materials," in *Shock Compression of Condensed Matter* 1995, edited by S. C. Schmidt and W. C. Tao (American Institute of Physics, Melville, NY, 1996), AIP Conference Proceedings 370, pp. 433 – 436.

本文将多相 B – N 模型应用于冲击物理代码 CTH。先前的建模是在直线冲击物理学代码的一维(1D)方法中实现的[②],该方法专门用于解决具有诸如相间动量和能量效应之类的刚性项的守恒方程,包括反应效应。由于许多先前的实验工作研究了单轴冲击加载,因此 1D 建模就足够了。然而,LANL 的 J. M. McAfee 和 B. W. Asay 等的实验(1991)表明,颗粒炸药中许多 DDT 模式可能与多重压缩波行为的形成有关。将 CTH 中的 B – N 模型应用于 LANL 实验,以证明与弱约束相关的侧向释放效应极大地改变了压缩的发展,并抑制了引起 DDT 的反应性生长过程。结果表明,LANL 观察到的 DDT 行为实际上是由弱约束释放效应引起的,产生与压缩相互作用的稀疏波,并不是产生新的压缩模式和波行为的含能材料的弱反应。

6. M. R. Baer, R. A. Graham, M. U. Anderson, S. A. Sheffield, and R. L. Gustavsen, "Expenmental and theoretical investrgatrms of shockend – inducl flow of reathre porous medra" in *Proceedings of the* 1996 *Joint Army Navy Air Force Combustion Subcommittee and Propulsion System Hazards Subcommittee Joint Meeting*(Chemical Propulsion Information Analysis Center, Johns Hopkins University, 1996), pp. 123 – 132.

这项工作介绍了一项联合的理论和实验工作,以解决多孔炸药和模拟能量学的冲击波响应。聚偏二氟乙烯和磁性粒子测量仪提供了详细的波结构,以确

---

① 译者注:据网络资料(https://www.infobloom.com/what – is – ballotechnics.htm)介绍,爆能研究(ballotechnics)是有争议的核物理学领域,研究爆能(ballotechnic)核反应。当高能核异构体跃迁到基态时,会发生爆能反应,释放伽马射线但不释放 β 或 α 射线。

② 编者注:直线方法是通过对空间导数以及时间导数的常微分方程使用有限差分来求解时变偏微分方程的一种通用方法。

定粒状材料中的色散波前。在 B-N 模型中复制了所有这些实验观察结果。

7. M. R. Baer,"Numerical studies of dynamic compaction of inert and energetic granular materials," *Journal of Applied Mechanics* 55, pp. 36-43 (1988).

本文将 B-N 模型应用于广泛的冲击实验,用于压缩行为的具体研究。还提出了允许有限波结构的稳态波分析。

8. P. Embid and M. R. Baer,"Mathematical analysis of a two-phase continuum mixturetheory," *Continuum Mechanics and Thermodynamics* 4, pp. 279-312 (1992).

这项工作一开始是圣地亚赞助、与新墨西哥大学恩比德(Embid)教授合作的一个项目。它扩展了 B-N 模型的数学结构,并以特征形式定义了场方程。那时,文献中出现了新的想法,以结合黎曼算法,这使人工黏度在数值模拟中的影响最小。这项工作的关键是确定多相守恒方程的特征和相关的特征向量,本文为法国索雷尔(R. Saurel)及其同事开发多相材料的几种数值方法奠定了基础。

9. M. R. Baer,"Continuum mixture modeling of reactive porous media," in *High-PressureShock Compression of Solids IV: Response of Highly Porous Solids to Shock Loading*, edited by L. Davison, Y. Horie, and M. Shahinpoor, Chapter 3 (Springer-Verlag, New York, NY, 1996).

这是一本著作集中的一章,给出了多相连续混合模型开发以及几个实验研究应用的全面综述。

10. M. L. Hobbs and M. R. Baer,"Nonideal thermoequilibrium calculations using a large product species database," *Shock Waves* 2, pp. 177-187 (1992).

1990 年以前,使用斯坦福研究院的考珀思韦特(M. Cowperthwaite)和茨威勒(W. Zwisler)开发的 TIGER 代码进行了大部分炸药和相关含能材料的热化学评估。需要生成一个完整的类型库,可用于评估烟火和爆能材料。本文综述了使用由 900 种气态和 600 种浓缩物组成的完整 JANAF(陆海空军联合)库来实施 BKW(Becker-Kistiakowsky-Wilson)状态方程。通过这个广泛的类型库,产生了几种爆炸和烟火混合物的产品相界和成分图。在 TIGER 实施后,劳伦斯利弗莫尔国家实验室(LLNL)得到了代码的所有权,并且修改其数值实现,创建了名为 CHEETAH 的新代码。DOD 实验室赞助 CHEETAH 作为谅解备忘录(或 MOU)项目进行开发,要求圣地亚的类型库纳入 CHEETAH 作为用户选项,表示为 BKWS 数据库("BKWS"中的"S"代表"圣地亚实验室")。这个库的大部分成为目前作为 CHEETAH 首选的分子势能状态方程的基础。

11. M. L. Hobbs, M. R. Baer, and B. C. McGee,"JCZS: An intermolecular potential database for performing accurate detonation and expansion calculations," in *Pro-

*pellants*, *Explosives and Pyrotechnics* 24, no. 5, pp. 269 – 279 (1999).

尽管先前大量的热化学库是基于 TIGER 和 CHEETAH 代码的 BKW 状态方程,但我们将该库进行了扩展,以包括用于非理想炸药热化学分析的分子间势能相互作用。现有的代码如 PANDA(圣地亚的格里·克里)和 CHEQ①(LLNL 的马文·罗斯等)使用基于分子势能的状态方程;然而,他们的类型库仅限于 CHNO 炸药,而不是通用的高能配方。最初的 TIGER 代码包括基于 Lennard – Jones 势能的 Jacobs – Cowperthwaite – Zwisler(JCZ)状态方程。TIGER 中原始的 JCZ 状态方程数据库选项类型相对较少;我们扩展了该库,以包括一个广义类型集,本文介绍了这项工作,并证明基于分子势能的状态方程能够更好预测爆轰和膨胀状态。因此,即使没有可用的气缸膨胀数据,但是热化学分析能够用于确定 Jones Wilkins Lee(JWL)状态方程(通常用于冲击物理分析)。该选项包含在 CHEETAH 中,表示为 JCZS。目前,CTH 包括在使用该 JCZS 库执行期间生成产品状态方程的能力。

12. M. R. Baer,"A numerical study of shock wave reflections on low density foam," *Shock Waves* 2, pp. 121 – 124 (1992).

这项工作将 B – N 模型应用于低密度泡沫的低振幅冲击载荷。当时,一些实验研究使用低密度泡沫来保护产生异常测量的爆破仪。斯克斯(B. Skews,南非金山大学,University of Witwatersrand)的激波管研究表明,泡沫可以增强波响应,而不是减弱冲击。多相 B – N 模型复制了斯克斯的激波管结果,并显示放大是由材料停滞效应引起的。这项工作首次证明连续混合理论模型可用于描述低密度材料的冲击加载。

13. M. R. Baer,"A multiphase model for shock – induced flow in low density foam," in *Shock Waves @ Marseille III: Shock Waves in Condensed Matter and Heterogeneous Media*, edited by R. Brun and L. Z. Dumitrescu (Springer – Verlag, Berlin Heidelberg, 1995), pp. 169 – 174.

本文扩展了用于激波管实验低密度材料中冲击加载的模型,包括多个无支撑的泡沫。给出了本构关系的细节,求解了各种多波特征,包括泡沫中的压缩波和气体渗透,这与实验观察结果一致。

14. M. L. Hobbs, M. R. Baer, and R. J. Gross,"A constitutive mechanical model for energetic materials," Twentieth International Pyrotechnics Seminar, Colorado Springs, CO, edited by J. Austing and A. Tulis, pp. 423 – 436 (1994).

---

① 编者注:对 CHEQ 代码的描述,参见 F. H. Rcc,"A statistical mechanical theory of chemically reacting multiphase mixtures: Application to the detonation properties of PETN," *Journal of Chemical Physics* 81, 1251 (1984).

20世纪90年代初,DOD支持了一个MOU项目,由圣地亚重点关注含能材料爆燃。圣地亚爆燃项目由阿特·拉策尔(Art Ratzel)负责,拉策尔是工程科学的基层经理,管理研究团队,其中包括工程科学人员、爆炸组件设施工作人员以及圣地亚利弗莫尔燃烧研究设施的研究人员。这是前述文献3~8中DDT项目的后续项目。那时,人们认识到凝聚相含能材料中的热引发燃烧与DDT现象密切相关,并且在建模中已经开发的大部分内容可以直接应用于该问题。能源部(DOE)也认识到更好地认识适用于核武器的爆燃的重要性。因此,DOD/DOE MOU还资助了LLNL和LANL开展单独的爆燃项目。DOD和DOE对含能材料热爆炸后的威力程度建模非常感兴趣。为了解决这个问题,工作的重点是将准静态热力学分析与冲击物理学结合,关键在于确定用于热降解含能材料的合适本构模型。此次研讨会介绍了一种初步模型,将热损伤作为一组孔隙进行处理,类似于LLNL的卡罗尔和霍特(Holt)[①]开发的经典孔隙坍塌模型。最重要的是,这项工作推动了随后圣地亚的实验,其中内部压力和温度的测量结果可以帮助指导建模。

15. M. R. Baer, R. J. Gross, D. K. Gartling, and M. L. Hobbs, "Multidimensional thermal–chemical cookoff modeling," in *Proceedings of the Joint Army Navy Air Force Propulsion Systems Hazards Subcommittee Meeting* (Chemical Propulsion Information Analysis Center, Johns Hopkins University, 1994), CPIA Publication 615, p. 323.

本文概述了CTH冲击物理分析的耦合有限元传热和准静态力学方法。在随后的几年中,耦合系统级分析推动了开发名为SIERRA的新计算工作,由加速战略计算计划(Accelerated Strategic Computing Initiative)资助。SIERRA的大部分计算框架都源于这种较早的方法。

16. A. M. Renlund, J. C. Miller, M. L. Hobbs, and M. R. Baer, "Experimental and analytical characterization of thermally degraded energetic materials," in *Proceedings of the 32nd Joint Army Navy Air Force Propulsion Systems Hazards Subcommittee Meeting* (Chemical Propulsion Information AnalysisCenter, Johns Hopkins University, 1995), pp. 35–39.

当MOU爆燃项目成立时,还建立了一个协作实验项目。安妮塔·伦伦德领导了该实验项目,开发了一种热电池装置,可以同时测量瞬态压力和导致热失控的温度场。大部分基础研究得到了建模的支持,最终得到了一种名为SITI(Sandia Instrumented Thermal Ignition,圣地亚仪表热点火)的改进实验装置。

---

① 编者注:M. M. Carroll and A. C. Holt, "Static and dynamic pore collapse relations for ductile porous materials," *Journal of Applied Physics* 43, 1626 (1972).

17. M. R. Baer, M. L. Hobbs, R. J. Gross, and R. G. Schmitt, "Cookoff of energetic materials," in *Proceedings of the 11th International Symposium on Detonation*, edited by J. M. Short, J. E. Kennedy, Office of Naval Research Report ONR33300 – 5, pp. 852 – 862 (1998).

该文概述了应用于一系列爆燃实验的圣地亚建模。LANL 有一个单独的实验项目,并开发了一种非常类似于 SITI 的设备,其中包含一个热触发热线来固定热失控的位置。在充分加热之后,热引发含能材料,并且高速摄影表明,在热事件之前形成大的裂缝。LANL 的研究人员声称这是引起剧烈响应的基本特征。在 CTH 中使用 B – N 模型证明了这一说法,该模型表明与大裂缝相关的特定区域不足以引起快速压力升高;相反,正是晶体水平的热损伤导致了快速燃烧。后来,里奇·贝伦斯(Rich Behrens)在圣地亚利弗莫尔的实验工作表明,由于分解气泡在热分解过程中成核并生长,因此在晶体水平上会发生热损伤,从而引起非常高的比表面积。这证实了圣地亚建模的结论。

18. M. R. Baer, "Shock wave structure in heterogeneous reactive media," *Proceedings of the 21st International Symposium on Shock Waves*, Great Keppel Island, Australia, pp. 923 – 927 (1997).

这是推动圣地亚后来的中尺度工作的第一篇论文。那时,计算软件和硬件有了一些改进,冲击物理学建模发生了巨大变化。在 CTH 中实现了高阶通量限制器和自适应网格细化,大大降低了人工黏度的影响。此外,修改 CTH 在新的高性能并行计算机上运行,然后可以进行完整的三维(3D)模拟,从而在建模中产生新的想法。基于先前的多相连续混合理论工作,异质材料中许多重要的冲击物理学与在晶体或晶粒水平(称为中尺度)上发生的过程相关联。鲍勃·格雷厄姆建议通过模拟多粒子集合的冲击加载可以更好地了解混合材料的冲击过程,如加州大学圣地亚哥分校戴夫·本森基于二维模拟的研究圆形颗粒的冲击加载。然而,本森的方法似乎过于简单,并且在某种程度上与真实几何形状有所不同,后者通常代表高能复合材料。因此,使用三维冲击物理分析开发了一种新方法。本文介绍了有序球体阵列上冲击加载的最早中尺度模拟。中尺度模拟表明,异质材料中冲击波的经典视图不是简单的跳跃状态。此外,模拟结果表明,中尺度模拟可能为与微观力学相关的能量定位提供新的见解,这可以大大改善现有的冲击起始描述。这是一个令人兴奋的发现,我们继续改进代表性的中尺度模型并激发新的实验工作。

19. M. R. Baer, M. E. Kipp, and F. van Swol, "Micromechanical modeling of heterogeneous energetic materials," in *Proceedings of the 11th International Symposium on Detonation*, edited by J. M. Short, J. E. Kennedy, Office of Naval Research Report

ONR 33300-5, pp.788-797 (1998).

随着尺度建模的开发,需要更好的代表性微观结构来模拟异质材料中的冲击加载。我们早期的工作将微观结构视为有序球体,并且冲击加载引起共振波发展。此外,显微摄影表明,高密度复合材料实际上由一组双峰晶体组成,具有随机取向的平面界面和内部晶体缺陷。最重要的是,随机性和不同的粒度分布是微观结构的两个方面。使用蒙特卡罗粒子填充方法生成更好的微观结构,该方法产生更接近实际构型的中尺度几何结构(后来,开发了可以产生实际三维微观结构的层析成像技术)。第11届爆轰研讨会论文表明,随机性增强了波场的均匀化,能量定位的影响被视为位于材料界面和晶体接触。此外,当在冲击加载模拟中包括反应行为时,给出了异质材料中的爆炸视图,包括具有冲击聚焦模式和与稀疏波相互作用的多波。中尺度模拟首次对爆轰波结构产生了新的见解,这与气体爆炸实验观察结果是一致的,早已证明经典的爆炸模型如Chapman-Jouguet(CJ)和Zeldovich-von Neuman-Döring(ZND)是不正确的。研究人员(如俄罗斯科学院化学物理研究所的阿纳托利·德雷明)认为,当化学与波动力学相互作用时,它会在冲击前沿产生分散行为。本文介绍了对凝聚态高能复合材料中爆轰波的首次数值模拟,该复合材料在晶体层面是分散的和非平面的。

20. M. R. Baer, "Computational modeling of heterogeneous reactive materials at-the mesoscale," in *Shock Compression of Condensed Matter* 1999, edited by M. D. Furnish, L. C. Chhabildas, and R. S. Hixson (American Institute of Physics, Melville, NY, 2000), AIP Conference Proceedings 505, pp.27-33.

本大会报告论文介绍了中尺度模拟作为冲击物理学研究的一个潜在新领域,回顾了我们的大部分中尺度模拟,并提出了将微观结构中的孔隙度和内部晶体缺陷纳入其中的不同方法,作为确定能量局部化效应的框架。提出了在冲击起始模型中包含微观结构的新思路;然而,仍然需要开发与连续体宏观尺度相关的均匀化方法。在接下来的几年中,中尺度研究被列为美国物理学会两年一次的凝聚态物质冲击压缩会议和爆炸研讨会的一个单独主题领域。

21. M. R. Baer and W. M. Trott, "Mesoscale descriptions of shock-loaded heterogeneous porous materials," in *Shock Compression of Condensed Matter*—2001, edited by M. D. Furnish, N. N. Thadhani, Y. Horie (American Institute of Physics, Melville, NY, 2002), AIP Conference Proceedings 620, pp.713-716.

中尺度模拟的早期工作表明,异质材料中的冲击加载引起热、机械和化学波场的时空波动,只要可以在晶体或晶粒水平进行测量,这应该是可观察的。这对冲击物理实验人士提出了挑战,并且资助了一项实验室指导研发(LDRD)项目,以确定这些测量是否可行。韦恩·特洛特是项目负责人;他开发了一种改进的线成像干涉仪,用于测量晶体水平的粒子速度的空间变化,测量局部粒子速度对糖的平面影响(模拟 HMX 而没有反应效应),数据提供了窗口界面处的色散波的细节。这些中尺度实验验证了多个波的演化,正如中尺度模拟所表明的那样。将中尺度模拟应用于这些实验条件,并且研究统计方法,可能将窗口界面处的测量结果与包含晶体的冲击聚集的区域联系起来。尽管微观结构具有不确定的随机性质,但不同波场(即温度)似乎具有明确定义的概率密度函数或简称 PDF。这是首次表明统计 PDF 方法类似于在湍流理论中开发的方法,可能适用于异质材料中的冲击加载。本文的大部分内容都致力于表明波场的许多方面都具有明确定义的 PDF,并且这些分布的特征可以直接与微观结构的某些方面相关联。

22. M. R. Baer and W. M. Trott, "Theoretical and experimental mesoscale studies of impact – loaded granular explosives and simulant materials," in *Proceedings of the 12th International Detonation Symposium*, San Diego, CA, edited by J. M. Short, J. L. Maienschein, Office of Naval Research Report ONR 333 – 05 – 2, pp. 939 – 950 (2002).

本文介绍了使用线 VISAR 技术探测糖模拟物和 HMX 颗粒层中尺度冲击行为的冲击实验扩展研究。本文介绍的统计方法,可用于建模和实验测量。在启动阈值附近,研究了 HMX 中反应的影响;反应行为显然具有随机性。尽管冲击穿过随机微观结构,但实验观察结果表明有组织的反应波最终演化。这项工作表明,反应的增长与冲击场的分散性质直接相关(暗指这个结论表明冲击起始行为很可能是由含能材料微观结构决定的)。

23. M. R. Baer, "Modeling heterogeneous energetic materials at the mesoscale," *Thermochimica Acta* 384, pp. 351 – 367 (2002).

该评论文章包括圣地亚的中尺度模拟工作。概述了模拟方法,并且建议使用统计方法,将中尺度效应与衔接水平相关联。

24. M. R. Baer and W. M. Trott, "Mesoscale studies of shock loaded tin sphere lattices," in *Shock Compression of Condensed Matter*—2003, edited by M. D. Furnish, Y. M. Gupta, J. W. Forbes (American Institute of Physics, Melville, NY, 2004), AIP Conference Proceedings 706, pp. 517 – 520.

尽管我们的 LDRD 工作大部分都集中在建模具有随机构型的微观结构上,但真实几何形状实际上具有不确定性,因为它们本质上是随机的。在真实异质材料中的直接实验测量总是会面临中尺度几何构型的不确定性。为了避免这个问题,对锡球晶格进行了一系列实验。韦恩·特洛特开发了一种技术,可以在一个格子中六角形方式放置直径 500mm 的锡球,然后可以用线 VISAR 进行冲击和探测。本文介绍了协同实验和建模。线 VISAR 测量结果表明,共振波行为随着中尺度模拟预测而演变。这项工作证明了确定形成微观结构成分的合适本构模型和状态方程的重要性。

25. W. M. Trott, M. R. Baer, J. N. Castañeda, L. C. Chhabildas, and J. R. Asay, "Inrestigation of the mesoscopic scale response of low – density pressings of granular sugar under impact" *Journal of Applied Physics* 101,024917（2007）.

本文总结了圣地亚 LDRD 项目资助的实验和数值研究,专注于低密度压榨糖(HMX 炸药的模拟物)的冲击实验。晶体尺度的空间和时间变化的线 VISAR 测量结果,给出了对色散压缩波结构和数值模拟指导的独特见解,包括开发数值和实验数据研究的统计方法。

26. M. R. Baer, C. A. Hall, R. L. Gustavsen, D. E. Hooks, and S. A. Sheffield, "Isentropic compression experiments (ICE) for mesoscale studies of energetic composites," in *Shock Compression of Condensed Matter*—2005, edited by M. D. Furnish, M. Elert, T. P. Russell, C. T. White (American Institute of Physics, Melville, NY, 2006), AIP Conference Proceedings 845, pp. 1307 – 1310.

2003 年,开始了一个新的 MOU 项目,重点是含能材料的中尺度研究。那时,正在研究 Z 机器作为确定状态方程的新方法。该项目成为多个实验室的工作,集中研究爆炸性材料。这项新技术探测了近爆炸应力状态,而没有引发反应行为。此外,ICE 构型允许在单次拍摄中同时加载多种材料,这对于研究中尺度的含能材料是理想的,因为可以同时研究单个成分和混合物复合物。我们之前由 LDRD 项目和工程科学研究基金会资助的中尺度研究表明,中尺度模拟需要高压下准确的状态方程和本构特性。本文报道了对 PBX 9501 及其成分进行的特定测试(Z 照相 1251),设计了 ICE 构型,其具有多个高能复合 PBX 9501 样品、单锂 HMX 晶体、Estane(聚氨基甲酸乙酯弹性纤维)以及由与 Estane 黏合剂材料混合细 HMX 微晶组成的"脏黏合剂",在这些材料中时产生最大到 50 千巴的等熵压缩。本文描述了一种用于确定所有成分状态方程数据简化的正向方法。

27. C. A. Hall, M. R. Baer, R. L. Gustavsen, D. E. Hooks, E. B. Orler, D. M. Dattelbaum, S. A. Sheffield, and G. T. Sutherland, "A study of polymer materials subjected to isentropic compression loading," in *Shock Compression of Condensed Matter*—2005, edited by M. D. Furnish, M. Elert, T. P. Russell, C. T. White (American Institute of Physics, Melville, NY, 2006), AIP Conference Proceedings 845, pp. 1311 – 1314 (2006).

在 ICE 中,时变磁压施加在包含非常薄材料层的驱动片上。LANL 的合作人员开发了一种方法,用于创建安装在驱动片上的精确的高能复合材料层和炸药单晶层。在分离复合材料各种成分的响应时,还产生并安装聚合物黏合剂层。黏合剂材料通常柔软并且难以加工。尽管如此,还是创建了一种 ICE 构型,其中包含许多通常用于爆炸性复合材料的聚合物黏合剂。本文介绍了 Z 实验的结果。

28. M. R. Baer, M. L. Hobbs, C. A. Hall, D. E. Hooks, R. L. Gustavsen, D. Dattelbaum, and S. A. Sheffield, "Isentropic compression studies of energetic composites and constituents," in *Shock Compression of Condensed Matter* – 2007, edited by M. Elert, M. D. Furnish, R. Chau, N. C. Holmes, J. Nguyen (American Institute of Physics, Melville, NY, 2007), AIP Conference Proceedings 955, pp. 1165 – 1168.

随着炸药等熵压缩研究的推进,前向分析与优化软件(DAKOTA)相关联,优化软件反过来又为评估灵敏度分析提供了框架。本文详细介绍了这种新技术。

29. M. R. Baer, C. A. Hall, R. L. Gustavsen, D. E. Hooks, and S. A. Sheffield, "Isentropic loading experiments of a plastic bonded explosive and constituents," *Journal of Applied Physics* 101, 034906 (2007).

在开发了更精确的数据分析方法之后,对 PBX 9501 的 ICE 研究进行了修订,以更好地确定状态方程和本构模型参数。通过这些输入,创建了复合微观结构的中尺度模型,并模拟了斜波加载。最感兴趣的是确定伴随等熵加载的粒子速度波动,数值结果表明,应该发生高达 10% 的粒子速度变化,这促使继续开发线 VISAR,用于我们的磁力压缩研究。

30. M. R. Baer, S. Root, D. Dattelbaum, D. E. Hooks, R. L. Gustavsen, B. Orler, T. Pierce, F. Garcia, K. Vandersall, S. DeFisher, and B. Travers, "Shockless compression studies of HMX – based explosives," *Shock Compression of Condensed Matter*—2009, M. L. Elert, W. T. Buttler, M. D. Furnish, W. W. Anderson, W. G. Proud (American Institute of Physics, Melville, NY, 2009), AIP Conference Proceedings 1195, pp. 699 – 702.

我们之前的大部分工作都涉及与 LANL 研究人员的合作。随着这个项目的成熟,研究团队扩大到包括 LLNL 和 DOD 实验室。然后磁压缩实验转变为使用 Veloce 脉冲发生器,其部分由中尺度 MOU 项目资助,并且在实验测试中提供比 Z 更快的周转速度。本文讨论了包含每个实验室 HMX 基复合材料样品的测试。复合材料的 HMX 含量相似,使用了不同的黏合剂。该论文表明,黏合剂的细微变化产生了可观察到的响应差异。

31. M. R. Baer, S. Root, R. L. Gustavsen, T. Pierce, S. DeFisher, and B. Travers, "Temperature dependent equation of state for HMX – based composites," in *Shock Compression of Condensed Matter*—2011: *Proceedings of the Conference of the Ameri-*

can Physical Society Topical Group on Shock Compression of Condensed Matter*, edited by M. L. Elert, W. T. Buttler, J. P. Borg, J. L. Jordan, T. J. Vogler (American Institute of Physics, Melville, NY, 2012), AIP Conference Proceedings 1426, pp. 163 – 166.

本文研究了一系列 Veloce 试验,其中基于 HMX 的复合材料加热样品经受超过爆炸状压力的斜波加载,目的是观察斜波加载期间 HMX 中 β - δ 相变的影响。然而,数据分析表明,在斜波加载之前发生了不确定程度的相变。

32. M. R. Baer, R. G. Schmitt, E. S. Hertel, and P. E. DesJardin, "Modeling enhanced blast explosives using a multiphase mixture approach," in *Fluid Structure Interaction and Moving Boundary Problems*, edited by S. Chakrabarti, S. Hernández, and C. A. Brebbia (Wessex Institute of Technology, UK, 2005) 84, pp. 393 – 401.

2001 年,国防部长办公室(OSD)建立了先进的能量学计划,资助了有关能量材料的新概念和配方的研究。体积炸药,特别是温压炸药,被指定为主要的技术研究领域。

圣地亚对温压炸药的研究始于 1988 年,由情报机构资助,以提供对俄罗斯研究的评估,这些研究可能会在强化爆破技术中得到充分利用。OSD 要求圣地亚根据我们之前在该领域的研究提供实验指导和建模支持。温压材料是单周期炸药,具有长时间的热脉冲,伴随并支持冲击和空气爆炸输出。俄罗斯人首先开发出这些炸药,为富含燃料的金属和爆炸性液体浆料。选择这些材料是因为它们没有强度效应;因此,爆炸后产物分散在大量环境空气中,以引起二次燃烧效应。

本文概述了扩展多相冲击物理,包括增强爆炸。讨论了将多相燃烧与结构分析联系起来的方法,并进行了中尺度模拟,以证明金属加载能量的爆炸可能引起分散粉末的碎裂。

33. M. A. Cooper, M. R. Baer, R. G. Schmitt, M. J. Kaneshige, R. J. Pahl, and P. E. DesJardin, "Understanding enhanced blast explosives: a multi - scale challenge," in *Proceedings of the 19th International Symposium on Military Aspects of Blast and Shock (MABS—19)*, edited by E. Benggeli, Calgary, Canada, October 1 – 6, 2006.

本文概述了与增强爆炸(即温压)爆炸炸药相关冲击物理学的各个方面。为了开发这些材料的合适模型,必须将非理想爆炸和二次燃烧效应纳入冲击物理分析中。

国防威胁降低局取得了先进的能量学项目的所有权,并立即寻求加快温压炸药的研究和测试,以制定武器发展计划。尽管众所周知温压炸药是浆液系统,但军事部门不愿意使用这些新材料,因为这意味着开发评估性能和认证安全要求的新方法。有人认为,这些制约因素无法适应武器的快速开发工作。因此,温压材料被重新确定为类似于海军水下武器中使用的铝化炸药,以规避评估要求。因此,忽视了许多关于温压性爆炸炸药的先前研究(包括发明温压概念的俄罗斯研究人员)。我们决定进行广泛的测试工作,以"蛮力"开发使用现有含铝炸药配方的温压配方。这是一个不幸的决定,因为没有发现新的温压配方,并且先进能量学资金转用于建造昂贵的测试设施,而不是投资于温压行为的基础研究。圣地亚对该项目的兴趣逐渐消退,也停止了我们在该领域的工作。

34. M. R. Baer, D. K. Gartling, and P. E. DesJardin, "Probabilistic models for reactive behaviour in heterogeneous condensed phase media," *Combustion Theory and Modeling* 16, no. 1, pp. 75–106 (2012).

本文介绍了基于统计的新模型,以将中尺度与连续水平联系起来,这种方法大部分遵循已成功应用于湍流燃烧的 PDF 方法。类似于湍流问题,状态分布包含在空间和时间上出现和演化的一系列尺度。推导出 PDF 传输关系,描述了包括温度、应变和应变率在内联合分布的演变,作为随机变量。定义了 PDF 的时刻,得到基于统计的反应流描述,容易适应现有的有限元或有限体积分析。作为一个示例应用,建模方法考虑了碎块的影响,碎块嵌入炸药中并且不会导致冲击起爆,但是由于爆燃效应引起了延迟反应。冲击导致能量沉积在中尺度"热斑"处,利用 PDF 方法,温度分布尾部的这些状态与周围状态相互作用,维持反应直到达到点火状态。

这种新的建模方法可能适用于广泛的冲击和热启动问题。目前,由圣地亚新 LDRD 项目资助,正在研究这种 PDF 中尺度方法,以模拟飞片引发器。尽管我已经从圣地亚退休,但我又返回兼职,以帮助指导这个研究领域的新员工。

# 林恩·巴克尔
# Lynn M. Barker

(1955—1974,1980—1990[①])

编者注:在 2011 年 9 月 11 日致吉姆·阿赛的一封信中,林恩·巴克尔提供了一份论文清单,这些论文是在 20 世纪 60 年代初开始的一段时间内撰写的,其中强调了开发精确冲击波测量技术,其中几篇文章已成为继续用于现代研究项目的经典文章。收集的论文很好地回忆了林恩及其同事的工作,从 20 世纪 50 年代刚起步的冲击波能力发展到 60 年代及以后的首要研究项目,直到现在圣地亚具有一流的冲击波研究水平。林恩及其同事的以下系列论文表明时间分辨仪器的主要发展及其在若干科学问题上的应用内容。

**关于仪器和数据简化的早期论文和报告[②]**

以下是我关于冲击波研究的 17 篇早期论文的清单,包括仪器和数据简化,这些文章由刚刚起步的圣地亚冲击波科学小组完成,发表于 1962—1975 年。下面先列出我 1999 年的关于 VISAR 开发的获奖(冲击压缩科学奖)论文,因为它记录了其余论文中描述的大部分仪器的背景。清单里的论文按年代顺序给出。

L. M. Barker,"The development of the VISAR, and its use in shock compression science," in *Shock Compression of Condensed Matter* 1999, edited by M. D. Furnish, L. C. Chhabildas, and R. S. Hixson (American Institute of Physics, Melville, NY, 2000), AIP Conference Proceedings 505, pp. 11 – 17.

本文记录了巴克尔的 1999 年乔治·杜瓦尔冲击压缩科学奖获奖致辞,该奖项在 1999 年犹他州雪鸟凝聚态物质冲击压缩专题会议上颁发。本文很好地概述了干涉测量技术的开发,从位移干涉仪开始到开发 VISAR,基本上可以用于任何动态材料实验。文中林恩介绍了该技术的几种应用和扩展应用:

1. J. H. Smith and L. M. Barker,"Measurement of tilt, impact velocity, and impact time between two plane surfaces," Sandia Corporation Report SC – 4728 (RR), December 1962.

---

① 林恩于 1990 年从圣地亚退休,并成立了自己的公司来制作 VISAR。他继续保持与冲击波界的互动直到 2002 年。

② 编者注:关于巴克尔的美国物理学会冲击压缩科学奖论文以及 17 篇早期论文的注释由吉姆·阿赛提供。

这篇早期的论文讨论了针对精确测量平面飞片冲击平面靶时冲击时间和倾斜度而开发的技术。严格关注这些细节,确保了20世纪50年代末和60年代初开发飞片冲击技术得到准确的冲击波数据。

2. B. M. Butcher, L. M. Barker, D. E. Munson, and C. D. Lundergan, "Influence of stress history on time dependent spall in metals," *AIAA Journal* 2, No. 6, pp. 977 – 990(1964).

这是仔细讨论应力波相互作用形状和时间依赖性的第一批论文中的一篇,这些相互作用引起平面试样的动态拉伸加载和随后层裂。对铝、铜、黄铜、钢和银等几种材料进行了大量研究,报道了每种材料的层裂阈值。

3. L. M. Barker and R. E. Hollenbach, "System for measuring the dynamic properties of materials," *Review of Scientific Instruments* 35, pp. 742 – 746 (1964).

在两份单独的圣地亚公司报告(Barker 1961,1962)中,巴克尔首次讨论了在受冲击平面样品自由表面上使用倾斜的电阻丝,以准确确定自由表面粒子速度和冲击速度。该论文描述了针对飞片冲击研究开发的空气体炮、斜丝电阻器技术的细节以及相应铝的应力 – 应变加载路径(最大到20千巴)。

4. L. M. Barker and R. E. Hollenbach, "Interferometer technique for measuring the dynamic mechanical properties of materials," *Review of Scientific Instruments* 36, pp. 1617 – 1620 (1965).

根据查尔斯·卡恩斯的回忆,林恩·巴克尔和瑞德·霍伦巴赫在1963年末使用真空驱动的飞片在短铝管中进行了最早的试验,以测试在冲击波实验中使用迈克尔逊或位移干涉测量法的可行性,用迈克尔逊干涉仪监控冲击的平面样品。随后开始使用真正的气体炮和改进的软铝试样仪器开发该项技术,并于1965年发表了这篇论文,其中详细描述了精密的迈克尔逊干涉仪技术。虽然是初步的尝试,但是干涉仪结果呈现了意想不到的过冲弹性波,这在1966年关于1060铝的论文中进行了讨论(见下文 Barker 的参考文献6)。

5. D. E. Munson and L. M. Barker, "Dynamically determined pressure – volume relation ships for aluminum, copper, and lead," *Journal of Applied Physics* 3 (4), pp. 1652 – 1660 (1966).

本文报道了使用倾斜电阻丝技术和迈克尔逊干涉仪来测量受冲击铝、铜和铅的自由表面速度。在动态冲击雨贡纽数据和超声数据之间观察到良好的一致性,并且在冲击波实验中剪切强度的重要性是非常突出的。

6. L. M. Barker, B. M. Butcher, and C. H. Karnes, "Yield point phenomenon in impact – loaded 1060 aluminum," *Journal of Applied Physics* 37 (5), pp. 1989 – 1991 (1966).

这项研究使用迈克尔逊干涉仪技术测量受冲击 1060 铝的弹性屈服。观察到弹性应力意想不到的过冲以及峰值弹性响应的松弛,根据位错理论进行了讨论。

7. L. M. Barker,"Fine structure of compressive and release wave shapes in aluminum measured by the velocity interferometer technique," in *Proceedings of International Symposium on the Behavior of Dense Media under High Dynamic Pressures* (Gordon & Breach,New York,1968),pp. 483 - 504.

本文介绍了新开发的速度干涉仪技术。用于冲击波实验干涉测量的这一重大进步,使用未延迟和光学延迟激光束的叠加,光学区分迈克尔逊位移数据,直接测量粒子速度。介绍了冲击铝到 90 千巴的压缩和释放结果,观察到产生 90 千巴冲击波的上升时间大致按照峰值冲击应力的四次幂变化;该冲击波结构数据表明冲击应变率与峰值雨贡纽应力之间存在基本关系,丹尼斯·格雷迪在后来的论文中对这种关系进行了理论上的形式化总结。

8. J. N. Johnson and L. M. Barker,"Dislocation dynamics and steady plastic wave profiles in 6061 - T6 aluminum," *Journal of Applied Physics* 40 (11),pp. 4321 - 4334 (1969).

20 世纪 60 年代,与这些新的仪器技术一起迅速发展了先进的材料模型和计算技术,这些技术允许对冲击压缩过程中发生的物理过程进行严格检查。约翰逊和巴克尔的论文是圣地亚第一篇连接冲击波结构和稳定冲击波演变与位错机制的论文。

9. L. M. Barker and E. G. Young,"SWAP - 9:An improved stress wave analyzing program," Sandia Corporation Report SLA - 74 - 0009,August 1974.

1967 年 4 月推出了第一个应力波分析程序,称为 SWAP - 7。SWAP - 7 是一种特征计算机代码,用于快速解决一维应变率无关的冲击传播问题。因其能够模拟流体力学和弹塑性材料、辐射能量沉积、散裂和各种其他现象,SWAP - 7 在被引入后广泛用于各种应用场合。由于需要大量的计算机运行时间,当时使用更常见的有限差分程序解决这些问题是不切实际或不可能的。对 SWAP - 7 进行了许多改进,产生了新版本 SWAP - 9,增强了其解决由能量沉积引起的气体、爆炸和蒸发问题的能力。

10. L. M. Barker and R. E. Hollenbach,"Shock wave studies of PMMA,fused silica,and sapphire," *Journal of Applied Physics* 41 (10),pp. 4208 - 4226 (1970).

这是第一篇将冲击材料的折射率变化与冲击加载的折射率校正联系起来的论文。在使用透明材料作为激光窗口的干涉仪应用中,需要这些数据来获得准确的粒子速度信息。

11. L. M. Barker,"Velocity interferometer data reduction," *Review of Scientific Instruments* 42（2），pp. 276 – 278（1971）.

本文讨论了用于速度干涉测量数据的分析方法，以提高仪器的时间分辨率。本文给出的方法可以在几纳秒延迟时间内显著改善粒子速度信息，这是速度干涉仪的常规时间延迟。

12. L. M. Barker and R. E. Hollenbach,"A laser interferometer for measuring high-velocities of any reflecting surface," *Journal of Applied Physics* 43（11），pp. 4669 – 4675（1972）.

巴克尔和霍伦巴赫先前开发的位移和速度干涉测量方法为开发 VISAR 提供了基础，VISAR 将速度干涉测量方法扩展到任意动态加载表面。相比之前的技术，VISAR 具有更好的时间分辨率和精度，最重要的是，可以用于任何反射表面。经过 40 多年的发展，VISAR 仍然是大多数冲击波实验中的标准诊断方法，并已成功用于超过 20 兆巴的冲击压力。在这些超高压实验中，可以直接测量窗口（例如安装在样品背面上的单晶石英）中的冲击速度，因为窗口变得能够导电，从而在这些冲击压力和温度下具有反射功能。

13. L. M. Barker,"VISAR data reduction," Sandia Corporation Report SLA – 73 – 1038,February 1974.

这是关于"推挽式"VISAR 数据分析的第一份报告。该报告提供了有用的提示，说明各种效应（如两个测量 VISAR 信号的相位差或信号光学对比度变化）如何影响速度数据的准确性。最近的 VISAR 分析程序是本文档中所报告的方法的一种变体。自巴克尔最初准备 VISAR 数据分析程序以来，圣地亚一直保有一个新的版本，可通过许可协议获取。

14. J. R. Asay and L. M. Barker, "Interferometric measurement of shock – induced internal particle velocity and spatial variations of particle velocity," *Journal of Applied Physics* 45（6），pp. 2540 – 2546（1974）.

本文讨论了如何使用干涉仪实验中的条纹对比度损失来估计激光信号的焦点区域（通常直径约 $200\mu m$）内测量粒子速度的变化。在受冲击多孔铝的 VISAR 实验中首先观察到该效应，表明在压缩孔隙期间产生粒子速度的空间变化。

15. L. M. Barker and K. W. Schuler,"Correction to the velocity – per – fringe relationshipfor the VISAR interferometer," *Journal of Applied Physics* 45（8），pp. 3692 – 3693（1974）.

随着使用 VISAR 获得更多数据，人们注意到测量的粒子速度趋于比其他技术测量结果高约3%。经过细致的用于数据处理和证实射弹速度实验的条纹分析之后,巴克尔和舒勒表明激光在干涉仪本身的玻璃板(标准具)中的频率分布是造成差异的原因。考虑到这种影响时,观察到VISAR数据与其他实验结果之间几乎完全一致。

16. L. M. Barker and R. E. Hollenbach, "Shock wave study of the α-ε phase transitionin iron," *Journal of Applied Physics* 45 (11), pp. 4872-4887 (1974).

本文报道了使用VISAR研究工业级纯铁在130千巴以上的冲击加载作用下的前向α-ε相变,以及从400千巴的峰值冲击应力卸载期间发生的反向相变ε-α。用VISAR测量的自由表面速度提供了前向相变动力学、声速、冲击压缩后的泊松比以及强磁场对相变应力的影响等信息。

17. L. M. Barker, "α-phase Hugoniot of iron," *Journal of Applied Physics* 46 (6), pp. 2544-2547 (1975).

早期对铁α相的研究表明,当接近130千巴α-ε相变应力时,雨贡纽状态发生软化。这种意外的效应被解释为压力低于130千巴开始发生的相变。巴克尔重新分析了之前的数据,并将这些数据与早期论文公布的数据结合起来,表明不会发生过早的相变,并且α-铁在接近相变的应力条件下其雨贡纽行为是正常的。

**林恩·巴克尔关于应力波传播模型的早期论文和报告**

以下论文涉及我计算复合材料中应力波传播的理论模型:

1. L. M. Barker, "A model for stress wave propagation in composite materials," *Journal of Composite Materials* 5 (2), pp. 140-162 (1971).

2. L. M. Barker, C. D. Lundergan, P. J. Chen, M. E. Gurtin, "Nonlinear viscoelasticity and the evolution of stress waves in laminated composites: A comparison of theory and experiment," *Journal of Applied Mechanics* 41, pp. 1025-1030

(December 1974).

**非圣地亚研究人员对VISAR技术的贡献**

林恩·巴克尔和瑞德·霍伦巴赫于1972年在圣地亚开发了基本型VISAR。基本型VISAR运作良好,但很难学会使用;硬件很大,而且根本不是移动式的。以下是后来B. T. 阿梅里(Amery)、威拉德·海姆辛(Willard Hemsing)和林恩·巴克尔这些非圣地亚人(林恩于1990年3月退休)的三篇论文,这些论文大大增加了VISAR技术。林恩于1990年9月成立了自己的公司瓦林国际(Valyn International),并发明了一种更安全的光纤探头,对VISAR进行了改进,大大提高了用户的友好性。1993年2月13日,林恩获得了柔性光纤探头的美国专利5,202,558。1996年1月2日,林恩因Valyn VISAR的易用性(见下文)获得了美国专利5,481,359。1999年2月9日,林恩获得了Valyn多光束VISAR的美国专利5,870,192(见下文)。2004年1月13日,林恩和他的儿子赞恩·巴克尔(Zane B. Barker)获得美国专利6,678,447 B1,专利针对可调节多分束器和光纤耦合器。这些改进有助于广泛使用VISAR,作为冲击波事件的速度与时间测量的首选:

1. B. T. Amery, "Wide range velocity interferometer," in *Proceedings of the 6th International Detonation Symposium*, Coronado, CA, edited by S. J. Jacobs, D. J. Edwards (Office of Naval Research, Arlington, VA, 1976), ONR ACR-221, pp. 673-681.

2. W. F. Hemsing, "Velocity sensing interferometer (VISAR) modification," *Review of Scientific Instruments* 50 (1), pp. 73-78 (1979).

3. L. M. Barker, "The accuracy of VISAR instrumentation," in *Shock Compression of Condensed Matter* 1997, edited by S. C. Schmidt, D. P. Dandekar, and J. W. Forbes (American Institute of Physics, Melville, NY, 1998), AIP Conference Proceedings 429, pp. 833-836.

4. L. M. Barker, "Multi-beam VISARs for simultaneous velocity vs. time measurements," in *Shock Compression of Condensed Matter* 1999, edited by M. D. Furnish, L. C. Chhabildas, and R. S. Hixson (American Institute of Physics, Melville, NY, 2000), AIP Conference Proceedings 505, pp. 999-1002.

5. Lynn M. Barker, Inventor, "Multi-etalon VISAR interferometer having an interferometer frame of high stiffness with a linear elongated slide bar," U. S. Patent 5,481,359, January 2, 1996.

6. Lynn M. Barker, Inventor, "Multibeam VISAR using image coupling from one optical fiber bundle to another through the VISAR interferometer," U. S. Patent 5,870,192, February 9, 1999.

**林恩·巴克尔关于气刨炮管和滑轨轨迹的论文**

20世纪80年代的这三篇论文与两种金属之间高速滑动接触引起的炮管和滑轨刨削研究有关:

1. L. M. Barker, T. G. Trucano, and J. W. Munford, "Metal surface gouging by hypervelocity sliding contact," in *Shock Waves in Condensed Matter* 1987, edited by S. C. Schmidt and N. C. Holmes (Elsevier Science Publishers B. V., Amsterdam, The

Netherlands, 1988), pp. 753 – 756.

2. L. M. Barker, T. G. Trucano, and A. R. Susoeff, "Railgun rail gouging by hypervelocity sliding contact," *IEEE Transactions on Magnetics* 25 (1), pp. 83 – 87 (1989).

3. L. M. Barker, T. G. Trucano, and A. R. Susoeff, "Gun – barrel gouging by sliding metal contact at very high velocities," in *Proceedings of the 39th Aero ballistic Range Association Symposium*, Albuquerque, NM, October 10 – 14, 1988. ①

**林恩·巴克尔关于固态氢的等熵加载的论文**

20世纪80年代的这五篇论文涉及动态等熵加载固态氢：

1. L. M. Barker, "High pressure quasi – isentropic impact experiments" (invited-paper), in *Shock Waves in Condensed Matter* 1983, edited by J. R. Asay, R. A. Graham, G. K. Straub (Elsevier Science Publishers B. V., Amsterdam, The Netherlands, 1984), pp. 217 – 223.

2. L. M. Barker, T. G. Trucano, J. L. Wise, and J. R. Asay, "Experimental technique for measuring the isentrope of hydrogen to several megabars," in *Shock Waves in Condensed Matter* 1985, edited by Y. M. Gupta (Plenum Press, New York, NY, 1986), pp. 455 – 459.

3. T. G. Trucano, L. M. Barker, J. R. Asay, and G. R. Kerley, "Numerical studies of the dynamic isentropic loading of solid molecular hydrogen," in *Shock Waves in Condensed Matter* 1985, edited by Y. M. Gupta (Plenum Press, New York, NY, 1986), pp. 461 – 465.

4. L. C. Chhabildas and L. M. Barker, "Dynamic quasi – isentropic compression of tungsten," in *Shock Waves in Condensed Matter* 1987, edited by S. C. Schmidt and N. C. Holmes (Elsevier Science Publishers B. V., Amsterdam, The Netherlands, 1988), pp. 111 – 114.

5. L. M. Barker, L. C. Chhabildas, T. G. Trucano, and J. R. Asay, "Gas – accelerated plate stability study," in *Shock Compression of Condensed Matter* 1989, edited by S. C. Schmidt, J. N. Johnson, and L. W. Davison (Elsevier Science Publishers B. V., Amsterdam, The Netherlands, 1990), pp. 989 – 991.

---

① 如果为航空弹道学靶场协会（ARA）准备了关于该主题的论文，ARA成员应该能够获得所收集论文集的CD – ROM。

## 林恩·巴克尔对冲击波研究贡献的早期年表

编者注:除了上述反映先进仪器技术发展和应用的论文之外,以下内容是摘自 1999 年 3 月 14 日巴克尔写给唐·伦德根的信,有助于深入了解巴克尔对冲击波领域的重大贡献:

|  |  |
| --- | --- |
| 1959 | 我从部门主管退下来,转移到你(唐·伦德根)的崭露头角的冲击波组,当时冲击波对我来说完全是陌生的,我记得和你在 SRI① 拜访迪克·福尔斯,并试图了解迪克对 1D 应变弹性极限和冲击加载-卸载路径中滞后的解释 |
| 1960 | 我们在 Y 区有炮,在仪器楼外面,有一个锯末堆作为收集器。我们在锯末堆周围放了一个重的金属丝网,来捕集从锯末上擦过的碎块,但是碎块正好穿过网眼!我们请圣地亚安全部门来看我们的操作,他们推荐了一种方法,我们只是跨过炮管!——就是这样! |
| 1960 | 我们使用引脚来测量位移时间,并区分其以获得自由表面速度与时间的关系。但我们学会了如何最小化和测量倾斜度 |
| 1961—1962 | 我在哥伦比亚大学花了一年时间攻读物理学博士学位。由于我妻子身体不好,我在完成所有课程工作后于 1962 年回到圣地亚,未完成研究项目和博士论文 |
| 1962—1963 | 瑞德和我开发了斜线仪器技术,并使用该技术很好地研究了 6061-T6 铝。我们可以看到暂停后恢复加载的弹性前驱波 |
| 1964 | 我们开始考虑用于冲击波仪器的激光干涉测量法。为了学习干涉仪技术,我们用约 200 美元购买了迈克尔逊干涉仪 |
| 1965 | 我们开发了位移干涉仪技术,获得了前所未有的精确度,但仅限于低表面速度与可抛光成镜面的样品 |
| 1966 | 我们开发了速度干涉仪,其直接测量速度,没有因为差异而损失分辨率。更高的速度是可以的,但仍需要镜面试样表面 |
| 1967 | 在巴黎的 IUTAM② 会议上,我提交了一篇关于速度干涉仪及其在研究 6061-T6 铝波形(特别是塑性波上升时间)方面应用的论文,这是一篇重要的论文——文中数据仍被引用和使用。会议论文长度限制是 10 页,但我的论文有 20 页。会议组织者要求我改成两篇论文,一篇关于仪器,另一篇关于铝研究。我觉得这一切都属于一篇论文,并提出在其他地方发表,我收到了四个字的回复:接受长文 |
| 1968—1970 | 我们在三次 NTS 测试中进行了速度干涉仪实验,以证明激光干涉测量是否适应地下测试环境。前两次测试并未尝试实际测量,而是确定屏蔽等的计算是否正常。我们在第三次测试中获得了非常好的数据,包括对熔融石英格律奈森常数的优秀测量结果 |
| 1970—1972 | 开发并发表了关于 VISAR 的第一篇论文 |

---

① 编者注:SRI(斯坦福研究所)是一家非营利性公司,由斯坦福大学出资于 1946 年成立,它于 1970 年独立于斯坦福大学,几年后更名为 SRI 国际公司。

② 编者注:IUTAM 是国际理论与应用力学联合会。

## 关于一些冲击波缩略语的起源

编者注:在 2013 年 1 月 13 日给吉姆·阿赛的信中,巴克尔提供了一些我们在圣地亚使用的常用冲击波首字母缩略词的附加信息。

我记得,当瑞德·霍伦巴赫和我开始意识到我们在激光速度干涉仪中发现了一种强大的冲击波仪器工具,这个干涉仪在样品是漫反射表面时一样可以很好地工作,样品表面不需要抛光成镜面!与之前的洛克希德干涉仪不同,我们的干涉仪至少要准确十倍!

我们决定寻找一个听起来很悦耳的首字母缩略词,来自于描述干涉仪的单词。我认为我们一天早上花了至少一个小时试图包括"速度干涉仪"和"任何反射器"这两个词,以强调它可以在漫反射表面或抛光成镜面表面上工作。当我们最终使用"系统"这个词得到一个"S"时,我们有了任意反射面速度干涉仪系统或 VISAR。然后我们想知道为什么我们花了这么长时间才看到它,它很有意义,听起来不错,而且描述了我们的产品。

然后,在我们的炮装置在Ⅲ区成型时,在我们周一早上的一次安全会议上,吉姆·阿赛建议我们的新设施应该有它自己的名字,阿赛要求我们考虑一下,并在下次安全会议上提出取名建议。我向我的妻子婉儿提到了这个命名比赛,她立即表示对此感兴趣,我们讨论了一些可能性。我建议使用冲击器装置,但是婉儿不同意。然后我们写下了一些相关的词,如冲击、研究、应用研究,最后是热力学。在研究了一段时间之后,婉儿说"冲击热力学应用研究怎么样?这有意义吗?那将使它成为 STAR 装置"。我对婉儿说:"我认为你刚刚命名了我们的新装置!"结果就是这样。

我于 1955 年加入圣地亚,但在 1961 年离开前往纽约哥伦比亚大学攻读博士学位,并于 1962 年回到圣地亚。1974 年,招募我到位于犹他州盐湖城的 Terra Tek 公司工作,我于 1981 年初再次回到圣地亚,一直待到 1990 年 3 月退休。那年晚些时候,我的妻子婉儿和我组建了自己的公司——瓦林国际,我说服婉儿担任我们公司的首席执行官(CEO),而我的工作主要是研发。我们花了十来年时间成功地为冲击压缩科学界发明、改进和营销产品。在我们的儿子赞恩·巴克尔和他的妻子温迪(Wendy)的领导下,我们公司以 Valyn VIP 为名(2014 年)仍在运营。

# 马克·博斯洛
## Mark B. Boslough
（1983—目前①）

编者注：马克·博斯洛毕业于加州理工学院（California Institute of Technology，Caltech）地质与行星科学部的应用物理专业。他加入了由布鲁诺·莫罗辛领导的冲击波和炸药物理部门。他职业生涯的早期阶段专注于各种实验项目，包括由鲍勃·格雷厄姆发起的关于冲击诱导化学的新研究工作以及拉利特·查比达斯对碎块防护罩的超高速冲击研究。在20世纪90年代早期，他的研究转向更加强调超高速冲击事件和行星物理学的数值模拟，他因对彗星和小行星冲击事件的广泛研究而闻名于世。在他的回忆中，描述了他如何参与研究行星空爆，他介绍了关于圣地亚使用快速发展的计算能力来模拟彗星"舒梅克－列维"9对木星冲击的精彩内容。

**有机会以60km/s的速度撞击木星！**

它确实是一个独特的物体，不同于我目睹过的任何彗星形态。一般来说，它的外观是沿着轨道展开的一串核碎块，尾部从整个核轨迹上延伸出来，看起来像是在两个方向轨道平面上展开的一片碎块②。

这是1993年3月25日国际天文学联合会第5725号通告中的发现公告，第一次公开描述后来称为"舒梅克－列维"9（SL9）的彗星。这些是亚利桑那大学太空观察项目詹姆斯·斯科蒂（James V. Scotti）的话，他确认了该物体的存在。这是一个令人费解的发现，行星科学家们因为其独特的性质而感到非常兴奋。在万维网之前的那些日子里③，我首先在1993年7月期的《天空与望远镜》中读到它。共同发现者大卫·列维是一位定期专栏作家，他描述了帕洛马山顶上发生的偶然事件，使得卡罗琳·舒梅克在被木星眩光污染的受损胶片上最先识别

---

① 马克曾在实验冲击波科学领域工作到20世纪90年代中期，随后在模拟冲击波问题方面进行了几年研究。然后参与了圣地亚的其他活动，直到2006年左右，他开始活跃于持续到现在的行星应用。

② 1993年3月26日，詹姆斯·斯科蒂与中央天文电信局（Central Bureau for Astronomical Telegraphs）布赖恩·马斯登（Brian G. Marsden）的私人通信。斯科蒂在信中的描述当天出现在IAU第5725号通告中。

③ 编者注：蒂姆·伯纳·李（Tim Berners－Lee）是CERN（欧洲核子研究中心）的一位软件工程师，于1989年发明了万维网。然而，直到1993年4月CERN才宣布该技术可供任何人免费使用。1994年，万维网联盟成立。

出该彗星,那天夜里其余时间天空被云层覆盖,彗星出现在那之前拍摄的一幅图像里。"我不知道这是什么,"她说,"它看起来……像一颗被压扁的彗星[①]。"

大卫继续推测彗星如何分裂以及可能发生的事情:

随着"舒梅克-列维"彗星的不断演变,我们可能会看到一些碎块渐渐消失,也许少数碎块会持续一年或更长时间。现在,我们所能做的就是等待、观察和推测。无论结果如何,所有"舒梅克-列维"彗星的后代都会在我们的记忆中长久存在[②]。

他是对的,我们没有忘记。但他低估了记忆的重要性,因为他当时并不知道这颗彗星到底会发生什么。当我在1993年6月12日《阿尔伯克基》杂志上发现一栏5英寸长的小故事"木星与彗星可能会发生巨大碰撞"时,报摊上已经有了他的文章。彗星共同发现者(也是卡罗琳的丈夫)吉恩·舒梅克的新计算表明,彗星的剩余部分可能在1994年7月20日与木星发生碰撞。人们认为碰撞可以释放相当于10亿兆吨TNT的能量,比6500万年前灭绝恐龙的威力更强大。一位科学家推测这种冲击会引起木星在几分钟内爆发至正常亮度的25倍。

我一直对行星碰撞很感兴趣,作为加州理工学院的研究生,参加过吉恩的冲击坑课程,其间曾与卡罗琳到亚利桑那州流星陨石坑进行实地考察。在那里我第一次了解到对坑迷们来说吉恩有多传奇。当我告诉陨石坑游客中心收银员,我们的导游将是吉恩·舒梅克时,她非常兴奋,并惊呼:"这就像是和上帝一起去天堂旅行!"

1993年,我是实验冲击物理部门的一名工作人员,利用STAR装置测试缓冲防护罩保护航天器免受空间碎块侵害的能力等。我们部门的一部分职责是验证兄弟部门的冲击和爆炸数值模拟结果,这些部门主要关注计算冲击物理学。有什么比最终的自然冲击和爆炸更适合验证的呢?所以我带着报纸剪辑上班,并将其展示给其他一个团队的经理迈克·麦格劳恩。没过多久他就感兴趣了,他说会和我们的中心主任埃德·巴西斯谈谈。

幸运的是,我刚刚获得了我的第一个LDRD项目资助。这是一个计算项目,模拟杀死恐龙的彗星撞击的冲击和地震后果。通过一些改进的里程碑式贡献,我们有了支持我们投入计算资源的资金。我们所需要的只是使用全球最强大的全新英特尔Paragon计算机的许可。同时,我们需要知道如何运行代码,或者可

---

① 经 Sky & Telescope 许可引自 D. H. Levy,"Pearls on a string," Sky & Telescope 86,no.1,p.39(1993)。最初的引文来自 C. S. Shoemaker and E. M. Shoemaker,"A Comet Like No Other," Chapter 2,p.7 in The Great Comet Crash:The Impact of Comet Shoemaker-Levy on Jupiter,edited by J. R. Spencer and J. Mitton(Cambridge University Press,Cambridge,UK,1995)经剑桥大学出版社许可转载。

② 经 Sky & Telescope 许可 D. H. Levy,"Pearls on a string," Sky & Telescope 86,no.1,p.39(1993)。

以学习如何运行的人。立刻就出现了新的博士后 Dave Crawford:他在行星地质学和实验冲击物理学方面的背景非常完美。最重要的是(与我不同),他是一个计算机专家。蒂姆·特鲁卡诺同意开始进行模拟,并教我们如何使用 CTH,即圣地亚国家实验室的三维(3D)多材料冲击物理代码。艾伦·罗宾逊还写了一个并行版本的代码,移植到 Paragon 上,也会有所帮助。一个很大的非机密问题将是测试新硬件和软件的完美练习,在马林·基普和格里·克里的额外帮助下,我们很快就会进行模拟。

7月13日,我给埃德·巴西斯、迈克·麦格劳恩和团队成员写了一份备忘录,标题是"远木星点会议:我们应该如何应对'舒梅克-列维'1993e 彗星的撞击?"

去年3月发现了彗星1993e,预计其会撞击木星。上个月校正了它的轨道,目前人们普遍认为撞击将在1994年7月发生。其轨道周期约为两年,去年7月木星捕获了彗星1993e,其将在明天即7月14日到达远木星点,即高速偏心轨道的高点,并将在明年加速达到60km/s的冲击速度。在该速度下,最大的碎块将具有相当于约10亿兆吨 TNT 的动能,释放比白垩纪-第三纪灭绝恐龙更多的能量,相应的闪光将覆盖天空中太阳以外的所有物体,并且在白天天空中可以看到。

我们有能力对计算预测和事件观察做出重大贡献。重要的是要尽早开始,并提出统一的计划。让我们明天举行远木星点会议,这样我们就可以与彗星同一天开始沿着正确方向前进。时间:7月14日星期三上午9:00,1430会议室(880/C-35C)。

根据我们当时所知道的情况,这并不夸张。行星科学家克拉克·查普曼(Clark Chapman)于6月10日在《自然》杂志的"新闻和观点"部分写道[1]:

约翰·刘易斯(John Lewis)估计,在木星的云层下面1000km处形成火球,可能会形成夺目的云层上升现象。如果彗星碎块击中木星的正面,单独的物体相互跟随着进入木星的云层,则在地球上大白天就可以看到爆炸。

埃德·巴西斯为我们开了绿灯。我们的目标是用一个大问题测试机器,第二年夏天用我们的结果向天文学家提出观测建议,然后用观测结果验证我们的模型。

然而,没过多久,轨道动力学家有了足够的数据来计算冲击点。正如我们所希望的那样,碰撞将在木星背面发生,并且不能直接从地球上看到。1993年8月23日至24日,在图森的月球和行星实验室,举办了一次彗星"碰撞前聚会",

---

[1] C. R. Chapman,"Comet on Target for Jupiter,"Nature 363,pp. 492-493 (1993)。经麦克米伦出版社许可转载。

120名科学家相聚进行头脑风暴研讨。尽管对地球未能直接观测表示失望，但研究人员表示希望撞击时"伽利略"号太空船在飞向木星的路上能观察到它。也许，如果我们幸运的话，我们会看到木星卫星反射的撞击闪光的证据。

三个小组介绍了初步的计算模拟结果，包括戴夫·克劳福德。根据研讨会组织者杰伊·梅洛什（Jay Melosh）于1993年9月20日撰写的摘要记录[①]：

凯文·赞勒（Kevin Zahnle）描述了他关于彗星进入时能量沉积的工作，继续他最初开发的模型，用于模拟进入金星大气层的陨石和地球上1908年通古斯（Tunguska）事件的气流。他认为射弹在进入时会分裂，从而增加其阻力并在相对较小的高度间隔内沉积能量。沉积能量随后将加热周围的气体，这将在经典火球中向上膨胀。对于千米级射弹，大部分能量沉积发生在上部云层下方约200km处，因此不能直接看到，但大约1分钟后火球上升到高层大气层时应该变得可见。他认为对于大型射弹烧蚀并不重要，尽管参会人员对何谓"大型"进行了辩论，他报告说克里斯·希巴（Chris Chyba）的检查表明，使用不同的烧蚀模型时，他的结果会有所改变。在高速进入期间，入射弹体前面的冲击波温度估计达到30000 ℃。赞勒用模拟木星分层大气中一个火球膨胀的数值计算视频结束了他的演讲。

几位与会人员展示了正在进行的数值计算结果。汤姆·阿伦斯（Tom Ahrens）介绍了使用SPH流体力学代码计算直径10km射弹进入之后的结果。他和高田（T. Takata）发现射弹穿透相对较深，将大部分能量沉积在1bar水平线以下500km处。冲击产生了6km/s的羽流，并分配其约70%的能量加热大气。戴夫·克劳福德介绍了使用圣地亚国家实验室流体力学代码CTH的类似计算结果，尽管他的工作主要集中在射弹上。很明显，几个小组已准备好对彗星进入进行流体力学计算，但由于需要多次长时间运行超级计算机，尚无小组涵盖整个冲击过程。一个主要的兴趣点在于是否有任何大气气体以足够高的速度喷射进入木星周围的空间，可能会影响辐射带或磁层。没有任何计算结果表明有这种高速喷射，但目前尚不清楚各个计算结果是否足够准确，可以确保不存在高速喷射。其他问题是热辐射的重要性（不包括在任何流体力学代码中）以及对准确的状态方程的需求。

到1993年10月，蒂姆·特鲁卡诺完成了第一次二维模拟，表明在进入木星大气层时彗星碎块将如何分裂。戴夫和我获准参加10月18日在博尔德举行的美国天文学会（AAS）行星科学分会会议，并汇报圣地亚国家实验室的工作。应AAS新闻发言人的要求，我起草了一份新闻稿：

---

① 经杰伊·梅洛什许可转载；参见摘要链接：http://www.surveyor.in-berlinde/himmel/SL-9/Jupiter-SL9.txt。

圣地亚国家实验室的研究人员进行了超级计算机模拟,以了解明年夏天彗星"舒梅克-列维"9与木星碰撞时将会发生什么。一些天文学家预测,这次撞击将会是有史以来最壮观的天体事件之一。正在重新安排望远镜和宇宙飞船,以观察最终的显示现象,但他们会看到什么呢?为了帮助回答这个问题,圣地亚国家实验室的科学家们利用了最初开发类型的计算机代码,来了解核武器内部的情况。计算机程序可以模拟由爆炸和超高压冲击等高能事件引起的极端物质状态。近年来,计算机程序已用于帮助设计防护罩,以保护卫星免受轨道太空垃圾的碰撞。现在它被用来研究最后一块太空垃圾的碰撞:直径3km的冰体以60km/s的速度移动。

这种撞击的大小与6500万年前的一次相似,那次在墨西哥留下了一个直径180km的陨石坑,被认为是灭绝了恐龙的一击。对于小行星撞击地球,大气对小行星几乎没有影响。当物体猛烈撞击地面时,压力瞬间升高,冲击波将动能转化为机械能和热能,导致威力是最大核试验百万倍的爆炸。然而,木星没有坚实的表面,所以在性质上明年的事件将有很大不同。在几百千米的范围内,木星的氢/氦气压逐渐增加,从真空直到相当于数百个地球大气压。

计算机模拟结果表明,当彗星进入木星的大气层时,压力是逐渐增大的。顶部的大气层很薄,所以在第一秒左右,彗星几乎不受阻碍地切割。然而,在下一秒,压力迅速增加并使彗星变形直至其开始破裂。当彗星开始瓦解时,它的动能损失不到2%,这意味着高达98%的彗星能量被带到超过120km的深度,产生灾难性的释放。

在彗星开始分裂之后,通过尚未充分了解的机制非常迅速地释放能量。圣地亚的计算主要涉及导致分裂的过程。令人惊讶的结果之一是,对于类似明年夏天预期的碰撞,彗星被大气阻力引起的大变形撕裂。其他模型以前曾表明彗星体内的机械波相互作用引起超过彗星强度的张力状态,导致其分裂。

只有其他两个竞争组正在进行超级计算机模拟,其中一个小组由我的博士生导师汤姆·阿伦斯领导,另一小组包含合伙人凯文·赞勒和默迪凯-马克·迈克·娄(Mordecai-Mark MacLow)。他们还发布了新闻稿,并更加明确地预测了天文学家可以观察到的东西。根据阿伦斯的说法,直径10km彗星撞击的羽状物亮度将是木星的一万倍,并将持续几分钟。不幸的是,当它旋转到地球望远镜的视野中时已经冷却,只能进行红外观测。赞勒和迈克·娄还预测了一颗明亮的火球,像太阳一样炎热,在木星远端的云顶上方升起。他们指出,NASA探测仪"伽利略"号和"旅行者"2号能够看到这个火球,它甚至可能照亮木星的卫星,使之足以从地球上探测到。

年底我们仍然专注于彗星进入问题,碎块在爆炸前会穿透多远?12月我们告诉《圣地亚科学新闻》(Sandia Science News),原始彗星最大那些碎块的98%的能量将带入木星云层的下面,在那里它会被爆炸性地释放。这种说法最终成为各个建模小组之间的主要争论点,赞勒和迈克·娄声称碎块在木星大气层中爆炸的高度比我们说的要高得多。然而,他们使用的代码具有非常有限的状态方程选项,因此他们的彗星碎块在下降期间扩展,他们的碎块比我们的碎块更大,阻力更强。因为我们有一个更好的状态方程,我们的彗星碎块大部分保持固相,直到它们在云层下蒸发。

《圣地亚科学新闻》文章继续写道:

目前的结果将为大气科学家提供一个起点,以此确定碰撞是否会产生巨大的蘑菇云、在行星上生成一个新的红斑或者被吞没而无迹可寻。这样还将帮助天文学家了解预期会看到什么[①]。

但与其他小组不同,我们仍未对可能观察到的内容做出任何具体预测。我们不同意另一组关于穿透深度的意见,这样的分歧并未得到解决,因为没有任何衡量标准可以毫不含糊地做出这种判断。

1994年初,戴夫使用Paragon针对各种假设碎块大小进行了3D模拟,结果表明火球将以比其他小组的预测结果更高的速度和更高的高度弹射。我们还表明,对于倾斜的撞击(碎块进入角度将与该处地平线成45°),羽流将沿着尾流以相同的角度但以相反的方向喷射。因为我们可以使用世界上最强大的计算机,所以我们拥有更高分辨率和三维优势,这两者都是进行这些预测所必需的。

不幸的是,就像穿透深度一样,没有明显的方法来确定木星背面会发生的羽流高度或角度。也就是说,直到预测的撞击位置开始改变。

1994年的技术融合使科学界能够充分利用这一事件,这是非常完美的机会。首先,英特尔Paragon允许我们以足够的保真度对事件进行建模,以进行有用的预测;其次,刚修好的"哈勃"太空望远镜正在拍摄出非常清晰的图像;最后,也是更容易被遗忘的,是互联网的作用,它刚刚开始连接各种研究机构,允许信息快速传播。

马里兰大学建立了一个电子公告板,在那里我能够紧跟最新的发展。于是我在2月1日迅速发现喷气推进实验室修改了他们的轨道和冲击预测结果。以下是我通过电子邮件发送给圣地亚国家实验室建模团队的内容:

附件是彗星轨迹的最新冲击预测结果,上周发布在公告板上。根据该表,预计一些主要碎块会通过边缘4.5°冲击行星。在假定1.7°的不确定性情况下,它们可能会在3°内击中,使直接观察火球(并且它将向我们旋转)成为可能。更妙

---

① Sandia Science News, vol. 28 (December 1993)。圣地亚国家实验室未编号四页文章的第二页,经圣地亚国家实验室许可转载。

的是,周六在休斯顿吉恩·舒梅克的演讲中,他展示了修复后"哈勃"太空望远镜拍摄的照片。有几个较小的碎块离开轨迹的轴线,即在略微不同的轨道上。吉恩表示未计算出这些离轴碎块的轨道,并且不会猜测它们是否会撞到这侧边缘,但在我看来仍然有希望直接观察较小的撞击。

从那一刻开始,我们主要关注的是影响潜在可观察火球的2%的冲击能量。预计的撞击点继续向靠近边缘移动。我们努力宣传,但仍然被视为行星天文学界的局外人,并且尚未列入国家科学记者的头号("A")名单。1994年3月19日,现已解散的"阿尔伯克基论坛报"的当地记者写了一篇题为"圣地亚计算机绘制木星撞击"的文章,其中引用了戴夫的演讲①:

具体取决于从地球上来看它们与木星的地平线有多近,火球或其中的部分在地球上通过特殊的望远镜实际上可能是可见的。"实际上,一些碎块不会消失在行星后面,直到它们已进入云层上方的高层(大约250英里)稀薄大气中,"克劳福德说,"不到一分钟之后,炽热火球的顶部会重新回到视线中。"尽管圣地亚的团队警告说,它仍然可能不够明亮,无法从地球上看到。

这是第一次出版我们的预测结果。获得当地媒体青睐总是很好,但我们很快意识到,"阿尔伯克基论坛报"在以下几方面无法帮助我们:①向正在最终确定其观察活动计划的天文学家发布我们的预测结果;②以我们将获得充分肯定的方式记录我们的预测结果,作为科学预测结果。

为了帮助解决第一个问题,戴夫和我准备了一篇张贴文章,准备在美国地球物理联盟(AGU)春季会议上展示,我前往巴尔的摩提交报告。当海蒂·哈默尔停下来跟我说话时,我很高兴。她是麻省理工学院的首席研究科学家,"哈勃"太空望远镜木星运动科学观察小组的成员,负责广角行星相机。最近她在与我的电话交谈中描述了她对这件事的记忆②:

我记得参加AGU会议有一个关于SL9预测的特别会议。马克和戴夫有一篇张贴文章,预测这些巨大的冲击羽流。马克说我们必须确定用"哈勃"望远镜拍摄木星的边缘,因为这些羽流会很高,以至于可以从地球上看到它们的顶部,尽管撞击只是发生在视线之外。我非常怀疑,因为我的期望是这些彗星碎块进入木星后会毫无踪影。但是,尽管如此,谁知道呢?因此,我们继续为木星的边缘设置一个成像序列,用于A冲击(预期的第一个),同时为更明亮(因此可能更大)的各碎块的冲击设置多个边缘成像序列。

现在我们在游戏中拥有了真正的皮肤,但我们想要进一步发展,并在科学文

---

① L. Spohn, "Sandia computer plots Jupiter impact," *Albuquerque Tribune*, March 19, 1994, p. A–5。经圣地亚国家实验室戴夫(戴维)·克劳福德2015年3月7日与吉姆·阿赛的电子邮件许可转载。

② 海蒂·哈默尔给马克·博斯洛的私人通信,2014年。

献中记录下来。我们知道我们必须在撞击之前尽快发布。6月1日我们向AGU的《地球物理研究快报》(*Geophysical Research Letters*, GRL)提交了一篇文章,其中我们在摘要中写道:对于足够大的碎块,撞击产生的火球将在木星边缘上方上升到视线范围内(3km 直径碎块撞击后不到一分钟)①。10天后我们的论文被接收了,7月1日论文发表。根据该刊编辑的说法,这是该刊前所未有的发表周期。

我们不是唯一发布特定预测结果的科研人员。汤姆·阿伦斯及其团队在7月1日GRL同一期杂志上给出了基本相同的预测结果,并在摘要中写道:"地球上的观测人员可以检测到这些羽流,因为它们在木星西南边缘上膨胀,并在撞击后几分钟进入地球视野②!"在科学文献中感叹号是不寻常的!

并非所有科学家都像我们一样相信会有冲击火光。与这期GRL同一天,科学作家迪克·克尔(Dick Kerr)在7月1日期《科学》杂志上发表了一篇新闻文章,题目是"猜测从木星嘭的一声撞到破碎的距离范围",其中写道③:

……,天文学家可能会看到火球从行星背面的撞击点上升进行进入视野,在木星的云层中涌起波浪,内部气体喷涌而出。或者,在世界上每个望远镜(从业余装置到"哈勃"太空望远镜)的全景视图中,碰撞可能只是轻微的扰动。

但克尔还引用了一项研究,说明最大的碎块直径只有0.5km左右,远小于我们建模的碎块:

根据大多数研究,1km大的冲击物体将足以产生可观察到的从木星远端升起的火球,带出大量的木星内部物质,并在行星周围发出容易观察到的波纹。0.5km大,则没有人能保证④。

幸运的是,我们在预测中对大小进行了说明。

克尔提醒读者,基于计算机模型的预测取决于以下假设:计算机模拟尚未就1km冰球穿透的深度、冲击物最终是否爆炸以及火球可能上升的高度达成一致⑤。

我们选择了GRL,一种仅限订阅的期刊,来发表我们的正式预测论文,但我们决定希望我们的预测结果更广为人知。因此,我们就这个内容为 *Eos* 写了篇文章。*Eos* 是美国地球物理联盟的报纸式会刊,邮寄给该组织的每个成员。想

---

① M. B. Boslough, D. A. Crawford, A. C. Robinson, and T. G. Trucano, "Mass and penetration depth of Shoemaker‐Levy 9 fragments from time‐resolved photometry," *Geophysical Research Letters* 21, 1555 (1994).

② T. J. Ahrens, T. Takata, J. D. O'Keefe, G. S. Orton, "Radiative signatures from impact of comet Shoemaker‐Levy 9 on Jupiter," *Geophysical Research Letters* 21, 1551 (1994).

③ R. Kerr, "Bets Range from Boom to Bust for Jovian Impacts," *Science* 65, p. 31 (1994)。经美国科学促进会许可转载。

④ 出处同上,p. 31,经美国科学促进会许可转载。

⑤ 出处同上,p. 32,经美国科学促进会许可转载。

要得到关注,我们需要一个更有吸引力的标题。我们将文章命名为"观看木星上的火球"并完美控制时间。文章出现在7月5日的 Eos 上,在距第一次撞击(7月16日碎块A撞击木星)仅有几天时间时到达各个成员的信箱。

我们的最后一篇文章之后只有一篇预测文章,刊登在备受瞩目的《自然》杂志上,作者是彗星专家保罗·韦斯曼(Paul Weissman),文章标题为"大失败即将来临"。当存在分歧时,预测总是更有意义。

在冲击周前的最后几天,要求戴夫和我接受很多当地电视采访。这是一场严峻的考验,因为我们先前都没有任何电视访谈经验。我们还决定言出必行。我们都购买了业余级8英寸望远镜和飞往夏威夷的机票,这里最适合在夜空中观察多次木星冲击。我们将在晚上观看行星,白天阅读马里兰大学的公告板。

我最难忘的经历是从哈莱阿卡拉(Haleakala)山顶观看到最大的碎块碰撞之一碰撞木星。我们未看到我们预测的羽流,对我们的小望远镜和我们对红外辐射不敏感的眼睛来说,它只是不够明亮。但是,我们目睹了非凡的后果,因为坍塌羽流中的黑斑旋转进入我们视野。

海蒂·哈默尔回忆了在太空望远镜科学研究所时的兴奋[1]:

当那些会显示A羽流的首批图像出现时,我们在边缘上看到了一个亮斑。但是一开始我们都没有真正相信它。"它一定是个月亮",我说,"也可能是木卫一,因为它太亮了。天文年历在哪?谁去查一下木卫一的位置吧。"但是,当我们发现预测没有卫星在那个位置时,我们开始兴奋起来。我们所有人都挤在屏幕周围等待下一批图像,这将是冲击位置本身旋转进入视图(大约一小时后)。当我们第一次看到木星上的大黑撞击点时,屏幕周围挤满了天文学家们的标志性图像,紧随其后的是香槟酒瓶的视频。我们随后整合了一组随时间演变的"哈勃"图像,表明G羽流的上升和下降。它们与圣地亚的预测出奇地相像,以至于那之后我将它们并排展示了许多年。

当我们从夏威夷返回时,我们的工作还没有结束。我们或其他任何人都没有预料到许多观察到的现象。我们当时仍然有大量的数据需要解释,答案并不是很明显。

令我们烦恼的是,行星科学家克拉克·查普曼(现在是亲密的同事和朋友)在他题为"彗星的眩目消亡"的《自然》杂志"新闻和观点"文章中,淡化了我们的预测结果,他写道[2]:

随着撞击临近,彗星研究人员犹豫着要不要预测超出适度显示——用保

---

[1] 海蒂·哈默尔与马克·博斯洛的电子邮件通信,2015年1月25日。

[2] C. R. Chapman, "Dazzling demise of a comet," *Nature* 370, pp. 245 – 246 (28 July 1994)。经麦克米伦出版公司许可转载。

罗·韦斯曼的话来说,一种"宇宙失败"的情形。随后一周的壮观情形甚至超过了对相距近8亿千米外的地球上对该事件潜在能见度的最乐观预测结果。没有人怀疑在我们视线之外的木星边缘的撞击地点发生了重大事件。但是,木星表面高羽流、热斑和巨大持久的黑斑明显可见,完全出乎意料。这是什么意思?

彗星撞击中最令人印象深刻和意想不到的一个方面是,到达木星云顶上方超过2000km的剧烈羽流,"哈勃"太空望远镜拍摄的照片中清晰地描绘了这些羽流。一些数值建模人员暂时希望后来的一两次撞击发生在靠近木星面向地球一侧,也许能设法在其逐渐隐形之前从木星边缘上方窥视……实际上,即使对于最大彗星碎块估计尺寸,效应也是如此之大,以至于似乎必须修改我们对大气冲击物理学的理解,以解释已经看到的惊人现象。

科学界这时候准备将其组成一个综合模型。在拉利特·查比达斯的建议下,在那年夏天晚些时候,我在圣达菲超高速冲击研讨会上组织了第一次冲击后研讨会,我们将其称为"彗星日",吉恩和卡罗琳·舒梅克以及进行预测的许多观察天文学家和计算建模师参加了此次会议。CNN的迈尔斯·奥布莱恩(Miles O'Brien)出席并采访了我,这是我第一次出现在国家电视台上。

在接下来的一年里,我们进行了更多的模拟,并在1995年7月1日的GRL期刊上发表了我们的论文,"'舒梅克-列维'9冲击的数值建模作为解释观察结果的框架"。摘要中说明了我们的主要结论[①]:

已经用与冲击模型相符合方式至少部分解释观测结果的包括:从地球观测到的多次闪光的来源和时间,从"伽利略"太空船观测到的各单次闪光的温度和持续时间,以及"哈勃"太空望远镜观测到的羽流和喷射物的不对称性。冲击之后进一步建模表明(与我们的冲击前期望相反),火球轨迹数据不能对碎块质量或最大穿透深度提供强有力限制……。更多数据变得可用和相关的情况下,以及进行了更多模拟后,我们预计碎块大小估计将会更加精确。

戴夫·克劳福德开始明确估计彗星大小,并发表了文章[②]"彗星'舒梅克-列维'9碎块大小估计:母体有多大?"他的结论是,最大的碎块直径大于1km,但密度较低。在彗星分解之前,最初的彗星直径可能约为1.4km。我们低估了羽流尺寸和速度的事实有一个简单的解释:即使使用当时世界上最强大的计算机,我们的模拟也缺乏足够的分辨率。

当戴夫正在估计尺寸时,我把注意力转回地球。冲击发生一周后,国会修改

---

① M. B. Boslough, D. A. Crawford, T. G. Trucano, A. C. Robinson, "Numerical modeling of Shoemaker-Levy 9 impacts as a framework for interpreting observations," *Geophysical Research Letters* 22, pp. 1821–1824 (1995). 经约翰威利父子(John Wiley and Sons)出版集团许可转载,2012 版权所有。

② 参见 Annals of the New York Academy of Sciences, Vol. 822, pp. 155–173 (May 1997)。

了美国宇航局的授权法案,要求美国宇航局对威胁小行星和彗星进行调查。关于行星防御,大卫·列维这样说,"'舒梅克-列维'9 消除了一些可笑的因素[①]"。国家实验室也越来越感兴趣,部分由于圣地亚的迪克·斯伯丁(Dick Spalding)的努力,国防部开始发布地球大气中"超火流星"的卫星数据,包括那年2月1日南太平洋的大规模爆炸。

即使没有完全解决我们的模拟,我们也注意到它们对地球冲击有影响。在我们的动画中,向上飞向太空的弹道火球吸引人的目光,但是就能量而言,大部分活动都在彗星爆炸的底部。即使在爆炸之后,汽化的彗星也继续向下移动。地球大气层中的爆炸也是如此吗?

我开始研究地球大气层中空爆的历史,最著名的是1908年西伯利亚的通古斯大爆炸,另一次空爆是1947年锡霍特-阿林山脉(Sikhote-Alin),也在西伯利亚。一位画家目击了这次爆炸,在画布画出了这次大爆炸,作品最终出现在一张1957年的苏联邮票上并在各种关于陨石的出版物中转载。图中展示了一个不寻常的云,看起来非常像我们的羽流模型。

我开始用台式工作站模拟进入地球大气层的小冲击,但由于缺乏计算能力,它们仅限于二维轴对称的情况。尽管如此,我还是坚信两件事:通古斯这种小冲击:①能够产生上升数百千米空间的羽流,可能危及近地轨道卫星;②可以喷射蒸气,在自身持续不断的动量作用下向下移动,破坏表面,比相同当量的核爆炸破坏力更大。

1994年之后,对冲击威胁的兴趣继续增强。1995年4月,戴夫和我应邀在哈佛大学的约翰·雷莫(John Remo)和圣地亚比尔·泰德斯基(Bill Tedeschi)组织的联合国近地天体国际会议上发表论文。接下来的一个月,劳伦斯利弗莫尔国家实验室举办了一次行星防御会议,此次会议上我首先介绍了关于羽流形成对地球影响的结论,爱德华·泰勒(Edward Teller)闭着眼睛坐在前排,但吉恩·舒梅克很专心(但持怀疑态度)。

第二年,我扩展了通古斯模型,试图解释仅在埃及西部利比亚沙漠中发现的神秘黄绿色石英玻璃,仅发布了与意大利博洛尼亚关于该主题会议相关的摘要。我试图将所有内容整合进单篇提交联合国会议的最终论文,"'舒梅克-列维'9和形成羽流的地球冲击"[②]。约翰·雷莫是编辑,他安排我们的模拟结果与展示

---

① C. R. Chapman, in *The Great Comet Crash: The Impact of Comet Shoemaker-Levy 9 on Jupiter*, ed. by John R. Spencer and Jacqueline Mitton, p. 105, Cambridge University Press, Cambridge, UK, 1995). 经剑桥大学出版社许可转载。

② 参见近地天体,联合国国际会议,编者:John L. Remo(纽约科学院年报,纽约州纽约),第822卷,页面:236-282(1997)。

明显的锡霍特－阿林山脉羽流的 1957 年邮票一起,作为文集封面。在接下来的 8 年里,我的注意力转向其他工作,这成为我对这个主题的最后判断。

# 后　记

2005 年秋天,我接到了一位英国电影制片人的电话,她想知道我是否可以做一些模拟,以支持她为 BBC(英国广播公司)和《国家地理》制作的关于利比亚沙漠玻璃的纪录片。在离开该领域 8 年的时间里,发生了很多事。代码和圣地亚的计算机都变得更加强大了。戴夫增加了自适应网格细化功能,我们有了一台名为 Red Storm 的新超级计算机,得到最后结论没有问题。

我最终应邀参加大沙海(Great Sand Sea)的探险。有了新的 LDRD 项目资金资助,我能够进行模拟,重新引起对行星空爆的兴趣(我后来发现也许太多无关紧要的兴趣)。我的纪录片亮相引发了更多的邀请,其中包括 2008 年通古斯爆炸百年纪念日的遗址探险。2009 年,我应邀在一集 NOVA[①] 中扮演"象征性怀疑论者",这一集主要讲述一个小组,在我看来,这个小组对我的空爆模型太过分了。受到我为利比亚沙漠玻璃纪录片模拟的错误动画的启发,他们提出一个巨大的彗星爆炸改变了气候,并在 12900 年前消灭了北美巨型动物和克洛维斯文化。

我每两年在行星防御会议上介绍我的空爆模型,认为风险比以前认识到的要大。然后在 2013 年的情人节(按我们的时区)那天,俄罗斯车里雅宾斯克发生了一次 50 万吨的空爆。几天之内,我接到了 NOVA 制片人的电话:我想去吗? 因为小行星以非常小的角度进入大气层,事实证明这不是羽流形成事件。但由于手机和仪表板视频的大量数据,我的同事能够以我可用于初始化和验证高保真模型的方式精确地确定轨迹和能量沉积速率。我还能带回一些陨石进行分析。

几个月后,我们在亚利桑那州弗拉格斯塔夫(Flagstaff)举行了两年一次的行星防御会议,其中包括仓促举办的关于车里雅宾斯克空爆的技术研讨会。出席人员包括卡罗琳·舒梅克,我们为她在宴会上获得终身成就奖而感到荣幸。我们向她介绍了一件吊坠,是我用从俄罗斯带回来的陨石制成的。

我还介绍了我多年来一直在考虑的想法。如果空爆产生向上的羽流,则必须有一个相等但相反的力向下推动行星。我已经得出结论(与近 20 年来普遍存在的观点相矛盾),在木星大气中观测到的波是由这股反作用力产生的。如果

---

① NOVA(新星)是美国公共电视公司(Public Broadcasting Service,PBS)的科教节目。

这种情况发生在木星上,那么可以说这种形成羽流的空爆可以在地球上的流体界面产生类似的波浪:海啸!

当我准备演讲时,我想我会让海蒂·哈默尔展示这一想法。自从我们最早在巴尔的摩那个春天认识以来,海蒂一直是我的朋友和笔友。她很高兴我仍然对她1995年的论文感兴趣,该论文展示了观察到的波图像,并且她对我们最喜欢的彗星进行了观察,写了"'舒梅克－列维'9是继续奉献的礼物"[①]。

---

① 海蒂·哈默尔向马克·博斯洛发的私人,邮件通信,2014年。

## 巴里·布彻
## Barry M. Butcher[1]
（1962—1997）

我的圣地亚的第一次经历可能追溯到我的面试之旅。汉姆·梅比（Ham Maybe）教授以前是康奈尔大学的教授，逗留在康奈尔瑟斯顿大厅（Thurston Hall），招聘圣地亚工作人员，迪克·克拉森也参加了招聘活动。他们最终选择了我，并计划于1961年11月开始面试之旅，当时我开始从伊萨卡（康奈尔大学所在地）前往阿尔伯克基。我记得乘坐Electra飞机，可能是从罗切斯特飞往芝加哥。飞机是在空中运行最平稳的螺旋桨飞机，但也是噪声最大的一种。从芝加哥出发我第一次乘坐TWA喷气机前往堪萨斯城，然后前往未知的阿尔伯克基。我住在破旧的中心区日落汽车旅馆（Sundowner Motel on Central）。面试平安无事；我记得乔治·安德森、雷德·霍兰德（Reid Holland）、弗兰克·尼尔森等。

回到康奈尔大学，几个星期后我接到唐·伦德根的电话，他解释说在我访问阿尔伯克基期间，他们因某种原因错过了我，并想跟我谈谈圣地亚的涉及冲击波研究的一个新小组，在做出任何决定之前，我是否能到纽约市与他们会面？我同意去纽约会面，并且必须飞越莫霍克谷前往纽约，当时这本身是一种体验。我们在酒店的一个房间里会面，我认为酒店在第10大道，可能是第42街、九楼或者十楼。唐已经到了，还有一位名叫林恩·巴克尔的绅士，当时是哥伦比亚大学的学生，受圣地亚资助。唐解释说这个小组刚刚成立。后来我收到了录用函，并同意去圣地亚，去获得"行业经验"。我们计划只工作几年，然后继续担任教学职位。当时康奈尔大学的文化极具学术性，任何对工业的偏向均视为价值不大。然而，我得到了工程学院院长戴尔·科森（Dale Corson）的支持，他早年曾在圣地亚工作过。他把我叫进他的办公室，告诉我他对我的选择很满意。

### 1962—1968
- 专门研究冲击和应力波传播力学和物理学的工作人员；
- 实验应力和冲击波材料测试（气体炮技术）；
- 动态压裂（散裂）和多孔材料压缩领域的建模专家；

---

[1] 编者注：巴里·布彻积极参与冲击波研究，于1979年左右结束。

· 开发有限差分应力和冲击波传播代码。

好极了！许可证办妥了。最初我的办公室隔间位于806号楼二楼，里面有一张政府的灰色办公桌，并有AT&T（西部电气）浅棕色。隔板是我和办公室同事杰克·坎农（Jack Cannon）共用的。小组中的其他人是比尔·哈特曼（Bill Hartman），以及最后从哥伦比亚回来的林恩·巴克尔。查尔斯·卡恩斯后来加入了该小组。实验室里有瑞德·霍伦巴赫（负责人）、汤姆·鲁比（Tom Looby）、韦恩·布鲁克希尔（Wayne Brookshire）、鲍勃·纽曼（Bob Newman）和鲍勃·辛普森（Bob Simpson）。负责人是查理·比尔德（实验室副主任）、卢·贝瑞（Lew Berry）（主管）、鲍勃·索维尔（Bob Sowell）（部门经理）和唐·伦德根（部门主管）。达雷尔·芒森是科长（一段时间后取消了科长职位）。查理·比尔德是该组织的有远见者，他关注圣地亚任务的材料部分。

我们最初的任务是研究材料中的应力波传播，以提供材料属性信息，确定如何发生损坏。圣地亚的兴趣在于，随着小型化趋势的推进，武器系统变得越来越复杂。最初的系统是匆忙拼凑起来的，没有考虑大小。操作是连续的，在下一个部件开始之前每个部件完成其功能。然而，尺寸和时间对于飞机甚至炮弹上的武器投递都是非常重要的，一些部件必须同时工作。现在的挑战是让事情变得易于管理。

结合小型化的另一个因素是用于武器部件提供动力的能量。这些部件包括使系统工作所需的所有陀螺仪、触发器、雷达等。所有需要的功率，或者是电能或者是某种机械驱动形式，同时系统存储时间很长，基本上处于休眠状态。这样的要求使爆炸物产生的能量非常具有吸引力。可以长期储存爆炸物，然后引爆以产生足够的能量。但是，与此同时如果一个"爆竹"在一个重要部件旁边爆炸，那么应该发生的最后一件事就是"小爆炸"会在该部件有机会起作用之前破坏它。另外，引爆的炸药通过爆炸中传播出来的压力（压力）波产生破坏。因此，我们的任务是提供对应力波如何通过各种介质（特别是固体）传播的精确理解。在液体（波浪）中的应力波传播很好理解，但武器系统是由固体而不是液体制成的。固体中小弹性应力波的运动（声波）也很好理解，但是当爆炸进入"酒吧间"，并且长距离扔东西，引起极端变形和断裂时，就是另一回事了。需要在极端条件下的固体材料属性来预测这种现象。

研究程序是引起冲击并观察其后果。实验具有简单的一维构造，其中一块平板（通常是金属板）以高速抵靠推动另一块金属平板，尽可能同时击中靶板，靶板后表面安装仪表，以某种方式观察其何时以及如何开始移动。如果撞击足够慢，结果将是简单弹性的，就像两个撞球碰撞一样，最初移动的物体撞击速度降低，而受冲击物体飞离，速度取决于它们的相对质量。然而，比两个撞球撞击时的冲击要大得多,撞击后板会发生永久变形和断裂。这种实验的机械是气体炮,内腔大约 4 英寸,长 12～14 英尺。撞击板是一个圆柱形塑料弹丸的前部,长约 6～10 英寸,从炮管的前部拉回到靠近气缸即炮的后膛的位置,然后将实验板安装在炮管的另一端。为了发射炮,后膛腔体内用空气加压至 1000psi,具体取决于所需的射弹速度,然后通过一个阀门将后膛空气迅速流进炮管,从炮管中射出弹丸,冲击目标。射弹速度受限于我们海拔高度的声速,但可能高达 1000ft/s。

通过几种不同的方法观察到对靶板的冲击结果。首先,几根电隔离细线位于测量的间隔处,随着射弹从炮管出来,导线(在不同的电压水平下)短路。然后可以使用示波器在撞击期间测量电压的时间变化,这样来确定射弹在短路引脚时的速度,以类似的方式测量冲击的同时性。在冲击区域周围的象限点处设置四个引脚,其尖端与冲击表面齐平安装,处于不同的电压。发生冲击时,引脚短路,示波器记录结果。如果冲击是完美的(即同时撞击冲击表面的所有点),则所有平齐的引脚将同时短路,从来没有出现这种情况。

冲击的真正后果是,与受冲击表面相反的板自由表面的运动,这是我们需要的信息。最初通过电阻"斜导线"测量这种运动,其一端接触靶板后表面,并与表面成非常小的角度。当由于冲击波的反射表面开始向外移动时,导线会短路,导线的角度使得在沿着导线传播扰动之前发生表面闭合效应。通过示波器记录接触导线表面部分上高电阻线两端的电压变化,可以拍摄表面的运动。后来,林恩·巴克尔设计出了使用干涉仪技术记录表面运动更为复杂的方法。在这些技术中,激光束照射在表面上的闪光点上,并用干涉仪记录运动。如果未发明具有单一波长的激光器,那么这一切都不可能实现。

最初,在Ⅲ区的装置上进行测试,那里到处是蜘蛛和响尾蛇。以前炮曾用于冲击实验,但就我们的气体炮而言,除了鲍勃·格雷厄姆的装置,这些还不成熟。控制室装满了各种先进的示波器和计数器,使用宝丽来胶片记录数据,具体对于冲击触发范围内的单次扫描成像。然后用一台相当昂贵的数字化仪对照相胶片进行了数字化处理,我记得这些结果是在 IBM 打孔卡片上打印出来的。我们将实验样品射入锯末堆中,然后挖出来回收。

后来,我认为是管理层同情我们,在商店大楼旁边的技术Ⅰ区找到了一栋旧的活动房屋——855 号楼。只需从 806 号大楼步行一段就可以到达实验室,真是轻松多了。在那里建造了一个新的装置,最终由两门炮和收集器组成,而不是锯末堆。其中一门炮用于可能造成污染的材料(如铍)。克里夫·维滕(Cliff Witten)使用这门炮进行了许多实验,包括在回收样品时装备完整的防护设备。花了很多时间与健康物理组织一起确保没有污染逃逸。

## 圣地亚国家实验室冲击波研究发展历程

在5100[①]组织内的物理研究处是我们这项工作的竞争对手。鲍勃·格雷厄姆制造了第一台压缩气体炮,并且他主要参与研制了圣地亚石英计,这是一种石英晶体装置,在受到冲击时会产生可测量的信号。然而,这个组的章程与我们的章程差别很大。在弗兰克·尼尔森(有远见的人)和乔治·安德森的带领下,比尔·本尼迪克进行了实验工作,他们的任务涉及研究可用于武器装置的爆炸驱动电信号技术,该项技术被认为是合法的"物理学"研究,而不是我们在材料和工艺理事会中所做的"机械"工作。然而,我们的工作存在一些重叠,这促进了竞争。同样,洛斯阿拉莫斯的GMX-6科学家包括鲍勃·麦昆(Bob McQueen)等,对非常高压冲击型加载的材料响应感兴趣。然而他们的兴趣集中在超高压上,在超高压下材料基本上表现为没有强度的流体,主要是为了表征元素周期表的元素。该信息用于估算可压缩性,假设简单混合理论,用于核武器计算。

就我而言,很快要求我专攻具体科研方向,关注层裂现象。当压缩冲击波从自由表面反射时发生层裂。当波回到材料中并与稀疏波相互作用时,层裂会在张力下生长,直到它足够强大而使材料破裂,结果是表面和裂缝之间的材料以高速飞散。这与弹珠撞击两个静止的直列弹珠时的现象相同。撞击弹珠停止,较远的弹珠以撞击速度飞离。对设计人员来说,爆炸能量激活的系统中可能的剥落相当令人不安,因为快速移动的碎块可能在空间飞行,并在特殊部件有机会发挥作用之前撞击它们。

我到达后不久,决定开发计算能力。那时,麻省理工学院(MIT)的沃尔特·赫尔曼教授开发了一种用于应力波计算的计算机代码。我们的任务是让他感兴趣来圣地亚。我记得,他在冬天来访,因为他想滑雪。这样做之后,他在斜坡上受伤了(我似乎记得是骨折)。因此,他必须延长阿尔伯克基的访问,并在酒店房间休息,直到他能够旅行。多好的招聘机会!我们有一个无法去任何地方的观众,我认为我们没有做错什么,因为他决定来圣地亚,并领导一个计算部门。

多孔金属和塑料材料(即泡沫)的能量吸收是要求我研究的另一个领域。当碎块穿过泡沫并且泡沫严重变形时,能量消散。实际上,在爆炸性的环境中,需要大量的泡沫来减缓快速移动的碎块,但泡沫的存在肯定比没有泡沫效果更好,因为它有助于保持原状。当X射线非常高的能量沉积在泡沫中时,泡沫也是有用的。使用泡沫时蒸发的材料具有膨胀的空间,而不是像推动活塞一样。我的一些工作涉及这种现象,在此期间进行了地下测试,我评估了这种材料响应对几个地下核试验的有效性,看看我们是否可以用数学方法复制结果。此测试确实是大物理学方面的研究,我仍然对这些实验感到不知所措。

---

① 编者注:20世纪60年代中期5100组织的名称是物理研究。

### 地下测试本身就是一个故事

在此期间,要求我们部门测试一些奇特的材料,其目的是保护导弹的热防护层,导弹设计用于对抗俄罗斯的核攻击。汤米·格斯和拉里·李受雇于这项工作,开发了材料,旨在核爆炸的情况下使得辐射沉积导致应力诱发形式的辐射损伤最小。这些材料是低吸收剂,如石墨和铍。855号楼中第二门炮专门用于测试这些材料,我们获得的大部分信息都是当时与英国交换的。

这将我们带到了计算机的主题。当我离开康奈尔大学时,任何人都没把计算机放在眼里。计算尺仍然是王道。所以我自然认为最先进的计算机是一种奇物。当我到达圣地亚时,安排我使用 CDC 1604[①] 计算机。805 号楼的计算机中心位于一楼,对所有人开放。你只需要将你程序的一叠 IBM 穿孔卡片提交给温控室的一位女士,几小时或几天后,你的邮筒中就会出现一个打印的纸质输出。通常你一无所获,因为你弄脏了输入卡片或者打孔打错了,有时根本毫无来由。有时候有效,有时却没有结果。我从一位乐于助人的女程序员那里得到的最好建议是,如果你的程序不能正常工作,并且所有内容都正确提交,你应该等一天然后重新提交作业,因为系统人员可能正在调试系统。后来,随着计算机改为 CDC 3600 版本并最终改为 Cray,我们使用终端来访问它们,但有时候如果某些东西不起作用,最好还是等待一段时间,因为"系统人员可能正在调试系统"。

我未意识到实验室的计算能力真的很棒,甚至我们办公桌上的计算都是最先进的。最大的创新是我们有了连接凤凰城的一个王安(WANG)[②] 系统的多个终端(在靠近我们办公室的大厅里),然后是使我们可以互相交谈的桌面终端,最后是互联的个人计算机。一段时间我们有 DEC[③] 计算机,但随后一位 AT&T 总经理来访,并说服实验室主任我们应该拥有 AT&T 计算机,因为圣地亚是由 AT&T 管理的。我脑海中最令人难以置信的创新是围绕主要技术领域创建的光学环路,这是一个高速传输光纤环路,(那时)可以以令人难以置信的速度传输令人难以置信的大量信息,有点像地铁,各个建筑物都有车站。每个办公大楼内的传输中心(站点)将建筑物中的所有桌面终端连接到环路上,有

---

① 编者注:CDC 1604 发布于 1959 年,该计算机是控制数据公司第一台全晶体管计算机,西摩克雷(Seymour Cray)是首席设计师,后来于 1972 年离开建立了他自己的公司克雷研发公司。

② 编者注:王安实验室(Wang Laboratories)由王安博士创建于 1951 年,当时是波士顿南端一个车库顶上的单人计算机设备商店。王安是哈佛大学应用物理学博士。1955 年,王安博士取得脉冲控制装置美国专利 2,708,722,这是一种甜甜圈形铁环,在引入微芯片之前的磁芯存储器即基于这一原理研制而成。不久之后,王安博士和他上海交通大学以前的同学 Ge-Yao Chu 博士合并了王安实验室。

③ 编者注:这些是数字设备公司 VAX 计算机。

点像森林公园①旧旋转木马上以前非常好玩的那些黄铜环,我们在纽约时住在森林公园附近(你骑上设施外圈的彩绘马;旋转木马开始转了;你不停地转呀转,伸出手去够到静止臂,试图在扫过的时候抓住铜环。当转动放慢下来时,你将环扔进一个篮子里,这一切都重新开始了)。光学环路周围的信息与此类似,从站点送进环路;它随环路流动,放到合适的收件人站点并传至他的终端上。

圣地亚如此庞大计算能力的最初原因是传输和分析核试验的现场数据。随着计算机项目的发展,计算用于模拟实验和核试验,特别是在全面禁止核试验条约之后,当时不再允许进行试验,这些计算严格用于科学目的。例如,我们使用计算机用有限元结构研究来预测废物隔离试验工厂(WIPP)中废物的封装率。当圣地亚的计算组织打电话要求授权在周末进行一次 WIPP 计算时,我有点吃了一惊。有人告诉我,我们已经用了 Cray 计算机 6 小时机时,我想继续吗?当时 Cray 是世界上最快的计算机之一。不用担心!Cray 在周末没有得到充分利用,他们为有一些生意感到高兴。

我很高兴地注意到环路系统中不允许使用管理数据。也许现在可以了。例如,假设我们需要图形艺术部门为视图或插图准备图表,通过光学环路将数据发送给他们会非常容易。然而,这是不可能的,而我们必须走过技术区域②,并将材料交给图形专家,然后他们用自己的小计算机准备材料。当然,现在这一切都已改变,网络可用于所有功能。

所有这一切的结果是,在经历这种计算机演变时,我没有意识到圣地亚真正处于技术的最前沿。其他实验室如洛斯阿拉莫斯、利弗莫尔和 MIT,具有相同或更好的能力,但国家实验室以外的许多技术组织却没有。例如,在我离开研究生院大概 5~8 年后,康奈尔才有了计算机中心。

**1968—1978**

·圣地亚实验冲击物理部门(处)主管;

·与冲击波应用相关的员工指导、咨询、项目开发和研究;

·超高速冲击装置主管;

·冲击响应、易损性和淬透性材料的建模;

·使用电子束技术检查热冲击物理;

·参与内华达地下测试实验;

---

① 编者注:森林公园的原始旋转木马于 1966 年在火灾中烧毁,现在的森林公园旋转木马是由丹尼尔·卡尔·穆勒(Daniel Carl Mueller)于 1903 年雕刻的木制旋转木马,已有百年。从 1903—1971 年,穆勒的旋转木马位于马萨诸塞州德雷克特(Dracut)的湖景公园,它现在位于皇后区木港(Woodhaven)大道和森林公园大道,营业时间为 3 月下旬至 10 月。参见 http://www.forestparkcarousel.com/。

② 编者注:技术 I 区。

· 使用有限差分冲击波代码；

· 轻水反应堆熔融堆芯－混凝土相互作用项目的主要研究人员之一。

经过几年的研究，我被鼓励从事管理工作。最初是管理气体炮研究小组。但是，后来要求我接管正在使用更大火药炮工作的一个小组，该小组计划使用轻气体炮。

在此期间的某个时候，我还负责9930号楼爆炸试验场，参与爆炸物测试。卡尔·康拉德和鲍勃·哈迪操作这个装置。该火药炮是一种改良的大炮，后膛装药基本上是黑火药。当点燃火药时，装药爆炸，产生比用机械压缩机压缩气体高得多的气压。这些测试与气体炮实验相似，其中冲击碎块装在一个直径约6英尺、长8英尺的收集器（冲击室）中。收集器入口是后方的一个旋转门，用大螺母固定在收集器罐外周的螺栓上。当实验完成时，将罐减压，释放爆炸的残余气体，卸下螺母（大约50个螺母，螺纹直径约为3/4英寸），并清洗罐以准备下一发实验。实验中，炮操作员和实验人员躲在沙坑中是安全的。计数器和示波器以电子方式收集所有数据，并将这些数据的图片记录在宝丽来胶片上，随后进行数字分析。

我不记得轻气体炮什么时候开始工作，但它包括两级布置，第一级是火药炮，在第二级轻气炮管中压缩轻气体，更快射出射弹。例如，使用一级空气炮，速度限制在大约960ft/s，因为该速度是我们海拔高度对应的声速，空气根本无法更快地推动射弹。使用包含压缩轻气体的炮腔，声速更快，因而射弹速度更快、产生更高的压力。炮定位在直接指向远方物理组中我们的竞争对手进行爆炸性测试的地点，对此我总是感到好笑。

在我负责9950号楼[①]火药炮两周后，它爆炸了，在常规实验的最高点，门飞离收集器系统，将热气体排放到建筑物中，该建筑物是典型的金属建筑物，其具有钢框架，钢框架上是形成外壁的金属板。内部的超压弹出了许多固定外壁金属板的铆钉，整个建筑物看起来像是有人在所有墙壁上轻轻地向外推。幸运的是无人受伤。事实上，在离开控制室地堡并看到所有那些烟灰和碎块之前，炮操作人员没有意识到该发实验有任何异常。

事故的原因追溯到了收集器上的螺栓。研究表明，虽然后门上有大约五六十个螺栓，需要用螺母固定，但技术人员为节省一些工作，在实验期间并没有拧紧所有螺栓。起先，他们只固定了40个螺栓，后来减少到只固定30个螺栓。最后，在事故中我认为确定只拧紧了11个螺栓的螺母，这些拧紧的螺栓不足以承受黑炸药爆炸产生的膨胀气体。我在接下来的调查中没有受到责备，因为我没有足够的时间来确定遵循了哪些程序，但我为此付出了很大代价，花了近一年的

---

① 译者注：9930,9950应为同一建筑物。

时间来响应各种问题,撰写新的安全程序,并保护员工。事故造成了超过 10 万美元的损失,这是修复建筑物所必需的。那时,每当政府财产发生这种程度的损害时,随后调查的费用可能会高出此费用好几倍。

有趣的是,炮很好,工作人员很安全,也没有损坏任何电子设备。这些设备能够都按照预期功能进行工作。炮只是喷出了巨大的烟雾,这就是造成损害的原因。然而,观察整个事件,重建装置,我们能够弥补在初始建设期间无意识置入的所有不利特征。新版本装置是一个世界级的装置,将圣地亚推向了这个国家任何其他组织的前面,该装置在圣地亚运行很多年。此外,几年前,当报纸报道说在洛斯阿拉莫斯类似的炮上发生一模一样的事故时,我觉得自己完全是清白的:他们的收集器后门也被炸飞了。

这一时期是圣地亚的动荡时期之一,预算削减到了需要裁员的程度。许多人参与了地下测试,现在已经结束了。注意力转向保持部件免受爆炸性损坏。在这段时间的部分时间里,工作人员都非常紧张,不确定睡一觉起来工作还在不在。后来,随着事情的缓解,允许我们检查其他类型的项目,以帮助解决问题。

### 1978—1986

· 圣地亚地质力学部门(处)主管;

· 与地质力学应用相关的员工指导、咨询、项目开发和研究;

· 指导并改进岩石力学实验室的能力;

· 协调化石能源回收(油页岩)、内华达州和 WIPP 废物储存、BES[①] 研究项目和 SPR[②] 石油储存岩石力学实验室项目;

· 内华达核试验安全壳和 WIPP 废物储存的实验岩石力学和材料响应建模;

· 使用和修改有限差分和有限元代码;

· 预算编制、绩效评估、财产收购和记录。

我平调到地质力学部当主管是一个受欢迎的转变,因为这样更接近我最初对土木工程的兴趣。在哥伦比亚大学的土壤力学学习和在康奈尔大学的材料研究也补充了这一方向。圣地亚岩石力学实验室(849 号楼)有许多类似于我在康奈尔大学负责的力学试验机器。这些机器是液压机的形式,可以将大到 100 万磅载荷施加到岩石样品上,测量载荷与变形和断裂载荷的关系。

---

① 编者注:BES 是基本能源科学(Basic Energy Sciences)的首字母缩写,该能源部项目是全国最大的自然科学基础研究赞助者之一。

② 编者注:SPR 是战略石油储备(Strategic Petroleum Reserve)的首字母缩写,在 1973—1974 年石油禁运后,1975 年建立了战略石油储备。能源部运营 SPR,以在能源紧急情况下将原油储存在各种地下盐洞中。

# 阿尔伯特（阿尔）·哈拜
## Albert J. Chabai
（1958—1994）

多年来，圣地亚的冲击波物理的能力，包括研究和现场应用方面，一直备受关注。我主要参与现场应用[①]，更具体地说，涉及测量核爆炸在空气和地球材料中产生的冲击波。

圣地亚在现场应用中对美国国防态势做出重大贡献的一些例子如下：在20世纪60年代早期，鲍勃·巴斯和我采用 LLNL 的 SLIFER（电气谐振频率短路位置指示器）技术，在核试验中测量连续冲击位置与时间的关系（即 $r$ 与 $t$ 的关系），提供冲击波衰减数据。在火山凝灰岩、花岗岩、沙漠冲积层和盐介质中进行测量后，我们发现冲击位置与冲击到达时间随当量变化的基本普遍关系是与介质无关的函数，LANL 的鲍勃·布朗利注意到了这种幂律关系，他与圣地亚合作，在内华达试验场[②]（NTS）许多 LANL 武器开发活动中测量 SLIFER 电缆。在设备安放孔附近，钻了 1～3 个垂直孔（每个孔约 100 万美元），我们在其中放置了 SLIFER 电缆，相对于爆炸中心，针对电缆位置进行了精确的放置研究。

该技术使我们能够在爆炸后一小时内估算出核当量，这对核装置工程师来说非常有价值，使他们能够立即获得有关其武器设计性能的数据。在大多数这些测试中，发射后钻一个孔到爆炸产生的弹坑中[③]，取得放射化学样品以确定该装置的当量和性能，但是在测试后几个月都没有这些结果，这就是为什么我们的 SLIFER 测量对 LANL 来说很有价值。后来 LANL 的唐·艾勒斯（Don Eilers）使用更多数据改进了我们发现的这种普遍关系，并已被采纳作为可能用于外国进行核爆炸试验现场当量测量的标准。

在俄罗斯人进行了大气层外核爆炸之后，我们国家开始担心我们的（洲际弹道导弹）防御 X 射线的脆弱性。在20世纪60年代中期，美国启动了一项计划，强化弹道导弹以防御 X 射线。在 NTS 隧道中进行了一系列测试，采用真空水平管道模拟外大气条件。利用不同的核源来提供具有各种光谱分布的 X 射线，并且在管道内进行实验，以测量 X 射线沉积对材料的影响。通常 X 射线沉

---

① 编者注：现场应用指的是这样的应用，其中核测试在内华达的地下进行或者那之前在地上进行。
② 编者注：现在称为内华达国家安全试验场。
③ 编者注：由核爆炸形成的地下洞穴。

积的水平足够高,结果加热暴露材料样品的表面到高于蒸发温度,从样品产生喷出物,并在剩余的固体材料中产生后续冲击波。由圣地亚的弗兰克·尼尔森开发的石英计是测量这种冲击波的一种非常重要的仪器。这种测量技术广泛应用于 NTS 的所有 X 射线破坏性测试,不仅用于圣地亚,还有许多其他实验研究人员使用这些技术。石英计以高精度给出了 X 射线照射后样品喷出物产生的波形和峰值冲击波幅度。在得到的许多测量结果(如脉冲、温度、冲击压力、位移)中,可以说石英计提供了大部分最重要的定量数据,使得美国能够为海军和空军开发能经受 X 射线辐射的弹头,从而提供可靠的威慑。

从 20 世纪 70 年代中期到 80 年代中期,国防部核武器局(DNA)发现了与杀伤和破坏敌人发射井有关的严重问题,该问题与辐射核武器的大当量、近地表急遽爆炸在地面和空气中分配的能量相关。大型辐射装置仅有的数据来自太平洋试验场(PPG)的测试。数据表明,主要的杀伤机制是由这些爆炸产生的弹坑。在 20 世纪 70 年代中期,计算机代码和计算机功能得到充分发展,能够计算这些爆炸产生的弹坑。计算不能复制地质材料中依据 PPG 数据经验预测的大弹坑尺寸。DNA 赞助了涉及圣地亚和其他四个机构的大量计算工作,使用包括辐射传输的流体力学代码预测辐射核武器的近地表爆炸,经过 2 年的改进和开发代码,所有五个机构都能够就表面或近地表爆炸的物理和能量分配(地面冲击、空气爆炸和辐射传输)结果达成一致。

与此同时,DNA 正计划在 NTS 进行一系列核试验,以增加我们对近地表爆炸的认识,并验证流体力学代码结果。1983 年进行了首次实验 MINI JADE,实验在一个半径为 11m 的地下半球形空腔中进行。一种灌浆介质(称为 MINI JADE 灌浆)用作发射井介质模拟物,该介质的静态和动态特性都得到了大量测量。圣地亚的丹尼斯·格雷迪给出了灌浆的雨贡纽和冲击动态特性。对于该测试,采用非辐射装置,以便在没有辐射作用的情况下在介质中产生地面冲击,允许在属性完全明确的灌浆介质中验证代码预测结果。各个机构(包括圣地亚)很好地进行了测试,得到了近地表爆炸所产生地面冲击的优异数据,数据证实了 MINI JADE 地面冲击的流体力学代码预测结果。

MINI JADE 是一项前体测试,其中开发并测试了地面冲击仪器,验证了没有辐射传输情况下的代码预测结果。1988 年 DNA 进行了 MISTY ECHO 测试,同样在 11m 的半球形空腔中进行。近地表爆炸产生了辐射爆轰,爆轰下方仍然是 MINI JADE 灌浆,在灌浆介质中安装了非常多的地面冲击仪器。圣地亚使用 SLIFER 电缆测量地面冲击位置与冲击到达时间的关系,并且现场使用阻抗不匹配测量仪和 PVDF(聚偏二氟乙烯)测量冲击压力(从几兆巴降到大约 100 千巴)。通过辐射爆轰产生的地面冲击获得了优异的数据,并验证了理论计算结果。接近地面进行了四次阻抗失配测量,压力超过1兆巴。

经过DNA近十年的努力,考虑了辐射传输的流体力学代码计算得到了证实,并确立了对我们的核威慑及其摧毁敌人发射井能力的信心。MISTY ECHO之后,对这个问题的考虑持续了数年,特别是在圣地亚,必须就近地表爆炸安装最合适、最可靠的引信做出决定。保罗·亚灵顿及其小组详细研究了这个问题。

# 拉利特·查比达斯
# Lalit C. Chhabildas
（1976—2007）

**来圣地亚之前的几年：位于纽约特洛伊（Troy）的伦斯勒理工学院（Rensselaer Polytechnic Institute）物理系**

当我 1966 年 9 月从印度孟买来到美国时，我几乎不知道有一天我会写下我对圣地亚国家实验室冲击物理学历史的回忆。在许多方面，去圣地亚的决定可追溯到我在伦斯勒理工学院（RPI）所做的高压研究论文项目。当我研究生入学 RPI 时，我希望成为一名理论核物理学家。事与愿违，我成了一名实验高压物理学家。就在我到 RPI 之前 6 个月，我的论文导师霍华德·迈克尔·吉尔德（Howard Michael Gilder）在获得博士学位后成为 RPI 的一名助理教授。我到 RPI 是作为实验室教员之一担任助教，并为哈里·迈纳斯（Harry F. Meiners）教授工作。迈纳斯教授向我推荐了吉尔德教授，他正在寻找一名研究助理，同时建立一个全新的高压实验室。吉尔德教授在我的邮箱里留了一张纸条，询问我是否对研究助理感兴趣，用从 1967 年开始的夏季助教奖学金吸引我。不用说，夏天全职工作的机会确实非常诱人，我至今还记得和希拉德·亨廷顿博士的博士后交谈，他们的实验室与迈克尔·吉尔德的新实验室相邻。由于吉尔德没有过去的研究成就记录，我正在从他们那里收集对他的个人印象和经验。他们说他是一个好人，并鼓励我加入他的团队。顺便说一下，我是那个团队的第一个成员。

总而言之，我帮助迈克·吉尔德建立了静高压和高温实验室，我的论文主题是高压下单晶 c 轴和 a 轴锌的自扩散测量。一般来说，来自印度的学生没有多少实践经验。我有机会学习如何制造单晶、如何设计高压（约 1GPa）容器，以及设计为高压容器提供均匀温度环境（超过 $300\sim400\ ℃$）的带控制器的高温熔融锡槽。温度设置首次允许在高压下自扩散测量达到极高的精度，并且允许我们明确地检查激活体积的温度依赖性，但这与亚利桑那大学正在进行的其他测量结果相冲突。我 1971 年 8 月进行博士论文答辩，当时我的未婚妻安妮特·温斯洛（Annette Winslow）在一个带有复写功能的打字机上至少打了三四次论文。为了接受任何建议的修改，她必须重新输入整篇论文。幸运的是，我的论文只有 45 页，因为我导师的理念是将该论文按期刊论文来写，这样可以直接向期刊投稿。我的论文答辩委员会反对这种理念，迈克·吉尔德很快提出了一个妥协方案,将我们的两篇预发表文章纳入附录,这样论文增加到大约72页。对我来说,这是快速解脱。我的博士论文作为期刊论文发表了(Chhabildas& Gilder,1972)。

1971年发生了经济衰退,而我不是入籍公民,这些因素使我的求职变得困难。迈克·吉尔德当时有一些需要解决的家庭问题,他聘请我为博士后,并将他的整个实验室交给我,包括三名学生(迈克尔·卡伦特(Michael Current)、尼尔·谢伊(Neil Shea)和艾伦·贝克(Alan Baker))。其后,我作为他们的导师又过了两年多,希拉德·亨廷顿博士担任他们的官方导师。迈克尔·卡伦特和尼尔·谢伊毕业取得了博士学位,艾伦·贝克毕业并获得硕士学位。我对全职工作的追求仍然没有成功,亨廷顿博士向我推荐了纽约伊萨卡康奈尔大学材料科学与工程系的亚瑟·鲁夫(Arthur L. Ruoff)教授。顺便提一下,在获得全职工作职位之前,许多亨廷顿博士的博士毕业生与鲁夫教授一起工作。他给我提供了研究助理职位,与他的一位博士研究生合作。他对我评论说:"我希望他毕业,希望你在一年内让他离开这里。"在我与鲁夫教授会面时,我收到了犹他州普罗沃(Provo)杨百翰大学丹·德克尔(Dan Decker)教授的博士后邀请函,研究主题是使用氯化钠作为高压计。在康奈尔大学开始日期是9月1日,而我们的第一个孩子将在9月出生。我要求开始日期是10月1日,鲁夫教授说可以,他补充说我仍然是从9月1日开始,只是第一个月在休假。我无法想象在任何地方开始新职位而第一个月在度假。

**来圣地亚之前的几年:康奈尔大学材料科学与工程系**

我们决定去康奈尔大学,因为我们期待着我们的第一个孩子;我们想要住得离安妮特的家人近一些,不想离土生土长之地数千英里。我们的第一个女儿出生后一个星期,我们就搬到了康奈尔大学。在康奈尔大学,我们立即对离子晶体进行研究,试图以极高的精度确定压力-体积行为,该精度是必要的,因为我们想要通过实验确定体积模量 $B$ 对压力 $p$ 的二阶导数。由 $B$ 与 $p$ 的线性关系得到了 Birch-Murnaghan 关系及相应的状态方程。具有精确确定二阶二次系数的非线性关系将使我们能够研究与常规 Birch-Murnaghan 关系的偏离程度,并同时评估文献中的其他状态方程。我们的第一个实验是关于1m长单晶氟化锂圆柱杆的实验。使用1m长晶体可以测量长度 $\delta l/l$ 的变化,达到非常高的精度。杆长度 $l$ 越长,随着压力增加 $\delta l/l$ 越大,实验压力最大到1GPa。我们用 He-Ne 激光器测量了 $\delta l/l$ 到 $10^{-6}$。然而,压力测量限制了精度。不过,这些 LiF 研究表明,材料太硬,无法获得体积模量与压力关系二阶导数的合理和准确数值。这实质上是我们的结论,足以让金光律(Kwang Yul Kim)完成学位论文,并发表一篇期刊论文(Kim et al. 1976)。

我们的下一步是使用比 LiF 更易压缩的离子晶体。我们选择了 1m 长的氯化钠单晶，它的初始体积模量 $B_0$ 约为 LiF 初始体积模量的 1/3，因此，我们将进行 $\delta l/l$ 测量，其标称值是 LiF 中观察到的三倍。我们很乐观并认为这将允许测量体积模量的二阶导数。我们的方向肯定是正确的。即使相比 LiF 长度变化更大，但仍然不够。好消息是测量结果非常精确，这允许准确估计 $B_0$ 和 $B_0$ 的一阶导数 ($B_0'$)，我们还能够估计 $B_0$ 对压力的二阶导数 ($B_0''$)。非线性最小二乘拟合结果表明 $B_0''$ 为负，但其大小与不确定性相当。至少对于离子晶体，似乎二阶导数是负的。这一重要结果表明，材料的状态方程不像 Birch – Murnaghan 关系所暗示的那样僵硬，特别是在高体积压缩时。这意味着 Bridgman 压砧的压力估计可能偏高。你必须记住，在那些日子里，从压力高达 1GPa 的实验推断压力 – 体积关系主要用作确定 Bridgman 砧装置中较高压力的标准。即使我没有去杨百翰大学研究 NaCl 压力计，但对于讨论其作为压力计来估算 Bridgman 压砧设备的高压，我在康奈尔大学的高精度研究（Ruoff &Chhabildas，1976）是有用的。

当时，由于其高动态屈服强度，碳化钨是高压砧的首选材料。使用金刚石砧产生静态高压相当普遍，并且首先由国家标准局工作的皮尔马里尼（G. Piermarini）博士证明，他能够使用带衬垫的金刚石砧，产生可精确测量的高压区（超过 50GPa）。鲁夫教授急不可耐、雄心勃勃、兴奋不已，给自己买了一套金刚石砧。我是第一个在他实验室使用这套压砧的人。我们研究了硫（Chhabildas&Ruoff，1977），检测到了大约 23GPa 下的导电相变。作为一名新研究人员，使用金刚石砧在实验室中以非常小的体积应对超过 30GPa 的压力，至少可以说是令人兴奋的。信不信由你，我破坏了不少钻石！它们可能未对准或可能存在限制屈服强度的缺陷。回家告诉妻子你打破了大钻石真是一种享受！

1976 年初，我再一次积极寻找永久性的职位，而且我现在入籍公民了。早在 1974 年，也就是在我加入鲁夫梯队大约 3 个月之后，他曾说过，"当你获得公民身份时，我才能帮你找到合适的地方。"他将圣地亚实验室命名为他认为我所属的地方。我不知道他在我身上看到了什么，但他确信我应该在圣地亚。他于 1966 年在圣地亚度过了一个夏天，并接触到冲击物理学，即动态高压。巴里·布彻是鲁夫的第一位博士生，已经加入了圣地亚的冲击物理学小组。当时冲击和静高压研究人员之间存在着密切的合作关系，其动机是需要使用冲击雨贡纽来校准和确定砧中的静压。我申请了洛斯阿拉莫斯、利弗莫尔和圣地亚的应聘表格。圣地亚和利弗莫尔一直没有向我发放表格，但我确实得到了 1975 年 4 月洛斯阿拉莫斯杰里·瓦克尔（Jerry Wackerle）的面试。我从未见过火药炮、二级轻气炮（即光滑炮筒炮）和 VISAR。理查德·沃恩斯（Richard Warnes）正在整理 VISAR。我非常震惊，而且很明显我对这些工具缺乏了解。杰里没有选择我；我很失望,但并不感到惊讶。鲁夫告诉我打电话给他,问他没有选择我的原因。我不太想打这个电话。鲁夫对我的劝说很有说服力:"如果你发现你做错了什么或他们不喜欢什么,你就能在下一次面试做更好的准备。"我接受了鲁夫的建议,打电话给杰里·瓦克尔,问他在我的申请中有哪些不足。是因为他无法与我RPI的论文导师迈克·吉尔德取得联系吗?迈克从未从法国回来,很难联系上。我觉得杰里·瓦克尔和我一样不舒服。他告诉我他有七名候选人,而且我在冲击物理学方面经验最少。显然,杰里·瓦克尔选择了冲击物理学经验最多的人。然而,回顾过去,面试之旅非常具有教育意义,增长了见识;我接触到当时冲击物理学中广泛使用的一些工具。

此后不久,令我惊讶的是,我在邮箱中发现了圣地亚的申请表格。附函说申请表是鲁夫教授要求发出的,因为他推荐我担任一个职位。我将我的申请表邮寄到圣地亚,并分别在康奈尔接受了理查德·施沃贝尔和文卡特什·纳拉亚那穆尔提(Venkatesh Narayanamurti)的校园职业面试,他们分别代表圣地亚和西部电气公司(我从未得到文卡特什·纳拉亚那穆尔提的回复。后来他来到圣地亚担任研究副主任)。我问理查德·施沃贝尔是否认识巴里·布彻,幸运的是,他们认识。我接到了巴里的电话面试。后来,我发现是施沃贝尔在康奈尔与鲁夫进行了讨论,他将我的简历发送给了冲击物理学小组的巴里。当巴里打电话给鲁夫要求提供参考时,鲁夫说他需要在接下来的4周内回复,以便决定是否尽快寻找博士后接替人。鲁夫重视我们在硫方面所做的研究,并且不想被该领域的其他研究人员抢了风头。这对我有利,因为他非常重视我的研究,不希望我在研究完成前离开,除非得到一个好的替代者。这是给未来雇主的最佳推荐意见!我在1976年8月中旬进行面试。之前我在洛斯阿拉莫斯的工作面试变得非常有价值,因为我再次面对光滑炮管炮(一种压缩气体炮)、火药炮和二级轻气炮以及VISAR。我不再对这些技术一无所知,并且能够为讨论做出一些有意义的贡献。我在9月初得到了工作邀请,并于同年12月晚些时候加入圣地亚。我当时也不知道我会在那里工作30多年!

**圣地亚国家实验室**

巴里·布彻是我的直接上司;沃尔特·赫尔曼是我们的部门经理,约翰·高尔特是我们的主任。我提到约翰·高尔特有几个原因。首先,在我被约翰·高尔特面试时,他得知希拉德·亨廷顿教授是我在RPI的默认导师时非常高兴。如前所述,尽管我的论文导师是迈克·吉尔德,但那时吉尔德在法国休假,我向亨廷顿教授报告。我很高兴得知约翰·高尔特和亨廷顿教授是大学同学,整个面试都是关于他和亨廷顿大学时期的事情;高尔特很高兴能够找到更多关于他的大学同学的信息,这绝对不会影响我被录用的机会。其次,我认为高尔特非常专注,当他发现利弗莫尔迫切需要表征一种有毒物质铍时,他对我们所有人施加影响要求我们参与研究(他当时是实验室副主任)。高尔特是个冒险主义者;他建立了一个广为关注的实验室研究项目,利用林恩·巴克尔正在开发的等熵加载技术对氢进行金属化。我不知道他积极参与的其他高知名度项目,但我确信有很多。

当我于1976年加入圣地亚时,吉姆·阿赛、赫伯·萨瑟兰和我是巴里团队中仅有的冲击实验主义人士,而巴里负责855号楼的压缩气体炮。丹尼斯·格雷迪是达雷尔·芒森团队的另一位冲击实验人士;达雷尔负责9950号楼的火药炮和二级轻气炮。卡尔·康拉德和罗伯特·哈迪在9956号大楼炮装置处,目前称为STAR装置。戴夫·考克斯比我先到6个月,协助吉姆·阿赛进行所有实验活动。在20世纪70年代后期,我们从未在实验冲击物理学方面配备过多人员。乔治·萨马拉领导的处室也是这样,其中李·戴维森是实验部门的主管。鲍勃·格雷厄姆、皮特·莱斯内、吉姆·肯尼迪和比尔·本尼迪克是该团队中仅有的实验人员。

**上升时间测量。**我的第一个任务是测量冲击波上升时间,以估算兆巴压力下金属的塑性黏度。在俄罗斯文献中,金属中黏度的大小在数量级上不一致。我对冲击物理学知之甚少,更不用说黏度是什么了。至少可以说,吉姆·阿赛在让我熟悉研究内容方面非常有帮助。他在冲击物理学中指导我,给了我合适的文献材料,回答了很多问题,并在必要时辅导我。我可能每天都与他交谈,至少第一年是这样。安排理查德·金钦(Richard Kinchen)做我的技术助理,帮助我布置实验。为了得到兆巴压力,我们需要使用二级轻气炮。不幸的是,那时没有建立二级轻气炮进行良好控制的状态方程研究。马林·基普和乔尔·利普金使用这种炮,来观察太空导弹的热防护层材料上由聚乙烯(如模拟雨滴)引起的缩孔。那时圣地亚尚未建立二级轻气炮状态方程研究标准技术,更不用说时间分辨技术(如VISAR)。我和巴里谈到了在火药炮上使用VISAR测量上升时间,因为对钽和钨,在冲击速度超过2km/s情况下将接近兆巴压力。巴里说:"这太容易了,不会有任何挑战。我们真正想做的是用二级轻气炮测量时间分辨冲击波形。测量金属的上升时间只是为此做铺垫工作。"

意识到主要目标是从二级轻气炮开始,卡尔、鲍勃·哈迪和我将二级轻气炮弹丸设计成是在炮管末端的炮管延伸段使用光纤的弹丸速度测量系统,使用同轴引脚来触发示波器,就像我们在火药炮上所做的那样。在那些日子里,弹丸弹壳①分为两部分，由 Lexan 牌聚碳酸酯体组成，带有高密度聚乙烯护套以防止漏气。这种设计多年来不断发展；目前的设计仅仅是 Lexan 本体，冲击器表面插入并粘在一端。为了测量弹丸速度，我们希望在三个位置使用激光"间断拍摄"来估计速度。然而，光纤收集到穿过速度比弹丸更快的窜漏的发光信号，使得测量不可靠。为代替分开的激光信号，我们决定监测弹丸通过时的反射信号。这非常好用，目前我们拥有可靠的弹丸速度测量系统。在那些日子里，我们有模拟系统。时间分辨率取决于示波器上用于测量弹丸穿越 120mm 以上距离速度的时间基准，这将我们的准确度限制在 1%。其他实验室在弹丸自由飞越超过 1m 长度时进行了测量，得到的精度为 0.1%，但这要以实验中更大倾斜角度为代价。我们的实验在炮口末端受冲击时的倾斜度仅为 4~8mrad。利用当前的数字记录系统和纳秒分辨率，测量结果可以达到 0.1% 的精度。这种技术仍然用在我们的二级轻气炮上。我们在二级轻气炮上进行了铝、铜和钢的首次时间分辨测量，并且意识到测量受到记录装置的时间分辨率的限制。即使我们未获得上升时间的测量结果，我们也发表了很好的文章（Chhabildas &Asay, 1979）；这是我在圣地亚冲击物理学的第一篇文章。

这些结果引导我们开展进一步研究。我在较低压力下将林恩·巴克尔的上升时间数据提高到 9GPa，并且在对数图上画出了应力与应变率的关系，推测了兆巴压力下的上升时间。丹尼斯·格雷迪取得了相同的结果，将结果数据进行拟合发现了指数关系，并提出了四次幂律，目前发现该定律对所有金属和金属氧化物都具有通用性。我们还观察到聚甲基丙烯酸甲酯（PMMA）在 22GPa 以上压力下不是一个好的透明窗口，这限制了测量铝中冲击加载和卸载波形仅高达 40GPa。然而，我们能够确定 40GPa 受冲击状态下 Al 的屈服强度（Asay&Chhabildas, 1980）。我们目前正在寻找一种新的透明窗口材料。

**火药炮事件**。1978 年夏天我们基本上完成了金属上升时间测量工作，在我使用二级轻气炮对 Al 首次进行 VISAR 冲击加载和释放波形测量之后，我们将强度测量扩展到铜，我非常兴奋。我希望这是在压缩气体炮和二级轻气炮可提供较宽范围冲击速度内进行系统而全面的研究。在 1977 年 10 月的最后一周，我使用火药炮对铜以 2.2km/s 冲击速度进行冲击加载和释放实验，炮工作人员注意到碎块化的 Cu 在其中部"破坏"收集器。接下来的一周，在 1977 年 11 月 1 日安排鲍勃·格雷厄姆进行一项实验，以表征夹在两个 Cu 砧之间的聚偏二氟乙烯（PVDF）测量仪，冲击速度为 2.2km/s。从前一周开始，操作人员记住了碎块铜在收集器中造成的凹坑痕迹。他们决定将捕集装置从通常撞击收集器门，偏

---

① 编者注：这是一种确保射弹在炮管中正确定位的装置。

移到收集器中间,以减少坑痕和收集器损坏。然而,这一小小的变化被证明是非常有害的;收集装置以炮顶部的导轨为转轴,两次摆动并撞击收集器门——第一次是弹丸和碎块冲击,第二次是推进剂燃烧产生的爆炸。此外,仅使用了8个螺栓而不是门所设计的48个螺栓。门打开了,火药炮舱相应的超压将一些金属板发射到距离建筑物很远的地方,损坏了建筑物。幸运的是,没有人受伤。作为控制室的混凝土地堡起到了作用,保护了工作人员(卡尔、鲍勃·哈迪、鲍勃·格雷厄姆,可能还有霍尔曼(G. T. Holman))。卡尔有心存储所有获得的数据,这些数据对于得出没有人在后膛中超量加载推进剂的结论是必要的。收集器门最终停靠在二级轻气炮导轨上。由于两门炮都在该建筑物中,出于所有实际目的,两者都停用了,直到调查完成。

在事故刚发生后,我的技术助理理查德·金钦决定继续进行实验。我不确定事故是否是主要原因,我们同时都在学习冲击技术,我想我给不了多少激励。我得到了鲍勃·哈迪的帮助,他仍然主要负责维护和保养火药炮和二级轻气炮,尽管它们已经不工作了。我认为鲍勃和卡尔为事故调查委员会提供了很多支持。

**压力-剪切加载**。吉姆和我当时开始依赖使用855号楼中的单级压缩气体炮。我们开发了一个程序来研究瑞利-泰勒(R-T)不稳定性。圣地亚拥有一个出色的微型机械加工车间,可在金属样品上加工凹槽、波纹表面等。吉姆利用这一能力证明,当主冲击与目标自由表面上控制良好的缺陷相互作用时,会产生质量喷射。我们还加工了波状表面。吉姆正在研究R-T不稳定性,其中波状表面是自由表面,他用低阻抗飞片冲击目标,想看看不稳定性的增长。我使用上升时间作为主要测量来进行黏度测量。自从我们阅读了苏联文献以来,我决定使用波状表面(目前是冲击面)来估算黏度。我们在855号楼空气体炮(现在是STAR的压缩气体炮)上做了一些实验。吉姆转而测量火药炮的内部压力,以估算各个位置新收集器腔内的峰值压力加载,以量化组件(门、端口等)的安全加载。赫伯·萨瑟兰曾负责进行压力剪切测量,决定改变工作任务,我继续压力-剪切项目。我们每个人都受到这些新项目的影响,而R-T和黏度项目从未发展起来。事故调查持续了一年多。

在此期间,我开发了使用VISAR的诊断技术,伴随着大幅度剪切波在预压缩材料中的传播测量粒子速度变化。早些时候,布朗大学罗德·克利夫顿教授领导的研究小组开发了一种使用开槽炮管的压剪加载技术。后来,研究人员开发了一种新的干涉测量技术,用于测量剪切位移。基本上衍射光栅沉积在垂直于波传播方向的表面上,得到的衍射图案在与剪切运动方向相同的平面上。当激光束入射到衍射光栅上时,将反射衍射光束图案,该图案服从 $n\lambda = d\sin\theta$,其中 $n$ 是以角度 $\theta$ 反射的衍射光束的阶数,$\lambda$ 是激光波长,$d$ 是衍射宽度。通过组合

±θ处两个光束,我们得到与剪切位移成比例的条纹频率。在圣地亚,我们决定使用两个独立的 VISAR 直接在±θ监测两个衍射光束。在这种情况下,VISAR 产生的速度是纵向和剪切分量的线性组合。通过添加两个光束,我们确定了法向速度分量;减去法向速度分量,我们估计了剪切速度分量。我们通过冲击各向异性晶体 Y 切石英来检验该技术。在正常冲击下,会得到准纵波和准横波。我们不需要开槽炮管。大约在这个时候,我想我们已经重组了:约翰·高尔特是实验室副主任,奥瓦尔·琼斯成为我们的主任。我记得很清楚,当时鲍勃·哈迪和我关于实验设置向奥瓦尔"展示并说明"。我认为这十足是门艺术。尽管奥瓦尔印象深刻,但他还是反驳说"我们目前应该从事科学研究"。

这个项目让我有机会与鲍勃·哈迪和杰弗里·斯威格合作。杰夫于 1975 年进入实验室,比我早大约一年半。他的专长是代码开发,负责 TOODY。我使用 Y 切石英的输出作为发生器,并将感兴趣的材料黏合到晶体上,开发了压力剪切实验技术。杰夫完成建模,我们研究了对 Al、氧化铝填充环氧树脂、PZT 95/5 和 PBX 9404(与马林·基普)等材料的影响。杰夫将 Y 切石英的各向异性模型放入 TOODY 中以模拟一维(1D)实验。在实验中,即使我们进行压力 - 剪切测量,应力或粒子速度的所有变化都发生在传播方向上。有人谈论开发一种独立的 1D 压力 - 剪切代码,由于某种原因,从未实施。由于 Y 切石英产生的压力 - 剪切状态非常有限,我们将一门 4 英寸炮管的压缩炮送去在炮管中铣削出一个槽,为我们提供剪切应力状态所需的可变性。这是唐·伦德根设计的炮系统,也是圣地亚开发的第一个气体炮冲击系统。我从未实现项目进展迅速,也许是因为我缺乏项目管理经验,也许因为我没能配备充足的全职技术人员。此外,我参与构建了双空气延迟腿 VISAR(延迟 15ns),以提供压力剪切测量所需的条纹灵敏度。更重要的是,我的兴趣在于理解冲击压缩下的材料变形动力学,而不是构建基础设施。我们开发的一例技术是在界面上传递 0.65GPa 剪切应力的技术,这令人印象深刻。我们的工作发表了两篇文章(Chhabildas&Swegle,1980;Swegle&Chhabildas,1981)。

**材料的强度(又称再冲击和卸载实验)**。1978 年底,吉姆·阿赛晋升为我的上司,火药炮再次服役,用于标准操作。这需要对操作进行全面审查,并全面改写安全操作程序。我得补充一下,它已成为一个更好的综合文件。调查委员会还建议我们加入航空弹道学靶场协会(ARA),以熟悉靶场操作,包括安全问题。当时,我越来越着迷于吉姆·阿赛在约 2GPa 低压下使用 Al 再冲击情况下观察到的弹性前驱波。在 10GPa 时,我观察到 OFHC[①] 铜具有相似行为。我做了第

---

[①] OFHC 铜是无氧高导电铜。

一次实验,研究了 Al 在火药炮超过 20GPa 的再冲击和卸载行为,并再次观察到弹性前驱波(Asay&Chhabildas,1981)。在这些压力下,当时 PMMA 是最方便的透明窗口。很不匹配的阻抗很大程度上扰乱了卸载结构。拉里·李以前在圣地亚,但后来在 Ktech 公司,曾评估蓝宝石和 LiF 窗的透明度损失,发现蓝宝石在超过其 22GPa 的弹性极限时,失去透明度,而在火药炮冲击速度高达 2.2km/s(大概是 20GPa)时 LiF 保持透明。我做了第一批实验之一,以确定大约 20GPa 时火药炮上 LiF 的折射率校正。结果非常令人鼓舞,当吉姆于 1979 年聘请杰克·怀斯接替自己进一步研究 LiF 时,给杰克的任务是光学表征并评估 LiF,作为火药炮射程以及二级轻气炮速度上的窗口材料。我们发现窗口在高达 1.2 兆巴时仍然是透明的,考虑到材料接近 50% 的体积压缩(Wise&Chhabildas,1986),这是非常惊人的。两个项目(即 Al 的强度测量和 LiF 中的光学表征)结果都非常重要。首先,圣地亚成为高冲击压力下强度测量的领导者;其次,LiF 窗口目前是很宽压力范围内使用的标准,不仅仅最大到兆巴压力,而且提供了许多扩展二级轻气炮上时间分辨 VISAR 研究的机会。比尔·莱因哈特和特雷西·沃格勒使用多种陶瓷和铝,继续研究其冲击和再冲击并扩展到兆巴应力。

与此同时,我们的实验室副主任约翰·高尔特责成我们响应国家需要确定铍的强度。这怎么发生的? 利弗莫尔的丹·斯坦伯格特别欣赏我们的强度工作;他用它来开发强度模型,目前称为 Guinan - Steinberg 本构模型,用于流体动力学代码。丹希望我们在冲击状态下测量 Be 的强度! 当最初的请求直接来自利弗莫尔的哈尔·格拉博斯克和丹·斯坦伯格时,我们没有太激动并拒绝了邀请,因为 Be 具有毒性,我们必须采取一切预防措施。利弗莫尔人直接找到了我们的高层管理人员,于是我们别无选择,只能帮他们。杰克·怀斯一加入圣地亚就陷入了困境,因为实际上聘请他继续吉姆开始的 R - T 研究;相反,他最终与我合作进行 Be 研究。杰克和我用许多 Be 实验来表征 LiF 作为冲击加载下透明窗的折射率校正。即使在 Be 中,我们也注意到在高达 25GPa 应力下再冲击时的弹性前驱波。

**Be 项目对我个人有好处**。我在冲击物理学领域出名了,特别是在洛斯阿拉莫斯和利弗莫尔。在鲍勃·格雷厄姆向国际高压科学与技术促进协会(AIRAPT)委员会的推荐下,我 1981 年在瑞典会议上首次应邀做报告。然而,作为最年轻的新员工,我级别排名很低。奥瓦尔·琼斯(主任)和约翰·高尔特(实验室副主任)没有赞助我参会,我自费前往。至少可以说,这是一个非常粗鲁的觉悟。由于 AIRAPT 会议恰逢瑞典卡尔斯堡的 ARA 会议,我前往卡尔斯堡代表圣地亚向会议正式申请成为 ARA 会员。ARA 有一些犹豫不决,因为我们的研究主要集中在冲击物理学飞片冲击研究,而不是航空弹道学操作。后来我发现,东京工业大学泽冈昭(Akira Sawaoka)教授、德国恩斯特马赫研究所(Ernst Mach Institut in Germany)阿洛伊斯·斯蒂尔普(Alois Stilp)博士以及巴黎的原子能和替代能源委员会(Commissariat à l'Energie Atomique et aux énergies Alternatives)的亨利·伯尼尔(Henri Bernier)博士等高度推荐我们成为协会会员。

当吉姆·阿赛于1978年12月左右晋升并领导该小组时,1979年他聘请杰克·怀斯接替他的职位。1980—1981年,林恩·巴克尔回到圣地亚并加入了该小组。吉姆还说服丹尼斯·格雷迪加入该小组,因为他当时是达雷尔·芒森部门唯一的冲击物理学研究员。他还聘请了杨伯翰大学的大卫·埃克(David Ek),并加强了技术支持,由罗恩·穆迪(Ron Moody)协助丹尼斯,杰夫·米勒协助我,约翰·内弗斯(John Nevers)负责炮和装置操作。我不确定这是吉姆还是管理层的决定,但所有的炮都集中在一个屋檐下了。我确实知道奥瓦尔事先是支持的!奥瓦尔曾带华盛顿特区能源部(DOE)审计员参观这些炮装置。吉姆休假一天跑去钓鱼了!我们将火药炮和二级轻气炮并排放在一起,间隔很小。火药炮收集器的门打开时已经靠着二级轻气炮的导轨了。在这两门炮之间活动,特别是打开火炮门,是相当大的挑战。当奥瓦尔和审计员的西装被火药炮收集器的烟灰弄脏时,他不高兴!奥瓦尔立即要求吉姆申请一座新建筑,将两门炮分开。我们不仅得到了分别放置火药炮和二级轻气炮的建筑物,还得到一处建筑物放置压缩气体炮和倾斜冲击炮。我不知道吉姆是否知道,但许多人经常称他为"帝国缔造者"。在杰夫协助下,我们组合使用$-65\ °F$的低温能力和100mm单级气体炮,研究具有Y切石英晶体的铁电体的压力-剪切加载(Miller&Chhabildas,1985)。我们还组装了4英寸倾斜冲击炮,请人完成了空气延迟腿干涉仪。

**冲击加载石英到兆巴压力**。随着丹尼斯加入我们小组,我们合作研究熔融石英和单晶X切石英。这在一定程度上是受到地质应用的推动,同时宾基·李(Binky Lee)表示了极大的兴趣,他当时在DNA。丹尼斯研究了单晶方解石,宾基·李有兴趣确定石英从受冲击状态到尽可能低压力的卸载状态。我们决定使用薄板多次反复冲击的混响技术和钽板来研究石英。过去蓝宝石是唯一用作混响板的材料,最大到弹性极限。我们试图突破该极限并将混响技术扩展到接近30GPa,我们确定了混合相位体系中石英行为的卸载状态(Chhabildas&Grady,1984;Chhabildasand Miller,1985)。当我们研究石英中的冲击加载和卸载波形到超过兆巴时,单晶石英研究还将LiF的极限推至1.2兆巴,以用作透明窗。

**等熵加载实验**。我向超高速冲击研讨会(HVIS)提交了一份摘要,总结了1986年石英研究达到兆巴压力。他们拒绝了我的摘要!HVIS正在恢复活力,因为美国已经启动了一项重大防御计划,即战略防御计划(SDI),该研讨会的目标是让研究人员了解1986年该领域最新进展。尽管研讨会拒绝了我的摘要,但组织方却邀请我做一个关于20世纪60年代上次研讨会以来开发的时间分辨诊断工具的调查报告。7月收到邀请函,他们希望8月底之前收到稿件。我别无选择,只能拒绝邀请。组织方反复电话催促此事。后来我发现我的主管沃尔特·赫尔曼希望我承担这项任务,我想我别无选择。接下来的几个月里,吉姆给了我时间详细综述加载和诊断技术。就这样,我了解到俄罗斯人正在使用分层材料,来生成等熵加载技术,以合成氮化硼作为超硬材料。

就我个人而言,我开始越来越独立地工作。吉姆让我有机会成为利弗莫尔金属强度研究的项目经理。作为该项目的一部分,我们特别研究了钒、钼和钽钼合金。利弗莫尔对国防高级研究计划局(DARPA)计划下的装甲应用材料感兴趣。SDI也正在成为一个可见的项目,建议将钨用作国防应用的"高速石子"。林恩·巴克尔正在使用颗粒沉降技术开发"枕垫"进行等熵加载,这意味着我们可以使用枕垫来表征在冲击和准等熵等熵加载下的钨强度特性。吉姆和我去了洛斯阿拉莫斯,与弗兰克·哈洛(Frank Harlow)及其同事讨论这个具体需求。他们非常兴奋,我们有可能在冲击和等熵加载下确定材料特性!林恩·巴克尔的"枕垫"正是我们研究所需要的。因为在等熵压缩实验(ICE)加载下未对兆巴压力进行状态研究,更不用说确定强度特性了,所以我非常紧张。在开发该技术的过程中,林恩用它来生成加载等熵,对于铝高达20GPa。我使用林恩的枕垫来表征在火药炮上ICE加载到80GPa下的钨。原则上,至少需要两个样品厚度,因为我们不知道在冲击界面处的时间相关应力输入。两个位置的测量结果使我们能够实施拉格朗日分析技术,以估计材料经历了等熵压缩时应力前沿后的应力、粒子速度和体积。这需要相当大的阻抗失配校正,因为LiF窗的阻抗远低于W窗的阻抗。研究极具挑战性和令人兴奋,因为之前从未解决过这个问题。

应用枕垫技术,在二级轻气炮ICE加载钨达到2.5兆巴时,我们得到了一些有趣的结果。我们认为我们看到了大约2兆巴的相变。问题如下:它是真实的,还是我们新技术的伪影?枕垫是否剥落?我们希望这是一个真正的材料相变,因为以前从未观察到此现象。吉姆建议我们重复实验。即使我们再次使用枕垫,并看到相同的波形和现象,我们仍然无法最终确定原因。这时我决定引入使用分层材料等熵加载W的技术。我从撰写HVIS综述文章中获得的知识开始得到回报。瞧,令我们沮丧的是,我们无法重复这个实验。我们有点失望,但在此过程中开发了一种新的技术来构建分层分级密度冲击器,用于等熵压缩。在冲击物理学文献中,我们第一次观察到ICE加载下材料强度要比冲击加载高得多。原因很多,但主要原因是ICE加载过程中温度效应受到抑制。更多此类内容,请参阅两篇论文(Chhabildas&Barker,1988;Chhabildas,Asay&Barker,1988)。

后来 ICE 研究扩展到钽和钼，Ta 的结果非常有趣，因为我们观察到冲击加载下剪切强度软化，但 ICE 加载下强度增大。我们推测发生了一些有趣的事情，例如 Ta 在 50~60GPa 的相变，但我们从未跟进这方面的研究。我们从未公布 Mo 的结果，但 Ta 的结果发表在 HVIS 出版物（Chhabildas，Barker，Asay&Trucano，1990）和材料动态行为及其应用会议论文集（Chhabildas 和 Asay，1992）上。

**超高速发射器。** 当我完成等熵压缩下 W 强度研究时，林恩·巴克尔试图使用一个标准弹丸在一门二级轻气炮中压缩低压氦气来发射一个 1mm 厚的 W 盘，弹丸的 Ta 表面发射速度大约是 6.5km/s，这是 SDI 的一项任务。部分目的是将飞片发射到超高速。然而，在加速过程中，飞片会碎裂。人们认为是作为驱动气体的低密度 He 推动高密度 W，引起 R－T 不稳定性，导致飞片碎裂。吉姆让我和林恩合作促进对碎裂的理解。我认为这行不通，并且告诉吉姆我们应该减少损失，继续做其他事情。吉姆很乐观，因为在私人讨论中，他了解到俄罗斯人正在使用爆炸技术发射 Mo 板，速度达到 16km/s。然而，这些技术的细节非常粗略。吉姆不会接受否定答案，并说服我这是值得追求的工作。因此我们决定增加更多材料（Ta、Mo、Al），以确保每种材料的质量和驱动条件都相同。当时是 Ktech 公司员工的比尔·莱因哈特帮助林恩进行了实验。我们所有有经验的员工，由卡尔·康拉德领导，都分配到轨道炮上工作。结果令人着迷：所有材料都破碎了，但碎块统计数据各不相同。我观察到每种材料的平均碎块尺寸与其特定的层裂强度即层裂强度与密度的比率相关（Chhabildas，Barker，Asay&Trucano，1990）。为了验证这种经验关系，我选择钛合金 Ti－6Al－4V 作为候选材料，旨在得到最少数量的碎块。令我惊讶的是，我们发射的合金完好无损！即使它是经验性的，科学有时确实有效。

结果表明 R－T 不稳定性并不是碎裂的主要原因；我们未观察到平均碎块大小和屈服强度之间的相关性。碎裂的主要原因是边缘效应在飞片直径上的不均匀加载、在炮管壁处的黏性阻力效应和湍流。我们抽出气体，使用密度梯度枕垫，以大约 6.5km/s 速度撞击 Ti 合金飞片，使 Ti 合金板发射速度达到 9.5km/s，6061－T6 Al 合金板的发射速度达到 10.4km/s（Chhabildas，Barker，Asay et al. 1991；Chhabildas，Barker，Asay et al. 1992）。

这些结果非常令人兴奋，我们得到了很多关注，包括国内外（英国、印度和澳大利亚）许多报告邀请以及报纸杂志文章。1991 年，我花了 6 个星期进行国际巡回演讲！（在澳大利亚，我得知圣地亚已经取消了所有部门经理职位）该技术开辟了许多外部机会。我记得与沃尔特·赫尔曼和史蒂夫·罗特勒一起去波音公司、NASA 马歇尔太空飞行中心和导弹防御局（MDA），我们在亨茨维尔（Huntsville）见到了鲍勃·贝克尔（Bob Becker），告诉他们我们新的超高速发射器(HVL)和我们的 CTH 能力。我认为这是圣地亚开展业务新方式的开始。随着柏林墙的倒塌和冷战的结束,人们不再关注远程战略愿景和对 DOE 实验室的需求。尽管我们没有立即成功,但 CTH 和我们的 HVL 都成为所需的最佳技术,且国防部广泛使用这些技术。

后来,我们专注于使用分层分级密度材料,因为我们可以更方便地调整它们,得到发射各种材料的特定脉冲形状。我们发射 Al、Ti、镁和 Ta,发射速度超过 10km/s。特别是,我们发射 0.5mm 厚度 Ti 合金飞片到速度超过 12km/s(Chhabildas,Dunn,Reinhart&Miller,1993b)。

**超高速发射器应用**。NASA 和 DNA 追求这项技术。有了这些外部资金,我成为这些有偿项目的负责人,这让我有机会与包括比尔·莱因哈特、杰夫·米勒、卢巴·克梅蒂克(Luba Kmetyk)、蒂姆·特鲁卡诺、马克·博斯洛和吉姆·洪在内的团队合作。开发该项技术对个人有益,使我能够在专业上成长和成熟,与外部团体建立联系,并有机会扩大视野,同时研究许多相关技术问题。实际上,通过领导一支拥有多样化人才的团队,我还学会了如何管理员工,并利用建模和模拟(M&S)能力来协助实验。使用 CTH 的 M&S 工具对我们的成功是至关重要的,导致了开发 HVL,HVL 现在称为三级轻气炮。我这样的角色,在 NASA 是约翰逊航天中心(JSC)的珍妮·克鲁斯(Jeanne Crews)和马歇尔太空飞行中心(MSFC)的斯科特·希尔(Scott Hill),在 DNA 是约翰·康奈尔中校、在海军研究实验室(NRL)是安德鲁·威廉姆斯(Andrew Williams)。

**碎块防护装置设计**。JSC 和 MSFC 要求我们评估碎块防护罩设计。我们首次在 10km/s(即太空类型速度)下评估的碎块防护罩设计,称为"惠普尔缓冲罩",测量结果目前可以在实验室中重现(Ang,Chhabildas,Cour-Palais et al. 1991;Boslough,Ang,Chhabildas et al. 1993)!我开始了解吉恩·赫特尔,因为他刚刚加入这个小组,进行了模仿我们实验的 CTH 模拟(Chhabildas,Hertel&Hill,1993a)。他与卢巴·克梅蒂克和山姆·汤普森一起从核反应堆安全小组转到固体动力学研究处。与由球体产生的碎块相比,在飞片冲击薄的缓冲器板产生的碎块更准直、更集中,使其对子结构更有杀伤力。这至关重要,因为空间碎块更像是片状,而当时大多数 NASA 实验研究都是球体,并且速度限制在 7km/s 左右。NASA、JSC 和 MSFC 提出了一种"填充"缓冲防护罩设计,由金属板和 Nextel 牌布料组成,以吸收碎块产物。在部署之前我们测试了这些缓冲器护罩设计,以用于"自由"号空间站。我觉得这对我们的国家太空计划是一个很大的贡献,同时也令人满意知足。

**技术转让**。应 DNA 约翰·康奈尔中校的要求,该技术已转到 NRL 和美国空军阿诺德工程开发中心(AEDC),用于评估对空间结构的杀伤力。比尔·莱因哈特是转让该项技术的关键,他组织有序,善于计划和处理许多细节。关于这些设施的令人印象深刻的事情是,我们发射了自由飞行超过1ms的飞片,飞行距离超过几十米,进行了X射线照片拍摄,并击中距其预定轨迹不到1m的目标。在AEDC,我们能够发射重7.6g、厚5mm的Ti板,速度达到9.2km/s。DNA希望我们开发一种技术,来发射"厚实"的炮弹,而不是飞片(Chhabildas,Trucano,Reinhart&Hall,1994)。我们利用内部实验室指导研发(LDRD)项目工作,使发射速度达到16km/s(Chhabildas,Kmetyk,Reinhart&Hall,1995)。

康奈尔中校甚至支持一项基础研究项目,研究锌中冲击诱导汽化的动力学,并确定冲击薄板时产生碎块演变过程中炮弹形状的作用。丽贝卡·布兰农是1991年底或1992年初加入圣地亚的,她的经理保罗·亚灵顿正在寻找一个让她入手的项目。她为补充进行锌中冲击诱导汽化实验提供了建模和模拟专业知识。在发射速度7~10km/s时使用Ta冲击器,我们在高达5.9兆巴的冲击应力下完全汽化了锌,并确定由冲击诱导汽化引起多相流动(液体和蒸汽)的时间相关动力学效应(Brannon&Chhabildas,1995)。我们还以10km/s的冲击速度对Al和Ti-6Al-4V进行了首次冲击加载和卸载实验,过了几年才报告我们的结果(1998年的HVIS会议)。DNA还支持研究炮弹形状(板、球体和圆柱体)对冲击薄板产生碎块及其对子结构的影响(Konrad,Chhabildas,Boslough et al.1994)。因为我们HVL研究活动太多太过繁忙,我们开始与代顿大学研究所(University of Dayton Research Institute)的安德鲁·皮库托夫斯基(Andrew Piekutowski)和西南研究所(Southwest Research Institute)的斯科特·穆林(Scott Mullin)合作(Mullin,Littlefield,Chhabildas&Piekutowski,1994)。比尔·莱因哈特与安迪·皮库托夫斯基一起,学习如何优化X射线摄影设置,并在STAR中实施了其中许多技术。

**关闭STAR装置。**当时任命吉姆为项目办公室跨部门经理。圣地亚已经取消了所有处级经理职位,这样不利于不同分支机构之间的综合和协调活动。我们处的经理菲尔·斯坦顿,以及兄弟部门的经理迈克·麦格劳恩和保罗·亚灵顿一样,现在直接向埃德·巴西斯汇报工作。DOE已经制定了加速战略计算倡议(Accelerated Strategic Computing Initiative)计划,正在引导更多资源用于计算。埃德热衷于实施并行处理,并希望圣地亚成为实现万亿次浮点运算计算速度的第一个DOE实验室。对实验的热情正在减弱,因为我们每个人都被说服,认为使用高速计算可以解决许多防御问题。圣地亚管理层推出了一项新的预算方案,其中办公室和设施都开始为建筑面积付钱,估计STAR每年的建筑面积成本超过600000美元。此外,在STAR上我们至少有六个"临时"聘用的合同工,来实施轨道炮活动。尽管该项目大约1991年结束,我们也从未清除额外的工作人员。这使我们的部门加上设施,运营昂贵。由于我们是唯一能够在实验室以超过10km/s的速度模拟空间冲击条件的团队,因此我们在签订新合同和在有偿项目下增加预算方面非常有成效并且成功。然而,这还不够。

  丹尼斯、菲尔·斯坦顿和我与陆军研究实验室的托尼·周一起访问了德国恩斯特马赫研究所和法国的格拉玛特研究中心(Centre d'Etudesde Gramat),以促进合作。我们回来后,在1994年12月12日星期一,我们发现埃德将在大约六个月内关闭STAR,并在一个月内解雇所有合同工。大卫·考克斯去了物理和化学科学中心,协助鲍勃·塞切尔,杰夫·米勒转到从事采购和合同,罗恩·穆迪调往地质组。允许我们只保留一个合同工来清理炮。比尔·莱因哈特自愿担任炮清洁工和实验员,因此我们会很有效率。我试图说服比尔不要这样,因为我希望他在其他地方寻找更好的机会。事后看来,也许这是他做出的最好决定,因为他成了我在圣地亚的团队的重要成员。最后一次实验日期是在1995年5月5日,然后,为了所有实际目的,我们停工了。卡尔、克林特·霍尔、比尔和我是仅剩的一直操作STAR到5月19日的员工;克林特决定进入新墨西哥大学,将在阿特·拉策尔(Art Ratzel)处工作;卡尔在机器人小组中担任环境、安全和健康职位,比尔帮助丹尼斯依据DOD/DOE谅解备忘录(MOU)在爆炸组件设施(ECF)上进行实验。我们必须确保没有人趁火打劫,并且我们阻止了埃德等搬走炮和STAR配件。

  埃德向计算资源重定向拨款超过1百万美元。迈克·麦格劳恩成为我们的部门经理,菲尔·斯坦顿被安排到一个计算部门,那里需要一位经理。我继续使用PCTH代码进行并行CTH仿真,我还协助了当时称为RHALE的ALEGRA代码,并与詹姆斯·皮瑞合作使用1D实验验证代码。毋庸置疑,这是我在圣地亚度过的最不愉快的时光。一直以来,我都与脉冲动力科学主任唐·库克保持联系,他对正在发生的事情表示同情。1995年9月,在高级领导非现场会议上,唐与埃德进行了讨论,并提出接管其理事会中所有冲击物理学和STAR活动。唐与我交流了这个想法;当我和丹尼斯讨论过这个问题时,他对这个提案不太热心,因为他不确定我们如何适应。

  唐的提议从来没有机会,因为在1995年12月将整个冲击计算和实验小组列入了受影响名单;我经常想知道埃德是否故意这样做,这样他就不必将财务资源转移到脉冲电源上。圣地亚正在缩小规模,并提供自愿离职激励计划(VSIP)。作为受影响的小组,我们必须解聘三名工作人员,丹尼斯接受VSIP于1996年4月退休,麦克·菲尼西去了一个地球物理小组,取代阿尔·史密斯(Al Smith),我于1996年3月转到脉冲功率,继承了丹尼斯的MOU和比尔·莱因哈特的工作。我认为整个情况具有讽刺意味的是,1996年1月左右,圣地亚刚创造了万亿次浮点运算纪录，Ed 也退休了。

汤姆·梅尔霍恩是我在脉冲功率科学中心的经理，而比尔仍然是 Ktech 公司的员工，被派到 ECF 的劳埃德·邦松那里。劳埃德接管了 STAR 的控制权，并提出以竞选模式运营 STAR，这将使我们能够以更低的占地面积操作 STAR，因为我们从未整天使用 STAR，而且从未得到设施理事会任何服务。我们在 ECF 进行了杆式冲击研究，并开始计划重新开放 STAR。那年晚些时候吉姆·阿赛来到了脉冲功率。唐·库克提供了约 20000 美元的种子资金，重新启动 STAR。我们于 1996 年 4 月重新开放 STAR，约翰·马丁内斯根据需要帮助做些兼职工作。第一个实验是使用终端弹道装置（TBF）进行碎裂研究，TBF 是一个小型二级轻气炮，比尔·莱因哈特和克林特·霍尔正在进行设置。吉姆和我在法国和德国参加 ARA 和 HVIS 会议，我们再一次开始探索未知领域。吉姆将开发和实施用于 Z 装置的冲击物理学项目，我开发了使用传统炮技术重振 STAR 活动的项目。我当时几乎不知道，我们在三级轻气炮上开发的等熵加载技术将射弹发射到 16km/s，这将成为在 Z 机器上继续和扩展这些研究与推动飞行板到更高速度的基础！

**DOD/DOE MOU**。在丹尼斯·格雷迪退休后，我继承了 DOD/ DOE MOU 的 60 万美元资金，重新投入冲击物理学活动。幸运的是，我们有足够的物资和零件（销钉、射弹、靶板、冲击器、窗片等），够用几年了。我们从来没有清除这些物资，这是至关重要的，因为我们将 60 万美元的大部分用于实验和支付工资。达尔格伦（Dahlgren）海军水面武器中心（NSWC）的伦纳德·威尔逊在推动我们前进的过程中发挥了关键作用，他资助了表征海军炸药 PBX N128 的研究。我们逐渐开始，先是使用 ECF 压缩气体炮，并将实验限于气体炮速度研究。这时我开发了一种技术，通过使用套筒圆柱形靶材料并用分级密度分层冲击器进行冲击，在气体炮上实现单轴应力实验。我的 CTH 课程得到了回报。实验设计采用 CTH，我用它来理解圆柱几何中出现的复杂多维波相互作用。令人惊讶的结果是，我们可以进行的单轴应力实验，应变率高于霍普金森杆实验，但低于冲击加载实验！我们创造了这些"中间应变率"实验，研究了陶瓷（如氧化铝、碳化硅和碳化硼）（Chhabildas, Furnish&Grady, 1997）。我也花了一半时间验证 ALEGRA 代码。忙于项目开发、规划实验和 ALEGRA 验证研究，我几乎没有时间进行数据分析。我花时间教比尔·莱因哈特冲击物理学，这样他就可以开始进行数据分析。我很庆幸比尔受到了激励开始根据他所学的内容计划冲击物理学实验。

伦纳德·威尔逊也有兴趣基于大或小的骨料尺寸评估混凝土的响应，这是一项资助几年的项目，水路实验站（Waterways Experimental Station）免费向我们发送了混凝土样品。利用他们的资源,我们的 DOD/DOE MOU 项目延伸了很多。我别无选择,只能让克林特·霍尔和比尔·莱因哈特参与数据分析。这些都是忙碌而有趣的时期;我帮助克林特·霍尔用混凝土研究作为硕士论文研究项目。由于工作人员中没有活跃的冲击物理学家,物理和化学科学中心的马克·安德森也和我一起完成了学位论文项目,在等熵加载到 40GPa 下研究 PMMA 中的 PVDF 测量仪反应(Anderson,Chhabildas 和 Reinhart,1998)。由于 PMMA 极化效应,PVDF 测量仪工作情况不是很好,但我们观察到 PMMA 到 40GPa 保持透明,因为我们能够通过 PMMA 缓冲器测量 VISAR 干涉信号。在约 22GPa 的冲击载荷下,PMMA 是不透明的。我认为由于 ICE 技术的温度较低,我们抑制了在 22GPa 左右冲击载荷下发生的键断裂。克林特和马克于 1998 年获得硕士学位,克林特的混凝土研究论文还获得了当年 ARA 会议的最佳论文奖(Hall,Chhabildasand Reinhart,1999)。这些项目帮助我们在 STAR 上运行火药炮和 TBF 炮,我们仍在使用 ECF 压缩气体炮。当时,STAR 的控制和运营仍由劳埃德·邦松管理。

**MAVEN 项目集**。在 DOD 机构(如 ARL、空军研究实验室(AFRL)和 NSWC 等)的补充资金支持下,我们的 DOD/DOE MOU 表现相当不错。此外,许多客户提供了成品样品如陶瓷(来自 ARL)、AERMET① 钢(来自 NSWC)和钽(来自 AFRL),这样降低了我们的运营成本,使我们的 MOU 资助进一步扩大。与此同时,1996 年圣地亚意识到关闭装置的错误,引入了名为 MAVEN 的项目集,目标是为建模、分析和验证提供数据。我们得到了两个 MAVEN 项目,一个项目用于表征 PZT 95/5 陶瓷,另一个项目用于验证 ALEGRA 代码。海梅·莫亚是整个 MAVEN 项目集的项目负责人。尽管我不记得细节,但我认为我们的每个项目都是大约 60 万美元。这样我就有超过 100 万美元但还没有工作人员。我们组建了一个团队,其中包括罗伯特·塞切尔、马克·安德森、戴夫·考克斯和麦克·菲尼西,他们在物理和化学科学中心使用鲍勃·格雷厄姆的压缩气体炮进行 PZT 铁电研究;卡尔·康拉德、克林特·霍尔、比尔·莱因哈特、迈克·王以及来自利弗莫尔的丹·莫舍,在 STAR 的 TBF 炮上帮助进行 ALEGRA 验证研究。卡尔和克林特还帮助吉姆·阿赛开展早期 Z 实验。我知道他们在 Z 装置上比在 STAR 上花了更多的时间,这让我意识到排名确实有其特权。这些是重要的项目:前者提供了 PZT 95/5 的第一个同时机械和电气特性,用于由史蒂夫·蒙哥马利开发的 SUBWAY 代码,后者提供了第一个用于 ALE② 代码的实验数据,将流体动力学高应变率变形行为转换为长期结构响应。我们注意到高度多孔的聚

---

① 编者注:AERMET 是一种含有钴、镍、铬、钼和碳的钢合金。
② 编者注:ALE 代表任意拉格朗日-欧拉。

苯乙烯泡沫未正确建模,并且必须扩展研究以表征泡沫,确定其压缩行为。当保罗·霍默特(Paul Hommert)成为工程科学主任时,他重新定向了其中许多项目,以补充源于他的理事会的项目集。我们再次失去了 DOE 资金!尽管如此,MAVEN 项目集通过提供资金来升级示波器和激光系统,帮助我们将 STAR 带回了几年。数字示波器刚刚上线;很难获得资本设备来升级我们的许多记录系统。STAR 的一些激光器和干涉仪转移到 Z 装置上,以帮助满足其诊断需求。

**三级轻气炮 MDA 项目**。导弹防御局需要验证用于空间作战相关冲击速度下杀伤力评估的工程代码。一种方法是使用流体动力学代码,来模拟杀伤力要求,并使用计算数据来开发工程代码。MDA 的鲍勃·贝克尔和圣地亚的丹·凯利(Dan Kelly)在 1999 年初找到我们,提供感兴趣材料的状态方程数据,使用三级轻气炮验证系统级模拟结果。这要求我们的三级炮可以工作!1993 年以后,我们没有开炮,而到了 1999 年末,我们必须准备好炮,并在 6 个月内获得数据!最重要的是,卡尔·康拉德 1 月初宣布他将从 Ktech 退休,并将前往内华达州参与 NTS 的 JASPER 二级轻气炮相关的项目。由于我们需要一位圣地亚操作人员来运行 STAR 装置,我们让比尔·莱因哈特成为圣地亚的永久员工,Ktech 合同方面由汤姆·桑希尔接替卡尔,我们还得到了分派到 MDA 项目负责脉冲功率项目的博士后凯瑟琳·霍兰德的帮助。在很短的时间内,我们开始运行三级炮,在提高效率和及时性方面,大部分功劳归于比尔。格里·克里提供了理论支持,丹·卡罗尔提供了非常需要的 M&S 支持。ARA 的南希·温弗里(Nancy Winfree)也加入了团队——很幸运也很及时,因为凯瑟琳一获得博士学位就离开了加州(虽然我们聘用她为博士后,她当时还没有完成论文答辩)。

就这样,我们配备了大量支持人员,操作着 TBF 炮、二级轻气炮和三级炮,来实施该项目。MDA 每年 100 万美元、连续三年的支持显著扩大了我们的能力。二氧化硅酚醛树脂和石墨环氧树脂是感兴趣的材料,我们确定了在三级炮上冲击速度高达 12km/s 下的冲击加载和卸载行为,还确定了三级炮上 Ti-6Al-4V 的状态方程,观察到冲击速度相对于粒子速度过程中在大约 10km/s 处的弯折,并关注没有考虑过的系统误差。后来,格里·克里独立预测了 Ti-6Al-4V 中的熔化,我们的三级炮实验恰好证实了他的熔化预测结果(当格里预测熔化时,他已经退休并搬到了弗吉尼亚州布莱克斯堡(Blacksburg)开办了自己的咨询公司)。在项目的第三年,我们进行了代码验证研究,以确定在冲击速度最大到 12km/s 条件下碎块传播对子结构的影响。格雷格·贝塞特(Gregg Bessette)(刚加入圣地亚)和杰夫·劳伦斯负责提供 M&S 支持。在这个为期 3 年的项目结束时,当我问鲍勃·贝克尔其他还要怎么做时,他说:"我以为你们需要五年时间来完成你们所做的事情,并且做了相应的预算。不幸的是,你们三年就给出了我想要的结果。完成得太早,是你的错。"这是我们参与许多有偿项目或"为他人工作"①的问题之一。一旦交付,你的客户无需继续提供资金,你就必须朝前计划,并开发新技术以吸引新客户。尽管担心我的资金不再那么充足,我还是把鲍勃·贝克尔的评论看作一种恭维。此时,我们开始计划将光谱测量作为目标类型的工具,以便将来协助 MDA。

**MDA/CLP 项目**。大约在同一时间,达尔格伦 NSWC 的约翰·科加(John Cogar)也受到 MDA/团体杀伤力项目(Corporate Lethality Program,CLP)资助,有兴趣研究三丁基磷酸盐液体作为某些化学制剂的替代品,这样使我们能够与 ARA 的南希·温弗里和丹尼斯·格雷迪合作进行 M&S 研究,促成了一项联合项目,其中我们将技术转移到英国波登当(Porton Down)国防科学与技术实验室(Defence Science and Technology Laboratory),并评估真正的化学制剂。我们协助他们推进冲击和弹道技术研究,我们的同行是 MDA/CLP 的西尔维亚·菲瑞(Sylvia Ferry)少校和英国的尼古拉斯·罗宾逊(Nicholas Robinson)。

**非均质材料中色散粒子速度测量 LDRD**。韦恩·特洛特、吉姆·阿赛和我于 1998 年独立提交了 LDRD,以开发线性成像 VISAR,目前称为 ORVIS,用于研究与 DOD/DOE 任务相关的异质材料(如混凝土、泡沫、氧化铝等)中的空间非均匀性。因为项目申请是由我们三个人独立提交的,当时的工程科学主任保罗·霍默特资助了这个项目,其中吉姆做了很多背后说服工作。韦恩当时使用 OR-VIS 研究且测量激光驱动飞片的速度。我们注意到,边缘记录表明了被推进飞片的弯曲性质。通过一些额外的研究和开发,我们恍然大悟,我们可以使用该技术来确定冲击加载异质材料中的粒子速度分散。这是我们重新开放 STAR 后的首个 LDRD,韦恩率先开发了这项能力。我们使用 LDRD 来确定以下内容:①混凝土、Ta 和泡沫的异质加载响应;②氧化铝填充的环氧树脂、Ta 和蓝宝石的多维加载(即边缘效应);③在初期层裂条件下 Ta 的异质散裂行为;④碳化硼的动态屈服响应和碳化硅的层裂行为(Trott, Castaneda, O'Hare et al. 2001)。马林·基普对泡沫和混凝土进行了 3D 中尺度模拟,以模拟这些实验。我认为,我们刚刚开发了一种实验工具,来研究受冲击材料的中尺度响应。

除了 1998 至 2006 年期间 MDA 内部的不同组织提供资金外,我们还非常积极主动,并提交了 LDRD。尽管我们应该被关闭并且人手不足,但我们还是十分激进,并开发了新能力。我招募了让-保罗·戴维斯和特雷西·沃格勒,让-保罗决定参加与 Z 相关的项目,而特雷西于 2001 年决定加入我们的团队。吉姆于 2002 年 9 月退休,搬到华盛顿州立大学,我得到升职,2003 年 3 月成为部门经理,部分承

---

① 该术语"为他人工作"以前用于指由能源部以外组织资助的项目。

担吉姆代理的一级经理职位。狄龙·麦克丹尼尔成为我的二级(高级经理)老板。

**冲击清除生物制剂**。拉里·拉森(Larry Larsen)拥有医学学位,我在962号楼的办公室对面就是他的办公室。经过几年走廊里打招呼,我们终于结识了——我们一起走进大楼,发现了彼此的背景和当前的研究领域。我询问他的医学背景是否可以帮助我们研究冲击消除生物制剂,结果是一个互补的LDRD项目,其中由他的团队提供与研究有关的微生物方面内容,而我的团队提供冲击研究能力。出于对对付生物系统的兴趣,杰里·麦克道威尔(Jerry McDowell)资助了该项目。这是一个非常成功而且有趣的项目:我学到了关于微生物学和菌落形成单位的新知识,这原是我不知道的领域。两个团队都工作得非常好,甚至还获得了圣地亚的一项卓越研究奖。

**冲击闪光LDRD**。在2004财(政)年(度)①,杰弗里·劳伦斯取得了名为"冲击闪光"LDRD项目,目标是开发一种技术来追求冲击闪光特征,以通过光谱学识别目标。这项为期2年的工作,使我们有机会开发出在红外和可见光状态下确定光谱输出随时间和波长变化的技术。我们开发了研究Al、铟和Comp B②的技术,且我们还将该技术应用于MDA感兴趣的材料(如二氧化硅酚醛树脂),该项目还允许我们在Al和铟中系统地研究速率依赖性、冲击诱导的汽化动力学,同时确定这些系统的特征(Chhabildas, Reinhart, Thornhill and Brown, 2006; Lawrence, Reinhart, Chhabildas&Thornhill, 2006)。该项目最重要的方面是,它使我们在2006财年参与了MDA/CLP项目。我知道该项目已经扩展到包括建模和模拟,以预测通过CTH结果与我调用频谱代码的结果相结合而观察到的光谱。

**轻气体炮冲击闪光光谱先进诊断方法LDRD**。看到我们的冲击闪光光谱学结果时,物理和化学科学中心的迈克尔·万科(Michael Wanke)有兴趣将研究扩展到太赫兹或毫米波长范围,并提交了LDRD申请,该LDRD在2005财年获得批准,使我们能够将我们的能力扩展到太赫兹体系,并开发先进的诊断技术(如半导体探测器)。当碎块产物处于更低温度时,太赫兹探测器将冲击闪光光谱扩展到冲击后的晚期状态(Wanke, Grine, Mangan et al. 2007)。这是非常独特的,因为我们这时的研究从非常高温使用可见光谱的冲击早期转到使用太赫兹光谱的晚期结果。如上所述,其中许多技术使我们与众不同,并使我们能够在2006年之前与MDA合作。

**弹头材料动态特性DOD/DOE MOU**。如上所述,在丹尼斯·格雷迪退休

---

① 编者注:FY是财政年度(财年,Fiscal Year)的首字母缩写,政府财年为10月1日至次年9月30日。

② 编者注:Comp B是一种用于炮弹、火箭、手榴弹和其他弹药的炸药。

后,我继承了他的 DOD/DOE MOU 项目。我们让丹尼斯担任顾问,这也许是我们做出的最好的投资。即使丹尼斯不再是一名圣地亚工作人员,但他的心仍然属于圣地亚,并在 MOU 项目取得成功上发挥了重要作用。在他退休后,我们就许多想法进行了合作。在许多方面,他从未离开圣地亚。即使 DOD/DOE MOU 只有 60 万美元,但我们能够利用许多 DOD 机构,因为 MOU 是与 DOD 工作人员联系的良好工具。在特雷西·沃格勒入职之后,我于 2004 年将项目移交给他,以获得管理技术项目的经验,并让他有机会与技术界的其他人建立联系。我们还开发了许多新的实验技术,并探索了新的前沿。实例包括开发中间应变速率加载技术,其允许应变速率范围高于考尔斯基(Kolsky)杆,但低于冲击条件下的应变速率。

**动态碎裂**。我们还实施技术,测量 TBF 炮上圆柱形管的动态碎裂。使用相同的移动 Lexan 牌圆柱体冲击位于圆柱体下半部的静止塑料/Lexan 圆柱体,由于离解而产生反应产物,并径向膨胀圆柱体。该过程非常具有可重复性,并提供良好控制的环境,同时使用最先进的多种高速诊断技术,进行实验室碎块研究。这是与达尔格伦的 NSWC 和利弗莫尔的合作项目。当时还是大学生的贾斯汀·布朗协助进行数据分析,并在美国机械工程师协会会议以及 ARA 会议上介绍了这些结果,ARA 会议授予他最佳论文奖。特雷西·沃格勒将这些研究扩展到干涉测量,并用 CTH 模拟补充它们,他的论文在 2002 年荷兰 HVIS 会议上获得了最佳论文奖(Vogler, Thornhill, Reinhart et al. 2003)。即使圣地亚不再追求动态破碎项目,但研究仍在继续,并且在其他 DOE 实验室中蓬勃发展。

**陶瓷的强度**。大约在这个时候,陆军的愿景转向发展未来的作战系统,他们的目标之一是开发更轻但更强的装甲系统,这需要确定受冲击状态下陶瓷的强度。我们对陶瓷进行了冲击卸载和再冲击实验,以使用火药炮和二级轻气体炮估计氧化铝、蓝宝石(与比尔·莱因哈特合作)、碳化硼和碳化硅(与特雷西合作)到兆巴压力的强度。到这时,STAR 的所有炮都能工作,这是 ARL 的达塔·丹德卡(Datta Dandekar)施加影响的项目;ARL 提供了用于实验的陶瓷样品。此外,我们使用线 VISAR 估算碳化硼和碳化硅中颗粒速度分布的变化,以确定异质加载和层裂响应。这些实验首次证实,甚至在兆巴压力下进行再冲击,冲击和再冲击实验也总是表现为弹性前体。这些实验构成了陶瓷 Johnson – Holmquist 模型的基础,并用于设计先进的装甲和人体背心,以及未来的作战系统。

**反应性材料**。DOD 群体有兴趣开发材料,以提高杀伤力。一种候选材料是铝特氟龙(Teflon®)。NSWC 每年为这项工作提供 100 万美元的资金,资助 2 年,为此我们开发了一个高达近 80GPa 的状态方程模型。层裂特征与大多数材料的特征不同,并且似乎逐渐向外延伸,再冲击和卸载波前部边缘也表现出相同的速度。NSWC 的伦纳德·威尔逊是我们这项工作的联系人。

**玻璃**。我们对于开发受冲击陶瓷状态方程模型和强度的贡献,使我们建立起与坦克汽车研发和工程中心(TARDEC)的联系,他们想研究透明的装甲;候选材料是硼硅酸盐和星火(starfire)玻璃。该项目是及时的,因为我刚刚聘请了斯科特·亚历山大,我们用这个项目让他了解冲击物理学的基本原理。你猜发生了什么事情？他 2007 年为 HVIS 撰写的论文获得了最佳论文奖。该项目持续了 3 年,每年约 50 万美元,在 2007 年我退休后,持续了一年。我在 TARDEC 的联系人是道格·邓普顿(Doug Templeton)。

**多孔的沙子**。特雷西·沃格勒接管 DOD/DOE MOU 项目后,立即对多孔和颗粒材料产生了兴趣。他开发了使用多级目标研究冲击传播的技术,我认为他们创造了"金字塔靶"这个词。贾斯汀·布朗参与了分析数据,并使用 CTH 将实验拟合为 $P-\alpha$ 和 $P-\lambda$①模型,这为他的研究生学习做好了准备,他去了加州理工学院攻读博士学位。特雷西将这些研究扩展到其他颗粒材料,马凯特大学(Marquette University)的约翰·博格(John Borg)与我们一起花了一个夏天研究中尺度水平的多孔材料。约翰还在 NSWC 时,我就认识他了,并与他一起研究磷酸三丁酯化学剂的项目。其中一些项目代表了我们对中尺度建模的初步接触。即使我们没有关于中尺度建模和实验的正式项目,但作为一个团队,我们已经完成了相当多的工作。

**致谢**。我在圣地亚的岁月是富有成效、充实而且非常令人满意的。这就是我回过头来回忆起自己职业生涯的结论。尽管文化发生了巨大变化,从早期丰富的特权型研究环境,转变为后期自柏林墙倒塌后证明自己的存在。虽然我起初很担心,但我很适应。我将这一成功归功于我父亲查比达斯·查甘拉尔·曼德勒瓦拉(Chhabildas Chhaganlal Mandalaywala),他一生都在做生意,我知道他度过了一些美好日子,也度过一些不太好的日子,因为在他无法控制的无法预料政治的事件中,他们的业务有所起伏。这些不确定的事件使我确信,接受教育并参与研究是一种为生活带来稳定的方法。当我进入研究领域过上舒适轻松的生活时,我说的是"生意不适合我;压力太大了。"具有讽刺意味的是,自 20 世纪 90 年代初以来,从各方面来看,我都成为了一名商人,特别是在我们研发三级轻气炮的时候。很明显,我下意识地从我爸那里获得了大量的商业特质。

回想起来,我认为自 1992 年以来,我们的有偿项目可能平均每年有 100 万美元,这至少带来 150 万～200 万美元的回报,这些资金使我们的许多项目蓬勃发展。这教会了我很多东西:

---

① 编者注:$P-\lambda$ 模型是 $P-\alpha$ 模型的推广形式,以解释多孔材料多相混合物的动态压缩特性。

（1）内部或外部开发新项目，至少需要 3 年时间；

（2）在开发技术时你必须具有独特性；

（3）你必须不断开发新技术和新项目，以保持相关性；

（4）你必须拥有一支支持你并愿意全力争取成功的优秀团队。

我想感谢巴里·布彻和沃尔特·赫尔曼，他们承担了聘用我的风险。自从我进入圣地亚，吉姆·阿赛一直是一名优秀的导师，不仅教会了我冲击物理学的基础知识，还教授了我如何从战略角度思考、如何战略性地规划项目集和项目，吉姆是独一无二的：他是非常优秀的负责人，同时在技术上非常出色。正是这种结合使得我们作为一个群体取得许多成功。在 20 世纪 90 年代中期关闭 STAR 期间，当我们陷入了萧条时期，我与丹尼斯·格雷迪作为同事与研究搭档的友谊非常重要，且是决定性的。我要感谢卡尔·康拉德和罗伯特·哈迪，在我参加工作早期，他们教我操作火药炮和二级轻气炮。我感谢唐·库克，他具有这样的愿景，将冲击物理学作为脉冲功率研究的核心竞争力，这给了我们许多项目新生命力和前景。即使炮技术和脉冲功率研究从未像我希望的那样得到整合，但它成为从之前开发的过渡到 Z 的基础。更重要的是，我们继续开发了许多新的研究机会，包括研究碎裂、中尺度技术、光谱学和光学高温测定——这里就举这么几例。

我很幸运有机会与比尔·莱因哈特合作，他做事井井有条，并且在我们真正需要的时候，将 STAR 作为一个商业企业经营。他的规划、日程安排和学习冲击物理学的愿望是重要的因素，使我们的 STAR 运营经济合算，并有助于满足我们服务他人的客户可交付成果要求。我还非常幸运地聘请了特雷西·沃格勒，当我成为经理时，我可以委托他开展我的许多项目，他对于技术成就和新项目开发是可信赖的。正如我之前提到的，不管是作为项目负责人，还是后来成为部门负责人，我都有一个优秀的团队，我要感谢他们的奉献，让我们所有人都能发光。虽然我真的并不想成为经理，但我意识到当经理有其特权——你可以更好地控制自己的命运。

# 迈克尔(迈克)·德贾莱斯
## Michael P. Desjarlais
(1986—目前①)

编者注:迈克·德贾莱斯领导了从头算量子分子动力学(QMD)的理论开发,以描述在 Z 加速器上超高冲击压力下获得的实验雨贡纽和斜坡加载数据。德贾莱斯对实验项目做出了重大贡献,通过使用这些理论表明,在高压和高温下铝的电导率远高于现有理论预测结果。这一突破性的发现表明,使用 Z 的产生电流能力,得到了接近环境温度的磁驱动飞板,并确立了 Z 装置上超高冲击波测量的可信度。在写给吉姆·阿赛的一个便签中,德贾莱斯对关于 QMD 分析应用于实验高压状态方程研究进展的五篇论文进行了注释讨论。

以下为这五篇关键论文,它们总结了从头算理论的发展,该理论用于描述在 Z 加速器上获得的高压状态方程数据。

1. M. P. Desjarlais, J. D. Kress, and L. A. Collins, "Electrical conductivity for warm, dense aluminum plasmas and liquids," *Physical Review E* 66, 025401(2002).

这篇《物理学评论 E》的论文建立了使用 QMD 模拟的能力,为远离环境的材料建立精确电导率模型。冲击波研究的第一个应用是对飞板建模所需的铝电导率。这一进展对于进行预测性设计模拟是至关重要的,作为直接后果,通过允许更准确的预拍设计,快速推进数据积累的步伐。

2. M. P. Desjarlais, "Density – functional calculations of the liquid deuterium Hugoniot, reshock, and reverberation timing," *Physical Review B* 68, 064204 (2003).

这篇《物理学评论 B》关于氘的论文是我们在冲击物理研究中首次使用状态方程特性。虽然其他人在我的工作之前进行了 QMD 模拟,但他们未能与广泛接受为准确的气体炮雨贡纽数据相吻合。在本文中,我证明能量和压力的收敛对于获得良好的雨贡纽结果是必不可少的,并且先前的工作没有达到收敛压力的更严格要求。我还包括了参考状态的零点校正,这是早期工作忽略的另一个贡献。研究结果与气体炮数据和 Z 的数据均十分吻合,与劳伦斯利弗莫尔国家实验室 Nova 激光器的高压缩比结果不符。

---

① 编者注:在加入圣地亚时,迈克最初参与了离子束项目。当该项目于 1996 年结束时,他开始开发更好的电导率模型,以支持 Z 箍缩项目,从而开发了从头算工具与更好的电导率模型。在撰写本文时,他正在继续进行高压状态方程从头算研究。迈克于 1996 年获得杰出技术人员表彰,并于 2011 年晋升为高级研究员。

3. M. D. Knudson, M. P. Desjarlais, and D. H. Dolan, "Shock – wave exploration of the high – pressure phases of carbon," *Science* 322, pp. 1822 – 1825 (2008).

发表在《科学》的这篇金刚石论文证明了QMD工作在帮助解释数据方面有多么强大,只要数据质量很高,就像马库斯·克努森的Z工作一样。随着雨贡纽跨过金刚石 – 液碳 – bc8 共存区域,通过QMD计算预测并观察到 $U_s - u_p$ 的细微变化,给出金刚石 – 液体 – bc8 的三相点存在和首次实验给出碳中 bc8 的令人信服的证据。QMD工作还使我们能够构建出现在变得著名的(感谢华盛顿州立大学的瑜伽士·古普塔教授)3D 雨贡纽共存场景图。

4. M. D. Knudson and M. P. Desjarlais, "Shock compression of quartz to 1.6TPa: Redefining a pressure standard," *Physical Review Letters* 103, 225501(2009).

该《物理学评论快报》关于石英的论文再次表明实验和QMD计算结果之间具有非常好的一致性,QMD工作通过观察扩展解离机制及其相应的比热结果,为非线性 $U_s - u_p$ 关系提供了解释。反过来,这有助于促进雨贡纽拟合。

5. M. D. Knudson, M. P. Desjarlais, R. W. Lemke, and T. R. Mattsson, "Probing the interiors of the ice giants: Shock compression of water to 700 GPa and 3.8 g/cc," *Physical Review Letters* 108, 091102 (2012).

该《物理学评论快报》关于水的论文充分利用我们QMD准确计算卸载等熵线的能力,这对于低阻抗材料得到精确的阻抗匹配结果是至关重要的。请注意Z的状态方程数据与罗斯托克大学(University of Rostock)(德国)小组的预测结果相当,后者通过与圣地亚合作采用了我们的QMD方法。

# 乔治·杜瓦尔
# George E. Duvall[1]
编者的颂词

有几所大学为圣地亚国家实验室的冲击波项目做出重大贡献,但毫无疑问,乔治·杜瓦尔教授领导下的华盛顿州立大学(WSU)冲击物理项目是无与伦比的。杜瓦尔教授在冲击波研究中培养和指导了大量研究生,并且许多研究生继续在这一领域度过了辉煌的职业生涯。杜瓦尔教授是一位先驱,许多人认为他是美国冲击压缩科学之父。

杜瓦尔教授最初来自路易斯安那州,进入俄勒冈州立大学(Oregon State University,OSU)攻读物理专业,但由于第二次世界大战于1941年中断学业。他在加利福尼亚大学花了4年时间研究水下声学,为战争出力。1945年,他回到OSU完成物理学学士学位,然后加入麻省理工学院物理系,并于1948年获得博士学位。毕业后,他应聘到华盛顿里奇兰的通用电气公司,解决核反应堆问题。1953年,他加入了位于加利福尼亚州帕洛阿尔托(Palo Alto)的斯坦福研究所(SRI)的保尔特(Poulter)实验室,并于1962年成为实验室主任。他的领导确立了实验室在冲击和爆轰波传播理论知识方面的卓越表现。

在保尔特实验室任职期间,他结识了WSU物理系主任威廉·班德(William Band)教授。因此开始了他们之间持久的专业和个人友谊,结果杜瓦尔教授于1964年成为WSU物理系的一名教师,他与班德教授在该大学合作开展冲击波问题的理论研究,不久之后扩展到包括实验研究,这主要由于招聘了SRI的理查德(迪克)·福尔斯(G. Richard(Dick) Fowles),这是冲击波研究的快速壮大时期。当时,圣地亚国家实验室的唐·伦德根、林恩·巴克尔、鲍勃·格雷厄姆等开发的实验设施以及相应的诊断工具在该领域取得突破性进展。杜瓦尔和福尔斯教授与唐·伦德根进行了接触,唐·伦德根开发了圣地亚第一门100mm口径

---

[1] 乔治·杜瓦尔的照片是在获得冲击压缩科学奖时拍摄的。经许可转自 *Shock Compression of Condensed Matter* 1989, edited by S. C. Schmidt, J. N. Johnson, and L. W. Davison, North – Holland Publishing, p. viii(1990)。爱思唯尔公司1990年照片版权。华盛顿州立大学物理系慷慨地提供了杜瓦尔早期历史的背景资料用于此颂词。

气体炮发射器,用于实验冲击波研究。他们在 WSU 推动了类似装置的项目。到 1968 年,该装置命名为冲击动力学实验室,并通过各种仪器能力全面运作,该装置是许多研究生进行实验冲击波研究的主要工具,其中包括本书的一位编者和几位回忆贡献者。该装置仍在运行,具有相当大的扩展能力。

作为 WSU 物理系的教授,杜瓦尔将他的智力集中在各种科学问题上,其中包括凝聚态物质的状态方程、冲击波转换期间的热力学过程、与冲击诱导相变相关的物理机制和动力学效应,以及冲击压缩下的动态屈服。他对大量冲击波现象的深刻理解吸引了大量学生,结果在他大学 24 年任期内指导了超过 25 篇博士论文。他对冲击波物理学有着热情和激情,并具有简单而优雅的理论方法,有助于培养学生对学科的科学认识。他向学生灌输了对这个主题的热情和奉献精神,正如他们后来的职业生涯所表现出来的那样。

由于他对冲击压缩科学的开创性贡献,杜瓦尔教授在 1989 年获得了压缩科学奖,以"表彰他对冲击波物理学的杰出贡献及其在冲击物理学界的教育和组织领导力"。该奖项由凝聚态物质冲击压缩专题组的朋友们于 1987 年首次建立,每两年颁发一次。2007 年该奖项更名为乔治·杜瓦尔冲击压缩科学奖,以表纪念。他以前的六位学生获得了该著名奖项,其中三位加入圣地亚,并为冲击波项目做出了贡献。

许多大学参与将圣地亚的冲击波研究提升到世界一流水平,而 WSU 的杜瓦尔教授一直是圣地亚在该领域卓越表现的主要领导者和主要力量之一,他的十几名研究生参加了圣地亚冲击波项目,在各个专业领域中脱颖而出,包括:

(1) 开发和应用流体动力学代码中的多相状态方程,以确定相变的动力学效应;

(2) 为各种军事和科学应用开发广义碎裂理论;

(3) 开发描述高压冲击波结构的通用关系;

(4) 开发新方法,以确定兆巴压力水平下冲击材料的流动强度;

(5) 开发前所未有的时间分辨光学记录干涉仪,能够研究冲击波结构并扩展到异质材料响应的研究;

(6) 开发磁力产生斜波到兆巴压力,这已成为冲击波领域数十年的目标;

(7) 将磁力驱动飞片扩展到速度达每秒几千米,这能够首次精确比较雨贡纽数据与从头算状态方程理论。

这些成就对高压科学界产生了深远的影响。此外,杜瓦尔教授的几名学生在圣地亚担当中级或高级管理职位,其中一名学生成为一家大型研究机构的总裁。

杜瓦尔教授于 2003 年 1 月 3 日在华盛顿州温哥华逝世,享年 83 岁,留下了令人印象深刻的成就遗产。人们将长期铭记他的开创性研究,他的冲击波问题专用方法有望通过他以前学生的研究得到扩展和发展。

其他一些大学教授也对圣地亚的冲击波研究产生了重大影响。尽管由于篇幅限制而不可能包括所有这些教授,但我们在这里要特别提到一位,瑜伽士·古普塔教授通过扩大 WSU 的冲击压缩科学计划,并与 DOE 国家实验室(特别是 LANL、LLNL 和 SNL)建立更紧密的联系,继续了杜瓦尔教授的领导,在支持圣地亚国的整体冲击波计划和开发用于冲击波研究的 Z 脉冲功率加速器方面,发挥了主导作用。在个人回忆以及参考书目中列出的联合出版物中,标出了为圣地亚冲击波项目做出贡献的其他教授。这些广泛的合作使圣地亚的冲击波研究成为今天的首要项目。

# 迈克尔(迈克)·弗尼希
## Michael D. Furnish
(1987—目前①)

首先,说一下我如何进入冲击物理领域的。1982年,在康奈尔大学用金刚石压砧挤压橄榄石(实际上是精修课)期间,我在洛斯阿拉莫斯的家中过圣诞假期。我一直听说压力测量的冲击波标准,并认为更好地了解这方面知识是个好主意,因此我打电话给冲击波物理小组(M-6)的鲍勃·麦昆,他说"下来吧"到安乔峡谷(Ancho Canyon)。他早上9点陪我进去,我天真地以为我们会谈一个小时左右。结果那天下午四点钟我才走出来,我的肚子仍然饿着,脑中被他和约翰·沙纳(John Shaner)、罗布·希克森(Rob Hixson)还有其他人塞满了,感觉要往上冒。

这使得我申请1984年夏天在LANL工作,与华盛顿大学地球物理项目的新生迈克·布朗(Mike Brown)合作,夏末与圣地亚的丹尼斯·格雷迪合作。我最终在安乔峡谷的二级轻气炮上完成了一组单晶橄榄石射弹实验,在圣地亚STAR火药炮上完成了另一组。结果出现在我的毕业论文,以及《地球物理研究杂志》(*Journal of Geophysical Research*)和美国物理学会(APS)第四届凝聚介质冲击波专题会议的会议文集《凝聚态物质中的冲击波》中。对于后者,我记得1985年在一个陌生的城市(斯波坎(Spokane))第一次参加APS会议,有人告诉我,我父母没有管好他们的狗。原来鲍勃·麦昆,洛斯阿拉莫斯的冲击物理学先驱,也是一名驯犬师。

从1985年末到1987年年中,我在大学里用金刚石压砧挤压各种材料,并与迈克·布朗及其博士后合作者一起分析冲击数据。

1987年年中,我加入了圣地亚的吉姆·阿赛小组,在丹尼斯·格雷迪手下干了一段时间,在STAR上使用火药和二级轻气炮研究Mini Jade Two②。那时,热机械和物理部门是实验冲击物理学小组,与保罗·亚灵顿的计算应用小组和山姆·汤普森的计算机建模小组是兄弟部门。山姆的小组刚刚启动CTH项目,并涉足并行处理。这是一个非常好的组织,就像三脚架一样,在李·戴维森的总

---

① 在撰写本文时,迈克·弗尼希使用各种装置(包括STAR装置和Veloce)在圣地亚继续进行冲击波实验。

② Mini Jade Two是一种高硅、高含水量的灌浆,参见Grady and Furnish(1988,1990)。

体领导下(以及,相应地,在沃尔特·赫尔曼主任领导下)。而且在某些方面,它类似于在脉冲功率科学中心①的动态材料特性部门最近建立的汤姆·梅尔霍恩和马克·赫尔曼的小组。

在接下来的 9 年里,我对地质材料的研究发展了很多。使用 STAR 的气体炮,我们研究了各种灌浆、凝灰岩、石灰岩、花岗岩和类似材料。我向 DNA 提供了相当多的支持,与现场指挥防御核机构和支持武器效应和地面冲击研究的许多承包商工厂合作进行武器效应和地面冲击研究,即 RDALogicon 公司、科学应用国际公司、系统公司、科学公司和软件公司,等等。然后,我们的任务是对天然雪和地下测试中使用的雪模拟物进行气体炮研究。当你在很深一片雪上方的空中放置设备时会发生什么?吉姆·阿赛称这是"雪活"②,我是主要研究人员。有一天我在部门办公室找到了一堆箱子,最上方的箱子有泡沫(模拟雪),第二个箱子有绝缘体,第三个箱子具有类似低密度的东西。因此我轻轻抓住箱子想拉下桌来。第四个箱子有一块厚钽板。我没有提到我还与丹·斯坦伯格和拉利特·查比达斯一起对 bcc(体心立方)金属进行冲击研究,看看其在加载和卸载情况下的强度。我最近回到了这个主题(以及钢铁和 bcc 金属),更加意识到不稳定波的性质和速率依赖的特性。

我有大约是 1990 年之后的笔记,我们会见了 PBFA Ⅱ(粒子束聚变加速器Ⅱ)科学家,讨论使用圣地亚加速器进行动态材料研究的可能性。我们无法想出一种方法,来使用非常高的能量密度,达到我们想实现的目的,因此我们回到了我们正在做的事情。然而,种子已经播下,近年来 PBFA Ⅱ(1997 年之后重新命名并重新配置为 Z)已经成为到极高压力动态材料研究的重要装置。

1993 年一个特别具有挑战性的项目需要测量二氧化硅的高压状态方程,从合成的超石英开始。东京大学的伊藤荣一(Eichi Ito)向我们提供了这些小块材料,我们在二级轻气炮上以反向弹道的方式冲击(样品进入射弹)。这里的困难在于确保 VISAR 诊断找到目标上的正确位置,当时的炮系统并没有真正用于处理如此小(3mm 直径)的样品,因此我们的不确定性相当大。目前使用 Z 开发的实验配置比使用二级轻气炮更容易实现这样的项目。最近我与华盛顿特区卡内基研究所的 Yingwei Fei 合作进行了几次这样的 Z 测试。

另一个关于铁电材料的有趣项目与物理化学中心和中子发生器工作人员合作发表了大量论文,这是一个熟悉线 VISAR 的机会,同时也了解到电磁场可以极大地影响材料的机械响应,这对许多人来说可能并不直观,但脉冲功率科学中

---

① 编者注:2013 年,马克·赫尔曼晋升为脉冲功率科学的主任,多恩·弗里克晋升到他以前的职位,作为该部门高级负责人。

② 译者注:"Snow job"本意指"吹牛"。

心的科学家已经开始认识到这一点。

1996年有两件事情凑到一起。首先,我对灌浆和岩石的研究使我越来越接近内华达试验场①(NTS)的问题;其次,圣地亚的炮工作开始枯竭。我们的中心主任埃德·巴西斯决定他宁愿买计算机,也不愿支付保持STAR开放的场地费。因此他关闭了STAR。这里有一个很长的故事,最终重新开放STAR(正如本书20世纪90年代章节所述)。因此,我稍后会更详细地讨论这些;关闭STAR时,我改变了小组,开始在NTS支持圣地亚的工作。

让我回过头来介绍当时内华达实验的现状。在1992年9月最后一次核试验之后不久,武器设计实验室开始积极开展实验,以满足国家核武库管理计划的要求,并利用NTS。在洛斯阿拉莫斯,最初的亚临界实验(SCE)定于NTS,称Rebound-I(反弹-I),1996年初开始进行"局部"测试。这些测试在赞助实验室进行(洛斯阿拉莫斯,利弗莫尔,最终还有AWE),准备在NTS进行现场实验。

圣地亚在阿尔伯克基和NTS有团队支持洛斯阿拉莫斯的工作。我们在利弗莫尔的工作中参与的次数要少得多,这些工作也是在同一时间开始的。戴维·汤普森在NTS领导圣地亚小组,还包括迈克·伯克、罗德·希尔和杰里·查尔(以及其他人),柏克德内华达(BN)公司的尼拉·麦考伊(Nira McCoy)担任秘书(直到今天,尼拉继续在该职位工作)。在阿尔伯克基,几个部门继承了地下测试时代的测试现场工作。然而,由于工作量减少,1996年初进行了重大机构改革,整个圣地亚的自愿离职激励计划确定这项工作"受影响",具体为工作人员应该从20人减至16人。事实证明,有5名工作人员希望受激励退休。与此同时,实验冲击物理领域(曾遭受过损失STAR)也"受影响",预计将减少其十名员工中的两名。我从保罗·亚灵顿的部门转到了NTS支持部门,这解决了一项实验冲击物理领域减员,并同时允许第五个与NTS相关的工作人员(卡尔·史密斯)受激励退休。通过这种方式,汤姆·伯格斯特雷泽(他之前已经转移到团队中)和我成为圣地亚该团队核心,在韦恩·库克和后来的比尔·博耶尔管理下对SCE进行现场测速和高温诊断。道格·加宾(Doug Garbin)是圣地亚的冲击学家(后来罗伯·雅培加入进来)。

反弹-I是一组三个实验,同时在一个单独的开采零室②内引爆,其中铈试样由爆炸平面波透镜和助推器驱动的金属飞片冲击。每个实验包括九个样品,其中七个样品用于传输时间测量(即雨贡纽测量),其他两个样品用于诊断提供卸载特性、声速和层裂强度信息的机会。实验标记为"L""C"和"M",分别为"低"(low)、"中"(Center)和"高"(More)的缩写(对应所获得的相对雨贡纽压

---

① 编者注:最近改称为"内华达国家安全试验场"。
② 编者注:零空间是测试的现场,其中布置炸药(常规炸药或核材料炸药)。

力）。然而，项目早期的非正式沟通使用了三个助手的名字：Larry、Curly 和 Moe。

汤姆·伯格斯特雷泽开始为反弹－I 建立一个高温测量系统，而我在一个 1391nm（红外）VISAR 周围组装了一个 VISAR 系统，该系统最初是为凯文·弗莱明建造的，用于 Distant Zenith（"遥远的天顶"）地下测试，吉恩·埃雷拉（Gene Herrera）和戈登·汉森（Gordon Hansen）主要在数据传输领域支持这项工作。组装诊断设备的工作还包括几个 BN 公司人员，最初是负责高温计的史蒂夫·贝克尔（Steve Becker）和负责 VISAR 的戴夫·奥斯瓦尔德（Dave Oschwald），埃德·马什两边都参与。研发工作同时在两个前沿推进：在 LANL 进行几次本地发射，并在内华达试验场的 Lyner 装置进行设置。

两个研发前沿相差悬殊。迅速建立了本地的测试发射装置，使用胶合板发射组件支架，通过一连串电缆连接到新墨西哥晴朗天空下的 8 号房仪表地堡。1996 年 3 月下旬进行第一次试验（L），使用组件中的替代金属。该试验包括 VISAR 诊断（一个样品上是我的团队在现场设置的圣地亚 VISAR，另一个样品上是威尔·海姆辛及其团队现场设置的 LANL VISAR）。不久之后进行了第二次 L 试验，还在各 LANL 射击场进行 C 和 M 试射。发射执行时间取决于实验准备就绪时间，并受到如森林火灾和相关空中交通等安全限制。

遵从地下核试验的习惯，内华达发射研发更为正式。发射执行时间和行为得到了能源部部长黑兹尔·奥利里（Hazel O'Leary）的批准。获批的烦琐程序花了罗布·希克森好几年时间。关于从 LANL 到内华达的包裹运输规定限制了实验设计的许多方面。"诊断人员"特别关注的是，要求无诊断剂浸入包装中的丙烯酸抗污染片；这排除了使用后表面短路引脚作为到达时间计量设备。提前好几个月谈判布线要求；电缆从实验间连接到"楼下"（地下 960 英尺）诊断间，然后将读出和控制电缆分出到"楼上"的记录室。对于反弹－I，圣地亚的记录在地上活动工作室（拖车）中完成。在 VISAR（产生来自光电倍增管的电信号）和数字转换器（预期接收信号）之间是光纤发射器，约 3000 英尺的光纤和光纤接收器。通过延迟发生器将"负载环"的输出注入 VISAR 输出，确定与发射相关的信号时序。所有地下设备都需要远程操作；发射时 U1a 疏散。

在反弹－I 项目期间，Lyner（低当量核实验研究）装置更名为 U1a，以强调这些是零当量实验，通过中子测量和地震确定该当量为零；如果当量非零，那将违反条约（即使美国参议院从未批准全面禁止核试验条约）。原来的 Lyner 装置名称来自于 1990 年"Ledoux"核试验，该试验是在 U1a 竖井附近浅滩进行的。本文 U1a 表示 NTS 区域 1 中的地下站点 A，多年来一直使用应用于整个装置的名称 U1a，即使主要通道目前通过主要地下走廊北端的 U1h 竖井。

取得批准使最终发射日程延误了一段时间。这些包括批准从洛斯阿拉莫斯包装运输、将其与爆炸物组装、将其运送到 U1a 以及进行射击。圣地亚和 LANL 使用威尔·海姆辛提供的电动冲击片配件（爆炸箔）测试了 VISAR 系统。1996 年 8 月进行了名为"Monarch"（"君王"）的演习。然而，直到次年寒冷多雨的 7 月 2 日才实施了实际的 Rebound（"I"被去掉了）事件。几乎所有的数据都被视为具有优良质量。加上在最后一刻，海姆辛获准在地下并行记录圣地亚和 LANL 数据。尽管地下结果和地上记录是相似的，但长光纤传输和光纤发射器和接收器确实引入了明显的波形失真。

Holog（全息图）是第一个劳伦斯利弗莫尔国家实验室（LLNL）SCE，在 Rebound 10 周后进行，没有要求圣地亚参加，LLNL 在此及其后续 SCE 上主要使用法布里–珀罗（Fabry–Perot）速度测量法。

下一个 SCE 最初起名 Boomerang（"回飞镖"），但最终改为 Stagecoach（"驿马车"），开启了发射名称的"老西部"主题。圣地亚将其所有高带宽记录设备（打包的诊断系统如速度测量仪和高温测量仪）转移到地下。安全壳仪器仪表等低带宽记录设备仍然留在"楼上"U1g 活动工作室停车处，这标志着远离 UGT 传统的重要一步，充分利用了这样的事实，即相比 UGT 的数千吨，SCE 最多使用数十磅炸药。UGT 协议的其他方面仍然有效，在一次性壁龛中进行 Rebound 和 Stagecoach 测试，在大约 40 英尺堵塞物（填充灌浆）后点火进行实验。

除了具有五个套件而不是三个，以及目标压力水平略有不同，Stagecoach 与 Rebound 类似。大多数套件和样品用于测量波速，最低压力套件（CJ 或称"创意果汁"（Creative Juices））包括五个观察样品的 VISAR 通道，确保其配置能够给出冲击–卸载和层裂信息。我购买了许多由 Valyn 国际公司制造的 VISAR 通道，该公司是林恩·巴克尔从圣地亚退休后成立的。这些仪器需要倍频 Nd–YAG 激光器和 Coherent 公司的新型激光器，它们不需要外部冷却器即可使用并在标准的 110 VAC 15 安培电路上运行。在检测壁龛中的圣地亚装置包括 Valyn VISAR、相干激光器和已停产的 LeCroy 7200 1 GHz 数字转换器（以及标准 Burleigh 调制器、Stanford 延迟发生器和允许远程操作的各种模块）。楼上的圣地亚分类操作装置目前位于 Porta–Kamp 大楼内，留下 B72 活动工作室装载安全壳记录仪器。

圣地亚在 LANL 的 R306 射击场参加了 CJ 的当地验证。尽管验证本身进展顺利，但在发射前两晚的暴雨中断了安装。由于掩体顶上土壤堆叠，许多加仑的泥水自入口管道倾泻到其中一个 VISAR 装置上。在咨询林恩·巴克尔后，戴夫·奥斯瓦尔德一天之内就让它再次运转了。

Stagecoach 发射在 1998 年 3 月的一个早上开始，不走运的是，Porta–Kamp 没电。离发射时间还有 3 小时（T–3 时间），电工还在努力排除故障。我们终于启动运行,还有2小时的空闲时间。当点火发射时,高爆炸药载荷的冲击波足够强,使得我们在半英里外高出爆点962英尺的嘈杂的Porta-Kamp大楼里也能感受到冲击通过我们的双脚。圣地亚的诊断工作非常好。我事先已编写了一套脚本,可以对VISAR数据快速进行初步分析,因此在发射后4小时(T+4)的会议上,我们能够列出更多信息,而不仅仅是"我们记录了所有通道的数据"(这种快速简报上的UGT标准用语)。随着LANL的Hemsing提供类似的信息,标准开始提高以达到大人物们对发射后4小时汇报内容的预期。

那么发次之间该做什么呢?保罗·拉格林掌管着圣地亚参与这些实验的资金,并对涉及圣地亚工作的BN公司财务方向有着重要影响。他认为在实验之间充分利用为SCE获得的设备和相应设备操作人员是明智之举。因此,在暂停SCE计划期间,这些设备开始用于Z装置工作。这种策略对BN公司和SCE项目也有好处:人员和设备保持良好就绪状态。有几次NTS日程安排允许用几周时间设置VISAR,但项目管理人员惊讶地发现,VISAR团队仅用了2天就做好了记录准备。

所有SCE在其日程安排中都大幅重叠。圣地亚的Stagecoach计划可以追溯到1996年10月初的一次会议,即Rebound发射前9个月。同样,非常不同的Icebound("冰封")发射(后来更名为Cimarron①)在1997年初之前处于规划阶段,尽管它直到1998年12月才真正执行。

Cimarron于1998年12月发射;该发射旨在观察多维冲击相互作用和喷射物的产生,进行一维测量(雨贡纽、卸载、层裂、强度)的任务由洛斯阿拉莫斯钚装置和NTS的JASPER②炮来完成,LANL的玛丽·霍卡迪(Mary Hockaday)是Cimarron的诊断协调员。因为物理目标与Rebound和Stagecoach不同,我们在最终确定和部署设计之前在LANL进行了一些局部测试。这些仪器众多的测试以总是在天黑之后开火而闻名。

1998年在Eenie射击场两次局部测试中的一次,我们因真空泄漏而延迟了2天,但最终解决了泄漏位置问题。因为Eenie地堡很小,只允许埃德·马什和戴夫·奥斯瓦尔德留在里面作为VISAR工作人员;丹尼斯·巴克尔(Dennis Barker)和我落到了外派到1/4英里外的峡谷的人群中,Bullwinkle套件上的炸药负荷只有几磅,但这仍然是一个安全问题。当发射终于开火时,看起来就像一个烟火表演。20分钟后,当我们返回地堡时,尘埃仍然很浓,用于发射的临时建筑物的一大块明体从地堡上被轰到了停车场,幸运的是停车场很空旷。不过,我们的数据看起来不错!

---

① 译者注:美国有Cimarron(西马龙)河,也有一部名叫"Cimarron"(《壮志千秋》)的电影。
② 编者注:联合锕系元素冲击物理实验研究(JASPER)装置包含一个二级气炮。

在 Cimarron 活动期间，圣地亚搬进了一个新的记录壁龛，在 U1a.03 浅滩的端部，绰号为"泰姬陵"，因为它相对宽敞。LANL VISAR 诊断也进入隔壁住所，这大大缩短了所需的电缆线路，并为后续 U1a.03g 的事件创造条件。U1a.03g 是在 Rebound 现场以北的新浅滩。地下工作环境比以前更像实验室了。我们在房间里工作时可以取下头盔和自救装备，这也不错。

在 2003 年年中紧随 Cimarron 出现了高端装备。Cimarron 涉及多个多维套件和大量诊断设备。壁龛中甚至包含一个弹出式相机，可以进行发射后视觉评估。圣地亚 VISAR 和高温测定诊断仪放入 Boris（"鲍里斯"）套件中（Natasha "娜塔莎"是另一个套件）。激光多模式几乎让我们无饭可吃，直到我们发现我们需要几乎以全功率操作激光器，根据需要衰减光束。当李萨如（Lissajous）图坍成一团乱麻，看起来颗星星时，可以看到这种多模式，因此我们称之为"恒星现象"。

在 LANL U1a 项目中出现的下一个 SCE 系列，即 Vito 和 MaRocco 系列，采用了一种让人联想到垂直核地下测试的测试装置。一个名为 Davy Drill 的大型钻机引入 U1a.03g，用于为这些活动以及后来的"Krakatau"活动开凿一个直径 5 英尺、深 35.5 英尺的竖井。然后将套件安装在一个包含诊断探针头、光纤和配线板的"圆盘"上，在发射前往下放入孔中并灌浆。这是在用于垂直 UGT 的全尺寸机架之后成型的。我在 Vito 活动中没有直接的任务。

MaRocco 项目包含 Mario SCE 和 Rocco SCE、现场确认以及 LANL 早期的局部测试。MaRocco 旨在阐明层裂特性以及有关喷射物的信息。早期的诊断概念集中在表面测速和 Asay 箔[①]上，但很明显这些概念并不能满足所需的物理学要求。我记得有一天早上问自己关于 Asay 窗口[②]的内容，并制作一个相应的演示图，通过电子邮件发送给几个洛斯阿拉莫斯同行，然后跳上车开车去见他们。当我到达洛斯阿拉莫斯时，办公室是空的，每个人都在会议室里，传阅着我的演示图的拷贝，这最终成为该系列的关键诊断方法。

---

① 编者注：Asay 箔是用于检测冲击表面喷射物的金属薄膜。详细介绍参见 J. R. Asay, L. P. Mix, and F. C. Perry, *Applied Physics Letters* 29, 284-287（1976）。也可参见 A. V. Fedorov, A. L. Mikhailov, and D. V. Nazarov, Chapter 9 in *Material Propertie sunder Intensive Dynamic Loading*, edited by M. V. Zhernokletov and B. L. Gluskak in collaborationwith W. W. Anderson, F. J. Cherne, M. A. Zocher（Springer, Berlin, 2006）, pp. 393-418.

② 编者注：Asay 窗口是一种非射线照相的层裂和损伤诊断方法，在层裂片的表面前使用透明窗口。当连续的剥落层以"多米诺骨牌方式"与窗口碰撞时，VISAR 测量窗口/剥落表面界面的速度变化。参见：D. B. Holtkamp et al., in *Shock Compression of Condensed Matter—2003*, edited by M. D. Furnish, Y. M. Gupta, and J. W. Forbes（American Institute of Physics, New York, NY, 2004）, AIP Conference Proceedings 706, pp. 473-476；也可见 C. W. McCluskey, M. D. Wilke, W. W. Anderson, M. E. Byers, D. B. Holtkamp, P. A. Rigg, M. D. Furnish, and V. T. Romero, *Review of Scientific Instruments* 77, 113902（2006）.

2001年12月,在LANL的PHERMEX①现场进行Rocco局部测试。与许多次确认②一样,一次性钢结构建筑放置了测试装置本身,而人员、干涉仪和记录仪则位于下方宽敞的地堡中。埃德·马什、格雷格·米兹和BN的斯科特·沃克抵达圣地亚VISAR诊断现场,我作为诊断科学家也在现场。虽然我们继续使用VISAR系统,每个干涉仪通道和数字化仪记录最多7个点,但LANL使用条纹记录制造了每个通道能够记录36个点的装置。这种设置涉及一定程度的数量与质量的权衡,将其用于接下来几个SCE,作为线VISAR。经过几天的设置,冬天傍晚的温度迅速下降,几乎使我们失去数据,我们可以看到返回的强度在我们眼前消失。最后终于点火发射了,我留下完成分析质量相当勉强的VISAR数据的任务。

NTS的MaRocco进行了四次射击,这些是2002年雄心勃勃的4个月期间进行的,两次验证是在大型钢球内进行的实际爆炸事件。套件安装在racklito中,这个术语是由LANL诊断协调员马克·威尔克(Mark Wilke)引进的。重要的是确认成功了,既可以验证诊断准备就绪,也可以作为替代材料与实际射击中使用钚的比较数据来源。由于虚假的预触发信号,第一次确认VISAR和其他关键诊断几乎失败了,我记得当我看到B72活动工作室中的条纹记录从打印机上滚落时,我感到难以置信,它们都是扁平线。激光器由普克尔斯(Pockels)电池调制,该电池被构建为向目标提供60s的光脉冲,并且以这种方式避免烧毁光纤,并提供额外的安全系数。然而,由于预触发,电池早期点火,因此,在实际发射时,只有少量残余光照射目标。事实证明,只有足够的光来阐明确认所需的数据。马克·威尔克爬进圣地亚记录活动工作室查看了结果,然后大声地感谢圣地亚的工作人员,表示我们"刚刚挽救了洛斯阿拉莫斯2300万美元"。MaRocco的剩余部分进展顺利,为约翰·布津斯基(John Budzinski)在LANL的分析工作创造了大量素材。

对于MaRocco来说使用脉冲激光是新的。在之前的事件中,我们使用连续激光,并验证了正确的VISAR对比度,其低带宽范围表明D1与D2的关系(即90°相移条纹数据),如果VISAR调谐良好,则应为圆形。我们还开始以完全正交的方式记录所有VISAR信号,从我们的系统中移除差分放大器。

下一组SCE的引导时间较长。Krakatau是一项U1a实验,该项实验与AWE和LANL联合进行,几乎同时开展的Unicorn("独角兽")在U6c进行,这是一个

---

① 编者注:PHERMEX即脉冲高能射线照相机发射X射线,是LANL的动力学试验主力诊断设备,一直使用了40多年,直到其被DARHT(即双轴射线照相动力学测试设备)取代。

② 编者注:该类应用的确认是在真实实验或事件之前进行的准备测试,以验证所有系统、设备和诊断仪器都能正常工作。

距离几英里远的 600 英尺深钻孔。圣地亚选择通过 VISAR 和高温测定诊断参与 Krakatau。该 SCE 的第一部分是参加 AWE 的"本地"发射"Leuser"，这涉及在英格兰现场进行的诊断。格雷格·米兹、埃德·马什和 BN 的斯科特·沃克率先建立了圣地亚 VISAR 工作；我又是诊断负责人。这逐渐拓展成一个为期两年的项目，部分原因是 AWE 的安全要求，格雷格、埃德和斯科特均最终在英国进行了近 6 个月的测量。最终于 2005 年 4 月发射，此时角色被颠倒，AWE 工作人员成为内华达试验场的客队。

诊断仪器继续发展，在 Krakatau SCE 的确定过程中，我说服了 LANL 规划人员，除了标准的 VISAR 和高温测定之外，光子多普勒测速仪（PDV）的光纤和探头应该作为试验诊断进行测试，最近已经开发出来 PDV，并且明确希望实现自由表面环境，其中可能存在喷射物。由戴夫·霍尔特坎普（Dave Holtkamp）领导的 LANL 武器物理（P-23）团队热切地接受了现场 PDV 的报价。最后，PDV 和 VISAR 在箔膜和自由表面上都表现良好，尽管 PDV 显示出具有吸引力，能够同时看到喷射物。Kerinei 代理实验和 Krakatau 亚临界活动都进展顺利，后者于 2006 年 2 月结束。由于授权基础①延误，"独角兽"也遭遇长期拖延，最终于 2006 年 8 月发射。

与 LANL 相关 SCE 设计的下面两个主要演变出现在 U1a 另外位置，而 Krakatau 正在进行中。正在挖掘 U1a.05 浅滩，并且针对 Armando SCE 完成 U1a.05，其中包括圣地亚国家实验室设计的"天鹅座"射线照相机以及更传统的测速和阴影图诊断方法。"天鹅座"的建造是圣地亚国家实验室的一项重要工作，U1a 的安装和验证是与 LANL 的一项共同任务。Armando 零空间建造成隔板装配 X 射线入口端口与单独的大型钢箱，其中包含接收电荷耦合装置，以便稍后读取射线照相图像。在 Armando 的设计过程中，LANL 借鉴 LLNL 成功使用零空间经验进行了多次拍摄（如 Oboe（"双簧管"）和 Piano（"钢琴"）系列 SCE），并且更改了将项目限制在 6 英尺直径钢球的计划。2004 年 5 月使用射线照相和有限速度测量方法执行了 Armando。

除了新的射线照相功能外，在 U1a.05 浅滩附近还建立了一套全新的六诊断屏室。

为了利用 Armando 零空间的新放射成像能力，Thermos 系列于 2007 年投入使用。这是包括样品回收的第一个 LANL 系列。在这些测试期间，有人操作屏幕室（没有必要从"沿井身上行"的活动工作室控制数据采集过程）。12 个铝制容器大小如咖啡热水瓶，装有小 Pu 盘和爆炸驱动器。LANL 和圣地亚合作，为

---

① 编者注：授权基础指用于授权在设施或测试中进行的活动的文件，符合能源部关于环境、安全和健康的命令和政策。

VISAR 和 PDV 设计光学探头以监测样品运动,而"天鹅座"射线照相用于测量变形。将样品捕获在泡沫中,并且将容器返给 LANL,用于回收和金相检查钚。通常情况下,一周内可以完成两个实验,通过拍摄后分析逐渐增大 LANL 团队的工作内容。2007 年底,在 LANL 的质子射线照相设备 pRad 上进行了另外五次保温瓶射击,其中包括圣地亚测速仪。

在这些实验之后,在 Bacchus/Barolo 系于 U1a.05 浅滩"天鹅座"之前有一段间歇。在本系列的预备阶段中,圣地亚 VISAR 团队用一组四个固定腔的 VISAR 取代了 19 束 BN VISAR。同时不好不坏的一项变化是严格限制全面检查清单。尽管圣地亚、洛斯阿拉莫斯和 NSTec(已取代 BN)多年来一直在使用检查清单,但变更控制和文档的过程变得更加正式。

通过大量的电子冲击测试(现在使用圣地亚国家实验室/NSTec 冲击器)以及"脉冲测试"完成了诊断定时和验证,脉冲测试还使用一对紧密连接的快速脉冲激光确定各个数据通道的相对时序。

由 AWE 领导的 Bacchus("酒神")发射与 LANL Barolo – A 和 Barolo – B 发射的物理设计截然不同。然而,诊断套件几乎相同。因此,在单个部署工作中执行所有三个实验(加上确认)是有意义的。

在 2009 年 9 月进行 Barolo 验证。然而,由于各种原因,实际上首先进行 Bacchus 项目(2010 年 9 月),分别于 2010 年 12 月和 2011 年 2 月执行 Barolo – A 和 Barolo – B。

随后 LANL 主导的 SCE(Gemini("双子星")系列的 Pollux("双子座之星")和 Castor("北河二","双子座 α 星")和目前的 Leda("勒达","宙斯之子")/Lyra("天琴座")系列)涉及"天鹅座"射线照相和大规模 PDV 部署。圣地亚在内华达现场丹·博兹曼(Dan Bozman)和马克·基弗(Mark Kiefer)在新墨西哥的领导下,支持"天鹅座"的工作,且有望在 U1a 开发和部署下一代射线照相方面发挥关键作用。目前还计划在 U1a 内安装大口径火药炮;圣地亚可以通过测速仪参与这项工作。内华达国家安全试验场的这些项目继续提供关于动态条件下钚行为的重要信息。

这些年来,忙于 NTS 项目工作,缺少旅行,但肯定也包括好的方面,团队非常棒,这个地方很漂亮,还有很多野生动物(不……,我真的是指动物园类型)。夜晚是晴朗而黑暗的,从水星外面看,百武彗星的尾部在天空中延伸了三分之一,但它们真的在晚上照亮了人行道,从拉斯维加斯出发需要长途通勤。

这一切都在进行的同时,我的阿尔伯克基工作仍在继续。对于 Z 装置上的一组实验,与杰夫·劳伦斯等合作,我们照射了一个分区管道,来研究 X 射线驱动下各个分区的运动。对于这项研究,我们想要一堆 VISAR 通道。由于 SCE 的工作,我们有可用的 VISAR 通道,因此我请人在中心部分放置了一束光纤。据我所知,这是 Z 装置上的首次多 VISAR 实验。此外,由哈佛大学的约翰·雷莫不断推动,我们安排了许多顺带实验,来观察陨石和其他材料对 X 射线通量的机械响应,试图测量动量耦合系数。其中一些材料非常不好!实验结果现已公布(Furnish,1993;Furnish,Boslough,Gray&Remo,1995;Furnish&Remo,1997)。

我还与比尔·莱因哈特和拉利特·查比达斯合作,从 STAR 的超高速发射器中提取物理学内容,分析铝在熔化边界上的高压强度行为以及 LiF 在冲击加载下的透明度极限,此项工作在 1998 年超高速冲击研讨会获得最佳论文奖(Furnish,Chhabildas&Reinhart,1999)。我对这件事的记忆是,在凌晨 2:30 乘坐公共汽车到达有雾的亨茨维尔,决定不参加清晨的会议,再多睡一会儿,早上 6:30 被克林特·霍尔轰下床去参加早餐时的"战略规划会议",然后在开幕式上,我试图保持清醒,却看到在屏幕上出现奖项公告时,感觉眼睛一下就睁大了。

作为另一个花絮报道,我被说服去编辑 1999 年开始的 APS 凝聚态物质中的冲击压缩(SCCM)会议论文集,并持续到 2007 年(2005 年和 2007 年聘用美国海军学院的马克·埃勒特(Mark Elert)帮忙)。2009 年,我共同主持了纳什维尔 APS SCCM 会议,因此我聘用了 LANL 的比利·巴特勒(Billy Buttler),来将我从编辑工作中解放出来。我还担任过一个任期的 SCCM 专题小组主席和三年的秘书/财务主管,该专题小组是另一个了不起的团队,我很享受与他们一起工作。

现在,我的重点是回到阿尔伯克基,主要是在 DICE 和 STAR 装置上进行实验。这包括用于层裂问题、强度测量等的线 VISAR 构建以及更多的普通发射。在实验设计和误差分析中,CTH 和 WONDY 波代码继续有用。使用线 VISAR,目的仍然是超越"漂亮图像"的目标,解决诸如不稳定间距、材料属性扰动的影响以及层裂屈服的机制等问题。我们已经开始与 AWE 就这项工作进行富有成效的合作。我使用 Matlab 编写了一个程序,来分析基于条纹位置演变的线 VISAR 数据,Matlab 是一门具有挑战性的编程语言,但它创建了一个框架,让我最终能够抛弃旧的 Fortran 语言。这将导致什么,时间会告诉我们。

赛斯·鲁特说服我加入一个不敏感的高爆炸药项目(也需要线 VISAR),来支持联合弹药项目下的 DOD/DOE 谅解备忘录;这是我努力的重点。我还在解决与电荷累积相关的干涉测量问题,该问题与线 VISAR 的分析问题相同。与线 VISAR 例程一样,最耗时的部分是让计算机与科学家交谈。

我主要感谢圣地亚国家实验室工作的团队(包括 LANL、NSTec 和 Ktech 同行等),谢谢大家!

# 丹尼斯·格雷迪
# Dennis E. Grady
（1974—1996）

我于1974年加入冲击物理小组，达雷尔·芒森聘用了我。这是冲击物理组和圣地亚快速发展的时期。除了我之外，马林·基普、保罗·亚灵顿和比尔·布朗在几个月内都加入了计算组或实验组。

我前几年在斯坦福研究所，在那里我为国防部核武器局（DNA）地质材料进行实验冲击状态方程研究。在实验冲击物理小组中，我承担类似的实验工作，以支持涉及核地面冲击和地球穿透武器效应的圣地亚项目。

在这段时期早期的两次事件促成了我的好运。首先，林恩·巴克尔最近开发的VISAR仪器技术已经上市，我有机会获得一些有史以来首次对岩石和矿物进行高分辨率冲击波结构的测量结果。其次，林恩·巴克尔刚刚离开去盐湖城的Terra Tek，我最幸运的是在阿尔伯克基圣地亚与罗伊（瑞德）·霍伦巴赫在他离开圣地亚之前最后几年合作，他是VISAR技术应用的最重要的专家之一。

为了支持DNA和能源部（DOE），地质材料的冲击状态方程测量一直持续到20世纪80年代早期，对地面冲击效应的担忧开始减弱。我加入了洛斯阿拉莫斯实验室的约翰·沙纳，与苏联同行就内华达试验场的核试验禁令进行了首次技术会谈。从20世纪70年代的结构冲击数据，产生了关于冲击结构普遍性以及非均质性在冲击破坏和固体流动中的潜在重要性的一些早期观点。加上同一时期冲击物理组的金属冲击波结构研究，出现了控制固体冲击结构黏度的四次幂定律。

20世纪70年代中期的能源危机，为三个国家安全实验室通过技术创新提供了动力，以推动支持美国能源问题的进一步努力。关于有效使用和回收油页岩、焦油砂和深层煤汽化，以及其他活动的技术问题正在积极进行。广泛研究诸如爆炸和静水压裂（目前通常称为压裂）的方法，确定并追求了许多冲击物理问题，一个关键问题是开发有效的爆炸性断裂和破碎方法，以支持对整个落基山脉各州石油页岩沉积物的原位干馏研究，在冲击物理学小组中进行了油页岩和其他岩石材料的冲击层裂和破碎研究。这些工作为落实在支持各种能量回收计划的计算机代码中的破裂和破碎理论提供了基础。

在20世纪70年代后期，核武器运输中的一些不幸事件引发了人们对核武器意外爆炸的担忧。尽管在大多数事故情况下不太可能发生核反应，但高毒性物质的爆炸性扩散是非常可能的结果。该项目最终演变为对事故和涉及核武器恐怖主义威胁后果的评估；该项目还扩大到包括对核反应堆安全的关注。在能源项目的早期冲击物理支持中，出现的断裂和碎裂理论在评估核武器爆炸性扩散的影响方面发挥了核心作用，这是一个优势。冲击物理学小组提供了材料冲击状态方程和动态强度研究，这是无数场景的计算评估所必需的。在圣地亚实验炮装置上进行了所需的铀实验研究，对于有关钚的类似材料研究，提供了洛斯阿拉莫斯专用实验装置的使用权。

在20世纪80年代中期，钻地武器演变成圣地亚的主要推力，为冲击物理学提供了重要的支持作用。使用炮装置和VISAR仪器，以相反几何形状对岩石材料进行小规模穿透实验，期间可以对冲击引起的加速冲击谱进行高分辨率测量。因为比较熟悉新墨西哥州的地质情况，我帮助找到了一个当地地质位置，可以进行材料所有尺寸下的穿透实验。我们几次前往新墨西哥州圣伊西德罗（San Ysidro），发现了一种称为"圣伊西德罗砂岩"的材料。将立方米尺寸的砂岩块运回阿尔伯克基，进行滑轨轨道穿透试验。在圣伊西德罗附近进行了几次戴维斯炮穿透试验。为了支持该项目，在冲击物理炮装置上对同种砂岩进行了缩比穿透测试。

在20世纪70年代和80年代，苏联继续进行类似质量的冲击物理研究，从公开文献来看，我们一直保持领先。1990年，受益于开放政策（Glasnost）[①]，冲击物理学领域的苏联科学家在短报上宣布，将向国际开放一个以前仅供苏联科学家参加的会议，他们联系了LLNL的一位科学家，询问他是否愿意参加会议，后者转而联系了圣地亚、洛斯阿拉莫斯以及其他几个组织。结果是在短时间内有十几位科学家（大多数来自三个国家实验室）前往俄罗斯参加这个有史以来第一次的国际会议。蒂姆·特鲁卡诺和我是圣地亚的参会人员，这次旅程需要飞往莫斯科，然后搭乘俄罗斯航空公司的航班到俄罗斯伊尔库茨克（这本身是一次冒险），在贝加尔湖畔参加冲击物理学会议。在那里我们遇到了俄罗斯科学家，我们只通过文献却已经认识他们几十年了。

当时俄罗斯的核武器研究工作迅速减少，引起了人们对这一过渡期间俄罗斯科学家的稳定性的关注。在此期间，美国国家安全实验室通过非核研究的财政支持发挥了重要作用。圣地亚冲击物理学小组在这项工作中发挥了积极作用，其中一项工作引起了对高温下金属的层裂和剪切强度的广泛研究，那时向俄罗斯科学家提供适度的资金产生了相当重要的科学研究回报，这些工作有效地支持了正在进行的实验室项目。

---

① 俄文"openness"的音译，由戈尔巴乔夫在1980年代后期发布的苏联政府允许更自由地讨论社会问题的政策。

20世纪80年代后期出现了一项广泛研究项目,该项目需要国防部和国家实验室就共同关心的问题共同工作。在圣地亚通过冲击物理方法进行材料特性研究;对低密度和高强度陶瓷进行广泛的实验研究,这些陶瓷具有潜在的军事装甲需求。从这一工作得到的雨贡纽状态方程和动态强度特性,至今仍然是终端弹道环境中陶瓷性能计算分析的基础。

1996年4月,我从圣地亚冲击物理小组退休,我在这里工作了近21年,从事迷人和有挑战性的工作。我发现自己永远不会完全离开这个领域,我继续寻找机会与该小组互动,而该小组接下来几年不断发展和蓬勃壮大。

# 罗伯特(鲍勃)·格雷厄姆
## Robert A. Graham
(1958—1996)

### 哈佛大学威廉(比尔)J. 内利斯的回忆[①]

我记得第一次见到鲍勃是在 1979 年在法国举行的 AIRAPT 会议上,也有可能是在 1976 年斯坦福大学 APS(美国物理学会)冬季会议举办的冲击会议上(可能由鲍勃组织),不管是哪种,我都是在到了 LLNL 后不久就遇到了鲍勃。回顾那些日子,我意识到他是我最近加入的这个新领域的一位伟大导师,并提供了宝贵的建议。鲍勃也是我自己的私人历史学家,讲述了洛斯阿拉莫斯和圣地亚冲击研究的早期历史。特别是,我从他那里学到了很多关于圣地亚动态强度方面的早期工作。

在那些日子里,组织冲击领域的活动很多,鲍勃经常参与其中。我记得 1979 年在华盛顿普尔曼(Pullman)参加了第一次会议,最终称为 APS 凝聚态物质冲击压缩(SCCM)专题组会议。1981 年,我与林恩·西曼(Lynn Seaman)一起担任加利福尼亚州门洛帕克斯坦福研究所(SRI)冲击压缩会议的共同主席,三名俄罗斯科学家实际上参加了那次会议。在那之前,很难想象俄罗斯国防部的科学家与美国同行一起参加会议。我向苏联俄罗斯人发出了会议邀请,但我不记得是谁建议了这些名字。在 SRI 会议结束一个月后,我接到鲍勃的电话,他说如果苏联科学家邀请美国科学家参加苏联的类似会议,作为他们回访美国的目标,是最好不过的。我同意并与苏联方面联系表达了这层意思,1982 年 9 月,鲍勃和我访问了苏联,这是与俄罗斯同事进行 30 年最富有成效和愉快的互动的开始。这是鲍勃为我们领域所做的众多好事之一。谢谢鲍勃采取这一举措。从那以后,我一直在与其他国家继续这个想法,也得到了类似的结果。

我记得最多的事情是鲍勃对冲击压缩卓越表现的热情,他与世界各地科学

---

[①] 比尔·内利斯的大部分职业生涯都在劳伦斯利弗莫尔国家实验室进行冲击波研究。他退休后加入了哈佛大学。

家建立专业关系的动力,以及他决心并且坚持将冲击领域组织到 APS 的 SCCM 专题小组,鲍勃肯定是这样做了的,目前会员从此类会议受益匪浅。

**编者的颂词**[①]

很少人能够像罗伯特(鲍勃)·格雷厄姆一样,对科学领域具有变革性的影响。在他在圣地亚的整个职业生涯中,鲍勃为冲击波领域做出了开创性的贡献,即使在今天,其成果也继续为科学界提供指导。在他的职业生涯早期,他领导开发了用于动态材料特性精确测量的新实验方法,这反过来使人们对铁电和压电材料有了基本的了解,这些研究产生了无数的应用。他对圣地亚石英计的开创性开发是改变行业面貌的进步,它为探测冲击波的精细结构建立了新的范例,并使人们能够更深入地了解冲击压缩下的机械、物理和化学特性。在建立冲击压缩科学作为一门可靠的科学学科方面,通过他所创立的专业团队和他建立的许多合作,他的个人领导力持久地影响了整个行业。通过为该领域有抱负的研究人员设定卓越标准,他在冲击波研究方面的遗产与新一代冲击波科学家一起历久弥新。

1954 年鲍勃毕业于奥斯汀得克萨斯大学(UT),获得土木工程学士学位。1958 年他继续在 UT 获得机械工程硕士学位,他硕士学位的研究是在工程力学和航空航天系里珀格(E. A. Ripperger, Ripp)教授指导下完成的,通过几个夏天研究了许多技术问题(包括设计一个用于武器输送系统冲击试验的高倾斜落塔),里珀格与圣地亚很熟,在 20 世纪 50 年代和 60 年代,他将自己的几个学生(特别是鲍勃·格雷厄姆)送到圣地亚,发挥了重要作用。

在 1958 年加入圣地亚之后,鲍勃几乎一开始就参与了冲击波研究。当他加入新成立的研究理事会的刚刚起步冲击波研究时,他有幸与弗兰克·尼尔森合作,弗兰克·尼尔森本身就是一位富有创造力的天才,他还有幸与比尔·本尼迪克合作,比尔·本尼迪克是一位出色的实验人士;这三个人在早期大力推动冲击波领域向前发展,成功揭开了冲击加载下铁电晶体爆电换能的奥秘。鲍勃积极参与铁电(FE)和压电(PE)材料的爆炸性测试,并对冲击波实验要求具有精确和严谨的敏锐感觉,这是他在整个职业生涯中保持的卓越标准。

通过这次合作,几年内基本了解了 FE 和 PE 材料,并于 1961 年为圣地亚石

---

[①] 如果没有罗伯特·格雷厄姆的回忆,这些回忆将是不完整的。他的领导力和远见卓识使冲击压缩科学成为一门领先的科学学科,由于他无法提供个人记忆,只好由编辑们汇编总结他的巨大成就。关于格雷厄姆贡献的大部分具体资料均摘自"The history of the APS Shock Compression of Condensed Matter-Topical Group," in Shock Compression of Condensed Matter – 2001, edited by M. D. Furnish, N. N. Thadhani, Y. Horie (American Institute of Physics, College Park, MD, 2002), AIP ConferenceProceedings 620, pp. 11 – 19.

英计(第一个时间分辨应力波测量仪)申请了专利,该仪表是用于探测冲击波结构精细细节的游戏规则改变者。石英计所阐述的深入理解允许建立机械、物理、化学和能量材料响应的先进材料模型;这些应用的实例是弹性屈服的分离机制、结构相变的动力学性质、冲击诱导熔化的检测、高能材料的反应速率、脉冲辐射诱导的应力波,等等。

1958年首次展示用于精密材料研究的炮发射器技术之后,鲍勃在提升最高精度和优雅水平的能力方面发挥了领导作用。他开发的氦气驱动气体炮,即使在今天仍然是精密冲击波实验的缩影,使用该装置进行了大量基础研究,包括开发和完善石英计;此外,许多新入职的实验人士学习了氦气体炮上的冲击波技术。凭借该炮的精美冲击平面性和新开发的石英计,可以研究动态材料响应,时间分辨率约为1ns,这是前所未有的、真正突破性的进步,特别是在20世纪60年代早期,直到20世纪70年代中期左右石英计继续引领冲击波仪器。20世纪60年代末发明、20世纪70年代初期完善的激光干涉仪,成为石英计的主要竞争对手,并大大扩展了时间分辨波形研究的操作范围。但石英压力计开创了先河,为精准研究冲击波结构铺平了道路,它还确立了使用高度时间分辨仪器来揭示动态材料响应复杂性的价值。

鲍勃的个人研究和技术领导力阐明了动态材料特性,涵盖了广泛的主题。除了对FE和PE材料进行开创性研究,为其广泛科学应用奠定了基础之外,他还研究了压力衍化和几种受冲击压缩磁性合金的居里点,这在高压领域仍然是独一无二的。他与弗兰克·尼尔森和比尔·本尼迪克一起,为开发出第一种冲击驱动的铁磁脉冲电源奠定了基础。他精辟研究的半导体和电介质的冲击压缩响应,仍然是理解这些材料动态响应的标准来源。他对锗带结构的研究提供了带隙剪切变形势的首次大应变测量。他主张、组织并领导了一个大型研究项目,以了解冲击诱导固态化学的基本特性和广泛影响,通常称为"冲击化学"。他在这一领域的开创性研究为高度瞬态环境中化学反应的性质提供了重要见解,并为处于冲击状态的微化学科学和技术开辟了新的前景。从这项研究中得出根本不同的概念是长寿命电池,可以在受到冲击时激活,并用于专门应用。

鲍勃的杰出贡献之一是,他倡导且指导他人使用该技术独特能力方面的作用,将冲击压缩科学建立为一个可信的学科。他是许多有抱负冲击波研究人员(包括本书的一些作者)的导师,并竭尽全力确保该领域的年轻研究人员有机会与其他人交流,向其他人提供他们的结果。通过提名邀请报告和大会报告人选、参加遴选国家评审委员会以及合著关于冲击波技术的技术和主要综述论文,他实现了这一目标。他是一位对冲击波技术进行全面评论的多产作者,从一篇确定当时动态加载技术现状的重要综述(Graham,1958)开始,为该领域的未来发展提供了一条道路。

在他的整个职业生涯中,鲍勃一直致力于推进冲击波研究科学,并将这一新领域与高压科学领域相结合。他是最主要的推动者,努力工作并不遗余力地建立了关于凝聚态物质冲击压缩的 APS 专题小组。该专题小组的成立源于作为曼哈顿项目一部分进行的冲击波研究。在 1940 年代后期,冲击波研究人员参加了年度 APS 会议。1947 年 5 月华盛顿特区 APS 会议是第一次展示大量(21 篇)冲击波论文(Forbes,2002)的专业会议。在 20 世纪 60 年代后期,APS 执行秘书设立了关于冲击波研究的重点会议,以适应对该领域日益增长的兴趣。1967 年,格伦·西伊、奥瓦尔·琼斯和李·戴维森在加利福尼亚州帕萨迪纳 APS 会议上举办了关于冲击压缩科学的第一次专题会议——CA APS 会议。这些会议一直持续到 20 世纪 70 年代。在 20 世纪即将结束时,APS 设立了专题会议,以便在具体技术领域提供额外的官方重点。关于冲击压缩科学的第一次专题会议由圣地亚的丹尼斯·海耶斯和华盛顿州立大学的乔治·杜瓦尔教授组织并共同主持,会议于 1979 年夏天在华盛顿州普尔曼举行。

基于专题会议的成功,在 20 世纪 80 年代早期,APS 正式组织了选定的物理学科专题小组(Forbes,2002)。APS 要求鲍勃·格雷厄姆组建一个关于冲击压缩科学的专题小组,鲍勃请求来自科学界广泛基地的主要参与者支持这项工作,获得 10 名研究员和 27 名美国物理学会[①]正式成员的签名。APS 执行委员会接受了他的申请书,1985 年夏天在华盛顿州斯波坎举行了第一次正式会议,1985 年正式成立了凝聚态物质冲击压缩专题小组,随后的会议每两年举行一次。在斯波坎会议上,鲍勃当选为 SCCM 专题小组的创始主席,他在这一领导角色方面的奉献精神,为推动并将冲击压缩科学融入更广泛的科学界带来了巨大的好处。例如,专题小组已经将一些成员推向 APS 会士,如果不是关注于冲击波科学,这将是困难的。

作为他职业领导力的另一个例子,鲍勃坚持要求 APS 建立一个冲击波研究卓越的官方奖项。尽管 APS 因为认为冲击压缩领域太窄而无法获得长期奖励,从而最初不愿意建立此方面的奖项(Forbes,2002),但鲍勃与 LLNL 的比尔·内利斯和康奈尔大学的尼尔·阿什克罗夫特(Neil Ashcroft)教授一起成功克服此类阻力,冲击压缩科学奖(后来成为乔治·杜瓦尔冲击压缩科学奖)于 1987 年获得 APS 的正式批准。第一个奖项授给了罗伯特·麦昆、梅尔文·赖斯(Melvin Rice)和约翰·沃尔什(John Walsh),表彰他们在许多材料高压状态方程方面的

---

① 五位圣地亚国家实验室研究人员签署了这份申请书,他们是詹姆斯·阿赛、李·戴维森、鲍勃·格雷厄姆、布鲁诺·莫罗辛和杰罗德·约纳斯(Gerold Yonas)。

开创性研究,自那时起该奖项每两年颁发一次①。鲍勃·格雷厄姆是实现这一目标及为该奖项设计铁相变图标的主要推动者。

除了拥有200多种专业出版物外,鲍勃还于1993年由施普林格出版社出版了他的专著《高压冲击压缩下的固体》,由此启动新书系列《冲击波和高压现象》。此专题领域已出版了30本书,涉及广泛的主题,包括冲击波传播的基本原理、高能材料、动态断裂和碎裂、异质材料、超高压技术和高能量密度物理。这一成就是鲍勃领导将冲击压缩科学建立为首要科学学科以及将各种技术学科融入该领域的另一个例子。鲍勃曾担任该系列的主编多年,期间他还担任国际期刊《冲击波》的总编。

鲍勃在冲击波领域的技术成就、科学发明和专业领导力的另一个例子就是他所获得的奖项,他的众多奖项如下:1984年获得 IEEE C. B. Sawyer 奖,以表彰他对压电和铁电材料研究做出的杰出贡献,1991年获得东京工业大学颁发的材料科学与技术优先设置名誉博士学位,1993年获得冲击压缩科学奖。

鲍勃·格雷厄姆是科学天才、创新人才和专业领导,将冲击波研究提升到科学界的国际地位,他的开创性贡献使他成为冲击压缩科学的标志性人物。

---

① 冲击压缩科学奖由美国物理学会(APS)凝聚态物理冲击压缩专题小组于1987年建立。另外三位圣地亚研究人员获得了奖项:林恩·巴克尔于1999年,詹姆斯·阿赛于2003年以及丹尼斯·格雷迪于2007年。詹姆斯·约翰逊从1967至1973年在圣地亚工作,他之后加入了洛斯阿拉莫斯国家实验室,是2011年的获奖人。从2009年 APS 凝聚态物质冲击压缩专题会议,奖项名称改为乔治·杜瓦尔冲击压缩科学奖,以纪念在华盛顿州立大学工作了超过24年的乔治·杜瓦尔教授,杜瓦尔于1968年在 WSU 的冲击动力学实验室建立了冲击波研究中心,他于1989年获得此奖,是第二届获奖者。

# 托玛斯(汤姆)·海伊尔
## Thomas A. Haill
(1984—2016①)

**开发 ALEGRA 辐射磁流体动力学代码及其在冲击物理实验建模中的作用**

与这些回忆的许多撰稿人不同,我的背景不是冲击物理学,而是数学和等离子体物理学,我参与冲击物理学的时间不到十年,我主要通过计算机代码开发起到支持作用;直到最近我才直接参与应用建模以支持冲击物理学实验。ALEGRA 辐射磁流体动力学(MHD)代码是用于 Z 脉冲功率装置上建模飞片和等熵压缩实验广为应用的工具;因此,我将回忆 ALEGRA 的起源、发展和应用。

**历史渊源**

ALEGRA 冲击波物理代码项目(Brunner,Garasi,Haill et al. 2005;Robinson,Brunner,Carroll et al. 2008)肇始于 1988 年两份内部圣地亚备忘录。首先,1988 年 4 月乔治·奥尔斯豪斯(George Allshouse)声明需要一种三维(3D)辐射流体动力学代码,主要用于设计轻离子聚变靶丸。其次,1988 年 5 月,当时的脉冲动力科学中心主任佩斯·范德文德(Pace Van Devender)呼吁启动一个项目,以开发三维辐射静力学能力,支持圣地亚的惯性约束聚变(ICF)项目。后一份备忘录启动了最终成为 ALEGRA 的项目流程。规划过程涉及一个小的团队:奥尔斯豪斯(详细说明了代码的要求)、迈克·麦格劳恩和蒂姆·特鲁卡诺(他们在 1989 年 10 月联合编写了针对此项开发的一份详细、未发表的提案),以及艾哈迈德·巴德鲁扎曼(Ahmed Badruzzaman)和加里·蒙特里。1989 年 2 月正式的书面提案之前是从范德文德(VanDevender)到时任实验室副主任的文卡特什·纳拉亚那穆尔提的内部备忘录。1989 年 10 月已经口头提出提案的主要内容,以便在该年早一些向一组管理人员提供资金。奥尔斯豪斯是真正提出愿景的人,而麦格劳恩是将这一愿景转化为具体提案的主要人物。

在 1989 年规划过程中,麦格劳恩和特鲁卡诺会见了马岑,马岑特别要求该项目足够灵活,以便可能包含 MHD 物理,对快速 Z 箍缩物理进行建模。如布鲁

---

① 编者注:汤姆在圣地亚的初步研究涉及核辐射中 X 射线辐射传输建模。之后,他加入了 ALEGRA 团队,开发最先进的 Z 箍缩和动态材料实验建模工具,于 2016 年退休。

纳(T. A. Brunner)等第172页所述(Brunner, Garasi, Haill et al. 2005),"在编写单行代码之前,这一要求非凡的先见之明目前已经很明确,因为在1996年时间框架中轻离子聚变项目让位于Z箍缩项目。"

值得注意的是,不少ALEGRA目前的架构和功能可以追溯到麦格劳恩和特鲁卡诺正式提案中的观点,如下所述:

- 该项目被视为昂贵且广泛的(至少持续5年);
- 该项目将从现有代码开始;
- 该项目将为圣地亚的冲击波物理和ICF工作开发一个高级代码;
- 代码应能够模拟靶丸内爆中物理尺度的巨大变化,以及流体动力学与其他ICF相关现象之间的复杂耦合;代码还应该能够处理复杂的3D几何形状。
- 开发代码和实现软件的策略应该灵活且开放的,这个假设最终成为1992年决定通过使用C++编程语言开辟新天地的一个主要因素。
- 为大规模并行计算平台开发代码,即使该机器架构在1989年并不明显。

麦格劳恩和特鲁卡诺认为,实现所需目标的最佳方法是使用块结构、任意网格连接、多种材料、任意拉格朗日-欧拉(MMALE)代码。他们建议使用圣地亚现有的PRONTO代码开始代码开发,该代码具有二维(2D)和三维(3D)版本(Taylor&Flanagan,1989)。PRONTO 3D是一种有限元、块结构的拉格朗日代码,具有基于Fortran编程语言的任意(但固定)网格连接。符合要求的网格将允许拉格朗日模式适应长度尺度的较大变化。要添加到新代码的欧拉模式将允许对表征湍流的复杂剪切和流体变形进行建模。

该代码还将是圣地亚3D欧拉CTH代码(McGlaun, Thompson&Elrick, 1990)的下一代扩展,当时它被广泛使用。然而,将添加不属于PRONTO 3D或CTH的各种新物理:辐射传输、等离子体流的双温度(电子-离子)流体近似、电子热传导、聚变燃烧物理、带电粒子沉积和MHD。另一个新颖之处在于将标准欧拉冲击流体动力学算法应用于任意连接性有限元网格。

该代码项目于1990年3月正式开始。当年晚些时候,2D Fortran优质代码RHALE面世。在1990年秋末决定使用C++,将RHALE重新构建为面向对象的结构。这一变化引起增强的数据结构和内存管理、面向对象的编程结构、调试和代码开发的改进以及使用大规模并行计算硬件的增强功能(Budge&Peery, 1993)。ALEGRA代码的第一次正式发布是在20世纪90年代末期,并且1997年发表了一篇关于ALEGRA应用于弹道冲击的文章(Summers, Peery, Wong et al. 1997)。

1995至1996年,圣地亚的脉冲功率聚变项目从轻离子束ICF转变为Z箍缩驱动的ICF(Spielman, Long, Martin et al. 1995; Spielman, Deeney, Chandler et al. 1997)。那时,我加入了ALEGRA代码开发团队,并与艾伦·罗宾逊一起开发

了瞬态磁场算法,允许 ALEGRA 模拟 Z 箍缩内爆以及后来的磁驱动飞片实验。传统的节点有限元方法在解决 ALEGRA 二维版本中的磁方程时非常有效;然而,3D 中的解决方案需要更正式的处理措施,帕维尔·博切夫(Pavel Bochev)[①]、艾伦·罗宾逊等(Bochev, Garasi, Hu et al. 2003a; Bochev, Hu, Robinson et al. 2003b)开创了体积、面、边缘和以节点为中心的有限元层次结构应用,来对 Z 箍缩建模。自 20 世纪 90 年代末以来,ALEGRA 的 MHD 版本已经常常应用于感兴趣的问题,并且在 2003 年第一次正式发布该版本(Haill, Garasi, Robinson, 2003)。

辐射传输首先出现在 ALEGRA 中,其中包括 SPARTAN 简化 Pn(SPN)传输方法的程序包,该方法由洛斯阿拉莫斯国家实验室的吉姆·莫雷尔(Jim Morel)提供[②]。后来,肯特·巴吉将这种方法直接编码到 ALEGRA,同时使用通量限制的扩散模型。然而,发现 SPN 传输方法具有缺陷(Trucano, Budge, Lawrence et al. 1999),并且在 2000 年的时间框架内,聘用汤姆·布鲁纳(Tom Brunner)来实施多组通量限制线性辐射传输方法(Brunner2003)以及多组隐式蒙特卡罗辐射传输方法。2005 年第一次正式发布高能量密度物理(HEDP)版本(Brunner, Garasi, Haill et al. 2005)。

目前 ALEGRA 代码(Robinson, Brunner, Carroll et al. 2008; Robinson, Niederhaus, Weirs, Love2011)模拟二维笛卡儿($xy$)或圆柱($rz$)坐标或三维笛卡儿坐标($xyz$)的几何域坐标,网格是非结构化基于有限元的,并且可以是拉格朗日、欧拉或任意拉格朗日 - 欧拉(ALE)型式。大规模并行代码主要用 $C^{++}$ 实现,这使得面向对象的方法能够实现物理算法,它运行在各种平台上,从台式工作站到大型计算平台上的数万个内核,如洛斯阿拉莫斯的 Cielo。面向对象的编程使得操作员易于分离耦合的物理学。作为耦合物理学一部分的瞬态磁学算法使用 MHD 近似,特别是材料是电荷中性的,因此忽略安培定律中的位移电流项,电流密度是无散度的,使用欧姆定律的基本形式封闭 MHD 方程。辐射传输算法包括通量受限的多组扩散或多组隐式蒙特卡罗方法,有限的热核聚变燃烧能力计算总中子和伽马当量以及中子飞行时间;然而,没有带电粒子传输或 α 粒子加热能力。

在奥尔斯豪斯和范德文德最初要求开发三维辐射流体动力学代码之后,我

---

[①] 编者注:帕维尔·博切夫是一位计算数学家,获得 DOE 颁发的 2014 年 Ernest Orlando Lawrence 奖,以表彰其在偏微分方程数值方法方面的开创性理论和实践进展。佩斯·范德文德(J. Pace VanDevender)是圣地亚国家实验室脉冲功率科学中心前任主任,1991 年获得 E. O. Lawrence 奖,以表彰他致力于产生脉冲功率,并展示脉冲功率以及磁绝缘传输线的新概念和设计。

[②] J. A. Josef and J. E. Morel, "Simplified spherical harmonic method for coupled electron - photon transport calculations," Physical Review E 57, 6161 - 6171 (1998).

们目前已经开展这方面工作25年多了,而且还在一直继续进行ALEGRA项目。在ALEGRA的当前形象中,我们最初愿景的两个关键要素仍然相当稳定。首先,如2008年会议论文(Robinson,Brunner,Carroll et al. 2008)所述,该代码继续作为圣地亚计算冲击波物理学许多研究和开发进展的平台;其次,该代码继续朝着为我们脉冲功率科学项目提供主要计算工具的目标前进。

本回忆的其余部分介绍了与冲击物理学相关的ALEGRA应用概述。通过直接参与、咨询、新特征、功能增强或缺陷修复,我几乎在所有这些方面都发挥了作用。

**辐射驱动的冲击和Z箍缩建模**

ALEGRA的一些最早应用旨在辐射驱动冲击和Z箍缩,初级黑腔靶内的Z箍缩内爆的辐射源用于驱动铝的状态方程研究(Asay,Hall,Konrad et al. 1999;Hall,Asay,Trott et al. 2000),这些实验使用兆巴级脉冲辐射源产生第一个时间分辨的粒子速度波形,通过使用ALEGRA和SPARTAN辐射模型的一维辐射流体动力学模拟设计和分析实验(Asay,Hall,Konrad et al. 1999;Trucano,Budge,Lawrence et al. 1999;Lawrence,Asay,Trucano,Hall,2000)。实验和模拟结果很好地吻合,后期差异归因于在实验中未校正辐射效应,并且未建模模拟。因此,实验为代码提供了重要的基准数据。

使用ALEGRA对Nova激光器上的辐射驱动喷射实验进行建模,并将结果扩展到针对Z脉冲功率装置拟定进行的更大规模实验(Lawrence,Furnish,Haill et al. 2001;Lawrence,Mehlhorn,Haill et al. 2002)。辐射驱动器烧蚀了固定在金垫圈中的圆柱形铝塞,材料特性的差异导致塞子沿对称轴线形成射流。针对Nova数据验证ALEGRA,然后用于预测Z装置上放大实验的结果,使用光谱分析代码SPECT3D[①]后处理ALEGRA结果,以生成合成X射线照片,证明Z-子束波背光的预期能力。

在ALEGRA上模拟了在5cm、10cm长分隔管中测量冲击和碎块传播的实验(Furnish,Lawrence,Hall et al. 2001b;Lawrence,Furnish,Haill et al. 2001),这些实验旨在测量复杂实验设计中碎块产生导致失效的可能性,管道配有大量VISAR探头和应变仪,模拟结果与管壁中冲击波和碎块传播的实验定性一致,但高估了碎块速度,可能因为高估了辐射驱动能量密度。模拟结果可以更好地理解实验中存在的各种现象。

---

① J. J. MacFarlane, I. E. Golovkin, P. Wang, P. R. Woodruff, N. A. Pereira, "SPECT3D - A multidimensional collisional - radiative code for generating diagnostic signatures based on hydrodynamic and PIC simulation output," High Energy Density Physics 3,181 - 190 (2007).

在许多物理系统中,流体动力学和磁流体动力学不稳定性是固有的,ALEGRA 代码开发人员参与了一项 α 组研究,比较了非线性 3D 瑞利-泰勒流体力学不稳定性的增长率(Dimonte,Youngs,Dimits et al. 2004)。通过详细数值模拟 $m=0$ 不稳定性(Stolz&Oliver2001)以及瑞利-泰勒不稳定性(Oliver,1999)部分验证 ALEGRA MHD。此外,在真空中细铝线纳秒电爆炸的实验和计算研究表明,在电压崩溃期间,每根导线分离成高密度磁芯和低密度热电晕,并快速排斥来自磁芯的电流(Sarkisov,Rosenthal,Cochrane et al. 2005)。通过稳态 $r-\theta$ ALEGRA 模拟研究了线阵 Z 箍缩的质量烧蚀阶段,以确定主导烧蚀过程的主要物理机制(Yu,Oliver,Sinars et al. 2007)。最终使用流入边界条件的复杂线阵 Z 箍缩揭示 Z 箍缩等离子体内爆与停滞期间的拖尾质量、不稳定性的 3D 性质(Jones,Garasi,Ampleford et al. 2006;Yu,Cuneo,Desjarlais et al. 2008;Lemke,Sinars,Waisman et al. 2009)。

### 飞片、ICE 和 MAPS

ALEGRA MHD 多年来一直用于模拟与材料冲击压缩直接相关的各种应用,近十年该代码模拟了磁加速飞片,早期的实验发射了金属飞片(如 Ti、Al 和 Cu),速度约为 10km/s(Hall,Knudson,Asay et al. 2001b)。一致的工作已经阐明了发射飞片的详细物理特性,从而使铝制飞片加速到 20 千米每秒(Lemke,Knudson,Hall et al. 2003a;Lemke,Knudson,Robinson et al. 2003b;Knudson,Lemke,Hayes et al. 2003c)。建模有助于确认在 100~500GPa 应力范围内 Al 的雨贡纽测量结果(Knudson,Lemke,Hayes et al. 2003c)。将测量结果与各种状态下 Al 状态方程的模型进行比较(Cochrane,Desjarlais,Haill et al. 2006)。利用 MHD 模拟结果进一步优化以形成电流脉冲,最终允许 Al 飞片无冲击加速到 30~34km/s(Lemke,Knudso,Bliss et al. 2005c)。最近,通过使用带状线构型和无冲击加速,用 ALEGRA 预测超高速发射飞片到 46km/s,并在 Z 装置上成功进行实验(Lemke,Knudson,Davis,2011)。

电流脉冲整形和磁力驱动的无冲击飞片加速能够成功进行另一类实验,称为等熵压缩实验(ICE)(Davis,Deeney et al. 2005),此类实验提供了同时沿整个等熵线绘制状态方程的数据,这是飞片技术产生雨贡纽数据的补充。常规使用 MHD 模拟来模拟和设计等熵压缩实验,该技术已用于测量 Al 的主要等熵特性(Davis,2006)和氟化锂等的强度(Ao,Knudson,Asay,Davis,2009a)。ICE 方法已经扩展到磁驱动径向压缩圆柱套筒,ALEGRA 模拟用于设计实验,以确定铍的主要等熵特性峰值压力最大到 2.4 兆巴(Lemke,Martin,McBride et al. 2012;Martin,Lemke,McBride et al. 2012)。

圣地亚还在紧凑型带状线脉冲功率发生器(称为 Veloce)上进行 ICE 射击。ALEGRA 已广泛用于模拟 Veloce 样品中的加载均匀性(Ao, Asay, Davis et al. 2007；Ao, Asay, Chantrenne et al. 2008)。一类特殊的实验已经证明了在材料中产生剪切强度测量的新概念,称为 MAPS(磁致压力剪切),施加外部磁场提供洛伦兹力,其与自生磁场一起在材料中产生横向和纵向速度和压力波(Alexander, Asay, Haill, 2010；Haill, Alexander, Asay, 2011),通过使这些波穿过材料来探测强度,其中可传递的剪切应力限于材料样品的强度,在峰值材料压力下探测确定纵向和剪切波通过的详细时间进程,在脉冲发生器上进行的另一类实验是类似于华盛顿州立大学的 Veloce,并用 ALEGRA 建模,包含在磁加速时有意破碎飞片(Lawrence, Asay, Gupta et al. 2009a；Lawrence, Haill, Freeman, Gupta, 2009b；Haill, Mehlhorn, Asay, Gupta et al. 2007)。这些实验证明了产生碎块的化学-电子发射器这一概念的可行性。完整的概念将采用磁通压缩发生器来驱动电磁发射器,该电磁发射器将推动碎块用于各种应用。

对于 ICF 和 HEDP 应用,令人感兴趣的是冲击压缩纯泡沫和高 Z 掺杂泡沫到数十至数百吉帕,我们在实验中研究了压缩聚乙烯和聚甲基戊烯聚合物以及泡沫(Root, Haill, Lane et al. 2013b),使用 Vienna 从头算模拟程序包研究了量子密度泛函理论(Kresse&Hafner, 1993, 1994；Kresse&Furthmuller, 1996), Vienna 从头算模拟程序包来自于维也纳技术大学(Mattsson, Lane, Cochrane et al. 2010),我们还使用圣地亚国家实验室的大型原子/分子大规模并行模拟器(或 LAMMPS 程序)进行了经典分子动力学模拟(Mattsson, Lane, Cochrane et al. 2010；Lane, Grest, Thompson et al. 2012),使用 ALEGRA 进行了中尺度流体动力学模拟(Haill, Mattsson, Root et al. 2012)。这种实验和建模工作证明了在几埃到几十纳米、几十微米到几毫米的空间尺度范围内结果的一致性,纯泡沫的实验和中尺度流体动力学结果已经扩展到相同密度的铂掺杂泡沫,以测试流体动力学代码(如 ALEGRA)中状态方程混合规则的有效性(Haill, Mattsson, Root et al. 2013)。另外,正在针对氚和乙烷等气体混合物检验这些混合规则(Magyar, Root, Haill et al. 2012)。

最后,对于高保真模拟来讲,状态方程和电导率模型是至关重要的,实验和模拟之间的细微差别引起改进这些模型的工作(Lee&More, 1984；Desjarlais, 2001)。修正的参数拟合数据很快就让位于基于密度泛函理论的详细从头算量子分子动力学模拟结果(Rosenthal&Desjarlais, 2001；Desjarlais, Kress, Collins, 2002；Clerouin, Renaudin, Recoules et al. 2003；Mazevet, Desjarlais, Collins et al. 2005；Clerouin, Renaudin, Laudernet et al. 2005)。由于这些工作,不断修改和改进了 ALEGRA MHD 中使用的状态方程和电导率模型。

## 总　结

我的回忆介绍了 ALEGRA 历史和应用的广泛概述,ALEGRA 用于许多其他应用场合,包括爆炸桥接线、喷气 Z 箍缩、稠密等离子聚焦、闪光放电、轨道炮和电磁迫击炮以及钻地弹和穿甲弹。如前所述,在奥尔斯豪斯首次提出开发三维辐射流体动力学代码的要求之后,我们目前已经工作 25 年多了,而且 ALEGRA 项目一直在进行中。

# 克林特·霍尔
# Clint A. Hall
(1984—目前)

## 克林特·霍尔和冲击物理学:谁会想到它??

我刚从新墨西哥州立大学获得机械工程技术理学士学位便到了圣地亚。几个月前,我曾与圣地亚国家实验室的几个团队进行了面谈,我将我的选择范围缩小到两个——区域Ⅳ的脉冲功率和 STAR 装置。在吉姆·阿赛(部门经理)和卡尔·康拉德(STAR 装置主管)说服我说经过"小的学习曲线"我就可以成为"万事通"后,我做出了选择。我只想说小是一个相对的术语。当我 1984 年 6 月到达现场时,我了解的第一件事就是我实际上根本不知道冲击波是什么、它们如何产生、如何使用或者为什么有人甚至如此关心它们。然而,我确实知道 STAR 有一个很好的机加工车间和一个焊工!机械人还能要求什么?

**学会如何做事**

让我"两眼茫然"的第一件事是卡尔试图解释 VISAR,我听明白了速度,然后从干涉仪上就完全迷惑了。他开始谈论延迟腿和干扰以及校准器,而我的脑海里一切都开始变得灰暗。当卡尔和那里的所有其他电子学人员开始谈论数字化仪、终端、信号发生器、时间标记……同样的情形又发生了。天哪!我不得不掉头去想发射器及其流体流动、气体膨胀、碎块减少以及能量吸收罐,这才感觉吉姆录用我实际上并没有犯下"巨大"的战术错误。不久之后,我实际上了解了炮及其工作原理,只要我从其他 STAR 技术人员获得一些帮助,就可以对它们进行实验。也许是因为我开始理解或者因为吉姆和卡尔想要有人用钢而不是电子来考虑多样性,不管怎么说我最终被任命为 STAR 的第二候补主管和压力顾问。当时我对自己感觉非常好,因为在卡尔退休后我成为 STAR 装置主管的职业目标即将成为现实!

在负责没人真正关心的单级压缩气体炮(空气体炮),并做出一些实际上使其更加用户友好、更可靠、看起来更专业的改进之后,吉姆显然认为我不会把事情搞得太糟,实际上给了我一个更高调的项目——我首次独立负责的 STAR 项目。我将成为二级气体炮注入轨道炮(STARFIRE)的机械主管。嘿,我能正确处理这个问题……简单地将充氢的炮与一个不喜欢连接的精致射弹结合在一起,并以大约6km/s的速度发射到一个固定的大段复合炮管中,炮管必须绝对洁净以避免弧前形成,大部分时间孔径相同,需要有$10^{-3}$ torr的真空,没有射弹窜漏,哦,并在轨道部分之前测量射弹速度,以在合适的时间释放电能。看看我的意思是……,小菜一碟! 为了使问题更加有趣,自始至终与劳伦斯利弗莫尔国家实验室(LLNL)的两名人员合作,他们是轨道炮专家。好吧,我们安排好两级喷射器开始运行,修改STAR"废料场"的一个收集器,将其作为冲击室,考虑好如何制作并对齐接头,使射弹能通过而不是将它们变成碎块云。剩下的问题是射弹"窜漏"。在没有解决这个问题的情况下,无法进行内孔速度测量,并且在每次发射时轨道炮部分将出现弧前。我记得圣地亚1988年左右在阿尔伯克基举办了航空弹道学靶场协会(ARA)会议,我是那些每天都要帮忙摆放椅子的高技术人员之一。作为我的奖励,我得留下来听取会谈,我还记得我"专注地参与"到他们当中,以至于我的思绪徘徊于射弹窜漏问题。就在那时密封设计出现在我脑海。我把它勾勒出来,并向林恩·巴克尔解释,他说"听起来很合理……"我想出了如何加工它并做了一个用于测试。好吧,总而言之,它第一次就成功了并成为STARFIRE项目的支持技术之一。另一个导致可重复的自弧射弹的射弹创新,包括银-环氧树脂加载的保险丝(吉姆的想法是使用环氧树脂,可以烧蚀并创造自动定时启动电弧),其模具具有高度复杂的Scotch®胶带系统。所有这些概念最终都纳入一项专利,即1993年6月批准的"混合电枢射弹"。然而,经过几年的努力,发射器系统能够达到的最佳速度约为7.5km/s,注入速度约为6km/s,远低于15km/s的项目目标。在评审了主要成功率与增量成功率、投资资金量以及重大进展的前景之后,吉姆·阿赛做出了关闭项目的行政决定。

当时正在探索一种替代的超高速发射器(HVL)技术,利用动量传递原理,使用可变密度冲击器将能量从6km/s的两级射弹传递到一个更轻的固定板上,固定板安装在发射管末端的延伸部分。拉利特·查比达斯和比尔·莱因哈特正在研究这个问题,看起来很有趣,而且刚刚停止了轨道炮项目,因此我认为从事该项目可能很有趣,因为他们已经在寻求我的帮助。不久之后,弹丸制造和可重复性、对准夹具、板制作技术和两级性能都得到了改进,该项目最终能够发射平坦、完整的板,能够得到合理精确的状态方程测量结果。我最自豪的一件事是在将HVL板安装到炮管延伸部分中时,消除使用Glad牌夹层袋作为HVL板不可分割的一部分的方法。通过将零件实际加工到正确的尺寸,可以避免使用缠绕飞片组件冲击侧的"三明治袋"的"高度精确和可重复的"平面圆盘切口来提供需要的过盈配合,将组件保持在适当位置。是的,他们需要帮助!

圣地亚国家实验室冲击波研究发展历程

**回到学校重建实验冲击物理学项目**

1994年发生的两件事对我在圣地亚的职业生涯方向产生了深远的影响。一是国家层面正在围绕关闭三个核武器实验室中的一个进行讨论。虽然拥有机械工程技术学位是有用的,但比标准机械工程学位的市场价格低,这让我重新考虑回到学校在职攻读学位,以防圣地亚是要关闭的那个实验室。当第二件事即以下简称"黑色星期一"发生时,我决定在圣地亚大学兼读项目下这样做。当时大约有十名圣地亚员工和大约八名合同工在STAR工作。吉姆·阿赛已晋升为二级经理,不再与该现场有联系。我们的部门负责人菲尔·斯坦顿向STAR打电话,告诉卡尔他正在区域I为所有圣地亚员工开一个强制性员工会议,不得以任何理由缺席。这是在12月初,每个人都在为圣诞节做准备,没有人知道会议内容。所有STAR技术人员都挤进了面包车并驶向该区域。当我们到达那里时,整个部门的工作人员已经聚集在会议室,现在只有站在房间里,并且有很多人低语。菲尔站起来继续说下面的话:根据埃德·巴西斯主任的决定,解散冲击物理学部门,立即生效。他告诉所有STAR技术人员,我们现在什么都不用做了,只管集中精力在圣地亚另找一份工作。合同工将有一个月的时间安置到其他地方,工作人员在整个中心重新分配。现场安静得连一根针落地的声音都能听到。我这辈子还从来没有见过一群人脸上如此震惊。当人们开始离开房间时,菲尔叫卡尔和我留一下。他告诉我们,我们要完成STAR所承诺并已经付费的所有工作,然后正式关闭并封存该场地。这确实是一个黑暗的日子,卡尔和我提醒菲尔,依据该场地安全操作程序的批准内容,至少需要三个人。菲尔允许我们让比尔·莱因哈特作为合同工留下直到工作完成。当人们开始离开去做其他工作时,比尔、卡尔和我决定暂时不要认输。我们继续进行实验,但我们还开始隐藏重新启动装置所需的设备,并且不让人们从那些用运输设备和物资的卡车作后援的"藏匿物"中取走任何东西用于圣地亚的其他工作。我们还意识到,我们能够拯救装置的唯一方式就是让吉姆回来重新参与其中。我们见过他几次,他同意帮助我们找到一个新的圣地亚赞助商。爆炸组件设施(ECF)加强了对板的控制,并采用了一种新的运营模式来降低装置成本。尽管命悬一线,STAR还是保存了下来。卡尔和我找到了其他工作,因此比尔及其合同被转移到了ECF。

吉姆继续寻找更持久的解决方案,并开始与脉冲功率科学主任兼圣地亚刚重新配置的Z机器的所有者唐·库克讨论。唐刚委托对他的资助Z及其运行的惯性约束聚变(ICF)项目进行独立评审。在评审中,还告知他开发Z的其他用途。有趣的是,LLNL在Nova激光器上的工作已经表明使用高能光驱动高压冲击波的一些潜在应用,即使脉冲长度非常短。唐觉得圣地亚可以用Z装置上黑腔做一些测量材料的动态响应的类似工作。然而,唐知道,要在他的中心开发一个严肃的项目,吉姆必须负责领导,因此他终于能够说服吉姆成为他中心的一个负责人,并开始进行动态材料特征工作。

其时吉姆是个聪明人,但唐也是。唐给了刚够让他过来的钱,但还不足以支撑一个部门,因此吉姆必须寻找一个便宜的人(为此他排除了所有工作人员),对导电材料响应测量有一定的了解,在刚刚经历黑色星期一之后,愿意在圣地亚尝试冲击物理学相关工作。吉姆可能发现的人是大学兼职项目已经支付了一半工作时间,认为他(吉姆)无所不能,并且愚蠢到再次考虑这一行的工作吗?好吧,在我决定回来之前,仍然接到唐·库克的电话,向我保证他对这项工作很认真!无论如何,吉姆和我在圣地亚组建了新的冲击物理学工作,并改用脉冲功率代替传统的发射器。

在所有"部门建设"开始的时候,Z处于起步阶段并经历了壮大的痛苦。参与Z工作的每个人都认为这台机器具有巨大的潜力,有一种团队合作的态度,这种气氛为吉姆和我的冲击物理学工作提供了机会。我们开始为光学冲击到达传感器和VISAR系统设置基础装置,但遇到并克服了许多障碍(例如,小样品尺寸所规定的时间精度、由于固有辐射引起的光纤折射率变化、衰减压力脉冲和不均匀的烧蚀加载)。当我们解决这些问题并在该领域中得到认可时,吉姆和我开始增加工作人员,来帮助建立这项工作,并开始为未来制定战略。我开始理解冲击物理学研究和科学,因为当我在新墨西哥大学攻读硕士学位时,吉姆和拉利特一直在教我,因此我们都意识到烧蚀加载固有的困难,并且知道它使用有限,但我们当时没有其他选择,用以在Z装置上产生那些压力。当吉姆和我思考烧蚀加载问题的解决方案时,我继续写我的论文,在拉利特指导下该论文着眼于理解混凝土中作为骨料粒度的函数的动态响应差异,相应的文章于1998年获得了航空弹道学靶场协会最佳学生论文奖,并使我能够达到要求在1999年获得新墨西哥大学机械工程硕士学位,随后因有了该学位晋升为技术人员。

**在Z装置上磁加载的诞生与成长**

作为"好公民",吉姆和我决定帮助瑞克·斯皮尔曼(一位脉冲功率研究人员)在Z装置上进行压力测量,他确信自己可以准确地转换为电流(他真正追求的测量)。为此,吉姆和我将两个小圆盘(一个铜圆盘和一个铁圆盘)放在一个线阵负载的阳极板上,然后将屏蔽的VISAR诊断连接到每个圆盘的后面,以测量它们各自的自由表面速度。结果是周五下午晚些时候进行了Z装置上发射,保存了原始VISAR数据,并发送给我,以便在下周一早上进行分析。我定下来到周六大约午餐时间必须前往办公室查看我们记录的内容。我坐下来,打开文件,然后分析数据。当我完成的时候,从铁圆盘数据中得到了一个非常好的迹线,但它有一个我无法理解的奇怪特征。碰巧拉利特也在办公室里工作,因此我下楼向他展示了迹线。他立即认为这可能清楚地表明铁的 $\alpha-\varepsilon$ 相变,但是不记得它应该对应什么样的压力,因此我们匆忙赶上公司的卡车前往 I 区,希望那里有记得的人在加班。我们能做得最好的事情就是在一张门外的海报上找到了一个视图(我们只需要"借用"这张视图),表明炮实验发生了铁的相变。果然它们是相关的,Z 装置上斜波实验磁加载的诞生得到了印证。

吉姆和我认识到仍有许多问题需要解决,但这有望成为一个金矿! 我们开始在会议上通过发表邀请报告、投稿报告和海报张贴宣传所取得的成绩,让同行与朋友们了解我们正在做什么以及我们认为我们的前进目标在哪里。我们还开始仔细研究压力梯度、扩散,以及分析技术。有了这么多有希望的技术,但在这些技术成为获得准等熵材料响应数据的常规方法之前需要了解许多细节,我们知道我们需要更多的帮助。吉姆从 ECF 收回了 STAR 装置,并带回了拉利特。因为它们都需要帮助,当时这两位任务主人逼我必须在 STAR 项目和 Z 装置项目之间选择。STAR 上使用经过验证的技术,在拉利特领导下具有合理稳定的资金流支持,而 Z 装置上技术未经证实但可能具有革命性,在吉姆领导下,没有稳定的资金,并且可能永远不会有任何结果——必须在这两者之间进行选择。再一次我将我的命运、事业、未来以及养家糊口的能力投入到吉姆领导下的 Z 装置上,幸运的是,从那时起这个选择很多次被证明是正确的。

随着关于斜波加载的消息开始传开,我们的资金开始增加,并有机会开始增加员工。两位补充人员对圣地亚冲击物理学的未来至关重要。第一位是马库斯·克努森,一位非常有希望的工作人员,刚刚毕业于华盛顿州立大学(WSU),另一位是克里斯·迪尼,当吉姆开始和他谈起回到圣地亚担任重新成立的 STAR 小组的负责人时,克里斯是实际上总部(HQ)[①]特殊机构的一位等离子体物理学家。尽管克里斯没有材料背景,但他非常聪明、年轻、政治正确,看起来拥有成为优秀负责人和领导者的所有技能。克里斯真正地加入了我们充满活力的材料团队,他和我很快就相互支持合作。

吉姆知道我们需要一些理论上的帮助才能理解斜波加载过程的磁流体动力学,并通过 LLNL 的阿特·图尔和大卫·莱斯曼获得了这些帮助。我们在圣地亚会议期间等到了这些帮助,吉姆、阿特、大卫、我和我们 Z 脉冲功率小组的其他一些人参加了这次会议,会上我们讨论了当电流流过我们样品时,从电流径向收敛到非均匀电流加载的解决方案,我们的样品安装到与阳极板的下表面齐平。

---

① 编者注:总部指在华盛顿特区的 NNSA(国家核安全局)。

在这次会议上有两个意外发现,使 ICE 加载成为今天这样,一个是样品可以垂直安装在"返回电流罐"上,另一个是罐可以是正方形的,并且由面板构成(我的想法)。我与靶设计人员合作,提出了一种面板布置形式,可以用金刚石车削表面和自动定位角进行施工。我们试了一下,瞧,它第一次就成功了! 就这样,诞生了另一项对圣地亚冲击物理学产生巨大影响的技术——我的宝贝,等熵压缩实验(ICE)立方体(C. A. Hall, J. R. Asay, M. D. Knudson et al. , "Experimental configuration for isentropic compression of solids using pulsed magnetic loading," *Review of Scientific Instruments* 72, 3587 – 3595 (2001a).)。

在马库斯到达后不久,在美国物理学会等离子体物理分会会议上,我就 ICE 立方体和我们的斜波加载技术发表了邀请报告。吉姆、马库斯和我在会议间隙坐在一张桌旁,开始讨论另一个整体概念。不是将斜波加载直接传输到感兴趣的样本中,我们认为我们可以驱动面板的底部使之作为飞片,冲击样品来获得高压雨贡纽数据。我们做了任何有自尊的物理学家在那时应该做的事情,在鸡尾酒餐巾纸上画了一个草图,把它塞进我们的一个口袋里,然后继续我们的下一个报告!当我们回到圣地亚时,我们确实找回了"高度精确的科学草图",做了一些计算,进行了实验,并在我们的第一次射击时超过了多年的 HVL 发展,金属飞片好到足够用于状态方程实验,速度大约是10km/s!当我被迫在吉姆和拉利特之间做出选择时,我的决定是 Z 技术很快就被证明是明智的。关于磁飞片技术的第一篇论文是 C. A. Hall, M. D. Knudson, J. R. Asay et al. , "High velocity flyer-plate launch capability on the Sandia Z accelerator," *International Journal of Impact Engineering* 26, 275 – 287 (2001b)。

**成为部门负责人与在 Z 装置上进行钚安全密封实验**

随着部门、人员、技术、资金和未来的开始有好的眉目了,吉姆和我发生了一次并且是唯一一次真正的分歧。在宣布他即将退休后,我向吉姆询问了他对我接任该部门负责人的看法,他觉得我没有博士学位,他无法支持我这样做。显然,我感觉则不然,并决定我必须找到其他一些允许我继续前进的小组。我必须在两个接收函之间做出选择,一个是圣地亚辐射效应部门,另一个是内华达试验场(NTS)运行 Atlas 项目,该项目将拆卸在洛斯阿拉莫斯国家实验室(LANL)建造的 Z 级脉冲功率机器,把它带到 NTS,重建,运行,并使之成功。最终,我决定留在圣地亚,实际上最终在同一栋楼里工作,就像我在吉姆的小组一样,只是向上挪了三层! 对吉姆和我来说这都是一段非常困难的时期,我无法让自己彻底离开我的旧办公室,只是保持原样几个月以保持联系,我想我对吉姆有分离的焦虑,他在我的职业生涯中已经这么多年了!

自此吉姆和我没有多说话,几个月后,克里斯·迪尼来找我,并在他的材料小组中给我一份工作,向我许诺说如果吉姆退休后他的职位空缺,会考虑我,我同意了,仅仅6个月就回到了该小组。克里斯给我的首要任务是,当我回来之后,接手苦苦挣扎的安全壳腔体项目,并以最少的资金确保项目成功,许多其他实验室和我们自己的内部管理层对我们的考核很多。事实证明,这个项目是展示和改善我当时偏弱的管理技能的完美方式。三个小组正在设计系统的不同部分,几乎没有沟通,技术挑战严峻,一个没有重点的测试计划,每次使用时都能完美运行的要求,以及我们还要面对许多怀疑。克里斯真是好样的,彻底不管了,将项目直接交给我。可悲的是,我喜欢这样,我认为他知道当他把项目交给我时我会有这种感觉。设计小组和我有几个令人头疼的摊牌会,我控制了每个设计工作,强制沟通,对测试计划做出了几项艰难且不受欢迎的决定,我们终于开始取得重大进展。经过几年的努力,我们准备在Z装置上测试第一个完整系统。我们发射了,所有实时指示器都表明设备运行正常,但唯一可以确切知道的方法是备受期待的氦气泄漏测试。我们从机器中拉出系统,并将其连接到探测器上,我只想说,在绝对没有泄漏的情况下,我真的跳起了"快乐的舞蹈"!该系统的效果与我们希望的一样好或更好,第一次就成功了。事实证明,这是另一项真正为Z和圣地亚冲击物理学工作提供未来的技术,即使我们当时还没有完全理解这一点。

到目前为止,吉姆和我恢复了正常……感谢上帝!……他把我介绍给约翰·泰勒,一个最终会对我在圣地亚的生活和事业产生巨大影响的人。有趣的是,他是吉姆的邻居之一,大部分早晨他们拼车上班。好吧,原来约翰在圣地亚管理一个高度机密的大型项目,吉姆成为他的主要研究人员之一,因为该项目的一部分与材料响应有关。随着吉姆越来越接近退休,他开始将他的一些项目的控制权交给其他人。泰勒那边的工作给了我。突然之间,我被迫进行各种安全检查和许可,签字放弃我的成果,并学着如何不与任何人谈论我在这个项目上做了什么。很快地,约翰喜欢上我管理那些交给我的工作的方式,于是扩展了我的角色和控制许可,成为他的项目中更大的一部分。我非常喜欢这项工作,并且接触到了另一个完整的客户群和另一种思考与开展研究的方式。它非常快节奏,以结果为导向,并对国家产生直接影响。

可怕的一天终于到来了:吉姆真的退休了,并去了WSU与瑜伽士·古普塔一起工作。我认为当时没什么决定好做,不过谢天谢地,他们把吉姆的高级经理职位交给了克里斯,他之前已经接任Z部门的经理,拉利特顶替克里斯的工作,成为STAR部门的经理。所有这些变动让Z部门的经理职位空缺了,几个月后克里斯把它拿出来公开招聘。这再次成了考验我时间,我是否觉得有资格管理这项快速发展的技术工作?它有如此多的承诺,如此多新的年轻员工,而现实中中心管理层支持如此之少。如果我不能这样做怎么办？如果我未能提供愿景、留住员工和/或维持资金怎么办？这不仅仅是像在STAR上那样使用经过验证的真实技术和分析方法来描述材料……这是在我的舒适区之外的方式。想当年，我的确知道我可以运行STAR，我强烈感觉我可以管理STAR部门，但是这个……这个职位更具"研究性"，风险大多了。我终于根据两点做出了决定——一方面克里斯一定觉得我能做到这一点，因为他极力鼓励我参与竞聘，另一方面，如果我看起来要失败，他会帮我。我终于参加了竞聘，克里斯给了我这份工作。

你们都听过这句古老的谚语，"祸不单行，福无双至"。在我接受了克里斯的部门经理职位后的3个月内，约翰·泰勒和HQ项目技术顾问布鲁斯·鲍顿（Bruce Boughton）想和我见面。原来，约翰在副主任办公室有了新工作，并且觉得他没有时间继续在圣地亚管理他的项目，因此他问我是否会考虑接管他的项目。我真的很喜欢我们在这个项目上所做的工作，以及我们在圣地亚取得的成功，但我不确定我是否有时间让该项目和我的新部门成功。我向他们解释了这一切，但是他们坚持认为我就是他们要找的接管项目的那个人。你怎么能拒绝这样的事情呢……拒绝不了……于是我接受了这个提议。能有多困难呢，对吧？我正想知道。

为一个非常好的老板（吉姆和克里斯都是这样的老板，但我这里指的是克里斯）工作的好处在于，他带你去参加所有的会议，你学习管理技巧，你有靠山，你有人鼓励。然而，也存在不利因素，你并不是唯一认识到这一点的人。是的，你猜对了；克里斯在总部得到了一个工作机会，管理科学行动计划，该计划不仅成为圣地亚动态材料工作的主要资金来源，而且成为大部分脉冲功率任务的主要资金来源。

对我来说幸运的是，当克里斯离开到HQ就职时，Z部门的冲击物理学和动态材料特性（DMP）子项目活动状态非常好。作为一个团队，他和我开始了几条战略道路，包括在Z装置上处理含有有害物质材料的能力、使用该系统进行钚表征实验的授权基础、坚实的DMP基础资金、紧凑型ICE驱动器的概念，以及一个相当好、多样化的员工队伍。当然，在这个小组中长大，我确实知道一些不太明显的"问题"，而且我自己确实有一些战略思想（想象一下！）。无论如何，有一个良好的基础，加上克里斯在总部的国防项目科学办公室工作，看起来非常有利于我们1646（动态材料特性）部门的未来发展。

在成为我们可以用来解决问题的真正成熟的技术能力之前，仍然需要做一些工作，因此我们团队开始并行处理它们。第一项工作是在Z装置上射击Pu，在我们完成工作之前，必须完成授权基础，必须设计靶，必须解决运输问题；我们得从LANL大量购买,考虑废水,等等,列表很长。像我们受过的训练那样设计和完成材料响应实验是容易的部分;令人头疼的是所有这些其他法律问题!我指派杰夫·格鲁斯(Jeff Gluth)专门负责ES&H(环境、安全和健康)和运输问题,马库斯负责与LANL一起进行实验设计工作,我负责协调工作以及在克里斯去总部后那些令人厌烦的产品展示。更糟糕的是,我们将对这种材料运用真正独特的准等熵加载能力,而不是相对简单的雨贡纽方法。因此,我们不仅要解决ES&H问题,而且按照另一位实验室副主任的说法,脉冲功率科学中心所有不想做这些实验的人(这样的人很多,有的还直言不讳),"他们永远也不会在Z装置上射击Pu";在一个非常明显的实验中,我们还试图在一个非常具有挑战性的问题上取得成功!就像我之前说的那样,简单,对吧?好吧,长话短说,我们确实在三个月内在Z装置上完成了三发打Pu实验,"全球瞩目"之下,控制完美,进展顺利。马库斯和丹尼斯·海耶斯合作从分析的数据中做出了很好的推论,组织工作全无瑕疵,而且,我们用有限的预算,完成了看似不可能的事情!这个实验非常重要,不仅提供了对Pu行为的一些新见解,而且还确保了圣地亚之后多年的DMP工作。

**其他冲击物理学相关活动**

所有这一切发生的同时,后台还进行着另外两个重要项目。在那之前我曾与兰迪·希克曼一起参与过轨道炮项目,知道他将是使迷你脉冲发生器装置动态集成压缩实验(DICE)开始运行的合适人选。我说服4区给了我们一栋急需翻新但特别适合这个应用的楼房。我们让人们相信,设计和制造这种"迷你脉冲发生器"需要花费约100万美元将是值得的,因为它会成为有用的开发诊断和实验技术测试平台并最终过渡到Z装置上。我们利用圣芭芭拉的特殊技术实验室(通过一些间接DMP资金资助),来设计和构建我们最先进的空气延迟VISAR系统,用于在这个装置中使用Z那边来的二手数字转换器完成我们计划的低压工作,投资一些条纹相机,并将一个功能惊人的仪器室连接到脉冲发生器。我们还设计并制造了一种小型、便宜且运行成本低的单级气体炮,用于对脉冲发生器的斜波压缩进行补充冲击。

我需要一个程序化的驱动器来证明我们在DICE中所做的空间和投资是合理的,并开始瞄准圣地亚中子发生器(NG)设计和生产的任务空间。多年来,与这个团队的关系逐渐消失,但我觉得我们需要他们,以便直线管理他们的实验室副主任们能够支持我们的材料工作。我还需要一个非常注重细节的研究人员,已经取得了NG群体的信任,事无巨细都详尽记录,并且希望成为小组中此类工作的基石。我知道我该怎么做了……去找杰克·怀斯,并说服他离开地质力学小组为我工作。嗯,我讲了一些"花言巧语",但事实上他正在寻找新的挑战,认为为我工作可能还不错。他进了小组,这个初生的、我们在战略上非常需要的项目,开始茁壮成长。杰克是最合适的,但圣地亚的工作还不足以让他忙碌。事实证明,我们真正需要为DMP解决的一个问题是,能够使用等熵压缩功能映射相位线。为此,显而易见的方法是将样品的初始温度提升到几个状态、压缩样品,并从这些不同的初始状态穿过相线,描述其在压力-温度空间中的位置和斜率。容易,对吗?嗯,从技术上来说,斜波压缩不是那么困难。但是在具有微米厚胶黏剂的安全壳腔体内令人讨厌的材料上进行约600℃的斜波压缩非常难,在这一温度下胶黏剂完好无损。没有偶尔的艰难挑战,生活会怎么样呢……

对于小组来说,一切都很顺利。我们拥有一支令人惊叹的研究团队,他们都知道自己的角色,能够很好地协同工作,并参与部门的战略愿景。我们已经发展了自己的靶制造和设计团队(两者都为我们在Z和DICE上的成功做出了巨大贡献),并且正以创纪录的速度实现重大的技术进步。我们最大的挑战是在Z装置上有足够的时间来实验马库斯、丹·多兰、杰克和赛斯·鲁特的新想法,同时仍然在表征要求我们为直接程序化驱动器做的材料。为了满足我们日益增长的需求,Z任务繁忙,DICE没有我们迫切需要的脉冲控制,也无法获得我们大部分工作所需的压力,因此合乎逻辑的步骤是在DICE建一个"迷你Z"。这样的机器将弥补群体之间的差距,让我们保持创新精神。我们开始开发这种机器,并命名为创世纪(Genesis)。当我在2009年离开该小组时,它快设计好了,往DICE安装的基础设施也已准备就绪。

**转到核反恐项目**

吉姆曾经拥有的,但是圣地亚从未完全实现的愿景之一,是将所有冲击物理学活动都安置在一个部门内。此时,脉冲功率科学中心有两个与Z工作和STAR小组有关的独立部门,是一个运营808空气体炮大楼和ECF空气体炮的逐渐萎缩的团队。拉利特即将退休,因此我有机会将这些小组合并为一个组,我说服管理层这样做。这样一来,我们有了一个"超级组",能够实现千巴到多兆巴压力与雨贡组和准等熵压缩,无人匹敌。此外,我能够从808炮装置聘来马克·安德森,在另一小组从事我的核反恐项目(NCT)工作,因此他过去的小组正式解散。实际上,我第一次意识到圣地亚的所有冲击物理学都属于一个组,我是该组经理。

他们说成功是一把双刃剑,我必须坚定地同意这一观点。事实证明,材料组和NCT项目都在不断发展,变得更加多样化,每一个都需要我更多的时间。实际上,两边都是全天候工作。更糟糕的是,圣地亚开始要求其一级经理承担越来越多的责任、义务。简而言之,这两项工作越来越重,我一个人无法完成。事情明摆着的,于是我知道自己很快必须在它们之间做出选择,就像我多年前被迫在

STAR 和 Z 职业道路上所做的那样。我可以向你保证,这需要大量自我反省。你如何能离开这样一个有用的小组呢?在那里过去的 5~6 年里你所有的战略目标都成为现实,你变得知识渊博,足以为来自洛斯阿拉莫斯国家实验室和 LLNL 的马库斯·克努森、丹尼斯·格雷迪等杰出的研究人员提供现实的技术支持,而且未来看起来如此光明!这是我生命中最困难的决定之一,但我知道 NCT 任务是最能从我的专业知识中获益的,它的未来也看起来很光明,对国家来说更具有直接重要性。因此,我选择保留这项工作的领导地位,并于 2010 年 3 月卸任冲击物理小组的负责人。

尽管处于一个非常不同的水平,我不能更多地讨论或发表它了,但作为 NCT 项目动态材料表征的国家课题物质专家,在冲击物理学领域我仍然保持活跃。

**最后的想法**

当我在 1984 年来到圣地亚时,我不知道冲击波是什么,更不用说我会在职业生涯中对这样一个研究领域产生重大影响。当我回顾过去 25 年我完全参与这项研究时,对于能够在最终帮助塑造圣地亚项目的几项研发工作中发挥作用,我感到既幸运又幸福。我的贡献最终使我能够有机会领导这项工作 6 年,在吉姆·阿赛和克里斯·迪尼留给我的坚实基础之上建功立业,留下了自己的印记。正如在我之前吉姆和克里斯一定感受到的那样,我知道这个团队的力量在于团体,而这项工作在我离开后很长时间都会继续存在。我是正确的。

**特别感谢**

许多人对我在圣地亚的冲击物理学生涯产生了积极的影响,但我最感激的是三个人。吉姆·阿赛冒险聘用了我,然后相信我能当好技术员和工作人员,为我提供了许多成功的机会,不仅具有挑战性,而且还使我的能力得到提升。他还教给我大部分关于动态材料响应的知识,并通过他的领导和榜样帮助形成了我最初的管理风格。克里斯·迪尼相信我的管理能力,并拿自己的声誉冒险,为我提供了一个个高调的机会,要么"成就"要么"毁坏"他的部门和可能是我们两个在这个领域的职业生涯,其中最重要的是他决定提升我作为这个高技术小组的负责人。克里斯还经常带我去参加会议,在那里我学到了另一种管理风格,最终成为我自己的重要组成部分,包括如何指导和推动他人的职业生涯。卡尔·康拉德是一位耐心的导师和好朋友,教我很多技术人员需要掌握的知识,帮助我学习如何"完成任务"。他支持我的许多技术思想和方法,同时让我在 STAR 的工作变得有趣。我很高兴他们既是导师也是朋友。我还要感谢丹尼斯·格雷迪、丹尼斯·海耶斯和拉利特·查比达斯,他们通过非常耐心的指导帮助我学习冲击物理学。

# 丹尼斯·海耶斯
## Dennis B. Hayes
（1957—1995①）

我只是偶然遇到了冲击波。1959年末，我在圣地亚国家实验室的印刷厂中班（下午四点到半夜）工作，这让我可以白天作为新生到新墨西哥大学上学，但他们停止了中班，因此我查看了工会成员的每周工作职位，并在拜伦·墨菲的部门找到了一个数据简化职员的岗位，作为犁铧计划的一部分，该部门参与了爆炸坑研究（阿尔·哈拜、罗恩·卡尔森、亨特·德沃特）以及地下爆炸近地面运动的研究（鲍勃·巴斯、卢克·沃特曼、比尔·佩雷特、多丽丝·汉金斯（Dorris Hankins））。尽管这个小组与圣地亚刚刚兴起的冲击工作没有直接联系，但这些面向应用的任务是冲击项目发展的两个推动因素。

这个小组的成员当然精通冲击基础：跳跃条件、Mie-Grüneisen状态方程、运动方程、热力学，等等，我每天都会接触到这些，工作人员让我在这些学科中受到了锻炼。我开始熟悉冲击波物理学的"手指操"，并且能够在课堂上开始学习之前熟练掌握几门数学、力学和热力学课程的内容。

阿尔·哈拜是一名技术娴熟的用户，支持将维度分析作为组织不适合建模的测量的工具。例如，他在扩大爆炸性坑数据方面的工作获得了国际认可，至今仍在使用。作为阿尔工作的好学生，大约1964年我尝试着自己进行了类似的分析。该圣地亚小组以及他们在洛斯阿拉莫斯国家实验室（LANL）的同行，已经积累了数百个到达时间测量结果，这些数据是在非常接近数十次地下核爆炸中得到的，但由于缺乏复杂的建模能力，基本上未进行分析。事实证明，每次地下测试都根据射击后气体中收集的放射性同位素比率（即放射化学分析）确定当量，即放射化学分析。通过放射性化学当量的立方根来缩放冲击到达的距离和时间，由此得到非凡的低散射通用曲线到达时间图，我自豪地用图钉钉在了我的桌子上方。我只是一名技术员，太天真了，无法理解出版的重要性。这个结果很快就进入了测试领域的"公共区域"，并且有人告诉我，有了一些改进，最终成为

---

① 丹尼斯·海耶斯在圣地亚国家实验室的职业生涯多种多样，涉及技术和管理职位。他曾在1990至1991年在华盛顿特区的DOE总部担任军事应用副助理部长的科学顾问，为期两年。他于1995年底从圣地亚退休，于1996至1997年成为拉斯维加斯洛克希德·马丁内华达技术公司的总裁，之后他继续在圣地亚国家实验室、洛斯阿拉莫斯和劳伦斯利弗莫尔担任冲击波研究顾问，以及在华盛顿州立大学担任客座教授（1998—2011）。

美国监测遵守1974年有限禁止地下核试验条约的工具之一。

1965年,取得学士学位后,我加入了阿尔·哈拜新成立的部门,该部门关注作为国家核威慑力量一部分的再入飞行器的X射线易损性。我开发了VANDAL X射线沉积代码,该代码在实验室的组件、系统和材料团队中广泛使用,并引起与大量圣地亚项目和人员的广泛接触。沃尔特·赫尔曼刚刚来到圣地亚,我与他还有帕特·霍尔茨豪泽(Pat Holtzhauser)一起工作,在他的WONDY代码中实现了X射线沉积功能(通过快速加热引起压力增加,从而产生冲击)。在此期间,大部分其他工作都需要设计地下测试实验并分析结果。

1969年秋天,我被选中进入圣地亚的博士研究项目,在华盛顿州立大学(WSU)的乔治·杜瓦尔教授指导下工作了三年,我的主题使我发现了氯化钾中冲击诱导相变期间的亚稳态,还测量了2-GPa下晶体结构b1到b2相变发生的速率。我有幸与乔·安德鲁斯(Joe Andrews)一起工作,他有一种非常聪明和准确的处理冲击代码中相变的方法,之后三十年我在圣地亚和洛斯阿拉莫斯以各种不同的方式进行了采纳、扩展和使用。

1972年从华盛顿大学毕业后,在沃尔特·赫尔曼的冲击波部门工作了一年半,在那里我与吉姆·阿赛一起研究铝的冲击熔化(Asay&Hayes,1975),与吉姆·约翰逊和吉姆·阿赛一起研究铋的多相行为(Johnson, Asay&Hayes,1974;Hayes,1975),与部分其他研究人员合作研究其他项目。我的作用是建模并且解释实验,我曾两次教过关于冲击波物理学的全学期课程,学生们是职业生涯中期面临实验室从单一任务向多任务过渡的圣地亚研究人员。事实证明,课程笔记,至少是讲座视频非常受欢迎,目前它们在国际上各大学和其他机构中仍然普遍使用。我将这种受欢迎归因于这样一个事实,即在最基本的水平上教授课程。学生可以先学习概念,并根据自己的专业需要增加复杂性。在沃尔特小组的整体经历对我来说是第一次:在圣地亚进行实际基础研究。

1974年,我成为爆炸组件部门的主管,大多数工作都是关于核武器的预定组件。但我们确实对海军提供了相当大规模的有偿服务,研究多孔HNS[①]炸药。海军当时要在C-4导弹上引入HNS雷管和柔爆索,迫切需要对这种新爆炸物的行为有更透彻的了解。炸药研究处不愿意接受这种以客户为导向的工作,因此我们在部门内部逐步建立了这项能力,负责人是丹尼斯·米切尔,他对多孔HNS进行了前表面冲击VISAR测量,可以测量状态方程和反应速率,而阿尔·施瓦茨则构建了我们自己的VISAR,并对组件性能进行了大量测量,结果可以与模型结果比较。吉姆·肯尼迪和史蒂夫·谢菲尔德是有价值的团队成员,我完

---

① 编者注:HNS是六硝基芪,一种具有良好热稳定性和真空稳定性的烈性炸药,由海军在20世纪60年代开发。

成了大部分的建模(Hayes&Mitchell,1978),结果是相当完整的材料介绍。在山姆·汤普森的帮助下,我们将 HNS 的反应动力学引入了 CSQ(CTH 的二维原型),并对部件设计中的爆轰角转向和其他重要的二维现象进行了大量的数值研究。

1978 年,我成为流体力学处经理。我们几乎不从事冲击工作。唯一的例外是杰斯·农齐亚托,我曾提升他为部门主管,他通过将他的混合理论应用于复合炸药的冲击和爆燃到爆轰转换展现了他的才华。我帮得少看得多,但我确实在解决一个问题。冲击前沿的非均匀变形很流行,因此我开发了一个简单模型,解释剪切带中塑性产生的热量与有限上升时间内发生的热扩散之间的竞争(Hayes&Grady,1982)。结果是应该只有几个冲击前沿的剪切带,无论强度和冲击上升时间如何。然而,压力和应变率之间的四次幂定律的"圣杯"是难以捉摸的,并没有通过这个简单的分析得出。

在像圣地亚这样的地方,可能会出现意想不到的问题。1979 年三哩岛反应堆事故发生后,我接到电话,要求就氢气释放问题提供帮助。是个大问题:内部氢气爆炸是否会破坏反应堆的混凝土安全壳结构?我组建了一个圣地亚专家团队。我们长时间工作,并与三哩岛现场的官员保持电话联系。使用山姆·汤普森及其 ANEOS 状态方程和 CSQ 代码,迈克·西斯拉克负责材料和化学问题,丹尼斯·米切尔负责爆炸性问题,圣地亚专家沃尔特·默芬负责混凝土冲击损坏原因,我们能够明确指导三哩岛应急管理:安全壳失败的危险很小。但是更大的问题未经测试,因为后来产生的大量氢气与不足的氧气无法引爆。我一直认为,在这项工作中,我们取得的好成绩帮助圣地亚在核反应堆安全领域建立了自己的地位。

1982 年,我成为陶瓷部件处经理,该处的任务与冲击物理学没什么关系。唯一的例外是设计用于中子发生器的铁电电源的责任。然而,非常缺乏足够的模型,因此我们的工作基于直到那时圣地亚大部分部件开发传统中采用的严格的经验。这项任务驱动史蒂夫·蒙马利后来对铁电体冲击去极化进行精湛的建模,这已经改变了该领域的设计世界。

1988 至 1989 年,我转到固体动力学研究处。计算机世界正在发生重大变化,并行计算已经出现,我们配备了该领域人员以实施冲击代码并取得了良好的进展。另一项相关工作是将 CTH 代码从垂直整合项目转变为成熟的软件工程项目,直到今天仍然存在优势。

1990 至 1991 年,我担任海军上将迈克·巴尔(Mike Barr)的科学顾问,他是华盛顿特区 DOE 总部军事应用副助理部长。1992 至 1995 年我担任罗杰·哈根格鲁伯下属项目经理,负责圣地亚的防务项目技术能力,包括从研究和先进开发到资本设备预算以及与武器项目有关其他活动的广泛组合。在此期间,作为圣地亚国家实验室主任,我基本上远离了冲击物理学的具体研究内容。

我于1995年退休,1996至1997年担任内华达州拉斯维加斯洛克希德·马丁内华达技术公司总裁,1997年年中我从洛克希德·马丁内华达技术公司退休后,与圣地亚和洛斯阿拉莫斯签订了咨询合同。在洛斯阿拉莫斯,我的主要项目是开发一个具有钚相变动力学的多相状态方程,结果是保密的,因此未在公开文献中公布。另一个有趣的项目是测量铀-铌合金(U 的重量百分比为6%)中的孪晶①动力学,并确认这是在冲击实验中观察到一些相当奇怪的行为的原因,该项研究是与罗布·希克森和 LANL 的鲁斯狄·格雷(Rusty Gray)共同完成的。

退休后我在圣地亚的大部分工作都是设计和分析 Z 装置上的斜波实验(Hayes,Hall,Asay&Knudson,2004)。这需要开发在空间中向后积分运动方程的一种方法,该技术将 VISAR 记录等熵映射到应力-应变中,并证明对双曲线系统非常有用。

提前退休几乎就像一份全职工作,但它逐渐减少。我在第一年收费工作1200小时,在2011年基本上为零,在此期间大致呈线性下降。令人惊讶的是,退休期间基于冲击波研究的数量超过了我在正常工作时间内进行冲击波研究的总量。

最后一点是,圣地亚的任务空间中只有一小部分涉及与冲击动力学领域有联系的应用。多年来,这引起对实验室内项目支持和增长的限制。尽管如此,冲击动力学工作仍然保持了强有力的管理支持。非常值得注意的是,圣地亚表现出色,三十多年来在这个领域的很多方面都是卓越的组织。

就个人而言,我非常感谢有机会与这么多有能力的人一起工作,处理各种有趣和重要的问题。

---

① 孪晶是一种冶金术语,指的是晶格的一种非弹性变形。

# 沃尔特·赫尔曼
## Walter Herrmann
(1963—1993)

"对于非线性动态现象数值模拟的材料模型和工具具有技术和管理领导力。"
摘自回忆录①
作者:圣地亚已经退休的奥瓦尔·琼斯

沃尔特·赫尔曼于1930年5月2日出生于南非约翰内斯堡,他是酒店老板戈特洛布·弗雷德里希·赫尔曼(Gottlob Fredrich Herrmann)和格特鲁德·路易丝·赫尔曼(Gertrud Louise Herrmann)(尼·拉茨拉夫(Nee Ratzlaff))的唯一孩子。赫尔曼获得了南非威特沃特斯兰德大学(Witwatersrand University)的机械工程本科学位(1953年)和博士学位(1955年)。赫尔曼博士随后在开普敦大学(Universityof Cape Town)执教机械工程两年,直到1957年,麻省理工学院(MIT)邀请他担任冷战工作的研究员。

他于1955年与贝蒂·洛林·阿拉德(Betty Lorraine Allard)结婚,至两人1983年离婚前共同养育了两个孩子——女儿英加(Inga)和儿子彼得(Peter)。1988年,赫尔曼博士与埃德娜莱·布莱·格罗斯(Ednarae Bligh Gross)结婚,她于1996年去世。赫尔曼博士是技艺高超的滑雪运动员、登山运动员(他在新墨西哥州自愿参加山地救援工作多年)以及自行车手,他还喜欢漂流和深潜。从圣地亚退休后,他是新墨西哥州自然历史博物馆的志愿者,并在科罗拉多州南部的考古遗址担任讲师。终其一生,赫尔曼博士都是狂热的旅行者,在晚年他对高大的船只、帆船和考古学产生了浓厚的兴趣。

沃尔特·赫尔曼通过麻省理工学院赞助研究部门来到圣地亚国家实验室②,在那个部门他正在开发WAVE 1有限差分计算机程序,用于数值计算一维结构中的高

---

① 作者是奥瓦尔·琼斯,由美国国家工程院院长提交。参见 *Memorial Tributes*:*National Academy of Engineering* (The National Academies Press,Washington,D. C. ,2011),Vol. 15,pp. 180 - 183. (经国家科学院出版社许可转载)

② 编者注:在沃尔特·赫尔曼到达时,该实验室名为圣地亚实验室。

振幅非线性波传播。圣地亚研究人员唐·伦德根和当时的材料与工艺开发主任查尔斯·比尔德以及其他人认识到,计算机正在变得足够强大,可以实际模拟结构由炸药爆炸或高速冲击引起的冲击波变形。事实证明他们是对的;赫尔曼成功地在圣地亚建立了这种能力。在美苏冷战期间,迫切需要这种能力来发展新的核武器。

赫尔曼于 1964 年初加入圣地亚,担任结构变形部门的主管。最初,他没有员工,但他有管理支持来建立计算机代码开发团队。WAVE 1 成为圣地亚 WONDY 有限差分计算机程序的基础,该程序很快用于核武器部件开发。接下来,开发了圣地亚的 TOODY 计算机程序,该程序能够进行二维模拟和结构分析。部分重要的代码开发人员包括赫尔曼(一位强大的数学家和计算机科学家)、拉里·伯索夫、达雷尔·希克斯、杰弗里·劳伦斯、山缪尔·汤普森、比利·索恩和罗伯特·沃尔什。汤普森接着开发了包含辐射传输的强大三维代码。

这些计算机程序都需要知道材料在冲击波加载引起的极端应力和应变速率下的非线性本构行为。基于伦德根的射弹飞片冲击项目,以及其他圣地亚团队和其他实验室的数据,获得用于开发多种材料(如金属、陶瓷、聚合物、复合材料和泡沫)的本构模型的实验数据。在接下来的 25 年中,参与这项活动的一些主要工作人员包括詹姆斯·阿赛、林恩·巴克尔(VISAR 的发明者)、巴里·布彻、拉利特·查比达斯、罗伯特·格雷厄姆、查尔斯·卡恩斯、达雷尔·芒森和卡尔·舒勒。然后必须将实验数据与理论上的本构模型相结合,以便用于正在开发的计算机程序中。该活动的一些主要研究人员包括阿尔伯特·哈拜、彼得·陈、李·戴维森、道格拉斯·德拉姆赫勒、丹尼斯·海耶斯、赫尔曼、詹姆斯·约翰逊、奥瓦尔·琼斯和杰斯·农齐亚托。这些人和其他人中的许多人也参与了用于解决国家问题的代码模拟。一个特别值得注意的例子是,保罗·亚灵顿参与导弹冲击和弹坑以及战斗部接触引信的工作。其他此类贡献者包括马林·基普和蒂姆·特鲁卡诺。

在超过 25 年的时间里,赫尔曼聘用、管理、指导并以身作则领导了一个由 45~50 名科学家和技术人员组成的极其富有成效和国际知名的组织。1982 年,他被任命为工程科学部主任,工程科学部由 140 名技术人员组成,除上述固体动力学活动外,还包括一般工程结构分析和流体与热力学。1992 年他被任命为圣地亚国家实验室高级研究员,于 1993 年退休。

赫尔曼于 2000 年 6 月 4 日去世,享年 70 岁。

赫尔曼在世的亲人包括他的子女英加和彼得、两个继子艾伦(Allan)和杰弗里·格罗斯(Jeffrey Gross),都在阿尔伯克基;继女贾尼斯·格罗斯(Janis Gross),在科罗拉多州朗蒙特(Longmont);孙子里沙(Rishar)、玛瑞亚(Mariah)和约书亚(Joshua);前妻贝蒂·洛林·阿拉德在阿尔伯克基。

编者注:沃尔特·赫尔曼还于 1993 年当选为国家工程院院士,以表彰他在高加载率材料响应建模方面的领导地位。

# 尤金·赫特尔
# Eugene S. Hertel, Jr.
（1986—目前①）

## 圣地亚国家实验室中的冲击物理学代码(亦称 Hydrocodes②)

### 个人历史

我在圣地亚的个人历史从 1978 年末到 2013 年(并且应该会再持续几年)。我刚刚在新墨西哥大学物理系完成了博士论文研究,接下来的几个月内我完成博士论文,并于 1979 年 7 月 14 日通过答辩。从 1979 年 3 月至 1986 年 9 月,我是一名现场合同工,曾在多个团队工作,主要集中在高放废物处理方面。在那些日子早期,我与山姆·汤普森和迈克·麦格劳恩两人有过交集,后来与他们一起从事冲击物理学工作。当时山姆和迈克正在研究 CSQ 流体力学代码和一些反应堆安全程序包,是圣地亚早期计算资源(CDC 6600 和 7600)的重度用户,我也一样,但我未达到他们的水平。

当我成为圣地亚工作人员时,我在拉里·伯索夫的计算机支持部门工作,拉里·伯索夫是我的二级经理(当时称为处室经理)。我当时还不知道,拉里参与了圣地亚冲击物理学早期建设工作。在我早期的职业生涯中,继续与山姆·汤普森互动,为 CSQ 和 CTH(下面还会介绍)提供计算机支持。短期从事废物处理工作后,我于 1989 年底跟随山姆工作,当时山姆是冲击物理学部门(由丹尼斯·海耶斯管理)的一级经理(主管),沃尔特·赫尔曼是工程科学主任。冲击物理学部门包含一个代码开发团队(由山姆领导)、一个分析团队(保罗·亚灵顿担任一级经理)和一个实验团队(吉姆·阿赛担任一级经理)。我从事 CTH 开发和一些冲击物理学分析工作。在我到达该小组后不久,山姆调到另一个职位;丹尼斯去了华盛顿特区,在能源部(DOE)工作了一段时间;迈克提升为我的一级经理;吉姆晋升为二级管理职位;沃尔特转到另一个职位;丹尼斯回来当新主任!这都不是我的错!

---

① 在撰写本文时,吉恩·赫特尔负责管理一个涉及超高速杀伤力的小组,并继续监督 CTH 的维护和分发。

② 编者注:"hydrocodes"的正式名称是"hydrodynamic codes"(流体力学代码)。

此后10年我一直在同一个团队里工作,经历了重大改组(冲击物理学转入一个专注于高性能并行计算的新中心)和一些管理变革。在大多数时间里,我是CTH项目的负责人,最终从事联合弹药计划(JMP)下的一个项目,以支持CTH和其他技术。CTH从圣地亚的专用代码变成了美国使用最广泛的流体力学代码。1999年底,我接受了工程科学中心的管理职位,离开了CTH项目主管职位以及高性能并行计算中心的员工,但继续担任JMP项目负责人,并将其与另一个专注于能源材料的项目合并。在接下来的几年里,冲击物理学人员和专业知识进入我的团队,使CTH有效地在那里继续发挥作用。主要在圣地亚之外,CTH在国防部(DOD)的重要性继续提升。在那段时间里,我的管理角色改变了几次。最初我负责混合高能材料响应和火药建模,接着转到能量材料和热分析。我们在该部门增加了一个关键的CTH开发人员戴夫·克劳福德,并在圣地亚有效地拥有CTH。我还花了很短的时间,为我们的核心DOE代码开发工作开发程序,在此期间,两位关键的CTH开发人员(克劳福德和鲍勃·施密特(Bob Schmitt))调入核心代码开发团队,希望他们能够帮助团队理解外部交互和代码支持。不幸的是,由于几个原因,这种尝试没有成功。然后我接管了支持美国导弹防御局的部门,进行杀伤力评估,这是我在20世纪90年代作为工作人员支持的一个技术领域。

在2015年开始时,我仍在使用CTH和Zapotec(CTH和拉格朗日代码PRONTO的耦合)从事杀伤力评估工作。CTH是美国使用最广泛的流体力学代码,并且是DOD高性能计算机上使用最多的代码,因为它们一直在跟踪CTH开发情况。CTH广泛用于圣地亚和洛斯阿拉莫斯,以模拟各种各样的现象。就在最近鲍勃·施密特使用最新的先进仿真和超级计算机(Sequoia)完成并扩展了CTH研究,CTH在整个机器上运行,有超过1500000个内核处理器!他发现CTH从几千个核心处理器到一百多万个核心处理器都能很好地扩展。不久之前,我还认为在几千个核心处理器上运行是最先进的。

**圣地亚的代码发展历史**

数值模拟可以为研究动态材料行为的实验方法提供重要补充。例如,模拟允许非侵入性地研究样品内部的材料响应,无需仪表、电线或其他仪器来提取有关材料状态的信息。通过仅仅在每个时间步长记录材料状态,就可以始终监控数值模拟中任何离散点处的响应。空间和时间的任意精确分辨率都是可能的,仅受计算机内存和时间的限制。一个有点精辟的陈述用于这个概念:"一次实验是部分揭示全部真相,一个模拟是完全揭示部分真相。"

如果我们使用经过验证的材料模型,数值模拟可以探索超出目前可用的实验或诊断能力的压力和温度范围内的材料响应。可以在超过现有射弹发射器能力的速度方案中研究超高速冲击,并且可以在任何实验研究中排除使用诊断装置的温度下进行材料响应的详细研究,例如,在受到强烈 X 射线能量沉积的材料中,在化学炸药的膨胀产物中等。

此外,在许多情况下,可以在比实验研究更短的时间内以更低的成本完成数值研究。通常,问题中参数微小变化,例如材料厚度、冲击条件或材料属性,涉及对问题说明的微小变化,通常可以在几分钟内完成这些变化,而实验配置中的相应变化可能需要额外的加工和硬件组装,因此可能非常耗时。

然而,模拟只有在有理由相信求解方法的准确性和计算中使用的材料响应模型的情况下才有用。目前精确的材料响应模型仅存在于材料谱的一小部分和冲击压缩研究中感兴趣的加载方案中。现有技术的一个突出缺点是,对大多数实际感兴趣的材料缺乏预测失效以及失效后做出响应的能力,而且许多材料的响应受微观机械因素的强烈影响,这些微观机械因素不能明确地建模,并且尚未充分理解以结合到宏观模型中。非常重要且重要性不断增加的复合材料是一类材料的示例,其在冲击压缩过程中动态响应的数值模拟中缺乏保真度。

数值模拟旨在为所讨论的材料主体解决表达基本物理定律的方程组,物体的动态响应必须符合这些定律。由这种"第一原理"解决方案提供的细节通常可用于开发预测物理过程结果的简化方法。这些简化的分析技术具有数值效率的优点,并且可以优于参数灵敏度研究的数值模拟。然而,通常对材料响应的界限进行相当严格的假设,以便简化问题,并使其易于用解析方法处理解决。因此,解析方法缺乏数值模拟的一般性,必须注意将它们仅适用于它们所基于的假设有效的问题。这也适用于流体力学代码,特别是在材料模型及其有效性方面。

流体力学代码解决的问题非常具有挑战性,原因包括:几何结构可能非常复杂;响应现象可以是高度非线性的,例如包括非线性材料模型、断裂或屈服;代码必须能够最低限度地求解不连续区域的总体行为;材料模型可能非常复杂,包括应变历史依赖的塑性、内部孔洞或各向异性响应。

**概述和历史观点**

美国(和圣地亚)的流体力学代码通常分为两类,粗略地称为拉格朗日方法和欧拉方法。拉格朗日代码求解材料框架中的守恒方程,使得计算网格随材料随时间变化。欧拉代码求解坐标空间框架中的守恒方程,因此当材料的变形作为时间的函数发生时,计算网格在空间中是固定的。当代拉格朗日代码的求解技术一般是有限元或有限差分方法,欧拉代码的求解技术一般是有限体积或有限差分方法。无网格技术(如光滑粒子流体动力学(SPH))本质上是拉格朗日方法。拉格朗日和欧拉算法也可以混合使用，通常称为任意拉格朗日-欧拉（ALE）方法。在过去的40年里，圣地亚开发了欧拉、拉格朗日和ALE代码。

目前所有的流体力学代码都采用拉格朗日或欧拉技术求解守恒方程（质量、动量和能量方程），几乎所有的流体力学代码都采用显式时间步长。根据具体的代码，所有方法都有各自的限制与优缺点，可以对主要类别代码进行一些通用性评论。

因为欧拉技术求解固定在空间中网格上的守恒方程，因此材料在计算网格中移动，守恒方程用有限差分或有限体积数值技术求解。欧拉技术有几个优点：它们具有在断裂和碎裂中产生自由表面的简单机制，对于大变形材料力学具有计算稳健性，并且具有用于网格开发和材料插入的非常简单方案。它们也有几个缺点：它们在 CPU[①] 和内存需求方面可能是计算密集型的，具有表面识别（即材料界面）的问题，很难模拟速度不连续性（如滑动），并且很差的数值技术可导致过度的冲击扩散。

拉格朗日技术求解随材料移动网格上的守恒方程，这些守恒方程通常使用有限差分或有限元技术求解，有限元技术变得越来越流行，更新颖的方法包括自由拉格朗日和 SPH。直接拉格朗日技术有几个优点：它们在 CPU 和存储器要求方面的计算强度较低，并且可以准确地识别材料界面或表面。它们也有几个缺点：断裂和碎裂中的自由表面创建困难，并且依赖于特殊算法，大的变形经常导致网格缠结或倒置，三维网格开发可能极其困难，并且即使在二维中（当然在三维中）可能具有非常大的限制因素，也可能难以实现超大规模计算和接触表面算法。这里提到的困难是开发无网格技术（如 SPH）背后的驱动因素。

在过去的40年中，已经编写并使用了许多流体力学代码，但其中只有少数已经很有名气或广泛使用。我将重点介绍后一类的圣地亚代码。20世纪60年代和70年代早期是计算冲击物理学迅速发展的时代，麻省理工学院（后来在圣地亚）的赫尔曼开发了早期一维（1D）拉格朗日代码 WONDY，他还开发了二维（2D）拉格朗日代码 TOODY 的初始版本。赫尔曼在20世纪70年代中期进入管理层，因此他没有足够的时间来开发代码，马林·基普是 WONDY 的联系人。有几个人在 TOODY 工作，包括拉里·伯索夫、杰夫·劳伦斯、达雷尔·希克斯和比利·索恩。杰夫·斯威格在20世纪70年代维护 TOODY，林恩·巴克尔在同一时期开发了一个名为 SWAP 特征代码的早期方法。

欧拉代码的圣地亚"家谱"从 CHARTD 开始，然后进入 CSQ，最后是 CTH。CHARTD（耦合流体动力学和辐射传输扩散）由山姆·汤普森（1969年）开发，是

---

① 编者注：CPU 是中央处理单元的首字母缩写。

冲击域中守恒方程的一维解（平面、圆柱和球面几何形状）。我们通常认为 CHARTD 是 CTH 谱系中的第一个，但它实际上使用拉格朗日网格并用有限差分技术求解方程，CHARTD 是用 FORTRAN[①] 66 编写的，这是那个时代的典型代码，完全是独立的。CHARTD 在 CDC 大型计算机上运行，并使用名为 UPDATE 的软件配置管理程序进行维护。山姆实际上写了一个 FORTRAN 版本的 UPDATE 和一个图形后处理软件包，称为 RSCORS（修订的 Stromberg Carlson 光学编码系统，这是最早的计算机图形终端之一）。拥有所有必要的软件来构建、维护和显示结果的思维方式贯穿了山姆引导的后续代码开发工作。CSQ 的第一个版本（CHARTD Squared）的适用性有限，因为它只允许计算两种材料。第二个版本 CSQII 紧随其后（1973 年），最多允许十种材料。CSQII 使用更标准的有限差分、固定网格数值技术对 2D 圆柱形和矩形几何形状进行建模。欧拉代码实际上通过时间步长将拉格朗日形式的守恒方程作为整体解序列的一部分，拉格朗日步骤之后是重映射步骤，该步骤将失真网格中的物理变量返回到原始网格，此两步过程是用一般状态方程和材料强度求解守恒方程的唯一已知方法。CTH（CSQ to the Three Halves，3/2 次方 CSQ）的开发始于 1986 年，迈克·麦格劳恩、山姆·汤普森和米莉·埃里克（Millie Elrick）（卡曼科学公司合同工）为早期代码做出了大量贡献。1987 年 10 月，麦格劳恩用 CTH 进行了第一次有意义的三维（3D）模拟，我们通常认为这是该代码的诞生日期。到 1990 年，CTH 在圣地亚之外被美国国务院出口管制限制用作防御条款。在接下来的 25 年中，一个庞大的团队（超过 30 人）定期从事 CTH 开发工作。

现在，只有两个人仍然在圣地亚（我和史蒂夫·罗特勒），我们参与了 20 世纪 90 年代早期的 CTH 开发。在 20 世纪 90 年代早期，开发了一种完全独立的并行版本 CTH（仅限 3D），称为 PCTH，艾伦·罗宾逊是主要开发人员。PCTH 是用 C++ 开发的，用于大规模并行计算平台（如 Intel Paragon），它使用域分解概念和显式消息传递在计算节点之间进行通信（也称为多指令、多数据或 MIMD）。随着大规模并行计算机变得越来越普遍，熟悉 CTH 的外部用户开始请求访问 PCTH。并不是将 CTH 功能（2D 功能、材料模型、启发式代码）添加到 PCTH，而是将并行功能添加到 CTH。到 20 世纪 90 年代中期，CTH 在大规模并行计算机上运行，这些变化使得 CTH 在 20 世纪 90 年代和新千年中一直处于冲击物理技术的最前沿。在数据并行功能之前，二维问题是典型的，使用了几十万个处理器；大型三维问题使用了数十万到一百万个处理器。之后，3D 是典型的，较大的问题使用了数亿个处理器。这个时间框架恰逢第一个加速战略计算计划（ASCI）

---

[①] 编者注：FORTRAN 这个名字是 FORmulaTRANslation 的缩写，第一个 FORTRAN 编译器是由 IBM 在 1954—1957 年开发的，1977 年之后称为 Fortran。

超级计算机。圣地亚的首批 ASCI 计算机之一用 CTH 进行了 10 亿个处理器模拟!

  CTH 数值计算的下一个重大进步是整合了完全并行的自适应网格细化方案。在 20 世纪 90 年代中期的 DOE 代码开发会议上,询问我是否考虑过 CTH 的适应性,当时 CTH 刚刚开始成为一个高效的并行代码,因此这是一个我还未曾考虑过的问题,我认为我的答案并不是技术原因导致它无法实施,而是我们当时没有计划这样做。戴夫·克劳福德花了几年时间和一些创新思维来开发 CTH 适应性整合的概念,对数据并行概念进行了概念上简单的扩展,以打破数据包与处理器的连接,他的模型使用包含所有 CTH 功能的数据包概念。此数据包相当小($10^3$),并使用标准消息传递技术与相邻的数据包进行通信。在这种情况下,数据包不限于在一个处理器上运行,而是多个数据包可以(并且确实)在单个处理器上运行,通信不是通过显式消息,而是通过指向内存的指针。除了更复杂的通信网络之外,还增加了用于改变分辨率和决定何时更改分辨率的基础装置,强制执行相邻数据包之间 2:1 分辨率的约束。实际上,模拟中关注精度的所有部分都以最高分辨率运行,这种技术对于几何稀疏的模拟非常有效,这些模拟占典型问题的很大比例。在过去几年中,这样添加的功能是一种非常有效的工具,并且一直将 CTH 保持在数值冲击物理学的最前沿。在相对短的时间段内,使用具有 CTH 的数亿个处理器的问题是常见的。

  赫尔曼和山姆·凯的拉格朗日代码工作以与欧拉领域的工作大致相同的方式继续进行。拉格朗日码的圣地亚"族谱"有两个主要分支,赫曼的分支有 WONDY 和 TOODY;凯的分支有 HONDO、PRONTO 和 PRESTO。这些代码的最新版本在结构上类似,因为它们依赖于有限元公式来求解守恒方程,但它们的能力和特征有很大不同。我对赫尔曼启发的代码的经验或知识很少,但可以说 WONDY 的版本仍然存在,并且用于帮助解释实验数据。在 20 世纪 70 年代使用二维固体动力学代码 HONDO,PRONTO(二维和三维)的开发始于 20 世纪 80 年代中期,取代了 HONDO。

  HONDO、PRONTO 和 PRESTO 基本上不是冲击物理代码:它们通常不解决能量方程,也不具有冲击状态方程。PRONTO 和 PRESTO 都专注于相对较低的应变率,其中可以忽略体积变化,但是这两个代码都可以用简单的状态方程求解能量方程,两者都不是冲击分析的首选;然而,它们构成了圣地亚代码套件的一部分,用于大型变形分析。

  欧拉和拉格朗日分支与目前称为 ALEGRA 的 ALE 代码交织在一起。ALE 技术通常解决非结构化网格上的守恒方程,其具有允许相对于网格的材料对流的额外复杂性,该构造允许用户指定材料是否应该流过静止网格(纯欧拉),网格是否应随材质移动(纯拉格朗日),或网格是否应独立于材料运动(任意)移动;后一种能力允许计算以拉格朗日方式进行,直到网格变得太扭曲。此时可以移动网格变形最大部分中的网格点,以将失真减小到可接受的水平。ALE 的优点是避免了与重新映射相关的数值耗散,直到发生大的变形,然后又将耗散仅限于那些存在严重变形,并且必须移动网格的区域。ALEGRA 是该技术的圣地亚版本,基于有限元,开发于 20 世纪 90 年代初,由迈克·麦格劳恩开始,基于 PRONTO。ALEGRA 的第一个名字是 RHALE,意思是稳健的流体动力学任意拉格朗日欧拉。ALE 技术总是被认为是两个世界中最好的,具有非结构化网格的更精确的表面定义以及欧拉代码的更强大的功能。不幸的是,情况可能恰恰相反。事实证明,ALE 代码复杂,缓慢且不够稳健。环境证据表明,这些代码用作纯拉格朗日或欧拉,而不是"任意"。在 RHALE 和 ALEGRA 的早期开发过程中,人们普遍认为该代码在使用中会超过 CTH。对于更广泛领域来说幸运的是,情况并非如此。ALEGRA 的开发仍在继续,但处于相当低的水平,仅限于少数(但非常重要的)应用。

  上述技术的耦合也是可能的,特别是,使用任何一种这些单独技术都很难模拟将刚性杆穿透到变形材料中。在这种情况下,最好的技术是将杆视为拉格朗日体,将目标视为欧拉体。拉格朗日和欧拉代码的直接耦合对于准确模拟这种现象是必要的。CTH 和 PRONTO(以及 EPIC、DOD 代码)已经开始逐步耦合,以解决同一类问题。Zapotec 是一种耦合算法,其允许 CTH 和有限元代码解决涉及冲击响应和结构响应的问题,Zapotec 的使用比 CTH 更有限,但它具有独特的功能,使其成为一个重要的应用程序。目前正在努力用我们现代的 ASCI 代码(称为 SIERRA/SM)来代替 PRONTO。在编写本文时,基本上已经完成 Zapotec 3.0 的开发,并已在多个项目中应用过。

# 罗伊（瑞德）·霍伦巴赫
## Roy(Red) E. Hollenbach
(1950—1982①)

编者注：唐·伦德根打算准备圣地亚冲击波发展简史，并邀请了几个人提供素材。以下为瑞德·霍伦巴赫的回复。

**写给唐·伦德根的信**

唐，你知不知道你在向镇上最糟糕的记忆索取信息！试图回忆40多年前发生的事情以及与这些事件相关的具体人员将是非常困难的。有些人会被忽视。也许你的综合回忆的方案效果最好。无论如何，我只草草记下几个点子，看看你的想法。

唐，我想知道，你是否能编写关于冲击波工作"从起步到壮大"的传奇故事，我记得你开始推动冲击波的时候，我们都在唐·科特(Don Cotter)的小组中。我不知道你怎么会跟我在一起，我想我很幸运。这是我在圣地亚职业生涯的开端。我们一开始一无所有——一只被遗弃的激波管，没有仪器，只有两个人——而且我不确定我们是否全职参与该项目。我们将炮发射越过平顶山，每发实验后在充满锯末的地堡寻找测试件，在实验中我们逐渐进步。早期测试结果主要从事后对"靶"的视觉（眼睛和显微镜）观察中获得。大约在这个时候，我们的团队似乎真正成长了，有了更多的人、更好的设施、用于从每发实验中获取和反演数据的大量仪器和更复杂的技术（探针、倾斜的电阻）。

目前，冲击波领域已是富裕之地，包含一个完整的研究部门、两个装备众多仪器的测试设备和激光速度干涉仪技术，我认为该技术远远超过你当时的"一次振动分辨率"（有一天你可以重新唤起我的记忆：什么是"振动"②？）。

圣地亚决定不可申请专利的这种速度干涉仪技术，已经提供并仍然被用于产生材料冲击波行为研究中极其精确的数据，我不知道圣地亚历史回顾是否会对我们退休的企业家朋友（林恩·巴克尔）将这些设备推销到世界各地感兴趣。

---

① 罗伊（瑞德）·霍伦巴赫于1950年受聘于圣地亚，1982年退休，他参与冲击波工作的时间是从20世纪50年代末到70年代末期。

② 编者注：一次振动是10ns。

# 詹姆斯(吉姆)·约翰逊
# James（Jim）N. Johnson
（1967—1973[①]）

我和我的家人于1967年夏末抵达阿尔伯克基,我刚刚在乔治·杜瓦尔教授指导下于华盛顿州立大学(WSU)完成博士后研究工作,被圣地亚材料形变部的唐·伦德根聘用。力学性能处经理是沃尔特·赫尔曼。在面试过程中,我虽然与应用物理研究处的格伦·西伊和奥瓦尔·琼斯交谈过,但最终选择加入伦德根的团队,可能是因为我比较熟悉巴克尔、伦德根和赫尔曼于1964年发表在《应用物理学杂志》(Journal of Applied Physics)上的关于不同应变率冲击下铝特性研究的论文。而我在华盛顿大学的博士研究正是关于铁中弹性前驱波衰减及其与位错力学的关系(Johnson&Band,1967)。

当我到达时,力学性能处正着力研究多孔材料的冲击压缩特性。我写的第一份圣地亚报告(Johnson,1968a)就是关于基于赫尔曼的 $P-\alpha$ 模型条件下,多孔材料中的稳定波传播问题。我也逐渐熟悉了林恩·巴克尔关于铝中塑性波形的时间分辨测量工作;铝的标准合金是6061-T6,具有轧制织构而不是挤压(也可能相反)。这种差异将引起一些令人难解的问题,比如在几次冲击试验中测到的异常响应。林恩很快找到了异常的原因,林恩和我发表了一篇关于铝中稳定塑性波的论文(Johnson&Barker,1969)。

"奇遇实验室"的林恩·巴克尔和瑞德·霍伦巴赫为实验冲击波研究建立了系列标准,这些标准远超过我的观点和经验。林恩曾向我解释说,在圣地亚的纳秒尺度冲击波实验中,电缆长度非常重要,自那以后,我从未忘记光速几乎是每纳秒一英尺的事实。

对圣地亚冲击波研究过程中涉及的重要事件和人物进行深思熟虑和完整回忆,我认为是我的责任,如果不提及林恩·巴克尔的音乐天赋,那我就是不负责任。林恩在亚利桑那州的一个牧场长大,并在可能是最好的地方——简易工棚——学到了他的牛仔音乐。1967年,我对这些歌曲印象太深刻了,于是我去中央大街(在阿尔伯克基)K&B音乐吧花35美元买了一把古典吉他。劳拉·韦伯(Laura Weber)和当地音乐家埃德·克拉克(Ed Clarke)在电视上的课程对我

---

[①] 1973年离开圣地亚后,吉姆·约翰逊加入了位于犹他州盐湖城的Terra Tek公司几年,然后加入LANL,继续开展冲击波领域的研究。

来说根本无法像林恩的演奏和歌唱那样能够直抵我的灵魂。我现在仍然会好好对待从林恩那里学到的两首歌：路易·威克姆（Lewie Wickham）的"有点太晚了"（A Little Too Late）和得克萨斯吉姆·刘易斯（Texas Jim Lewis）的"和错误的女人喝了七瓶啤酒"（Seven Beers with the Wrong Woman）。

1968 年有段时间（我最好的回忆），圣地亚管理层发现力学性能处和应用物理研究处之间可能存在重复工作甚至有些许敌意，结果他们被合并到一个理事会下面，由阿尔·纳拉特作调解人。纳拉特决定将由哪些处室主要负责冲击波领域研究，同时进行了相应人员调动。正如李·戴维森所描述的那样，"吉姆被拖进冲击波物理研究部门，又踢又叫"。如果这是真的，那只是因为我专业上不成熟。力学性能处偏向于机械工程，而冲击波物理研究部门有更多的物理血统，尽管重叠模糊了这种区别。我的新部门主管是加州理工学院现代理论力学博士李·戴维森，而我们的处室经理奥瓦尔·琼斯是加州理工学院工程力学博士。

在新部门中，我与皮特·莱斯内共用一个办公室，皮特·莱斯内是一位实验人员，研究冲击条件下的多孔材料和压电效应。物理研究处的实验"带头人"是鲍勃·格雷厄姆和比尔·本尼迪克，测量使用 X 切石英计，使用石英作为动态应力计在该处有着悠久的历史，这在回忆的其他地方有详细的介绍。我想强调的是，在圣地亚的前三年，我学习了许多新分支领域的实用课程：多孔材料、连续介质理论力学、固体的压电特性、爆炸物、固－固相变，以及（最重要的）单晶的弹塑性冲击响应。

奥瓦尔·琼斯的一项政策是在物理研究处配备一位拥有全面冶金专业训练的材料科学家。我认为第一个这样的科学家是里德·荷兰（J. R.（Reid）Holland）（我不认识他）；第二个是迪克·罗德。我与迪克一起研究铁的孪晶动态变形[①]。在罗德到管理层工作之后，李·戴维森聘用了拉里·波普，拉里和我研究单晶铍的动态弹塑性响应，其实，在铍工作之前，就已经开始关注单晶的冲击波响应。

1969 年我发表了一篇关于多晶金属的论文（Johnson,1969），文章总结了随机滑移面和滑移方向的统计分布。在我看来，由于数据是基于各种类型单晶采集到的，因此可以通过相同的数学方法，对面心立方（fcc）、体心立方（bcc）、岩盐和六方密堆积（hcp）单晶中各滑移面和方向的贡献求和。奥瓦尔·琼斯非常认可这种思路，1970 年我们和汤姆·麦克斯（WSU 博士生）发表了关于位错动力学和单晶本构关系的论文（Johnson, Jones & Michaels, 1970），在这项工作中，限制平面冲击波在特定方向传播，并仅产生纵向运动。

---

① 孪晶是一个冶金术语，指的是晶格的非弹性变形。

在本研究中，我们提出了非特异性晶体传播方向会发生什么的问题。幸运的是，正如在大型多学科机构中经常发生的那样，你会很快找到对你非常有帮助的一个人。我在原来的结构变形部门与山姆·凯的谈话中找到了解决问题的思路。山姆提供了关于线弹性、各向异性、平面波传播的一些解释，包括一般传播方向、准纵向和准横向耦合平面波。我将这些想法应用于 Y 切石英和 hcp 晶体研究，先是线性弹性范围，后是弹塑性区域。山姆显然已经拓展到其他研究领域，因为他自愿让我成为当地的各向异性波传播的专家。

1967 年，我还不知道连续介质理论力学和"克利福德·特鲁斯戴尔"（Clifford Truesdell）这样的名字，直到后来我突然遇到圣地亚数学家彼得·陈。直到那一刻，我才意识到我们（物理学家）在连续介质构造、热力学、应变测量等方面还不是足够严谨。我从未听说过"第二 Piola – Kirchhoff（皮奥拉 – 柯克霍夫）应力张量"或"合适的 Cauchy – Green（柯西 – 格林）"形变张量。我之前在华盛顿州立大学参加了 E. H. Lee（斯坦福大学）研讨班，讲过关于极化分解定理以及如何将变形梯度分解为弹性和塑性成分：是先采用弹性部分然后采用塑性部分，还是相反？这是一个有趣的数学问题，但我不知道动态物质响应行为取决于这些因素。随着时间的推移，潜移默化的教育使我逐渐熟悉这个领域。圣地亚的沃尔特·赫尔曼关于一维连续介质力学的报告非常有用，卡尔·舒勒和李·戴维森的均衡方法①也是如此。这一段文字可能会给我戴上科学上守旧和平庸的帽子。

冲击波物理学学科中我学习的另一个领域是相变，与吉姆·阿赛和丹尼斯·海耶斯一起研究铋（Johnson, Asay&Hayes,1974）。铋具有非常有趣的特性，单次冲击压缩不仅可以探测固体 I – 固体 II 相变，而且可以探测液相。因此，三相点的存在为理论家提出了挑战。丹尼斯对于如何处理这些问题做了一些非常好的工作（Hayes,1975），我从这种互动交流中受益匪浅。

最后，我记得在西部举行的美国物理学会（APS）冬季会议上发生了一个重要事情（对我来说），这是年度 APS 冲击物理学专题会议，之后创办了两年一次的凝聚态物质冲击压缩 APS 专题会议。这一年是 1968 年，地点是加利福尼亚州圣地亚哥，格伦·西伊出席了这次会议，我想时间是他从圣地亚转到通用原子能公司之后，有人在就冲击状态下的卸载问题做报告，格伦提出了以下问题：为什么压缩弹性前驱体基本上总是表现出一个尖锐的屈服点，而同一材料中的卸载波几乎总是表现出一个非常弥散的反向转变，并随着传播距离继续扩散？报告人没有回答，这个问题一直存在我脑海中，直到 20 世纪 90 年代，我才感觉有了

---

① 例如：参见参考书目中的以下参考文献：Davison and Johnson (1970), Davison and Stevens (1973), Davison (1984), Davison (2008)。

答案,这与位错堆积和固定裂纹的存在有关,这些环在冲击卸载后会立即出现一些反向塑性流动,基于这些想法我发表了许多论文(Johnson,1993;Winey,Johnson&Gupta,2012)。我把这一回忆作为在圣地亚任职期间对我的能力发展影响深远的另一个例子,我在2013年写这篇文章时,仍然感激不尽。

# 奥瓦尔·琼斯
# Orval E. Jones[①]
（1961—1993）
## 编者颂词

本书描述的最重要的 30 多年的大部分时间里，奥瓦尔·琼斯是冲击物理学历史上的重要代表人物，他在加州理工学院获得博士学位后，于 1961 年来到圣地亚。他最初的任务是作为技术工作人员，研究冲击波下固体的电学和机械响应。他的第一个办公室伙伴是鲍勃·格雷厄姆，是我们历史上另一位杰出人物。三年后他成为动态应力研究小组的组长；4 年后，晋升为物理研究处经理。在他第一次晋升时，他称之为自我探索的旅程，并以一种惶恐的心情做出改变适应。直到现在，他还在想如果继续秉持研究员的职业道路，他的生活会是怎样的。

就在 1962 年初，他是一项研究的主要作者（Jones, Neilson&Benedick, 1962），该项研究表明石英计如何用于测量金属的冲击波波形和动态屈服行为，大家认为该论文是圣地亚冲击物理学研究的早期经典研究之一。虽然他在圣地亚职业生涯的大部分时间里都处于管理层，但多年来他持续为冲击物理学做出许多重要贡献，其中包括石英计的开发、第一次测量时间分辨动态屈服、提出用于理解动态屈服的位错模型，以及随后加强数值模拟以理解冲击物理和结构响应现象。奥瓦尔经常重复讲述的一个故事，就是关于他从他的首位经理那里得到的一些建议："在这里，钱就像润滑油一样，你靠不停地喷来让事情进展更快。"从那时开始，事情就发生了很多变化！

在 20 世纪 70 年代，奥瓦尔在主任层级承担了许多不同的责任；首先，从 1971 年开始，他担任固态科学研究主任，三年后他成为核安全系统主任，又过了

---

[①] 编辑采用的关于 Orval Jones 的这篇简单颂词，取自圣地亚国家实验室新闻的一些文章，特别是 1993 年 10 月 1 日那期圣地亚国家实验室新闻，主题是关于他从实验室退休，以及 1978 年 11 月 27 日那期圣地亚国家实验室的新闻，描述工程科学理事会，这时他刚成为工程科学理事会理事长。照片取自 1982 年 6 月 11 日那期圣地亚国家实验室新闻，当时他首次晋升为圣地亚国家实验室副主任。这些材料经圣地亚国家实验室许可转载。

三年,他成为核废料和环境项目主任。仅仅一年之后,1978年成为工程科学总监时,他重新开始更直接地参与冲击物理学研究。

首次成为主任后不久,奥瓦尔必须处理的一个困难,也可能是圣地亚最大的危机:1973年解聘数百名圣地亚工作人员。这正是奥瓦尔非常担心的,因为这说明实验室未来可能堪忧,我们可能永远不会恢复过去那样活跃的研究活动。然而,此后不久圣地亚主任摩根·斯巴克斯(Morgan Sparks)在第一次石油和能源危机中,要求所有圣地亚工作人员提出解决这些问题的思路。由此产生的概念引起众多能源研究和开发的新项目,其中很多项目涉及冲击物理学研究的实际应用,奥瓦尔对实验室未来的担忧随之减弱。

对于冲击物理学来说,最重要的一点是,他担任最后一任主任级的工程科学负责人,任期从1978年开始。作为主任,他强调在多维波传播、结构响应、流体流动和热传导领域强化计算能力发展。有些人认为这种新的工作重点以牺牲实验工作为代价;然而,新计算机代码的验证和检验(现在通常简称为V&V),特别是验证,需要通过准确、高质量的实验数据。当不同的数学模型扩展到超出实验室实验条件时,这点显得尤其重要。

奥瓦尔在圣地亚任期的最后阶段始于1982年,当时他担任技术支持副主任。仅仅一年之后,他被任命为国防项目副主任。1986年他担任在圣地亚的最后一个职务——项目执行副主任,直到1993年退休。在1982年首次成为副主任后,尽管当时承接的工作很少,他还是决定不永久关闭Kauai测试装置,仅仅几个月后,里根总统宣布了"星球大战"计划,该计划在接下来的几年里为Kauai注入了新的生命,使其成为一个主要的导弹发射装置。事实上,30多年后的今天该装置仍然运行。这说明了管理工作与研究和工程职业之间的差异。奥瓦尔说技术工作通常具有自身的优点,而对管理工作的评价通常只会在你的决定产生变化之后才会出现,两条路径都可以带来极大的满足感。

奥瓦尔回忆了几个对他及实验室产生重大影响的外部事件。在20世纪70年代,第一次世界石油和能源危机利于扩大实验室的作用,包括能源研究和其他领域,从而使其成为一个多项目实验室。20世纪90年代,从美国电话电报公司到马丁玛丽埃塔(Martin Marietta)公司,以及稍后到洛克希·德马丁公司的管理变革,都增加了发生重大变化的可能性。但由于圣地亚始终保持一种独立而有效的管理方式,这些变化并未具有破坏性。此外,在20世纪90年代初,苏联解体导致的实验室的新计划可能会对我们的活动产生深远影响。由于奥瓦尔在圣地亚管理层的长期作用,1993年,能源部长黑兹尔·奥利里授予他DOE杰出伙伴奖,以表彰他为核武器安全和保障做出的杰出贡献,以及对美国安全和经济福祉至关重要计划方面的出色领导。

在多年的圣地亚管理岗位期间,奥瓦尔制定了一系列原则,我们都很好地遵循了这些原则。首先,也许是最重要的原则,保持个人的信誉和诚信,在与同事打交道时,培养一种"换位思考"的能力,来欣赏他或她的反应,了解谁在个人或团体互动中"丢脸"并考虑到后果,如果抱怨某人则先与其本人沟通。此外,如果谈话对他或她的影响是负面的或者影响较大时,则花更多的时间与他/她交谈。最后,对待其他人,不因其职位高低而有所区别,就像你希望自己被平等对待一样。

1993年10月1日《实验室新闻》(第8页)引用了奥瓦尔所述与阿尔扎马斯(Arzamus)16俄罗斯武器实验室科学副主任尤里·特鲁特涅夫(Yuri Trutnev)的对话。在1992年访问圣地亚时,特鲁特涅夫问奥瓦尔:当你回顾自己的职业生涯时,你是否对将其献给核武器感到遗憾?奥瓦尔回答说:"不,……。我一直相信和平是通过力量建立起来的,这是一个完全有价值的事业,完全值得投入一个人的职业生涯。"这一回答赢得了尤里这位前对手难得的笑容。当奥瓦尔讲述这个故事时,他自己也笑了;这是他32年圣地亚职业生涯中最喜欢的回忆之一。

奥瓦尔·琼斯于2017年2月25日在家人的陪伴下去世。

# 查尔斯(查理)·卡恩斯
## Charles H. Karnes
(1963—1997[①])

编者注：查理·卡恩斯的以下说明于 2011 年 10 月 1 日通过电子邮件发送给吉姆·阿赛。

安(Ann)和我今天与唐和伊莱恩·伦德根(Elaine Lundergan)共进午餐，我向唐提到过你应该知道的事情。两三年前，我和奥瓦尔·琼斯讨论圣地亚冲击波工作的发展，他说唐·伦德根在冲击波领域的贡献值得赞扬，因为唐认识到冲击波计算的重要性，并聘请了沃尔特·赫尔曼，接下来的事就众所周知了。

编者注：卡恩斯 2011 年 10 月 2 日发给吉姆·阿赛的电子邮件。

以下是我所记得的林恩·巴克尔的第一个干涉仪实验。我 1963 年 6 月到圣地亚报到，我认为是 1963 年 9 月林恩有了使用迈克尔逊干涉仪测量受冲击目标自由表面位移历史的想法，他和瑞德·霍伦巴赫在我们位于 805 楼二楼的实验室里进行了一项实验，这是一个简单而漂亮的实验。

他们使用长约 3~4 英尺、内径为 4 英寸、壁厚为 0.5 英寸的铝管，将抛光过的铝冲击片粘合到聚氨酯泡沫圆柱上，放置在管的一端，即后膛端。另一个抛光铝板，即靶，放在圆筒的另一端。靠靶的管端面是经过精密研磨和抛光的方形，带有冲击片的塑料圆柱用细金属丝固定在铝管即炮管的一端，细金属丝连接到实验室中固定的物体上。带有干涉仪组件的靶板位于炮管的另一端。炮管被温和抽空，制成大气压气体炮，用大气压力作为推进剂，你喜欢叫它"真空炮"也可以。真空使靶板牢固地保持在炮管末端。设置光电倍增管以监测条纹，输出显示在示波器上，使用低功率氦气-氖气激光照射干涉仪。

干涉仪设备用另一根细金属丝连接到靶板上，林恩抓住那条"靶线"，以防止部件撞到地板上。为了发射炮，瑞德切断了将炮弹固定在适当位置的细金属丝，炮弹顺炮管飞向另一端撞击靶板，这是第一次冲击波干涉仪实验，我当时在实验室观看。

---

[①] 查理于 1997 年从圣地亚退休，但他 20 世纪 70 年代末即已离开冲击波项目，在圣地亚从事其他工作。

林恩必须计算条纹,将结果输入计算机程序,并在数值上进行甄别,以获得自由表面速度历史。之后,使用真的气体炮进行了多次实验之后,他有了这样的想法,使用光学延迟来区分光学位移,直接测量自由表面速度,这样每个条纹代表了表面速度的变化而不是位移的变化。

# 詹姆斯(吉姆)·肯尼迪
# James E. Kennedy
（1968—1986[①]）

## 对圣地亚冲击波研究历史的贡献

我于1968年7月被聘用,因为我在芝加哥伊利诺伊理工学院(IIT)拥有9年的爆炸研发(R&D)经验。正如阿尔·纳拉特后来向我说的那样,随着我的聘用,圣地亚打算进行爆炸研究,并"与洛斯阿拉莫斯竞争。"（!!!）纳拉特说这话时大约是1984年,我想(但是没有大声说出来)这听起来很荒谬。那之后不久,纳拉特去了美国电话电报公司贝尔实验室镀金,这样他就可以回到圣地亚,担任首位本土主任。

然而圣地亚确实在能源材料领域做出了一些重要贡献。作为第一个专注于炸药相关研究的工作人员,我将概述1968至1986年期间的这些贡献,直到我离开圣地亚。

### 爆轰冲击起爆：非均匀爆炸中的冲击波演化

1967年初,当我面试并被圣地亚接收时,奥瓦尔·琼斯是一级主管;当我1968年年中到达时,他是固体物理研究处的经理。奥瓦尔说这个职位之所以空那么久等我,是因为招聘冻结,他们无法聘请其他人。奥瓦尔建议我将圣地亚强项,即气体炮冲击研究应用于炸药领域。为了确定一个适合研究的课题,他建议我到洛斯阿拉莫斯的查尔斯·马德(Charles Mader)那里访问交流。查尔斯·马德是奥瓦尔的私人朋友,两人都在陶斯滑雪谷(Taos Ski Valley)拥有山间小屋。马德告诉我,他很乐意帮助奥瓦尔,奥瓦尔在他职业危机时帮助过他。马德建议基于HMX的PBX 9404(以下称为9404)开展探索性冲击起爆研究,使用拉格朗日方法,并安排通过LANL的阿尔·波波拉托(Al Popolato)为圣地亚国家实验室准备样品。9404冲击起爆的研究开始于1969年,与克伦普(O. B. Crump,我的技术人员)和李·戴维森(担任我们的第一级主管)合作进行,第一个实验在射弹的冲击面或样本后面使用石英应力计,以便观察冲击发展期间冲击波演变到爆轰。一般的观察结果是在冲击前沿后释放能量,从而导致波前沿后的压力

---

[①] Jim Kennedy于1986年离开圣地亚国家实验室,并加入LANL,继续研究含能材料。

偏移,并最终到达波前沿后面的"压力陡增"。1970 年爆轰研讨会上,我介绍了美国第一次关于冲击波向爆轰演变的论述(Kennedy,1970),与早期由苏联德雷明(Dremin)发现的 TNT 冲击波演化结果相似。1972 年燃烧研究所会议上的第二篇论文(Kennedy,1973)表明爆轰的演变并没有遵循单曲线演化,这意味着冲击前沿没有按照与爆轰剩余距离(Pop 曲线①)相对应的方式进行积累。

在那时(1974 年),圣地亚将一位理论家杰斯·农齐亚托从固体动力学研究处调到了固体物理研究处,我们一起分析冲击波演化结果。农齐亚托在圣地亚与沃尔特·赫尔曼合作,研究多孔材料的冲击,与卡尔·舒勒合作研究冲击前沿 PMMA(聚甲基丙烯酸甲酯)的黏弹性行为。当时在爆炸领域普遍认为,在异质炸药中,爆轰产生的冲击增长是由于冲击前沿的能量迅速释放造成的。使用基于连续介质力学的奇性曲面分析(另一个圣地亚的强项),农齐亚托推导出一个方程式,利用该方程可以分析冲击波增长行为,以估计冲击前沿的能量释放。1975 年我们的数据集基于初始冲击压力下的冲击波演变,这将引起 7mm 冲击运行距离内爆轰,这是一个相当强烈的驱动条件。令我们惊讶的是,农齐亚托对波形演变数据的分析表明,炸药在冲击前沿吸收能量而不是释放能量。不久之后,当我们与 LANL 的比尔·戴维斯和威尔顿·菲克特分享这些结果时,他们感到惊讶:

(1)农齐亚托独立推导了"冲击变化方程式",洛斯阿拉莫斯早已得出该方程,但从未发表过(比尔·戴维斯说:"(此处省略不文明用语若干字),圣地亚国家实验室得到了冲击变化方程式!");

(2)冲击前沿行为是吸热的。

菲克特和戴维斯似乎受此激励,他们更加认真地完成正在撰写的一本书,因此他们在 1979 年出版经典书籍《爆轰》②,包含了冲击变化方程的推导。据我所知,关于炸药冲击波研究,在 1976 年论文(Nunziato&Kennedy,1976)的前后并没有进一步利用这个等式,仅有一个关于曲面波的冲击演变的研究(Nunziato&Kennedy,1976),在 1976 年的爆轰研讨会上发表。

在这些研究过程中,克伦普和我并发了第一个双延迟 VISAR,以解决在快速冲击演变到炸药爆轰过程中产生的冲击跳跃幅值的不确定度。我们这些年在五个不同的圣地亚国家实验室气体炮上做过实验,似乎克伦普因擅长拿系统打赌并获得他需要的任何资源和设施访问权限而被称为"害群之马"。

---

① Pop 曲线是以 LANL 的 AlPopolato 命名的。
② 编者注:Wildon Fickett and William C. Davis,*Detonation* (University of California Press,Berkeley,CA,1979)。这本书现在有平装版,首次印刷于 2000 年,为 1979 年版略加修订、未删节的重新出版,标题为 *Detonation: Theoryand Experiment* (Dover Publications,Mineola,NY,2000)。

农齐亚托和我假设在冲击前沿的吸热原因在于机械能耗散产生热量,与刚性炸药微晶和较软黏合剂材料之间界面处的冲击相互作用有关。我们试图通过低压缩幅度下进行加速波实验,来探索在炸药未反应情况下的力学性能,这是在气体炮中通过以足够低速度冲击熔融石英板,靶板出现斜波(加速波)得以实现,然后该斜波通过固定在靶板上的炸药。我们测量了炸药后面的斜波波形与9404炸药厚度之间的关系,发现波前的加速度随着9404的距离而衰减,表明炸药在该加载条件下没有形成冲击(9404约8千巴峰值压力),但加速波前沿正在消失,这些结果已发表。随后未发表的工作包括在低冲击幅度下冲击雨贡纽测量结果,表明 $U-u$ 平面中的反曲率区域,9404不会支持弱于大约12千巴的冲击。这种行为归因于刚性炸药微晶和较软黏合剂之间的冲击响应引起的耗散,与9404声学测量中的高损耗行为一致(Sutherland&Kennedy,1975;Sutherland,Kennedy&Nunziato,1977)。

我还对9404进行了短脉冲冲击起爆实验(未发表),该实验呈现了由于反应引起的熟悉的冲击波增长规律,接着是由稀疏波引起的冲击振幅衰减,然后伴随着反应逐渐增加到爆轰,这与短脉冲起爆有关。在1976年从研究转向组件设计之后,鲍勃·塞切尔加入了固体物理研究处,并使用同一种炸药进行斜波后再冲击研究波的演化过程,发现(Setchell,1981)斜波预压缩了炸药并使其敏感度降低,因此从前沿波形判断,冲击无法引起任何明显的反应。在几毫米的传播距离之后,冲击前沿超越斜波,然后不存在预压缩。那时立即发现波前沿后续的反应证据,这表明即使在小于 1 μs 的时间内进行非常温和的预压缩,也能够封闭孔隙并消除炸药中的热点位置,否则反应会受到冲击压缩的刺激。

**Gurney(格尼)模型**

作为博士论文的一个衍生兴趣点,我写了一篇圣地亚广泛传阅的关于格尼模型的报告,该报告描述了引爆炸药如何驱动金属(Kennedy,1971),该项工作基于第二次世界大战期间阿伯丁的固态物理学家(!!)罗纳德·格尼(Ronald Gurney)开发的一个简单模型,用于预测金属碎块速度作为金属质量与炸药质量之比的函数,在分析中未涉及冲击行为。我通过指出如何评估炸药使用效率来扩展模型的应用,描述了一种特定的冲击模型,用于引爆炸药,爆轰驱动重载(圣地亚已经在光引发的爆炸设施中做了该项工作),同时介绍了如何将格尼模型与其他简单物理规律结合起来,在某些情况下,提供爆炸系统性能封闭形式的分析,可以优化设计或分析目标。使用此模型的发表示例包括:

(1)基于塑性变形加工的应变硬化管的内爆或爆炸(Herlach&Kennedy,1973);

（2）飞片冲击引起的爆轰转变（Kennedy&Schwarz,1974）；

（3）基于 Kamlet 的参数 $\Phi$，依据化学成分和密度估计爆炸物的格尼速度（Hardesty&Kennedy,1977）；

（4）基于非弹性碰撞分析材料间接驱动（Kennedy,1972）。

我认识到有机会使用格尼模型,来帮助设计电动冲击片雷管,利用电蒸发的金属箔膜驱动介电膜达到高速,冲击引发爆炸,这种见解基于与 LLNL 的罗恩·李（Ron Lee）和迪克·温加特（Dick Weingart）的讨论,讨论关于哪些金属在冲击片雷管中可最有效地驱动飞片。LLNL 结果符合格尼的观点,即必须使用一些额外的能量来加速驱动飞片；因此,低金属密度有利于该项应用。1975 年蒂尔曼·塔克和菲尔·斯坦顿将这一想法编写成圣地亚报告,将发射电路提供的"电学格尼能量"与桥式箔膜电离时的电流密度相关联。利用这些结果,我模拟了雷管的性能,发现薄飞片足以引发炸药,然后我根据这个模型的预测并指导（同时从利弗莫尔研究人员那里接收了高射炮）了实验,将冲击片雷管的引爆能量降低到 1/25。

圣地亚和能源部并不总是善意地接受格尼模型。当在一次会议上我第一次谈到这个问题时,原子武器研究所（1987 年成立的 AWE 前身）嘲笑我推广这种简单的模型,因为当时"我们拥有可以更准确地解决这些问题的计算机代码。"李·戴维森敦促我别过于关注格尼,更多关注我的冲击波研究。我问我的格尼报告是否会成为工作绩效评估中的负面因素,戴维森回答说,在牧场长大后,他知道每头牛都会被用于生产一些牛排和一些汉堡包,你只管一起接受牛排和汉堡包就行。所以格尼模型显然是汉堡包。

**唐·哈迪斯蒂在炸药方面的工作**

唐·哈迪斯蒂于 1974 年在燃烧专业毕业后加入了固体物理研究处,直到 1977 年以前,他都从事炸药研究,当时他参与了圣地亚利弗莫尔刚刚起步的燃烧研究装置研究。在阿尔伯克基期间,他与皮特·莱斯内合作研究了液体硝基甲烷的冲击点火,开发用于液体的通用雨贡纽方程,这项工作至今仍被多次引用（Hardesty&Lysne,1974）。他们的工作促使唐·阿莫斯、农齐亚托和我使用并行反应模型（Nunziato,Kennedy&Amos,1977）,分析硝基甲烷在实验中的冲击驱动爆炸行为。

**火花雷管研究**

在 1968 至 1971 年,蒂尔曼·塔克、德怀特·艾伦斯沃思（Dwight Allensworth）和我合作开发并表征高功率火花雷管（Tucker,Kennedy&Allensworth,1971）,采用

低密度季戊四醇四硝酸酯(PETN)与雷管电极接触,类似于爆炸桥丝(EBW)雷管中使用的结构(奥瓦尔·琼斯担心我会运用我的行业经验,从塔克那里抢走德怀特的时间,他告诉塔克:"不要让他做!"塔克和我一起笑了起来)。我们通过 PETN 炸药内的火花隙触发的低电感电路,分析电压和电流的测量值,得到炸药中功率和能量的历史。研究结果表明,在火花和 EBW 雷管中以及在建立爆轰所需的时间内,在 PETN 中产生爆炸所需的功率和能量之间需要密切匹配,这些数据对于考虑静电火花危险以及低密度 PETN 的可控爆炸是有价值的,这些研究在《炸药非冲击起爆》[①]的第 11 章中进行了更充分的讨论。该书还表明,脉冲激光器引发低密度 PETN 的运行方式与火花和 EBW 雷管非常相似。

**1972 年 ASME 新墨西哥分会会议和研讨会**

那些年美国机械工程师协会(ASME)的 NM 分会每年都会就不同的主题召开会议并发表结果,要求李·戴维森和我组织炸药工程应用会议。依据新墨西哥州会议精神,主要来自圣地亚和洛斯阿拉莫斯的受邀发言人作了一系列报告,介绍了炸药的基本原理和许多应用(参见 Jones(1972)和 Kennedy(1972))。这套相当有指导意义的信息,加上来自其他机构和行业研究人员的论文变得更加完善,由当地 ASME 分会印制了"工程设计中炸药的行为和利用(1972)"论文集,分发了 1000 多份。

**碎片之门**

圣地亚国家实验室 808 号楼气体炮的收集器是一个钢结构,夹在一个由几个 4×4 松梁组成的组件周围,实验结束后炮弹将击中松梁。收集器部分阻止了后续发射,松梁被撕裂,被砸碎的木块被送到圣地亚的回收区[②]。从某个时候起,有人意识到他们可以简单地将这些碎木带回家用作生火材料,随即要求停止转移至回收区。回收警察发现发生了这种事情,于是开始调查是谁以未授权方式获取政府财产,作为惩罚,一些工作人员被短暂停职。

**STAR 装置的爆炸**

我在圣地亚 17 年工作过程中,遇到过三个事故调查小组,所有这些事故都发生在 1977 年。一起事故是在一次射击后,STAR 火药炮上的大型收集器门被

---

① *Non-shock Initiation of Explosives*, Vol. 5 of Springer-Verlag's Shock Wave Science and Technology Reference Library, edited by B. W. Asay (2010).

② 编者注:圣地亚的回收组织负责获取不再使用或不需要的设备、实验硬件、办公家具等,并将其重新应用于其他用途。

炸开，从收集器中排出的气体实际上从金属建筑的屋顶上撕落下条状物，全体工作人员都在强化控制室，所以没有人员危险。

收集器的直径约为 6 英尺，因此一个人可以走进去设置靶组件，收集器门上有一个螺栓圈，配有 48 只大螺栓，它们将门固定在一个法兰上，法兰配备 O 形圈密封，因此在射击之前可以将收集器和炮管抽真空。在使用时门开始变形，因此并非所有螺栓都可以拧到位。炮操作人员认为只要他们仍然可以抽真空，螺栓的数量就没有关系，因为当他们从控制室出来进行清理时，在射击后收集器总是处于负压状态。就这样，固定好的螺栓的数量下降到 20 个，然后是 8 个，降至 7 个时发生了事故。

调查小组的分析确定，在一次射击之后，收集器中确实存在可观的正压力，特别是因为推进剂气体最终扩展到收集器空间是热膨胀（即在恒定能量下膨胀），而不是等熵扩张。操作人员从来不知道正压力，因为他们在从射击中获取数据记录（示波器的宝丽来胶片记录）时延迟了接近收集器的时间，这使得气体有足够的时间冷却，使压力降至大气压以下。研究副主任纳拉特关于事故调查结果的简明陈述是："在理解它如何工作之前，你们不能再操作那只炮！"

**比尔·本尼迪克**

很久之前，我就知道圣地亚一位名叫本尼迪克的研究人员，因为我们一起与一位名叫沃利·曼德勒科（Wally Mandleco）的技师共事。沃利从海军陆战队退役，是一名优秀的技师，特别是在紧急情况下。他可以在解决紧急情况时大放异彩，因为他经常是创造紧急情况的人，所以他比任何人都更了解情况。沃利在为我工作的芝加哥 IIT 和为比尔工作的圣地亚之间来回两三次。他与比尔配合很好，因为他们都非常善于"只是把事情做好"，现在这几乎是一种失传的艺术。

比尔致力于既有规模又有技术实质的项目。我记得有一次，他和查理·丹尼尔斯在 9926 号楼建造了一个混凝土隧道来研究氢气蒸气－空气反应，以模拟 1979 年三哩岛事故中的事件。我认为在 20 世纪 70 年代早期他工作量很大，当时他研究一个 50 英尺长的塑料板掩盖管组件中的燃料空气爆炸，这也是比尔建造的，但这与构建混凝土隧道相比毫无意义。比尔还领导了在 9926 号建筑旁边建造一个步入式爆炸室的工作。

# 马林·基普
# Marlin E. Kipp
（1974—2011）

**里海大学（Lehigh University）的前圣地亚岁月**

我于1974年5月受聘于圣地亚。1973年我在里海大学乔治·西（George Sih）教授指导下获得应用力学博士学位，博士论文聚焦于弹性材料的准静态断裂力学理论（我只尝试过一组实验，并得出结论认为，我在实验室里很危险：报告指出可以在扁平圆形冲头下形成稳定径向生长的玻璃裂缝。我在2英寸玻璃立方体中重现了这样的现象，但是当我在有机玻璃中尝试相同的配置时，没有形成裂缝。我增加了负荷，直到块体爆裂成几个部分弹出房间，裂缝向内延伸到轴上，出现了与玻璃完全不同的行为）。我留在里海大学担任助理教授，同时在其他地方寻找职位。1973年秋天，我意外接到了圣地亚拉里·伯索夫的电话，要求我去他的冲击物理学小组进行面试，是道格·德拉姆赫勒建议他给我打电话的（在我之前，道格离开了里海大学，进入圣地亚）。1973年10月我来进行面试，发现我与之交谈过的每个人都在致力于研究有趣的问题，拉里给了我一个职位，我接受了。

**圣地亚国家实验室**

沃尔特·赫尔曼是冲击物理学研究部门的负责人，奥瓦尔·琼斯是主任，该部门包括代码开发人员、代码理论家、材料建模人员和实验人员，许多活动支持地下测试计划，包括地面冲击、弹坑形成以及辐射损伤和辐射沉积的影响，合作非常紧密，彼此学习的氛围非常好，这是一个非常好的环境。而对于来自静态世界的我来说，有机会在这个全新的冲击物理领域工作，感觉很棒——我在来到圣地亚之前还从未听说过微秒或千巴。

**学习使用流体动力学代码**。我在一维（1D）拉格朗日代码WONDY上投入了大量的精力，包括一个重新划分选项；杰夫·劳伦斯是该代码的保管人并教我使用。当杰夫在实验室内晋升时，我最终成为了代码的保管人。由于易于添加和评估新的材料模型，WONDY很受欢迎。为此，我广泛使用它并在多年来发布了许多版本。拉里部门的二维（2D）拉格朗日代码是TOODY，鲁普·拜尔斯（Rupe Byers）是这项工作的关键人物；正在使用重新分区来使TOODY变得更加通用。几年后杰夫·斯威格加入该部门负责开发 TOODY。CSQ 是该部门的欧拉代码,由山姆·汤普森建立和维护,汉克·劳森也支持 CSQ。达雷尔·希克斯正在研究各种接口、多材料和代码差异的数学解决方案。当我与开发人员和分析人员交流时,我刚接触这些大型代码,很容易形成一种过分乐观的观点,即代码可以揭示出奇妙的绝对真理。然而,当我看到实验人员在炮装置上提取信息时,这种观点得到了缓和,我学会了对这些代码在多大程度上具有重现现实的良性怀疑。事实上,毫无疑问这些极其强大的工具提供了(并继续提供)对实验工作的宝贵见解和支持,尽管如此,材料模型中还没有包含一些物理现象,因此始终需要抱谨慎态度理解代码结果(当然,还需确保对实验数据背景的理解,例如,多维效应如何以及何时可能进入所谓的 1D 实验)。

丹尼斯·海耶斯从华盛顿州立大学回来后,在圣地亚教过一个冲击波物理课程,该课程被录制成一系列录像带。因此,在几个星期的课程中,我观看了每个录像带,做了家庭作业和问题集,并由丹尼斯辅导冲击现象学的各方面。对我来说,这是对该领域的一个很好介绍(丹尼斯的笔记继续帮助几代工作人员深入了解冲击波的物理特性)。

在圣地亚冲击小组工作的 37 年中,我专注于建模和模拟的几个主要领域:超高速冲击、动态断裂、碎片、层裂、爆炸反应动力学、中子发生器开关、辐射沉积、常规武器分析,以及爆炸和危险材料事件的传播事项。此外,我帮助实验室工作人员解决了各种各样"入门级"问题。

**超高速冲击。**当我入职时,一个活跃的实验研究领域是速度超过 4km/s 的超高速冲击,近期用聚合物球冲击钢靶的试验表明一些不寻常的破碎行为;结果表明,在 13GPa 下铁的 $\alpha-\varepsilon$ 相变导致稀疏波结构,这产生了特殊的断裂行为(即具有连接断裂空洞的碎裂平面)。用 VISAR 仪器进行平面波冲击实验呈现出一个三波结构,揭示了在冲击条件下存在的相变。山姆·汤普森在 ANEOS 表格式状态方程中包含了 Fe 相变,用 CSQ 模拟证明冲击球的冲击和卸载过程如何在钢中形成波结构,导致特殊的断裂行为。在接下来的几年中,我偶尔会在模拟过程中包含相变,但我很少发现它对变形和断裂有显著影响(那是在发现之后的某个时候,已经关闭代码中的相变问题,我实际上正在运行两个相同的模拟)!我与乔尔·利普金合作研究相似冲击条件下铝的问题(Lipkin&Kipp,1976),用 CSQ 模拟所获得的后表面上粒子速度历史(监测点通常稍微偏离中心,但明确有断裂信号)。断裂模型仅限于最小应力准则和 Tuler – Butcher 积分,虽然我们的模拟结果和数据吻合很好,但都引起了相当陡峭的断裂。我们在弗拉格斯塔夫(Flagstaff)的一次行星科学会议上介绍了该工作(当我报告时,我提到已经在 CSQ 中包含了冲击设置,在机器上并未进行约束,直至运行完毕。

观众中有笑声,当我后来问阿尔·哈拜为何发笑时,他说如果没有人工干预和重新启动,是否能够在欧拉代码中运行问题几乎是未知的)。正是在那次会议上,吉恩·舒梅克带我们去了陨石坑,向我们展示了大型冲击坑看起来是什么样的,我们走进坑中,吉恩向我们介绍了变形的细节、冲击引起的物质残余,以及流星冲击引起非对称陨石坑形状的断层线。

**韧性断裂建模**。我与阿尔·史蒂文斯和李·戴维森一起使用 WONDY 和 TOODY 进行了韧性断裂建模(Kipp&Stevens,1976;Davison,Stevens&Kipp,1977;Davison&Kipp,1978)。李和阿尔开发了一种连续模型,将塑性与空洞增长相结合,空隙形成不断降低有效模量,导致随着断裂的演变而卸载稀疏波。阿尔在 WONDY 中使用该模型时遇到了不稳定性问题,因此要求我找到一种方法,使其能够运转。区分模型表达式中的导数似乎是困难的来源,因此求助于数值常微分方程(ODE)求解器(来自圣地亚开发的数学库),从 WONDY 调用该求解器,并直接求解每个处理器和时间步长的微分方程。我加强了时间步长上密度和人工黏度的线性变化;该技术运作良好,效果稳定。我们有一些铝的平面冲击 VISAR 数据,用于确定一组空隙增长模型的参数。我们在李的办公室外面的走廊墙上贴上了每组参数的运行结果,直到我们得到满意的数据,我们将在 WONDY 运行模拟,并期待产生大量可用于发表论文的图;然后我们会在墙上发布图并决定下一个参数变化。我们最终收敛了一组令人满意的参数,这些参数与板冲击实验的单轴应变数据相匹配,然后我将模型植入 TOODY 中,将相同的参数库应用于 2D 杆冲击设置,并获得实验观测中的中心空隙增长,这显著改进了通常用于模拟断裂的最小应力标准。

**分层斜靶的杆冲击**。拉里·伯索夫与马里兰州阿伯丁的弹道研究实验室(BRL)签订了一项合同,研究长杆冲击倾斜分层靶。比尔·布朗和我正在进行一些模拟,在二维平面几何中尝试 CSQ 和 TOODY,因为部门中还没有三维(3D)代码可用。经过一个周末的忙碌计算之后,拉里打电话叫比尔和我到他的办公室,通知我们已经几乎消耗了所有合同中的计算机费用,他很不高兴。那时计算机费用上涨至每小时 600 美元。随后几年我不定期参与 BRL 工作人员的其他常规弹头模拟工作(与艾伦·罗宾逊和弗雷德·齐格勒(Fred Zeigler)合作),并对合同竞争谈判进行独立评估。

**模拟高能炸药行为**。在 20 世纪 70 年代后期,我开始与杰斯·农齐亚托合作研究均质炸药的建模,以硝基甲烷为重点,因为该含能材料可获得大量单轴应变气体炮数据(Kipp&Nunziato,1981;Nunziato&Kipp,1983)。在 WONDY 中使用与延性断裂模型相同的 ODE 求解器技术,我们解决了爆炸反应物和产物气体质量和能量的演化方程,以及反应动力学速率定律,我们使用两阶段反应来捕获冲击界面处的初始冲击加热、生长成覆盖初始冲击的爆轰波，以及随后的稳定爆轰波，该模型与 1D 数据非常吻合，但我们必须在冲击界面使用一些惰性缓冲单元，因为人工黏度倾向于产生略微升高的温度，并且在最初的几个步骤中产生致密的反应物，从而加速开始早期反应。鉴于我们成功的一维模拟，我将模型置于 TOODY 中，以研究影响临界直径行为（即影响反应速率的冲击反射或卸载）的爆轰边界效应。这些趋势已经掌握，但我们发现在探索性反应中出现了奇异的现象，这种不同寻常的现象取决于空间分辨率和时间步长，我们无法给出满意的解决方案。达雷尔·希克斯致力于数值理论，其具有不同的特征时间的反应动力学和基于库朗数（Courant – based）的分辨率值。

我的另一项建模工作是解决粒状炸药中的冲击反应。杰斯推导出基本方程式是现在的三相（而非硝基甲烷的两相）：反应物、热点和产物气体。我们的主要应用是 PBX 9404，这是一种相对不敏感的高爆炸药，经过吉姆·肯尼迪的一系列波形实验，表明冲击前沿后爆轰波的演变最终会发展成稳定波（低振幅冲击的演变在均质和非均质炸药之间非常明显）。经过广泛的参数研究和修改反应速率定律后，我们可以用模型重现波形，也很好地再现了爆炸曲线（爆炸距离作为初始冲击振幅的函数），然后鲍勃·塞切尔对 9404 进行了一些精心设计的短脉冲冲击，其中冲击幅度是相同的，但释放波的持续时间是经过调整的，因此一次冲击演变为爆轰而另一次未能启动爆轰。模型无法捕获这种行为，我改变了热点形成，使用人工黏度作为能量计入热点（通过类比剪切变形），并产生一些非常好的结果。然而，我们仍没有在模型中重现冲击实验结果，随着我们的计算能力的发展，我们可以对粒状炸药进行一些复杂建模，观察在腔体坍塌期间形成的热点（和梅尔·贝尔一起）。

**模拟核爆发引起的地面冲击。** 我们部门的一项重大工作是由比尔·戴维、保罗·亚灵顿和阿尔·哈拜领导的核爆发地面冲击建模，直到多年后，当国防威胁降低局（DTRA）有时要求（通常通过保罗）模拟时，我才参与其中，这些模拟的范围从多次传统或核爆炸结果，到代码评估检查。后来的几年中，没有任何项目支持地面冲击建模和模拟，模拟往往是寻找本质因素，而不是保留获得详细结果的能力。唯一的例外是 DTRA 的工作，其中相当详细地给出了当地的地质结构，并且发射了一些常规炸药。另一个 700t 的大型常规爆炸冲击将在内华达试验场点火，以查看隧道坍塌，投入大量精力准备隧道仪器，将地质情况转换为代码，并进行模拟；不幸的是，在点火前停止了该项目。我确实发现，在花岗岩中以代码获得的峰值应力和粒子速度可以与大量报告中的核数据获得相当好的匹配，但我无法匹配测量记录中的脉冲形状，我的波形太窄了；我从未弄清楚为什么峰值压力是合理的，而持续时间并不令人满意，因为基本三角波的侵蚀应该是其宽度的函数。利用核当量用等效能量沉积到靶丸中进行等效建模,这样提供了一种合理的方法来模拟整套装置(保罗·亚灵顿传授给我的技术)。广泛模拟了受到各种形式攻击的地下结构(如隧道)。

**动态碎裂和油页岩研究**。在卡特政府执政期间,国家安全实验室对推动各种能源发展进行了重大努力,其中一个领域是油页岩——如何有效地从页岩中提取油母(采矿业的老一辈人注意到,大约每20年一个周期,当原油价格上涨时就会集中关注油页岩;但开采油页岩是劳动密集型工作,这意味着随着劳动力成本的上升,开采可行性转而降低)。在我们的部门,对油页岩样品进行了广泛的静态和动态测试,丹尼斯·格雷迪和我开展了一项动态碎裂研究,最终扩展到许多其他材料,直到20世纪90年代丹尼斯退休。除了油页岩,我们还研究了阿肯色州均密石英质岩,这是一种细粒均质岩石,具有极佳的重复性,这种脆性材料的主要实验结果是表观断裂应力取决于应变速率(例如,来自准静态、分裂霍普金森杆和断裂实验的数据),并且平均碎块尺寸与应变速率成反比,根据这些观察结果,丹尼斯构建了一个基本模型来捕捉相关特征,我将其植入WONDY,因此我们在建模方面取得了相当大的进展。模型中的损伤变量直接降低了材料模量,这种连续耦合在表征岩石响应方面非常有效。当我们将模型纳入适用于油页岩的TOODY模型中时,能够捕获井眼爆炸的结果,并通过模拟多个井眼来估计碎块尺寸分布。毫不奇怪,距离爆炸物最近的碎块非常精细,随着与炸药的距离增加,分布为更大的碎块。这种尺寸差异不利于原地采矿和干馏,其他人的工作更追求降低装载率,并相应地降低细粒的形成。作为研究之一,洛斯阿拉莫斯国家实验室(LANL)研究了如何表征各种直径的ANFO(一种由硝酸铵和燃料油组成的采矿炸药),我在WONDY的一套爆炸模型中植入了Becker – Kistiakowsky – Wilson(BKW)释放等熵过程。与LANL的查克·马德讨论了他们针对ANFO的参数。后来,在劳伦斯利弗莫尔国家实验室(LLNL)确定了Jones Wilkins Lee(JWL)参数,我们也使用了这些参数;ANFO的输出取决于直径和限制,因此必须小心使用适当的参数集。

**金属碎裂**。碎裂的应变率依赖性自然关系到金属,第一项工作是针对环扩展(由丹尼斯·格雷迪和戴夫·本森应用电磁方式完成),并开发代表碎块形成的模型。我在WONDY中设置一个等效的1D扩展环,使用均匀的速度梯度来模拟环状况,然后插入具有随机起始阈值的起始点,设置断裂模型以在拉伸过程中消散适当的能量,结果与数据吻合很好:即使有大量的起爆点,也只有足够的能量实现少量的起爆,并获得实验中少量随机大小的碎块。丹尼斯·格雷迪发表了一篇关于碎裂的开创性文章(Grady,1982a;Grady,2010b),是我们多年来对韧性、脆性和液体碎裂思考的基础。在杰夫·斯威格的帮助下,该模型在CTH中已作为监控工具（即当确定已经形成碎块时，材料不会凝聚成实际碎块；相反，可以在箱形图中汇总，并且可以通过后处理获得分布信息）。我们发现，如果从模拟中获取平均碎块大小，并对这些平均值施加指数分布，则可以合理地表征实际分布，这使其成为了一个强大的工具，在我职业生涯的剩余时间里，我广泛使用它来处理各种各样的碎块形成问题，从精细的液滴到炸药套管膨胀。对应变率的依赖性清楚地解释了为什么"爆破筒"之类爆炸装置（具有大多数破片弹的特征）破碎形成条带状，因为轴向应变率通常远小于径向应变率，大应变率给出较小的平均尺寸（相比小的应变率）。另外，装有中心球形炸药和薄的外部金属壳的球形装置，通常导致方形碎块。在那种情况下，应变率在所有径向方向上都是均匀的，这是射线照片确认的结果。

**冲击过程中金属球碎裂的影响。** 丹尼斯·格雷迪开始进行一系列钢球碎裂实验，其中将球体发射到薄的聚甲基丙烯酸甲酯（PMMA）目标中，使用闪光X射线对钢球块成像，PMMA对X射线是透明的。射线照片捕获了球体的分裂，并且各种目标厚度和冲击速度在分裂特征中表现出明显的趋势。我使用这些代码来观察冲击过程中球体内的变形和内部应变率，并且我们可以将应变率与碎块尺寸相关联。我无法再现的一个方面是PMMA目标中的孔的形状，即前后表面上的薄垫圈，其孔直径基本上是原始球直径的孔，代码总是给出孔的大小增长到球体直径的大约两倍，状态方程模型、当量模型和断裂参数的优化根本不能提供令人满意的解决方案；我在这个方面仍然未成功。丹尼斯在随后的实验中使用超高速炮来研究其他材料的碎裂，包括铜球对抗钢靶（以捕获铜液体喷射物的比例）。

当事情变得很明显，我们的计算机将支持3D计算时，我们没有进行内部开发，在西德尼·威斯特摩兰（Sydney Westmoreland）支持和帮助下，引入了HULL系列代码。在20世纪80年代，山姆·汤普森和迈克·麦格劳恩开始开发CTH，这是一种多维冲击物理代码（具有一维矩形、圆柱形和球形坐标，二维矩形和圆柱形坐标以及三维直角坐标），状态方程包最初是ANEOS包。格里·克里后来大大扩展了状态方程的能力，包括多相模型、反应动力学爆炸模型以及LANL广泛编制的状态方程表。我处理的第一个问题就是，在Cray上使用所有内存和600万个计算处理器，用一个以4km/s的速度倾斜冲击钢板的铜球，来模拟丹尼斯的一个实验，空腔形成、铜和钢喷射流以及目标靶后表面破裂，都与射线照片非常一致，这导致后续在钢球PMMA实验中尝试模拟冲击铝板的钢球碎块。我从冲击和随机的碎块中提取出膨胀率和平均碎块尺寸，当它冲击铝时，初始的随机碎片被植入正确尺寸的圆盘形空间，模拟中由碎块形成散乱和重叠的撞击坑与真实板具有极好的对应关系。

**原行星对地球的影响。** 亚利桑那大学行星科学系杰伊·梅洛什夏季访问我们的部门时,和我一起研究了一个类似火星原型物体以掠射角度撞击地球的三维CTH模拟,查看了喷射物以寻找它最终可能形成我们的月亮的证据(Kipp&Melosh,1987)。CTH刚开始具有三维功能,我们用铁芯和矿物地幔建造了一个球形的地球模型(最终包括原始的初始密度、温度和压力)。那时我们只有CTH的中心引力(戴夫·克劳福德后来为了具备更好的物理特性而增加了自引力)。我们只能在过程时间内将模拟运行到大约2000s,足以看到地球的变形以及从冲击区域向外喷出物质的初始羽状喷射,还是远远不够看到聚合成轨道体。杰伊在行星会议上报告了这些大的地球冲击结果,引起了科普杂志的广泛兴趣,这也使得我们的模拟幻灯片能够广泛公开传播。

另一个令人感兴趣的天体物理问题是小行星如何被大型常规或核力量偏转或分散,马克·博斯洛继续模拟如何有效地使用这些技术。

**在早期的并行计算机上运行作业。** Paragon是我们的第一台并行计算机;已经在Paragon上编写并安装了一个CTH版本,用户必须按日程安排运行作业,在计算机附带的控制台上工作。下午开始工作是很常见的;计算机部门的某个人偶尔会在夜间监视机器活动,如闪烁的指示灯面板所示。当机器已经停止运转时,正在运行作业的工作人员将在半夜接到电话赶去重新开始工作;我就在半夜跑过很多次,去重启Paragon并重新开始工作。在我们的下一个大型并行机器Janus上,最初我们也必须从控制台运行,并使用容量有限的磁带进行数据输入和输出。最终,我们可以通过电子和远程方式进行数据转移,在该平台上进行了广泛的武器相关模拟,这是CTH应用的主要方面。

**模拟碎块金属的可呼吸性粉尘比例。** 应马特·萨加茨(Matt Sagartz)的要求,我开始使用爆轰驱动的银制装置进行可呼吸性粉尘比例研究。装置为球形,具有薄的银内壳(由两个半壳组成)和外壳炸药,我寻找在大型半球形空气支撑罩实验中获得的可呼吸性粉尘比例的相关性。通常,基于测试后的过滤器分析,25%~30%的银熔化或蒸发然后重新冷凝。使用完整的三相(固-液-蒸气)列表式状态方程模型,我能够获得液体-蒸气状态下正确的残余材料总分数,但熔化蒸气的比例往往不正确。CTH在冲击和卸载结束时提供了一个快速的估计,即在前$25 \sim 30 \mu s$;过滤器在分钟时间范围内进行采样。碎裂模型提供了相当准确的固体碎块尺寸估计,由实验后发现的银薄片组成,依据卸载应变率估计的液滴尺寸也代表过滤器数据。我们发现膨胀的熔体材料拥有足够的动能,因为它会在空气和爆炸产物中停滞,导致代码中没有的二次破裂和可能的蒸发物理过程。我们模拟了尺寸、爆炸质量和金属类型的变化。

弗雷德·哈珀(Fred Harper)在这些研究中担任主角,我在接下来15年里与他密切合作,直到我退休。在我的二维轴对称模拟中,总会形成射流,但在实验中没有证据表明这样的射流。射线照相仪器的实验表明,薄银壳的微小形状和厚度变化是造成峰后压缩膨胀具有显著非对称行为的原因,并解释了为什么没有形成射流。我将轻微的壳厚度变化和非球面尺寸合并到一个完整的三维模拟中,并看到了这些不对称造成了膨胀的显著变化。俄罗斯实验的模拟结果表明,具有更厚的壳体和更容易控制的公差情况下,将保持对称性,并且通过模拟(包括喷射)准确地表示这样的结果。

**研究陶瓷和粉末的冲击和碎裂**。我们转向粉末和陶瓷,但并未像金属那样获得相同的成功,部分原因是陶瓷缺乏足够的材料模型,但也可能因为这些材料没有脆性断裂模型。然而,模拟非常清楚地证明了在实验中观察到的压缩行为,我们还探讨了爆炸装药的各种起爆方案,这些金属是爆炸中可能出现更多有害物质的替代物;有时我作为第一责任者提供了急救人员培训练习的源项估计结果。

我们还研究了 PuO 和 $UO_2$ 等电源材料的陶瓷代用品,当它们用于卫星上的电源时(如火星着陆器任务),理解这些材料变得非常重要。我参与了一些较低水准的模拟,这些发射事故情景由格雷格·贝塞特(Greg Bessette)模拟完成,其目标是确保最好的评估并不会破坏安全壳。我还参与了其他发射事故情景,就是当我们为 NASA 评估航天飞机建造后的情况,评估燃料爆炸可能存在的机组人员层面的冲击和碎块状况。

我使用粉末的 $P-\alpha$ 多孔材料模型。苏联人报告了大量密实初始条件下多孔熔融石英冲击加载的数据。我不得不微小修改石英表格模型,包括低压下的反向曲率。通过该表,我能够证明冲击多孔石英的温度升高与一些公布的有限数据一致,并且对于许多初始条件,代码正确地表征出终态的高温和小于最初数值的密度。针对碳化钨粉末的冲击研究,我做得并不好;爆轰实验表明粉末是分散的,而 $P-\alpha$ 模拟引起固体材料在冲击后固结以及非常有限的分散。我在含泡沫成分的模拟中广泛使用了 $P-\alpha$ 模型,在可获得数据的情况下,模型可以很好地重现实验行为。但是,在许多情况下没有可用的数据。在这种情况下,选择状态方程来表示完全致密材料,并且所用初始膨胀与泡沫参考密度一致。

其他材料研究包括建立模型来表示一些陶瓷的复杂行为,丹尼斯·格雷迪已经从靶板冲击实验中获得了波形数据,模型基本上是弹性的,具有定制的模量,以模拟捕获实验数据所显示的冲击和卸载结构。期间短时间和保罗·泰勒(Paul Taylor)一起检查波在头骨和大脑中的传播,以寻找头部受伤与脑损伤的相关性(后来保罗更详细地跟进)。

**模拟冲击对混凝土和泡沫微观结构的影响**。鉴于改进的计算能力,我们能够对混凝土和泡沫微观结构进行一些明确的建模,结果与拉利特·查比达斯和比尔·莱因哈特的实验波形非常吻合。为了模拟混凝土结构,我使用随机数发生器将骨料插入球体或椭球体,然后用砂浆回填。对于泡沫,我插入了一个固体并去掉了球形,以形成具有正确总质量的离散空隙结构。用 CTH 研究这些大的三维问题,并且通过异质靶结构的演化可以很容易地跟踪波;使用该模型也可以观察到泡沫产生冲击的空间依赖性。

**辐射沉积模拟。** 杰夫·劳伦斯指导我使用 WONDY 研究辐射沉积问题,以支撑重返大气层的飞行器冲击加载。BUCKL 代码根据辐射特性和目标材料确定沉积分布;然后将该波形植入 WONDY,以评估诱发冲击波的性质和随后的目标运动。对于类似的问题,我与鲍勃·本汉姆(以及后来的加里·里维拉(Gary Rivera))合作,用炸药或磁力驱动飞片或直接用光引发炸药来代表辐射沉积的脉冲,以模拟没有核条件的地下测试条件。其他沉积问题还包括核反应堆脉冲设计方案、寻找辐照粒料和气体的膨胀特性。

**在核武器系统中的应用模拟。** 在我的职业生涯中,主要的武器相关工作之一是分析中子发生器间隙,第一个项目是 20 世纪 70 年代后期 W80 系统的一个关键需求,涉及一维和二维模拟;我们与 LANL 有很多互动,包括流体动力学测试小组来设计必要的组件。高速摄影和短路引脚用于表征爆炸性环境中元件运动,并将数据与模拟结果进行比较,模拟为该项目节省了大约 100 万美元。到开展 W80 的延寿项目[①]时,我们能够利用三维模型做一些早期分析,并证明之前近似的准确性(与圣地亚利弗莫尔试验场的丹·克莱茨利(Dan Kletzli)合作)。进行了实验比较,其中卡尔·舒勒和马克·安德森提供了 LANL 和 LLNL 流体动力学测试的仪器。在我的职业生涯结束时,我为各种可能出现的应用构建了主要系统的计算模型,我还每年都会向武器研究相关的实习生讲授核计算技术在核武器系统中的应用,其他活动包括模拟测试场景和寻找将在非核事故情景中形成的碎块,该主题领域还包括环境的爆炸问题,即试图评估爆炸源碎块对附近其他爆炸性成分的影响。在某些情况下,碎块轨迹是有意义的;然后将从模拟结果中提取的碎块的初始条件(即尺寸和速度),输入气动弹道学代码,并使用蒙特卡罗技术跟踪源至地面的碎块,以估计碎块的预期降落区域。额外的工作集中在对冲击引信进行建模,即通过头锥体计算冲击的传输时间,并将模拟结果与多年来收集的数据进行比较。

**在常规武器中的应用模拟。** 常规武器领域的一项重大工作是修复化学弹药,除了军队需要销毁的化学弹药库存外,一个理想的情况是使得前战场或试验

---

① 编者注:延(长)寿(命)项目是这样一个项目,旨在修复或更换核武器部,以延长武器安全可靠地留在国家库存中的时间。

区的单一弹药无害。圣地亚被委托设计这样一个装置,作为分析的一部分,我的任务是对各种各样的弹药进行建模,通常在金属外壳和爆炸装药中加入化学品。如果后者在正式停止使用期间引爆,则会形成壳体碎块并从装药向外加速。我们(雷纳·马丁内斯和我)进行了许多模拟,以估计碎块尺寸和速度;然后使用这些特征来评估保护性收集器壁针对渗透的脆弱性。旧陆军手册中的绘图集用作构建模型的基础,CTH 用于冲击分析,并确定平均碎块尺寸的应变率,估计碎块尺寸,然后模拟这些碎块对收集器壁的影响(Kipp, Martinez, Hertel et al. 1999a;Kipp, Martinez, Benham et al. 1999b;Kipp&Martinez,2000)。

另一种传统的武器分析项目是带凹槽的衬垫形装药,吉恩·赫特尔与匹克丁尼兵工厂的厄尼·贝克(Ernie Baker)接触,试图用 CTH 模拟凹槽形装药。当从膛炮炮管中发射出成形的装药时,装药旋转,如果使用光滑的衬垫,会聚在轴上的金属产生非常大的角动量会破坏射流,使之向外扩散并破坏装药的性能。多年来已知的一种补偿行为的方法是在衬里中引入凹槽形状,关键是重叠的"叶片"(横截面具有锯齿状外观)。我们想出了如何使用代码中的插入包(使用戴夫·克劳福德新开发的 Diatom 库)构建衬管的单元部分,然后围绕中心轴重复插入包,以构建完整的衬管。这显然是一个三维问题,我们花了相当大的精力,确保将衬管几何形状与周围的炸药以及金属外壳一起准确地插入模型中。在没有任何旋转运动的情况下,凹槽引入了自己的旋转,并且在形成射流后很快就会破裂。当我们引入旋转时,凹槽正确地补偿了旋转,并且形成了连贯的射流(尽管质量不如光滑的非旋转衬里产生的那么高)。据我们所知,这是第一次完成模拟完整装置,表明对延伸射流的影响。我们可以改变旋转速度来观察喷射质量的变化,并清楚地看到带有凹槽的塌陷衬底是如何反向旋转的。1999 年 11 月,我们(雷纳·马丁内斯、吉恩·赫特尔、我和匹克丁尼的工作人员)在得克萨斯州安东尼奥市举办的第 18 届弹道学国际研讨会上获得了尼尔·格里菲斯(Neill Griffiths)奖,以表彰我们论文报道的这项工作(Kipp, Martinez, Hertel et al. 1999a)。对于另一个应用,我建立了一个火箭推进式榴弹的模型,并能够模拟完整的事件(包括接近目标、冲击目标、形成射流和射流穿透目标)。

2001 年 9 月 11 日之后,我开展了一系列广泛的分析,以解决核电厂和燃料储存区可能存在的脆弱性问题。我的任务之一涉及估算大型爆炸装药对核燃料运输集装箱的影响。有限数量的数据至少提供了有关容器变形的一些信息。我建造了几个容器的精细模型,并模拟了各种爆炸配置,以评估容器和燃料爆炸的后果。

我将亚尺度穿透模拟应用到混凝土目标中,其中冲击条件由水道实验站的一系列实验确定,获得了速度降低和穿透深度数据,并补充了混凝土目标预先拍摄样品的三轴静态压缩数据。在 CTH 中可用的产量和裂缝模型的限度内,确定适合压缩数据的混凝土参数集;缺乏拉伸断裂数据,因此需要对测试配置进行一些迭代得到估计值(非常小的值),结果是大多数冲击的穿透数据匹配较好。

**关于代码模拟的一些其他说明**

·在欧拉代码模拟中,部分填充的单元显然是碎块,但是断裂模型不包含物理因素,因此不能保证那些明显的碎块实际上代表实际尺寸。这是我们模型的部分原因:需要提供碎块分布的改进计算,一些碎块分析必须手工完成,因为在估计的碎块尺寸方面 CTH 没有区分体积膨胀和薄壳膨胀;因此,对于薄壳我必须使用平面内尺寸,然后估计碎块的另一个重要尺寸厚度。

·我们开发了 ALEGRA 代码,其具有磁流体动力学能力(与艾伦·罗宾逊一起,他是负责人),我参与了磁场冲击压缩和对后续材料动力学影响的研究。压缩场会引起必须释放的额外磁场压力,ALEGRA 对这种现象具备一些敏锐的洞察力。

·我经常运行一些测试问题,以确保代码准确地重现预期的冲击行为(例如,对于 1D 冲击,我查看了冲击跳跃条件和爆炸性容器测试,以与我的扩展数据进行比较,我手边有各种高能炸药的数据)。

·我经常使用 CKEOS 来评估 ANEOS 参数集,与冲击雨贡纽数据、熵与温度依赖关系相匹配,以洞悉固-熔化-蒸气相变,这是一种实用的手段,可以获得尚未完全建模的材料状态方程。我使用格里·克里的 BCAT 代码,创建了使用 CTH 访问的表格。

·我能够确定,对于室外装药 TNT,可以相当准确地计算出第一次冲击的到达时间,但第二次来自球体内部的反射冲击结果并不那么明确,第三次也是如此。在 CTH 模拟中无法区分后两者,因为 1D 模型不包括任何湍流混合和二次燃烧物理学。然而,与主要冲击相一致的结果表明释放爆炸能量和表格式空气状态方程是准确的。

·在可用炸药参数数据很少的情况下,我采用了理想气体模型(作为退化的 JWL 模型);在已知密度和爆轰速度以及估计 Chapman-Jouguet 压力或 $\gamma$(通常约为 3)的情况下,我可以对事件进行合理的模拟。在少数情况下,必须在低于爆炸反应条件下释放爆炸能量,这是通过在代码中使用能量存储选项来实现的;可以用这种机制来表示推进剂(和火炸药),通过捕获爆炸附近点的峰值压力跳变,我还能够通过这种方法模拟液体氢和氧气爆炸,匹配大量的白沙导弹靶场射程数据。当然,这是在没有捕捉实际反应过程的情况下达到目的一种手段。

·不存在凝聚态物理,因此,尽管代码可以计算出温度升高,足以使材料从冲击状态完全卸载后保持蒸气状态,但它没有重新凝结的机制(即气体聚集成液滴),留有空隙。因此,在某些情况下,大的气体膨胀可能导致致密材料冷却,从而限制了运行模拟到晚期的有用性。

· 我们已经从穿孔卡片组的时代转变为与各种机器连接的台式机的时代;我们目前在台式机上进行至少 1D 和 2D 的模拟,我的职业生涯开始时,这些机器需要房间大小的空间。随着分析的扩展,在 CTH 中我逐渐积累了一个材料模型参数和设置库。作为类比,它就像我第一次到实验室时使用的旧穿孔卡片组;但是,现在我可以提取最接近感兴趣的配置、修改材料、调整几何图形,然后继续模拟和分析结果,而不是复制卡片,这对我经常接到的未经预约的工作非常有效。其中许多要求取决于可靠的问题分析工具,而且没有资金来开发新模型或获得现有模型的新参数;如果我可以为需要帮助的人提供一些关于问题的重要见解,即使有一些近似值,也是有益的。这些应用包括小型爆炸实验、微机电(MEM)装置的冲击载荷、导弹破坏和分级分离机制、线形装药、子弹穿透目标、爆炸和飞片配置、小型装药的飞机超压、温和引爆的保险丝定时装置以及冲击相互作用。

· 到 2011 年,与我们开始时相比,使用 CTH 的 3D 计算可以兼容数十亿个处理器,在 Cray 上,在 20 世纪 80 年代后期我们可以用 CTH 管理 600 万个处理器,我们正在解决我第一次登录时不敢想象的问题!

# 马库斯·克努森
# Marcus D. Knudson
（1998—目前①）

20世纪90年代后期发生了几件事,当时我正在华盛顿州立大学冲击物理研究所完成冲击物理专业的研究生课程,最终我选择在圣地亚开始我的职业生涯。首先,劳伦斯利弗莫尔国家实验室(LLNL)在《科学》杂志上发表了一篇关于在Nova激光装置上对氘进行的里程碑式实验的论文。其次,在Nova动态压缩工作取得成功的推动下,当时担任圣地亚脉冲功率科学中心主任的唐·库克说服吉姆·阿赛评估在以下情况下使用圣地亚Z加速器进行有意义的动态压缩实验的可能性。最后,能源部建立了基于科学的核武库管理计划,需要在动态压缩等科学领域进行国家投资,这使我能够在三个国家安全实验室中任何一个实验室选择职业,这是令人羡慕的,这三个国家安全实验室都因其自身原因而具有吸引力。大家可能认为洛斯阿拉莫斯国家实验室(LANL)具备最强大的"纯粹"冲击物理学工作,其悠久的历史是基于关于金属和高能材料的固态、气体炮实验项目;认为LLNL是"充满诱惑"的冲击物理工作,因为它有新兴的激光驱动冲击计划;圣地亚可能是三者中"最不正统"的,最近关闭了他们的气体炮装置,正忙于在Z装置上建立高能量密度冲击物理项目。我最终选择加入圣地亚,与吉姆·阿赛这样一位令人难以置信的导师合作,并有机会进入业务基层,这是一次非常成功和有益的尝试。不用说,我从来没有后悔这个决定。

1998年11月,当我第一次到达圣地亚时,Z加速器上的冲击物理学项目正处于起步阶段,该团队由吉姆·阿赛、克林特·霍尔、我和一些技术人员组成,我们可以使用单个连续波(CW)激光器和三个VISAR通道进行诊断,实验都是以顺带模式完成的;我们必须在惯性约束聚变(ICF)项目乞求并说服其他实验人员,让我们在其线阵实验中将二级空腔悬挂在返回电流罐的一侧。事后看来,这种努力从一开始就注定要失败,我们目前知道尝试使用大约5ns X射线辐射爆炸驱动的动态压缩实验是徒劳的,但那时我们必须学会这种艰难的方式。

Z加速器设计可用于实施脉冲压缩,能量储存在36个Marx电容器组中,位于直径约110英尺、高20英尺的传动油和水箱的周边,这种能量通过带有激光触发气体开关和自断水开关的传输线传输到加速器中心,并从加速器中心释放,

---

① 在撰写本文时,马库斯·克努森继续在Z装置上进行冲击波研究。

每个开关设计用于大约 100ns、10~20MA 的电流脉冲压缩,线阵本身是脉冲压缩的最后一级,其使用电流脉冲来蒸发圆柱形线阵列,并将其聚集在轴上,产生大约 5ns 的强 X 射线辐射。然后该 X 射线辐射可以将大振幅冲击波烧蚀并作用至感兴趣的材料,其方式与强激光辐射非常相似。考虑到当时已经达到的温度,我们原本预计能够通过 X 射线烧蚀获得大约 5 兆巴的压力。

然而,Z 加速器上的 Z 箍缩加载至少证明是多级脉冲压缩中的一环。我们已经感觉到由此产生的 X 射线爆发作为动态压缩来源是不够的,需要能够产生持续数十纳秒的稳定冲击波源。因此,我们花了将近一年的时间,研究使用低密度碳基泡沫(如 TPX®①),作为调节到达样品辐射的一种方法,这样产生的辐射和泡沫干预将显著支持更长、更稳定的冲击,这些努力尽管有些充满希望,但最终证明效率低下且不成功,我们无法提供任何值得发表的结果。

同时,瑞克·斯皮尔曼作为对 Z 加速器设计非常有影响力的一位脉冲功率科学家,有兴趣使用我们的 VISAR 功能来测量实验负载附近的电流密度。该想法是在足够小的半径处,电流密度变得足够大,在使用 VISAR 技术可检测的脉冲放电期间,探测可感知的导体运动。吉姆·阿赛和克林特·霍尔成功地验证了这种类型的负载电流测量方法,由于磁压的时间分布模拟了电流脉冲的时间分布,所得到的电极速度给出了具有平滑斜波压缩特征的平滑加速。吉姆·阿赛果断确定了这一点的重要性,并且使用脉冲功率来进行磁驱动等熵(或准等熵)压缩实验,通常称为"ICE",就这样 ICE 诞生了。

早期人们就认识到圣地亚需要与两个武器物理实验室中的一个进行合作,以加速开发这种新的动态压缩能力,与 LLNL 的阿特·图尔、鲍勃·考布尔和大卫·莱斯曼进行了交流,我认为在吉姆·阿赛和克林特·霍尔的回忆中可以找到更多关于这种合作关系的详细介绍。我只想总结一下,通过这种合作关系,在开发模块化同轴短路负载方面取得了重大进展,以在 Z 加速器上进行斜波压缩实验。

下一个重大突破发生在 1999 年美国华盛顿州西雅图美国物理学会的等离子体物理学分会期间,吉姆·阿赛、克林特·霍尔和我在华盛顿西雅图威斯汀酒店的大堂酒吧,讨论了这些类的实验传递给电极的脉冲幅度。包络面计算表明,脉冲足以发射相对较薄的阳极板,厚度约为 1mm,速度大大超过 10km/s。那天晚上,我运行了一些简单的流体动力学代码进行模拟,结果令人非常鼓舞。从那次会议回来后,我们立即开始计划在 Z 装置上进行专门的实验,来测试这个新概念设计。鉴于为 Z 实验设计和制造硬件需要 3~4 个月,要到 2000 年春天才会进行第一次实验。

---

① 编者注:TPX 是聚甲基戊烯(PMP)的品牌,PMP 是一种热塑性聚合物。

与此同时,我们在2000年加尔文(Garwin)评审中介绍了在Z装置上磁加速飞片的想法,这是圣地亚脉冲功率项目的一个外部年度评审,我介绍了我们2天审查的第一天计划,我永远不会忘记大卫·莱斯曼的回应,他正在参加会议,第二天介绍ICE平台的进展情况,他对我们提出的想法很感兴趣,那天晚上他在酒店房间里进行了几次MACH 2计算,包括完全磁流体动力学。他得出的结论是,这是一个好主意,但不幸的是它永远不会奏效。MACH 2计算表明,无论初始电极有多厚,磁场扩散都非常严重,以至于磁场在达到最终速度之前会烧穿靶板,因此靶板会在冲击之前蒸发。

几周后,我们进行了计划的实验。鉴于我们当时只有几个VISAR通道,必须依赖于冲击突破测量,这些是有效的反射率测量,其中在冲击波到达自由表面时发生反射率突然降低,以在楔形靶中获得若干通过时间的测量结果,来推断冲击速度。我仍然记得在第一个飞片平板实验的晚上坐在家里分析数据,当我绘制突破时间与距离的关系图时,我非常焦虑以至于双手真的在颤抖。请注意,尽管进行了MACH 2模拟,数据表明在冲击时该板的很大一部分仍处于全密度状态,这意味着模拟中的扩散速率太高,这标志着Z装置上磁加速飞片平台的诞生。

同时,迈克·德贾莱斯开始探索使用相对较新的量子分子动力学(QMD)计算能力,来研究温稠密物质和等离子体状态的状态方程和传输特性。在每个时间步长,QMD使用量子力学来求解特定离子情况的电子密度,然后使用经典力学来计算离子的力和位移,采用足够长的模拟时间重复该过程,以实现稳态。迈克·德贾莱斯率先使用Kubo-Greenwood公式和QMD来计算凝聚态物质系统的电导率,从铝开始。利用这些技术,他发现广泛使用的Lee-More-Desjarlais模型预测的电导率、在熔化温度下低约20%。在模拟飞片过程中,这样导致与实验相比过快的扩散速率。相反,他的修正电导率模型与QMD电导率相符合,发现实验与模拟之间非常吻合。

雷·莱姆克已经开始使用ALEGRA的磁流体动力学(MHD)从模拟角度解决这个问题,通过分析实验结果,他独立地确定了现有电导率模型的不足,他与迈克·德贾莱斯合作改进了ALEGRA的电导率模型,并开始利用ALEGRA开发真正具有预测性、自洽性、二维(2D)模拟能力,到今天ALEGRA是实验设计和分析的主力。对该模拟能力最关键的是加速器整个真空部分的电路模型,该电路的元件使用2D ALEGRA模拟,该电路可由戴维宁(Thevenin)等效电压驱动,以表示绝缘体堆叠处的电压。这种模型使人们能够准确地预测任意短路负载的性能,同时适当地考虑负载变形的影响以及电感对输送到负载的电流的增加,该电路模型另一个重要的组成部分是包含Z电流损耗和最终短路,该短路发生在短路负载的上游。

这种设计能力已被用于开发标准同轴飞片载荷,过去几年广泛使用此类载荷,矩形几何结构具有偏移阳极设计,导致两个阴极飞片达到不同的终端速度,从而使得能够在一个 Z 实验中获得两种不同的压力状态下的雨贡纽数据。此外,大约 30mm 高的飞片允许在每个面板上安装多个目标靶(通常最多五个靶)。通过改变阴极厚度和设备充电电压,可以实现 7~32km/s 的飞片速度。后来,使用带状几何构型(如下所述),我们能够以 46km/s 的速度发射铝制飞片,速度超过 100000mi/h。

飞片技术已证明是非常富有成效的,解决了几个具有科学意义的问题,其中最值得注意的可能是液体氘的高压响应,这是使用飞片技术发表的第一组实验数据,更重要的是,这些结果解决了围绕氘高压响应的争议。另一个值得注意的结果是发现铍以比以前想象高得多的压力保留在 hcp(六方密堆积)相中。实际上,基于纵向弹性声速的相对大小,铍直接从 hcp 相熔化或经历 hcp – bcc(体心立方)相变,其压力刚好低于雨贡纽上的熔化压力。Z 的飞片数据还提供了沿着金刚石雨贡纽存在金刚石 – bc8 – 液碳三相点的证据,利用 Z 广泛研究了石英,并且确定石英的雨贡纽响应比以前认为的更硬,鉴于石英已经成为几兆巴雨贡纽实验中广泛使用的标准,这是非常重要的。最近,飞片技术用于证明行星模型中水常用的两种不同状态方程压缩性太大。最后,飞片技术已用于获得几种低温流体(包括氩、氮、乙烷和氪和乙烷混合物)的雨贡纽数据。

由雷·莱姆克开发的 Z 真空部分电路模型还广泛用于 ICE 负载的设计,通过让 – 保罗·戴维斯领导的工作,开发了一种非常强大的 ICE 实验设计方法,该方法依赖于实验、理论和模拟之间的强大协同作用。简言之,与 DAKOTA 优化程序耦合的一维(1D) ALEGRA MHD 模拟,可用于确定阳极 – 阴极排列、电极厚度、样品厚度和时间相关的磁场,这些是样品后方产生所需速度波形所必需的,然后 2D ALEGRA MHD 模拟的结果包括电感以及与电流密度与磁场相关比例因子的变化,利用这些结果将磁场波形转换为期望的负载电流脉冲,并且在考虑电流损耗之后,得到所需的设备电流脉冲。然后使用称为 Bertha 的加速器传输线模型,识别产生所需电流需要的设备配置(水开关设置、充电电压和激光触发气体开关定时),该方法一直用于设计 Z 装置上的斜波压缩实验。

斜波压缩实验的另一个重要进步是带状线几何构型的发展。在 2006 年,升级 Z 的前一年,我们探索通过磁力压缩可以实现的峰值应力。为此,我们系统地减小了矩形阴极柱的尺寸以及负载处阳极和阴极之间的间隙,得到的负载尺寸是 9mm×2mm 阴极(阳极盒:17mm×4mm),留下 1mm 间隙。很快就确定,由于阳极箱内阴极杆不可对准,这种负载的效用受到影响,可以大致认为同轴负载几何构型是并联的两个电感器,未对准导致电感差异,这进一步引起两个面板之间的功率分配不均匀,不均匀的功率分布引起较高的初始电流密度,并导致较小的阳极-阴极间隙侧的磁压,表现为速度波形之间具有明显的时间偏移。

我们关闭 Z 装置大约一年,利用这段时间进行升级以评估对准需求,以便在几兆巴应力下实现高精度 ICE 冲击。很明显,在 Z 等装置上几乎不可能达到所需的对准度。让-保罗·戴维斯经过仔细分析表明,阳极和阴极之间的间隙需要达到内部沿整个负载长度(30mm)约 $5\mu m$ 以内的均匀度,以确保磁压均匀。那时我们开始考虑替代方案,受圣地亚小型脉冲发生器 Veloce 负载几何形状的影响,我们开始采用带状线设计,原则上可以将其视为同轴负载,其中移除了三块阳极板,剩下的是双面板布置,其中阴极面板通过阳极板中的开口露出,并且与阳极面板相对,在阳极和阴极面板的顶部之间有个短路间隔物,这种布置允许样品直接进行相对安装,一个在阳极上,一个在阴极上,阳极-阴极间隙,这样确保了两个样品都经历相同的磁场历史。

带状线几何构型降低了对准要求;然而,这样也引起了一些技术上的复杂性,需要一些时间来解决。与完全包含封闭阳极的同轴磁场几何形状不同,带状线几何形状允许磁场包围面板和样品周围的区域。因此,我们必须采用易于处理的方法来保护样品和光纤,便于 VISAR 诊断。我们通过用金属完全覆盖面板背面来保护样品,有效地构建法拉第笼以消除磁场。事实证明,光纤问题更加困难,需要经过数十次实验的多次迭代才能得到一个稳定的探头组件,我们称之为音叉设计。此外,我们经过艰难的实验了解到,即使光纤被制动电缆包住,阴极探头电缆必须从上阳极板抬高几英尺,否则在电流脉冲期间光纤会在几百纳秒内失去传输功能。

与无约束磁场相关的第二个复杂因素是电流密度梯度,即压力梯度沿带状线板的长度分布。戴夫·赛德尔(Dave Seidel)等帮助我们对加载构型进行了 EMPHASIS 计算,以识别并且消除这个问题,梯度的主要来源是从磁绝缘传输线径向馈电到负载处垂直馈电的过渡。由于磁场在该区域中不受约束,因此在阴极板的侧面和背面上产生显著的电流流动,电流密度沿着带状线的长度变得更低。通过采用在短路附近加宽锥形面板的方式来缓解带状线几何形状的这一问题,并通过 EMPHASIS 计算确定了精确的锥度。实验中采用锥形构型,以减少带状线设计中的梯度。

同轴和带状线几何构型均已用于获得各种材料有价值的斜波压缩和材料强度数据。也许最值得关注的斜波压缩数据是钽。在 Z 重新投入使用的那一年,我们的任务是达到 1 级里程碑,即对钽进行斜波压缩实验达到 4 兆巴。在相对较短的时间内,我们能够在 Z 装置上重新建立短路实验能力,使用带状线几何开始实验,解决与带状线相关的诊断问题,并将 Bertha 模型建立到足够高的保真度。最终实现非冲击压缩钽至 4 兆巴。另一项值得注意的工作包括较完整的 1 兆巴斜波压缩下 LiF 的强度研究,LiF 是动态材料性能实验中非常常见的窗口材料。对斜波压缩下 Be 的强度进行了相似的研究,达到了类似的应力水平,还对铝、铜、金、铅和钼进行了高压斜波实验。

除了加载研发之外,还在其他方面加以改进提高 Z 装置上的磁压缩能力。这些改进中,最值得注意的是能够执行高保真脉冲整形。最初的实验利用了我们目前所说的同步长脉冲技术;这里所有 36 个气体开关同步触发(实际上在早期单个激光器 36 路同时触发所有线路),并且水开关直接短路。在这种配置中,电流脉冲基本上在 200~300ns 内线性地增加。对于低应力实验,这是可以接受的。然而,对于更高应力以及高速飞片发射实验,这种线性增加的电流脉冲在相对短的传播距离处形成冲击。对于大多数材料而言,在低应力下声速变化最快,因而需要电流脉冲以减轻冲击形成,并最大化斜波压缩的传播距离。原则上,这是通过用 36 个单独激光器替换单个激光触发源来实现的。在实践中,也需要对 Bertha 进行较大改进,Bertha 是用于预测设备性能的传输线模型。在不断改进 Bertha 模型并将脉冲整形极限扩展到非常长且复杂的脉冲方面,让-保罗·戴维斯、帕特·科科伦(Pat Corcoran)等做了大量工作。这项工作对于推动 Z 的动态材料特性能力是至关重要的。

为了使这些类型研究中 Z 的潜力最大化,还需要显著改进诊断方法。特别是,考虑到每个 Z 实验,无论是 ICE 还是飞片都可以使用多达 20 个或更多的样品,因此显著增加 VISAR 通道数量是至关重要的。我们通过将两个 Valyn VISAR 系统转换为多点 VISAR,将圣地亚拥有的 VISAR 通道从 3 个增加到 14 个。为了进一步提高能力,吉姆·阿赛通过借用内华达州运营的 VISAR 系统提升地上实验能力,通过这种方式,额外的 14 个 VISAR 通道以及至少一个以上的激光系统将被运输到圣地亚,以在次临界实验停机期间支持 Z 实验。后来,吉姆获得内华达州的资金用于实验研究,为加利福尼亚州圣巴巴拉的特殊技术实验室(STL)的成员提供资金,用于开发和制造新一代多点 VISAR 系统和快速响应的光电二极管探测器,这项工作的主要贡献者是布鲁斯·马歇尔(Bruce Marshall)、格里·史蒂文斯(Gerry Stevens)和特里·戴维斯(Terry Davies)等,该小组能够为圣地亚配备最先进的 38 通道、亚 200ps 的 VISAR 系统,至今仍在使用。

诊断领域的第二个重要进展是重新利用已在 STAR 装置进行全息实验的短脉冲(5~10ns)YAG 激光器。随着 VISAR 通道数量的增加,CW 激光器变得无效。我注意到 STAR 装置有一个未使用的 Continuum 制造的 YAG 激光器,我们联系了 Continuum,看看是否有可能将这种激光转换为定制的长脉冲(5~10μs)激光器,作为测速光源。Continuum 非常慷慨,并指出重新更改系统用途需要约

80000美元，虽然该系统有其缺点（即稳定性差、光束质量差等），但我们的样品处光亮度得到了数量级的增强，并证明有必要提供充足的光，以使我们能够使用由STL设计的快速光电二极管探测器。从那以后，我们用更稳定、更高光束质量的Continuum系统，取代了改变用途的激光器，这是我们过去几年实验的主力。

目前我们继续推动发展，开发新的振奋人心的平台，以便进行更广泛的实验研究动态材料特性。我积极地开发特定领域，通过更极端的脉冲整形来实现这些目标，我在这里简单讲两点。首先，产生双峰电流脉冲的能力为冲击波平台铺平道路，该平台将打开介于主雨贡纽和等熵之间的状态方程曲面研究。特别是现在可以设计实验，其中首先将材料冲击熔化，然后压缩回到固体状态，以研究快速固化。其次，我们一直使用电镀和金刚石车削技术，生产多层飞片，这些飞片能够用于双重冲击以及卸载实验。

回顾过去十年取得的进展令人震惊，通过将各个团队与冲击波物理、脉冲功率、高能量密度理论、计算和模拟以及光学和诊断方面的专业知识相结合，实现了这些进步。除了我在这些回忆中明确指出的那些内容之外，我还要感谢以下在推动Z材料动力学实验方面发挥关键作用的人员：硬件设计师克里斯·拉塞尔（Chris Russell）、安迪·毛雷尔（Andy Maurer）、达斯汀·罗梅罗（Dustin Romero）和德文·道尔顿（Devon Dalton）；诊断学家兰迪·希克曼、杰森·波德尼克（Jason Podsednik）、布鲁斯·麦克沃特斯（Bruce McWaters）、凯文·扬曼（Kevin Youngman）、查理·迈耶斯（Charlie Meyers）、德文·道尔顿和安东尼·罗梅罗（Anthony Romero）；科学家戴夫·汉森、吉姆·贝利、格雷格·邓纳姆（Greg Dunham）、克里斯·迪尼、丹·多兰、赛斯·鲁特、克里斯·西格尔、贾斯汀·布朗、斯科特·亚历山大、希思·汉肖、马特·马丁（Matt Martin）、贝基·寇驰（Becky Coats）和马克·萨维奇（Mark Savage）；负责人克里斯·迪尼、汤姆·梅尔霍恩、多恩·弗里克、托马斯·马特森和马克·赫尔曼。这些都是激动人心的时刻，我期待着未来几年将取得的进步。

# 卡尔·康拉德
## Carl H. Konrad
(1969—1998[①])

我于1969年受聘于达雷尔·芒森,达雷尔是一位部门主管(即一级经理),当时正启动一个新的炮装置以取代在Y区9950号楼的爆炸现场。我的第一个任务是在Y区的9956号楼向雷·里德汇报,并将9956控制室的仪表架连接到位于炮舱内的冲击室。我将48根50 Ω刚性电缆连接到机架上,并使特定架子中每根电缆保持相同长度即不超过一英寸。那时,炮还没有交付,9956包括一个100英尺(30.5m)长的炮管和一间附加的地堡式控制室。由于9950仍被认证为50磅(22.7kg)的爆炸场所,因此需要一个坚固的地堡式房间来保护人员。事实证明这种设计对于后期装置的使用寿命很重要。

雷·里德是负责启动炮的工作人员,鲍勃·梅是为日常运营装置的主管,我们全部分配到5163号冲击波现象部门。火炮是从位于加利福尼亚州戈利塔的通用公司(GM)订购的,8月到9月期间交付该炮。1969年9月19日进行第一次冲击试验(#50001),速度约为1km/s。我认为GM那时是唯一一家制造此类研究炮的公司。洛斯阿拉莫斯国家实验室(LANL)和劳伦斯利弗莫尔国家实验室(LLNL)都有GM戈利塔公司生产的二级轻气炮。圣地亚火炮满足了速度范围<1~2.2km/s的冲击波实验数据和更大样品靶板实验需求,这对于使用二级轻气炮是很难实现的。

火炮还设计成可转换的炮,与最初的轨道设计相结合,能够将该炮转换为二级轻气炮,这是该装置的第二阶段计划。我们的想法是,在火炮模式下运行6个月,然后在剩余的6个月内将其转换为二级模式,在这种模式下我们工作了很多年,直到我们采购了第二个轨道,支持同一建筑物内的火炮,这使得炮舱非常紧凑,两台炮并排布置。

在新炮交付之前,我被分配到 I 区,我最初在805号楼工作,然后搬到了855

---

[①] 除了20世纪90年代中期在涉及环境安全和健康问题的一个部门短暂工作一段时间外,卡尔一直在圣地亚从事冲击波方面的研发工作,在圣地亚工作后期,卡尔代表圣地亚制定在内华达试验场建立联合钢系元素冲击物理实验研究(JASPER)装置的计划,该计划旨在JASPER上安装一个二级轻气炮开展Pu实验研究,JASPER计划作为重新激活STAR二级轻气炮的动力,运用不同速度测量技术获得数据。在他1998年从圣地亚退休后,Bechtel决定聘用他管理JASPER装置,他于2000年3月接受这样的决定,并且迁往内华达州。

号大楼,那里有属于巴里·布彻小组的两台气体炮。我支持唐·伦德根进行气体炮实验,我们共事了几个项目,但我记得最多的项目是关于被 EPON828Z® 固化剂固化的薄不锈钢板组成的靶板实验,主要仪器是由林恩·巴克尔和瑞德·霍伦巴赫设计的速度干涉仪,它包含单频光谱 119 激光器,激光器功率非常低,需要在目标上使用光学镜片。瑞德·霍伦巴赫设计并制造了大型脉冲光电倍增(PM)管,PM 管驱动 125 Ω 电缆直接连接到 Tektronix 519 示波器。我们有六或七台示波器,并将它们分开以监测速度干涉仪的两个干涉光束,示波器是串联的,其中一台示波器查看整体预期信号,其余示波器设置为更快的扫描速度,可以查看不同的数据段。时间同步非常关键,每个范围都添加了精确的基准点,在 125 Ω 炮上进行这些实验,因为数据线的阻抗而命名。第二台气体炮即 50 Ω 炮,也位于 855 号楼,早些时候这些炮用于研究有毒铍的冲击波响应,收集器区域是一个密封的沙坑,当完成铍试验后,清洁沙坑,然后涂上环氧树脂涂料。855 气体炮装置的技术人员包括瑞德·霍伦巴赫(他是 TSA,又名技术人员助理)、肯特·鲍文(Kent Bowen)、约翰·厄尼(John Erni)、克里夫·维滕、拉里·肯特(Larry Kent)和我。

大致 1971 年 2 月,我作为电子仪器技术人员返回 9950,当时鲍勃·梅是负责 9950 的工程师,鲍勃·贝塞克(Bob Besecker)是一名负责炮的机械技师,他以前在通用公司工作,曾在戈利塔从事过 GM 炮的工作。由于他在这方面的经验,圣地亚在买炮时聘请了鲍勃,他是一个很有特点的人,曾经想在最大限度装药的火炮发射期间骑在发射管上,他延误了射击大约一个半小时,因为他坐在发射管上,我不能开炮。迪克·林格尔是电子(仪表)技师,也来自通用公司,并在 STAR 装置晋升为 TSA。当我搬到 STAR 时,我取代了迪克的位置,迪克进入 I 区。1969 年 12 月聘用了鲍勃·哈迪,他也是一名机械技师。

**我的首次 STAR 实验**

我第一次实验火炮得到达雷尔·芒森的支持,达雷尔使用低阻抗 Manganin® 测量仪,作为冲击的主要测试仪器。我从未为这种类型的实验仪器进行过设置,达雷尔将发射文件夹递给我,然后退到桌子处去完成一些工作并解释说:"你准备打炮时给我打个电话。"我确信我花了比必要时间更长的时间来设置实验,但我们获得了良好的数据,包括所有范围和正确的速度。从那时起,达雷尔仅将发射文件夹送出来进行他的实验,从不亲自动手。

在这个实验阶段,我们使用样品自由面上的探针进行状态方程冲击实验,以确定冲击到达后的位移以及石英计测量冲击波加载的应力历史。我们还使用上述 Manganin® 仪表,既有使用惠斯通电桥式仪表的 50 Ω 仪表,也有使用 500V 脉冲电源和示波器中的差分放大器的<1Ω的低阻抗仪表。20世纪70年代早期至中期，STAR上开始使用VISAR。

**火炮弹道冲击研究**

**火炮研究的简史**。在交付二级轻气炮之前的一段时间内，我认为我们工作人员没有在STAR进行任何实验。鲍勃·哈迪和我没有做任何工作或进行实验。我们的部门主管达雷尔·芒森电话要求我联系一位名叫斯科特（Scott）的工作人员（即"斯科蒂（Scottie）"），分配斯科蒂到内华达试验场（NTS），并负责为地下试验设计一个防爆门。由于进行了一次未配备防护壳的地下试验，需要重新设计防爆门，所涉及这一系列实验，让鲍勃和我差不多忙碌了一年时间，我们配合很好；我们需要做点什么，斯科蒂完全利用了我们的时间，并充分利用了STAR装置和机加车间。我们必须开发一种方法，使2.54cm直径的滚珠轴承能够承受2km/s速度，冲击斯科蒂提供的靶板，我们主要测试了不同的几何构型，我们必须修改收集器，使其后方能够承受X射线来记录动态冲击、测量速度、停止所有弹靶（除了滚珠轴承），并提供靶板进行回收后评估。这就是历史，现在看来像故事。

我们完成了评估类实验，斯科蒂开发了他认为可以阻止滚珠的门设计。鲍勃和我帮助斯科蒂从9950A停车场的车辆上卸下靶标。如果我记得正确，靶标由两块薄7075铝板组成，由13~15cm的蜂窝状钢桁架隔开。我看看鲍勃，他看着我，我们告诉斯科蒂，我们会像刀子通过热黄油一样射穿他的设计，随后我们的讨论无法让斯科蒂相信他的设计不会起作用。鲍勃可以使用小口径高速步枪，他离开了讨论区，拿到了步枪，并装上几颗子弹，然后走过我们在停车场的一个靶标，斯科蒂和我注视着他用一颗子弹射击其中一个，靶标被完全击穿形成一个洞，斯科蒂的唯一评论是"那是不可能的"，此时鲍勃又开了一枪，并在同一个目标上射穿第二个洞，这就终结了关于门设计是否会起作用的讨论，并转为讨论"子弹的速度是多少？"与"你能射击钢弹吗？"

由于斯科蒂的工作具有严格的期限，我们做了以下工作：①我开发并制造了一个计时表，来测量步枪的速度；②鲍勃拿了几颗子弹，并将它们安装在铣床中，使用球头铣刀，将一个腔体加工成铅弹。鲍勃将一个略小于步枪直径的钢球安装到空腔中，并在滚珠周围重新布置导线，以便在加速过程中将其固定。然后，我们在火炮靶室中设置了计时表和斯科蒂的靶标，并开始射击。斯科蒂拿走了数据，并带回了一个新的门配置，蜂窝中间加了一块薄薄的不锈钢板，我们无法用步枪射穿门，我们在火炮上测试了这种配置，门扇能够在2km/s速度下阻止2.54cm的滚珠，背板会扭曲，但没有失败。我认为这种门设计最终能够在内华达州现场使用,并用于地下测试。

此外,在 1971 年 12 月,我们购买了二级转换炮,并能够将装置配置为火炮或者二级轻气炮,1972 年 1 月 21 日进行首次二级冲击实验,下表给出了 1973 至 1978 年进行的实验发次和类型。

STAR 装置上的实验发次

| 年份 | 1973 | 1974 | 1975 | 1976 | 1977 | 1978[a] |
|---|---|---|---|---|---|---|
| 火炮 | 40 | 56 | 48 | 108 | 58 | 6 |
| 二级轻气炮 | 52 | 77 | 78 | 23 | 37 | 0 |
| 总计 | 92 | 133 | 126 | 131 | 95 | 6 |

[a] 1977 年 11 月 1 日发生了事故。

我们开发了一个真空弹道靶场,紧紧固定了 9956 的炮舱,最后的靶室位于炮舱外面,我们必须从两个南门切出一个大半圈,围绕靶场管将它们封闭。此外,靶室比我们需要的短一些,这限制了我们可以完成的任务。开发自由飞行实验的能力需要新的仪器、炮弹软壳[①]开发和新的加载条件。我们建立了一个弹道靶场,其中包括两个可用于放置仪表和弹壳剥离机构的大射程收集器,另外一个用于放置靶标、VISAR 装置、连接小射程和真空接口的终端收集器,增加此靶场需要首次扩展 9956 炮舱,现有炮舱南端需添加 100 英尺(30.5m),从而使其长度加倍,通过在东侧增加一个倾斜装置来增加宽度,以用作机加车间,放置用于磨削炮内孔的设备。

我们用这个新的弹道靶场进行的首轮系列实验模拟了降雨冲击一个石墨目标,在发射小直径(2~6mm)低密度聚乙烯球体时遇到的几个问题中,最困难的问题是开发可以在不影响球体飞行的情况下将球体分离(或"剥离")的一种弹壳,还必须开发几种新的诊断方法。进行这些实验时,我们克服了以下挑战:

(1) 开发了一种测量靠近炮口的弹壳速度的技术;

(2) 使用闪光 X 射线测量飞行中的射弹速度,并为弹壳开发提供了一种诊断方式;

(3) 开发了检测模拟雨滴,并在冲击前进行仪器同步的方法;

(4) 使用对准技术预测冲击位置在 1.5 倍球直径内;

(5) 将 VISAR 用于弹道学靶标实验,并开发了亚微秒触发技术;

(6) 开发制造精密弹壳和精确空腔的工具和技术,以便在加速期间捕获并保持球体,但在不影响其自由飞行轨迹的情况下释放球体;

(7) 开发组装弹壳和对准靶场组件与靶标的程序。

---

① 编者注:炮弹软壳是一种确保子弹正确定位在炮管中的装置。

**一个非典型的实验或"探头拔了吗?!"**

我们使用双聚焦望远镜技术瞄准所有靶场组件,方法是将不同长度的精密探头插入发射管的炮口端,探头在炮口端有一个表面镜,首先我们通过聚焦镜中心对准 Keuffel&Esser 公司(又名 K&E)的望远镜,然后在望远镜表面投射网格,将望远镜的焦距加倍,聚焦在投影上。使用这种方法,我们可以将望远镜轴调整到发射管轴附近,我们认为这将确定弹壳的飞行路径。在所有东西都已对准,且已经使用相同望远镜设置安装靶标之后,进行一次冲击实验,我让我们的一个合同工将位于炮后膛的便携式示波器拿给我,他并未理解,反而带来了 K&E 望远镜。当然,这破坏了靶场组件的所有对准,必须打开靶场再次进行对准过程。我们总是使用设备清单来完成此过程,对于此实验,已经编制好清单。在重新启动校准过程后,我未开始新的清单检查,再次对准望远镜后,我安装了靶标并关闭了靶场。我没有从发射管炮口取出殷钢探头就开炮了。我们注意到的第一件事是我们没有得到任何速度数据,没有发射 X 射线,没有得到任何触发或 VISAR 数据,我们不得不从发射管炮口切下约 15cm 来对它进行修复。

在此期间,建造了第二个炮导轨,以支持火炮,这使我们可以同时操作两台炮,二级轻气炮位于建筑物的西侧,火炮靠近建筑物的中心线。

1977 年 11 月 1 日我们发生了一起重大事故,破坏了 9956 号建筑物,关闭了大约 1 年。我认为这次事故花费了大约 10 万美元进行 9956 的修复,事故调查的成本至少是四到五倍,没有损坏炮,仪器损坏很小,加固了控制室的人员安全(控制室最初设计为爆炸性地堡,因为当 9956 建成时,该地点仍然是一个爆炸性现场)。这是一个非常困难的时期,调查中出现了一些严重阻碍我们未来行动的事情。颁布了以下两项决定(不分先后顺序):

(1)相比事故发生前,冻结了二级轻气炮的发射条件,即使事故没有涉及该炮。这个决定意味着我们无法改变活塞质量,过去的实验确定了最大火药装药量,这就限制了炮的最大速度。氢气只能设定为一个压力,再次限制了炮的操作。所有这一切都意味着炮不像它设计的那样具有多种功能。

(2)火炮同样被限制,但我们对该炮的数据要多得多,因此限制并不是问题。我们需要为装药开发新的雷管,在所有变化中,这是最重要的。最初的雷管含低能量的黑色粉末,我们需要开发一种高能量,非黑色粉末的雷管,以提高安全性。

**重新投入运营**

书面工作显著增加,我们所有的程序都必须合规化。为了让火炮重新投入运行,我们决定让压力安全顾问与我们一起确定所有可能的问题。我们花了几个月的时间来解决他提出的琐碎问题,当我最终挑战他时,他告诉我,"我很快退休了,不能冒险再让你开炮了"。那天下午我坐下来,给我的二级经理沃尔特·赫尔曼写了一份报告,并复制给约翰·高尔特(我的实验室副主任),亲自保证炮可安全运行,并准备再次开始进行实验。那份报告最终被接受了,我们又开始了实验操作,我可以负责任地说,压力安全工程师非常不满意,并且不签署我的报告。

### 建造

事故后的重建实际上开始将 STAR 装置调整为世界级的运营,我们很快就在原控制室以东的单级气体炮增加了一个新的炮舱。增加了一个新的火炮舱、一个通风道、控制室、光学洁净室、靶标制备室、暗室和洗手间。在 20 世纪 80 年代初增加了 TBF(终端弹道装置)炮,该炮是从哈尔·斯威夫特(Hal Swift)的物理应用公司购买的,罗恩·穆迪负责操作 TBF 炮,我们对该炮进行了几次改进,但似乎没有达到预期的能力。我认为该炮没有在泵管中使用所需质量的气体。当我们能够验证泵管是否装有正确的气体和压力时,该炮确实按预期运行了。

### STARFIRE 项目

轨道炮项目 STARFIRE 使用一种新的物理应用型二级轻气炮,以约 6.3km/s 将弹丸射入轨道炮,使用 1 - MJ 电容器组来驱动轨道炮,该项目是 20 世纪 80 年代末开始的"星球大战"项目的一部分,这可能是我在 STAR 工作期间最有趣的项目。STARFIRE 团队由罗恩·霍克担任首席科学家,艾伦·苏索夫担任技术员,负责将轨道炮钻至正确的直径;两人都来自 LLNL。在圣地亚,吉姆·阿赛是整体项目负责人,我是设备主管,从事仪表和炮操作,克林特·霍尔是弹丸设计的机械工程师。EG&G 公司的格里·索夫从事仪器和数据收集工作,Ktech 公司的兰迪·希克曼是炮技师。

我们试图增加所能达到的最大速度,以至少 5km/s 的速度将弹丸射入轨道炮。我们以 6.3km/s 的速度射入射弹。我们发现必须开发出新的发射条件,并且不会破坏轨道炮绝缘部分的冲击条件。限制轨道炮按照正确弧线发射就像在飓风中点着一根火柴,在项目结束时,我们实现了轨道炮速度的明显提升。

### 错位的设备

在 STAR 工作的技术人员是一个非常紧密的团队,我们互相间也喜欢玩恶作剧,比较好玩的恶作剧之一用在了杰夫·米勒身上。每年杰夫都会休息几周,回田纳西州去。有一年,他把车停在 STAR,以便在他离开时保证车的安全,这样他不需要在机场停车付费。我们在现场有一个空的运输工具,非常适合杰夫的车。通过恰当的配合,我的意思是两侧的间隙小于 12 英寸情况下,我们用叉车铲起杰夫的车,小心翼翼地把它安装到运输工具上,拍了一张照片,关了门。我们将照片放在杰夫的桌子上,然后把这件事忘了。杰夫在一个周末回来了,他到现场取车,却找不到车了,他也没有注意到那张运输工具里的汽车照片,照片里我们所有人都站在周围。他打电话给圣地亚的保安,看车是否被拖走了,他可能已经提交了一份被盗汽车报告。到了星期一早上,我们终于告诉杰夫去看他桌子上的照片,照片清楚显示他的车在哪里。尽管杰夫不觉得这件事很幽默,但我们笑得很开心。我们帮他把车从运输工具中拖出来了。

**关闭 STAR 装置**①

**黑色星期一**。我认为我们都知道遇到了麻烦,因为我们的外部客户没有延续他们的项目,但是当埃德·巴西斯终止业务时我仍然措手不及。1994 年 12 月 12 日是黑色星期一,是我不愿回想的 STAR 往事。当人们离开现场时,我记得我打电话给戴夫·考克斯询问他是否申请了操作 808 炮的职位。他还不知道这个职位开放,结果在最后一天提交申请并得到了这份工作。最后克林特·霍尔、比尔·莱因哈特和我是留在现场的三个人,拉利特·查比达斯是最后一名工作人员。我们试图在期限之前完成尽可能多的实验。考虑到我们只有三个人做所有事情,即靶板准备、设置、数据采集、清洁和转换炮,我认为我们在那最后一个月完成了很多工作。我们仍然准备为丹尼斯·格雷迪实验,但是时间不多了。埃德·巴西斯(负责该装置的主任)认为我们目前撤场速度不够快,于是派安妮塔·瓦西到现场"协助"我们。当时我们正在做冲击实验,安妮塔从我们的图书室开始,在我阻止她之前扔掉了许多重要的文件和论文。在此期间,我们失去了很多历史记载。我可能说得不对,但我总认为巴西斯希望我们的团队能够只在他的团体中,因为他希望我们的预算用于他的"Tera Flop"计算机程序,在我看来 STAR 装置并不适合他的团体。在我们的外部资金停止之前,我们的预算还不错,而且我们无法从巴西斯那里要回我们的圣地亚研究预算。

**保护有价值的 STAR 设备**。我没有经历这个过程,但正如我记得的那样,在该现场向公众开放随意掠夺之前,比尔·莱因哈特将所有重要的仪器和设备从现场搬到了一个运输工具上。他将运输工具转移到了巴西斯办公室外的一个停车场,并让巴西斯支付了移动和存储费用。当现场重新开放时,STAR 有了再次开始运行所需的仪器,谢谢比尔!

---

① 编者注:有关关闭 STAR 的其他详细介绍内容,请参阅吉姆·阿赛的回忆。

**离开STAR。** 在比尔和克林特之前我离开了STAR，我在机器人技术中心（Robotics Center，9600中心）找到了一份工作，分配我到9601团队，在琳达·贝纳维德斯（Linda Benavides）手下担任ES&H（环境、安全和健康）协调员。我的主要工作是作为设备工程部门（Plant Engineering Department）和中心之间的联系人。虽然这项工作不属于技术性质，但却非常具有挑战性。我的工作并不需要大量的ES&H工作，但与设备工程部门的联系非常耗时且高度紧张。当时正在建造895建筑物，即机器人制造科学和工程实验室（Robotic Manufacturing Science and Engineering Laboratory，RMSEL），以放置9600中心的大部分设备。我的主要工作是确保每个实验室和办公室的配置都满足用户的要求，并且具有足够多功能，以满足未来的需求。由于该建筑是圣地亚机器人技术研究的展示窗口，我要求设备工程部门为办公室和实验室提供顶级设备。圣地亚有一个仓库装满了旧式的绿色电话机，他们希望在所有办公室和实验室安装这些电话。而办公室和实验室椅子将是灰色的、通用的、不可调换的风格，我觉得这样不行，于是做了以下工作。

为了解决椅子问题，我联系了人体工程学部门（Ergonomics Department），确定了三把符合人体工程学的椅子，成本与灰色通用办公椅相同。我列了个时间表，与9600人员各个约定了配备升级座椅的时间。至于电话，我出去从百思买（Best Buy）购买了相当昂贵的电话，并交给设备工程部门说这是我想在RMSEL中安装的电话。我知道设备工程部门不会同意我提供的电话，但它确实让他们放弃了旧的绿色电话，他们提供了几款可供选择的电话，比我购买的电话便宜得多，最终选择了一个非常好的、有吸引力的电话功能系统。我有责任确保每个办公室和实验室都安装完成，当安排9600人员搬入时，电话和计算机都已连接好，我认为我在这项工作中100%成功。

在我们的人员搬入并建立实验室之后，我为每个实验室设立了一个运作程序。在1996年至1997年期间，ES&H对工作人员和技术人员来说是一个"肮脏"的词，基本上这意味着工作人员要占用越来越多的主要工作时间用于书面工作。当我说我是9600中最不受欢迎的人时，我认为这毫不夸张。我为RMSEL中的每个实验室设置了以下程序：我让实验室责任人为操作编写了标准操作程序。这是他们的专业知识，他们是最有资格确定这些要求的人，因此他们完成这个任务没有问题。我亲自编写了所有其他内容，以使实验室符合ES&H法规，这样效果很好，有两个积极的影响。我了解了所有实验室的操作，这对我很重要，因为我也对安全负责。这也让我在9600人员中更受欢迎，因为他们没有编写非技术文件的负担。

最后，最重要的是，我偶然发现能源部（DOE）要求，所有新的或改进过的实验室必须在开始运营之前得到 DOE 的批准。圣地亚有一个部门来帮助实施该过程,但他们从未联系过我们。我在搬移之前就确定了问题,其他圣地亚大楼的几个新实验室已经工作了 3 年才获得批准,因为这些实验室未经 DOE 批准即开始运营,圣地亚为此被 DOE 罚了款。我接到了尽快获得批准的任务。在与圣地亚协助这一过程的部门讨论后,我被告知在给定时间内完成是不可能的,可能需要数年时间。除了我必须为每个实验室编写的最终书面文件外,他们给我提供了一大堆的样板。我制定的流程跳过了这个部门和 DOE 检查要求。我的流程表明,当至少有三个实验室准备开始运营时,我会安排以下人员进行一次演练检查:一位主题事务专家,他是负责实验室的部门经理;一位负责安全、健康物理、ES&H 和压力安全的代表;一位 DOE 观察员,如果他们想参加的话;还有专门为协助这个过程而设立的圣地亚部门以及可能需要检查实验室操作的任何其他组织的相关人员。在检查过程中发现的所有问题得到纠正后,该部门经理将批准开始实验室操作。该过程绕过了 DOE 签核要求,我们所有的实验室都在最短的时间内获得批准并投入运行,我相信这个过程是我获得技术人员高级成员荣誉的一个原因。

在我结束 RMSEL 工作时,要求我作为 VISAR 的技术专家,协助 LANL 在NTS 开展次临界实验。由于 RMSEL 已经开始运行,我的工作实际上进入 ES&H领域,我很高兴能从 ES&H 职责中解脱出来。此时吉姆·阿赛邀请我加入他的部门,将 STAR 开发的技术转移到 IV 区的 Z 机器上。

**回到 STAR**。我加入了吉姆·阿赛在 IV 区组建的冲击波物理部门,并被指派将在 STAR 开发的 VISAR 技术改编为符合 Z 要求的内容。如果成功了的话,这将为我们提供一个有用的研究工具,而不仅仅是为 Z 的性能初步诊断提供帮助。我们对 Z 进行了 VISAR 诊断的原理验证演示,然后我回到了 STAR。

**JASPER**。要求我代表圣地亚制定拟议的联合铜系元素冲击物理学实验研究(JASPER)装置,该装置位于 NTS,计划是在 JASPER 上安装一个二级轻气炮进行 Pu 实验。JASPER 需要来自不同测量技术的速度数据,我们将 STAR 二级轻气炮重新投入圣地亚。我们在开槽炮管延伸段中测试了三种内孔速度测量技术,即磁性速度感应系统(MAVIS)、光束反射(OBR)和闪光 X 射线,并向 JAS-PER 团队报告了我们的研究结果,JASPER 团队拒绝了 MAVIS 和 OBR 技术,但现如今这两种技术是 STAR 二级轻气炮上的标准技术。BN 公司为我提供了运营 JASPER 装置的工作,2000 年 3 月我接受该工作,并搬到了内华达州。

# 杰弗瑞·劳伦斯
# R. Jeffery Lawrence
(1967—2005)

## 冲击物理学:另一半

**前言**

这些笔记概述了从20世纪50年代末开始到现在圣地亚冲击物理学的历史。鲍勃·格雷厄姆撰写了该故事的一方面(见下文),并提供了大纲。与此类型的所有叙述一样,以下内容包含我的个人观点,这与我自己的独有经历相关,我首先参与了与空军相关的4年工作,然后在圣地亚工作近40年,这里只是简单提及我辅助参与的领域。此外,我的记忆可能有误或至少有些失真。我只是在外围参与冲击物理实验,因此,该领域的许多重要发展和进步,将留给那些比我更有资格的人来介绍。

**非常早期的背景**

冲击物理学以其现代形式,从洛斯阿拉莫斯的早期工作演变为曼哈顿计划的一部分。这项工作是开发核武器的重要组成部分。但在某种意义上后续平行开展的工作,包括国防部(DOD)和国家实验室内的科学家需要研究且了解这些新武器及其对军事和民用装置与系统的影响。这些影响使人们越来越意识到冲击物理学研究和发展的必要性,但其参数空间与"炸弹"物理学直接相关的参数空间有所不同。

国家实验室特别是圣地亚已经在若干相关领域进行了努力。这些都是圣地亚"武器化"核心任务所需的领域,或者是为研制新型核武器所必需的"锦上添花"的内容。20世纪50年代末和60年代初期,圣地亚有两个冲击物理团队,第一个是2007年鲍勃·格雷厄姆在备忘录中详细介绍的团队,当时举办乔治·萨马拉纪念研讨会,以纪念乔治·萨马拉的一生[①]。乔治·萨马拉团队的研究集中在对压力和温度的极端动态加载条件下材料基础性质和行为研究。第二个团

---

① 鲍勃·格雷厄姆,私人通信,2007年。

队更多地针对应用研究,特别是开发内部实验工具和装置,以及并行分析能力,研究有关武器组件及其中材料动态响应的问题。随着时间的推移,通过这些工作获得的数据有助于改进许多武器部件和相关系统的设计和后续实施。

**圣地亚与空军武器实验室之间的早期接触**

在20世纪60年代早期,国防部大力推动研究和了解核武器对军事系统的详细影响。推动这项工作的主要团体可能是国防原子能支持机构(DASA),后来称为国防核武器局(DNA),目前是国防威胁降低局(DTRA)。DASA研究了脆弱性、生存能力和致命性相关领域的关键问题。在20世纪60年代早期停止大气和高空核试验后,地下核试验(UGT)成为这些数据的主要来源,UGT通常有两种类型:武器开发测试,主要由洛斯阿拉莫斯和利弗莫尔运行;武器效应测试,主要是在DOD/DASA的支持下进行。两种类型有一些重叠,在发射时进行了一些效应实验,反之亦然。

空军武器实验室(AFWL)的重点是武器效应测试准备、设计、执行以及测试后分析。由于圣地亚靠近科特兰空军基地(当时称为圣地亚基地),随着圣地亚参与UGT计划的大多数阶段,建立密切的工作关系是很自然的。圣地亚的主要参与者是卡特·布罗伊斯和他的团队,他们在内华达试验场支持许多UGT活动。在AFWL基地的另一边,唐纳德·兰伯森上校领导了一群年轻的空军军官,他们对一类实验进行了大部分的测试前和测试后分析,即一维(1D)脉冲X射线驱动和冲击物理测试,这些实验为基础和特殊材料以及空军非常感兴趣的复合材料的一维试样提供了时间相关的冲击波形测量结果,该实验首次采用了圣地亚开发的石英动态压力计。这些实验和相关实验旨在获得有关材料和系统的实际动态和晚期数据,以确定美国和其他地方导弹和武器系统的易损性与杀伤力水平;验证动态材料和系统响应的理论计算也是一个重要的驱动因素;其他目标是评估加强军事系统抵御核武器影响的早期概念。另一个目的是评估新的主动和被动实验技术,特别是在UGT环境的极端条件下。我们很早就知道,因为与UGT环境相关的不确定性,如果这些测试完全重复,它应该是三次测试,而不是两次测试!

在20世纪60年代中期,人们对导弹系统、再入大气层飞行器甚至卫星的易损性和生存能力也有了更广泛的兴趣,主要威胁是暴露于大气层外的核爆轰,特别是低能脉冲X射线形式约3/4总能量的无限制输出。当时,由阿尔·哈拜领导的圣地亚团队(丹尼斯·海耶斯是其中一名成员!)开始与AFWL的人们讨论这些问题,从这些相互交流中可以清楚地看出,研究这些问题的工具主要是以冲击物理学为主,与冲击产生和传播直接相关,或者与脉冲辐射暴露产生的脉冲加载的结构响应有关。实际上,哈拜等为圣地亚的冲击物理学工作指明了方向,当时由唐·伦德根、巴里·布彻和他们的同事领导。

**流体力学代码**

在那些日子里,实验设计和后续测试分析的主要工具是早期的冲击物理学流体动力学代码(又名流体力学代码),这些代码是从洛斯阿拉莫斯和利弗莫尔的"炸弹物理学"代码中间接演变而来的。当时,AFWL 使用 PUFF 代码,该代码是在许多外部人员的指导下开发的。记得其中两个人是兰德公司的常客奥伦·南斯(Olen Nance)和劳伦斯利弗莫尔实验室[1]的马克·威尔金斯(Mark Wilkins),威尔金斯在将材料强度融入 PUFF 方面发挥了重要作用,这可能是第一次在广泛用于研究武器效应的代码中加入强度效应,需要这种能力是因为许多 UGT 冲击物理样品产生相对低振幅的应力脉冲,其中这些附加现象对通过样品和仪表传播的脉冲具有显著的衰减影响。

**流体力学代码和材料响应**

由于材料响应需要广泛的材料特性数据库,许多实验室进行实验,以获得许多不同材料的冲击雨贡纽数据。这些数据的各种摘要可以在期刊综述文章(例如,描述早期洛斯阿拉莫斯科学实验室[2]工作)以及所有国家实验室及其承包商的报告中获得。许多非正式的汇编也是由在该领域工作的团队汇总。

**分析模型**

在此期间发生了一些重大进展。脉冲辐射加载的动态脉冲的分析模型,例如,原始的 BBAY 模型,是在波士顿附近的 AVCO 公司 AFWL 运行的 RADS 计划下开发的,其基本原理是找到一种预测脉冲发生的简单方法,该方法不需要求解偏微分方程,并且基于能量和动量守恒方程,这个特殊的描述是从 20 世纪 50 年代兰德公司杰克·怀特纳(Jack Whitener)的工作演变而来的。参与这项工作的几个人可缩写为 BBAY:汉斯·贝特(Hans Bethe,根据与康奈尔大学 AVCO 的咨询合同)、威廉·巴德(William Bade)、约翰·阿弗雷尔(John Averell)和杰罗德·尤斯(Jerrold Yos)。戴夫·麦克洛斯基和山姆·汤普森进行了后续工作,进一步修改模型以完善理论。修改后的 BBAY(或 MBBAY)模型目前仍在应用于武器效果评估和其他领域。

---

[1] 编者注:直到 1971 年,我们在利弗莫尔的姐妹实验室被称为加州大学辐射实验室。

[2] 编者注:在此期间,我们在北方的姐妹实验室被称为洛斯阿拉莫斯科学实验室。后来,1979 年它的名字成为洛斯阿拉莫斯国家实验室。

### 结构响应

结构响应非常重要,因为再入飞行器、导弹和卫星结构的动态屈曲是针对外大气层核武器攻击的主要失效模式,通常是这些系统易受攻击的极限情况。由于对动态载荷响应的时间尺度不同,微秒或更短的材料响应和毫秒甚至更长的结构响应在很大程度上是独立的。这两种模式引起材料和冲击波响应计算与有限差分代码和结构响应分析(通常使用有限元结构代码)作用有些不同。对于后者,使用更简单的脉冲生成分析模型作为初始条件。

在20世纪60年代,这些工作集中在AFWL的理论和实验结构响应,大部分工作实际上是在斯坦福研究所(SRI)合同任务下完成的,SRI在屈曲学方面进行了许多开创性实验,并提供了压力和脉冲曲线分析的大部分理论,以相对简单的方式描述屈曲学的不同模式。圣地亚也开始研究这些现象,首先由汤姆·莱恩(Tom Lane)以及后来由李·戴维森领导。

### 实验进展

我忽略了与各种气体炮有关的许多实验发展,这些引起了新的技术和能力进展,以及获得独特的高速和超高速数据。反过来,这些能力产生了新的冲击物理学理论以及各种动态材料特性,特别是对于能源部(DOE)和国防部特别感兴趣的材料。在应用冲击物理团队中,开展理论、数值和实验研究的人员在物理认知和团队合作上都非常接近,因此极大地加快了从新数据到实际应用问题的有效输出。在此过程中,开发了许多新的理论、模型和数值技术,并迅速带入重要的应用场合。

### 20世纪60年代中期团队的演变

20世纪60年代中期,唐·伦德根领导应用冲击物理团队,在他的管理支持下,他有远见地认识到,实验、理论和应用之间的密切联系是主攻和解决冲击物理学界迫切研究和需求开发的最佳方法。当时唐认识到沃尔特·赫尔曼(当时在麻省理工学院(MIT)以及至少部分与AFWL签订了合同)有一定程度上独立的观点(即他不在原子能委员会的武器实验室)和具备解决这些问题的技术深度。赫尔曼来到圣地亚是冲击物理学领域紧密联系合作的重要一步。由此产生的团队即使不是第一个,也完全能够在美国的冲击物理研究中排名靠前。

这些年参与的研究人员包括林恩·巴克尔、拉里·伯索夫、奥登、伯切特、巴里·布彻、查理·卡恩斯、山姆·凯、拉里·李、达雷尔·芒森、雷·里德和卡尔·舒勒。吉姆·阿赛、拉利特·查比达斯、道格·德拉姆赫勒、麦克·菲尼西、丹尼斯·格雷迪、吉恩·赫特尔、马林·基普、杰夫·劳伦斯、杰斯·农齐亚托，还有弗洛伊德·丢勒稍后加入了他们。当然，其他人也应该加入到这个名单中，无论是团队中的还是在圣地亚许多其他团队中的。

**早期代码开发**

随着沃尔特·赫尔曼的到来，以更正式的方式开始冲击物理现象的计算研究。事实上，赫尔曼的首要任务是建立内部计算能力，以补充实验工作。该小组采用了一对代码（即 WONDY 和 TOODY），而不是与 PUFF 代码相配，这些是赫尔曼最初在麻省理工学院开发的名为"RAVE"的一维和二维（2D）拉格朗日代码，随后演变为一系列代码（如 WAVE I 和 WAVE II 等）。这些代码使用更现代的模块化单元"结构"设计，这使得它们在实现新功能（例如改进的材料模型和数值技术）时更加灵活。

由于其独立的开发路线，两个代码的重点是力学性质。然而，完全保持了公认的有限差分和守恒算法。这允许极端加载条件（如超高速冲击）；然而，方案无法进行完全耦合的辐射传输。作为这些修改的一个例子，人们意识到需要一个针对目标的时间依赖辐射加载选项来展现核武器效应，由于采用模块化结构，代码中相对容易实现该功能。

**WONDY 和 TOODY**。WONDY 和 TOODY 的发展引起圣地亚和 AFWL（及其承包商）之间的广泛咨询，将额外的动态现象学（例如，多孔材料和速率依赖材料的响应）纳入 PUFF，这是 AFWL 产生的冲击物理学代码。事实上，PUFF 继续（并持续）在国防部承包商领域使用，其中许多新功能都是在圣地亚带领下开发的，与 PUFF 一样，WONDY 和 TOODY 的开发在很大程度上与洛斯阿拉莫斯和利弗莫尔的大量冲击物理代码无关，后者更多地受到"炸弹"物理学而非效应现象学的驱动。

由于其灵活性和模块化设计，这些年中 WONDY 用作许多新模型的载体，包括新数值技术和其他计算机导向任务（如输入和输出）的测试平台。新状态方程和本构关系的例子包括材料孔隙度、累积损伤分数和层裂，以及各种速率依赖的材料响应。速率依赖性具有其本身的特征时间常数，不同于与标准冲击传播分析中数值稳定性相关的时间常数。因此开发了双循环的新技术，这是双时间常数解的稳定性所必需的，速率依赖模型也是研究复杂层状复合材料的有效方法。其他创新包括处理了压电和铁电材料的电响应以及网格重新分区，以提高计算效率。随着近几十年来计算机速度和存储的大幅增加，对于相对简单的一维问题而言这种方法已基本消退，但是对于二维和三维（3D）代码，它仍然很重要。WONDY 模块化框架的另一个方面是，都可以很容易采用几乎任意的状态方程或本构关系。唯一的限制是 WONDY 可以编程,返回压力作为密度和能量的函数。

**SWAP**。与此同时,在艾米莉·杨的协助下,林恩·巴克尔开发了 SWAP 代码。SWAP 是一种特征方法代码,其运行速度比任何有限差分代码都要快得多,并且在整个信息空间中产生了各种冲击和应力波传播和衰减的清晰表征。然而,对于波相互作用经常演化为非常复杂的问题,解释起来更加困难。需要调整多维特征代码,但基本上没有得到长期支持。

**下一代流体力学代码**

**CHART、CSQ 和 CTH**。在 20 世纪 70 年代和 80 年代,山姆·汤普森及其同事们开始从支持核管理委员会的团队转到应用冲击物理团队,这仍然是圣地亚冲击物理学代码开发的时期。汤普森带来了他自己开发的一套流体力学代码,从一维版本的 CHART 和 CHARTD 开始。这些代码演变成了 2D 版本 CSQ(平方 CHARTD(CHARTD SQuared)),后来又变成了 3D 代码 CTH(3/2 次方 CSQ(CSQ to the Three Halves power))。与 WONDY 和 TOODY 相比,这些代码是欧拉形式,而不是拉格朗日形式,并且包括辐射传输能力及其自己的状态方程。除了汤普森之外,开发人员包括迈克·麦格劳恩、汉克·劳森、詹姆斯·皮瑞、史蒂夫·罗特勒等。

三维代码 CTH 在某种程度上比较特别。它已经成为整个国防部和美国能源部领域的一个(也许是唯一的)流体力学主力代码,吉恩·赫特尔是这一进展的主要背后推动者,他多年来一直进行广告宣传、销售和维护代码,并且仍然是对其功能特性最为了解的人之一。

**ALEGRA**。随着冲击物理学的广泛发展,对新一代代码的需求变得突出,特别是在含有研究导向的领域。在圣地亚,最新推出的一系列脉冲功率加速器 Z,已经成为研究核武器效应、实际聚变能量与惯性约束关系问题以及高能量密度物理学其他方面的主力装置,进一步发展这些扩展的能量和功率方案已经证明需要通过结合诸如耦合磁流体动力学、先进的辐射传输以及材料和等离子体的高温和高压特性特征,来扩展我们的流体力学代码的建模能力,承担这些任务的代码是 ALEGRA。历史悠久的流体力学代码开发人员与 Z 的员工共同合作开发了这种新的和不断发展的工具;他们会继续这样做。从某种意义上说,这是关于高能现象学中早期"炸弹"物理学的"闭环"工作,只是加入了更现代的内容。

**结构响应研究**

如前所述,开发和实现用于研究动态结构响应的工作集中在汤姆·莱恩的团队中,后来由李·戴维森领导。仍然在应用冲击物理团队中的山姆·凯,在识别和解决材料与结构响应的时间尺度以及解决许多问题方面发挥了作用,对于不同情况下材料和结构响应时间尺度给出了解决方案,得到称为"粗壮结构"的一类靶标。在接下来的几年中,这一工作产生了一系列代码,名为 HONDO、PRONTO 及其后续版本。

**冲击物理学数据库**

由于当时冲击物理学领域研究较为分散,在国内只有一门正式的学术课程(华盛顿州普尔曼的华盛顿州立大学),该领域的原始资料也是分散的。在某些情况下进入该领域基本上是靠口口相传,早在 20 世纪 70 年代末,沃尔特·赫尔曼就意识到纠正这种状况具有重要价值,他开始相对缓慢地收集、组织和编制相关材料,在 20 世纪 80 年代马林·基普和后来的麦克·菲尼西最终扩展了这个过程。

这些工作对于不断增长的从事冲击物理学工作的人们非常有用,但他们甚至可能都不知道这一重要资源。该资料库包含许多标准和专业材料的数据与特性,以及有关制造过程、各种用途和应用的信息,还包括对重要的新旧响应模型的描述。圣地亚冲击压缩数据库包括至少 12 个存储间(通常每间 5 个架子)的文件、图书、报告以及源材料和其他数据的复印件。作为该数据库的配套产品,冲击物理学索引(Shock PHysics INdeX,SPHINX)包含几乎两倍的参考和其他相关材料。目前,该资料库位于圣地亚 IV 区 962 号楼的地下室,包括 12000 份资料。

**其他领域**

在此期间,多领域研究的冲击物理学团队继续为基础和特定材料及复合材料生成高质量的雨贡纽数据集,继续研究动态材料响应的断裂现象,进行理论建模,并将其纳入冲击物理学代码。实例包括可变强度、固固相变、孔隙率、不同形式的速率依赖性、累积损伤和断裂,以及耦合的压电和铁电响应。有时这些现象对于各种应用研究很重要,有时它们不是很重要。然而,这些技术的密切合作和快速实施仍然是应用冲击物理团队的一个重要特征。

**UGT 支持**

地下核武器效应测试活动持续得到支持。由于许多新开发的材料用于加强和改进各种军事系统的功能,UGT 始终是该团队实验、理论和建模活动的重要驱动因素。

**缺少的环节**

这些笔记涉及许多研究课题,这些研究课题对于圣地亚的冲击物理学、动态材料和系统响应工作是非常重要的,然而,文中只是粗略讲述了一些特定领域,主要是因为它们不是我个人经历的主要部分。

# 雷蒙德(雷)·莱姆克
# Raymond W. Lemke
(1989—目前①)

我于1999年加入了汤姆·梅尔霍恩(Tom Mehlhorn)的小组,因为我想研究与脉冲功率科学中心惯性约束聚变程序相关的Z箍缩物理。我曾在圣地亚国家实验室工作过10年,在另一个团队中为空军菲利普斯实验室(AFPL)进行高功率微波(HPM)研究和光源开发。在到圣地亚国家实验室工作之前,我曾在AFPL作为国防部雇员工参与HPM研究5年。经过15年的HPM研究,我想要新的挑战。当我游说汤姆加入他的团队时,我告诉他我想要解决那些需要利用我迄今未充分利用的教育背景领域的挑战性问题,尤其是辐射磁流体动力学(RMHD)。

我在汤姆的小组工作了一年,尝试使用二维(2D)RMHD 代码 LASNEX,对在Z装置上执行的嵌套线阵动态黑腔实验进行建模。我以前没有磁流体动力学(MHD)代码的经验。我很快就清楚地知道,我遇到了一个具有挑战性的问题。拥有物理学博士学位和天体物理学学士学位,我有必要快速掌握动态黑腔物理学的基本知识。然而,即使熟悉物理学,但是熟悉使用新的物理代码(即 LASNEX)本身也是一项挑战。在与 LASNEX 合作一年后,我开始熟悉代码。我在那一年获得的经验将适用于另一个非常具有挑战性的问题,很快要求我解决这样的问题:使用相对较新的(当时)圣地亚正在开发的 MHD 代码 ALEGRA 进行动态材料实验的计算建模。

接近1999年底,汤姆·梅尔霍恩要求我尝试使用 ALEGRA,对Z装置上的磁力驱动动态材料实验进行建模。吉姆·阿赛、克林特·霍尔和马库斯·克努森前不久提出使用Z装置上的电流产生的强磁场,来驱动材料科学实验。在这种当时称为等熵压缩实验(ICE)的实验中,磁压用于加速金属飞片,以进行冲击物理研究或者斜波加载材料获得偏雨贡纽(off-Hugoniot)数据。当时,已经进行了一些实验,计划进行更多实验。很明显需要一种基于科学的设计能力,来利用Z装置上的可用能量。我的任务是与 ALEGRA 合作以实现这一目的,ALEGRA 还需要相关的应用程序用于验证目的。因此,开始了针对磁驱动动态材料实验验证与校验的一项工作。到2004年年底,这项工作产生了具有预测能力的一

---

① 雷·莱姆克受聘于1989年,但在2000年开始从事冲击压缩科学的研究。在撰写本文时,他继续在Z装置上模拟冲击波实验,特别是那些使用高速飞片模拟冲击波实验。

个计算模型,目前在中心广泛使用,以设计和分析动态材料实验。

### 第一次会议

2000年初,我与吉姆·阿赛、马库斯·克努森、克林特·霍尔和汤姆·海尔(他是我团队和ALEGRA开发人员之一)开会,讨论了使用ALEGRA进行动态材料实验的建模,我们讨论了前一年12月进行的Z装置上第一批ICE射击建模,其中有正方形的短路负载,带有20mm×20mm阴极和26mm×26mm阳极;我们还讨论了使用具有较小横截面的负载(11mm×11mm阴极和15mm×15mm阳极)未来射击的建模,以增加驱动磁压。使用较大方形载荷,一个400 μm厚、15mm直径的铝制飞片已加速到7km/s,这是当时最高的速度。可以与模拟结果进行比较的数据包含VISAR测得的飞片速度,使用B点(B-dot)诊断在Z装置上测量的电流可用于驱动模拟。ALEGRA建模的一些近期目标是模拟小的方形载荷,并确定以下内容:

(1)生产铝制飞片所需的电流和初始飞片厚度,铝制飞片的峰值速度为18km/s,冲击目标时为至少400 μm厚铝固体;

(2)生产复合铝钛飞片的电流和初始飞片厚度,复合铝钛飞片的峰值速度为15km/s,冲击类似目标时至少是300 μm厚钛固体。

(3)之后,我将模拟使用大方形载荷完成的飞片实验。

在本次会议召开时,对于Z射击ICE载荷的动力学或磁场拓扑知之甚少,因为该概念是新的,并且不存在独立的建模能力。蒂姆·波顿(Tim Pointon)使用三维(3D)电磁(EM)粒子模拟(PIC)代码进行了计算,其中理想导体不会移动。这些计算结果表明,磁场在高度方向是均匀的(即垂直于飞片运动方向)。汤姆·海尔已经开始构建一个ALEGRA输入文件,用于大型方形负载的一维(1D)拉格朗日模拟,因此我开始使用该输入文件进行建模。我将在这里总结一下主要的进展和事件(不一定按时间顺序),这些进展和事件得到我们目前使用的预测模型,来设计和分析Z装置上的材料动力学实验,我从我的研究笔记本中提取了大部分这些信息。

### 重要的代码开发

ICE负载的1D ALEGRA MHD模拟需要几何比例因子($S$),其将电流与磁场相关联;$S$基本上(但不完全)是在应用安培定律计算磁场时使用的路径长度。幸运的是,我使用3D EM PIC代码QUICKSILVER进行HPM研究所获得的专业知识,可以应用于动态材料问题。最初,我使用QUICKSILVER研究ICE负载中的磁场拓扑,并计算$S$用于1D MHD模拟,这些初始3D EM仿真的结果非常有见地,证实了波顿先前的结果,即驱动磁场(压力)在电流方向上是均匀的,垂直于施加的力(运动方向)。从各种应用来看,这很重要,因为 ICE 负载可能包含沿着面板高度的多个样品(飞片),这些样品都将经历相同的磁力驱动。从建模的角度来看,在高度上的磁场均匀性意味着,ICE 负载可以使用二维 MHD 在一个横截面上自我一致地模拟,该平面将飞片在一个固定的高度上分成两部分。此外,在该 2D 平面中,磁压随着与飞片(或材料样品)中心的距离增加而单调减小。这意味着飞片应在横切运动方向和负载高度方向上弯曲;这是在当时使用楔形诊断来测量冲击中断时间的重要考虑因素。楔形坡度必须朝向飞片未弯曲的方向;否则,冲击突破时间会受到弯曲的影响。

在接下来的几个月里,我运行了 ICE 负载的 1D、2D 和 3D ALEGRA MHD 模拟。到 2000 年年底,我意识到除非存在使用 Z 的电路表示从第三维激活问题的机制,否则不可能进行独立的二维 MHD 模拟。我在 ALEGRA 会议上提出了这种能力。2001 年 5 月,当时在圣地亚的计算物理研发部门的艾伦·罗宾逊将这种能力纳入了 ALEGRA。艾伦发明了一种非常聪明的方案,通过一个考虑短路 ICE 负载有效高度的电路,从第三维激励 2D MHD 仿真,将其称为"电子正常返回电流边界条件",该边界条件使得等熵压缩实验准确的 2D MHD 模拟成为可能。当通过 Z 的戴维宁等效电路模型激励时,使用电子正常返回电流边界条件的 2D ALEGRA 仿真,自我一致地捕获导体运动和变形对进入 ICE 负载功率流的影响。正是这样的关键代码开发产生了我们目前使用的预测模型。

因此,在 2000 年 1 月到 2001 年 5 月之间,直到 ICE 负载的独立二维 MHD ALEGRA 仿真成为可能,我必须通过测量的负载电流驱动的一维仿真(由 B 点诊断提供),来实现模拟动态材料实验。正如我所发现的那样,即使负载电流非常准确,这些 1D 计算也不可能是独立的,因为在 1D 模拟中测得的电流包括导体运动对磁力驱动器时间依赖性的影响。1D 模拟必须由飞片经受的磁力驱动力驱动,例如,在独立的多维模拟中。因此,我尝试了一些 ICE 负载的 3D MHD ALEGRA 仿真;尽管是独立的,但这些计算结果计算量太大而不实用,要到 2000 年 11 月底才能提供最有用的代码验证数据。

**早期实验对于模型开发和代码验证是至关重要的**

最早的动态材料实验是在 1999 年 12 月进行的。尽管这些射击的数据为 MHD 模型提供了一个有用的起点,但定义模型开发所需的物理学还不够。为此目的,Z 装置上 575(2000 年 4 月)、634(2000 年 9 月)、658(2000 年 11 月)和 668(2000 年 11 月)发次的数据对于确定控制 ICE 负荷动态的物理现象是至关重要的,影响从 VISAR 测量结果得到的时间相关的速度。

Z 装置上 575 发次使用的方形载荷包括厚度为 400 μm、500 μm 和 850 μm 的铝制样品,均由 LiF 窗口支撑,用于测量铝的等熵。由测量的负载 B 点电流驱动的实验的 1D 模拟产生与所有三个 Al/LiF 界面速度的合理一致性,但仅在将由 QUICKSILVER 计算的磁比例因子 $S$ 减小约 10% 之后。这些结果表明,使用 SESAME EOS(状态方程)3700 进行铝的 ALEGRA MHD 模型可能是准确的;然而,必须调整几何比例因子 $S$,证明 QUICKSILVER 计算的静态值不足以对这些实验进行建模,当独立的二维模拟成为可能时,这种缺陷将得到解决。

Z 装置上 634、658 和 668 发次是飞片实验。在冲击实验中,634 发次使用矩形载荷,产生 21km/s(当时最高速度)、850 μm 厚的 Al 飞片;VISAR 用于测量飞片速度。658 发次(格雷格·夏普(Greg Sharp)为首席研究员)旨在通过使用 B 点诊断来测量铝飞片中磁性扩散速率,以测量与飞片磁性驱动侧相对表面(厚度为 100、200、400 和 600 μm)上磁场的外观。668 发次是一个对称的冲击碰撞实验,其中一个 8.5km/s、925 μm 厚的铝飞片冲击一个由 LiF 窗口支撑的铝靶;VISAR 用于测量飞片和 Al/LiF 界面速度。

使用 1D MHD 模拟对这三个飞片实验进行建模,得到与测量结果不一致的结论。特别是,658 发次的结果表明在计算中磁扩散快了 36%。668 发次的数据明确表明,8.5km/s 铝飞片在冲击时部分是实心的,这与模拟结果形成鲜明对比,模拟结果表明飞片完全熔化。实际上,当时所有 ALEGRA 模拟的飞片实验都产生了完全融化的飞片,与实验证据形成鲜明对比。我找到造成这种差异原因的工作最终引起了这样的猜想:模拟的电导率在熔化的铝中可能太低,这由迈克·德贾莱斯使用量子分子动力学(QMD)代码 VASP[①] 证实。

我通过修改 LMD(Lee-More-Desjarlais)电导率模型中的参数值来得出这个结论(在进行许多测试模拟之后),该模型控制了熔化时电导率降低幅度。与迈克咨询了这个结果,我了解到他一直在使用 QMD VASP 代码,并对其进行了修改,以计算材料的导电性和导热性;他一直这样做是为了模拟和理解线材起爆实验的一部分。迈克将修改后的 VASP 代码应用于铝制飞片问题,他的 QMD 计算证实,实际上熔融铝中的电导率大于 LMD 模型在相同密度和温度下计算的电导率。到 2001 年 5 月,迈克已经制作了一种新的铝导电模型,其中包含了他的 QMD 计算结果。在 Z 装置上 658 发次和 668 发次的 ALEGRA 模拟中,使用改进的铝电导率模型产生的速度与测量的 VISAR 速度非常一致,这样的结果与熔融铝电导率有关的发现是开发预测性 MHD 模型的重大进步。

然而,在由原始负载 B 点电流驱动的 Z 装置上 634 发次的 ALEGRA 模拟

---

① 编者注:G. Kresse 和 J. Furthmüller,使用平面波基集的从头算总能量计算结果的有效迭代方案,物理评论 B,第 54 卷,页码:11169-11186(1996)。

中,使用改进的电导率模型,并未产生始终与数据良好一致的飞片速度;在早期一致性很好,但后来的差异很大,这表明MHD模型中缺少一些重要现象。Z装置上634发次的磁绝缘传输线(MITL)和负载电流诊断表明,在负载之前已经损失了大量电流,与Z装置上668发次的情况相反,668发次表明很小的电流损失。我猜测634发次的损失发生在回旋中并引起短路,产生峰值后负载电流的指数衰减。然而,由于由原始负载B点电流驱动的模拟未产生准确的飞片速度,所以我用具有不同衰减率的指数手动修改峰值后负载B点电流;使用这些来驱动MHD模拟,我能够产生与数据完全一致的飞片速度。除了证明电流损失的重要性以及确定飞板速度的相关短路外,这些计算表明,测量的负载B点电流对于飞片实验的MHD建模不够准确。这些发现对于Z的实际电路模型开发是至关重要的,并且代表了为ICE开发预测性MHD模型的道路上的另一重大进展。

**预测MHD模型、Z的电路表示和Dakota优化**

到2001年年底,电子正常返回电流边界条件(如上所述)已纳入ALEGRA。那时我开始对Z装置上634发次进行独立电路驱动的二维MHD模拟,并使用这些计算来开发Z的简单电路模型。我修改了由肯·斯特鲁夫(Ken Struve)开发的一个集总元件戴维宁等效电路(使用Bertha传输线路代码),使其包括一个可以解释电流损耗的时变损耗阻抗和一个引起短路的时变撬杆(电阻)开关。我使用634发次测量的MITL电流和从1D模拟(如上所述)获得的被我修改了的负载电流,来计算时间相关的损耗阻抗。在电流消失期间,该损耗阻抗显示出突然降低到零,这清楚地表明电流损耗引起短路。我使用了这个损耗阻抗和MITL的相对幅度以及修改后的负载电流,来推测应该强制执行短路的地方,我用一个单独的时变撬杆开关建模,撬杆开关在短时间闭合,这允许电流通过损耗阻抗损失到地。在这种情况下,短路下游电流的时间依赖性取决于总下游电感和电阻。

在与狄龙·麦克丹尼尔(圣地亚)讨论这项工作时,他指出我可以使用Z装置上的堆电压和电流测量,来得到我的电路驱动模拟634发次的时间相关电压,然后我做了。在使用新的Z电路模型模拟射击时,使用该电压表明,通过将短路放置在回旋的上游侧获得与测量VISAR速度的最佳一致性,在该位置短路下游的电感和电阻显然足以产生精确的峰值后电流衰减率,这进一步支持了我的猜想,即在回旋中发生与时间有关的电流损失并产生短路,这必须在板式冲击实验的设计中考虑,其中必须无冲击地加速飞片。

上面描述的二维MHD模型是我们目前用于设计和分析动态材料实验准预测ALEGRA模型的基础。从2002到2004年,我们设计了一些实验,其中铝制飞片无冲击地加速到最高 34km/s(公司里程碑),这是当时 Z 可以产生的最大速度。该模型还用于预测翻新 Z 加速器后可以达到大于 40km/s 的飞行速度。该模型只是准预测,因为它需要关于电流损耗的先验知识,这在目前仍然缺乏。然而,随着精确负载电流的数据库仍然增加,我们现在能够以足够的精度估计与时间相关的损耗电流来设计实验。为了获得准确的负载电流,即实际达到 ICE 负载的电流,并不一定等于负载 B 点电流,我们使用 DAKOTA 优化代码。

2004 年,我当时的经理汤姆·梅尔霍恩给我发了一篇关于 DAKOTA 优化的文章,作者托尼·朱塔(Tony Giunta)是开发人员之一。我很清楚,DAKOTA 与 ALEGRA 一起使用测得的 VISAR 速度,可以用来展开射击的实际负载电流。在托尼·朱塔的帮助下,我设置了第一个 DAKOTA-ALEGRA 优化问题,以便从射击中展开负载电流,该计算产生磁场驱动,引起测量的飞片速度在测量的不确定度内(即小于1%)。为了获得实际电流,我使用 2D MHD 模型开发了迭代方案。

因为优化使用了 1D ALEGRA 模型,所以我开发了一种计算初始比例因子 $S$ 和等效 1D 磁驱动的技术,从二维的模拟结果来看,两者都是 1D 模拟所需的。已证明这种方式获得的负载电流比由负载 B 点测量确定电流更接近实际负载电流,其通常用作对实际电流的初始猜测数值,以便开始优化。该技术已演变成 VISAR 电流诊断,其中飞片被专门结合到实验中(例如,用于套筒 Z 箍缩),以获得精确的负载电流。此外,该技术用于反向推导飞片无冲击加速或材料样品动态加载的电流形状。DAKOTA-ALEGRA 优化技术显著提高了 Z 装置上的动态材料能力。

**翻新的 Z 加速器,2007 至 2012 年**

翻新的 Z 加速器(有时称为"ZR")于 2007 年年底前完成;它具有两倍于旧 Z 的能量。使用上述预测 MHD 模型和在 Z 装置上验证的相关技术,我们在开发利用更大能量和电流的 ZR 新平台和实验方面取得了快速进展。ZR 首批射击的部分发次是飞片实验(1767、1774 和 1775 发次),旨在获得精确的负载电流(如上所述)。到 2008 年 4 月,第一次动态材料实验(1807 和 1810 发次)使用新的带状线负载,该负载线将对给定电流产生最高压力。到 2008 年 9 月,使用带状线载荷测量钽的压缩等熵至峰值压力 3.8 兆巴。到 2009 年 5 月,在一次冲击实验(1934 发次)中,使用带状线载荷将一个 900 μm 厚的铝制飞片无冲击地加速到 46km/s(迄今为止 Z 装置上最高纪录),石英产生了 20.7 兆巴的冲击。到 2009 年 10 月,使用带状线载荷无冲击地加速复合铝-铜飞片(在驱动侧有 800~100 μm 厚的铝,接着是 200 μm 厚的铜),峰值速度为 28km/s(2006 发次)。将 Z 和 ZR 上实现的飞片速度里程碑与 Z 装置上 634 发次的速度进行了比较(在脉冲整形技术实现无冲击加速之前)。自 2009 年以来,ZR 已经进行了许多成功的飞片实验；我在这里提到的代表了最先进的技术。

**致谢**

我很感谢吉姆·阿赛、凯尔·科克伦、让－保罗·戴维斯、迈克·德贾莱斯、托尼·朱塔、汤姆·海伊尔、克林特·霍尔、马库斯·克努森、狄龙·麦克丹尼尔、艾伦·罗宾逊、格雷格·夏普、史蒂夫·斯鲁茨(Steve Slutz)、肯·斯特鲁夫、ALEGRA开发团队以及Z团队为我的工作做出的技术贡献。

# 唐·伦德根

（1956—1986①）

## 圣地亚国家实验室冲击波项目的早期(1956—1966)简介

对弹塑性压力范围内冲击波传播的研究始于20世纪50年代后期,20世纪50年代末和60年代初期是圣地亚技术转型的时期,这一转变需要开展研究,为实验室提供实现武器化先进系统使命的工具,这种转变的一部分是开始研究圣地亚感兴趣区域的应力波传播。本备忘录的目的是重述这一转变,并与冲击波研究初期部分时间联系起来。

第二次世界大战后,圣地亚实验室的紧迫任务是建立一个核武库,主要是炸弹。圣地亚面临的首要任务是提供满足作战要求的部件和结构,并确保武器在需要时能够可靠地引爆,但在所有其他条件下无疑是安全的。早期的核武器是由亚声速飞机携带的炸弹,其结构和环境要求与常规武器没有实质性差别。因此,在这些早期武器的设计中,现有的工程程序和材料的应用基本上是足够的,但需要完美的应用以满足严格的安全性和可靠性要求。启动了创新的安全概念和广泛的可靠性测试,创新的设计如允许延迟投递的降落伞、弱连接和强连接安全系统,以及可靠的气压和接触引信能力等都在需要的子系统之列。

超声速和外大气层导弹传输系统及其相关环境的出现,对圣地亚负责的部件和子系统提出了新的要求。为了满足这些要求,需要了解这些恶劣环境的影响。一种这样的要求是,理解受到与新输送系统相关速度影响的材料行为以及与空间和对策相关的辐射。与高速冲击有关的一个问题是结构必须在冲击和引信致动之后一段时间内保持其完整性,以防止关键结构的变形或关键部件的破坏。与高能辐射相关的问题是,材料烧蚀以及由此产生的高强度冲击波,这些冲击波产生的散裂可能妨碍成功再入。

为了理解这些环境的影响并解决相关问题,在弹塑性应力范围内开始了冲击波研究。里昂·史密斯和唐·科特问为什么接触引信的功能存在这样的不一致性。经过一些调查,回答是我们无法预测引起结构失效的应力波传播和影响。根据影响的微妙差异,引信可以及时启动,但在其他情况下,结构失效会抵消爆轰。

---

① 编者注:这是唐·伦德根在圣地亚工作起止时间。在1977年离开冲击波领域之后,他参加了其他圣地亚项目,并在一个辉煌的职业生涯后于1986年退休。

那时，已经有应变波传播和低应变率边界的材料行为数据，例如，使用霍普金森杆和类似的大学实验室设备研究的那些结果。国家实验室在研究材料的流体动力学行为方面工作提供了一个上限。缺少与圣地亚子系统设计需求相关的应变率范围。因此，在我们的实验室开始研究材料的弹塑性行为。

为了解决这个问题，进行了实验以确定感兴趣的材料的弹塑性，并将这些性质转换成可用于分析的格式。为了确定材料特性，大约在1958年做出了一个决定，即使用一个4英寸口径的空气体炮，它可以将炮弹软壳[①]加速到受到冲击时产生应力水平的速度，该炮放置足够直径的目标，以维持一维应变足够长的时间，测量弹性前体和随后的塑性波和稀疏波，这些事件发生在从目标周边卸载之前。此外，炮允许使用各种阻抗和厚度的冲击材料。但是，要求是正常的冲击，这是通过对炮管进行精确的镗孔和抛光，以及对冲击器设计炮弹软壳来实现的。使用压缩空气作为加速剂，而不是爆炸物，也避免了许多操作限制，例如与使用炸药相关的位置和安全规定。在这里，承认罗伊"红色（瑞德）"·霍伦巴赫[②]的非凡资格是恰当的，他的机械和电气技能对这个项目的成功是至关重要的。空气体炮是阿尔·贝克用过的，用于测试部件的冲击效应，经过翻新后放在III区。因为炮在外面，实验者需要露天操作，还要面对晒太阳的响尾蛇，但这是一系列气体炮的开始，所有这些气体炮都安放在更舒适的地方。

最初，由洛斯阿拉莫斯冲击波小组（GMX 6）开发的引脚阵列，用于测量冲击速度和与正常冲击的偏离，确定了各种金属的雨贡纽状态方程。比尔·哈特曼、杰克·坎农、吉米·史密斯（Jimmy Smith）、汤姆·鲁比、韦恩·布鲁克希尔、鲍勃·纽曼和鲍勃·辛普森都为这些早期研究做出了贡献。林恩·巴克尔发明了测量技术，通过连续而非离散的数据提供更高的精度。也是林恩，在瑞德·霍伦巴赫的帮助下，于1962年继续开发斜金属线技术，然后在1964年开始开发了激光干涉测量仪器。直到今天，他一直在发明各种测量技术，包括速度干涉仪。这些测量技术对冲击波项目的成功是至关重要的。

第二个要求是将数据处理成可用的形式，经历了同样非同寻常的转变。为了替代过去烦琐不准确的手工计算，我们开始使用在几秒钟内完成的三维分析。

大约在1957年，用于确定武器结构中应力波传播的初始计算，是通过使用已知的弹性波速度手绘出应力波的进展，并估计关键事件的时间来完成的。由

---

[①] 炮弹软壳是一种用于以精确的速度和撞击对准控制来发射射弹的装置。

[②] 瑞德回忆说："我们一无所有，一个安装在III区外面的废弃气体炮，没有任何仪器，两个不是全职做这个项目的人。分配给我们的黑暗房间是809号楼未使用的女厕所，我们从发射炮穿过高台地进入充满锯木屑的地堡（它对我们在每次射击后找到测试件提出了挑战）开始进步。很快我们的团队似乎真正成长了，有了更多的人、更好的设施、大量的仪器和更复杂的测量技术。"

于缺乏计算技术和材料特性,计算既乏味又不准确。但是,这些计算确实表明存在问题。

大约一年后,我们开始使用一些材料的有限数据和 Marchant 机械机器进行计算。这显然非常烦琐且容易出错,路易丝·切尔尼奇(Louise Cernich)和朱莉·博德(Julie Bode)在计算方面所做的工作值得称赞。目前,有了合适的材料属性,在三维而不是一维进行计算,这些计算可在几秒钟内完成。从手工计算到当前快速分析的转变发生在几年之内[①]。多名程序员帮助完成了使用穿孔带的程序,包括曾在冲击波项目中工作多年的艾米莉·杨。

如前所述,转变时期需要增加受过适当学科教育的工作人员。数字计算已经成熟,需要冲击波研究结果的问题越来越多。在 20 世纪 60 年代早期,该组织增加了拉里·伯索夫、查尔斯·卡恩斯、沃尔特·赫尔曼、彼得·陈、巴里·布彻、卡尔·舒勒、达雷尔·芒森、弗洛伊德·丢勒、山姆·凯以及其他合格的研究人员,他们的贡献增加了对复合材料、层压材料和泡沫中散裂与应力波传播时间依赖性的理解和量化,这些材料特性和相关的波传播代码为解决武器项目、核反应堆安全、装甲设计和许多其他领域的问题提供了输入和计算技术。

在 15 年的时间内,冲击波团队的工作获得了国际认可。但是,最重要的是最初的目标是为圣地亚国家实验室提供目前用于解决涉及材料动态问题的工具。

作为个人记录,除了我对所有为冲击波物理学领域作出许多值得注意贡献的人的敬意之外,我还要感谢圣地亚管理层的远见卓识,管理层的支持为进入新的研究领域提供了机会,这项研究的结果证明了他们的信任。

当我承担开发检测国外地下核试验的新技术这一项目时,我再次体验到了管理层的信任。幸运的是,"高风险,高回报"的努力再次取得了成功。这次我感谢保罗·斯托克斯(Paul Stokes)和鲍勃·克莱姆(Bob Clem)为我提供了探索的自由,我钦佩查尔斯·杰克·雅科瓦兹(Charles V. Jack Jakowatz)及其团队,他们将这个概念发展成为一个智能工具,我希望实验室仍然具有这样的探索自由。

**唐·伦德根回忆的附录**

编者注:差不多 30 年前,在 1987 年夏天,伦德根整理了一包关于他对圣地亚冲击波研究未来需求的看法的旧信件和备忘录,将它们发送给圣地亚公司历史学家尼卡·斯图尔特·弗曼(Necah Stewart Furman),并附上一封说明信,简要概述了各个项目如何对规划和实施整体计划做出贡献。其中一些文件可以追溯

---

① 顺便说一句,最早感兴趣的问题之一就是目前正在解决的接触熔化问题,使用我们所有的新功能会更快更好。

到20世纪50年代末和60年代初,伦德根描述了圣地亚冲击物理学研究演变的几个阶段。第一个阶段是20世纪50年代后期,其特点是"弹塑性范围内的动态材料行为学科"。第二阶段在20世纪60年代中期,这一时期对圣地亚科学家、工程师和设计师改善武器性能的要求,使员工从"教科书工程"转到探索将冲击波研究和其他领域的进步应用于武器系统部组件设计和相关项目上来。

在他的1963年9月至12月与时任材料与工艺开发主任查理·比尔德的往来信件中,伦德根概述了他对冲击波研究和开发计划未来的展望。他提出需要高压和低压冲击数据,来检查从材料和结构响应到系统级易损性、生存性和杀伤力分析等现象。该计划需要广泛的新的实验室规模的动态实验能力,以及复杂的理论和数值工具,来分析数据,并预测这些现象如何推断到现实世界的武器情景。随着各种禁试条约的开始实施,伦德根的愿景变得尤为重要,值得注意的是,在接下来的几十年中,他的许多见解和建议都取得了成果。

我们希望包含许多这些项目,但篇幅限制不允许这样做。不过,作为这一材料的一个例子,我们附上了尼卡·弗曼的手写笔记的记录,这些笔记是基于伦德根于1987年7月13日与她的电话交谈,发生在他发送备忘录和信件之后不久,是在他从圣地亚退休后一年或两年内,他们回顾了他早期的一些广泛回忆以及刚起步时冲击波计划的演变,谈话总的主题是冲击波多实验室研究和工程两部分。

**1987年7月13日伦德根-弗曼电话的编辑记录**

以下评论主要以伦德根的口吻来说,但为了保持连续性和清晰度,我们对这些段落进行了编辑和重新排列,并将评论分为不同的小节。事实上,由于电话交谈是即兴的,他有些言论有点不合时宜。在少数情况下,括号中增加了一个短语或句子,以便澄清:

在20世纪50年代末和60年代初期,圣地亚的设计人员面临制造和研究层面的两难抉择,我想后者的目的是帮助那些武器设计人员。查理·比尔德还帮助了那些设计团队。其他的组织和研究部门并不赞成,因为他们无法看到对自己问题的适用性。弗兰克·哈德森(Frank Hudson)受到严厉惩罚,因为他们觉得他的工作不合适,但是查理·比尔德管理的材料理事会下属1100组织认为某些(这些活动)是合适的,设计团队的动机解释了对设计组织的需求(并)说明了转型的必要性。对此,拉里·伯索夫使用适用于实际情况和材料的二维冲击动力学动态代码,进行了一系列失败原因开发分析(实际上在20世纪60年代后期及以后进行了这些分析)。然而,当时的结果是不确定的。

由此我们需要进入我们知道可用于执行这些复杂计算的材料属性的阶段,

我们对计算机提出了很高的要求,关键是我们解决研究结果引起的实际问题。主任奥瓦尔·琼斯和迪克·克拉森(物理科学处的第一任经理)理解了这个问题,(最终)结果是琼斯成为实验室副主任以及赫尔曼担任董事。他们在设计组织中安排了一些关键研究人员,以创造更多的理解,并且他们也具备解释(需求和所需的方法)的知识。

**圣地亚用于动态材料特性研究的首款高精度火炮的基本原理**

1956年,我离开大学物理和数学教学工作第一次来到圣地亚,受聘于1260部门①的里昂·史密斯和唐·科特。最初要解决的问题是确定接触引信是否能正常工作。滑轨轨迹有相当不稳定的结果,这是什么原因造成的?靠冲击引信起爆的炸弹,在低速冲击时,提供了足够的时间,在实际变形发生之前激活引信。(产生的冲击经常)导致哑弹或变形,并不清楚原因。但随着时间的推移,武器和部件变得越来越小,冲击时间间隔越来越短,因此情况会变得更糟。

当你尝试使用滑车试验来衡量设计是否合适时,从不在滑轨轨迹上重复测试,结果每次都会有所不同,你会得到模棱两可的结果,这样使得认识到我们没有技术提前进行设计计算,部分原因是我们没有掌握材料及其特性,使用霍普金森杆和材料的基本强度做了一些工作,但应变率太低,应力也太低。可以在实验室中完成这些测试,但(霍普金森杆)不能代表实际情况。

另一个极端是在洛斯阿拉莫斯完成的工作,其中材料的压力非常大,将其视为流体。需要一个雨贡纽方程(在弹塑性机制中)。我们的一位技术人员瑞德·霍伦巴赫想到在受控条件下使用空气体炮,我有一台二手炮,它来自阿尔·贝克,他使用这台炮来确定组件加速的影响,这台炮用于Ⅱ区和利弗莫尔实验室,用于对退役武器的加速设计。但是,它还从未用于这种状态方程工作。

关于那台原始炮,在阿尔·贝克最初使用之后,这是用于EOS(状态方程)实验的第一个空气体炮。该炮价格为10万美元,如果按照论文和报告数量以及解决的问题来分摊,这是圣地亚有史以来最经济的投资之一。对于Ⅲ区的第一台气体炮——我不喜欢我们投入太大精力——我没有通知安全事项,其中一块板落在安全人员附近,所以我们迅速使各种各样的收集装置就位!

我们从铝开始,然后,当我们使用接触式引信时,一个苏联人提到了对热X射线问题的担忧。那是什么?回来后我们(通过使用计算机代码查看波生成、传播和散裂)努力了解它。为了研究这些影响,巴里·布彻开发了一种泡沫响应模型。

此时,团队已经从一个科发展到一个部门,沃尔特·赫尔曼(晋升为)经理。

---

① 编者注:当时1260部门是里昂·史密斯管理的电气系统部。

与此同时(其他组织也有变化),奥瓦尔·琼斯领导郊狼峡谷,查理·比尔德领导材料小组。

**圣地亚转变为一个多项目实验室**

(在20世纪70年代的某个时候)鲍勃·佩里福伊(Bob Peurifoy)要求他管理的其中一个部门与我评审(圣地亚的项目),因为能源项目进入圣地亚,并且国防计划当时支付大部分的测试项目、制图及车间设施,他让阿特(Art)(吉姆·亚瑟(Jim Arthur))和我决定如何通过案例系统分配费用,阿特和我约谈了实验室所有的个案负责人,(我们明白)……纯粹的研究……和……应用研究……遍布整个实验室(然而,我们对整个实验室正在进行的实际少量研究感到惊讶)。

今天的研究不像过去的那样分开。过去我们是一个武器实验室——被洛斯阿拉莫斯和利弗莫尔视为它们开展炸药研究工作的实验室。1972年,查理·比尔德要求我与ERDA(能源研究与发展管理局①)的一个部门的实验室协调员进行交流;他们有来自所有实验室的代表,研究它们如何适应我们当时拥有的结构。

要求佩里福伊(Peurifoy)、比尔·尼科尔(Bill Nichol)和我确定我们对能源项目的贡献,特别是在处理核反应堆方面的贡献。AEC(原子能委员会)以傲慢的方式强迫公开核反应堆。SNL使用反应堆进行测试,通过生成环境来确定组件是否能够生存(在核武器环境中)——SNL不是转移使用核能发电的一部分。但是,很久以后,我们确实努力确定核反应堆的安全性。因此,佩里福伊决定我们可以(开始)支持核管理委员会。

佩里福伊说,SNL没有办法告知其他实验室我们能够从事许多其他学科的研究工作,因此,在菲尔·米德的帮助下,我整理出了"圣地亚实验室的技术能力"②,我打电话请施瓦茨(Schwartz)主任(实际上当时摩根·斯巴克斯是主任)写了一封信要求开展合作。

将我们所有学科——每个学科的能力和通用学科——集合在一起的最少数量技术领域,(被)分派到个人进行能力编写。最终结果是一组16个独立的能力领域:空气动力学、地面动力学、材料科学,等等。(这是一套)畅销书,分发了16000册,回应了许多外部请求,甚至有其他国家(如以色列)的要求。因此,当

---

① 编者注:ERDA于1975年根据1974年《能源重组法案》成立,承担了原子能委员会(AEC)的不由核管理委员会承担的职能。ERDA仅存在2年,1977年与联邦能源管理局合并组成能源部(DOE)。

② 编者注:这一系列文件是圣地亚国家实验室技术能力的详细目录,多年来一直定期更新。这些文件是实验室多样化的一个主要工具(在下一段中提到),涉及各能源部项目以及其他政府机构的有偿项目。

我们与 ERDA 会面以展示我们的代表性学科时,我们处于有利地位。结果:1973年我写了一份备忘录,表明圣地亚是精英汇集的一个多功能实验室,我们是多元化的。通过匿名生存(流行的哲学)——很低调——这种态度必须改变。其他实验室对我们一无所知。在这种转变以及高级学位工作人员的百分比发生变化之后,我们的(冲击波)工作在应用物理领域变得更加重要。

**那个年代的一些有趣的轶事**

唐·科特的一个故事:他把武器项目比作湍流河中的原木,上有蚂蚁,原木浮到上面的时候,蚂蚁就会大喊大叫:"我能看到!我来驱动!"

在 1967 年准备巴黎会议过程中,(我遇到了)马克斯·威廉姆斯(Max Williams),他是犹他大学工程学院院长(1965—1973 年),曾在加利福尼亚理工学院研究过聚合物的动态行为,马克斯和我保持联系,我们负责为巴黎的会议选择论文;主题是高压物理,他让我主持会议并选择论文,所以我打电话给奥瓦尔·琼斯帮忙。马克斯走进我家,把论文扔在桌子上,然后走进我的卧室去睡觉。我们很勤奋,他把文章提交给了应用力学联盟。巴黎的原子物理学家委员会拒绝接收这些论文——(显然存在)一个问题,与 X 射线产生的脉冲现象学相关信息有关的一些主题有关,安全人员告诉我们,我们无法谈论热 X 射线问题。

来自伦敦的斯坦·米切尔(Stan Mitchell)和来自瑞典的比约克(Byork)在那里,瑞典的一位同事询问何时决定圣地亚接管冲击波物理……。不允许费利佩·比阿特丽斯(Felipe Beatriz)进入美国。他想跟我说话。保安说他甚至无法进入圣地亚的停车场。所以我带他去吃饭。他说你们的 AEC 比我们的更愚蠢。我回到办公室,安全部门说你甚至不能谈论公开的出版物。在冲击波物理学的早期,我们寻求机会以这样或那样的方式完成工作。

**唐·伦德根在圣地亚国家实验室冲击波项目中所起作用的总结**

作为关于伦德根所起作用的最后一点,在本书回忆中,查理·卡恩斯回忆起他与已退休的圣地亚国家实验室执行副主任奥瓦尔·琼斯的对话:

两三年前,我和奥瓦尔·琼斯讨论圣地亚冲击波工作的发展,他说唐·伦德根在冲击波领域的贡献值得赞扬,因为唐认识到冲击波计算的重要性(对圣地亚的整体使命来讲),并聘请了沃尔特·赫尔曼,剩下的就是历史了。

# 皮特·莱斯内
## Peter C. Lysne
（1966—1996①）

1966年秋天我加入了圣地亚。我的第一个任务是在梅尔·梅里特（Mel Merritt）的部门，该部门参与了内华达试验场规划现场测试活动。这个部门还有阿尔·哈拜和鲍勃·巴斯，两人都激发了我对地球物理学的兴趣。罗德·博德（Rod Boade）是另一个新职工，我们一起工作了几个月，之后我转入奥瓦尔·琼斯的部门，研究多孔材料中的低振幅冲击。奥瓦尔派给我的第一份任务是发表我的论文，并与沃尔特·哈尔平（Walt Halpin）一起研究多孔铁中的冲击传播。此后不久，李·戴维森接替了奥瓦尔的工作，他鼓励开发多次冲击反射技术，来研究偏离主雨贡纽的状态，分析石英计中非线性极化效应，这些效应使得一些多次冲击反射实验不理想。唐·哈迪斯蒂和我继续完成雨贡纽的工作，开发了一个完整的硝基甲烷状态方程。随后与马克·珀西瓦尔的极化工作引起研究铁电陶瓷和惰性材料（如PMMA（聚甲基丙烯酸甲酯）和环氧树脂），即使在我进入地球物理学项目之后，仍在继续研究极化工作，因为需要模型来解释在湿岩中观察到的异常电效应。

20世纪70年代中期发生了能源危机，使得我们许多人为了我们的利益从事其他研究，罗德、吉姆·约翰逊和阿尔·史蒂文斯离开了圣地亚，我加入了约翰·克劳福德（John Crawford）、汤姆·格里森（Tom Grissom）和休·比文斯（Hugh Bivens）团队，一起建立一个中子激活的铀测井工具。后来哈普·斯托拉（Hap Stollar）、卡尔·舒斯特（Carl Schuster）、比尔·卢斯（Bill Luth）和迪克·特雷格使得我涉足油页岩、致密气砂岩、地热储层和科学钻探计划问题。与工业界、学术界、USGS（美国地质调查局）和其他国家实验室的互动交流，对于这项工作是至关重要的。它的终点是地球科学研究钻井办公室，拥有多个国家和国际关系。

---

① 彼得·莱斯内于1996年从地热研究部退休，之前在20世纪70年代从事冲击波研究。

# 迈克·麦格劳恩
## J. Michael McGlaun
（1976—2006①）

## 冲击物理学历史：杰出人物和微处理器

### 二维计算

我于1976年受聘圣地亚的Fireset开发小组，我开始与山姆·汤普森和约翰·弗里曼（John Freeman）合作，解决二维耦合冲击和电磁问题，我们使用了山姆的Eulerian冲击物理代码CSQII。约翰·弗里曼是惯性约束物理小组的负责人；他在CSQII上添加了电磁学。约翰和山姆是我最早接触到的圣地亚高级研究员，他们的职业道德和卓越追求给我留下了深刻的印象。

山姆·汤普森于1966年在圣地亚开始工作，开发了一套软件，可分析一维（1D）和二维（2D）强冲击问题。山姆的冲击代码之一是1D有限差分拉格朗日辐射-冲击物理代码CHARTD，他的另一个代码是2D CSQII有限差分欧拉冲击物理代码。山姆将原版命名为CSQ，它的适用性有限，因为它只允许计算两种材料。山姆将他的第二个版本命名为CSQII；它可以计算多达十种材料。山姆开发了一个名为ANEOS的解析状态方程程序包，CHARTD和CSQII都使用ANEOS。他还开发了一套强大的预处理和后处理图形软件，用于分析状态方程、拉格朗日点和欧拉点的时间历程，以及1D和2D计算。山姆的软件功能强大，应用广泛，并且具有准确、可靠和良好支持的声誉。

当我到达圣地亚时，冲击波分析师使用另外两个代码，WONDY是由马林·基普支持的一维拉格朗日有限差分冲击代码，沃尔特·赫尔曼开发了原版，到1976年他处于管理职位，太忙不能支持代码。WONDY广泛使用，能力强大并且声誉卓著。TOODY是由杰夫·斯威格支持的2D拉格朗日有限差分冲击代码。该代码的原始版本也是沃尔特开发的。参与TOODY工作的有几位杰出的科学家，包括拉里·伯索夫、杰夫·劳伦斯、达雷尔·希克斯和比利·索恩。与所有2D拉格朗日冲击代码一样，TOODY需要熟练的用户来分析难题。我分析了

---

① 迈克·麦格劳恩于1996年转入另一个组织，该组织并不直接参与冲击压缩科学，他于2006年从圣地亚国家实验室退休。

TOODY 的一些问题,并总是对一些最佳用户获得的结果印象深刻。

1978 年,我调到阿尔·哈拜管理的冲击物理团队,我的大部分工作都是与汤姆·伯格斯特雷泽和比尔·戴维合作,试图理解爆炸形成的弹坑。1979 年我为 CSQII 开发了一个名为 Crater 的后处理器,它将计算由埋藏炸药产生的弹坑的最终形状。CSQII 进行了计算的初始部分,直到冲击波从土壤表面反射并且喷射物处于自由飞行状态。Crater 使用从二维圆柱 CSQII 计算的重启文件,来获取初始条件。Crater 在重力影响下依据弹道推断出喷射物,它使用坡度稳定性标准来计算最终波形。这套代码运行良好,计算出的坑口形状与实验数据一致。

在 20 世纪 70 年代,进行计算是一个艰苦的过程,我们在一沓沓卡片上打孔输入,我们走过技术区("跑腿网络")的地面(deck,俚语),在柜台上提交它们,然后几天后返回输出。如果我们输入错误,就再试一次,我们在控制数据公司的(CDC)6600s 和 7600s 上进行了计算。当在邻近的建筑物中设置远程批处理装置时,该过程变得更容易。然后,我们可以在卡片组中读取,并在下一个建筑物中接收打印件,而不是穿过技术区域。

20 世纪 80 年代我开始增强山姆的生产代码。增强部分包括地质状态方程、边界条件和二阶数值对流,改进的数值对流显著提高了 CSQII 的准确性。

圣地亚将山姆提升为核反应堆分析团队负责人,因此我开始支持 CHARTD 和 CSQII 用户,大多数用户都在冲击物理学部门,如史蒂夫·罗特勒、马林·基普和蒂姆·特鲁卡诺。有些人在圣地亚之外,如西南研究所的查尔斯(查理)·安德森(Charles(Charlie) Anderson)。

大致在 1981 年,圣地亚得到了第一台 Cray,8MB 的内存远远超过 CDC 计算机,这是我做梦都想不到的。Cray 让我首次接触到了并行构造(即循环级矢量化),我花了很多个晚上分析循环,并让 CSQII 在 Cray 上高效运行。大约在这个时候,我们开始使用数字设备公司的虚拟地址扩展(DEC VAX)计算机,来准备输入数据并分析输出文件,我们停止使我们用卡片组!

在 CSQII 在 Cray 上高效运行之后,1982 年我离开了冲击物理小组。我转到了山姆的部门,并领导一个团队,开发 MELCOR 核反应堆分析代码,三哩岛核电站事故促使我们开发事故分析模型。

**Cray 上的三维计算**

在 20 世纪 80 年代中期,山姆回到了冲击物理学部门,担任经理。大约在这个时候,圣地亚买了一台 Cray XMP 416,管理层决定建立一个三维(3D)欧拉冲击物理代码,我于 1986 年回到冲击物理小组,来设计和建造 CTH,我们决定开发一个紧密集成的套件,模拟 3D、2D 和 1D 问题。

三维数据库在 $x-y-z$ 空间建模一个矩形立方体,2D 数据库模拟矩形($x-y$)或圆柱(半径 $-y$)空间,1D 数据库建模线性($x$)、圆柱(半径)或球形(半径)空间。

山姆·汤普森、米莉·埃里克(来自 Kaman 科学公司的合同工)和我开始建造 CTH,三维数据库的规模是一个挑战。Cray XMP 416 拥有 128 MB 的高速内存和2GB 的低速内存,3D 数据库将驻留在速度较慢的内存中。当解算法需要数据时,存储器管理算法将 2D $x-y$ 平面从较慢速度存储器移动到高速存储器,一旦解决方案算法更新了平面中的数据,内存管理算法就将 2D 平面写回到速度较慢的内存中。通过仔细编写算法,一次只需要几个 2D 平面在高速存储器中(这是 CSQII 如何在小内存 CDC 6600 上管理其 2D 数据库的扩展),这种内存管理运行良好,因为我们将输入和输出与计算重叠,所以在存储器之间移动平面没有明显的损失。

我们在 ANSI FORTRAN 77 中编写了 CTH,这使得该软件比我们在 FORTRAN 66 中编写的更易于维护、读取和移植,FORTRAN 77 中的新功能使我们能够做到 FORTRAN 66 中非常困难的事情,例如,CHARACTER 数据允许 CTH 具有更加用户友好的输入。输入是关键字驱动的,而不是要求用户在特定列中排列输入。

1987 年 CTH 经常进行 2D 计算和重要的 3D 计算。弗雷德·齐格勒加入了开发团队,并增加了压力偏量(材料强度)。可悲的是,在将算法集成到 CTH 后不久,弗雷德就在一次骑车事故中去世了。

在 20 世纪 80 年代后期,我们使用 DEC VAX 计算机和国际商业机器个人计算机(IBM PC),并开始使用 UNIX 工作站。随着 UNIX 工作站的逐步推进,VAX 计算机逐渐被淘汰。在 20 世纪 80 年代中期,圣地亚的 Cray 使用了 Cray 分时系统(CTSS)操作系统。洛斯阿拉莫斯国家实验室(LANL)与劳伦斯利弗莫尔国家实验室(LLNL)合作开发了 CTSS。之后,圣地亚从"本土"或专有操作系统转换到 Cray 支持的类 UNIX 操作系统。

CTH 卓越的用户领域是 CTH 取得快速进展的关键原因之一。我认为蒂姆·特鲁卡诺是一位伟大的先行者,他经常对新功能进行压力测试,并提供宝贵的反馈。杰拉德·克利(Gerald Kerley)、斯图尔特·西林(Stewart Silling)、马林·基普和丹尼斯·格雷迪也是出色的用户,他们知识非常渊博,经常测试新功能,并且始终具有建设性。一些用户开始为 CTH 添加功能,西南研究院的查尔斯·安德森的同事和陆军研究实验室肯特·金西(Kent Kimsey)的同事等主要外部用户都是知识渊博且技术娴熟的用户,他们也提供了宝贵的反馈。

这是一个非常富有成效和激动人心的时代,圣地亚内外的许多科学家开发并记录了改进的材料模型,我们在 CTH 中实施了许多这些模型,计算物理学家开发并发布了改进的数值算法,我们在 CTH 中集成了许多算法,LANL、LLNL、AWE 和圣地亚的代码开发人员致力于 3D 代码和算法。我们在会议上和内部介绍以及与其他外部合作伙伴交流了成果,在某些情况下,我们交换了软件,例如,与汤姆·亚当(Tom Adam)在洛斯阿拉莫斯的代码开发活动进行了特别富有成效的交流。思想和结果的交流加速了每个人的活动,用户对 CTH 中的算法质量负有最终责任,他们经常会带来一个不符合他们期望的计算结果,现在可以在 Cray 上使用交互式调试器,这些调试器允许我们探测单个计算单元以观察发生的情况(我开始将交互式调试器称为交互式"调整者"),发现了一些编码错误。在其他情况下,我们了解到算法不足以模拟现象。使用此过程,我们实现了最准确和最强大的算法。

在 20 世纪 80 年代后期,Cray 计算机上增加了另一种并行机制,计算可以使用多个 CPU[①],操作系统目前可以在可用处理器上扩展矢量化循环的迭代,CTH 能够在八处理器 YMP 上实现大约六倍的加速。

1990 年初,山姆调回核反应堆分析区,我成为一个冲击物理学部门的经理,史蒂夫·罗特勒成为 CTH 项目的领导,圣地亚很快就提升了史蒂夫,所以他转向其他挑战,这是我一生中最繁忙的时期之一。

我们开始与 DARPA 合作,国防部(DOD)希望为其实验室和承包商提供改进的冲击建模能力。DARPA 在 LANL、LLNL 和 SNL 投资了冲击代码,并资助我们向主要 DOD 用户发送 CTH,并添加他们所需的功能,用户对 CTH 非常满意,一年内 DARPA 大量投资 CTH。DARPA 是一个伟大的合作伙伴,帮助成熟了 CTH 并增加了国防部的重要功能。我们的外部用户领域爆炸式增长(并不是双关语)。到 1995 年,CTH 拥有超过 130 名外部用户。DARPA 的支持在圣地亚内部也具有政治意义,因为他们的资助弥补了能源部(DOE)的资金,他们以开发世界一流技术而闻名。

**大规模并行计算机的三维计算**

3D 计算仍然很慢,只能使用比期望的更粗糙的网格。1987 年圣地亚证明了一千个 CPU nCUBE 大规模并行计算机可以将物理计算速度提高 400 倍或更多! 到 1993 年,圣地亚拥有一台 Intel Paragon 大规模并行计算机,具有 1872 个 CPU 和 37GB 内存。我们确信 CTH 算法可以有效地运行在这些计算机上,这将允许我们在可接受的运行时间内执行更高保真度的 3D 计算。

---

① 编者注:这个缩写词代表中央处理器。

1990年，艾伦·罗宾逊及其团队开始制定一项计划，将CTH转移到大规模并行计算机上。我们的第一个努力是为称为PCTH的大规模并行计算机编写一个特殊的CTH版本，我们关注计算节点上的内存大小，Paragon最初有1344个节点、16MB内存和528个节点、32 MB内存。持有PCTH可执行文件和3D数据库的有意义的子集，16MB并不是很多。我们通过仅使用核心CTH 3D算法，而不是移动所有1D、2D和材料算法，来限制PCTH可执行文件的大小。在大规模并行计算机上进行调试也是一个问题，我们决定用C++而不是FORTRAN编写PCTH，希望使用C++功能消除一些编码错误，我们还想了解有关使用C++进行计算机密集型计算的更多信息。

艾伦的团队获得了PCTH工作版本，证明了出色的并行加速和良好的性能；他的团队还证明了我们可以在精心编写的C++程序中消除许多软件缺陷。由于与所有新计算环境相关联的硬件和系统软件问题，那时难以使用大规模并行计算机，马克·博斯洛、大卫·克劳福德和蒂姆·特鲁卡诺是第一批用户，1994年他们使用Intel Paragon上的3D计算分析了Shoemaker–Levy 9彗星对木星的冲击，PCTH证明非常成功，天文学家无法观察彗星冲击，因为它们位于木星背向地球的一侧。我们的计算表明，在木星的明显视觉边缘（尾部）上应该可以看到光学特征，天文学家可以从该光学特征中推断出有关影响的信息。马克、大卫和蒂姆获得了圣地亚质量奖，并发表了多篇关于这项工作的论文，这是PCTH的功能和大规模并行计算机强大功能的一个很好证明。

在PCTH项目结束时，我们很自豪地将CTH转移到大规模并行计算机上，这包含很多工作。我认为米莉·埃里克找到了端口所需的最后修改，米莉在CTH领域成绩卓著，她是最初的开发人员之一，比任何其他初始开发人员更长时间地使用该软件，支持外部用户领域，并且几乎增强了CTH套件的每个部分，她确实非常好。到20世纪90年代中期，CTH在大规模并行计算机上运行并给出了与Cray版本相同的答案。

圣地亚于1996年安装了ASCI Red超级计算机，它有9072个CPU和594GB内存！CTH毫无过度困难地移植过来，我们运行了比我们想象的更大的计算，并且它们运行得很快。十年时间变化真大啊！我们从4个CPU 2GB内存到了9072个CPU 594GB内存！

陆军研究实验室购买了一台大规模并行计算机，很快就开始运行CTH，目前他们可以进行高保真3D计算。DARPA的投资仍然为国防部带来了红利，在DARPA的支持结束后，国防部/美国能源部谅解备忘录继续支持国防部用户。

### RHALE/ALEGRA 项目

在20世纪80年代后期,蒂姆·特鲁卡诺和我开始研究超越CTH冲击物理代码,圣地亚国家实验室的惯性约束聚变领域需要CTH无法提供的功能,我们认为最好的基本策略是开发一个任意拉格朗日-欧拉(ALE)代码,ALE代码中的网格可以是欧拉(Eulerian)或拉格朗日(Lagrangian),也可以是任意运动。

詹姆斯·皮瑞、肯特·巴吉和迈克·王于1990年开始开发名为RHALE的3D ALE代码,他们研究了CTH算法以及圣地亚的PRONTO有限元拉格朗日瞬态动力学代码中的算法,计划是利用两者中最好的,他们决定使用$C^{++}$而不是FORTRAN,后来他们重新命名了代码ALEGRA,这是一个非常具有挑战性的项目,ALEGRA表现出了巨大的能力,它是一种专用代码,不适用于所有应用程序。

### 我对冲击波贡献的结束

1996年,我转入圣地亚的另一个领域,结束了我的冲击物理学工作。冲击代码依然掌握在优秀的人手中。杰拉德·克利继续改进状态方程,大卫·克劳福德添加了自适应网格细化,我与许多研究人员保持联系,并为他们的成就感到非常自豪。我从未进行过另一次计算或修改过代码,我的活动仅限于解释我们所做的工作,帮助查找我撰写的错误以及编写历史记录。

## 圣地亚代码开发的注释参考
### (1966—1992)

以下是关于圣地亚冲击代码的简短参考清单,我在一些参考文献中添加了简短的注释。20世纪60年代中期,清单从沃尔特·赫尔曼带到圣地亚的两个代码开始,然后加入了山姆·汤普森帮助开发的代码。我并未包括20世纪90年代以后开发的代码(如ALEGRA),也没有包含HONDO、PRONTO或者PRESTO等代码,它们并非强大的冲击代码。我认为WONDY和TOODY开发人员会为这两个代码收集更完整的参考资料。希望下面的清单很有用。

### TOODY 代码

1. W. Herrmann, "A Lagrangian finite difference method for two-dimensional motion including material strength," Air Force Weapons Laboratory Technical Report WL-TR-64-107 (November, 1964).

这是我能找到的沃尔特开发2D拉格朗日代码最早的报告。在来到圣地亚之前,他在麻省理工学院履行与 AFWL 签订的合同。

2. B. J. Thorne and W. Herrmann, "TOODY: A computer program for calculating problems of motion in two dimensions," SC – RR – 66 – 602, Sandia Laboratories, Albuquerque, NM (January, 1967).

沃尔特·赫尔曼转入圣地亚,并带来了他的 2D 拉格朗日代码,比利·索恩与沃尔特合作开发 TOODY。

接下来的两个计算机程序用于 TOODY 数据的预处理和后处理,这些是为检查代码结果而开发的图形分析工具的示例。

3. J. W. Swegle, "TOOHIST: A history post – processor for ARTOO," SAND88 – 1977, Sandia National Laboratories, Albuquerque, NM (September, 1988).

4. J. W. Swegle, "TOOPLOT: A mesh plotting post – processor for ARTOO," SAND88 – 2074, Sandia National Laboratories, Albuquerque, NM (September, 1988).

## WONDY 代码

1. W. Herrmann, P. Holzhauser, and R. J. Thompson, "WONDY: A computer program for calculating problems of motion in one dimension," SC – RR – 66 – 601, Sandia Laboratories, Albuquerque, NM (February, 1967).

沃尔特·赫尔曼还将他的 1D 拉格朗日代码带到圣地亚,20 世纪 90 年代一直在使用 1D 拉格朗日代码,WONDY VII 于 1985 年由弗雷德·齐格勒形成文件。我非常确定马林·基普继续使用 WONDY 多年,至少在 20 世纪 90 年代中期,较新的文档通常描述新的功能和修改的用户输入。

2. R. J. Lawrence, "WONDY IIIa: A computer program for one – dimensional wave propagation," SC – DR – 70 – 315, Sandia Laboratories, Albuquerque, NM (August, 1970).

3. M. E. Kipp and R. J. Lawrence, "WONDY V: A one – dimensional finite – difference wave – propagation code," SAND81 – 0930, Sandia National Laboratories, Albuquerque, NM (June, 1982).

4. F. J. Zeigler, "WONDY VII: A vectorized version of the WONDY wave propagation code," SAND85 – 2338, Sandia National Laboratories, Albuquerque, NM (February, 1986).

## CHARTD 代码

1. S. L. Thompson, "CHARTD: A computer program for calculating problems of coupled hydrodynamic motion and radiation flow in one dimension," SC – RR – 69 –

613, Sandia Laboratories, Albuquerque, NM (November, 1969).

这是我能找到山姆·汤普森的一维拉格朗日辐射流体动力学代码的第一个文件，它使用扩散近似。山姆告诉我他的第一个版本没有使用扩散近似，称为CHART，他用扩散近似代替了辐射传输模型，山姆和其他人多年来稳步改善了CHARTD，较新的文档描述了新功能和修改后的用户输入。

2. S. L. Thompson, "Improvements in the CHARTD radiation – hydrodynamic code I: Analytic equations of state," SC – RR – 70 – 28, Sandia Laboratories, Albuquerque, NM (January, 1970).

山姆开发了他的ANEOS状态方程，它是对多相材料有效的热力学一致的状态方程，很长一段时间它对很多材料描述效果都很好。

3. S. L. Thompson and H. S. Lauson, "Improvements in the CHARTD radiation – hydrodynamics code II: A revised program," SC – RR – 71 – 0713, Sandia Laboratories, Albuquerque, NM (February, 1972).

山姆为CHARTD添加了一个表格状态方程选项，我曾经使用过，但它们从未真正流行过，它们没有克利开发的表格状态方程那么强大。

4. S. L. Thompson and H. S. Lauson, "Improvements in the CHARTD radiation – hydrodynamic code III: Revised analytical equations of state," SC – RR – 71 – 0714, Sandia Laboratories, Albuquerque, NM (March, 1972).

5. S. L. Thompson and H. S. Lauson, "Improvements in the CHART D radiation – hydrodynamic code IV: User aid programs," SC – DR – 71 – 0715, Sandia Laboratories, Albuquerque, NM (March, 1972).

6. S. L. Thompson, "Improvements in the CHART D energy flow hydrodynamic code V, 1972/73 modifications," SLA – 73 – 0477, Sandia Laboratories, Albuquerque, NM (August, 1973).

7. S. L. Thompson, "CKEOS2 – An equation of state test program for the CHARTD/CSQ EOS package," SAND76 – 0175, Sandia Laboratories, Albuquerque, NM (May, 1976).

这是一个使用ANEOS状态方程检查状态方程数据的图形系统，它将计算雨贡纽、相图和等熵线等数据，它非常强大且非常有用。

8. S. L. Thompson, "RSCORS—A revised SCORS plot system," SAND77 – 1957, Sandia Laboratories, Albuquerque, NM (May, 1978).

山姆开发了一个图形系统来支持他的代码，当我们在圣地亚之外发送代码副本时非常有用，因为它很容易移植到其他图形系统。

9. J. M. McGlaun, "New features and revised input instructions for CHARTD,"

SAND81-2581, Sandia National Laboratories, Albuquerque, NM (November, 1981).

我添加了新功能,例如地质材料的压力相关屈服面。

10. G. C. Padilla and S. L. Thompson, "RSCORS graphics system," SAND83-2639, Sandia National Laboratories, Albuquerque, NM (January, 1984).

11. S. L. Thompson, "ANEOS analytic equations of state for shock physics codes input manual," SAND89-2951, Sandia National Laboratories, Albuquerque, NM (March, 1990).

山姆继续加强 ANEOS。

**CSQ 代码**

1. S. L. Thompson, "CSQII—An Eulerian finite difference program for two-dimensiona lmaterial response—Part 1. Material sections," SAND77-1339, Sandia National Laboratories, Albuquerque, NM (January, 1979).

CSQII 模拟了多达十种材料的问题,CSQII 也具有扩散近似辐射传输,该报告描述了机制,而不是辐射算法。

2. J. M. McGlaun, S. L. Thompson, J. R. Freeman, "COMAG-III:A 2-D MHD code for helical CMF generators," in *Megagauss Physics and Technology*, edited by P. J. Turchi (Plenum Press, New York, NY), pp. 193-203 (1980).

这是将 CSQII 耦合到另一个代码的示例,约翰·弗里曼在惯性约束聚变世界中是一位非常聪明的经理,他开发并将电磁学能力与 CSQII 相结合,我和约翰以及山姆一起工作了几年。这与实验数据很好地吻合。

3. J. R. Freeman, J. M. McGlaun, S. L. Thompson, and E. C. Cnare, "Numerical studies of helical CMF generators," in *Megagauss Physics and Technology*, edited by P. J. Turchi (Plenum Press, New York, NY), pp. 205-218 (1980).

4. J. M. McGlaun, "Crater:A computer code for calculating late stage crater formation," SAND80-1694, Sandia National Laboratories, Albuquerque, NM (February, 1981).

这是使用 CSQII 解决更复杂问题的另一个例子,我为 CSQII 编写了一个后处理器,用于计算爆炸形成的弹坑的最终形状,它采用了 CSQII 重启文件,并在引力场下推断出弹道喷射轨迹,它与数据很好地吻合,请参阅以下报告。

5. J. M. McGlaun, "Computer modeling of the pre-Gondola cratering experiments," SAND80-1695, Sandia National Laboratories, Albuquerque, NM (September, 1980).

6. J. M. McGlaun, "Improvements in CSQII:An improved numerical convection algorithm," SAND82-0051, Sandia National Laboratories, Albuquerque, NM (January, 1982).

这种增强实现了布拉姆·范·莱尔(Bram van Leer)在以下两篇论文中描述的数值方法，它大大减少了欧拉重新映射步骤中的弥散，并显著提高了准确度。

7. B. van Leer, "Towards the ultimate conservative difference scheme. II. Monotonicity and conservation combined in a second-order scheme," *Journal of Computational Physics* 14, pp. 361–370 (1974).

8. B. van Leer, "Towards the ultimate conservative difference scheme. IV. A new approach to numerical convection," *Journal of Computational Physics* 23, pp. 176–199 (1977).

9. J. M. McGlaun, "Improvements in CSQII: A transmitting boundary condition," SAND82-1248, Sandia National Laboratories, Albuquerque, NM (June, 1982).

该增强集成了用于非反射边界条件的近期数值算法，它允许应力波从边界以非常小的数值反射离开网格。

10. S. L. Thompson, "CMP code maintenance package: Reference manual version 2.0," SAND85-0825, Sandia National Laboratories, Albuquerque, NM (April, 1985).

代码系统很大，配置管理也是一个挑战，山姆开发了自己的配置管理系统，来管理圣地亚内部的软件，以及我们在圣地亚外部发送的版本。

11. T. G. Trucano, D. E. Grady, J. M. McGlaun, "Fragmentation statistics from Eulerian hydrocode calculations," *International Journal of Impact Engineering* 10, pp. 587–600 (1990).

这是使用生产代码作为另一个问题预处理器的例子(如弹坑形成)，丹尼斯·格雷迪和马林·基普使用 CSQ 和 CTH 输出做了大量碎裂方面的工作。

**CTH 代码**

1. J. M. McGlaun, S. L. Thompson, and M. G. Elrick, "CTH: A three-dimensional shock wave physics code," *International Journal of Impact Engineering* 10, pp. 351–360 (1990).

2. D. L. Youngs, "An interface tracking method for a 3-D Eulerian hydrodynamics code," Atomic Weapons Research Establishment, AWRE/44/92/35 (April, 1987).

大卫·杨斯(David Youngs)是一位杰出的数字科学家，曾在英国原子武器研究所的前身工作，他开发了一种 3D 欧拉界面跟踪方法，这是最好的算法，解决了一个极其复杂和困难的问题，LANL 在他们的代码中实现了它，并且它工作得非常好。LANL 慷慨地给了我们他们的软件，这有助于我们在 CTH 中实现它，并大大提高了准确性。

# 史蒂芬(史蒂夫)·蒙哥马利
## Stephen T. Montgomery
(1975—2011)

我在普渡大学完成论文工作之前,1975 年 12 月首次访问了圣地亚的阿尔伯克基和利弗莫尔现场,由于我对机械和电气现象之间的相互作用感兴趣,我接受了加入阿尔伯克基开发小组的工作,以分析爆炸驱动的铁电源。在等待我的安全许可时,我研究了圣地亚在电介质冲击压缩方面的开创性工作,通过阅读综述文章和丹尼斯·海耶斯编写的一套课堂笔记,我也熟悉了冲击波压缩的基础知识。

在 1960 年前几年,弗兰克·尼尔森曾提议使用冲击压缩材料中电极化的快速变化产生的位移电流作为电源,圣地亚的研究小组利用爆炸加载和气体炮,对许多不同材料进行了大量实验,在接下来的十年里研究这个想法,例如,X 切石英晶体中的非线性压电响应用作应力计,在冲击压缩中进行材料加载以及利用冲击压缩下的多晶铁电陶瓷的去极化,并将其用于开发各种冲击波激活的电源。应用研究的目的是更好地理解铁电陶瓷中的材料极化变化,继续与皮特·莱斯内进行实验,开发简单的电子响应模型,并与彼得·陈合作开发更详细的耦合电子机械本构模型,在数值模拟中使用。要求我与莱斯内和陈合作,了解他们做什么,并开发应用程序模型。

当材料极化和材料运动的方向相同时,陈和李·戴维森开发了一种用于耦合机械和电响应的一维(1D)响应模型,这种特殊的配置构型称为轴向模式操作,杰夫·劳伦斯和戴维森在 1D 波传播代码 WONDY 中为这种特殊情况建立了一个数值模型。我的小组对所谓的正常模式配置构型感兴趣,其偏振方向垂直于材料运动的方向,我将 WONDY 中的轴模式响应模型转换为正常模式响应模型,然后应用该模型开发出我感兴趣的复杂设备,该装置依靠使用先前建立的爆炸加载装置,来产生用于铁电陶瓷去极化的所需冲击压缩。这项工作的高潮是该设备的"海军将领测试",我们的实验室副主任参加了第一次测试。令我和在我之上的三级管理层非常欣慰的是,设备的电力输出与我提出的结果相当接近,开发工程师接管了这个项目。在演示铁电设备后,要求我主要负责"潘兴"-Ⅱ钻地弹中的射击系统。很快取消了"潘兴"-Ⅱ导弹的工作,我在圣地亚的职业发展方向发生了变化。

在圣地亚的最初几年为我提供了冲击波物理学的一些工作知识、一些实验方法、材料响应建模以及 WONDY 波传播代码的数值基础,皮特·莱斯内和我的团队的开发工程师很好地介绍了气体炮冲击、爆炸冲击产生以及基于冲击压缩去极化的各种电源。我在圣地亚工作的重要基础是在与彼得·陈建立铁电陶瓷材料响应模型的过程中建立的。

当我 1979 年末转入沃尔特·赫尔曼领导下的一个计算力学小组时,我在发射系统小组的建模和模拟经历很有帮助,该组织中的其他小组开展冲击压缩研究、计算物理模拟和表征地质材料。当时,针对新墨西哥州南部的废物隔离试验装置开展了相当大的开发工作,石油禁运推动了建立位于路易斯安那州和得克萨斯州墨西哥湾的战略石油储备,分派我将瞬态蠕变模型纳入二维(2D)有限元代码 MARC,通过比较代码预测结果与在钾盐矿床中挖掘的洞穴的测量蠕变闭合以及用于在盐丘中形成储油洞钻孔的盐水流量,验证这些模型。

大约 18 个月后,我进入了计算力学和物理学小组,该小组由阿尔·哈拜管理,并再次模拟材料和结构对冲击波的响应,最初我致力于描述多孔材料对于辐射突然加热的响应,我模拟了拉利特·查比达斯完成的气体炮实验,以研究在快速加热下材料的层裂强度及其响应,快速加热的方法是暴露于 HERMES 加速器产生的强电子束中,我用这些实验的数据,表征 WONDY 的多孔材料响应模型。

除了 WONDY,我还对 2D 欧拉代码 CSQ 进行了大量的模拟,CSQ 涉及射弹冲击沙子、超高速冲击以及评估在拟定低当量地下试验台中视线范围管的爆炸激活闭合,我在那张试验台上的工作使我能够与圣地亚地下测试领域的员工合作,我为哈尔·沃林(Hal Walling)、莱斯·希尔(Les Hill)和鲍勃·巴斯进行的缩比和全尺寸测试活动提供模拟支持,许多测试使用常规炸药来研究缩比模型的响应。然而,内华达试验场的几项试验使用核爆炸,加载闭合模型,我需要穿上防护服和呼吸器来检查挖掘的封闭模型。测试结果表明一些计算的有效性,并在地下测试中验证了试验台修改的可行性。

1986 年我重新开始关于铁电陶瓷冲击压缩极化变化的研究。圣地亚开发中子发生器的团队由丹尼斯·海耶斯管理,他希望通过模拟补充原型测试方法,以了解在开发过程中遇到的问题。当时,还未对组件中使用铁电陶瓷的机械和介电性能进行系统研究,拉利特·查比达斯发起了一项关于冲击压缩下陶瓷响应的实验研究,我研究允许进行组件多维模拟的方法。因此,与帕特·查韦斯合作在 SUBWAY 代码中开发了一个仿真框架,SUBWAY 最初包含集成基于有限元电势的解决方案,该解决方案叠加在用于二维波动的 TOODY 模拟的有限差分网格上,该代码包含一个简单的模型,用于从铁电转变为反铁电相,负责描述在冲击压缩下陶瓷的极化变化。

由于圣地亚的 CDC、Cray、DEC 和 SUN 系统已经投入使用,计算能力提高,此时可以进行 3D 模拟了。我决定为 SUBWAY 开发一个集成的 3D 有限元框架,并与李·泰勒合作,使用显式有限元代码 PRONTO 来取代 TOODY 的功能,设备的早期 3D 模拟提供了混合结果,一些方面,特别是模拟陶瓷中电场的能力,受到开发小组的欢迎。然而,虽然模拟的电输出与测量的输出相似,但仍有改进的余地。

1990 年底,圣地亚进行重大的组织变革,并改变重点方向,分派我到一个高级可视化和力学组,我的工作分为开发实验室 Linux 使用程序,开发瞬态任意拉格朗日-欧拉(ALE)有限元响应代码,以及提高 SUBWAY 的能力以支持中子发生器的设计。

我对铁电陶瓷工作和应用建模的兴趣,促使我 1992 年夏天转入中子发生器组。在支持几个中子发生器开发项目的同时,我还通过增进对工作条件下铁电陶瓷和封装材料的理解,进一步提高了模拟能力。

几乎所有关于压缩下陶瓷相变的研究都使用静水压力,当压力达到临界值时发生转变。伊恩·弗里茨(Ian Fritz)指出,在他的单轴应力下加载样品的实验与流体静力学响应存在显著差异,并推测畴转换是所有极化变化的主要原因,这表明约束对于推动冲击压缩的转变很重要。1990 至 1996 年期间,与杰夫·凯克合作开展了几项有限的实验研究,在空军武器实验室进行了一系列系统的实验,以表征应力在冲击压缩下的去极化作用。这些实验表明,去极化与速率相关,并且使陶瓷完全去极化所需的轴向应力强度远远超过准静态流体静力学转变压力。我们还开始与戴夫·泽赫长期合作,以系统地描述陶瓷对各种应力、电场和温度条件的准静态响应。在此期间,我还研究了许多简单的材料响应模型,用于各种介电材料(如石英、铁电共聚物和非变形铁电陶瓷)的极化变化。

能源部开始实施库存管理计划,以减少对昂贵测试的依赖,并增加模拟的使用,以设计和分析核武器综合体的核武器。从 1996 到 2002 年,核武库管理和组件开发基金大幅增加了实验工作和代码开发,以提高模拟能力。

我仍继续与凯克和泽赫的合作,我们能够构建一个先进的爆炸容器,以便在感兴趣的温度范围内在复杂应力状态和电偏压下研究陶瓷。准静态加载实验表明,铁电畴中的相变取决于其在应力场中的自发电极化的取向,这一重要观察结果澄清了鲍勃·塞切尔、拉利特·查比达斯、麦克·菲尼西和马克·安德森对陶瓷机械和电响应研究综合冲击压缩的许多结果。冲击压缩实验具有挑战性,因为除了标准的力学测量诊断之外,还测量了来自陶瓷的电压和电流。实验结果提供了基本数据,以改进与丽贝卡·布兰农和约书亚·罗宾斯合作开发模拟代码中的材料响应模型。

核武库管理资金还允许为实施 SUBWAY 开发的算法和模型开发大规模并

行的 ALE 代码（称为 ALEGRA/EMMA）。作为并行计算提供的模拟保真度的一个例子，在 20 世纪 90 年代早期，我在单个处理器上进行典型 3D SUBWAY 仿真，使用了多达 400000 个有限元。到 20 世纪 90 年代末，我经常在大型并行计算机上使用 ALEGRA/EMMA 进行模拟，大约有 500 万个单元，并且有几个组件模拟使用了数千万个单元。

在此期间，凯克和我开发了许多专门的冲击压缩测试组件，以帮助验证三维加载配置中的模型。其中一些测试是在洛斯阿拉莫斯使用质子射线照相技术进行的，以验证爆炸载荷下的部件变形。鲍勃·格雷厄姆和鲍勃·塞切尔进行了附加测试，使用射弹冲击来研究不同 3D 载荷历史下的部件和材料响应。

2002 年基本完成理解陶瓷响应的工作，从 2003 到 2008 年，在更低资金水平上进行了额外的研究，以提高对与塞切尔、安德森和戴夫·考克斯合作的陶瓷和封装材料介电特性、初始温度和成分变化对冲击压缩响应影响的理解。我们的主要兴趣是了解温度和成分变化对材料响应的影响，以支持量化器件性能不确定度的举措。

2008 年我转到一个主要关注结构系统响应的固体力学小组，我帮助代码开发人员解释并验证了状态方程模型，将这些模型置于一个新的有限元代码系列（SIERRA 力学代码）中，并验证了欧拉流体力学代码和 SIERRA 代码之间的耦合以模拟对结构的爆炸加载。在 2009 年底负责冲击引信的团队希望开发模拟功能，我加入了这项工作，并再次致力于应力诱导的铁电陶瓷去极化研究工作。

针对引信开发团队使用陶瓷材料作为传感元件，我为模拟模型开发和实验特征化确定了一个项目，该项目的一部分涉及集成 ALEGRA/EMMA 和 SIERRA 代码，以允许在系统水平上进行仿真，由于实验表征工作的资金有限，我提出了一个小型测试项目，其依靠使用斜波加载来研究材料响应。与杰克·怀斯合作开发了一种使用熔融石英板的对称冲击产生陶瓷斜坡加载的测试配置构型，我们发现一些意外的电学结果是由于不同铁电结构之间的结构相变引起的，杰克验证了这种相变与使用 Veloce 产生的斜波在未极化铁电陶瓷上进行实验的速率有关。我 2011 年退休之前，将负责的工作转给其他人，此时这项工作仍在进行中。

## 参考文献（1977—2010）

1. P. J. Chen and S. T. Montgomery, "Normal mode responses of linear piezoelectric materials with hexagonal symmetry," *International Journal of Solids Structures* 13, pp. 974 – 955 (1977).

2. P. J. Chen and S. T. Montgomery, "Boundary effects on the normal – mode responses of linear transversely isotropic piezoelectric materials," *Journal of Applied Physics* 49, pp. 900 – 904 (1978).

3. P. J. Chen and S. T. Montgomery, "A macroscopic theory for the existence of the hysteresis and butterfly loops in ferroelectricity," *Ferroelectrics* 23, pp. 199 – 207 (1980).

4. S. T. Montgomery, "Computer simulations of 75 - mm projectiles impacting sand targets," SAND 82 - 0831, Sandia National Laboratories, Albuquerque, NM(1982).

5. W. R. Wawersik, W. Herrmann, S. T. Montgomery, and H. S. Lauson, "Excavation design in rock salt - Laboratory experiments, material modeling and validations," in *Rock Mechanics: Caverns and Pressure Shafts*, edited by W. Wittke(Balkema, Rotterdam, 1982), pp. 1345 - 1356.

6. S. T. Montgomery, "Creep closure of an opening in a deep potash mine," in *Recent Advances in Engineering Mechanics and Their Impact on Civil Engineering Practice*, edited by Chen and Lewis (American Society of Civil Engineers, New York, NY, 1983), Volume II, pp. 1024 - 1027.

7. S. T. Montgomery, "Calculated loading on a fast acting closure," in *Proceedings of the Second Symposium on Containment of Underground Nuclear Explosions*, Kirtland Air Force Base, Albuquerque, NM, pp. 401 - 412 (1983).

8. S. T. Montgomery and P. J. Chen, "Influences of domain switching and dipole dynamics on the normal mode responses of a ferroelectric ceramic bar," *International Journal of Solids Structures* 22, pp. 1293 - 1305 (1986).

9. S. T. Montgomery and P. F. Chavez, "Basic equations and solution method for the calculation of the transient electromechanical response of dielectric devices," SAND86 - 0755, Sandia National Laboratories, Albuquerque, NM(1986).

10. S. T. Montgomery, "Analysis of transitions between ferroelectric and antiferroelectric states under conditions of uniaxial strain," in *Shock Waves in Condensed Matter*, edited by Y. M. Gupta (Plenum, New York, NY, 1986), pp. 179 - 184.

11. D. H. Zeuch, S. T. Montgomery, and J. D. Keck, "Hydrostatic and triaxial compression experiments on unpoled PZT 95/5 - 2Nb ceramic: The effects of shear stress on the FR1 →AO polymorphic phase transformation," *Journal of Materials Research* 7, pp. 3314 - 3332 (1992).

12. D. H. Zeuch, S. T. Montgomery, and J. D. Keck, "Some observations on the effects of shear stress on a polymorphic transformation in perovskite - structured lead - zirconate - titanate ceramic," *Journal Geophysical Research* 98 (B2), pp. 1901 - 1911 (1993).

13. D. H. Zeuch, S. T. Montgomery, and J. D. Keck, "Further observations on the effects of nonhydrostatic compression on the FR1 →AO polymorphic phase transformation in niobium - doped, lead - zirconate - titanate ceramic," *Journal of Materials Research* 9, pp. 1322 - 1327 (1994).

14. S. T. Montgomery, R. A. Graham, F. Bauer, and H. Moulard, "Copolymer shock gauge response investigation with the fully coupled electromechanical code, SUBWAY," in *Proceedings from the Workshop on the Technology of Ferroelectric Polymers*, pp. 412 - 431 (1995).

15. S. T. Montgomery, R. A. Graham, and M. U. Anderson, "Return to the shorted and shunted quartz gauge problem: analysis with the SUBWAY code," in *Shock Compression of Condensed Matter—1995*, edited by S. C. Schmidt and W. C. Tao (American Institute of Physics, Melville, New York), AIP Conference Proceedings 370, pp. 1025 - 1028 (1996).

16. D. H. Zeuch, S. T. Montgomery, and D. J. Holcomb, "The effects of nonhydrostatic compression and applied electric field on the electromechanical behaviorof poled PZT 95/5 - 2Nb ceramic during

the FR1 →AO polymorphic transformation," *Journal of Materials Research* 14, pp. 1814 – 1827 (1999).

18. D. H. Zeuch, S. T. Montgomery, and D. J. Holcomb, "Uniaxial compression experiments on lead zirconate titanate 95/5 – 2Nb ceramic: Evidence for an orientation – dependent, maximum compressive stress criterion for onset of the ferroelectric to antiferroelectric polymorphic transformation," *Journal of Materials Research* 15, pp. 689 – 703 (2000).

18. L. M. Lee, S. T. Montgomery, and P. H. Jilbert, "Multi – element quartz shock gauge development," in *Shock Compression of Condensed Matter*—1999, edited by M. D. Furnish, L. C. Chhabildas, and R. S. Hixson (American Institute of Physics, Melville, New York), AIP Conference Proceedings 505, pp. 1015 – 1018 (2000).

19. R. E. Setchell, S. T. Montgomery, L. C. Chhabildas, and M. D. Furnish, "The effects of shock stress and field strength on shock – induced depoling of normally poled PZT 95/5," in *Shock Compression of Condensed Matter*—1999, edited by M. D. Furnish, L. C. Chhabildas, and R. S. Hixson (AIP, Melville, New York), AIP Conference Proceedings 505, pp. 979 – 982 (2000).

20. S. T. Montgomery, R. M. Brannon, J. Robbins, R. E. Setchell, and D. H. Zeuch, "Simulation of the effects of shock stress and electrical field strength on shock – induced depoling of normally poled PZT 95/5," in *Shock Compression of Condensed Matter*—2001, edited by M. D. Furnish, N. N. Thadhani, and Y. M. Horie (AIP, Melville, New York), AIP Conference Proceedings 620, pp. 201 – 204 (2002).

21. R. M. Brannon, S. T. Montgomery, J. B. Aidun, and A. C. Robinson, "Macro – and meso – scale modeling of PZT ferroelectric ceramics," in *Shock Compression of Condensed Matter*—2001, edited by M. D. Furnish, N. N. Thadhani, and Y. M. Horie (AIP, Melville, New York), AIP Conference Proceedings 620, pp. 197 – 200 (2002).

22. M. D. Furnish, J. Robbins, W. M. Trott, L. C. Chhabildas, R. J. Lawrence, and S. T. Montgomery, "Multi – dimensional validation impact tests on PZT 95/5 and ALOX," in *Shock Compression of Condensed Matter*—2001, edited by M. D. Furnish, N. N. Thadhani, and Y. M. Horie (AIP, Melville, New York), AIP Conference Proceedings 620, pp. 205 – 208 (2002).

23. S. T. Montgomery and D. H. Zeuch, "A model for the bulk mechanical response of porous ceramics exhibiting a ferroelectric – to – antiferroelectric phase transition during hydrostatic compression," in *Ceramic Engineering and Science Proceedings*, edited by E. Lara – Curzio and M. J. Readey (The American Ceramic Society, Westerville, Ohio) 25, pp. 313 – 318 (2004).

24. R. E. Setchell, S. T. Montgomery, D. E. Cox, and M. U. Anderson, "Dielectric properties of PZT 95/5 during shock compression under high electric fields," in *Shock Compression of Condensed Matter*—2005, edited by M. D. Furnish, M. Elert, T. P. Russell, and C. T. White (AIP, Melville, New York), AIP Conference Proceedings 845, pp. 278 – 281 (2006).

25. M. U. Anderson, D. E. Cox, S. T. Montgomery, and R. E. Setchell, "Initial temperature effects on the shock compression and release properties of different alumina – filled epoxy compositions," in

*Shock Compression of Condensed Matter*—2007, edited by M. Elert, M. D. Furnish, R. Chau, N. Holmes, and J. Nguyen (AIP, Melville, New York), AIP Conference Proceedings 955, pp. 789 – 792 (2007).

26. R. E. Setchell, M. U. Anderson, and S. T. Montgomery, "Compositional effectson the shock – compression response of alumina – filled epoxy," *Journal of Applied Physics* 101, 083527 (2007); Erratum: 102, 119903 (2007).

27. J. C. F. Millet, D. Deas, N. K. Bourne, and S. T. Montgomery, "The deviatoric response of an alumina filled epoxy composite during shock loading," *Journal of Applied Physics* 102, 063518 (2007).

28. S. T. Montgomery, "Effects of porosity and pore morphology on the elastic properties of unpoled PZT 95/5 – 2Nb," SAND2008 – 6185, Sandia National Laboratories, Albuquerque, NM (2008).

29. S. T. Montgomery, "Effects of composition on the mechanical response of alumina filled epoxy," SAND2009 – 6399, Sandia National Laboratories, Albuquerque, NM (2009).

30. B. Song, W. Chen, S. T. Montgomery and M. J. Forrestal, "Mechanical responseof an alumina – filled epoxy at various strain rates," *J. Comp. Mat.* 43, pp. 1519 – 1536 (2009).

31. T. J. Vogler, C. S. Alexander, J. L. Wise, and S. T. Montgomery, "Dynamic behavior of tungsten carbide and alumina filled epoxy composites," *Journal of Applied Physics* 107, 043520 (2010).

# 布鲁诺·莫罗辛
# Bruno Morosin
(1961—1997)

## 圣地亚的冲击诱导固态化学

布鲁诺于1961年从休斯飞机公司的微波部门来到圣地亚固态物理部门任工作人员。他可能是唯一一位在两个部门之间调动五次的主管,一个部门处理固态物理学的基本方面,另一个部门处理应用物理学。

在20世纪70年代后期,罗伯特(鲍勃)·格雷厄姆和李·戴维森检查并回顾了有关固体冲击压缩的科学文献,该综合研究最终出现在物理学报告第55卷第255-379页(1979)中,作者为李·戴维森和鲍勃·格雷厄姆,题目为《固体冲击压缩》。完成后,鲍勃·格雷厄姆决定更深入地研究 Adadurov、Goldanski 等苏联科学家在门捷列夫化学杂志1973年第18卷第1期中提到的内容,他惊讶地发现了一项报告化学变化和反应的完善的科学工作,这与大多数美国专家的主流观点相反,美国专家认为在正常惰性固体中冲击压缩时间范围内不会发生化学反应。许多参考文献都出现在没有英文翻译的苏联期刊上,对鲍勃·格雷厄姆来说,收购期刊文章并进行翻译是一项重要工作。圣地亚图书馆工作人员帕特·纽曼(Pat Newman)提供了翻译苏联文献所需的大部分必不可少的服务。1979年鲍勃·格雷厄姆撰写了一份内部备忘录"冲击载荷固体中的化学活动",随后前往华盛顿特区,向国家材料咨询委员会介绍苏联科学研究成果的现状,基本上冲击压缩领域的其他人尚不了解。这使得以简报形式报告了当时的高层管理人员,其中包括圣地亚的主任摩根·斯巴克斯、副主任阿尔伯特·纳拉特和固态研究主任约翰·高尔特,具体内容是关于这次苏联冲击压缩诱导化学工作。此类简报扩展到了其他内部和外部组织。

作为回应,圣地亚管理层决定,将布鲁诺·莫罗辛从吉姆·席伯(Jim Schirber)的固态处下属的材料部门调到乔治·萨马拉应用物理处的冲击波和炸药部门担任主管。

围绕各种科学学科组织了一个核心团队,在撒马拉所在处室,包括:鲍勃·格雷厄姆,研究物理学(包括冲击加载以及他的爆炸技术背景);吉恩·文图里尼,研究电子自旋共振和其他磁性;布鲁诺·莫罗辛,研究X射线衍射和一般材料特性。此外,圣地亚还有其他一些人作为特定领域的专家参与交流,例如,马蒂·卡尔,研究与缺陷有关的电子衍射专业知识;埃德·博尚,研究陶瓷及其烧结性能;戴夫·韦伯,计算由于冲击波响应在鲍勃·格雷厄姆的安全壳装置内诱发的空间温度和压力分布。该核心团队的任务是帮助鲍勃·格雷厄姆评估关于这一主题的苏联文献,创造了新名词"冲击化学",主要是冲击波诱导的固态化学和材料改性,并提出适当的圣地亚工作内容。

最初的研究工作集中在几种复合陶瓷上,埃德·博尚、比尔·哈马特(Bill Hammatter)和罗恩·勒曼(Ron Loehman)研究了二氧化钛、氧化铝和氧化锆的各种应用,以了解冲击改性是否可以提供替代或增强的途径,达到当前圣地亚项目的预期效果。另一个例子是研究矿物黄铁矿(即硫化铁),以提高煤液化,这似乎提供了一些希望。冲击加载硫铁矿并用于液化反应器中,关注缺陷水平增大是否可以增强黄铁矿的催化性能。早期已经确定冲击波作用及其压缩松弛和材料混合的不均匀相互作用与局部传输以及扩散的相互关系,可能通过引入大量缺陷而显著改变常规韧性惰性材料。

最后,寻求各个大学的各位教授及其学生来补充圣地亚缺乏或未能达到需求量的特殊能力;其中包括最初北卡罗来纳大学的堀江由贵建模冲击过程,马里兰大学的吉姆·斯图亚特(Jim Stewart)进行波形代码开发,新墨西哥大学的弗兰克·威廉姆斯(Frank Williams)研究催化剂,科罗拉多矿业学院的唐·威廉姆森(Don Williamson)开展穆斯堡尔效应研究。随着公开期刊论文,帕特·纽曼继续提供急需的苏联文献翻译。此外,圣地亚国家实验室内许多未提及的人员和各个大学的学生提供了所需的实验室帮助;这些人成为共同作者或在已发表的期刊论文中得到承认。

在这项工作早期,1980年10月7日丹佛大学丹佛研究所的吉姆·莫特组织了与苏联科学家斯蒂芬诺夫·巴特萨诺夫(Stephanov Batsanov)为期一天的会议,吉姆·莫特是高爆炸药材料加工领域的领导者之一,之前曾在圣地亚应用物理处工作。除了鲍勃·格雷厄姆,圣地亚方面参会的还有布鲁诺·莫罗辛和吉恩·文图里尼,其目的是确定目前苏联的工作,是否可以评估,并可能确定是否正在开发一些未知的新技术。即将离任的巴特萨诺夫还有两位随从,他们没有任何贡献,似乎也不是科学家。巴特萨诺夫最早的出版物出现在1965年的苏联期刊上,内容有些贫乏,而他所提出的内容,鲍勃·格雷厄姆已经在对苏联文献的综述中很好地描述过了。

应该指出的是,之前提到的戴维森和格雷厄姆的综述,确实包括非苏联科学家对材料冲击加载效应的大部分早期工作。20世纪60年代早期保罗·德卡利(Paul DeCarli)和贾米森(J. C. Jamieson)、邦迪(F. P. Bundy)关于石墨碳到金刚石的工作,最后是杜邦公司利用特拉华州旧的地下矿的金刚石磨料数百万美元合成企业，均源于洛斯阿拉莫斯关于受控压缩凝聚态物质的基础工作。苏联和其他外国研究人员的大部分工作都是根据圣地亚计划的早期结果进行评审，并在格雷厄姆等的文章(Graham et al. Annual Review of Materials Science 16,315 – 341 (1986))中有所描述。

到1987年，在6月21日至26日举行的美国物理学会冲击会议上，这个核心团队完成并发表了8篇短论文，主导了冲击化学领域，这些论文随后纳入会议论文集。这些论文涉及：特定无机化合物的冲击诱导反应；缺陷形成和由此产生的影响，例如增强的催化作用；X射线衍射图谱线展宽的初步评估；增强的烧结特性。所有这些都是由选定单相无机化合物以及更复杂的黏土（绿脱石）的冲击加载引起的，其具有行星（即火星）表面演化的意义。主要的积极步骤表明，与苏联实验不同，圣地亚的结果非常具有重复性，并且与戴夫·韦伯的初步计算所表明的压力和温度一致。随着时间的推移，这些三维计算得到了改进，并且根据位置小心地从回收靶丸中取样，进行了各种实验，表明在各种实验性冲击配置中具有一致性。另外，在堀江由贵讨论和建模结果的基础上，鲍勃·格雷厄姆得出了冲击化学的概念化学反应模型，这是一个过程，涉及湍流局部混合、可能产生大量缺陷和短路、快速脉冲温度漂移，所有这些都是由过渡压力脉冲引起的。

让固态物理处几位成员感到惊奇的是这些爆炸驱动实验具有一致且可重复的结果，使用标准化几何形状和爆炸加载布置方案以及鲍勃·格雷厄姆的安全壳装置（名为"熊宝宝"和"妈妈熊"）进行冲击改进实验。在这些冲击压缩实验中，除了爆炸加载系统之外，峰值压力和温度由火药样品的尺寸和形状以及回收装置控制。在这种标准化的冲击恢复系统中，三种爆炸加载布置方案得到了可以重复加载到五个样品的装置布置形式，从而可以实现 4.5 ~ 27GPa 的峰值冲击压力。然后，通过改变压实的火药密度，在通常 40% ~ 65% 固体密度范围内，冲击诱发的温度可以在 50 ~ 1000℃ 之间变化。显然，通过仔细地连接实验的组件，可以实现惊人地可重复冲击改性样品，布鲁诺·莫罗辛被他以前部门的同事们多次质问可重复性问题。

最初打开样品靶丸，注意避免污染，但基本上在冲击后可整体使用，这可能得到样本特征的一些平均值。然而，随着戴夫·韦伯大量的二维(2D)数值计算变得更加精细，检查了回收样品的详细位置，在双目显微镜下小心地打开完整的样品靶丸，以将压实的样品盘分成较小的研究样品，用于各种分析诊断；以类似的方式处理破裂但基本上回收的靶丸，去除掉一些可能的区域，特别是如果该特定材料包含化学反应的冲击后退火，例如，破裂的靶丸可能已经引入了可能容易混淆电子顺磁共振数据的杂质。没有介绍使用氦气体炮装置进行一些用于爆炸加载系统的研究，要求峰值压力低于 4.7GPa 的下限阈值。

三个初始诊断工具是常规 X 射线形态与确定衍射峰的线加宽、电子顺磁共振特征的强度和形状,以及确定透射电子显微镜图像的位错密度,从靶丸各个位置卸载的微小但精心分离的样品以及在不同的加载配置之间,得到了一致且可再现的诊断结果,这些加载配置与韦伯的 2D 数值计算给出的样品压力和温度值合并。

从一开始对认为是坚韧的陶瓷材料(如氧化铝、二氧化钛、各种碳化物和氮化物)进行的衍射研究,就产生了较宽的衍射线,这些衍射线更常见于重载冷加工金属的衍射线,微晶或相干尺寸和残余晶格应变都可以由这种线加宽来确定。当检查时,这些材料在球磨和冲击改性残余应变之间的显著差异也是显而易见的。正如预期的那样,这种样品改性影响了磁性能以及任何其他测量结果,其中组分离子局部环境是重要的。

在论文的早期就指出如何收集和分析 X 射线衍射图谱的重要性,需要对衍射峰进行长时间扫描,以便对沿衍射线整个波形上的点进行良好的统计。早期的 Warren – Averbach 分析采用了选择性衍射线,但由于大多数其他峰也是测量得到的,因此认为存在更完整的分析潜力。开发了两种计算机代码:XRAYL 用于从重叠火药形态产生理想化的火药衍射线轮廓,CRYSIZ 用于计算由于火药衍射线展宽的微晶尺寸和应变。最后,与橡树岭国家实验室的坎姆·哈伯德(Cam Hubbard)一起,用 3½ 英寸的计算机磁盘准备了文件,并发布用于外部分发。此外,利用国家标准与技术研究所收集的数据,比较冲击修正和各种铣削程序(其中一部分来自马里兰大学的毕业生论文)研究分拆镧硼化物,得到了意外但有用的副产品,将纯材料设立为科学界可以获得的标准之一。硼化镧的简单立方图案、大单位晶胞和异常尖锐的峰值使得衍射程序和设备可以精确标准化,可以用作内部标准。然而,该领域最终有些落后,可能由于莫罗辛与其他实验室计算机代码开发人员的讨论。这基本上允许测定和改进晶体结构,使用椭圆微晶尺寸的参数和所分析材料的应变张量,将光谱中包含的所有衍射线作为最小二乘精修程序的一部分进行处理。因此,这些参数拟合的结果通常不会引起计算机代码用户的注意,因为在大多数情况下,这些值视为缩放参数,而不是关于所研究物质微晶性质的有用信息。

人们必须记得,这是里根总统的时代,是觉知苏联威胁和"星球大战"计划的时代。冲击化学工作产生了一种完全不同的长寿命的惰性电池的概念,可以在冲击时激活可能的引信能力,即基本上是冲击波激活电池。

到 1986 年底,在含铜化合物中发现了超导性,其转变温度远高于当时在各种磁性应用中使用的金属和合金的转变温度,这导致圣地亚许多研究人员有了大量的研究工作,特别是那些具有固态物理背景的研究人员。结构和磁响应是需要研究这些新材料的两种基本成分;因此,核心冲击诱导固态化学组的部分人员骤减。在高温超导材料的激烈时代之后,发现了第三种形式的碳(即球形碳分子),这再次快速把核心团队任务分配到冲击化学方面。然而,核心团队进行了几项交叉研究,使超导陶瓷材料受到冲击载荷,并公布了相应的影响。此外,研究 MnO、SnO,再次研究黄铁矿,是在此期间其他几例研究。

后来几年,发生了另一次不幸的圣地亚变革,实施更严格的预算编制,导致研究人员以前那种可以"跑个腿"就可以快速获得可用于实验程序的样品的轻松不复存在。

在这种缩减预算的环境中,进行了关于材料的一些实验,被认为对其他项目很重要。关于红汞是一种新爆炸性材料的报告引起了很多关于其确切性质的猜测,从异构体相变到最小异构体的能量释放,以及由于分解温度低导致化合物本身的能量释放。1990 年在索科罗(Socorro)爆炸现场进行了冲击加载实验,以规避能源部部长奥利里和"老虎队"①在圣地亚实施严格的材料问题,证明它在冲击载荷下的分解是非常有能量的,并且甚至在最低压力实验中也会发生。即使在最低压力下,安全壳装置也剧烈破裂,表明应该使用氦气体炮装置;然而,由于可能存在汞污染问题,这是不可能的。讨论了通过泡沫、轻型飞片等减轻冲击脉冲,但从未实施过。

正如麦克阿瑟将军应杜鲁门总统的要求返回时在国会所说的那样,"老兵永远不死,只会慢慢凋零。"

"冲击化学"似乎也在凋零,然而对于鲍勃·格雷厄姆来讲并非如此,他继续观察他的周围环境,运用他长期职业生涯中学到的物理、化学和材料科学知识,无论身处何地。2012 年 10 月 26 日至 27 日,在索科罗举行的美国物理学会四角区②年会上,鲍勃发表了演讲,题目是"南得克萨斯州蜜蜂高地(Bee Bluff)隐陨石冲击坑冲击事件中的高温高压铁氧化物混合物"。他在得克萨斯州退休后不久,在家附近徒步旅行时,对在附近地区发现的岩石和地层进行了仔细探测,这是他观察到的关于地质特征研究的最新论文之一。鲍勃目前正在撰写一本回忆录,"水晶的心跳:圣地亚和贝尔实验室以及瓶中闪电",围绕他在圣地亚的漫长职业生涯而著。

上述评论的目的是,让人们了解圣地亚参与的冲击波加载材料的改性和固态反应领域,即"冲击化学"。寻求更全面理解这一学科的读者可以仔细阅读参

---

① 编者注:当时(20 世纪 90 年代初)"老虎队"一词用于描述调查每个能源部实验室的环境、健康和安全问题的专家团队。

② 从地理位置上看,美国亚利桑那州、科罗拉多州、新墨西哥州和犹他州四州交界处近似成四个直角,该四州称为"四角区",美国物理学会 1997 年成立四角区分会。

考文献,其中可以找到对圣地亚和苏联工作的总体综述。关于鲍勃·格雷厄姆安全壳装置的描述是一个例外,这使得关于衍射线加宽的评论更加连贯和完整。以前在特定材料单篇论文中发表了关于线加宽的进展;然而,这些并未进行任何程度的总结。此外,尚未指出所开发的计算机代码,也没有介绍结晶学常规科学的影响。

# 达雷尔·芒森
# Darrell E. Munson[①]
(1961—2003[②])

## 圣地亚国家实验室各种炮的历史

在圣地亚开发和使用炮作为工程和研究工具的历史具有相当长的一段时间,从20世纪50年代开始,并一直延续到21世纪,时好时坏,也有黑暗时期。需要的是应对冷战斗争,以保持对苏联导弹威胁的技术优势。该项目的大部分取决于我们的导弹系统的脆弱性,这种需求出现在20世纪50年代后期,并随着20世纪80年代苏联威胁和"星球大战"的结束而消退。我将尝试从(次要)管理角度详细介绍一位深度参与人员达雷尔·芒森的一部分历史。不过,在试图重建这段历史时,很明显一个人(尤其是我)关于过去事件的记忆实际上是很成问题的。考虑到这一点,我试图在日期上尽可能准确,但有些序列可能难以定义,名称问题仍然比较严重。

**早期非圣地亚历史**

这段早期历史可能与圣地亚的炮主题无关,但它确实设置了环境,这可能是我最终参与的原因。1954年在南达科他州矿业和技术学院(SDSM&T)获得冶金学士学位后,我在威斯康星州密尔沃基郊区西阿里斯(WestAllis)的阿利斯钱伯斯公司(Allis Chalmers)工作。虽然这似乎是一种永久性的情况,但SDSM&T采矿系教授、斯坦福大学毕业生埃德温·欧西尔(Edwin Oshier)要求我申请去斯坦福。

在参加SAT(学业能力倾向测试即美国大学入学考试)之后,令我惊讶的是,斯坦福大学录取了我,并且我获得了美国镍公司(可能名字不正确)的奖学金,包括学费、住宿和伙食费。第一年辅以助教收入,第二年在罗伯特·哈金斯(Robert Huggins)教授的指导下,研究内部可氧化合金[N1]的蠕变(金属长期变形作为应力和温度的函数),我的经济状况进一步改善。那时我住在大学经营的

---

① 编者注:下面文本中的上标N1到N12参考了达雷尔叙述末尾的旁注部分。鉴于他的解释性说明的长度,因此这些说明在最后作为注释给出,而不是作为每页底部的脚注。他于2003年退休,并于2014年去世。

② 编者注:直到1978年,达雷尔一直参与冲击波研究,当时他转到圣地亚的一个地质技术小组。

门洛帕克一所前军事医院设施的宿舍里。第三年条件进一步改善,我担任了同一门洛帕克设施中已婚学生住宿的兼职夜班员。我是物理冶金方面的,和物理、数学的几个研究生共用一套房间,以前是一个放映室和一个未使用的礼堂上方的阳台。然后,我成为斯坦福研究所下属保尔特(Poulter①)实验室的兼职员工,斯坦福研究所也占据了前军事医院综合体的一部分。作为冶金学者,我抛光金属见证板,用于开发成型装药技术,用于穿透油井套管以增强油藏的流动;在卡拉维拉斯(Calaveras)峡谷极其偏远的爆炸装置上进行实验测试。

在完成几乎所有学位要求之后,除了最后的论文报告和口试之外,我于1959年离开斯坦福大学,担任位于华盛顿州普尔曼市的华盛顿州立学院(WSC,后来成为华盛顿州立大学,或 WSU)冶金系助理教授,系主任是塞维特·杜兰(Servet Duran)教授,当时他离开 WSC 去休假了[N2]。

**早期圣地亚历史**

西电公司向 WSC 派遣了一个招聘团队,虽然我很喜欢教学和社交环境,但感觉并不很好,所以我去与他们面谈。西电公司将他们的调查结果发送给贝尔实验室,贝尔实验室当时为新墨西哥州一家鲜为人知的实验室提供管理人员。那当然是圣地亚实验室,是核武器综合体的工程分支,核武器综合体包括新墨西哥州洛斯阿拉莫斯和加利福尼亚州利弗莫尔实验室。圣地亚打电话给我安排在新墨西哥设施接受面试[N3],结果,我得到了工作机会,并于1961年开始在查尔斯·比尔德的冶金团队工作,比尔·奥尼尔是处室经理,塞西尔·拉塞尔是部门主管②,基思·米德是科长。我用了两年时间研究常规冶金问题,其中之一是通过操作压缩气体炮装置来研究对炸弹部件,特别是接触引信的冲击效应,为部门主管唐·伦德根领导的团队获得纯金属样本,该团队可能是最先认识到支持武器计划的冲击波材料研究需要的团队。

**最初引进炮技术**

最初,该炮是武器计划工程支持小组的一部分,在用于接触引信研究之后,伦德根获得了该炮,打算将其用于对武器开发感兴趣的更密集的材料研究。在20世纪50年代后期,就在我来到圣地亚之前[N4],他及其团队以及炮转移到比尔德的材料理事会大楼,目的是详细研究相对高速冲击引起的小振幅应力波在感兴趣物质中的传播。在这个时间范围内,但也许稍晚,鲍勃·格雷厄姆在 I 区建

---

① 以物理学家托玛斯·保尔特(Thomas Poulter)命名。
② 编者注:在圣地亚的历史中,当时的部门(division)负责人称为部门主管。现在部门(division)均称为部门(department),其负责人称为经理。

造了另一门直径较小的压缩气体炮,格雷厄姆的炮在一个研究组,而伦德根的炮只用于一个工程和现象学目标。

在查尔斯·比尔德领导的唐·伦德根部门,我得到了一个科主管职位,负责监督4英寸压缩气体炮的操作。尽管炮装置位于Ⅲ区,但办公室和实验室活动位于Ⅰ区的806号大楼。办公区包括一个大房间,分为职员办公室与主管和经理办公室;另一个大房间作为实验室。技术人员包括比尔·哈特曼、林恩·巴克尔和杰克·坎农,而实验室工作人员包括瑞德·霍伦巴赫、韦恩·布鲁克希尔、克里夫·维滕和鲍勃·辛普森等。在接下来的几年里,该小组增加了技术人员,包括1962年增加了查尔斯·卡恩斯和巴里·布彻。

在此前的一段时间,比尔德的理事会在Y区建造了一个爆炸性装置[N5],这是一个围绕Ⅲ区的综合体,其包括一个防弹建筑物(建筑物9950),屋顶上有一个发射台,可通过建筑物后部的泥土坡道进入,允许的充药量是25磅高爆炸药。该装置包括防弹实验室、炸药储存圆顶建筑和爆炸装配大楼。该装置未用于材料的预期爆炸试验;相反,它只在建筑物内部安装了一台高压爆炸箔膜机。此时,国防需要研究武器开发人员在冲击波应力高于4英寸压缩气体炮产生水平时导弹部件的脆弱性。在对高压冲击材料研究的需求进行了一些艰难的讨论之后,我获得了这个装置,以增加对非常大冲击波产生材料响应的能力[N5]。1965年9950建筑运营移交给我,在实验建筑内有三个房间、一个长廊,内有高速泰克示波器、福禄克脉冲发生器和高压发射装置。另外两个较大的房间放置Marx电容器高压发生器和实际的实验室。Marx机器使用突然释放能量,将薄箔射弹推向靶。虽然熟练的科学家雷·里德试图让它成功,但事实证明并非如此。然而高爆炸能力是成功的。使用炸药透镜,用两种不同爆炸速度的炸药产生平面冲击波,可以确定武器开发人员在弹道导弹时代开始时感兴趣的许多材料的雨贡纽及其受防御弹头辐射的易损性,这些平面波透镜是在得克萨斯州阿马里洛的Pantex制造的,因此我需要几次前往厂家才能获得它们。此外,还有很多人前往洛斯阿拉莫斯,在鲍勃·麦昆的GMX6团队的安乔峡谷试验场上学习这些技术。保罗·曼森是爆炸技师,鲍勃·比塞克负责样品制备。

然而,1964年麻省理工学院(MIT)的研究员沃尔特·赫尔曼来到圣地亚,组建了一个结构变形部门,进一步开发他的有限差分数值模拟代码,从WONDY开始,这些代码成为武器计划的主要分析工具之一[N6]。

1966年是有趣的一年;进行了大规模的重组,取消了所有科主管,我自愿又成为了工作人员。1967年,为了适应增加冲击波材料研究的需求,进行了另一次重大的重新安排。比尔德调整了Ⅰ区的一座旧建筑(855),以放置Ⅲ区的4英寸火炮和一台用于工程研究的新型4英寸火炮,布彻掌管前者,拉里·李负责后者。

同年(即1967年)进一步重组,赫尔曼成为部门负责人,伦德根、我自己(再次晋升)、奥登·伯切特担任部门管理职位。我保留了Y区9950楼爆炸现场。出乎意料的是,伦德根卸任成为工作人员。然而,1968年进行了额外的重组,过去伦德根领导的小组,此时归处室经理赫尔曼管理,当年转到了阿尔·纳拉特的固态研究理事会,布彻、卡恩斯、伯切特和我都是部门主管。

**二级轻气炮**

1968年,我们开始意识到一些基于二级轻气炮[N7]的新型创新技术正在开发中,并且远远优于用于高速冲击的爆炸性方法。圣地亚对我提出的这个新技术有一些兴趣,并且由于与研究副主任(名字记不起来),阿尔·纳拉特,还有其他人会面,我决定获得二级轻气炮装置,在接下来的一年里,我根据席德·格林和阿方·琼斯建造并操作的炮,指导从加利福尼亚州戈利塔的通用公司(GM)采购3.5英寸火炮。我还负责安装它的9956建筑的概念设计和最终设计,被列入国会预算中的订单项目之一,经费远超10万美元。这门炮于1969年11月抵达,由通用公司的工作人员安装,并在圣诞节前成功进行了第一次试射。

炮建筑物9956长约100英尺,宽20英尺,高度足以放置天车。对接这座建筑物的是一个防弹的仪器室,里面装有示波器、脉冲发生器和点火电路。60英尺长的炮沿着建筑物的中心线对齐,并包括一个额外的6英尺直径冲击室。圣地亚的工作人员包括鲍勃·梅、雷·里德、保罗·曼森、鲍勃·比塞克、查尔斯·金赛以及其他仍然负责9950装置的人员以及一些其他部门的支持人员。稍后,卡尔·康拉德也加入了该团队。该炮既可以用作最终级直径为1.125英寸的二级轻气炮,也可以用作直径为3.5英寸的简单火药炮,连接这些炮管的是锥形直径减小的耦合器部分。

虽然二级气炮和火药炮之间转换是可能的,但这是一个困难和昂贵的过程。因此,1972年购买了另一个3.5英寸炮管,并作为一个完整的独立火药炮靠着建筑物西墙放置。这两门炮允许开展大约100千巴冲击波材料的研究、现场试验冲击研究[N8]以及炮的内部弹道测量。

通过使用林恩·巴克尔[N9]开发的干涉测量技术,许多这些研究结果非常好。

**扩大圣地亚测试能力的其他变化**

大约在1972年的某个时候,测试又有了一些改进。卡尔·舒勒和我认为需要设计一种方法,来测试更强的复合材料,通常是在高压下准静态的陶瓷、玻璃填充的环氧树脂或导弹隔热罩使用的其他感兴趣塑料。这需要特殊的测试设备,来确定这些复合材料的特性。因此,需要使用三轴加载机等相当新的技术。此外,不久之后国家的能源需求将油页岩项目带到圣地亚,将在地层爆炸性地爆破页岩,三轴框架也是研究复制材料对页岩原位爆炸荷载应力响应的理想选择[N10]。

三轴测试框架购自 MTS 系统公司[N11],并且需要相应空间来放置。为了适应这个新的测试框架,比尔德在 849 号大楼里为该炮找到了放置空间,该建筑是 I 区的 1940 年代半圆拱形活动房屋,我认为其冬天太冷,夏天太热,而且总是很脏。实质上我们在活动房内部建了一个温控框架建筑,里面安装三轴框架。在一段重大变革之初,赫伯·萨瑟兰加入了我的团队。

在 1974 年圣地亚开始参与核废料隔离时,发生了其他变化(1974 年是不寻常的一年,其中联邦政府的财政年度变动了 3 个月)。由联合碳化物(Union Carbide)公司运营的橡树岭国家实验室提出的堪萨斯州计划储存库证明不令人满意,原子能委员会要求圣地亚采取措施解决问题。圣地亚获得了 40 万美元,我准备用它开展一项实验室工作,开始研究三轴条件下岩盐的高温蠕变,岩盐是适合于储存库的地质构造。我们聘请了曾在犹他大学建造这种设备的沃尔夫冈·瓦沃西克(Wolfgang Wawersik),为圣地亚建立类似的设备,最初它与我们的三轴机器一起安装在 855 号楼,因为它们都需要高压液压油。

随着在 I 区翻新的旧金属建筑 849 楼中建立岩石力学实验室,对扩展废物隔离项目中岩石(特别是岩盐)进行基础研究的需求迅速扩张。我得到了优先内部资金对建筑进行适用性改造[N12]。849 楼需要进行重大改造,以适用于高压流体,改进了电线和温控室,建筑物中安装了两个瓦沃西克测试框架。我最终添加了其他主要的测试设备,该建筑还配备了一个小型机械车间和一个样品制备实验室,两门压缩气体炮仍留在 855 号楼。

1978 年也发生了进一步的变化,因为经济问题减少了工作人员。遇到一些困难后,我解职成了工作人员,因此巴里·布彻得到了两级气体炮装置。

**困难时期**

在这些装置管理变更的几周内,二级轻气炮装置发生了一起事故,其中相应的压力释放损坏了炮建筑物内部。一年多之后,该装置得以恢复。然而,由于进行进一步重组,吉姆·阿赛取代布彻。在稍后的重新安排中,瓦沃西克成为岩石力学实验室的负责人;再后来,布彻取代瓦沃西克成为岩石力学实验室的领导。

**过渡期**

1978 年我和戴夫·诺索普(Dave Northrop)一起在一个岩土工程小组工作,研究深井煤矿的沉降。我们与新的 ERDA(能源研究与发展管理局)能源研究中心合作,该中心以前曾属于矿业局。我还开始开发变形机制蠕变模型,来描述盐的本构行为。在研究沉降 2 年后,1980 年任命我负责民用废物储存库小组 1 年,这是特区能源部总部的温德尔·威尔特(Wendell Weart)一手促成的。回到圣地亚后,我参加了威尔特领导的废物隔离试验工厂项目,我将成为热/结构相互作用项目的首席研究员,这涉及大型地下实验室的设计和部署,构成了重要的地上实验室材料蠕变试验工作、开发数值有限元计算代码以及与现场结构完整性相关的分析方法的验证。

**二级轻气炮的将来**

显然,吉姆·阿赛对该装置有很大的计划,将其重新命名为 STAR 装置。该装置似乎确实涉及一些先进的物理研究,但这方面的情况我并不真正了解。

**附注**

N1:此时,冶金对国家具有非常重要的技术和科学意义,喷气发动机的出现为全球经济和军事扩张带来了方向,主要的工作是开发金属合金和金属间化合物,以改善涡轮叶片的高温性能和操作寿命,因为随着工作温度升高,发动机效率提高,并且随着叶片更换时间的延长,成本降低。虽然许多人寻找更好的材料,但从科学角度来看,问题是要了解高温下的蠕变(缓慢变形)过程。最初与加州大学伯克利分校的约翰·多恩(John Dorn)教授合作的斯坦福大学杰出科学家奥列格·舍比(Oleg Sherby)教授是我的导师,他是这些领域罕见的人之一,几乎不需要什么睡眠,在其他人睡着的时候,他撰写了大量蠕变研究论文。他当然影响了我对金属和非金属蠕变的理解和兴趣,特别是关于微机械机制的作用。最后,斯坦福大学的冶金系变成了材料科学与工程系,反映了我们目前享受的许多精彩应用,哈金斯教授成为斯坦福大学材料科学中心创始人之一,该中心由联邦政府(国家科学基金会)资助,提供装置和科学家。

N2:介绍来自帕卢斯(Palouse)小麦之乡中心地带的普尔曼时,报纸的标题是"被猪咬伤的科尔顿(Colton)男孩"。我的职责是每个季度开设四门课程,通过向杜兰教授提供的小额国家拨款,开始对金属蠕变进行小规模研究,并安排和装备一个新的核研究装置,其中包括工作台、储物柜、办公桌和其他物品,由州监狱的囚犯按我的订单制作。我放了太多东西,以至于学生和教授们几乎没有工作空间了。

N3:一个美丽温和、空气柔和的秋夜,我来到了新墨西哥州的阿尔伯克基机场。航站楼是一幢古老的墨西哥风格木结构建筑,有大横梁和天花板椽。东道主接上我去了日落旅馆。经过 2 天的密集面试,我被我兄弟弗雷德·奥伯格

(Fred Oberg)接走了。他在新墨西哥州格兰茨(Grants)的霍姆斯特克矿业公司(Homestake Mining Company)铀加工厂担任工艺冶金师,巧的是他也是SDSM&T的毕业生。

N4:1963年我晋升为伦德根下属科长,负责4英寸压缩气体炮。之后两年内进行了其他重组,决定取消两级管理。重组给我提供了常规机械性能测试部门,我拒绝了这样的安排。此后不久(约1965年),伦德根晋升为处室经理,我晋升到运营4英寸炮装置的部门。

N5:运营爆炸性场地需要特殊的工作人员,包括鲍勃·比塞克、克里夫·维滕和保罗·曼森。曼森是来自爆炸性军械部门的老陆军军士,他准备所有的装药和引信。为了帮助他,我担任安全规则要求的指定观察员。因此,我目睹了每一次爆炸性的测试。这种做法继续在二级轻气炮上施行,后来卡尔·康拉德减轻了我的工作。鲍勃·哈迪加入了团队。顺便说一下,大概在1967年伦德根卸任,布彻接管了他的部门。处里由沃尔特·赫尔曼任经理,查尔斯·卡恩斯、巴里·布彻、奥登·伯切特和我任部门领导。我认为最终是阿尔·哈拜取代了伯切特。

N6:此时,人们认识到更强大的分析技术对冲击波研究至关重要。因此,从MIT聘请了沃尔特·赫尔曼。他在MIT是助理研究员,负责开发有限差分冲击波分析代码。如上所述,最后他将晋升为处室经理,拉里·伯索夫和山姆·凯将加入他的团队,代码最初是WONDY,然后是TOODY。

N7:在美国东部的几个团队(也许是匹克丁尼兵工厂)、加州理工,可能还有一两个其他地方,已经有几门二级轻气炮,直径较小。然而,通用公司的炮容量是一个重大飞跃,并在戈利塔开发,用于研究多孔材料的压实。二级轻气炮的操作原理有些复杂。该炮包括一个后膛部分、一个3.5英寸的炮管第一级部分、一个锥形连接部分(将内径从3.5英寸减小到发射管部分的较小直径)、第二级发射管部分,最后是一个收集器室。后膛部分装有推进剂,在操作中第一级管和锥形部分填充有轻气体(通常为氢气),且发射管处于真空状态。炮使用了两种不同的射弹,首先就在推进剂装药之前,是一个塑料体的射弹,它将轻质气体压缩到初始高压,在锥形部分中塑料射弹本身挤出,从而加速射弹面并进一步压缩气体。锥形部分最初通过爆破隔膜与发射管密封,爆破隔膜几乎瞬间将高压轻气体释放到炮的第二级,以驱动第二个射弹。尽管第二个射弹和靶有许多可能的配置,但是第二个射弹通常构造成在前面安置一些冲击飞片部件的变化,这是材料研究的典型配置。这个射弹顺管加速,以便在发射管末端附近撞击目标。测试仪表由射弹速度仪、冲击计时器和自由表面速度计组成,通过由钢板和蜂窝铝制成的层压板将所有碎屑捕获在收集器室中。此外,高冲击速度需要极高的速度记录,因此安装了具有1ns分辨率的泰克100ns示波器,这些量程是速度的顶级。采购炮的一个好处是前往戈利塔,在一次旅行中,现场测试人员在圣克鲁斯岛(Santa Cruz)附近有一个深海海洋站点,他们让我去参观该装置。我乘坐他们的单引擎飞机前往。飞行员是名前神风队员,他用飞机"嗡嗡"声吓跑了好多奶牛后,将飞机开上了有问题的简易跑道上。我在他们的研究船上吃了午餐,这是非常独特的荣誉。

N8:现场测试人员来找我,因为快速门旨在阻止核地下测试中的碎块飞落仪表管,并且防止摧毁那些工作不正常的仪表。我们在快速门上进行了多次二级轻气炮冲击试验,最后我去了内华达试验场,检查地下试验的结果。我是第一批为该试验前往地下的人员之一,查看损害并建议一些可能的补救措施。乘坐单引擎飞机在山脊和峡谷的强侧风中往返现场是令人兴奋的。

N9:林恩·巴克尔是我见过的最有天赋和才华横溢的科学家之一。当我加入伦德根的团队时,他是成员之一,随后他在圣地亚的资助下前往哥伦比亚大学,然后回到圣地亚,在我的部门再次与我合作。使用飞片冲击的冲击波研究需要测量通过样本的传播时间和样本的自由表面的运动。他早期的贡献是使用了一个倾斜线电阻器,这种方法逐渐被移动表面测试取代,这是一种分辨率更高的装置,然后是干涉仪系统。这些优雅的系统始于一个简单的干涉仪,并可用于任何表面的速度干涉测量,分辨率达到了纳秒级,其他聪明的想法太多了,无法在这里讨论,仅举一例:他开发了用于解决波传播问题的特征线分析计算机代码SWAP。

N10:油页岩的测试需要标本。为了获得这些标本,我几次前往科罗拉多州的大章克申(Grand Junction),选择并将重达数吨的油页岩块运往圣地亚。

N11:这是一个新的先进概念,MTS系统公司以前从未建造过三轴机器。当我们在圣地亚组装时,制造商的铭牌是颠倒着的。我认为每个人都有些东西要学习。

N12:这涉及概念和标题 III 设计,它实质上提高了建筑外壳,并需要浇注一个带沟槽的新地面,用于管道和电子设备,要拆除所有旧布线,安装新的布线和内部隔板,以及建造附加的高压泵棚。最终,实验室将放置原始的三轴框架[①]、一个小的四柱100kip[②]测试框架和一个大的四柱400kip测试框架,附带一个霍普金森杆冲击装置和两个三轴蠕变框架。为了适应蠕变试验,建筑物的温度控制在约5℉以内。这无疑是当时已知建筑物外壳最大规模的改造。

---

① 译者注:这里"框架"指材料试验机。
② 编者注:kip是力的非SI单位,1kip = 1000磅力,美国建筑师和工程师主要使用这一单位来计量工程载荷(SI指的是国际单位制)。

# 雷·里德
# Ray P. Reed
（1957—1961，1967—1994①）

## 圣地亚国家实验室的应力波相关活动

我是工程力学系瑞珀格（E. A. Ripperger）教授（瑞普，(Ripp)）介绍到阿尔伯克基圣地亚国家实验室的几位得克萨斯大学(UT)毕业生中的第一位，工程力学系后来成为工程力学和航空航天工程系，该名称沿用至今（其他毕业生包括罗伯特·格雷厄姆、菲利普·斯坦顿、查尔斯·卡恩斯、汤姆·普瑞迪（Tom Priddy）和赫伯·萨瑟兰。）瑞普在圣地亚和其他国家实验室度过了几个夏天。在圣地亚的某个夏天，他设计了III区中用于武器输送系统冲击试验的高大倾斜吊塔。

**加入圣地亚之前在得克萨斯大学奥斯汀分校**

从得克萨斯州圣安东尼奥市初出茅庐的西南研究所工程力学系毕业后，我进入奥斯汀大学的军事物理研究实验室。在那里的巴尔肯斯（Balcones）研究中心，我设计并安装了一个打孔带控制的精密凸轮铣床。与此同时，我还是瑞普指导的工程力学系的学生，我做了压电动态应变计研究的硕士论文。之后汉斯·贝尔瓦尔德（Hans Baerwald）将从克利维特公司②搬到圣地亚国家实验室的5130③处。

**圣地亚国家实验室**

1957年毕业后，我加入了新成立的应用研发处（又名5130），负责人是肯·

---

① 编者注：在20世纪60年代初，雷离开圣地亚去了得克萨斯大学奥斯汀分校的研究生院，之后并没有打算回到圣地亚，那个时代的电话簿表明他从1962至1966年不在圣地亚工作。但是，正如这份回忆所记述，他确实回来了。

② 编者注：根据凯斯西储大学（Case Western Reserve University, http://ech.cwru.edu/index.html）维护的克利夫兰历史百科全书，克利夫兰公司于1919年成立克利夫兰石墨青铜公司，为汽车制造轴承和衬套。第二次世界大战后，克利夫兰公司大量参与国防合同，公司名称于1952年改为克利维特（Clevite）。1969年，克利维特被古尔德国家（Gould – National）电池公司收购。

③ 5130部门成立于1956年左右，名称为"实验武器研究"，由肯·埃里克森管理。1957年，名称改为"物理研究"，由乔治·汉舍管理。后来，1971年名称改为固体物理研究，主任是乔治·撒马拉。该名称和组织编号随后一直沿用。1960年，成立了一个姐妹部门——"物理科学研究处"（5150），理查德·克拉森是首任经理。

埃里克森(Ken Erickson)(肯和其他就业面试人员当时正在庆祝新墨西哥州成立45周年,他临时留起了维京人一样的胡须)。不久,肯离开圣地亚,组建了卡曼核电(Kaman Nuclear)公司。该公司在1968年与其他三个部门一起组成了卡曼科学公司。他很快就把这家初创公司搬到了科罗拉多州的科罗拉多斯普林斯(Colorado Springs)。肯在离开之后,招募了他在圣地亚的几位员工,包括我当时的部门主管大卫·威廉姆斯(David C. Williams)。

乔治·汉舍随后成为处室经理。该处室下属的三个部门分别由乔治·安德森、理查德(迪克)·克拉森和弗兰克·尼尔森领导。由伊本·勃朗宁(Iben Browning)领导的一个小组负责讨论并提出建立单独高级研发(R&D)部门的可能性。很快物理科学处(又名5150)就成立了,理查德·克拉森从5130提拔为该处的第一任经理并从5130调来了一位小领导(据说当时我们的实验室主任芒克·施瓦茨(Monk Schwartz)强烈反对使用学术头衔和白大褂,这影响圣地亚成为一个平等主义组织)。我们部门降低的地位很快通过聘请瑞普的学生罗伯特·格雷厄姆和加州理工学院新毕业生奥瓦尔·琼斯而得以提升。

**20世纪50年代末在圣地亚**。所有小型研发、航空和现场测试组织都安置在802号楼一层的几个小办公室和实验室以及地下室狭窄的办公室中。整个圣地亚信用社位于800号楼附近的一个小半圆拱形活动房屋内。技术图书馆组织得较差,位于800号楼的一个小房间内。当时不鼓励或不允许发表论文或申请专利。在那个时代,正在认真考虑核爆炸在大规模挖掘方面的商业和实际应用时,沃伦·泰勒(Warren Taylor)和我在III区特别设计的建筑物中研究缩比实验中爆炸坑的形成,摄影仪器是利用高速取景相机和头顶静止相机。缩比爆炸过程由一个细长的应变计感应的Kolsky压力杆监测。

那个时代,圣地亚的计算机扩大了分析的范围。大规模计算集中在一个小型服务组织中。本地计算机程序是在通过IBM穿孔卡远程提交的。当时黛安·马丁(Diane Martin)刚刚学习了新的FORTRAN①语言,编程分析了我刚开始实验研究的锥形体中波的传播问题。那时计算机编程尚未被工作人员广泛实践!那时我们没有个人计算机、桌面计算器或手持计算器(我们只有计算尺和算盘)!

**20世纪50年代后期的冲击波研究**。在圣地亚,武器相关材料的奇异高压特性引起了现实的兴趣。5130通过聘请博士后开始了材料静态性质研究的初步尝试。我们为这位新博士后购买了一个非常昂贵且巨大的静态四面体砧装置,并安装在808号楼。由于缺乏导师的指导和巨大的挫败感,这位新员工很快

---

① 编者注:FORTRAN(表示公式翻译系统)是由IBM于20世纪50年代开发的;在20世纪90年代这个名字改为Fortran。

就回到了学术界。我不知道最后那个巨大的装置是怎么处理的。

系统开发理事会的唐·伦德根一直在Ⅲ区的一栋小型建筑物中用压缩气体炮进行动态材料冲击实验。在相邻的内华达试验场地小型模型处的其他人，使用小型炸药装药研究爆炸波的近地表传播来模拟空气爆破实验。在伦德根的早期工作之后，注意力重新集中在材料特性的动态研究上。显然，伦德根的气体炮从Ⅲ区移到了更方便的区域，靠近Ⅰ区的802、805和806号楼。

另外，动态材料研究也使用先进的压缩气体炮进行，该气体炮是由工程师查尔斯·穆伦维格（Charles Muhlenweg）和西格·桑伯格（Sig Thundburg）在5130为格雷厄姆等设计和建造的。格雷厄姆曾在得克萨斯大学作为瑞普的学生从事类似的冲击实验。奥瓦尔·琼斯在加州理工学院读研究生期间也有相关的研究经历。

该炮的建造是为了支持材料动态现象的研究。该研究的精确科学工具是新设计的石英晶体冲击应力计。石英用作压力传感器并不新颖，然而它作为一种精确而优雅的科学工具的发展是独一无二的。开发"圣地亚石英计"需要一种特殊的质量极其优良无缺陷的X切石英作为压电传感器。通过多年的研究，全面开发这种简单而精密的传感器将持续下去。虽然圣地亚并不流行申请专利，但是传感器的基本概念被尼尔森、本尼迪克和格雷厄姆以"圣地亚冲击应力计"为名申请专利并获批。该精密气体炮装置和精密的圣地亚石英应力波传感器成为该部门高压研究（利用精确的高速平面碰撞研究相关材料）的基本实验工具。系统开发理事会的林恩·巴克尔将独立开始开发一种不同的冲击波传感系统，即基于激光干涉测量的VISAR。

### 回到得克萨斯大学（UT）奥斯汀分校研究生院

这段时间内，核试验暂停，圣地亚、其他实验室和原子能委员会的任务似乎在减少。我决定回到研究生院。我在充满冲击波实验和理论发展的时代的开端离开了。

带着创建和演示微尺度生物传感器概念的经费，我回到UT奥斯汀分校学习工程力学。顺便提一下，仅仅为了方便地展示概念，对微小生物传感器的关注涉及微米、细胞尺度的热电偶传感器。我非常巧合地接触到测温问题，后来发现广泛发表的传统热电测温原理过于简化并且有很多缺陷。即使是现在，在各个技术层面的文件（从非正式的使用指南到最深入的科学材料理论）上关于该原理的表述依然存在广泛的错误。持续的误解仍然经常使常见的昂贵且经过认证的校准失效，并降低关键应用的性能。十年后这样的状况促使我开发了一种通用可靠的热电电路功能模块与专门的诊断电路和仪器，旨在避免常见错误和测温中的错误解释。

非常偶然的测温活动最终丰富了应力波测量、冲击波和化石燃料能源生产领域的诊断活动。与圣地亚和美国测试与材料（American Society for Testing and Materials，ASTM）协会的合作，丰富了经验并拓宽了我的技术视野。

这一经历使我对应力波以及热波的通用测量技术的缺陷很敏感，同时对于作为一般焦点话题的测量的可靠性感兴趣。在这方面，圣地亚后来允许我在阿尔伯克基和拉斯维加斯赞助和指导一系列专注于一般测量可靠性和诊断的短期课程。

在我完成论文并获得批准后，我将其交付给院长办公室。1966年8月1日，我从实验室出发，随意地沿着高大的UT"得克萨斯塔"脚下一条完全暴露的道路闲逛。与此同时，可恶的狙击手——学生查尔斯·惠特曼（Charles Whitman）正在塔的观景台上准备开始他臭名昭著的疯狂射击。在我结束在观景台视野中的闲逛半小时后，精神错乱的射手从观景台向塔基附近和周围数百码的人群射击，射死14人，射伤32人。

**再次受聘于圣地亚**

我本未打算重新受聘于圣地亚，命中注定的我很幸运地回来了。毕业时，我面试了其他几个潜在的工作单位，避开了圣地亚。当我在其他地方面试时，一个惊喜的邀请面试的电话从圣地亚打来。他们告诉我，在我不在的这几年，圣地亚的研究活动已经由平静逆转到令人兴奋的新水平。在我离开的几年里，实验室任务的紧迫性激增。凭借获得的计算机技能，坚实的力学和动力学背景，以及对实验的持续兴趣，我重新加入圣地亚。我已经提取了我之前在圣地亚的退休账户上累积的供款，以资助我的学业。作为一个重新入职的员工，我最终再次完成了要求金额的缴费，而圣地亚也完成了相应福利缴费部分。

唐·伦德根代表单位面试我，唐早就认识到冲击波技术对圣地亚任务的重要性日益凸显。他正式为一个全新的处室制定并提出了一个全面而详细的计划，该部门专注于与圣地亚国家实验室任务密切相关的冲击波技术的所有方面——理论、计算和实验。我加入了唐构想和创立的新处室，而不是我之前的研发处。这个由伦德根构思的新组织由从麻省理工学院新聘用的沃尔特·赫尔曼领导。下属四个部门的主管分别是拉里·伯索夫、奥登·伯切特、巴里·布彻和达雷尔·芒森。由伦德根设计的新的固体动力学研究处专注于武器理事会的应用计算和实验冲击波技术，与物理研究处的理论研究工作互补。

**材料动态响应研究**。芒森的冲击波现象部门专注于实验应力波应用研究。该部门首先在Y区①新建装置上利用爆炸加载进行实验。在那里我使用电容器

---

① 编者注：Y区在圣地亚主要建筑群以南约6英里。

放电爆炸箔膜动态加载材料进行测试。通过先进的高速摄影监控材料的动态响应,这种电容器放电驱动系统已经在诺斯罗普(Northrop)由唐·凯勒(Don Keller)使用了一段时间。唐·凯勒后来成立了 Ktech[①] 公司(很快凯勒邀请我们部门的拉里·李加入他在阿尔伯克基的新公司)。飞片装置用于研究复杂先进材料的动态断裂,例如硼丝增强复合材料等。

毗邻 Y 区现场,靠近 9950 号大楼,芒森的部门后来建造了一个大型巴特勒(Butler)建筑[②],以放置一种新的火药驱动炮,来研究更高速度的撞击(多年后,在这个火药炮旁边新建了一个二级轻气炮)。众多的记录仪器安装在一个新的相邻的控制室和仪器室中,这个控制室也同时保护操作员和实验人员免受可能的伤害。鲍勃·梅积极参与这些设施的建造与安装。我为火药炮的测试样品腔开发了相关的记录设备和测试台的仪器。当时火药炮还在订购中。

圣地亚的第一门火药炮及其相关的大型实验靶室由位于加利福尼亚州戈利塔(靠近圣巴巴拉)的通用公司(GM)设计、制造和首次组装。从封闭的炮口,射弹射入一个步入式真空圆柱形靶室。实验靶安装在靶室内并在炮口完成冲击加载。靶室的大小仅够实验者在进行实验设置时能站立起来。横向端口用于对冲击过程进行摄影和 X 射线诊断,以及电学和 VISAR 测试。

作为圣地亚的代表,我在 GM 工厂监督了飞片从火药炮射击到靶室的单次验收试验,飞片在炮口撞击实验靶。真空靶室的体积和强度足以捕获和容纳膨胀的爆炸产物、冲击破坏实验的残留物和测试实验的碎片。

靶室可以通过后方的一个重型铰链圆形门进入或密封,该门尺寸与靶室的直径一样大。

**火药炮靶室**。靶室中需要一个坚固的收集器来阻止高速碎片直接撞击靶室入口的门。特别的是,在验收试验中,靶室中没有撞击靶,GM 的工作人员也没有准备一个正式收集器来阻挡飞片。相反,他们利用一个巨大的多余炮部件即兴制作了一个临时的收集器。这个临时的收集器有一个锥形孔,与炮管孔的中心对齐。它由实验室推车支撑并用链条固定。飞片将被这个临时的收集器捕获。单论发射验收试验是成功的,但收集器则并不成功。测试碎片散布在靶室中。然而,高速飞片狠狠地推动了临时准备的收集器,使得靶室及其后门在首次

---

① 编者注:直到最近,Ktech 公司还是圣地亚的主要技术支持供应商。2011 年 6 月,Ktech 公司被雷神(Raytheon)收购,成为雷神导弹系统部门的一部分。

② 编者注:巴特勒建筑是一种具有地基的"临时"波纹金属结构。由于第二次世界大战后快速扩张的需求,圣地亚依赖(并且仍然依赖)这种结构。1949 年建造的两座巴特勒建筑 849 和 851 仍在 I 区使用。参见 R. A. Ullrich, C. Martin, and D. Gerdes, *Historic Building Survey and Assessment Sandia National Laboratories New Mexico Site Albuquerque*, *New Mexico*, Vol. 1: Survey and Assessment, Sandia National Laboratories Report No. SAND2010 – 6117P (August 2010).

使用时就遭受到猛烈的撞击,虽然并不影响其功能和安全性。

这一戏剧性的验收事件预示了多年后发生的问题。靶室的后门起到密封真空和维持压力的作用。这个门由围绕门的圆周均匀分布的数十个大螺栓固定。多年来,根据圣地亚正式的标准程序,密封时每个螺栓都需要紧固。最终,固定许多螺栓的不便和设置延迟导致实际使用的螺栓数量逐渐谨慎减少。

早些时候,一个现场测试组织聘用我来审查和改进他们用于核试验的石英冲击应力计的设计、制造和分析过程。他们也让我开发其他传感器和方法,用在极度嘈杂的现场环境而非实验室里。

我最终了解到,多年后,在其服役期间最戏剧的事件中,靶室门上紧固的螺栓太少,巨大的后门被强大的气流冲击开了。通过设计和实践的保障,员工没有受到任何身体伤害。然而,建筑物的大部分镀锌波纹钢壳以及部分连接仪器室的传感器和控制电缆都损坏了。毫无疑问,这次事件令人信服地说明在实际操作中遵守合适但不方便的标准操作程序的必要性。大家都从这件事情中得到了教训。多年以后发现,这次戏剧性的事件对圣地亚的研究炮来讲并非个例。

**用于核场测试的石英计组件与获得专利的圣地亚石英计**。在新组织中,我了解到为实验室使用设计并获得专利的圣地亚石英计不能用于现场核试验测试。以前地下使用的现场测试石英计是任意设计的,有意地不遵循正式标准化实验室圣地亚石英计的关键比例。与标准化的传感器一样,核试验使用的圆柱形传感器盘也采用优质的 X 切石英,但具有不同的尺寸比例,以及为适合核测试而更改的电极几何形状。与裸露安装在试样上的简单石英盘实验室传感器不同,地下核试验使用的传感器需要考虑屏蔽、耐用和快速安装。现场数据需要在非常嘈杂的条件下测量更长的脉冲持续时间,并且在许多其他正在安装的实验仪器的拥挤环境中,传感器仅能占用极其有限空间。核试验使用的石英计需要增强在嘈杂的环境中的测量灵敏度。

独特的非正式现场测试设计已用于地下核试验,虽然人们始终认为其非理想的几何会导致信号失真。与标准的传感器盘和电极比例的任意偏差,导致记录的波形显著偏离正确的峰值幅度和波形。在这些任意设计的基础上,我标准化了一系列"圣地亚外场石英计",与理想的实验室"圣地亚石英计"不同。新的设计仅限于少数系统的、充分表征的设计系列。修订后的设计不可避免地产生了非理想的阶跃响应,但这些响应是可预测和可表征的,因此记录信号失真的情况得到了改善,而且实用的数据校正也成为可能。作为物理重新设计的补充,我采用了一种实用但非理想的新分析来减少记录波形的失真。对于每个仪表系列,我们使用 I 区的主力气体炮设施的飞片撞击实验来测定其重复性。

在理想的"圣地亚石英计"中,只有较厚的飞片在轻微倾斜或保持平面冲击的情况下，当应力波通过石英盘时，才会产生非常陡的起跳和持续平坦平台。这证明了所需的线性响应。相反，在"圣地亚外场石英计"中，持续几乎平面的冲击也会导致最初非常陡的起跳，但是随后却是非线性的，振幅逐渐攀升并突然结束，而不是平坦的平台。在一些较早的外场应力计中，相对终端幅度是初始起跳幅值的两倍以上（极端不理想的响应）。如果受到任意形式的应力脉冲加载，在外场测试中，记录的脉冲形状既不是特征的阶跃响应也不是强加的输入脉冲。这种扭曲的响应深刻地表明了令人讨厌的非线性响应。重要的是，外场测试石英计的记录的脉冲形状和峰值幅度都不能可靠地再现真实的波形。

通过传统变换进行反卷积的数学复杂性和易错性阻碍了许多人使用该方法。卷积是一种众所周知的数学运算。通常来讲，它是通过严格的经典数学变换来实现的。物理上和类似的数学卷积是一种内禀的稳定过程，可有效地表示任意强制函数和系统特征的相互作用。常规分析软件通常包含卷积变换，这是一个非常熟悉的函数名称。

称为反卷积的互补逆运算试图从观察到的失真输出和已知系统特性中推导出输入波形。反卷积运算因其内禀的极度不稳定性而臭名昭著。我们谨慎地不鼓励随意使用固定变换函数进行反卷积操作。由于使用不适当的特征函数去卷积而产生的剧烈震荡会令临时用户产生惊恐。一旦有过这样的经历，大多数分析师都会像躲避麻风病一样去避免使用反卷积。

"圣地亚外场石英计"的特征阶跃响应与任意应力输入历史卷积在一起，可以获得稳定的可准确预测的记录波形。幸运的是，用于去卷积分析的外场石英计的标准化阶跃响应特性，使得记录的实验波形稳定，且失真得到很大的校正。通过这些实验波形可以获得适当的输入波形表示。虽然实际结果得到了很大改善，但必然不如理想的实验室使用的"圣地亚石英计"。

信号失真与校正需求在测量中是广泛存在的。尤其是地下核试验，涉及记录器和冗长的多个电缆引起的额外的显著级联信号失真。涉及的每根电缆具有非理想的响应特性。信号失真受混合的并发系统特性影响。对于这样一个常规实际应用，我在一个由十部分组成的期刊教程系列中改编并发表了一个独特的卷积和解卷积代数，适用于在现实场测量中常见的多个级联叠加和展开操作。巧合的是，除了压力测量之外，这种校正非理想测量系统响应的要求广泛适用于许多其他瞬态测量。这些方法已应用于由具有非理想特性的力学和热力学仪器记录的各种数据。

校正"圣地亚外场石英计"记录的更简单替代方法是代数的方法。它很容易编程并且理解为一个简单的几行算法，全面的计算机程序包含了全套标准化应力计和系统特性，应用级联式卷积运算的特殊代数简化了常规应用连续逼真的混合卷积和反卷积,并实观了"圣地亚外场石英计"的测试数据分析。

后来,为了允许现场使用直径更小和灵敏度更高的应力计,格雷厄姆建议使用他最近表征的铌酸锂替代某些外场传感器中的 X 切石英。在某些晶体切割中,与 X 切石英不同,这种生长的晶体材料具有流体静力学响应。因此,它也可以用于各种应力波专用传感器,特别是那些设计用于或用于记录分布式爆炸的应力波传播的传感器,这些实验涉及产生能量的油页岩和煤的原位爆炸性碎石化。

**化石燃料研究**。受到 20 世纪 80 年代能源危机的影响,慷慨的联邦紧急基金可用于化石燃料能源研究。几家主要的美国能源公司和一些机会主义初创企业提出了从地下资源生产液体或气体能源产品的投机性原位方法。从历史上看,工业能源勘探中此类测试的评估是基于地面观测的净产品,而不是基于实际地下事件的直接瞬态测量。我们的现场测试组织自愿向能源部(DOE)提供诊断现场仪表支持,以评估许多新颖投机的地球能源生产计划。现场测试组织与其他圣地亚处室合作。罗德·博德、乔治·戴维森(George Davidson)、新雇员保罗·霍默特等参与了科罗拉多州和怀俄明州的几个现场实验。现场安装和记录由定制的专业现场测试移动仪表车和在内华达试验场记录数据的常规人员支持。

对美国能源部资助的大型实地项目进行了多次实验,这些项目已授予不同的投标人。一些投标人建议通过地下原位燃烧来生产煤气。其他人提出通过原位爆炸碎石化(预期压裂技术)进行原位加热从油页岩中提取液态石油,而非挖掘。有人提议以原位燃烧的方法经济地生产一部分资源。这些建议的特点,即无法直接观察到动态地下爆炸和热过程,因此实际过程,以及成功或失败的原因是不明确的。圣地亚提供了地下应力波和温度测量仪器,揭示了实际的远程地下瞬态应力和传热过程。随后开发的技术和仪器后来应用于卡尔斯巴德和内华达试验场的核废料地下储存实验。

这些过程包括详细监测爆炸产生的应力波和温度诊断。我的贡献是开发和应用了几种地下爆炸实验的特殊应力波仪器和渐进式燃烧波阵面的热诊断仪器,这些仪器应用到了科罗拉多州和怀俄明州的煤汽化实验。圣地亚的诊断测量使用非常规传感器和专门开发的记录仪器。数据表明,签约实验者的许多乐观预测和肤浅的表面解释实际上是无效的。如果没有圣地亚诊断方案,能源开发提案就不能像其声称的那样成功。在真实可靠的测量中,成功或失败的具体原因都被如实记录了。圣地亚的贡献受到美国能源部赞助商的欢迎,但并未受到不成功实验者的热烈赞赏。

**测量的科学**。测量真实性,而不仅仅是准确性,作为一门学科成为我持续关注的广泛话题。圣地亚允许我在阿尔伯克基和拉斯维加斯举办专门讲授测量科学的几门短期课程,这些活动由亚利桑那州立大学的彼得·斯坦(Peter Stein)和圣地亚国家实验室帕特里克·沃尔特(Patrick Walter)推动。在帕特里克·沃尔特职业生涯的中期,彼得·斯坦在中途指导了其圣地亚赞助的博士学位的研究。在化石燃料实验中开发独特的诊断应力波和热电电路、仪器和测试方法,使我在圣地亚担任 ASTM 国际标准委员会主席多年。在任职期间,我将为满足几十年前的能源危机和地下核试验时期的应力和温度诊断而发展的相关概念通过论文、手册和标准而在国际上共享。

我与罗伯特·格雷厄姆、比尔·本尼迪克、拉里·李以及固态科学理事会的其他人在其科学为导向的材料现象学领域展开了长期密切的合作。这些合作研究支撑了圣地亚的各种外场测试理论和应用的开发。

**薄膜压电聚合物和弗朗索瓦·鲍尔**。在阿尔伯克基举行的美国物理学会研讨会上,我们第一次遇见了法国科学家弗朗索瓦·鲍尔。他报告了他学位论文关于一种日本人新发现的薄膜压电聚合物材料(聚偏二氟乙烯或 PVDF)的相关工作。鲍尔熟悉格雷厄姆和本尼迪克关于 X 切晶体石英的工作。本尼迪克说法语。鲍尔当时还是研究生,需要为其论文中经特殊处理的 PVDF 动态特性的可重复性寻找实验支撑。他说服了持怀疑态度的格雷厄姆,使用圣地亚的精密气体炮装置测试其声称的(但难以置信的)超级材料特性。格雷厄姆对 PVDF 的气体炮测试令人信服地证明了鲍尔的观点。格雷厄姆也说服(同样持怀疑态度的)我。从那次相遇开始,圣地亚、Ktech 公司和圣-路易法德研究所(ISL)之间形成了正式的共生关系。

与固态生长的晶体压电材料不同,非常薄的塑料薄膜需要特殊的挤压和极化,才能获得其可再现的压电性能,鲍尔的极为重要的法国专利工艺产生了精确控制和可重复的传感材料。ISL 允许圣地亚国家实验室和我们的承包商 Ktech 使用该工艺。与 ISL 合作开发了非常薄的敏感冲击应力传感器,其传感面积可以小至 $1mm^2$。

这些合作关系促成了一系列的国际研讨会。我与研讨会主席鲍尔一起,于 1990 年 11 月 6 日至 8 日在法国圣路易斯主持了多语言的 PVDF 冲击传感器研讨会。共有 72 名与会者,其中大部分来自英格兰和欧洲。相应的 PVDF 冲击传感器研讨会于 1990 年 12 月 11 日至 13 日在阿尔伯克基圣地亚举行,由圣地亚和 Ktech 共同资助。来自 17 个组织的 82 位代表参加了该次会议,多数与会者来自美国。随后也举办了一系列其他 PVDF 专业研讨会。之后拉里·李于 1995 年 10 月 17 日至 19 日主持了铁电聚合物技术研讨会。在法国独立举办了其他研讨会。

我们的圣地亚现场测试部门开发了标准、方法、设计和专业供应商,并持续供应独特的优质无缺陷石英、铌酸锂和 PVDF 薄膜。这些材料以未切割的水晶梨形晶形式、成品圆盘和片材以及组装的仪表等形式提供。严格的材料和制造控制是必不可少的,因为商业级的优质材料不足以用于精确的冲击波测量仪器。"圣地亚外场测试石英计"作为标准化、特征化,并在地下核测试环境中使用的仪器,作为封装测试传感器提供给本尼迪克和圣地亚其他理事会的实验研究人员进行部署。随着时间的推移、技术的进步和成熟,圣地亚对这些材料的测试需求消失了。珍贵、独特且非常昂贵的材料仍未使用(可能是回收的)。

**致谢**。回想起来,或许像其他提供历史性回忆的受访人员一样,我很幸运能够与许多技术娴熟的员工一起工作,并得到圣地亚甚少居功的、聪明、敬业、能干的工程师和技术人员的支持。他们制作和执行实验、分析数据、实施特殊设计、提供咨询。马克·安德森、约翰·伯德松(John Birdsong)、詹姆斯·格林沃尔(James Greenwoll)、瑞德·霍伦巴赫、乔治·英格拉姆、肯·金博尔(Ken Kimball)、克里夫·金纳布鲁(Cliff Kinabrew)、罗伯特·莫里斯(Robert Morris)、哈罗德·罗伯茨(Harold Roberts)以及其他许多人为圣地亚压力波和温度测试的进展做出了重要的贡献。更为引人注目的是圣地亚管理层(如阿尔·哈拜、詹姆斯·普林顿(James Plimpton)和乔·威斯特(Joe Wistor))慷慨地支持我自由地实施新兴技术、理论和压力波科学方面的追求,并允许在国内和国际会议上发表相关论文。值得注意的是,圣地亚应力波相关活动几位早期同事当之无愧的进步(如拉里·伯索夫、理查德·克拉森、露丝·大卫(Ruth David)[①]、乔治·戴维森、丹尼斯·海耶斯、保罗·霍默特、奥瓦尔·琼斯、阿尔·纳拉特、斯蒂芬·罗特勒等)。

### 退休后的活动

1994 年 6 月,我从应用物理、工程和测试中心退休。从那时到 2004 年,我运营 Proteun Services 服务公司。我在全国范围内为几个圣地亚实验部门和圣地亚初级测量标准部门提供了咨询服务,我还为 CRC/IEEE 的出版物(即"测量、仪器和传感器手册"和"工业电子手册")以及 ASTM 标准和手册撰写了部分章节,这些后来的贡献反映了我之前在圣地亚应力波相关活动中发展的观点。

---

① 编者注:露丝·大卫博士于 1975 年以电气工程学士身份在圣地亚开始工作时,曾担任圣地亚高级信息技术主任,并在此之前(1991 至 1994 年)担任开发测试中心主任;1995 年她离开圣地亚,成为中央情报局科学和技术副主任,并于 1998 年 10 月被任命为分析服务公司(Analytic Services, Inc.)的总裁兼首席执行官,该公司是一个独立非营利公共服务机构,为许多政府机构提供研究和分析支持。2012 年她被任命为国家科学基金会国家科学委员会(National Science Board of the National Science Foundation)委员。

# 威廉（比尔）·莱因哈特
# William（Bill） D. Reinhart[①]
（1999—目前）

我于 1981 年 7 月搬到了阿尔伯克基，并在 Ktech 公司工作。分配我到 AFRL 的侧向冲击装置 Mag Flyer（磁力飞片），Mag Flyer 也装有一门 80 英尺的轻气体炮。我的第一天非常独特，几年后基本上都在重复这样的日子。当我和拉里·李（Ktech 副总裁）以及博伊德·詹瑞特（Boyd Jennrete）（Ktech 的 AFRL 运营经理）一起走进大厅时，很明显我会再次为了赢得尊重而进行一场艰苦的战斗。技术人员从一开始就上下打量我，认为我是炙手可热的东海岸新雇员，将会教会他们所有事情。实际上，我从未见过实验测试仪器。控制室里装满了小型汽车大小和重量的示波器，盘式记录仪以令人难以置信的速度旋转，整个区域满是彩灯面板和真空管架。Mag Flyer 是一个大房间，里面有电容器和大型铝块。但我第一次遇到首席工程师的经历永生难忘。他对我的第一个评价是："所以你是来替代我的吗？总有一天，这一切都将属于你！"

我记得是 1987 年我咨询了 STAR 的一个职位。我去见了 STAR 负责人卡尔·康拉德，问他我能否在那里工作。我之前曾在 STAR 进行过一些测试，和那次一样，这次他们也是不情愿地答应了我。STAR 刚刚获得了具有最先进的诊断功能的波形记录仪，无需摄像头即可以数字方式获取数据。我熟悉它们并研究它们是如何工作的，并且能够将它们用于我们的 STAR 测试。直到 1987 年夏天我开始在那里工作之前，这是他们第一次也许是唯一一次使用这套装置。

STAR 的工作环境我不习惯；我花了几年时间才成为技术人员"认可的"员工。工作时我一般在控制室里阅读仪器文档、工作人员的报告和期刊杂志。我成为了仪器和干涉测量方面的专家，但仍然不记得 VISAR 掉入沟槽的任何事情。

我被指派与林恩·巴克尔合作开发一种三级炮。那时目的是使用非常高的气压将飞片发射到极速。这里有许多困难需要克服，例如初始压力要较低，以避免对射弹造成不可挽回的损坏，但是同时压力又要足够高以将飞片驱动到高速而不使其屈服。虽然我们从未成功发射出一个完整的飞片，但我们确实在这些尝试中破坏了无数的炮管。

---

[①] 比尔·莱因哈特任职圣地亚冲击波团队合同工多年，之后于 1999 年成为圣地亚员工。

我记得我在 1988 至 1989 年期间开始与林恩和拉利特·查比达斯合作，跟进气体发射密度梯度冲击片直接冲击飞片技术。但首先我们研究了哪种类型的飞片最适合，因为合适的候选者必须具有足够的屈服和层裂强度，才能承受冲击和准等熵加载的高压。这些飞片从简单的 PMMA（聚甲基丙烯酸甲酯）和铜，到巴克尔的"枕垫"（通过喷涂冶金粉末和沉积技术制造，其冲击阻抗平滑变化），到查比达斯胶合板（PMMA/Al/Ti/Cu），至仍在使用的最终构型——聚甲基戊烯（TPX）/Mg/Al/Ti/Cu/Ta。我们一直在使用 PMMA，但我发现 TPX 给飞板带来了一些推动力，我猜想这和材料中具有大量的氢有关。

这项新技术将我们带入了 20 世纪 90 年代，并给我们带来了新一波客户。此时，我主要与拉利特在 STAR 一起使用二级轻气炮。看看这些记录，在接下来的 4 年里，我每年仅用那门炮就做了 50 多次测试，这是以前从未完成过的。此外，我接管了卡尔的一些职责，基本上处理了几乎所有 STAR 新实验的诊断工作（这是 ES&H[①]"老虎队"的时代，主要的 ES&H 关注整个实验室的工作，所以卡尔基本上忙于处理装置相关的文案工作）。在 20 世纪 90 年代初期，Ktech 公司工程师的声明再次出现，"有一天这一切都将属于你"。这次是卡尔发表了这番评论。很多人都听到了这番话，因为其他工作人员老在重申这一点，尽管我是一名合同工。

然而，随着时间的推移，STAR 的工作人员和我逐渐互相尊重，因为每个人（或大多数人）都有独特的技能。鲍勃·哈迪可能是我遇到的最有资源、机械相关能力强、经验丰富、知识渊博的人之一。当他离开时，我们非常想念他；作为严重依赖机械应用运行的设施，STAR 人手严重不足。克林特·霍尔在机械专业知识、思考问题和记录问题的能力（随着岁月的流逝，这变得至关重要）方面弥补了鲍勃离去留下的缺憾。卡尔为诊断技术提供了装置基础设施的稳定性和知识。

正如大家所提到的，1995 年似乎是 STAR 的终结。其他人已经说明了个中缘由，大家也提及了最后的日子。可能没有意识到的是，在这个时候我还没准备好放弃。1994 至 1995 年也将互联网和电子邮件带到了 STAR。我记得不是很确切，但我确实向我们的秘书、负责人和主任助理（露西尔·维杜戈、安妮塔·瓦西等）发送过电子邮件，汇报关于 STAR 的状态，并提供了许多以较低成本继续运营的选择（几乎毫无作用）。我确实设法吸引了我们主任埃德·巴西斯不必要的注意力，可能不是我们想要的。我与 Ktech 就接管装置的可能性进行了联系，并与菲利普斯实验室的管理层取得了联系。Ktech 没有表达太多兴趣，因

---

[①] 编者注：ES&H 是环境、安全和健康组织，"老虎队"指其严苛的专家团队。

为他们刚刚甩掉了 AFRL 的炮和 Mag Flyer 测试装置。但菲利普斯实验室确实很感兴趣,他们与埃德·巴西斯取得了联系。我并不确定埃德·巴西斯是怎么回复他们的,有人暗示说埃德说了"直接拿走"。其他传言讲埃德说"没门",而且他宁愿关闭 STAR 而不是放弃。我想我可能永远都不会知道事实的真相。

无论如何,关闭仍在继续,但我仍然没有放弃。整个实验室中没有了 STAR 员工,有些人去圣地亚调查专员那里抱怨合同工仍在工作,而员工则调走了。我认为卡尔对留下谁处理关闭事宜有重要的发言权。在最后一次测试(5月)之后,我取得了露西尔和其他人的帮助,因为他们对管理层处理我们所有人的方式不满意。我设法获得了几个转运箱和大约六辆大型平板卡车。我决定绝不把任何有价值的设备留给趁火打劫的人,所以在"STAR 开放日"之前,把所有我认为重要的东西装上卡车和转运箱,并重新安置所有东西。将最有价值的设备(数字转换器、计算机、独特的工具)装入一个转运箱,停放在埃德·巴西斯的大楼后面(他不知道)。两到三个平板车开到了 II 区(旧 II 区)。我知道那边的一些人说有一栋建筑物一年内不拆除。闪光 X 射线仪器搬进了新的 905 号楼,放在阁楼或机械区域。

因此,在所有重要物品被移除后,开始了"车库大甩卖",实际上清理了很多垃圾,这是一件好事。现在我有点记不太清了,但卡尔承担了机器人组 ES&H 的责任,克林特去了风洞区域,而我与麦格劳恩去了 808 号楼,丹尼斯·格雷迪也在那里。我有一个巨大的办公室,但我不记得我做了什么。但我确实记得去了爆炸组件部门,并在某个时候与劳埃德·邦松交谈,询问他是否想要 STAR。我告诉他菲利普斯实验室的人有兴趣接收这个装置,并想知道他的想法。让我感到惊讶的是,他说如果让像 STAR 这样的资产离开圣地亚,他会被诅咒的,所以他接受了!再一次发生的事情的顺序,我不能完全回忆起来。但吉姆·阿赛、唐·库克和许多其他人参与了如何在行军模式中操作装置并进行测试,然后装置进入封存状态。大约 1995 年 8 月我们关闭了 STAR。所以从 8 月到 12 月,我从 STAR 搬到 808 号楼,再搬到 905 号楼(劳埃德带我去了那栋楼)。当我到达 905 时,我有一个办公室——那地方本来用于安置没有安全许可的学生(虽然一个学生也没有)——和我自己的浴室。但在这里,我开始研究操作程序、准备情况评估以及大量其他文件,以使气体炮能重新工作,我还在 905 重新开始测试气体炮。

我记得 1996 年年中,STAR 重新开放了对终端弹道装置炮的测试,唐·库克给了我们 25000 美元的种子资金,虽然这笔钱并不多,但帮助很大;丹尼斯·格雷迪有一些钱用于测试;劳埃德·邦松为我提供了 ES&H 支持,也即我们需要的一位技术人员。劳埃德是一位独特的负责人,因为他没有我们的工作背景,但他能够通过让合适的人参与工作并获得他所需的一切。他真的不在乎别人怎么看,他只是做他认为应该做的。尤其是,我还是只是一名合同工,而且在没有任何圣地亚人员在场的情况下操作圣地亚测试装置。在重新开始的过程中,我至少有一个批评者。我们刚进行完第一次测试,他告诉我,他不知道我为什么要做这些事情,STAR 永远不会再次全面运作,因为没有人真正对我们在那里所做的工作感兴趣。这对我来说是另外一个激励。

一旦投入运营,我们的团队再次开始改革;这是吉姆·阿赛正在做的事情,随后便是资金改革。我把约翰·马丁内斯(自 1982 年以来,我一直与约翰一起工作)请回了我们团队,并立即做了一些我一直想在 STAR 做的事情——为实验带来了一致性。我的意思是约翰将处理所有测试的设置,尤其是包括制造弹丸。我一直认为这在过去是一个问题:弹丸一般是由不合格的机械师生产的,而且每个人都在生产弹丸。

1999 年吉姆认为如果我作为圣地亚工作人员(技术人员(MTS))去他的团队是最好的。当我和劳埃德谈起这件事时(吉姆可能已经和他谈过了),我询问他对我调去吉姆的组有什么想法,他的反应使我感到惊讶。首先他说他想保持任何可以在 905 完成的测试,应该在他的炮而不是 STAR 上进行,其次我不应该是 MTS,而应该是作为高级技术人员(Senior Member of Technical Staff,SMTS)。我在 1999 年 9 月作为圣地亚的 SMTS 被聘到吉姆的小组。

从 1996 到 2007 年(我认为 2007 年是拉利特离职的时间),拉利特开始将我融入他的哲学中——进行实验、获取并筛选数据、分析、撰写报告,然后展示结果。我有一个不同的观点(可能是因为我对相关领域的无知):在我写作或谈论某件事之前,我必须有一定的了解。这就是为什么我花了很长时间的原因:我不仅必须理解,而且我想知道这些信息告诉我什么是有价值的东西以及它为什么重要。我不能仅仅只是模拟匹配数据,虽然我也知道拥有好模型的重要性。然而,我不确定在我工作的那段时间里,曾经有在我们实验装置产生的数据被纳入任何模型中。也许克利曾经采集了一些 Ti6Al4V 合金的高压数据并纳入模型中,但这是我记得的仅有的例子。

目前来看,这段时光(1999—2007)是令人难以置信的,感谢拉利特和吉姆,我可以告诉我的儿女们我在这段时间里遇到过和交谈过的人,虽然他们可能并不在乎,因为这里的大部分人他们都从未听说过。但对我来说,能和像吉姆·阿赛、拉利特·查比达斯、林恩·巴克尔、丹尼斯·格雷迪、阿洛伊斯·斯蒂尔普、达塔·丹达喀尔(Datta Dandakar)、根纳迪·卡内尔(Gennady Kanel)、斯蒂芬·布莱斯(Stephan Bless)以及很多人遇见、交谈、讨论问题、握手,是我莫大的荣幸! 1999 年在 LLNL 举行的第 50 届国际 ARA(航空弹道学靶场协会)会议上,我有幸见到了爱德华·泰勒,和他握手并听了他的报告。有趣的是,当我把这件事打电话告诉我妻子时,令我惊讶的是,她非常激动并且在电话里惊呼:"你知道他是谁吗?!为什么不邀请我参加这个活动!"当然,我邀请了她,但像往常一样,她拒绝了。

除了1995—1996年,我从未真正担心我的工作或STAR运营的资金问题。在资金不充足的年份(1996—2007年),拉利特也能够为我们招揽足够的生意使我们生存下去,有时甚至是茁壮成长。当他离开时,我曾担心过。然而,那些年的旅行、报告和会见都有所回报,我得以继续获得业务并保持STAR运营。

# 乔治·萨马拉
## George A. Samara
（1962—2006）

编者注：这两个纪念颂词记录了乔治·萨马拉在高压科学领域所取得的重大成就，尤其是对铁电材料的理解。第一部分由美国科学院出版社于2008年出版，第二部2007年由施普林格（Springer – Verlag）出版。

**悼念乔治·萨马拉**
"为了解电介质、铁电和铁磁材料应用做出贡献"
——阿尔·罗米格（Al Romig）[①]

虽然乔治于1936年12月5日出生在黎巴嫩南部 Jdeidet Marjayoun 镇的小农业社区，但是他的父亲是美国公民。他16岁来到美国，在俄克拉何马州德拉姆赖特（Drumright）读完高中。他1958年本科毕业于俄克拉荷马大学，获得化学工程学士学位，1962年在伊利诺伊大学厄巴纳分校获得化学工程博士学位，师从哈里·德里卡默（Harry Drickamer）教授。哈里·德里卡默教授是位解决困难

---

[①] 阿尔·罗米格应美国工程院的要求为美国工程院院士乔治·萨马拉撰写，参见 *Memorial Tributes*: *National Academy of Engineering*（The National Academies Press, Washington, D. C., 2008）, Vol. 12, pp. 240 - 245，经美国科学院出版社许可转载。这个版本的阿尔·罗米格回忆录省略了第一段，添加了不属于原文的解释性脚注。

问题的大师,乔治的论文工作以及与德里卡默教授的持续合作涉及大量材料,具体包括压力对类金属,简单的 fcc 和 bcc 结构材料,II-VI、III-V 化合物,以及更奇特的稠环芳烃的影响。他与德里卡默教授的合作一直持续到 20 世纪 70 年代。后来其他合作者也很享受这种长久的合作关系,有的延续了 20~30 年。其中许多工作源于学术会议上的非正式的问题或讨论。虽然合作者名单有超过 70 人,但是乔治还单独写作发表了近 100 篇期刊论文和专题评论。

1962 年在伊利诺伊州完成学位后,他加入圣地亚国家实验室,但立即参军服兵役,在新泽西州蒙茅斯堡(Fort Monmouth)的美国陆军电子实验室探索性研究所担任 ROTC[①] 军官。在那里他继续研究压力对固体的影响,包括压力设备中样品的压力均匀性,并开发了各种技术来测量物质在高压下的物理性质(如压缩性、电导率、介电常数和居里点),这项工作是与阿曼多·贾尔迪尼(Armando Giardini)和蒙茅斯堡的其他人一起完成的。还包括一篇铁电领域的论文。铁电研究不仅对整个世界科研界,而且对他的个人研究以及圣地亚都具有重要意义。在其研究生涯中,乔治对铁电体各方面的贡献不断。

回到圣地亚后,乔治开始并继续其活跃的研究工作,这些研究涉及铁电体及之外的许多领域,持续 45 年,直至他生命的最后几天。在他去世时还未完成的研究工作中,包括基于锆钛酸铅镧和偏二氟乙烯与其他氟乙烯的三聚物的有希望的新型铁电材料。乔治的众多科学论文包括结构相变、半导体物理、铁电体、铁电聚合物、纳米半导体簇、缺陷、深电子能级、结晶固体和聚合物弛豫、离子传输、陶瓷、光伏以及 MBE[②] 和 CVD[③] 合成与处理等领域的开创性工作。其受邀评论还包括固态物理学这本书的三个章节:"高压软模相变的研究(与保罗·皮尔西(Paul Peercy)合作)""固体中离子电导率的高压研究"以及"再论铁电体——材料和物理学的进展"。

通过这些研究,乔治成为世界上利用高压技术进行固态材料电子和结构特性基础研究的最有成就的科学家。此外,他还积极参与高压科学的国家和国际组织。他担任的职务包括国际高压科学与技术促进协会(AIRAPT)副主席和执行委员会委员、美国能源部(DOE)高压科学与技术小组主席、1974 年戈登高压研究会议(Gordon Conference on Research at High Pressure)主席、1993 年 AIRAPT/美国物理学会高压科学与技术联合会议共主席和项目主席。

---

① 编者注:ROTC 是后备役军官训练团。
② 编者注:MBE 是分子束外延。
③ 编者注:CVD 是化学气相淀积。

1974年乔治被美国化学学会授予伊帕季耶夫(Ipatieff[①])奖(授予40岁以下的科学家);1986年他当选为美国工程院院士,作为美国工程院的活跃成员,他曾在第9届同行委员会(2001—2003)任职,并在阿尔伯克基(2005年5月19日)组织了关于"固态照明——下一次照明革命"的区域会议,他是美国物理学会和美国科学促进会的成员。他还是Ferroelectrics(铁电体)、Reviews of Scientific Instruments(科学仪器评论)、Journal of Physics and Chemistry of Solids(固体物理与化学),以及材料研究学会的Journal of Material Research(材料研究)等期刊的编辑或顾问委员会成员。

我们这些熟悉乔治卓有成就的研究生涯,以及他开展大量国内外材料研究活动的非凡组织能力的人,也可能意识到他拥有出色的管理才能。在圣地亚,他最初于1967年获得晋升,担任过各种管理职务,负责凝聚态物理、电子材料和现象、化学、先进材料和纳米科学的研究工作。

乔治在圣地亚的漫长而杰出的职业生涯中,招聘了这个国家最有前途的年轻科学家,然后提名他们做特邀报告、参加各种荣誉和奖项的评选,促进他们的职业发展。他与这些科学家以及其他合作者的互动和对他们的支持,使全世界都认识到了这些个人或团体的优秀。他为几代圣地亚人提供资源、咨询意见或担任他们的导师,其中许多人在圣地亚或其他地方担任重要的领导职务。乔治身上综合了深刻的科学理解和洞察力、有远见、友善以及个人能力和组织领导能力,他因具有高度的专业、道德和科学标准而受到广泛认可,这些标准激励了所有与他接触过的人。

除了统筹管理这些研究活动外,乔治还承担了额外的管理责任。在他职业生涯的最后13年里,他担任圣地亚的能源部(DOE)基础能源科学材料科学核心研究项目负责人,他主要为能源部先进材料合成与加工卓越中心提供指导,这是一个由12个国家实验室和若干行业以及大学合作伙伴组成的协调合作中心,他担任协调合作中心主任。近年来,他在促进圣地亚/洛斯阿拉莫斯综合纳米技术中心(CINT)的建设方面发挥了重要作用。该中心是美国能源部五个纳米科学研究中心之一。在这些工作中,他因公正的协调和领导能力赢得了其他国家实验室和材料研究界同事们的钦佩和尊重。基于乔治的技术管理和领导能力,2000年美国化学学会授予他Earle B. Barnes化学品管理领导奖。

最后,关于他的个人生活的一些评论,除了技术成就令人惊叹,乔治视野开阔,爱好广泛。年轻的时候,他与各位同事一起在当地的新墨西哥州山脉及加利福尼亚州内华达山脉中部徒步。他的网球水平也令人尊敬。多年来他经常访问

---

① 译者注:弗拉基米尔·尼古拉耶维奇·伊帕季耶夫(Vladimir Nikolaevich Ipatieff),俄国-美国化学家。

黎巴嫩,他和他的妻子海伦(Helen)在那里相遇并且结婚。那些住在或访问过阿尔伯克基的人,都享受过他们家黎巴嫩式的热情好客和黎巴嫩美食。他的后院有新鲜的葡萄、杏子,特别是两种无花果。他喜欢园艺和艺术,特别是音乐,他甚至为他的教会会众写诗。作为一位忠诚和充满爱心的丈夫和父亲,乔治离开了他的妻子海伦、女儿维多利亚(Victoria)、儿子迈克尔(Michael)、兄弟埃米尔(Emile)和妹妹莱拉(Leila)。自乔治逝世以来,许多人意识到他不仅仅会因为他的众多成就而被人们记住。更重要的是,大家将铭记他与人相处的方式、他内心的慷慨、他的乐于助人、他的乐观进取。他是一位才华横溢的科学家、善良的公民、导师和老师。正如海伦所说,乔治是我们所有人的礼物。大家将非常想念他。

### 纪念乔治·萨马拉
### 作者:鲍勃·格雷厄姆[①]

乔治在阿尔伯克基圣地亚国家实验室度过了他近45年的学术生涯,尤其以使用定量的高压条件来更好地确定电子特性与晶格压缩的相关性而闻名。他于1962年在伊利诺伊大学厄巴纳分校哈里·德里卡默[②]教授指导下获得化学工程博士学位。乔治不仅具有卓越的研究生涯,而且在40年的指导物理和化学研究活动过程中,与科学家互动,相互交流见解,对这些科学家的支持,使他的团队在冲击压缩科学领域获得很高的评价。他因其高度的职业、道德和科学标准而受到广泛认可,这些标准激励了所有与他有过接触的人。作为ROTC军官,他在新泽西州蒙茅斯堡的美国陆军电子实验室探索研究所工作了2年,他利用自己非凡的组织能力,帮助组织了一系列国家和国际材料研究活动。在高压科学领域,他曾担任AIRAPT副主席和执行委员会委员、美国能源部(DOE)高压科学与技术小组主席、1974年戈登高压研究会议主席、1993年AIRAPT/美国物理学会高压科学与技术联合会议共主席和项目主席。他积极参与美国物理学会关于凝聚态物质冲击压缩专题小组的官方活动和咨询工作。与他的小组在变形材料科学方面的关注点一致,他备受推崇的冲击压缩科学小组专注于固体物理和化学,这些工作来自于广泛的科学力量中的物理能力。

乔治的200篇科学论文包括结构相变、半导体物理、铁电体、铁电聚合物、纳米尺寸半导体簇、缺陷、深层电子能级、结晶固体和聚合物弛豫、离子传输、陶瓷、光伏、MBE和CVD合成和加工等领域的开创性工作。铁电聚合物的研究开发

---

[①] 该回忆文章载于施普林格《冲击波》第7卷第3期第213-214页(2007年),经施普林格科学和商业媒体许可转载。省略了第一段,并添加了解释性脚注。

[②] 编者注:请注意,德里卡默教授的名字在该回忆录原件中有拼写错误。

了纳秒时间分辨的测量仪器。乔治被授予美国化学学会 Ipatieff 奖,并入选美国国家工程院。他是美国物理学会和美国科学促进会的成员。他还是 Ferroelectrics,Reviews of Scientific Instruments,Journal of Physics and Chemistry of Solids,以及材料研究学会的 Journal of Material Research 等期刊的编辑或顾问委员会成员。基于他的技术管理和领导能力,2000 年美国化学学会授予他 Earle B. Barnes 化学品管理领导奖。

在他职业生涯的最后 13 年里,乔治担任圣地亚国家实验室能源部基础能源科学材料项目的负责人,他曾担任美国能源部先进材料合成与加工卓越中心主任,这是一个由 12 个国家实验室和若干工业和大学合作伙伴组成的协调合作企业,他主要负责为该中心提供指导。乔治在建立 DOE 圣地亚/洛斯阿拉莫斯综合纳米技术中心方面发挥了主导作用。由于他对 DOE 基础能源科学的管理有很大兴趣,乔治主持了一个"秘密"实验室,在那里他可以至少花一点时间做他的高压研究。他忠于本性,一直工作到生命的最后一刻。

# 卡尔·舒勒
# Karl W. Schuler
(1967—1996①)

我于1967年4月到达圣地亚。我的背景是理论连续介质力学。我从未做过任何实验但是我对实验有兴趣。伊利诺伊理工学院(IIT)的一位教授建议,如果我想进行实验工作,我绝对应该去一个国家实验室,因为他们有很多设备可供使用。相比之下,如果我去一所大学,我会花2到3年时间为研究项目搭建实验仪器。在IIT攻读博士学位的两位圣地亚人还赞扬了圣地亚的许多优点。

唐·伦德根雇佣了我,他希望我研究波在聚合物材料中的传播。这有两个原因:金属低冲击压力(<50千巴)下的行为已经有了充分的研究,但核武器涉及的许多聚合物只是开展了准静态的研究,缺乏其在冲击加载下响应特征,特别是时间相关的效应。其次林恩·巴克尔正在开发激光干涉仪,同时有机玻璃(Plexiglas®)看起来像是理想的低阻抗窗口材料。

沃尔特·赫尔曼是我们的处室经理。我们的力学性能处主要位于805号楼的二楼,我分到一间办公室,是你会称之为"牛棚"的一部分。当从二楼走廊走进来,沿着中央过道走下去,那里两侧都是小隔间,大约8平方英尺,5英尺高。右侧第一个隔间是弗洛伊德·丢勒的办公室,第二个是拉里·伯索夫的办公室,第三个是雷·里德的办公室,最后一个在窗户旁边的是巴里·布彻的办公室。左侧是一个较大的隔间,那是山姆·凯和泽尔玛·贝辛格(Zelma Besinger)的办公室。然后是一条通道通向部门主管办公区。在那条通道的另一边是我的小隔间,我的隔壁是林恩·巴克尔的办公室,在窗户旁边。

我想因为我们办公室离得近以及我们对Plexiglas®的共同兴趣,我与林恩·巴克尔密切合作。他绝对是我的伟大导师。我会永远记住,在他的小隔间里有一块黑板,沿着黑板的顶部写着"我十分愿意我错了"(I'm perfectly willing to be wrong),但是巴克尔极少时候是错的。

在最初的几个月里,我记得看过林恩和瑞德·霍伦巴赫在855号大楼里设置气体炮实验。我还去了Y区的爆炸场地观看达雷尔·芒森的爆炸测试实验。那时Y区的炮装置尚未建成。我不确定何时我发射了第一炮,因为放炮日期通常放在放炮文件夹的前面,我现在已经没有查看这些文件的权限了。我确实有

---

① 卡尔·舒勒于1978年离开冲击波项目,并继续从事工程应用研究,直到1996年退休。

个记录显示我在 1967 年 9 月开展了 Plexiglas®气体炮实验(2110 发次),该次实验使用了 BRACIS(冲击面中心光束反射)技术。这是一种利用光束在透明靶冲击表面中心处的反射来测量冲击波传播时间的技术。当冲击透明射弹时,光束将继续射入弹丸,并且可以观察到光强的降低,这可以解释为在冲击表面中心处诱发了冲击波。我不确定这是否是第一次使用 BRACIS 技术,我也不确定是谁想出了这个方法,尽管可能是林恩。但我确实记得第一次尝试时,那是我最开始打的几炮之一,林恩和瑞德在控制室里徘徊。我认为他们并不认为这项技术会有用,但令人惊奇的是 BRACIS 确实成功了。当时通常用于确定何时发生中心冲击的技术是,在靶的周边装有四个带有不同电压的探针,当弹丸冲击时它们将发生短路。这些短接时间的平均值是中心冲击的时间。这种技术适用于可以非常平坦的材料,但是我们发现尝试弄平像 Plexiglas®平板这样的聚合物,还有很多不足之处。如果没有真正的平坦表面,则冲击中心时间的不确定度非常大。

在 2110 发次实验之前,我已经打过几炮了。其中一些采用了该部门使用的其他仪器和技术研究了聚氨酯的行为,这些技术包括石英计、斜线电阻器和位移干涉仪。

使用干涉仪可以分辨 Plexiglas®中应力波的精细结构,加载冲击通常包括粒子速度起跳到一个特定值,然后逐渐上升到最终的粒子速度。通过搜索连续介质力学文献,我发现艾伦·皮普金(Alan Pipkin)(我的论文指导老师的朋友)的论文介绍了非线性黏弹性材料中的应力波分析并预测了林恩和我观察到的波形类似的波形。因此,我能够使用皮普金的工作来分析我的实验数据,1969 年 11 月我提交了一篇关于 Plexiglas®中稳定冲击波传播的论文。

我们快速而富有激情地拓展了对 Plexiglas®的研究工作。首先,在实验中,用钢或铝来支撑 Plexiglas®飞片。这样在第一次冲击之后紧接着产生第二次冲击。我们获得的数据范围得以拓展。我们还在所有这些实验中研究了卸载波。当在 Y 区炮装置完工时,我决定使用三英寸半的火药炮来实现更高的压力范围。事实上,我是第一个使用那门炮的最大药量(20 磅黑火药)打炮的人。我似乎记得冲击速度为 7000ft/s。下一次有人在这门炮上试了 20 磅的火药,是鲍勃·格雷厄姆,这是他第一次使用火药炮。不幸的是,收集器并未正确安装在靶室中。此外,靶室的门也没有固定牢。因此,当鲍勃发射时,靶室的后门打开了,随后发生了重大灾难。建筑物上的大量金属板以及所有灯和大部分仪器都被巨大的气流冲飞了。在这场灾难之后,我借机将我们的采购代理人带到现场,向他介绍了发生的事故情况。他总是在抱怨我试图用花不必要的钱购买各种笨重的物品。当他看到事故的破坏情况时,他认为这是一个危险的环境,我们购买的仪器等任何东西都处于危险之中。此后我向他提交任何购买要求时就没有任何问题,不论我使用何种经费。

但真正的兴趣在于这些聚合物材料中的短脉冲衰减。为了研究金属中的短脉冲衰减,通常可以采用安装在碳泡沫上的薄飞片。加速薄片聚合物似乎非常困难,因为很难找到支持薄飞片的东西。所以我决定改变实验。我所做的是将样品放入弹丸里面,正好在弹丸的中心,我在样品前后面各放了一个棱镜,通过这种配置,干涉仪光束沿着炮的中心线入射,在弹丸中产生两次反射,从弹丸中的样品背面反射,然后返回到 VISAR。靶由箔膜构成,箔膜覆盖在靶板上的孔上并用 O 形圈撑开。当然最好用的箔膜是金箔。所以我找到了一家供应商,他们可以提供一块 3 英寸宽、千分之一英寸厚的金箔。我不知道的是,圣地亚接收的每一件珍贵材料都必须进行检查和称重。供应商向我保证,他会将我的金箔包裹在一个大直径圆筒上,这样它在运输过程中就能保持光滑,因为我需要它非常平坦。

当货物最终到达我们的实验室时,金箔看起来就像是一块用过的锡箔。为了确保我购买的几分之一盎司黄金的重量真实可信,我得把它卷起来放在灵敏的天平上称重。我打电话给供应商并告诉他发生了什么,他说没问题,我会让你知道如何在没有超级昂贵轧机的情况下制造平坦金箔的秘诀。他告诉我把一块金箔放在一个光学平面上,然后在箔膜中心放一滴油,再把另一个光学平面放在金箔上,然后用压机轻轻挤压这个三明治结构。油流出并使箔膜变平变薄。当我完成箔片的压平后,我将它带到机加工车间的检验部门,并测量其厚度。这些实验运作良好,因为发射时弹丸并不旋转。我能够将脉冲从厚度小于千分之几英寸的金箔输入各种厚度的 Plexiglas® 中。

我的弱点是后面的文字工作。我不是一个优秀或快速的写作者。我的办公室墙上总是挂着一幅漫画,画着屋外的厕所,标题是"只有纸面工作完成了任务才算完成"。幸运的是,管理层认识到了这一点,并让我与杰斯·农齐亚托合作,他是一位杰出的写作者。我们两个人一起发表了好几篇文章。我会做实验,分析数据,作图表,并与杰斯讨论。我们也一起验证已经发表的论文的理论。

杰斯可以在早上 8 点开始用一沓黄纸和一个红色毡尖笔开始写作。下午 4 点他会把空笔扔进废纸篓,然后将一沓写满文字的黄纸交给我连夜校读,这样第二天文稿就可以交给秘书了。杰斯最成功的是向《物理手册》(*Handbook of Physics*)的编辑展示我们的论文集,该编辑要求我们撰写某卷书的一部分。所以目前在我的简历上,我可以声称自己是一本重要专著的合著者。书出版之后,我们收到了出版商施普林格出版社的付款支票,因为支票是德国马克的,花了很长时间才兑现。在兑换成美元之后,我们计算四个共同作者每人能获得 1 美分/词的稿酬。对于我作为一名作者收入不少了。

但我真正的写作问题是进度报告。在我在圣地亚待了几个星期之后，我必须写我的第一份进度报告。我还记得当时的情形。"但是唐，我只在这里待了八个星期，"我抗议道。"是的，但是在研究小组中，我们必须写进度报告，我已经让林恩帮你写你的第一份报告，我相信有了他的帮助，你很快就能完成"，唐回答道。我坚持说："但是林恩，我什么事都没做"。林恩回答说："你做了。我知道你一直在图书馆调研文献，你也来过实验室，我告诉你如何使用气体炮和激光干涉仪，所以你已经开始了你的实验项目。为什么你觉得什么都没做呢，我们甚至讨论了你打算做的其他实验"，他继续说道，"因此，你第一份报告的标题可以是《非线性黏弹性波传播理论》。我建议你第二份报告的题目是《初步实验研究》，第三份报告的题目是《Plexiglas®中冲击波传播的实验研究》"。

我回到我的隔间，开始写作。我觉得从未要根据这么少的工作写这么多的内容。这是在文字处理器之前的时代，所以我必须把一切写在纸上。他们给我的建议让我觉得，在实验室工作的 8 周内我可能确实做了一些事情。

经过 2 天的涂鸦后，我用完了一整沓纸，但我三份报告的每一份都不到一张纸。我把报告交给唐，他在一个小时之内回来给我提出了一些建议，我很快根据他的建议进行了修改，然后再次交给了他。唐将报告送给了我的处室经理沃尔特，沃尔特立刻打电话到我的办公室，并告诉我需要用报告中的第一句话或第一段话来证明我的存在是合理的。

我的存在？他向我解释说，在研究小组中，我们总是要向高级管理层表明我们的研究如何与实验室的目标相关联，这最好在报告的第一句或第一段中完成。这样高级管理人员可以很快判断你是否在研究正确的问题，如果他们感兴趣，他们可以继续阅读你做了什么。

此外，他还注意到，我有一份报告是关于某种理论研究的而另一份报告是关于我的实验计划，他建议我应该将它们合成一份报告并如下开头："我们综合理论和实验工作来研究……"。后来我牢记这一点，而且在我后几年写的几乎所有季度报告中，我都以类似的句子开始。显然高层管理人员喜欢理论与实验相结合的研究。沃尔特提出的第二点是，关于判断性的句子或段落应该在不同的报告中保持一致，否则会让上级管理层感到困惑。我回到办公室做了进一步的修改。当我最终完成时，我在一份进度报告中大肆吹嘘以满足管理层的期望。

在该处室我们只需每 6 个月写一次进度报告，但是在 1968 年中期，发生了重大的重组，我们被调入研究理事会，成了沃尔特·赫尔曼领导的固体动力学研究处，他们要求我撰写季度报告。大约在同一时间，唐·伦德根决定辞职，巴里·布彻成为我的部门主管。

尽管 Plexiglas®可用来做实验并且能够发表文章，但武器界对 Plexiglas®并不感兴趣。1968年的某个时候,安排我到一个研究小组看看MC 2043中子发生器,这种经历使我直接接触了武器界感兴趣的聚合物,特别是加载聚合物是非常令人感兴趣的。这些是填充有各种材料的聚合物(如环氧树脂)。也许最有趣的是氧化铝填充环氧树脂,我开始用这种材料做冲击波实验。关于这种材料最奇怪的是加载波速度和卸载波速度之间存在巨大差异。加载波速度通常和聚合物材料的加速波速度差不多,但卸载波速远高于聚合物卸载波速度的期望值。我对这种现象的解释是,最初具有非常高波速的氧化铝颗粒被环氧树脂分开,但是当加载波传播通过材料时,使得氧化铝颗粒互相接触,因此卸载波能够以相对高的速度从一个氧化铝颗粒传播到下一个氧化铝颗粒。使用不同量的氧化铝填料制备样品,我开始了非常广泛的一系列实验。我还开始阅读有关复合材料和混合物的论文,并对使用其他填料的聚合物进行实验,其中一个最有趣的填充物是装有微玻璃气球的环氧树脂,该材料可以维持高静压力,直到微气球坍塌,此时它的体积会急剧减少。

当我开始积累这些材料在气体炮上的冲击波数据时,我觉得最好有一个三轴试验装置,这样样品可以承受高静压并叠加轴向载荷。因此,在20世纪70年代早期,我开始订购压力容器和其他设备,来建立一个静压三轴试验装置。1973年,当阿拉伯石油禁运袭来时,能源研究变得非常重要。事实上,1974年国会将原子能委员会重组为能源研究与发展管理局(ERDA),指示圣地亚不仅要继续支持核武器研究,还要开始进行能源研究。经过多次讨论,圣地亚研究小组决定研究利用油页岩生产液体燃料。我购买来继续研究聚合物材料和混合物的压力容器,突然成为岩石力学研究实验室的核心设备,用作油页岩的研究,我们购买了一个非常大的刚性负载框架来放置压力容器,因此可以对油页岩进行三轴试验。我还开始了一系列实验,来研究不同等级油页岩的冲击响应。

岩石力学实验室建在855号楼的北端。但到了1977年,我基本上停止冲击波工作,并且大量参与了岩石力学研究。到1978年,我们在岩石力学实验室完成了许多油页岩测试,并且我开发了一种非常紧凑的测量仪,来监测三轴试验机中油页岩样品的横向膨胀。我对加载聚合物所做的工作由罗德·博德接管,他最终与我合作了一份关于氧化铝填充环氧树脂的论文。虽然我们计划在三轴试验装置中测试氧化铝填充的环氧树脂和其他填充环氧树脂,但首要的是测试油页岩和其他岩石力学实验,例如,在尤卡山参与盐中核废物储存库和内华达试验场的实验。

然而,我确实继续参与中子发生器组的工作;当1978年我离开冲击波和岩石力学团队并成为结构分析小组的成员时,我继续支持中子发生器对峙测试。1984年在许多仍然处于冲击波领域的同事的帮助下,我现场安装了一套仪器包,用于监测武器系统测试中中子发生器的间隙。从 1984 到 1996 年我在各种库存武器和试验武器系统中使用了这种技术。1996 年我退休后,继续作为顾问向系统小组提供关于中子发生器的建议。

我在冲击波小组期间也对我的健康做出了重大贡献。1967 年当杰夫·劳伦斯和我来到时,我们是处里 30 多人中仅有的吸烟者。有证据表明(如手指染色和旧的烟灰缸),该组中的许多其他人曾经都吸烟。然而由于该组一名成员死于肺癌,他们都戒烟了!当林恩赌一毛钱我不能戒烟时,我戒了。我仍然把一角硬币贴在一张写着"巴克尔错了"的卡片上。

# 赫伯·萨瑟兰
## Herbert J. Sutherland
（1970—2005[①]）

从奥斯汀得克萨斯大学（UT）毕业后，我被达雷尔·芒森聘用加入圣地亚（参见雷·里德的回忆）。在为菲尔·斯坦顿担任研究生助理期间，我在瑞普教授指导下获得了硕士学位。菲尔在 UT 攻读博士学位，他第一次向我介绍了圣地亚。我的硕士论文是使用由菲尔开发的爆炸驱动飞片装置来研究多晶中的冲击诱导相变。我的博士论文是在坎维特（Calvit）教授指导下研究了黏弹性复合材料中的声波传播。

达雷尔主要雇用我来研究复合材料中的冲击波，我与道格·德拉姆赫勒搭档（这个部门的一个工作模式是小组大部分研究工作由一个实验研究人员与一个理论研究者配对开展。对我们两个人来说具有相互促进作用。事实证明这是一个非常有成效的模式，可以促进对相关现象的理解和建模）。我的主要职责是在实验方面，道格的主要职责是在理论方面，但这种区分并不严格。后来我们聘请 UT 的马克·贝德福德（Marc Bedford）（马克曾是我的博士论文答辩委员）作为顾问来帮助进行相关分析。我们从金属复合材料开始，后来转向黏弹性复合材料。在这个小组中的大部分时间里道格和我共用一间办公室。

当我第一次向圣地亚报告时，我没有任何使用气体炮的经验。唐·伦德根将我"置于他的保护之下"并教我掌握要领。他让我观察他的一次气体炮实验过程（从头到尾），然后指导了我在 4 英寸气体炮上最开始的一系列实验。

多年来，我与一大群其他研究人员合作开展了各种项目，除了与道格和马克的主要合作外，我还与杰斯·农齐亚托、卡尔·舒勒、乔尔·利普金、吉姆·肯尼迪、加里·卡尔森（Gary Carlson）、皮特·莱斯内、彼得·陈和里奇·施密特合作（仅举几例）。所有这些都是非常富有成效的合作。

道格、马克和我确定复合材料中波传播的建模需要详细了解复合材料的几何和弥散情况，这些单独使用冲击波是无法确定的。为了详细研究弥散，我先后与拉里·肯特和迪克·林格尔合作，在我们小组中建立了一个超声波（声波）传播实验室。除了复合材料工作之外，这个实验室还应用于许多其他项目。

在一个工作中，杰斯和我使用超声波来研究由于热老化导致的高爆炸药的

---

[①] 赫伯·萨瑟兰于 1978 年离开冲击波小组；他于 2005 年从圣地亚国家实验室退休。

力学性能退化。我们使用高温来进行爆炸物的"加速寿命测试"。为了进行这些测试,需要使用超声波技术监测爆炸物大约一周,同时将样品保持在相对高的温度。前几天是关键的,需要24h进行测量。杰斯细心照顾了我几个晚上(在进行测试时,爆炸物实验室总是需要至少两个人),我们带了几个帆布床和一个非常响亮的闹钟。我记得在我做测量的时候,杰斯从来没有站起来,但却保持着清醒。

在1975至1976年期间,当资金变得紧张时,沃尔特·赫尔曼将我从剪切波速度干涉仪的工作调到了处理反应堆安全机构。我在超声波领域的工作引导拉里·肯特和我开发了一种声学技术,用于监测非常热的液态金属(包括液态钠)渗入混凝土(一种具有分散性的复合材料)。拉里和我在圣地亚进行的测试是一个更大测试团队的一部分。由于这一工作,KFK(西德卡尔斯鲁厄核研究中心,一个德国国家反应堆研究实验室)邀请我们参加了类似的实验。作为访问科学家,我在那里度过了2个月,将拉里和我开发的技术应用到他们的实验中,并作为测试团队的成员进行实验和分析他们的结果。

在这个小组的最后4年以及之后的6年里,我是圣地亚学徒项目的讲师,我教代数和三角、物理和动力学课程。所有课程都在午餐时间或下班后开设,几乎所有的学生都成了圣地亚的全职员工。

1978年我离开了这个处室,转到了最近创建的地质力学处,在那里我从事岩石力学领域工作。在那个研究领域,我与达雷尔·芒森以及卡尔·舒勒进行了广泛的合作。1985年我进入了风力涡轮机开发小组,在那里我度过了我的圣地亚职业生涯的下一个20年。

# 山缪尔(山姆)·汤普森
# Samuel L. Thompson[①]

(1966—1994)

## 迈克·麦格劳恩的颂词:持久的全国影响力

山缪尔(山姆)·汤普森开发了最先进的冲击代码。他还额外为圣地亚国家实验室或外部的用户提供支持。他激励了全国的冲击物理学界。

他的代码经得起时间的考验,因为它们准确而稳定,许多人都在使用。山姆理解提供完整的冲击物理分析软件环境的重要性。这个计算环境包括材料模型以及预处理和后处理软件。在整个职业生涯中,他都非常努力地为他的代码的许多用户提供支持。

### 技术贡献

在获得肯塔基大学天体物理学博士学位后,山姆于 1966 年加入圣地亚。他开始研究材料对 X 射线驱动的热机械脉冲的响应。在加入圣地亚之后不久,山姆编写了一维(1D)耦合流体动力学和辐射传输扩散(CHARTD)代码。它使用解析状态方程程序包模拟强冲击,山姆开发了 ANEOS 软件包,来模拟完整的多相状态方程。ANEOS 给出了从室内条件到非常高压力和温度有效的状态方程,ANEOS 在模拟包括金属在内的许多材料方面做得非常出色。山姆开发了预处理和后处理软件,用于分析 ANEOS 状态方程和 CHARTD 输出。他甚至支持底层图形包 RSCORS[②]。山姆还设法抽时间编写详细的参考手册,其中一些可以作为今天如何编写好的参考手册的样板!从职业生涯开始,他理解提供稳定而完整冲击物理分析环境的重要性。

山姆使用最广泛的代码是 CHARTD SQuared(CSQ),CSQ 是一种二维(2D)多

---

[①] 山姆在圣地亚从事过多种职业。1980 年调入管理反应堆安全分析岗位之前,他一直致力于开发用于冲击波模拟的流体力学代码。他在 20 世纪 80 年代中期返回冲击波项目,并继续开发自己的代码,直到 1989 年左右。山姆于 1994 年去世。

[②] RSCORS 是修订的斯特龙伯格-卡尔森光学记录系统(Revised Stromberg Carlson Optical Recoding System)的缩写,它是 20 世纪 70 年代使用的软件和硬件系统。

材料欧拉代码,模拟强冲击、弹性、塑性、单组扩散辐射传输和材料断裂。与丹尼尔·马图斯卡(Daniel A. Matuska)的 HULL 和沃利·约翰逊(Wally Johnson)的 OIL 代码一起,CSQ 帮助定义了所有通用的欧拉冲击波物理代码在 20 世纪 80 年代和 90 年代的方向,山姆支持了圣地亚内外的大型 CSQ 用户社区。

在他的软件中,山姆表现出了精湛的工匠技巧,在充满挑战的软件和硬件环境中,他开发了他的早期代码,挑战包括 FORTRAN 66 语言限制、卡片组、批处理和多日周转时间,文档很有挑战性,因为他必须手工编写文档,然后将其交给另一个人用打字机打字!尽管如此,他还是为强冲击分析开发了一个完整的环境。

山姆也是备受尊敬的分析师。圣地亚管理层经常让山姆分析非常重要的问题。在 20 世纪 70 年代和 80 年代,管理层只允许山姆使用国家实验室计算机来解决这些问题时,通常山姆会使用 CSQ 或 CHARTD 来分析武器计划中非常紧迫的问题。管理层还让山姆解决重要的非武器问题。一个例子是,他在三哩岛反应堆事故后进行紧急的关键计算。管理层汇集了整个实验室的精选团队,以确定氢爆炸是否会破坏反应堆的混凝土安全壳结构,该团队告诉三哩岛应急管理部门没有安全壳失效的危险。

**领导**

山姆于 1980 年左右进入管理层,他的个人技术贡献减少了,因为他花了更多时间领导开发人员和分析师团队,他将代码开发和用户支持活动交给了其他员工。在三哩岛事故发生后,他花了几年时间研究核反应堆事故分析。

在 20 世纪 80 年代中期,山姆回到了冲击研究领域,他担任负责开发三维(3D)冲击物理代码的处室领导。圣地亚国家实验室管理层认为,新的超级计算机(Cray XMP)能够解决三维问题。计算物理研究和开发处将三维 CSQ 升级为 CTH 代码,CTH 是一种 3D、2D 和 1D 欧拉代码,可以模拟强烈的冲击、弹性、塑性和断裂。虽然山姆是负责人,但他仍然有时间开发大部分发生器程序(CTH-GEN)、后处理程序(CTHPLT)以及部分 CTH 程序,该团队再次提供了完整的冲击物理环境。

在 20 世纪 90 年代早期,DARPA 成为 CTH 的坚定支持者,他们提供资金来增加国防部所需的能力,并支持早期国防部用户。山姆对完整用户环境的坚定信念为国防部用户带来了好处。CTH 团队向外部用户提供了完整的冲击物理分析计算环境。许多开发人员都增强了 CTH。他们增加了改进的材料模型和计算能力。CTH 在大规模并行计算机上运行,从而允许数百万个单元网格。大卫·克劳福德增加了自适应网格细化,以可接受的成本提供卓越的冲击分辨率。CTH 仍然是圣地亚内外使用频繁的代码。圣地亚将 CTH 分发给大型外部用户社区,目前将CTH分发到全国约100个单位。

许多技术专家使用CTH进行各种重要的、高优先级的计算研究。高保真三维武器安全计算有助于分析复杂的武器事故情景,并最大限度地减少昂贵的武器安全实验。梅尔·贝尔增强了CTH模拟多相流的能力,以研究"爱荷华"战列舰炮塔的燃烧,该炮于1989年爆炸,造成相当大的人员伤亡。这是由迪克·施沃贝尔领导的圣地亚国家实验室团队工作的一部分,该团队证明过度冲击可能会点燃推进剂。爆炸是一场悲惨的事故。此外,在1996年TWA 800航班空中爆炸导致机上全部人员死亡之后,贝尔再次使用CTH研究燃油箱中燃料–空气爆炸的可能性。国家运输安全委员会得出结论,事故的可能原因是燃料箱中的燃料–空气爆炸。这些研究为飞机制定了新的要求规范,以防止未来的油箱爆炸。在另一个戏剧性的例子中,大规模并行版本的CTH分析了1994年"舒梅克–列维"9彗星撞击木星。天文学家无法观察到这次撞击,因为它们位于木星远离地球的一侧。3D CTH计算表明应该在木星的边缘具有可见的光学特征。天文学家可以通过可见光学特征推断出撞击的有关信息。分析师仍然使用CTH来分析与小行星相关的超高速冲击现象。例如,马克·博斯洛用它来分析2013年发生在俄罗斯车里雅宾斯克附近地球大气层近地小行星空爆事件。

自20世纪60年代以来,山姆对冲击物理学和代码开发有重要的影响,他从一位强大的个人贡献者转变为一位受人尊敬的领导者。他开发了一种广泛使用的强冲击模拟环境。向圣地亚之外的单位共享他的代码,促进了全国的冲击物理学领域发展。他为今天的代码能力、易用性和准确性设定了标准。

1994年11月3日,山姆·汤普森在与一种罕见的癌症进行长期斗争后去世。

# 韦恩·特洛特
## Wayne M. Trott
（1978—2010）

### 我对圣地亚冲击波研究的回忆

我比其他许多人以一种更间接的方式参与了冲击波研究。事实证明，我从未分配到一个致力于冲击物理研究的组织。相反，我在圣地亚两个截然不同的组织工作，从1978到1989年在激光科学部门工作，1989至2010年期间在关注热量和流体的工程科学中心工作。我最终参与了许多冲击波物理的研究工作，这一方面证明了冲击波研究的交叉学科性质，另一方面也说明圣地亚有许多跨学科合作的机会。我一直认为这样的机会是圣地亚的标志并定义了其研究能力。从本回忆中可以看出，我在冲击物理学中的研究任务涉及各种各样大大小小的项目。这些研究工作几乎总是兼职的。我并不试图详尽地描述所有项目。相反，我仅打算触及我认为总体影响最大的那些内容。

我在圣地亚最初的任务，涉及研究用于惯性约束聚变驱动器的候选激光系统以及激光诱导燃料和氧气的气相混合物的分解。大约1980年，我的主管吉姆·赖斯（Jim Rice）鼓励我专注于含能材料的分解。我们的激光组和其中一个元件组在此领域展开了合作。元件组的乔治·帕金斯（George Perkins）聘请安妮塔·伦伦德担任其团队的主任研究员，我们从此开始了长期合作。安妮塔和我研究将各种光谱技术（发射光谱、拉曼光谱、时间分辨红外光谱成像）应用于冲击物理和冲击化学问题。我们最初专注于气相含能分子，但很快就集中在实际的液体和固体炸药上，以更符合项目的兴趣，并且与最先进理论建模可能产生更直接的联系。通常首先使用雷管驱动器探索和开发实验技术，然后使用气体炮测试，这使我们获得充分表征的冲击输入参数。在冲击压缩TATB（三氨基三硝基苯）和硝基甲烷的拉曼光谱研究中，能获得最好的定量结果（Renlund&Trott，1988；Trott and Renlund，1989；Renlund&Trott，1990）。我们通过压力和温度引起的分子振动频率变化来研究爆炸物的冲激响应。对这项基础研究工作的经费资助最终取消了，我们便转向优先级更高的工作上。据我所知，即使已经过了四分之一个世纪，关于爆炸材料拉曼研究的后续工作也很少，在分子水平上对冲击过程的描述肯定涉及巨大的复杂性，并且这仍然是一个挑战，且很大程度上是一个未充分研究的领域。

在光谱研究的最后几年,我也同时参加了炸药光学起爆的研究。炸药激光起爆的概念在圣地亚短暂兴起于20世纪60年代。20世纪80年代,对这一概念重燃兴趣的主要原因是,武器应用的全光学点火装置的安全优势。这个想法对研究核武器安全的斯坦·斯普瑞(Stan Spray)特别有吸引力。他提供了早期资金来探索这个概念。我们早期的实验涉及与激光项目(乔治·菲斯克(George Fisk))和元件(史蒂夫·谢菲尔德、比尔·罗杰斯(Bill Rogers))小组的另一个合作。最初的工作涉及激光驱动飞片和直接辐射爆炸物的干涉研究(Sheffield et al. 1986)。事实证明,上面提到的所有研究人员都在其他地方找到了工作,吉姆·赖斯要求我接管这方面的工作。

在我参与的最初几年,这项工作在几个方面取得了进步,包括评估光纤的高功率处理能力、优化激光驱动的飞片、通过直接辐射光学引爆爆炸物(用/不用光纤传输)以及探索激光驱动的雷管起爆的可能性(Trott&Meeks,1990a,b)。早期的工作(Sheffield,Rogers&Castaneda,1986)似乎表明,对于实际的点火应用,可靠地引爆二次爆炸的激光能量可能非常高(>3J)。但是我们的实验表明,感知到的困难主要是尺度问题,使用适当的小光斑,起爆所需的能量要小得多(低至10mJ)(Renlund et al. 1989)。在这些初步研究中,我们还能够证明适当尺寸(直径0.2~1mm)的光纤可以处理相应的辐照度,以支持这种类型的应用。

在这一相对较低水平的实验工作正在推行时,系统小组召集的研究小组从核安全和使用控制角度评估了光学起爆的概念,并得出结论认为该概念值得继续研究。随后涉及技术人员(包括鲍勃·塞切尔、肯特·米克斯(Kent Meeks)、菲尔·斯坦顿、安妮塔·伦伦德和我)和管理层(包括唐·施罗德(Don Schroeder)、戴夫·安德森、吉姆·杰拉尔多(Jim Gerardo)和丹尼斯·海耶斯)的讨论决定合作资助圣地亚的直接光学起爆项目。此时,工作分布在几个不同的组织,与此概念相关的几乎所有问题的理解,最终都取得了重大进展,包括稳定高能激光源的小型化、光纤功率处理能力的优化,以及炸药对直接激光辐照起爆和光学驱动雷管起爆的响应等。LANL也并行支持该项工作,也许最值得注意的是,通过光纤耦合光学驱动雷管起爆高密度PETN(季戊四醇四硝酸酯)和HNS(六硝基二苯乙烯)炸药(Paisley,1990)。我在这项工作中的作用越来越集中在激光驱动飞片的表征和优化上。除了主要应用于高爆炸药起爆之外,冲击波物理对激光驱动的飞片更感兴趣,因为光学驱动的高速箔膜可用于冲击各种材料,只需要良好控制的短脉冲动态加载的靶。

几年来,我们详细研究了激光驱动飞片性能和完整性的各个方面。这些工作是与其他实验室的实验人员(LANL的丹尼斯·佩斯利(Dennis Paisley)和LLNL的艾伦·弗兰克(Alan Frank))以及圣地亚的分析人员和理论研究者(特别是杰夫·劳伦斯和小阿奇·法恩斯沃思）合作完成的。在实验方面,我们评估了许多不同的飞片材料（如 Al、Ti、Mg）和复合材料（如具有嵌入 $Al_2O_3$ 的隔热层的 Al）,并且研究了飞片生成现象学的许多不同方面,包括激光吸收和驱动等离子体生成过程、驱动等离子体烧蚀飞板的程度、影响飞板平面度的因素等（Trott,1994;Frank&Trott,1996）。与劳伦斯和法恩斯沃思的合作在理解实验结果方面特别有益,劳伦斯基于爆炸驱动飞板的格尼理论开发了一个简单但非常稳定的模型,来预测激光驱动飞片的最终速度。通过对给定飞板材料的有限实验结果进行校准,该模型能够非常准确地预测由激光通量和脉冲持续时间以及飞板厚度和直径变化引起的实验结果的趋势（Lawrence&Trott,1993）。

为解决飞板平面性以及飞板发射过程的其他更具体方面的问题,法恩斯沃思在 CTH 流体动力学代码中加入了强大的激光吸收模型。这些代码可以模拟飞板的加速历史和飞板平面度,并与我们的实验结果进行比较（Trott,Setchell,Farnsworth,2002）。正如劳伦斯的工作一样,法恩斯沃思的理论结果引起实验开发和模拟改进的有效迭代,这使得我们对飞板生成过程的理解得以推进,这些协同作用的细节可以参见参考文献。这项多年的工作为这种直接光学启动方法提供了全面、基本的科学基础,得到了系统组技术人员的热烈支持,其中最主要的是鲍勃·塞切尔和肯特·米克斯。后期塞切尔、法恩斯沃思和我将激光驱动飞板技术应用在微尺度材料的状态方程研究中,进一步开发了这项工作在其他方面的应用（Trott et al. 2002）。

我们在继续直接光学起爆项目的相关工作的同时,我的组织关系也发生了重大变化。激光科学组织越来越多地参与光电子研究。相应地,事实证明,飞片相关工作（以及我参与的其他项目）放在工程科学中心更好。在新组织中,鼓励我继续这项工作（由约翰·卡明斯（John Cummings）和后来的阿特·拉策尔负责）,并且我还与该组织的实验人员和分析人员以及脉冲能源科学中心的人员建立了新的联系。

激光驱动飞片工作中的最主要的光学诊断工具是光学记录速度干涉仪系统（ORVIS）,这个系统是我在史蒂夫·谢菲尔德离开圣地亚之后从他那儿"继承的"。在整个直接光学起爆项目工作过程中,我们使用该系统作为点测量速度干涉仪（在很多方面与 VISAR 相似）。大约 1996 年,吉姆·阿赛和拉利特·查比达斯鼓励我跟进德国和俄罗斯研究人员报告的使用 ORVIS 进行线成像模式的工作（Baumung et al. 1996）,以时间和空间分辨的方式实施冲击波测量对于各种各样的问题都有相当大的关联。实际上,威尔·海姆辛和几年前 LANL 的同事已经证明了线成像 VISAR 的功能设计（Hemsing et al. 1990）。这种干涉仪设计的一些缺点包括需要非常强大的激光光源（100W 或更高）,且涉及多个光纤束的复杂光收集系统。鲍蒙(Baumung)等使用的ORVIS设计更简单,需要较少新硬件的投资。在我们开发线成像ORVIS的早期阶段,资金来自实验室指导研发(LDRD)项目。有了这种支持,我们就能够开发线成像ORVIS功能,并且我们系统地改进了线性光学系统、采集光学系统,以及ORVIS图像处理程序和数据分析(Trott et al. 2001)。

在1998年将线成像ORVIS装置与爆炸组件部门(ECF)的气体炮冲击装置耦合后,我们开始将诊断应用于各种冲击波问题,这项工作在ECF仍在进行,我们一直得到了装置管理层(尤其是劳埃德·邦松和莉安娜·米尼尔(Leanna Minier))的支持。此外,多年来基于我们设计的其他干涉仪已经开发用于其他圣地亚装置,包括STAR(冲击热力学应用研究)、DICE(动态集成压缩实验)和Z装置。在这些装置上我对硬件开发的贡献以及实施各种实验都与许多圣地亚研究人员进行了互利互惠的合作,除了吉姆·阿赛和拉利特·查比达斯(如前所述),这些研究人员还包括玛西娅·库珀、亚历克斯·塔潘(Alex Tappan)、比尔·莱因哈特、麦克·菲尼西、马库斯·克努森、特雷西·沃格勒、汤米·奥、兰迪·希克曼和贾斯汀·布朗。近年来我们还与LANL的达娜·达特尔鲍姆(Dana Dattelbaum)、史蒂夫·谢菲尔德、马克·肖特(Mark Short)和斯科特·杰克逊(Scott Jackson)合作。

虽然详细讨论线成像ORVIS解决的不同问题超出了本文的范围,但相关材料和研究过程包括但不限于:

·冲击压缩非均质炸药和惰性替代品,如HMX(一种高熔点炸药,又名辛酸盐炸药)和糖,并与介观尺度模拟比较(Baer&Trott,2002b;Trott,Baer,Castaneda et al. 2007);

·冲击波在确定的材料几何形状中传播,如硝基甲烷浸渍,几何规则的Robocast氧化铝样品和高度有序的锡球晶格,也可与介观尺度模拟进行比较(Trott,Baer,Castaneda et al. 2006;Baer &Trott,2004);

·研究钽中的初期层裂(Furnish,Chhabildas,Reinhart et al. 2009);

·研究宝石中的边缘释放效应(Reinhart,Chhabildas,Trott,Dandekar,2002);

·研究受冲击ALOX/PZT的多尺度效应——即加载氧化铝的环氧/锆钛酸铅(Furnish,Robbins,Trott et al. 2002);

·在Z机器上测量冲击发射超高速飞片所产生的冲击速度(Vogler,Trott,Reinhart et al. 2008);

·研究准等熵压缩下干涉窗的响应(Ao,Knudson et al. 2009a);

·使用会聚冲击进行高压雨贡纽测量(Brown,Ravichandran,Reinhart,Trott,2011);

·研究硝酸盐和颗粒混合物起爆过程中的热点形成(Dattelbaum, Sheffield, Stahl et al. 2010);

·测量采矿炸药 ANFO 或 AN/FO(硝酸铵/燃料油)对低应力平面冲击的响应(Cooper, Trott et al. 2012)。

非均质材料中冲击波传播令人生畏的复杂性以及名义上更简单的材料中多尺度的波现象似乎确保线成像 ORVIS 在将来也有用武之地。改善干涉仪性能和撞击靶的设计是提升其性能的两个方向。毫无疑问图像数据分析方法也有很大的改进空间。

上述内容集中了我对三个主要领域的回忆:①开发光谱诊断以研究在冲击压缩和释能反应下材料的物理和化学变化;②与直接光学起爆相关的过程评估和优化,重点是,与激光驱动飞片的发射和冲击相关的详细过程;③开发和使用线成像 ORVIS 诊断,用于各种冲击压缩研究。如前所述,预算约束决定了我对这些工作的投入通常是兼职,而我的工作通常分布在多个项目中(其中许多项目与冲击物理无关)。我并未涉及一些额外的贡献:例如,在含能组件团队中开发微能量处理和测试仪以及开发微机械压力换能器阵列检测器。对这些项目的讨论最好留给适当的首席研究员(在所引用的例子中,分别是亚历克斯·塔潘和戴夫·琼斯(Dave Jones))。

最后,重要的是要感谢支持我工作的技术专家和合作者,其中包括汉普·理查森(Hamp Richardson)、海梅·卡斯塔内达(Jaime Castaneda)、吉尔·米勒(Jill Miller)、但丁·贝瑞(Dante Berry)、海蒂·安德森(Heidi Anderson)、丹·桑切斯(Dan Sanchez)、约翰·利夫斯基(John Liwski),等等。我试图回忆并感谢所有做出重要贡献的人,我提前为任何我可能遗漏的人们道歉。

# 蒂莫西(蒂姆)·特鲁卡诺
## Timothy G. Trucano
（1971—1972,1980—目前①）

### 入门:1971—1980

我没有接受过作为冲击波物理学家的正规培训,也没有像物理学家那样受过多少训练,我是一名数学家。我怎么最终开始写这个回忆？答案始于1971年夏天。

我刚刚在新墨西哥大学(UNM)完成了我的二年级学习,主修数学辅修物理学。我完成了三个学期的物理专业的大学物理入门课程。虽然我学到了很多有趣的东西,但回想起来,最重要的事情,是从这个课程中大部分时间坐在我旁边的人那里学到的。他说圣地亚为大学生提供了暑期工作机会,我应该去申请。我作为一名大三学生参观了圣地亚,这是我对它的全部了解,我从未想过要去那里做暑期工作。

我确实申请并获得了一份暑期工作,这就是传奇故事的开始。

1971年的夏天是我未来的主要预兆,但我当时并不知道。我被聘为"暑期学生发展助理",招聘负责人是李·戴维森。该小组称为"冲击波研究部门"（当时一级管理单位被称为部门）,尽管正式的招聘机构是"会计部门"。这个小组本来是物理科学研究中心(物理学)冲击波小组,而不是工程科学中心(工程学)的冲击波小组。事后我了解到我得到这份工作的原因是,之前选中的学生最终拒绝了这份工作,我认为这让李感到惊讶,不知怎的,他最终选择我作为替补。

作为个人和圣地亚员工,那个夏天我需要快速成长。我不记得我完成了任何一件事,但我记得我所面对的一些人和工作。我必须等待安全审查许可,所以前两周我在爆炸发射场度过。那个夏天,我的导师是吉姆·肯尼迪；他正在现场进行爆炸冲击点火实验,现场工作人员修改了标准操作程序,而我在那一系列程序里是以这样的形式出现的："确保蒂姆在碉堡里"。我记得是一小片Detasheet®发生爆炸,用以检测爆炸的快速示波器产生了大量示波痕迹的宝丽来照片。我还记得在前两周内我立即对波、爆炸等感到好奇。

---

① 在撰写本文时,蒂姆于大约2003年离开了冲击波研究领域,并继续担任计算科学领域的高级研究员。

当我坐在那里时,现场的高潮事件是一次巨大的燃料空气爆炸试验(在吉姆的冲击启动研究兴趣之外),其中大约 30 或 40 磅的 TNT/PBX 炸药透镜将铝制飞片发射到一个大气囊中,这是我经历过的最大规模的爆炸。爆炸过后,我们还盯着烧焦的地面,吉姆立即断定说这是爆燃,而不是爆炸(想象一下爆炸会是什么样的!)。我产生更多好奇,吉姆怎么知道的? 爆燃? 事实证明,如果是爆炸的话爆轰波在空气中传播引起的网状不稳定性会将塑料袋切成三角形碎块(如果我没记错的话)。

另一个奇怪的事情是关于这次爆炸的一些原始光度计结果。当我最终进入技术区时,我看到一个名叫鲍勃·马蒂斯(Bob Martis)的人正在工作,他正在将爆燃传播的光度计记录数字化。他甚至向我展示了如何使用他的机器。我试图自己数字化一些记录,但我发现这是像鲍勃这样的人擅长的艺术形式,而我则做得很糟糕。

我还记得在测试现场进行了我在圣地亚的第一次计算。我坐在比尔·本尼迪克的办公室,使用了一个老式的机械式手动计算器计算。我最终遇到了比尔,但当时并没有见到,我在他的办公室是因为他正在休假。我弄坏了他的计算器。哎!这是趋势吗?

2 周后当我进入技术区域时,实际上没有地方让我坐,所以我挤进了吉姆的办公室。吉姆的办公室伙伴是蒂尔曼·塔克。突然我听到了电线爆炸的声音。这个办公室在 806 楼,古老的物理科学研究综合大楼包含 805 楼、806 楼和 807 楼。对我来说,这个地方是地球上的天堂,因为这里的所有人以及能近距离看到他们是如何实际工作的。我如何对吉姆和蒂尔曼·塔克让我坐在他们的小型双人办公室里并向他们学习表示感谢呢? 蒂尔曼·塔克在大厅对面有一个可爱的实验室,他在那里研究爆炸线和人体电容(原因未告知我)等。它在入口处的铭牌上写着"老(Ye Olde①)爆炸线实验室"(当时人们并不害怕在他们工作中表现自己的幽默)。我在想学习的事物清单上写下了爆炸线,希望能进一步了解(有趣的是,爆炸线及其相关研究问题在圣地亚国家实验室目前和 1971 年一样重要!)。

吉姆和蒂尔曼·塔克的办公室有一个古老的王安电子计算器系统,该系统可以完成现代 40 美元的 TI(德克萨斯仪器)或 HP(惠普)手持计算器可以完成的工作的十分之一,吉姆要我编程以解决格尼方程。但我失败了,那时我还不是,而且从未成为过计算机程序员。但是在我看来格尼方程仍然是一个问题,它们加深了我对理解波和炸药等的兴趣。

---

① 暗示或模仿中世纪或老式名称。"Ye Olde"源自古英语短语,在现代英语中翻译为"The Old"。

我记得吉姆做了一些计算,可能使用了始终很重要的 WONDY 1D(一维)拉格朗日代码或 SWAP(林恩·巴克尔的一维特征代码);我记得蒂尔曼·塔克运行了一点代码,解决了基于电路方程的导线爆炸经验模型,主要是作为数据分析工具,而不是作为研究工具。在那个年代,计算机是 CDC 6600,作业以卡片形式提交,一个人将一叠小心地用黑色防护罩包裹的卡片拿到 805~807 号楼研究中心的服务中心,随后通讯员将其送至中央计算设施,然后运行卡片,将输出(主要是打印输出和硬复制图)发送回服务中心,这听起来很糟糕,但是人们在等待计算机结果时有很多时间用于思考。

805、806 和 807 中还有一个分时系统,它是 PDP 10 或类似的东西。公共终端位于建筑群的特定交汇处,我记得我最喜欢的恐惧之一就是这个不稳固的系统。将鲍勃·马德(Bob Marder)创建的相同数字化记录(写在打孔纸带上)加载到 PDP 系统中进行数据分析。这意味着吉姆·肯尼迪允许我使用他在 PDP 上的个人账户,以便我某天可以上传一些数据(忘记对计算机安全的影响)。当时的系统有一种讨喜的功能,当你退出时,它会询问是否要保留你的文件,如果你没有回答,它就会删除你的所有文件。有一天我上传数据时系统死机了,也就是说,我无法退出或做任何事情。我担心会丢失吉姆到目前为止存储在系统上的所有数据文件,我记得我在走廊上跑来跑去试图找到知道该怎么做的人。非常遗憾没有找到。我回到终端时,已经有人在处理 PDP 的死机问题了。我以为我死定了,但事实证明,吉姆的档案完好无损,我却再也不想看到 PDP 了。

那个夏天的另一个记忆是,在苦苦挣扎的情况下与巴里·布彻会面。吉姆去度假,有人想让巴里(我记得他当时是一名负责人)试着找一些事情给我做,可怜的巴里!他做的第一件事就是让我把一张文献上的图转移到一张纸上(使用格柏(Gerber)刻度),这样图可以用在报告中或进一步数字化,这可能是工科学生上学几周内学会做的事情,我当时却不能胜任。回想起来,这真的很有趣,因为在与圣地亚的一位重要冲击波专家会面的过程中,我对他分配给我的这项任务完全无法胜任。心里记着这事,我在圣地亚开始担任全职工作人员之后,当我再遇到巴里时,我感到很尴尬。

第二年夏天(1972 年)完成了大三学年,我回来与李、吉姆和蒂尔曼·塔克一起工作,那时我开始在学校学习偏微分方程的数值方法。没有什么可以让我编写代码的,给我的工作是让我更好地理解像 WONDY 这样的代码能告诉我什么。所以,那个夏天我最终花了相当多的时间来运行 WONDY,并试图通过计算模拟来帮助吉姆。我在自己的办公室,这减轻了吉姆和蒂尔曼·塔克的压力,但可能也减少了我从他们的谈话和工作环境中获取的信息量。

李·戴维森当时正在管理岗位,吉姆是一个名为爆炸研究小组的工作人员,该实验室拆散了原始冲击物理组的一部分,以更彻底地主攻高爆炸点火问题等。在那个夏天,我第一次见到了杰斯·农齐亚托,因为他是该小组的一名工作人员,他会来和吉姆谈论实验数据。杰斯刚刚与卡尔·舒勒就PMMA(聚甲基丙烯酸甲酯)的冲击响应完成了一项重要工作,这对于理解圣地亚国家实验室感兴趣的材料中的黏弹性行为具有广泛性意义(我相信卡尔在他自己的记忆中回忆起这项工作),他们在一本期刊上发表了一篇文章,此后多年我一直试图理解这篇文章,而杰斯(和他的合著者)正在为《物理手册》写一篇关于黏弹性响应的重要的综述文章。

在计算方面,CDC计算机目前可以使用远程访问点。因此,我们能够通过本地读卡器提交工作,并在当地打印机上接收打印输出和硬复制图,而不是让通讯员运送卡片组并提供输出,而通讯员则提供更多奇特的产品,如缩微胶卷,这减少了提交工作花费的时间。我在806远程接入点遇到了约翰·范·戴克(John van Dyke),他当时正在研究计算固态物理(约翰仍然在我目前的中心工作)。1972年夏天我继续学习冲击波、连续介质力学等内容(例如,我记得读过很多伯德(Bird)、莱特富特(Lightfoot)和斯图亚特关于传输理论的书)。此外,我与吉姆·肯尼迪所做的工作使吉姆继续研究格尼近似和爆炸性产品属性并最终形成一份手稿。吉姆慷慨地让我成为该论文的合作者之一。这篇手稿的题目是"化学炸药加速金属效率的限制"。该手稿从未发表过,但却是第一份我署名字的科技手稿。

1972年之后,直到1980年我才与圣地亚接触。除此之外,圣地亚在那个夏天之后遭遇了痛苦的裁员。我在学生时代与圣地亚仅有的接触是在本科生时期,我认为这是不寻常的。

我在1980年夏天从UNM获得了数学博士学位,我原本计划在1979年获得学位,所以我1978年秋天有一次相当不上心的求职经历。那时我知道我将在工业界或实验室寻求职位,而非学术界。我记得与长期在UNM的圣地亚招聘人员阿林·库珀(Arlin Cooper)面谈。我们的谈话进行得很顺利,直到我谈到不确定1979年夏天能否取得学位。我记得阿林用一种非常果断的姿势合上他的笔记本,并建议我在能确定获得学位时再进行面试。1979年秋天就是这种情况。幸运的是,阿林对我之前的面试采取一种遗忘或宽容的姿态,事实上,我确实完成了博士学位并接受了圣地亚的工作机会。工作单位是工程科学中心的计算物理和力学部门,我的招聘负责人是阿尔·哈拜,二级经理是沃尔特·赫尔曼,中心主任是奥瓦尔·琼斯。吉姆·阿赛面试过我,但更多的是向我提供有关实验工作的一些信息。我还记得拉里·伯索夫面试过我,但是当我到达时,拉里已经转到另一个机构。

**我作为全职员工的第一年：1980—1981**

我认为受聘圣地亚是非常幸运的。首先，我没有真正地接受过冲击波物理训练；其次，虽然我拥有数学博士学位，但我并未直接研究与冲击波数学、可压缩连续介质力学、数值方法等有关的任何事情；最后，我本科在圣地亚的两个暑假的表现乏善可陈。尽管如此，我还是被录用了。

当然，我也很幸运，因为我似乎在正确的时间到达了正确的地方，使我能够快速成长并高效产出。圣地亚的工作机会表明坚定的信念对一个人在激动人心和苛刻工作环境中成长并取得成功的重要性。在接下来的大约15年里我将与之工作的冲击波小组是我在圣地亚经历的最激动人心和要求最高的工作环境，下面的大部分评论都将用于解释这一点（作为旁注，我会提到在我工作后几周，沃尔特·赫尔曼的小组搬到了圣地亚行政大楼二楼的东翼（802），未来的12年我们就在行政办公室的正下方的实验室里）。

我认为沃尔特·赫尔曼主要是因为我对想要学习新事物（即连续介质力学、冲击波物理学等）的明显投入而感到兴奋，他可能觉得我的数学背景最终会有用。对我来说，两个初始的具体任务是帮助编写一个名为TOODY的二维（2D）拉格朗日冲击波代码，以及一个旨在研究金属冲击响应中的剪切带现象的冲击波项目。我从未在TOODY上做过很多工作，正如我上文所说的那样，我从来都不是一个代码开发者。然而，因为对我的审查在1980年我到达时已经完成了（这让阿尔·哈拜感到为难），我能够立即着手一些正在进行的使用TOODY（与达雷尔·希克斯和弗雷德·诺伍德（Fred Norwood））研究侵彻地质材料的计算工作。因此，我作为普通员工，所做的第一个真正的计算工作是在以困难著称的侵彻机制领域，我对该领域知之甚少！这种努力持续了一段时间，让我遇到了包括迈克·福雷斯特在内的一些人。迈克·福雷斯特是一位长期在圣地亚工作的科学家，也是一名研究弹道侵彻现象的世界级专家。

我到达的那天，交给我几样物品：字典、惠普计算器、格柏量表和SI[①]转换指南。31年后，我仍然使用转换指南和字典，并且我将格柏量表作为一种考古工具，惠普计算器在几年内就丢失了。我确实使用了格柏量表，多年来我每次碰到这个东西时，都忍不住想起巴里·布彻。

达雷尔·希克斯和弗雷德·诺伍德在继续我当时处理的计算工作。我可以讲一个有趣的故事。我需要复制达雷尔·希克斯和弗雷德·诺伍德针对侵彻模拟开发的TOODY穿孔卡片输入卡组。在我们办公区域的一台古老的旧机器理

---

① 编者注：SI指国际单位制。

论上是用于复制的打卡机（我在1971年见过这个机器），但在我看来，它真正做的只是吃掉穿孔卡片，并在地板上留下绿色黏性物。我在一台打卡机上手工复制了达雷尔的穿孔卡片（我想我第二天也在做这件事），然后交给了他。我偶然提到我做了什么，他的脸变得苍白，然后他说："好吧，如果我知道你要这样做，我就不会给你我的穿孔卡片。"他那隐藏在桌面隔断后面的办公室伙伴发出了一阵笑声。那是马林·基普，我最终会与他一起工作多年，讨论各种与武器有关的问题。在学习如何作为计算物理学家工作方面他给了我宝贵的帮助，他也是我工作上的榜样。我最终完美复制了达雷尔的穿孔卡片。

在实验室的第一个周末，我提交的侵彻模拟计算机任务足以阻塞计算机系统。迈克·麦格劳恩当时也在帮助我学习如何利用计算机进行模拟等，这也是我能够如此迅速地开始计算的原因之一。迈克没有面试过我，我总是开玩笑说，如果他面试我，他会问他们为什么要招聘这样一个怪人。第一天我带着字典等东西，迈克遇见了我并递给我一堆 CSQ（2 - E Eulerian 代码）文档，并说他无法帮助我编写 TOODY，但他会以他可以的任何其他方式帮助我。迈克最后一直帮助我直到他退休。他是我的一名重要的导师，现在仍然是我亲密的朋友。迈克在2年内离开了小组，与山姆·汤普森一起研究核反应堆安全代码。

我第一个周末提交的计算工作只有很少一部分执行了。那之后，迈克和我在自助餐厅吃午饭。他向我介绍了圣地亚最重要的代码开发人员山姆·汤普森，他也是迈克的导师，不久前曾在沃尔特小组工作过。山姆最终成为了我职业生涯中的关键人物。山姆很友善，但他立即要求知道为什么我提交的工作量比周末可能执行的工作多三倍，因此堵塞了计算队列并伤害了其他人。在冲击波工作期间，我最终曾多次堵塞计算队列。

剪切带项目让我与吉姆·阿赛的实验冲击波物理小组有了直接接触。道格·德拉姆赫勒当时正好在那个小组中，我几乎立刻就和他取得了联系，我想了解更多关于混合理论的知识，并且知道道格正积极地在该领域的相关主题上进行研究。我抵达后的几天内走进了道格的办公室。正如道格记得的那样，我手里拿着他的一篇论文，并问他一些我认为是错别字或错误的东西。道格并不习惯进入他办公室的人如此认真地阅读他论文中的数学问题。道格成为我职业生涯中最重要的导师，尽管他多年前退休，但仍然是我最亲密的朋友。在最初的几年里，他向我介绍了很多人（比如卡尔·舒勒、达雷尔·芒森、皮特·莱斯内、赫伯·萨瑟兰、托尼·陈（Tony Chen）和其他许多人）。通过这种方式，我认为我相当迅速和有效地吸收了圣地亚的冲击波文化，并且很早就形成了对该计划的历史及其重要性的理解和欣赏。

在剪切带工作的背景下，我还遇到了丹尼斯·格雷迪。吉姆·阿赛带领一群非常有才华的人组成的小组研究这个问题以及相关的热物理问题,这些问题涉及冲击波前的物理学,以及它对金属特性的影响和响应,等等。我记得在几个月内我认识的另一个参与相关工作的人是阿尔·罗米格,当时他是一名功能冶金研究员,后来成为实验室执行副主任(奥瓦尔·琼斯在他的职业生涯中,也曾晋升到这样的职位。圣地亚的冲击波项目为圣地亚培养了很多高级管理人员)。随着我对剪切相关物理问题的了解,我也开始了解更多试图解释它所涉及的更深层的数学问题,这使我与冲击小组的数学家和计算物理学家蒂姆·伯恩斯(Tim Burns)就局域化所涉及的稳定性问题进行了一些联合工作。我在UNM 的研究生院认识了蒂姆,我们都在数学系。我认为他是我有机会面试冲击波组的一个关键原因。这项工作也让我在第一年见到史蒂夫·帕斯曼;几年来我和他一起研究了局域化的数学理论,这可能是我参与的第一个项目,直接促使我学习了更多的数学。史蒂夫本人投入了大量精力将我介绍给更多的力学研究界人士。由于史蒂夫的友善和放权,我遇到了很多人并参加了许多会议。

虽然我最终与史蒂夫和丹尼斯等一起做剪切局域相关工作,但是几年来相关的数学和物理问题仍然非常深刻,而且从各方面来看,我真的没有多少贡献。我最终学到了很多东西,但更重要的是,我最终与吉姆·阿赛和他的团队中的人们越来越密切地合作。

大约 1 年后,我们的侵彻模拟工作得到了合理的结论,我在 1981 年夏天参加了我有生以来的第一次美国物理学会冲击波会议,并简短报告了这项工作。在那次会议上我认识了很多人,包括史蒂夫·布莱斯(Steve Bless)(当时他在代顿大学),他们对我们在模拟中担心的一些问题有了更好的实验诊断想法。史蒂夫与吉姆接触,他们两人之间保持了长期的合作关系。我还第一次见到了瑜伽士·古普塔教授,我记得他刚刚取代华盛顿州立大学最近退休的乔治·杜瓦尔教授的职位。不幸的是,我从来没有机会见到乔治。

事实证明,我在圣地亚的第一年也做了一些计算模拟工作,提供了有关废物隔离试验装置潜在盐水迁移问题的信息,这与冲击波无关,但这项工作为我提供了一些资金支持,这是另一个学习机会,我报告的项目负责人是汤姆·亨特(Tom Hunter),他最终成为了实验室主任。

**学习与做事:1981—1991**

大约 1982 年,一系列事件促使我内部调动并进入吉姆·阿赛的小组,即热力学和物理部门。我进入他的实验小组,其开放式目标是提供尽可能多的计算支持和见解。由于我参与了剪切带项目,不仅直接与吉姆合作,而且也开始回应他提出的其他问题。所以他认为我要么可以模拟,要么至少可以提供更多数学上的思考。我与丹尼斯·格雷迪的关系越来越密切,我开始与道格·德拉姆赫勒密切合作,研究氧化铝环氧树脂的本构模型及其在圣地亚感兴趣部件计算模拟中的应用。

  这一举动为我打开了闸门。突然之间,我周围几乎全都是需要严格实验测试的有趣的、具有挑战性的计算工作。我将从超高速冲击的高级视角解释这项工作的进展,而不是深入研究所有细节,这将成为吉姆小组未来十年工作的主题。这种关注有几个原因,包括与超高速冲击现象相关的研究问题,例如,试图在氢中产生高压相变的多年努力(称为氢金属化项目)。总的来说,吉姆的小组正在探讨材料越来越高压的行为,其中超高速冲击现象提供了洞察力和应用驱动,也许这一时期的主导因素是SDI(战略防御计划)计划的到来,以及我们在20世纪80年代大部分时间与洛斯阿拉莫斯联合开展的超高速冲击研究的大量资金。

  包含吉姆小组的大型部门也经历了重大的管理变革,沃尔特·赫尔曼晋升为工程科学中心主任,李·戴维森接替他的职位成为冲击波小组二级经理。

  在李和我们所响应项目,以及更多的国防部工作的驱动下,我们进一步增加了一系列重要的人员。林恩·巴克尔回到圣地亚和吉姆的小组,最后我和林恩一起研究了各种各样的研究课题。我们还从洛斯阿拉莫斯聘请了世界级的状态方程专家格里·克里。李说服山姆·汤普森离开核反应堆安全代码的开发,并重新启动CSQ,开始开发严格的三维(3D)代码功能,其代码称为CTH。当山姆回来时,他带来了迈克·麦格劳恩。在这十年的剩余时间里,我最终与山姆和迈克密切合作,因为正是他们的计算工具使我能够完成吉姆团队所需的大部分计算工作。我记得山姆在他回来后第一次招聘就是聘用史蒂夫·罗特勒,他很快在LANL-圣地亚SDI项目中发挥了重要作用;史蒂夫成为20世纪80年代末期CTH的第一位正式PI(首席研究员),领导CTH成为DARPA选择的国防部新一代流体动力学代码,他最终成为圣地亚的核武器总工程师(副主任)。山姆还将卢巴·克梅蒂克带入了小组;卢巴作为使用新一代CSQ和CTH的计算冲击波物理学家发挥了重要作用。

  在20世纪80年代,由于我的超高速冲击工作,我也开始与拉利特·查比达斯更紧密地合作。最后,由于SDI项目和某些国防部项目,我有机会与各种LANL员工密切合作,保罗·亚灵顿也回到了冲击波小组,并带领另一组计算冲击波物理学家(包括基普、伯恩斯、汤姆·伯格斯特雷泽、比尔·戴维等)将CSQ和CTH中的现代化流体动力学代码应用于武器相关的问题。保罗的小组应用这些计算能力来解决许多冲击波物理问题,这为CSQ和CTH的进一步开发提供了强大的动力。

由于资金、项目驱动,研究机会和人才积累等因素,在20世纪80年代圣地亚可以覆盖冲击波研究工作的各个方面。这些方面包括如何实现超高性能冲击、如何表征它、如何在物理上(即实验上)和计算上模拟它,以及如何评估其后果,这项工作涉及开发实验能力、理论理解、计算能力和具体应用,这些在20世纪80年代之前都没有真正存在过。作为工作的一部分,圣地亚与超高速冲击物理学国内外的研究团体紧密结合,例如,我们与查理·安德森及其在西南研究所的小组建立了密切的关系。

详细叙述我参与的这些不同活动将会使本文太长,我将简要介绍我工作的三个超速冲击领域以及一些合作者的名字(但绝不是所有这些合作者)。

**开发在氢中产生高压状态的实验能力(与巴克尔、阿赛、基普、格雷迪合作)**。这是大范围活动的一个特殊例子以创建更好的实验能力,用于在材料中产生高压、较低温度的等熵或准等熵压缩状态。随着对氢的需求,我们致力于开发软冲击技术,例如,林恩·巴克尔的梯度飞片研究和开发。具体的研究目标是精确探测高压相变。在马林·基普和格里·克里的大力帮助下,我探索了开发实验能力和准等熵压缩下材料响应模拟的各个方面,我的工作导致拉利特·查比达斯探索简化的软冲击概念,反过来,利用这些技术,以创造更高速度的发射能力,特别是所谓的超速发射器(三级炮)。

**轨道炮研究和开发工作**。这项工作由吉姆·阿赛领导,与LLNL的罗恩·霍克和其他许多人合作,包括林恩·巴克尔。我与林恩·巴克尔合作进行了一项计算研究,讨论了材料快速滑动接触中气刨的发生和增长,我们还在圣地亚的火箭滑轨轨道背景下研究了这个问题。代码开发人员(特别是麦格劳恩)修改了CTH,使得我们可以进行这项研究,并最终为查比达斯在三级炮上的工作提供计算支持。

**超高速冲击现象的计算实验联合研究**。这些研究是与麦格劳恩、汤普森、基普、克里、阿赛、巴克尔、格雷迪、查比达斯和杰克·怀斯一起进行的,我们探讨了超高速冲击、侵彻、碎块形成以及对二级结构的影响。我们研究了基本的状态方程问题,例如,低密度和高密度材料中的冲击汽化和碎块形成与传播。我们的工作推动了大部分CTH开发以及新的实验和诊断能力的开发(例如,格雷迪开发的炮,特别适用于冲击研究)。我们齐心协力研究了冲击蒸发的机理、混合液体 - 蒸气冲击碎块的形成以及碎块传播的细节。我们的工作带来了对部分蒸发碎块形成的新见解及其计算模拟,这是当时许多机构正在研究的问题。最终,我们的工作推动了许多人在20世纪90年代早期的研究,例如,极端紫外光刻的辐射源中的碎块形成(微观影响问题)以及成功预测与影响相关的现象——"舒梅克 - 列维"9彗星于1994年冲击木星(巨大的巨型冲击问题)。顺便说一下,我与迈克·麦格劳恩一起进行的 CTH 首次主要 3D 计算,涉及计算两个弹丸对一块材料的超高速冲击以及后续侵彻的演变。当沃尔特·赫尔曼第一次看到这个结果时,对我们计算如此复杂问题的能力感到震惊。

在 20 世纪 80 年代尾声,我与迈克·麦格劳恩密切合作为下一代多物理冲击波代码开发提供了一个方案,这个代码项目目前称为 ALEGRA,始于 1990 年,目前仍然很强大。

**结语:20 世纪 90 年代及以后**

20 世纪 80 年代以后,我的工作开始朝着不同的方向发展,导致到 20 世纪 90 年代末与冲击波物理研究相对严重的脱节,我想将这些内容置于上述讨论的背景下。

在 20 世纪 90 年代早期,我参与的工作在某种程度上代表了冲击小组的工作的高潮,以及圣地亚冲击波物理项目中的组织错位的产物。我在上面提到了开始 ALEGRA 代码开发(大约 1990 年,有很多人),关于"舒梅克-列维"9 冲击预测(1993—1994,与大卫·克劳福德、马克·博斯洛和艾伦·罗宾逊一起),以及最初设想和实施的激光辐射源中碎块形成分析,用于极紫外(软 X 射线)光刻研究和开发(1992—1994,丹尼斯·格雷迪、格伦·库比亚克(Glenn Kubiak)和里克·斯图伦(Rick Stulen),总的来说是一个非常大的项目)。

20 世纪 80 年代工作的惊叹号是拉利特·查比达斯及其实验合作者对三级炮的最终完善。到目前为止,我觉得我最好和最令人满意的计算预测涉及我与查比达斯(1993—1994)的工作。预测完成炮第一次实验的结果、模拟第三阶段性能的内部弹道,以及从第二阶段到第三阶段的操作过渡,运用了 CTH 开发的所有计算能力,而实验能力本身可能代表了我们在 20 世纪 80 年代对超高速冲击的真正了解的本质。我们对最终弹丸速度的预测与观测值的误差在几个百分点内,并且形成的弹丸形状非常接近实验结果。也许另外感兴趣的是,到目前为止,CTH 的使用很快被拉利特采纳,他已经在实验的概念设计研究中使用了 CTH。我认为这是吉姆·阿赛在 1982 年初将我带入他的团队愿景的最终证实,计算和实验的不断增加的复杂性和协同作用是冲击波物理学未来之路。目前实验人士自己理所当然地使用复杂的计算能力。当我第一次开始在冲击波物理学领域工作时,这种研究模式和工具本身都不存在。

我还想谈谈 20 世纪 90 年代初发生的组织错位,圣地亚的实验装置因为资金减少和未来需求的程序化不确定性而面临巨大的压力。当 1980 年聘用我时,冲击波小组包括在单个二级组织下的理论、计算和实验,这是我们小组的独特优势。当我们完成上面总结的任务时,冲击波小组正在分离,在与计算工作不同的组织中进行实验。整个计算小组并入计算科学中心,该中心专注于提升圣地亚在并行计算方面的能力,计算冲击波工作是并行计算的优秀驱动力。实验工作并非如此,因为实验室环境提出的资金挑战越来越多。最终实验组加入了脉冲功率科学中心,他们今天还在那里。

吉姆·阿赛晋升到之前李·戴维森的职位,他必须处理上述问题。然后,在20世纪90年代早期,实验室通过取消第二级管理职位来进一步解决问题。最终吉姆在实验室的核武器(NW)项目中承担了几年计划角色。

从我的角度来看,实验故事有一个美好的结局。在20世纪90年代中期,吉姆离开了他的NW计划角色,并回到了实验冲击波的工作。他领导了该项目在脉冲功率科学中心的新家中重新出现,他领导这个阶段的一个高潮是在Z机器上实施冲击波实验项目。这是一个完全不同的故事,这个故事我留给吉姆讲。我在这里提出它,是因为我最后一次与冲击波相关工作可能与这个工作有关。在20世纪90年代后期,我帮助模拟了第一个VISAR诊断的Z辐射驱动冲击波实验,这个实验由吉姆·阿赛领导。

到20世纪90年代中期,我越来越多地沉浸在与计算模拟的验证和校验(V&V)相关的研究中。到20世纪90年代结束时,我基本上全职参与了V&V和能源部ASCI项目,我职业生涯的那个阶段仍然在进行中,这真的超出了本文的范围,我要强调的是,我带给V&V的世界观,很大程度上取决于我在国家实验室冲击波物理项目大约15年的集中计算模拟工作,特别是我与实验和实验人员的密切合作。

31年后,我仍然认为我获得了参加圣地亚冲击波物理项目的绝佳机会!

# 特雷西·沃格勒
## Tracy J. Vogler
（2001—目前①）

我在得克萨斯大学（UT）奥斯汀分校的工程力学博士论文项目涉及压缩加载的复合材料中的微观屈曲，在论文答辩前后，我面试了全国几个大学的教师职位，当我没有得到任何录取函时，我觉得是时候离开大学环境一段时间了，所以我开始在各个实验室和工业界寻求博士后的工作。在我参观马里兰州阿伯丁的陆军研究实验室（ARL）之前，我曾与比尔·沃尔特斯（Bill Walters）一起面试博士后，他写了一本关于成型装药的书，我甚至都没有听说过成型装药喷射。我最终去了那里，虽然我加入了冲击物理分支，研究钛的可塑性。虽然在 ARL 期间我没有做任何冲击或冲击物理研究，但我确实对高应变率现象更加熟悉，并通过达塔·丹德卡接触了冲击物理学。

虽然 ARL 的研究很有意思，但我的女朋友（后来的未婚妻和妻子）讨厌阿伯丁地区，所以我开始寻找新工作。UT 的同学格雷格·贝塞特在圣地亚的一个计算小组工作，他帮助我与拉利特·查比达斯联系，他们正在一起研究导弹防御问题，我接受了面试并留下了深刻的印象，尽管我对 STAR（冲击热力学应用研究）装置或 Z 中的研究技术细节知之甚少。我在 9 月 11 日之后大约一个月结婚，并于 2001 年年底在圣地亚开始工作。

我研究的前两个项目是碎裂管和碳化硼的冲击行为，两者都是在国防部（DOD）/能源部（DOE）联合的弹药技术开发项目下完成的。该项目将国防部的资金带到国家核安全管理局实验室，以处理两个部门感兴趣的问题。到目前为止，我在圣地亚的整个职业生涯中都不同程度地参与了这个项目。因为冲击物理学对我来说还是新的，我花了很多时间学习该领域的基础知识。除了温习该领域的一些基本文章和论文外，我还观看了瑜伽士·古普塔②冲击物理课的录音带。我花了一两年的时间才开始跟上该领域的研究。但是我加入圣地亚时负责人拉利特和吉姆·阿赛让我有时间学习，尤其是拉利特，他是该领域极好的导师并拥有很多资源。通常情况下，我会问他关于某个特定主题的工作人员，以此

---

① 撰写本文时，特雷西·沃格勒在加州利弗莫尔的圣地亚国家实验室的工程力学小组工作，并继续参与脉冲功率科学中心的冲击波研究。

② 瑜伽士·古普塔是华盛顿州立大学物理学系的教授与冲击物理研究所所长。

作为开始学习的一种方式,很多时候的答案是他在 20 世纪 80 年代或 90 年代做过这件事。

由于我是实验组的唯一具有固体力学背景的成员,我成为了材料强度研究的领导者。我使用吉姆·阿赛和其他人开发的冲击-卸载和冲击-再冲击技术,来确定 $B_4C$ 和 $SiC$ 的强度随压力的变化关系,其方式类似于比尔·莱因哈特和拉利特测量铝和其他金属以及 $Al_2O_3$ 的高压强度。很快我使用相同的方法进行 Z 实验,以测量等熵加载下的强度。丹尼斯·海耶斯和让-保罗·戴维斯正在研究分析斜波加载实验,以获得等熵加载的方法,但很快就发现它们的方法不适合用于强度测量实验中的卸载阶段,因为弹塑性材料的路径依赖性。因此,他们使用简单的拉格朗日分析方法。虽然这对于铝来说并不是太不合理,因为它与实验中使用的 LiF 窗口很好地匹配,但是该方法完全不适用钽等高阻抗材料。另外,因为我们在 Z 装置上为动态材料研究分配的发数相对较少,所以每年只有大约两次试验用于获得强度数据。当吉姆·阿赛从华盛顿州返回,并开始用 2000 年中期建造的小型脉冲功率系统 Veloce 进行实验时,情况才有所改善。几年后(2009 年左右),圣地亚的乔什·罗宾斯(Josh Robbins)开发了一维流体动力学代码 LASLO,作为 WONDY 的替代品。使用 LASLO,可以采用一些新方法(如迭代拟合)从 Z 实验中提取强度。当贾斯汀·布朗在加州理工学院完成学位后,于 2011 年加入实验室(他高中时曾在圣地亚动态材料特性部实习,并在新墨西哥大学进行本科学习),他开始制定和改进这些方法的过程,这一工作目前还在进行。

2003 年拉利特和拉里·拉森(一位碰巧坐在我们 962 号大厅的医学博士)提出了 LDRD 的想法,来研究导弹拦截器应用中生物质的冲击杀灭。这个想法得到了资助,我们开始努力加载并回收细菌。我们修改了 STAR 气体炮的收集器,经过多次反复试验和试错,设计了一个能够容纳细菌样品而至少达到在一定的冲击速度不会泄漏的靶丸。我们研究了鼠疫耶尔森氏菌和蜡状芽孢杆菌,前者是导致鼠疫的细菌的基因修饰形式,而后者与炭疽芽孢杆菌密切相关,炭疽芽孢杆菌通常称为炭疽。虽然拉里向我们保证两者都是无害的,但我不禁想知道 STAR 的技术人员是否仍然对与他们合作感到紧张,因为他们最有可能接触到它们。从技术角度来看,我们发现在一定的压力负荷水平下,细菌的存活率突然下降了几个数量级。不幸的是,我们从未获得任何更多资金,来继续工作或进行后续研究。

在研究冲击-卸载和冲击-再冲击技术时,我扩展了一个乔尔·利普金和吉姆·阿赛 20 世纪 70 年代开发的简单的分布模型。不幸的是,这种方法几乎完全是经验性的,几乎没有提供对问题的理解。我开始认为,需要一种解决金属单个颗粒行为的建模工作,来理解材料行为并建立一个现实的连续模型。2004年 LLNL 的里奇·贝克尔(Rich Becker)发表了第一篇关于以晶体塑性模拟金属中波传播的论文(Becker,2004)。在圣地亚大约同一时间,韦恩·特洛特已经研究空间分辨速度干涉仪好几年,称为线 VISAR(有时称为线 ORVIS)。2005 年,我提出了一个实验室指导研发(LDRD)项目,该项目将结合粒度级晶体塑性模型和线 VISAR 实验,以了解金属的动态行为。不幸的是,该项目在两个方面都不尽如人意,一方面我们的晶体塑性模拟合作者离开了圣地亚,另一方面线 VISAR 实验证明比我们预期的更困难。虽然与 ARL 的约翰·克莱顿(John Clayton)合作确实发表了一篇关于钨合金的好文章(其中包括实验和二维(2D)晶体塑性模拟),但是使用建模和空间分辨模拟来提高我们对材料行为理解的总体目标并没有实现。据我所知,这个想法尚未得到成功的结论。

线 VISAR 仍然令人着迷,但非常令人沮丧。例如,钨合金的工作产生了材料的层裂强度分布,但是尝试获得关于碳化硅的类似数据并不成功。这些数据对丽贝卡·布兰农及其同事开发的随机失效模型非常有价值。实际情况是,该试验设备通常很复杂,难以很好地运作。虽然韦恩·特洛特能够做到这一点,但其他大多数人都并不成功。此外,对从实验获得的条纹图像的分析已证明是有问题的。韦恩使用简单的线性输出方法来分析数据,而汤姆·奥开发了一种倾向于平滑结果的傅里叶变换方法,这引发了一个问题,即线 VISAR 测量中观察到的空间变化有多少是由于点到点行为的真实差异以及噪声或测量技术导致的伪影。大家已经意识到测量的可重复性的问题,因为利用线 VISAR 对过程可控的现象进行彻底研究的工作尚未开展。

在 2000 年代中期,我开始研究颗粒材料的动态行为。20 世纪 90 年代从圣地亚退休,目前在应用研究协会工作的丹尼斯·格雷迪也参与其中。我们最初的工作涉及使用具有多个台阶的样品测量冲击压缩粒状碳化钨(WC)冲击波到达时间。由于我们在不同的步骤中使用了 VISAR,因此能够解析粒状样本的传播波形,波上升时间很长(从几十到几百纳秒),我们从中学到了两个有趣的事情:

首先,波结构几乎是恒定的,除非存在衰减,这表明波是稳定的。据我所知,这是第一次验证粒状材料中稳定波传播,这意味着使用跳跃条件来分析结果是有效的。

其次,当基于上升时间计算应变率并相对于应力作图时,应变率随应力变化为一次幂关系,即与应力成比例。这种行为与斯威格和格雷迪(1985)观察到完全致密的材料中的四次幂关系非常不同($\dot{\varepsilon} \propto \sigma^4$),也与庄(Zhuang)、拉维昌德兰(Ravichandran)和格雷迪(2003)观察到的层状复合材料中的二次幂关系($\dot{\varepsilon} \propto \sigma^2$)不同。

几年后，我们发现可以构建无量纲组，将层状和粒状/多孔材料上的所有实验数据统一到单个曲线上。我们还发现，一次幂关系源于质量在粒子之间移动的需要，这是非多孔材料中不存在的。因此，粒状 WC 表明一次幂，但是具有相近的 WC 体积密度和体积分数的环氧树脂基质中的粒状 WC 呈现出四次幂关系。

在完成 WC 的第一次实验后不久，马奎特大学的约翰·博格来到阿尔伯克基，开始了长期合作进行颗粒材料中介观尺度建模。该方法是使用 CTH 代码来模拟 WC 的各个晶粒，并模拟材料中的冲击传播。最初的模拟是二维(2D)，后来扩展到三维(3D)。虽然这种类型的介观尺度计算并不是新的，但我们的模拟域比大多数先前的模拟更大，并将我们的结果与可用的实验结果进行了比较。我们能够通过调整强度参数来匹配实验压缩曲线，也能够合理地模拟波形。模拟还表明实验中看到的一次幂关系是真实的。尽管 CTH 介观尺度计算的表现相当好，但它不包括真实的断裂或晶粒间接触，这在真实的物理过程上是不对的。为了解决其中的一些缺点，我们开始探索其他建模方法，特别是圣地亚计算物理部门斯图尔特·西林开发的近场动力学公式，这方面的工作包括与前任圣地亚工作人员、目前在得克萨斯大学圣安东尼奥分校的约翰·福斯特(John Foster)以及佐治亚理工学院的学生克里斯·拉姆(Chris Lamm)进行合作。

作为 UT 的研究生，我听过罗德·克利夫顿教授谈到压剪加载技术作为一种测量材料强度的方法，该方法的应变速率高于使用霍普金森杆可达到的应变速率。STAR 用于倾斜冲击实验的开槽膛炮在将近 20 年时间里毫无进展，直到我能够说服克林特·霍尔为 2007 年左右的炮翻新提供资金。事实上，如其他地方所述[①]，这门炮可以追溯到圣地亚冲击物理学的初期。让这门炮重新工作起来花费的时间比我预期的要长，但最终 STAR 的团队能够让它运转起来了。我们使用以一定角度定向的 VISAR 探头，来测量靶的法向和横向速度分量，正如拉利特多年前所做的那样。我们使用斜炮的第一个真实项目是，测量颗粒样品（如 WC）传递的剪切应力，它也用来研究铝和 PBX 9501 的强度。

不幸的是，有时难以解释压剪实验的结果。例如，在几个月内，当剪切波还未到达自由面时，测得的横向速度完全让我们感到困惑。然而，最终我们认为那些横向速度是由飞片相对靶的倾斜引起的，这导致更大倾斜的纵波穿过靶。当波到达自由面时，它也产生了我们所看到的横向速度。压力剪切实验的其他方面至今仍困扰着我们。倾斜冲击炮上的一个有趣的副产品是斯科特·亚历山大在圣地亚国家实验室开发的磁力压剪技术。在我看来，作为一种特殊的思维方式，我认为由于关于倾斜冲击炮的讨论，吉姆·阿赛部分构思了这个想法。

---

① 参见吉姆·阿赛和拉利特·查比达斯的回忆。

2008年我的妻子在加州斯托克顿市(Stockton)获得了一个正式的职位,所以我转到圣地亚国家实验室加州分部。我在阿尔伯克基的经理克林特·霍尔和在加利福尼亚的新经理迈克·基耶萨(Mike Chiesa),在这段时间里都非常支持我。我在加利福尼亚的小组包括实验固体力学、理论和计算固体力学以及分子动力学。虽然我的教育背景与该小组契合,但我的大部分工作与我所在部门的其他工作大不相同。我来到加利福尼亚后不久,这些中心进行了重组,我的部门成为武器系统工程中心的一部分。因此,从组织的角度来看,我非常接近系统小组和加州天然气输送系统组织,所以我对核武器的熟悉程度比我在新墨西哥州时更为熟悉。自从到了加州,我试图通过成为流体动力学代码(CTH)建模方面的主要人员来证明我的存在,并且我已经支持武器系统上的项目,例如,W80、W87以及其他项目。不过,我继续参与基于新墨西哥州的项目,包括气体炮和Z实验等。

在写这篇文章时,我参与了新的工作,主要涉及粒状材料的行为。与赛斯·鲁特一起,我们正在利用Z和STAR装置研究颗粒材料的高压状态方程(EOS),这项工作与应用研究协会的丹尼斯·格雷迪和格雷格·芬顿(Gregg Fenton)的连续EOS建模有关,也与凯尔·科克伦、卢克·舒伦伯格以及新墨西哥州圣地亚的鲁迪·马扎尔的DFT建模有关。此外,位于新墨西哥州圣地亚计算材料和数据科学部门的马特·莱恩(Matt Lane)正在进行分子动力学模拟,以验证丹尼斯提出的假设,即孔隙率可以通过在较低压力下触发相变来增强致密化。最后,我们正在努力进行扰动衰减实验,类似于20世纪60年代苏联的安德烈·萨哈罗夫(Andrei Sakharov)及其同事所进行的实验。冲击物理学没有诺贝尔奖获得者,但萨哈罗夫这个名字对在冷战期间长大的我来说意义重大,所以有机会扩展他所做的工作是令人兴奋的。

在圣地亚工作几年后,我参与了美国物理学会凝聚态物质冲击压缩专题小组,并在2007至2009年期间担任秘书兼财务主管。2011年约翰·博格(马凯特大学)、詹妮弗·乔丹(Jennifer Jordan)(空军研究实验室,佛罗里达州埃格林)和我在芝加哥市中心共同组织了两年一度的冲击会议。位于市中心的位置非常完美,会议是有史以来规模最大的。我们特别注重吸引学生,并与我们中俄的同行联系,以方便他们参会。作为会议的一部分,我们组织了一次美国阿贡先进光源(Advanced Photon Source)的参观,非常有趣。我们也进入了移动数字时代,因为会议程序可在iPhone和iPod设备上浏览。最后整个会议论文集通过美国物理联合会(American Institute of Physics, AIP)开放获取,所有会议论文都可以免费从AIP网站上下载。

由于来到加利福尼亚,我更加强烈地依赖STAR气体炮装置团队,特别是比尔·莱因哈特、汤姆·桑希尔和海蒂·安德森来完成工作,我发现他们在工作中一直非常专业而细心,没有他们我就不可能持续地参与实验工作。当然,这并不意味着没有沟通问题或错误,但尽管我距离阿尔伯克基还有1000英里,我们仍然能够很好地协同工作。我经常前往阿尔伯克基处理那些需要亲自处理的事情,这有助于我们所有人保持想法一致。

# 杰克·怀斯
# Jack L. Wise
（1979—目前①）

## 圣地亚冲击波研究的个人回忆

在20世纪70年代中期，我通过与最近的毕业生（约翰·卡明斯和鲍勃·塞切尔）和同学（戴尔·伯格（Dale Berg）和格伦·拉古纳（Glenn Laguna））的讨论开始了解圣地亚。他们都在加州理工学院航空实验室完成了博士研究，先后被圣地亚聘用了。1973年9月我首次经过新墨西哥州，当时我正在前往加利福尼亚州以开始在加州理工学院研究生学习的途中。虽然我最初接触新墨西哥州的时间有限，但我很快就认识到它确实基于独特秀丽的风景、友好的人们、历史、文化、风俗、美食、艺术和建筑，成为"迷人之地"②。我当时决定，有一天我会回来花更多时间探索这个迷人州的更多方面。因此，接近完成论文时，我确定并且非常有兴趣去圣地亚寻求工作机会。

1978年秋季我去圣地亚面试的旅程是由戴夫·诺索普资助的，他正在寻找新的工作人员，沿着诺姆·华平斯基（Norm Warpinski）的工作研究地质构造破裂。在圣地亚度过了整整两天，我报告了我对超流氦中冲击波传播的研究，并与来自多个技术小组的管理人员会面。虽然吉姆·阿赛没有出席我的报告，但是丹尼斯·海耶斯在场，感谢丹尼斯建议吉姆参加到我的面试中。吉姆最后参加了面试。面试之后，我最终决定吉姆的小组将成为我在圣地亚就业的首选。由于吉姆早些时候晋升为热力学和物理研究部门的主管，该部门隶属于沃尔特·赫尔曼管理的处室，因此空出了一个正式员工岗位。1979年6月成功完成论文答辩后，我开始了圣地亚的职业生涯。我的加州理工学院的论文导师汉斯·李普曼（Hans Liepmann）强烈支持我选择圣地亚，他告诉我："你将大开眼界！"他是绝对正确的！圣地亚提供的技术专长和研究能力远远超出了我的最大期望。

当我在圣地亚开始工作时，吉姆的实验人员包括拉利特·查比达斯和我；丹尼斯·格雷迪当时在巴里·布彻经营的兄弟部门工作。由于道格拉斯·德拉姆

---

① 从1993至2005年，杰克·怀斯在圣地亚的冲击波研究被圣地亚的地热研究中断，杰克于2016年获得杰出技术人员表彰。

② "迷人之地"是新墨西哥州的别称。

赫勒和蒂姆·伯恩斯,我们的团队还具有重要的建模功能;卡尔·康拉德领导的炮装置技术团队包括戴夫·考克斯和鲍勃·哈迪,他们指派戴夫做我的测试活动的技术支持。这对我来说是偶然的:戴夫和我有很好的个性匹配,在我的技术职业生涯开始的这些年里,我们有效地为众多的项目做出了贡献。

目前,在我在圣地亚的第 35 年中,我在心理上将这整个时间跨度划分为三个截然不同的阶段:第一阶段,从 1979 年夏天到 1992 年 12 月,在热力学和物理研究部以及随后的试验冲击物理部门致力于动高压实验研究。在此期间,我的第一任负责人吉姆·阿赛再次晋升,他的职位由菲尔·斯坦顿继任。早期我积累了一些激光速度干涉测量(即 VISAR,它是任意反射器速度干涉仪系统的首字母缩写)以及微波干涉测量的经验。我还设计并实施了吉姆·阿赛的回收实验,该实验对黄铜和铝冲击后的微观结构变化进行研究。我对各种武器硬件进行了冲击测试,包括接触引信原型设计、缩放再入体尖端和嵌入式使用控制设备。为了支持圣地亚的建模和模拟工作,我获得了许多冲击加载凝聚态物质的状态方程和波形数据,包括氟化锂、非均质碳/碳再入体尖端材料(与乔治·克拉克合作)、玻璃(与布朗大学的乔治·赖瑟和罗德·克利夫顿、丹尼斯·格雷迪、斯图尔特·西林、保罗·泰勒和圣地亚的麦克·菲尼西合作)、陶瓷(和丹尼斯·格雷迪合作)、不锈钢(和密歇根理工大学的唐·米科拉合作)、铍(和吉姆·阿赛与拉利特·查比达斯合作)、铜、共聚物和聚合物泡沫。对于铍的研究,这是我在圣地亚首次参与大量的技术工作。我从吉姆·阿赛和拉利特·查比达斯的指导和合作中获益匪浅。后来对其他材料的研究获得了 1993 年美国能源部(DOE)核武器项目优秀奖,以奖励我作为 W88 弹头安全分析团队成员的贡献。

我最初测量氯化锌水溶液的光学特性包括折射率和雨贡纽状态方程。氯化锌水溶液是研究圣地亚和洛斯阿拉莫斯研究人员感兴趣的高爆炸药速度干涉测量的潜在窗口材料。在一项平行研究中,我与拉利特·查比达斯合作,完成并发表了氟化锂作为 VISAR 窗口的第一个光学标定,应力高达 115GPa。对于冲击波领域来说,这是一个令人兴奋的突破,因为它能够测量样品/窗口界面的波形,这些测量结果远远超过聚甲基丙烯酸甲酯(PMMA)、熔融石英和蓝宝石窗口材料所提供的有限范围。此前,圣地亚的林恩·巴克尔和瑞德·霍伦巴赫曾详细表征过这些材料。鲍勃·塞切尔为分析氟化锂数据提供重要见解。

在 20 世纪 80 年代中期,回到圣地亚后,林恩·巴克尔领导了利用斜波测量压缩(固体或液体)氢样品高压状态方程研究的工作,以检测该材料的可能的金属化相变。基于之前的加州理工学院超流体氦冲击实验研究的经验,我为氢的工作开发了一种专门的低温系统,用于制备从低温恒温器快速转移到两级靶室的浓缩样品。样品安装使用林恩创新的靶插入机制(TIM)。我最初主张部署一个安装在炮发射管末端的静态牺牲样品系统,类似于比尔·内利斯及其团队在劳伦斯利弗莫尔使用的方法。然而,当林恩使用自制模型对他的 TIM 概念进行令人信服的演示时,否决了我的推荐。他的概念加上适当适应的低温系统,成功地在二级轻气炮上进行了部署,但是,我们的结果没有产生与氢金属化有关的数据。

我还开发并实施侵彻和陶瓷装甲研究的新型测试方法,这项工作与丹尼斯·格雷迪和马林·基普共同完成。这项工作包括第一次基于 VISAR 的受限和不受限陶瓷杆动态多轴冲击响应研究,以及受长杆侵彻冲击陶瓷和钢靶的后表面运动测量。这项工作得益于与迈克·福雷斯特的众多技术讨论。在相关工作中,我完成了测试和分析,以优化终端弹道学装置的性能,代顿大学研究所的安迪·皮库托夫斯基(Andy Piekutowski)为这项工作提供了宝贵的指导和咨询。此外,我还与格里·克里和蒂姆·特鲁卡诺合作,对铝、锌和多孔碳进行了冲击汽化实验。

在圣地亚的第一个职业生涯阶段即将结束时,我是固体动力学研究处的 ES&H(环境、安全和健康)协调员,负责监督 STAR(冲击热力学应用研究)装置准备和后续工作,跟进 DOE 老虎队[①]评论。这项任务相当耗费时间,也使我成为工程科学中心合规倡议评估小组的成员,其成员还包括丹·埃施利曼(Dan Aeschliman)、肯·埃里克森和 C. A. 戴维森(Davidson)。在多名第三方(非圣地亚)顾问的支持下,我们检查了该中心人员使用的所有办公室和实验室空间,并发布了一份报告,详细说明了由各自的组织最终解决的 407 个不合规问题。

冷战的结束带来了圣地亚重点的重新调整,传统的冲击波研究项目的资金变得紧张。事实上,甚至关闭了 STAR 装置一段时间。就在此之前,在道格·德拉姆赫勒(他已经改变了他的研究领域)的鼓励下,我转到了地热研究部。在那里我于 1993 年 1 月开始了我的圣地亚职业生涯的第二阶段,当时吉姆·邓恩(Jim Dunn)是部门负责人,在这个新的职位上,我承担了涉及与声波钻孔、漏失控制和多晶金刚石复合(PDC)刀具与钻头开发相关的实验室和现场测试项目的技术(设计和分析)和管理职责。我的工作需要为 DOE 赞助商准备详细的项目计划、报告和更新资料。我与支持钻探项目各种要素的其他工作人员和技术人

---

① 1990 年,乔治·布什领导下的能源秘书詹姆斯·沃特金斯(James D. Watkins)海军上将设立了老虎队评估程序,以在能源部的研究、生产和测试装置中识别、解决和纠正 ES&H 问题。独立的老虎队在所有 DOE 设施上进行环境、安全、健康和管理评估,老虎队于 1991 年 4 月 15 日到 5 月 24 日在圣地亚国家实验室进行实地访问。所有圣地亚组织事先进行了自我评估,访问之后,制定了修复计划,以解决老虎队确定的结果和关注问题。

员合作并监督他们的工作,为了实现我们的技术发展目标,我与多个行业、大学和顾问合作伙伴建立并保持了合作关系。这项工作涉及起草和监督大学和行业支持合同。我还制作了描述性网页和文档,以宣传圣地亚的研究活动和能力,并对 DOE 和 NSF SBIR(国家科学基金会小企业创新研究)提案进行了详细的技术评审。

在实验方面,我计划了现场测试,并获得了大量的应变和加速度数据,来表征声波钻井系统的动态行为。我还生成并记录了广泛的单切刀数据,作为大学设计 PDC 刀具和钻头动力学模型的基础。戴夫·格洛卡(Dave Glowka)和我构思并实施了一种新型的透明井筒测试配置,用于漏失循环液研究。我还提议、计划并完成了 PDC 刀具的基本参数研究,该研究是在美国合成公司的参与下进行的。另外,我领导开发和实施了一项主要的圣地亚和行业合作研究与开发协议,通过合作制造商(ReedHycalog,Security DBS,Smith Bits 和国际技术公司)提供的商用钻头现场演示,来评估当前用于硬岩钻井环境操作的刮刀钻头技术的能力。总之,我所报道的 PDC 刀具和钻头技术的工作,在 2002 年、2004 年和 2005 年的地热资源委员会国际会议上获得了"最佳论文"奖。

在圣地亚管理层提名后,DOE HQ(总部)地热技术办公室任命我为国际能源机构(IEA)地热实施协议(GIA)Annex Ⅶ(先进地热钻井技术)的任务负责人。在这方面,我通过召集 Annex Ⅶ 会议(例如,2004 年 10 月在意大利比萨)、参加 IEA-GIA 执行委员会会议(例如,2005 年在土耳其安塔利亚举行的世界地热大会),协调多国技术合作与交流,并管理 Annex Ⅶ 子任务的持续进展。

随着地热研究资金逐渐减少,小组成员被鼓励去寻求机会与其他圣地亚组织建立合作。克林特·霍尔老是询问我对返回冲击波领域的潜在兴趣,协调我的兼职研究工作,包括对斯科特·琼斯(Scott Jones)感兴趣的各种黄铜合金进行波形测量。在兰迪·希克曼、杰夫·格鲁斯和 STAR 装置团队的大力支持下,我们研究了退火和预热对这些合金动态屈服强度和层裂破坏的影响。这项工作最终使我 2004 年 12 月全职回归动态材料研究,即开始了我圣地亚职业生涯的第三阶段,加入克林特所在的冲击和 Z 箍缩物理部门,当时部门负责人是克里斯·迪尼。该小组后来成为动态材料特性部门,由克林特管理,然后是多恩·弗里克,最近由约翰·本尼奇管理。

除了黄铜合金研究外,我最近的材料研究主要集中在与斯科特·琼斯和克林特·霍尔一起研究可伐合金(Kovar)样品;与特雷西·沃格勒、斯科特·亚历山大和史蒂夫·蒙哥马利合作研究碳化硅和氧化铝填充的环氧复合材料;与内森·摩尔(Nathan Moore)合作研究酚类化合物;与史蒂夫·蒙哥马利、乔治·克拉克和丹·杰克逊(Dan Jackson)合作研究锆钛酸铅(PZT);还有与蒙哥马利、克拉克和杰克逊合作研究金属氧化物压敏电阻组合物。PZT 研究包括在受控斜波压缩下同时检测该材料时间分辨力学响应和电输出的实验。我还与亚伦·霍尔(Aaron Hall)和克林特·霍尔合作开发并表征多组分火焰喷涂沉积,适合用作阻抗梯度飞片或等熵压缩研究的缓冲器。

我通过开发和利用一种预热样品的技术,扩展了我之前对预热黄铜样品的研究。该技术用于 Veloce 电磁驱动器的斜波压缩研究。该研究由兰迪·希克曼和他的 DICE 装置团队完成。这种技术已用于波形实验,该实验检测了温度对锡的 α-β 固-固相变的影响。这种高温工作已经发展成为一项多年的工作,我已经开发了一个强大的电阻预热控制器和相关的加载硬件,以支持圣地亚 Z 机器上的动态材料测试以及位于 DICE 的 Veloce 驱动器和气体炮以及 STAR 装置。这项工作涉及圣地亚、NSTec 公司(如莫里斯·考夫曼(Morris Kaufman))和 Ktech 之间的广泛合作。到目前为止,已经在 Z 机器上进行了两次预热加载试验,其初始样品温度分别达到 500 ℃ 和 656 ℃。

与科学应用国际公司的苏菲·尚特雷纳以及吉姆·阿赛、马林·基普和克林特·霍尔合作,我设计并部署了一个样品软回收组件,用于 Veloce 驱动器上的斜波加载实验,该系统已应用于与范宏友(音译)和兰迪·希克曼合作研究的纳米结构形成,该研究"作为年度 100 项最重要的技术创新产品之一",获得了 2016 年度 R&D 百强奖。

最近,我参与了冲击加载下组件功能和损坏的实验研究,这项正在进行的工作主要集中在现有冲击引信设计和放射性同位素热电发电机的原型组装概念上。2013 年 9 月 DOE/NNSA(国家核安全局)国防计划卓越奖颁发给了 W88 接触引信测试、建模和验证团队。团队领导是我与乔治·克拉克和丹·杰克逊。

最后,我只能说我在圣地亚的时间既富有成效又令人满意,我非常幸运能够与上面明确指出的同事以及许多其他合作或支持我工作的人一起工作。当我加入圣地亚时,我预计我在这里逗留的时间将限制在 5 年左右,然后搬到其他地方。目前已经快 35 年了……,快乐的时光总是短暂的!

# 缩略语和缩略语列表

| | | |
|---|---|---|
| 1D | | 一维 |
| 2D | | 二维 |
| 3D | | 三维 |
| AAS | American Astronomical Society | 美国天文学会 |
| AEC | Atomic Energy Commission | 原子能委员会 |
| AEDC | Arnold Engineering Development Center | 阿诺德工程开发中心 |
| AFPL | Air Force Phillips Laboratory | 空军菲利普斯实验室 |
| AFRL | Air Force Research Laboratory | 空军研究实验室 |
| AFWL | Air Force Weapons Laboratory | 空军武器实验室 |
| AGT | Aboveground Test | 地面核试验 |
| AGU | American Geophysical Union | 美国地球物理联盟 |
| AIRAPT | International Association for the Advancement of High Pressure Science and Technology | 国际高压科学与技术促进协会 |
| AIAA | American Institute of Aeronautics and Astronautics | 美国航空航天学会 |
| ALE | Arbitrary Lagrangian – Eulerian | 任意拉格朗日 – 欧拉 |
| ALEGRA | Arbitrary Lagrangian Eulerian General Research Applications | 任意拉格朗日欧拉普适性研究应用 |
| ANEOS | Analytic Equation of State | 解析状态方程 |
| ANFO | Ammonium Nitrate and Fuel Oil | 一种由硝酸铵和燃料油组成的采矿炸药 |
| APS | American Physical Society | 美国物理学会 |
| ARA | Aeroballistic Range Association | 航空弹道学靶场协会 |
| ARL | Army Research Laboratory | 陆军研究实验室 |
| ASCI | Accelerated Strategic Computing Initiative | 加速战略计算计划 |
| AT&T | American Telephone and Telegraph | 美国电话电报公司 |
| AWE | Atomic Weapons Establishment | （英国）原子武器研究机构 |

续表

| | | |
|---|---|---|
| BBAY | Bethe、Bade、Averell、Yos | 贝特、巴德、阿弗雷尔、尤斯（BBAY 模型） |
| BKW | Becker – Kistiakowsky – Wilson | 贝克尔-基斯蒂亚科夫斯基-威尔逊（BKW 状态方程） |
| BN | Bechtel Nevada | 柏克德内华达 |
| B – N | Baer – Nunziato | 贝尔-农齐亚托（模型） |
| BRACIS | Beam Reflection at Center of Impact Surface | 冲击面中心光束反射 |
| BRL | Ballistic Research Laboratory | 弹道研究实验室 |
| CDAR | Coupled Damage And Reaction | 耦合损伤和反应 |
| CDC | Control Data Corporation | 控制数据公司 |
| CHARTD | Coupled Hydrodynamics and Radiation Transport Diffusion | 耦合流体动力学和辐射传输扩散 |
| CINT | Center for Integrated Nanotechnologies | 综合纳米技术中心 |
| CJ | Chapman – Jouguet | 查普曼-朱格特（CJ 模型） |
| CLP | Corporate Lethality Program | 团体杀伤力项目 |
| CSQ | CHARTD Squared | CHARTD 平方 |
| CTBT | Comprehensive Test Ban Treaty | 全面禁止核试验条约 |
| CTH | CSQ to the Three Halves | 3/2 次方 CSQ |
| DAC | Diamond Anvil Cell | 金刚石压砧 |
| DASA | Defense Atomic Support Agency | 国防原子能支持机构 |
| DARPA | Defense Advanced Research Projects Agency | 美国国防高级研究计划局 |
| DDT | Deflagration – to – Detonation Transition | 爆燃-爆轰转变 |
| DFT | Density Functional Theory | 密度泛函理论 |
| DICE | Dynamic Integrated Compression Experimental | 动态集成压缩实验 |
| DMTS | Distinguished Member of Technical Staff | 杰出技术人员 |
| DNA | Defense Nuclear Agency | 国防部核武器局 |
| DOD | Department of Defense | 国防部 |
| DOE | Department of Energy | 能源部 |
| DTRA | Defense Threat Reduction Agency | 国防威胁降低局 |
| EBW | Exploding Bridgewire | 爆炸桥丝 |
| EEGS | Electrical Energy Gun System | 电能炮系统 |
| ECF | Explosive Components Facility | 爆炸组件设施 |
| EHVL | Enhanced Hypervelocity Launcher | 增强型超高速发射器 |
| EOS | Equation of State | 状态方程 |

续表

| | | |
|---|---|---|
| ERDA | Energy Research and Development Administration | 能源研究与发展管理局 |
| ES&H | Environment, Safety and Health | 环境、安全和健康 |
| FE | ferroelectric | 铁电体 |
| FEM | Ferroelectric Model | 铁电模型 |
| GM | General Motors | 通用汽车公司 |
| GRL | Geophysical Research Letters | 地球物理研究快报 |
| GRC | General Research Corporation | 通用研究公司 |
| HARP | Hazards Assessment of Rocket Propellants | 火箭推进剂危害评估 |
| HE | High Explosive | 高爆炸药 |
| HEDP | High Energy Density Physics | 高能量密度物理 |
| HEL | Hugoniot Elastic Limit | 雨贡纽弹性极限 |
| HNX | Hexanitrostilbene Explosive | 六硝基二苯乙烯炸药 |
| HPC | High Performance Computing | 高性能计算 |
| HST | Hubble Space Telescope | "哈勃"太空望远镜 |
| HVIS | Hypervelocity Impact Symposium | 超高速冲击研讨会 |
| HVL | HyperVelocity Launcher | 超高速发射器 |
| IBM | International Business Machines | 国际商业机器公司 |
| ICBM | Intercontinental Ballistic Missile | 洲际弹道导弹 |
| ICE | Isentropic Compression Experiment | 等熵压缩实验 |
| ICF | Inertial Confinement Fusion | 惯性约束聚变 |
| IIT | Illinois Institute of Technology | 伊利诺伊理工学院 |
| ISL | Institut de Recherches de Saint–Louis | 圣–路易法德研究所 |
| ISP | Institute of Shock Physics | 冲击物理研究所 |
| ISS | International Space Station | 国际空间站 |
| IUTAM | International Union of Theoretical and Applied Mechanics | 国际理论与应用力学联合会 |
| IVA | Inductive Voltage Adder | 感应电压加法器 |
| JASPER | Joint Actinide Shock Physics Experimental Research | 联合锕系元素冲击物理实验研究 |
| JCZ | Jacobs–Cowperthwaite–Zwisler | 雅各布斯–考珀斯韦特–茨威斯勒(JCZ模型) |
| JANAF | Joint Army Navy Air Force | 陆海空军联合 |
| JMP | Joint Munitions Program | 联合弹药计划 |
| JSC | Johnson Space Center | 约翰逊航天中心 |

续表

| 缩略语 | 英文全称 | 中文 |
|---|---|---|
| JWL | Jones – Wilkins – Lee | 琼斯 - 威尔金斯 - 李（JWL 状态方程） |
| KFK | Kernforschungszentrum Karlsruhe（Karlsruhe Institute of Technology） | 卡尔斯鲁厄核研究中心（卡尔斯鲁厄理工学院） |
| LANL | Los Alamos National Laboratory | 洛斯阿拉莫斯国家实验室 |
| LDRD | Laboratory Directed Research and Development | 实验室指导研发 |
| LEO | Low – Earth Orbit | 近地轨道 |
| LIHE | Light Initiated High Explosive | 光起爆高能炸药 |
| LMD | Lee – More – Desjarlais | 李 - 莫尔 - 德贾莱斯模型 |
| LLNL | Lawrence Livermore National Laboratory | 劳伦斯利弗莫尔国家实验室 |
| LTD | Linear Transformer Driver | 线性变压器驱动器 |
| M&S | Modeling And Simulation | 建模和仿真 |
| MAD | Mutually Assured Destruction | 相互确保摧毁 |
| MAPS | Magnetically Applied Pressure Shear | 磁致压力剪切 |
| MAVEN | Model Accreditation via Experimental Sciences for Nuclear Weapons | 基于实验科学的核武器模型认证 |
| MBBAY | Modified BBAY | 改进的 BBAY |
| MD | Molecular Dynamics | 分子动力学 |
| MDA | Missile Defense Agency | 导弹防御局 |
| MF | Magnetic Flyer | 磁驱动飞片 |
| MHD | magnetohydrodynamic | 磁流体动力学 |
| MIT | Massachusetts Institute of Technology | 麻省理工学院 |
| MITL | Magnetically Insulated Transmission Line | 磁绝缘传输线 |
| MOU | Memorandum of Understanding | 谅解备忘录 |
| MP | Melting Point | 熔点 |
| MPP | Massively Parallel Processing | 大规模并行处理 |
| MSFC | Marshall Space Flight Center | 马歇尔太空飞行中心 |
| NAE | National Academy of Engineering | 美国国家工程院 |
| NASA | National Aeronautics and Space Administration | 美国国家航空航天局 |
| NIF | National Ignition Facility | 国家点火装置 |
| NIST | National Institute of Standards and Technology | 国家标准与技术研究所 |
| NNSA | National Nuclear Security Administration | 国家核安全局 |
| NNSS | Nevada National Security Site | 内华达国家安全试验场 |

续表

| | | |
|---|---|---|
| NSWC | Naval Surface Weapons Center | 海军水面武器中心 |
| NTS | Nevada Test Site | 内华达试验场 |
| NRL | Naval Research Laboratory | 海军研究实验室 |
| ODE | Ordinary Differential Equation | 常微分方程 |
| OMA | Optical Multichannel Analyzer | 光学多通道分析仪 |
| ORVIS | Optically Recorded Velocity Interferometer System | 光学记录速度干涉仪系统 |
| OSD | Office of the Secretary of Defense | 国防部长办公室 |
| $P-\alpha$ | Pressure – α ( model ) | $P-\alpha$ (模型) |
| $P-\lambda$ | Pressure – λ ( model ) | $P-\lambda$ (模型) |
| PBFA II | Particle Beam Fusion Accelerator II | 粒子束聚变加速器 II |
| PBX | Polymer – Bonded Explosive | 聚合物黏合炸药 |
| PCTH | Parallel CTH | 并行 CTH |
| PDF | Probability Density Function | 概率密度函数 |
| PDV | Photon Doppler Velocimetry | 光子多普勒测速仪 |
| PETN | Pentaerythritol Tetranitrate | 季戊四醇四硝酸酯 |
| PIC | Particle in Cell | 粒子模拟 |
| PMMA | Polymethyl Methacrylate | 聚甲基丙烯酸甲酯 |
| PG | Powder Gun | 火药炮 |
| PPG | Pacific Proving Ground | 太平洋试验场 |
| PVDF | Polyvinylidene Difluoride | 聚偏二氟乙烯 |
| PZT | Pb ( lead ) Zirconate Titanate | 锆钛酸铅 ( PZT 陶瓷 ) |
| QMD | Quantum Molecular Dynamics | 量子分子动力学 |
| R&D | Research And Development | 研发 |
| RG | railgun | 轨道炮 |
| RHALE | Robust Hydrodynamics Arbitrary Lagrangian Eulerian | 鲁棒流体动力学任意拉格朗日欧拉 |
| RPI | Rensselaer Polytechnic Institute | 伦斯勒理工学院 |
| R-T | Rayleigh – Taylor | 瑞利 – 泰勒 |
| SCCM | Shock Compression of Condensed Matter | 凝聚介质冲击压缩 ( 会议 ) |
| SCE | Subcritical Experiment | 次临界实验 |
| SDI | Strategic Defense Initiative | 战略防御计划 |
| SDIO | Strategic Defense Initiative Organization | 战略防御计划组织 |

续表

| | | |
|---|---|---|
| SITI | Sandia Instrumented Thermal Initiation | 圣地亚仪表热启动 ① |
| SL9 | Shoemaker – Levy 9 comet | "舒梅克 – 列维"9 彗星 |
| SLIFER | Shorted Location Indicator by Frequency of Electrical Resonance | 电气谐振频率短路位置指示器 |
| SNL | Sandia National Laboratory | 圣地亚国家实验室 |
| SNM | Special Nuclear Material | 特殊核材料 |
| SPH | Smooth Particle Hydrodynamics | 光滑粒子流体动力学 |
| SPR | Strategic Petroleum Reserve | 战略石油储备 |
| SRI | Stanford Research Institute | 斯坦福研究所 |
| SSP | Stockpile Stewardship Program | 核武库管理计划 |
| STAR | Shock Thermodynamics Applied Research | 冲击热力学应用研究 |
| STScI | Space Telescope Science Institute | 太空望远镜科学研究所 |
| SWAP | Stress Wave Application Program | 压力波应用程序 |
| TARDEC | Tank Automotive Research, Development, and Engineering Center | 坦克汽车研发和工程中心 |
| TATB | triaminotrinitrobenzene | 三氨基三硝基苯 |
| TBF | Terminal Ballistics Facility | 终端弹道装置 |
| THAAD | Theater High – Altitude Area Defense | 美国陆军战区高空区域防御系统,"萨德" |
| TOE | Third – Order Elastic | 三阶弹性常数 |
| TMD | Theater Missile Defense | 战区导弹防御 |
| TMI | Three Mile Island | 三哩岛 |
| TIM | Transient Insertion Mechanism | 瞬时插入机制 |
| TP | Triple Point | 三相点 |
| TSG | Two – Stage light gas Gun | 二级轻气炮 |
| TTBT | Threshold Test Ban Treaty | 有限禁止地下核试验条约 |
| UGT | Underground Nuclear Test | 地下核试验 |
| UK | United Kingdom | 英国 |
| U.S. | United States | 美国 |
| VASP | Vienna Ab initio Simulation Program | VASP 程序 |
| VISAR | Velocity Interferometer System for Any Reflector | 任意反射面速度干涉测量系统 |

① 梅尔文·贝尔的回忆中称为"热点火"(Thermal Ignition)而不是"热启动"。

545

续表

| | | |
|---|---|---|
| VSIP | Volunteer Staff Incentive Program | 自愿离职激励计划 |
| V&V | Verification and Validation | 验证和校验 |
| WDM | Warm Dense Matter | 温稠密物质 |
| WIPP | Waste Isolation Pilot Plant | 废物隔离试验工厂 |
| WSU | Washington State University | 华盛顿州立大学 |
| XDT | Explosive Detonation Transition | 炸药爆轰转变 |
| XRD | X-ray diode | X射线二极管 |
| YAG | Neodymium-Doped Yttrium Aluminum Garnet ($Nd:Y_3Al_5O_{12}$) Laser | 钕掺杂钇铝石榴石($Nd:Y_3Al_5O_{12}$)激光器 |
| Z | Z Pulsed Power Facility | Z脉冲功率装置 |
| ZND | Zeldovich-von Neumann-Döring | (ZND模型) |

# 参考文献

编者注:由于我们的参考文献范围较广,包含近 1000 个条目,因此在以下方面具有特色,特此说明:

- 参考文献中的条目按照第一作者姓氏字母顺序排列,同一作者的文献再逐年顺序排列;同一年具有同一第一作者的论文,先列单独署名论文,紧接着是有一位共同作者论文,即作者 1 与作者 2(年份);对于具有多位共同作者的同一第一作者文献,不论共同作者的字母顺序如何,通常使用 a、b 和 c 进行标记,即对于同一年的具有不少于两个共同作者的同一第一作者的多篇参考文献,引用形式为:作者 1、作者 2 和作者 3(年份 a),作者 1、作者 2、作者 3(年份 b),作者 1、作者 2、作者 3 等(年份 c)。

- 我们的参考文献中确实包含一部分文献,其第一作者姓氏相同,但明显是不同个人,举例来说,这种情况在参考文献的第一页即已出现:第一部分正文中引用的第一条 Anderson 的文献,第一作者是本文献列表中第 5 条文献的 M. U. Anderson,而不是第 4 条的 C. E. Anderson。再例如四个不同的第一作者 Brown(J. L. Brown、P. G. Brown、W. K. Brown 和 W. T. Brown)。因此,在本书第一部分和第二部分[①]的文本中,你会发现列出三到四位作者的例子,然后给出年份,例如,作者 1,作者 2,作者 3,年份,而并不是我们通常所用的作者 1 等,年份。

T. Akashi, A. B. Sawaoka, R. A. Graham, The effect of shock compression on graphite – like boron nitride, in *Shock Waves in Condensed Matter*, ed. by Y. M. Gupta (Plenum, New York, NY, 1986), pp. 821 – 826.

C. S. Alexander, L. C. Chhabildas, W. D. Reinhart, D. W. Templeton, Changes to the shock response of fused quartz due to glass modification. Int. J. Impact Eng. 35, 1376 – 1384 (2008).

C. S. Alexander, J. R. Asay, T. A. Haill, Magnetically applied pressure – shear: A new method for direct measurement of strength at high pressure. J. Appl. Phys. 108, 126101 (2010).

C. E. Anderson, T. G. Trucano, S. A. Mullin, Debris cloud dynamics. Int. J. Impact Eng. 9(1), 89 – 113 (1990).

---

① 译者注:第一部分和第二部分文本中以括号列出参考文献时,仅注明作者姓氏,为区分不同文献,必要时列出两位甚至多位作者。

M. U. Anderson, R. A. Graham, D. E. Wackerbarth, Prediction and data analysis of current pulses from impact-loaded piezoelectric polymers (PVDF), in *Shock Compression of Condensed Matter*, ed. by S. C. Schmidt, J. N. Johnson, L. W. Davison (Elsevier, Amsterdam, 1990), pp. 805–808.

M. U. Anderson, L. C. Chhabildas, W. D. Reinhart, Simultaneous PVDF/VISAR measurement technique for isentropic loading with graded density impactors, in *Shock Compression of Condensed Matter*, ed. by S. C. Schmidt, D. P. Dandekar, J. W. Forbes. AIP Conference Proceedings, vol. 429 (AIP, College Park, MD, 1998), pp. 841–844.

M. U. Anderson, D. E. Cox, S. T. Montgomery, R. E. Setchell, Compositional effects on the shock compression and release properties of alumina-filled epoxy, in *Shock Compression of Condensed Matter*, ed. by M. Elert, M. D. Furnish, R. Chau, N. Holmes, J. Nguyen. AIP Conference Proceedings, vol. 825 (AIP, College Park, MD, 2006), pp. 789–792.

J. A. Ang, Impact flash jet initiation phenomenology. Int. J. Impact Eng. 10, 23–33 (1990)

J. A. Ang, G. Hauze, Impact of acceleration on barrel/launch package design. IEEE Trans. Magnetics 27, 544–549 (1991).

J. A. Ang, L. C. Chhabildas, B. G. Cour-Palais, E. L. Christiansen, J. L. Crews, Evaluation of Whipple bumper shields at 7 and 10km/s. AIAA Paper No. 92–1590 (1991).

J. A. Ang, A hypervelocity impact jet formation, in *Shock Compression of Condensed Matter*, ed. by S. C. Schmidt, R. D. Dick, J. W. Forbes, D. G. Tasker (Elsevier, Amsterdam, 1992), pp. 1019–1022.

J. A. Ang, C. H. Konrad, C. A. Hall, A. R. Susoeff, R. S. Hawke, G. L. Sauve, A. R. Vasey, S. M. Gosling, R. J. Hickman, Hypervelocity projectile design and fabrication. IEEE Transactions on Magnetics 29(1), 722–727 (1993a).

J. A. Ang, B. D. Hansche, C. H. Konrad, W. C. Sweatt, S. M. Gosling, R. J. Hickman, Pulsed holography for hypervelocity impact diagnostics. Int. J. Impact Eng. 14, 13–24 (1993b).

J. A. Ang, B. D. Hansche, Pulsed holography diagnostics of impact fragmentation, in *High-Pressure Shock Compression of Solids II: Dynamic Fracture and Fragmentation*, ed. by L. W. Davison, D. E. Grady, M. Shahinpoor (Springer, New York, NY, 1996), pp. 176–193.

T. Ao, J. R. Asay, J.-P. Davis, M. D. Knudson, C. A. Hall, High-pressure quasi-isentropic loading and unloading of interferometer windows on the Veloce pulsed power generator, in *Shock Compression of Condensed Matter*, ed. by M. Elert, M. D. Furnish, R. Chau, N. C. Holmes, J. Nguyen. AIP Conference Proceedings, vol. 955 (AIP, College Park, MD, 2007), pp. 1157–1160.

T. Ao, J. R. Asay, S. Chantrenne, M. R. Baer, C. A. Hall, A compact strip-line pulsed power generator for isentropic compression experiments. Rev. Sci. Instrum. 79, 013903 (2008) T. Ao, M. D. Knudson, J. R. Asay, J. P. Davis, Strength of lithium fluoride under shockless compression to 114 GPa. J. Appl. Phys. 106, 103507 (2009a).

T. Ao, R. J. Hickman, S. L. Payne, W. M. Trott, Line-imaging ORVIS measurements of interferometric windows under quasi-isentropic compression, in *Shock Compression of Condensed Matter*, ed. by M. L. Elert, W. T. Buttler, M. D. Furnish, W. W. Anderson, W. G. Proud. AIP Conference Proceedings, vol. 1195 (AIP, College Park, MD, 2009b), pp. 619 – 622.

J. R. Asay, G. R. Fowles, G. E. Duvall, M. H. Miles, R. F. Tinder, Effects of point defects on elastic precursor decay in LiF. J. Appl. Phys. 45(5), 2132 – 2145 (1972).

J. R. Asay, Shock – induced melting in bismuth. J. Appl. Phys. 45, 4441 – 4452 (1974).

J. R. Asay, L. M. Barker, Interferometric measurement of shock – induced internal particle velocity and spatial variations in particle velocity. J. Appl. Phys. 45(6), 2540 – 2546 (1974).

J. R. Asay, D. B. Hayes, Shock – compression and release behavior near melt states in aluminum. J. Appl. Phys. 46, 4789 – 4800 (1975).

J. R. Asay, D. Hicks, D. Holdridge, Comparison of experimental and calculated elastic – plastic wave profiles in LiF. J. Appl. Phys. 46, 4316 – 4322 (1975).

J. R. Asay, L. P. Mix, F. C. Perry, Ejection of material from shocked surfaces. J. Appl. Phys. 29, 284 – 287 (1976).

J. R. Asay, Shock loading and unloading in bismuth. J. Appl. Phys. 48, 2832 – 2844 (1977a)

J. R. Asay, Effects of shock wave risetime on material ejection from aluminum surfaces, SAND77 – 0731. (Sandia National Laboratories, Albuquerque, NM, 1977b).

J. R. Asay, Thick – plate technique for measuring ejecta from shocked surfaces. J. Appl. Phys. 49, 6173 – 6175 (1978).

J. R. Asay, L. D. Bertholf, A model for estimating the effects of surface roughness on mass ejection from shocked surfaces, SAND78 – 1256 (Sandia National Laboratories, Albuquerque, NM, 1978).

J. R. Asay, J. Lipkin, A self – consistent technique for estimating the dynamic strength of a shock – loaded material. J. Appl. Phys. 49, 4242 – 4247 (1978).

J. Asay, B. Butcher, C. Konrad, Internal pressure measurements on the Sandia powder gun, SAND79 – 2178 (Sandia National Laboratories, Albuquerque, NM, 1978).

J. R. Asay, L. C. Chhabildas, Some new developments in shock wave research, in *High Pressure Science and Technology* – 1979, (Proceedings of the VIIth International AIRAPT Conferences Part II), ed. by B. Vodar, P. Marteau (AIP, College Park, MD, 1980), pp. 958 – 964.

J. R. Asay, L. C. Chhabildas, Determination of the shear strength of shock – compressed 6061 – T6 aluminum, in *Shock waves and high – strain – rate phenomena in metals*, ed. by M. A. Myers, L. E. Murr (Plenum, New York, NY, 1981), pp. 417 – 424.

J. R. Asay, L. C. Chhabildas, J. L. Wise, Strain rate effects in beryllium under shock compression, in *Shock Waves in Condensed Matter*, ed. by W. J. Nellis, L. Seaman, R. A. Graham. AIP Conference Proceedings, vol. 78 (AIP, College Park, MD, 1982a), pp. 427 – 431.

J. R. Asay, L. C. Chhabildas, J. L. Wise, Viscoplastic response of beryllium under shock compression, in *High Pressure in Research and Industry* – 8*th AIRAPT and* 19*th EHPRG Conference Proceedings*, ed. by C. M. Backman, T. Johannisson, L. Tegnér (Arkitektkopia, Uppsala, 1982b), pp. 227 – 230.

J. R. Asay, L. C. Chhabildas, G. I. Kerley, T. G. Trucano, High pressure strength of shocked aluminum, in *Shock Waves in Condensed Matter*, ed. by Y. M. Gupta (Plenum, New York, NY, 1986), pp. 145 – 150.

J. R. Asay, G. I. Kerley, The response of materials to dynamic loading. Int. J. Impact Eng. 5, 69 – 99 (1987).

J. R. Asay, T. G. Trucano, L. C. Chhabildas, Time – resolved measurements of shock – induced vapor – pressure profiles, in *Shock Waves in Condensed Matter*, ed. by S. C. Schmidt, N. C. Holmes (Elsevier, Amsterdam, 1988), pp. 159 – 162.

J. R. Asay, T. G. Trucano, Experimental measurements of shock – induced vaporization in cadmium and lead, in *Shock Compression of Condensed Matter*, ed. by S. C. Schmidt, J. N. Johnson, L. W. Davison (Elsevier, Amsterdam, 1990), pp. 143 – 146.

J. R. Asay, T. G. Trucano, R. Hawke, The use of hypervelocity launchers to explore previously inaccessible states of matter. Int. J. Impact Eng. 10, 51 – 66 (1990).

J. R. Asay, C. A. Hall, C. H. Konrad, W. M. Trott, G. A. Chandler, K. J. Fleming, K. G. Holland, L. C. Chhabildas, T. A. Mehlhorn, R. Vesey, T. G. Trucano, A. Hauer, R. Cauble, M. Foord, Use of z – pinch sources for high – pressure equation – of – state studies. Int. J. Impact Eng. 23, 27 – 38 (1999).

J. R. Asay, Isentropic compression experiments on the Z accelerator, in *Shock Compression of Condensed Matter*, ed. by M. D. Furnish, L. C. Chhabildas, R. S. Hixson. AIP Conference Proceedings, vol. 505 (AIP, College Park, MD, 2000), pp. 261 – 266.

J. R. Asay, C. A. Hall, K. G. Holland, M. A. Bernard, W. A. Stygar, R. B. Spielman, S. E. Rosenthal, D. H. McDaniel, D. B. Hayes, Isentropic compression of iron with the Z accelerator, in *Shock Compression of Condensed Matter*, ed. by M. D. Furnish, L. C. Chhabildas, R. S. Hixson. AIP Conference Proceedings, vol. 505 (AIP, College Park, MD, 2000), pp. 1151 – 1154.

J. R. Asay, M. D. Knudson, Use of pulsed magnetic fields for quasi – isentropic compression experiments, in *High Pressure Shock Compression of Solids VIII*, ed. by L. C. Chhabildas, L. W. Davison, Y. Horie (Springer, New York, NY, 2005), pp. 329 – 380.

J. R. Asay, T. Ao, J. – P. Davis, C. A. Hall, T. J. Vogler, G. T. Gray, Effect of initial properties on the flow strength of aluminum during quasi – isentropic compression. J. Appl. Phys. 103, 083514 (2008).

J. R. Asay, T. Ao, T. J. Vogler, J. – P. Davis, G. T. Gray, Yield strength of tantalum for shockless compression to 18 GPa. J. Appl. Phys. 106, 073515 (2009).

J. R. Asay, T. J. Vogler, T. Ao, J. Ding, Dynamic yielding of single crystal Ta at strain rates of ~5 × 105/s. J. Appl. Phys. 109, 073507 (2011).

S. Attaway, S. Haniff, J. Stevenson, J. Wilke, Cielo CCC – 1 summary: Lightweight, blast resistant structure development, SAND2011 – 6477P (Sandia National Laboratories, Albuquerque, NM, 2011).

M. R. Baer, J. W. Nunziato, A theory for deflagration – to – detonation transition (DDT) in granular explosives, SAND82 – 0293 (Sandia National Laboratories, Albuquerque, NM, 1983).

参考文献

M. R. Baer, J. W. Nunziato, A Two – Phase Mixture Theory for the Deflagration – to – Detonation Transition (DDT) in Reactive Granular Materials. Int. J. Multiphase Flow 12 (6), 861 – 889 (1986).

M. R. Baer, R. J. Gross, J. W. Nunziato, E. A. Igel, An experimental and theoretical study of deflagration – to – detonation transition (DDT) in the granular explosive CP. Combust Flame 65, 15 – 30 (1986).

M. R. Baer, Numerical studies of dynamic compaction of inert and energetic granular materials. J. Appl. Mech. 55, 36 – 43 (1988).

M. R. Baer, J. W. Nunziato, Compressive combustion of granular materials induced by low velocity impact, in *Proceedings of the 9th International Detonation Symposium Office of Naval Research Report ONR* 113291 – 7: 293 – 305, ed. by J. M. Short, E. L. Lee (Office of Naval Research, San Diego, CA, 1989).

M. R. Baer, A mixture model for shock compression of porous multi – component reactive mixtures, in *High – Pressure Science and Technology*, ed. by S. C. Schmidt, J. W. Shaner, G. A. Samara, M. Ross. AIP Conference Proceedings, vol. 309 (AIP, College Park, MD, 1994), pp. 1247 – 1250.

M. R. Baer, P. W. Cooper, M. E. Kipp, Investigations of emergency destruction methods for recovered, explosively configured, chemical warfare munitions: Interim emergency destruction methods—Evaluation report, SAND95 – 8248 (Sandia National Laboratories, Albuquerque, NM, 1995).

M. R. Baer, Continuum mixture modeling of reactive porous media (Chapter 3), in *High – Pressure Shock Compression of Solids IV: Response of Highly Porous Solids to Shock Loading*, ed. By L. Davison, Y. Horie, M. Shahinpoor (Springer, New York, NY, 1996).

M. R. Baer, E. S. Hertel Jr., R. L. Bell, Multidimensional DDT modeling of energetic materials, in *Shock Compression of Condensed Matter*, ed. by S. C. Schmidt, W. C. Tao. AIP Conference Proceedings, vol. 370 (AIP, College Park, MD, 1996a), pp. 433 – 436.

M. R. Baer, R. A. Graham, M. U. Anderson, S. A. Sheffield, R. L. Gustavsen, Experimental and theoretical investigations of shock – induced flow of reactive porous media, in *Proceedings of the 1996 JANAF Combustion Subcommittee and Propulsion System Hazards Subcommittee Joint Meeting* (Chemical Propulsion Information Analysis Center, Johns Hopkins University, Baltimore, MD, 1996b), pp. 123 – 132.

M. R. Baer, Shock wave structure in heterogeneous reactive media, in *Proceedings of $21^{st}$ International Symposium on Shock Waves* (University of Queensland, Great Keppel Island, 1997), pp. 923 – 927.

M. R. Baer, M. E. Kipp, F. van Swol, Micromechanical modeling of heterogeneous energetic materials, in *Proceedings of the 11th International Detonation Symposium*, ONR 33300 – 5, ed. by J. M. Short, J. E. Kennedy (Office of Naval Research, Washington, D. C., 1998), pp. 788 – 797.

M. R. Baer, Computational modeling of heterogeneous reactive materials at the mesoscale, in *Shock Compression of Condensed Matter*, ed. by M. Furnish, L. Chhabildas, R. Hixson. AIP Conference Proceedings, vol. 505 (AIP, College Park, MD, 2000), pp. 27 – 33.

M. R. Baer, W. M. Trott, Mesoscale descriptions of shock – loaded heterogeneous porous materials, in *Shock Compression of Condensed Matter*, ed. by M. Furnish, N. N. Thadhani, Y. Horie. AIP Conference Proceedings, vol. 620 (AIP, College Park, MD, 2002a), pp. 713 – 716.

M. R. Baer, W. M. Trott, Theoretical and experimental mesoscale studies of impact – loaded granular explosives and simulant materials, in *Proceedings of the 12th International Detonation Symposium*, San Diego, CA, ONR 333 – 05 – 2, ed. by J. M. Short, J. L. Maienschein (Office of Naval Research, Washington, D. C., 2002b), pp. 939 – 950.

M. R. Baer, W. M. Trott, Mesoscale studies of shock loaded tin sphere lattices, in *Shock Compression of Condensed Matter*, ed. by M. D. Furnish, Y. M. Gupta, J. W. Forbes. AIP Conference Proceedings, vol. 706 (AIP, College Park, MD, 2004), pp. 517 – 520.

J. E. Bailey, J. Asay, M. Bernard, A. L. Carlson, G. A. Chandler, C. A. Hall, D. Hanson, R. Johnston, P. Lake, J. Lawrence, Optical spectroscopy measurements of shock waves driven by intense z – pinch radiation. J. Quant. Spectrosc. Rad. Transfer 65, 31 – 42 (2000).

J. E. Bailey, M. D. Knudson, A. L. Carlson, G. S. Dunham, M. P. Desjarlais, D. L. Hanson, J. R. Asay, Time – resolved optical spectroscopy measurements of shocked liquid deuterium. Phys. Rev. B 78, 144107 (2008).

L. M. Barker, Measurement of free surface motion by the slanted resistor technology, SC – DR – 610078 (Sandia National Laboratories, Albuquerque, NM, 1961).

L. M. Barker, Determination of shock wave and particle velocities from slanted resistor data, SC004611 (RR) (Sandia National Laboratories, Albuquerque, NM, 1962).

L. M. Barker, R. E. Hollenbach, System for measuring the dynamic properties of materials. Rev. Sci. Instrum. 35, 742 – 746 (1964).

L. M. Barker, C. D. Lundergan, W. Herrmann, Dynamic response of aluminum. J. Appl. Phys. 35(4), 1203 – 1212 (1964).

L. M. Barker, R. E. Hollenbach, Interferometer technique for measuring the dynamic mechanical properties of materials. Rev. Sci. Instrum. 36(11), 1617 – 1620 (1965).

L. M. Barker, B. M. Butcher, C. H. Karnes, Yield point phenomenon in impact – loaded 1060 aluminum. J. Appl. Phys. 37(5), 1989 – 1991 (1966).

L. M. Barker, Fine structure of compressive and release wave shapes in aluminum measured by the velocity interferometer technique, in *Behavior of Dense Media Under High Dynamic Pressures* (Proceedings of IUTAM Symposium), ed. by J. Berger (Gordon and Breach, New York, NY, 1968), pp. 483 – 504.

L. M. Barker, R. E. Hollenbach, Shock wave studies of PMMA, fused silica, and sapphire. J. Appl. Phys. 41(10), 4208 – 4226 (1970).

L. M. Barker, Velocity interferometer data reduction. Rev. Sci. Instrum. 42(2), 276 – 278 (1971a).

L. M. Barker, A model for stress wave propagation in composite materials. J. Compos. Mater. 5(2), 140 – 162 (1971b).

L. M. Barker, R. E. Hollenbach, A laser interferometer for measuring high velocities of any reflecting surface. J. Appl. Phys. 43(11), 4669 – 4675 (1972).

L. M. Barker, VISAR data reduction, SLA – 73 – 1038 (Sandia National Laboratories, Albuquerque, NM, 1974).

L. M. Barker, R. E. Hollenbach, Shock wave study of the $\alpha - \varepsilon$ phase transition in iron. J. Appl. Phys. 45(11), 4872 – 4887 (1974).

L. M. Barker, K. W. Schuler, Correction to the velocity – per – fringe relationship for the VISAR interferometer. J. Appl. Phys. 45(8), 3692 – 3693 (1974).

L. M. Barker, E. G. Young, SWAP – 9: An improved stress wave analyzing program, SLA – 74 – 0009 (Sandia National Laboratories, Albuquerque, NM, 1974) [This version supersedes an earlier report by Barker dated 1969].

L. M. Barker, P. J. Chen, W. A. Sebrell, Determination of the conditions of spallation in an impulsively loaded quartz phenolic – beryllium composite ring, SLA – 74 – 0245 (Sandia National Laboratories, Albuquerque, NM, 1974a).

L. M. Barker, C. D. Lundergan, P. J. Chen, M. E. Gurtin, Nonlinear viscoelasticity and the evolution of stress waves in laminated composites: a comparison of theory and experiment. J. Appl. Mech. 41, 1025 – 1030 (1974b).

L. M. Barker, $\alpha$ – phase Hugoniot of iron. J. Appl. Phys. 46(6), 2544 – 2547 (1975).

L. M. Barker, High – pressure quasi – isentropic impact experiments, in *Shock Compression of Condensed Matter*, ed. by J. R. Asay, R. A. Graham, G. K. Straub (Elsevier, Amsterdam, 1984), pp. 217 – 223.

L. M. Barker, T. G. Trucano, J. L. Wise, J. R. Asay, Experimental technique for measuring the isentrope of hydrogen to several megabars, in *Shock Waves in Condensed Matter*, ed. by Y. M. Gupta (Plenum, New York, NY, 1986), pp. 455 – 459.

L. M. Barker, T. G. Trucano, J. W. Munford, Metal surface gouging by hypervelocity sliding contact, in *Shock Waves in Condensed Matter*, ed. by S. C. Schmidt, N. C. Holmes (Elsevier, Amsterdam, 1988), pp. 753 – 756.

L. M. Barker, T. G. Trucano, A. R. Susoeff, Railgun rail gouging by hypervelocity sliding contact. IEEE Trans. Magnet 25(1), 83 – 87 (1989).

L. M. Barker, L. C. Chhabildas, Gas – accelerated plate stability study, in *Shock Waves in Condensed Matter*, ed. by S. C. Schmidt, J. N. Johnson, L. W. Davison (Elsevier, Amsterdam, 1990), pp. 989 – 991.

L. M. Barker, L. C. Chhabildas, T. G. Trucano, J. R. Asay, High gas pressure acceleration of flyer plates: Experimental techniques. Int. J. Impact Eng. 10, 67 – 80 (1990).

L. M. Barker, The development of the VISAR, and its use in shock compression science, in *Shock Compression of Condensed Matter*, ed. by M. D. Furnish, L. C. Chhabildas, R. S. Hixson. AIP Conference Proceedings, vol. 505 (AIP, College Park, MD, 2000a), pp. 11 – 17.

L. M. Barker, Multi – beam VISARs for simultaneous velocity vs. time measurements, in *Shock Compression of Condensed Matter*, ed. by M. D. Furnish, L. C. Chhabildas, R. S. Hixson. AIP Conference

Proceedings, vol. 505 (AIP, College Park, MD, 2000b), pp. 999 – 1002.

N. R. Barton, J. V. Bernier, R. Becker, A. Arsenlis, R. Cavallo, J. Marian, M. Rhee, H. – S. Park, B. A. Remington, R. T. Olson, A multiscale strength model for extreme loading conditions. J. Appl. Phys. 109, 073501 (2011).

R. C. Bass, B. C. Benjamin, H. M. Miller, D. R. Breding, SLIFER measurement for explosive yield, SAND76 – 0007 (Sandia National Laboratories, Albuquerque, NM, 1976).

F. Bauer, R. A. Graham, M. U. Anderson, H. Lefebvre, L. M. Lee, R. P. Reed, Response of the piezoelectric polymer PVDF to shock compression greater than 10 GPa, in *Shock Compression of Condensed Matter*, ed. by S. C. Schmidt, R. D. Dick, J. W. Forbes, D. G. Tasker (Elsevier, Amsterdam, 1992), pp. 887 – 890.

K. Baumung, J. Singer, S. V. Razorenov, A. V. Utkin, Hydrodynamic proton beam – target interaction experiments using an improved line – imaging velocimeter, in *Shock Compression of Condensed Matter*, ed. by S. C. Schmidt, W. C. Tao. AIP Conference Proceedings, vol. 370 (AIP, College Park, MD, 1996), pp. 1015 – 1018.

R. Becker, Effects of crystal plasticity on materials loaded at high pressures and strain rates. Int. J. Plas. 20, 1983 – 2006 (2004).

L. A. Behrmann, G. Dunbar, W. Wesloh, L. W. Davison, Reverse engineering of shaped charges, in *5th International Symposium on Ballistics* (Societe des Amis de l'ENSAE et de l'ENSTA Service Technique des Poudres et Explosifs, Toulouse, 1980), pp. 1 – 6.

W. B. Benedick, Air guns and the use of air propelled projectiles. Sandia National Laboratories Technical Memorandum SCTM560079 – 51 (Sandia National Laboratories, Albuquerque, NM, 1956).

W. B. Benedick, Nitroguanidine explosive plane – wave generator for producing low amplitude shock waves. Rev. Sci. Instrum. 36(9), 1309 – 1315 (1965).

W. B. Benedick, J. D. Kennedy, B. Morosin, Detonation limits of unconfined hydrocarbon – air mixtures. Combust. Flame 15, 83 – 84 (1970).

W. B. Benedick, Detonation wave shaping, in *Behavior and Utilization of Explosives in Engineering Design* (Proceedings 12th Annual Symposium New Mexico Section of the American Society of Mechanical Engineers), ed. by L. W. Davison, J. Kennedy, F. Coffey (NM Section ASME, Albuquerque, NM, 1972), pp. 47 – 56.

R. A. Benham, Light – initiated explosive for impulse measurements on structural members, SAND75 – 0516 (Sandia National Laboratories, Albuquerque, NM, 1976).

L. D. Bertholf, L. D. Buxton, B. J. Thorne, R. K. Byers, A. L. Stevens, S. L. Thompson, Damage in steel plates from hypervelocity impact. II. Numerical results and spall measurement. J. Appl. Phys. 46, 3776 – 3783 (1975).

L. D. Bertholf, M. E. Kipp, Two – dimensional stress wave calculations of kinetic energy projectile impact on multi – layered targets, SAND76 – 9247 (Sandia National Laboratories, Albuquerque, NM, 1977).

G. C. Bessette, R. J. Lawrence, L. C. Chhabildas, W. D. Reinhart, T. F. Thornhill, W. V. Saul, Multi –

dimensional hydrocode analysis of penetrating hypervelocity impacts, in *Shock Compression of Condensed Matter*, ed. by M. D. Furnish, Y. M. Gupta, J. W. Forbes. AIP Conference Proceedings, vol. 706 (AIP, College Park, MD, 2004), pp. 1323 – 1326.

D. D. Bloomquist, S. A. Sheffield, Optically recording interferometer for velocity measurements with subnanosecond resolution. J. Appl. Phys. 54, 1717 – 1722 (1983a).

D. D. Bloomquist, S. A. Sheffield, ORVIS, optically recording velocity interferometer system theory of operation and data reduction techniques, SAND82 – 2918 (Sandia National Laboratories, Albuquerque, NM, 1983b).

R. R. Boade, M. E. Kipp, D. E. Grady, A blasting concept for preparing vertical modified in situ oil shale retorts, SAND81 – 1255 (Sandia National Laboratories, Albuquerque, NM, 1981).

P. B. Bochev, C. J. Garasi, J. J. Hu, A. C. Robinson, R. S. Tuminaro, An improved algebraic multigrid method for solving Maxwell's equations. SIAM J. Sci. Comp. 25(2), 623 – 642 (2003a).

P. B. Bochev, J. J. Hu, A. C. Robinson, R. S. Tuminaro, Towards robust 3D z – pinch simulations: Discretization and fast solvers for magnetic diffusion in heterogeneous conductors. Electron Trans. Num. Anal. 15, 186 – 210 (2003b).

J. P. Borg, T. J. Vogler, Mesoscale calculations of the dynamic behavior of a granular ceramic. Int. J. Solids Struct. 45, 1676 – 1696 (2008).

J. P. Borg, T. J. Vogler, Aspects of simulating the dynamic compaction of a granular ceramic. Model Simul. Mater. Sci. Eng. 17, 045003 (2009a).

J. P. Borg, T. J. Vogler, The effect of water content on the shock compaction of sand, in *DYMAT 2009 – 9th International Conferences on the Mechanical and Physical Behavior of Materials under Dynamic Loading*, ed. by S. Hiermaier (EDP Sciences, Brussels, 2009b), pp. 1545 – 1552.

J. P. Borg, T. J. Vogler, A. Fraser, A review of mesoscale simulations of granular materials, in *Shock Compression of Condensed Matter*, ed. by M. L. Elbert, W. T. Buttler, M. D. Furnish, W. W. Anderson, W. G. Proud. AIP Conference Proceedings, vol. 1195 (AIP, College Park, MD, 2009), pp. 1331 – 1334.

J. P. Borg, T. J. Vogler, Rapid compaction of granular material: characterizing two – and three – dimensional mesoscale simulations. Shock Waves 23, 153 – 176 (2013).

M. B. Boslough, R. A. Graham, Submicrosecond shock – induced chemical reactions in solids: First real – time observations. Chem. Phys. Lett. 121, 446 – 452 (1985).

M. B. Boslough, E. L. Venturini, B. Morosin, R. A. Graham, D. L. Williamson, Physical properties of shocked and thermally altered nontronite: Implications for the Martian surface. J. Geophys. Res. 91, E207 – E214 (1986a).

M. B. Boslough, R. A. Graham, D. M. Webb, Optical measurements of shock – induced chemical reactions in mixed aluminum – nickel powder, in *Shock Waves in Condensed Matter*, ed. By Y. M. Gupta (Plenum, New York, NY, 1986b), pp. 767 – 772.

M. B. Boslough, Shock – induced chemical reactions in nickel – aluminum powder mixtures: Radiation pyrometer measurements. Chem. Phys. Lett. 160, 618 – 622 (1989).

M. B. Boslough, Shock modification and chemistry and planetary geologic processes. Annual Rev. Earth Planet Sci. 19,101 – 130 (1991).

M. B. Boslough, Thermochemistry of shock – induced exothermic reactions in selected porous mixtures, in *Proceedings of Explomet 1990 International Conference on Shock – Wave and High – Strain – Rate Phenomena in Materials*, ed. by M. A. Meyers, L. E. Murr, K. P. Staudhammer (Marcel Dekker, New York, NY, 1992), pp. 253 – 260.

M. B. Boslough, J. R. Asay, Basic principles of shock compression (Chapter 2), in *High – Pressure Shock Compression of Solids*, ed. by J. R. Asay, M. Shahinpoor (Springer, New York, NY, 1993), pp. 7 – 42.

M. B. Boslough, J. A. Ang, L. C. Chhabildas, W. D. Reinhart, C. A. Hall, B. G. Cour – Palais, E. L. Christiansen, J. L. Crews, Hypervelocity testing of advanced shielding concepts for spacecraft against impacts to 10km/s. Int. J. Impact Eng. 14,95 – 106 (1993).

M. B. Boslough, L. C. Chhabildas, W. D. Reinhart, C. A. Hall, J. M. Miller, R. Hickman, S. A. Mullin, D. L. Littlefield, PVDF gauge characterization of hypervelocity—Impact – generated debris clouds, in *High – Pressure Science and Technology*, ed. by S. C. Schmidt, J. W. Shaner, G. A. Samara, M. Ross. AIP Conference Proceedings, vol. 309 (AIP, College Park, MD, 1994a), pp. 1833 – 1836.

M. B. Boslough, D. A. Crawford, A. C. Robinson, T. G. Trucano, Watching for fireballs on Jupiter. Eos Trans. Am Geophys. Union 27,305 – 310 (1994b).

M. Boslough, E. Chael, T. G. Trucano, D. A. Crawford, Axial focusing of energy from a hypervelocity impact on Earth. Int. J. Impact. Eng. 17,99 – 108 (1995a).

M. B. Boslough, D. A. Crawford, T. G. Trucano, A. C. Robinson, Numerical modeling of Shoemaker – Levy 9 impacts as a framework for interpreting observations. Geophys. Res. Lett. 22(13),1821 – 1824 (1995b).

M. B. Boslough, D. A. Crawford, Impact – generated atmospheric plumes: observations on Jupiter and implications for Earth, in *Shock Compression of Condensed Matter*, ed. by S. C. Schmidt, W. C. Tao. AIP Conference Proceedings, vol. 370 (AIP, College Park, MD, 1996), pp. 1187 – 1190.

M. B. Boslough, D. A. Crawford, Shoemaker – Levy 9 and plume forming collisions on Earth near – Earth objects, in *Annals of the New York Academy of Sciences*, ed. by J. L. Remo, vol. 822 (The New York Academy of Sciences, New York, NY, 1997), pp. 236 – 282.

M. B. Boslough, D. A. Crawford, Low – altitude airbursts and the impact threat. Int. J. Impact. Eng. 35, 1441 – 1448 (2008).

R. M. Bowen, P. J. Chen, Acceleration waves in chemically reacting ideal fluid mixtures. Arch. Ration. Mech. Anal. 47,171 – 187 (1972a).

R. M. Bowen, P. J. Chen, Acceleration waves in anisotropic thermoelastic materials with internal state variables. Acta Mech. 15,95 – 104 (1972b).

R. M. Bowen, P. J. Chen, J. W. Nunziato, Shock waves in a mixture of chemically reacting materials with memory. Acta Mech. 21,1 – 11 (1975).

R. M. Brannon, L. C. Chhabildas, Experimental and numerical investigation of shock – induced full vaporization of zinc. Int. J. Impact Eng. 17, 109 – 120 (1995).

R. M. Brannon, S. T. Montgomery, J. B. Aidun, A. C. Robinson, Macro – and meso – scale modeling of PZT ferroelectric ceramics, in *Shock Compression of Condensed Matter*, ed. by M. D. Furnish, N. N. Thadhani, Y. M. Horie. AIP Conference Proceedings, vol. 620 (AIP, College Park, MD, 2002), pp. 197 – 200.

N. S. Brar, Z. Rosenberg, S. J. Bless, Applying Steinberg's model to the Hugoniot elastic limit of porous boron carbide specimens, in *Shock Compression of Condensed Matter*, ed. By S. C. Schmidt, R. D. Dick, J. W. Forbes (Elsevier, Amsterdam, 1992), pp. 467 – 470.

J. L. Brown, G. Ravichandran, W. D. Reinhart, W. M. Trott, High – pressure Hugoniot measurements using converging shocks. J. Appl. Phys. 109, 093520 (2011).

J. L. Brown, C. S. Alexander, J. R. Asay, T. J. Vogler, J. L. Ding, Extracting strength from high pressure ramp – release experiments. J. Appl. Phys. 114, 223518 (2013).

J. L. Brown, C. S. Alexander, J. R. Asay, T. J. Vogler, D. H. Dolan, J. L. Belof, Flow strength of tantalum under ramp compression to 250 GPa. J. Appl. Phys. 115, 043530 (2014a).

J. L. Brown, M. D. Knudson, C. S. Alexander, J. R. Asay, Shockless compression and release behavior of beryllium to 110 GPa. J. Appl. Phys. 116, 033502 (2014b).

P. G. Brown, J. D. Assink, L. Astiz et al., A 500 – kiloton airburst over Chelyabinsk and an enhanced hazard from small impactors. Nature 503, 238 – 241 (2013).

W. K. Brown, R. R. Karpp, D. E. Grady, Fragmentation of the universe. Astrophys. Space Sci. 94, 401 – 412 (1983).

W. T. Brown, P. J. Chen, On the nature of the electric field and the resulting voltage in axially loaded ferroelectric ceramics. J. Appl. Phys. 49(6), 3446 – 3450 (1978).

T. A. Brunner, Forms of approximate radiation transport, in *Nuclear Mathematical and Computational Sciences: A Century in Review, a Century Anew* (American Nuclear Society, La Grange Park, IL, 2003).

T. A. Brunner, C. J. Garasi, T. A. Haill, T. A. Mehlhorn, K. Cochrane, A. C. Robinson, R. M. Summers, ALEGRA – HEDP: Version 46, SAND2005 – 5996 (Sandia National Laboratories, Albuquerque, NM, 2005).

K. G. Budge, J. S. Peery, RHALE: A MMALE shock physics code written in C + +. Int. J. Impact Eng. 14, 107 – 120 (1993).

K. G. Budge, Verification of the radiation package in ALEGRA, SAND99 – 0786 (Sandia National Laboratories, Albuquerque, NM, 1999).

B. M. Butcher, L. M. Barker, D. E. Munson, C. D. Lundergan, Influence of stress history on time – dependent spall in metals. AIAA J. 2, 977 – 990 (1964).

B. M. Butcher, J. R. Cannon, Influence of work – hardening on the dynamic stress strain curves of 4340 steel. AIAA J. 2, 2174 – 2179 (1964).

B. M. Butcher, D. E. Munson, Influence of mechanical properties on wave propagation in elastic – plastic materials, in *Proceedings of the 4th International Detonation Symposium*, ONR ACR – 126, ed. by S. J. Jacobs, D. Price (U. S. Naval Ordinance Laboratory, Silver Spring, MD, 1965).

B. M. Butcher, Computer program SRATE for the study of strain – rate sensitive stress wave propagation—Part I, SC – RR – 650298 (Sandia National Laboratories, Albuquerque, NM, 1966).

B. M. Butcher, C. H. Karnes, Strain rate effects in metals. J. Appl. Phys. 37, 402 – 411 (1966)

B. M. Butcher, Spallation in 4340 steel. J Appl. Mech. Ser. E 89(1), 209 – 210 (1967).

B. M. Butcher, D. E. Munson, The application of dislocation dynamics to impact – induced deformation under uniaxial strain, in *Dislocation Dynamics*, ed. by A. R. Rosenfield, G. T. Hahn, A. L. Bement, R. J. Jaffe (McGraw Hill, New York, NY, 1967), pp. 591 – 607.

B. M. Butcher, Spallation in 6061 – T6 aluminum, in *Behavior of Dense Media under High Dynamic Pressures* (Proceedings of IUTAM Symposium), ed. by J. Berger (Gordon and Breach, New York, NY, 1968), pp. 245 – 250.

B. M. Butcher, C. H. Karnes, Dynamic compaction of porous iron. J. Appl. Phys. 40(7), 2967 – 2976 (1969).

B. M. Butcher, The description of strain – rate effects in shocked porous materials, in *Shock Waves and the Mechanical Properties of Solids*, ed. by J. J. Burke, V. Weiss (Syracuse University Press, Syracuse, NY, 1971), pp. 227 – 243.

B. M. Butcher, Dynamic response of partially compacted porous aluminum during unloading. J. Appl. Phys. 44, 4576 – 4582 (1973).

B. M. Butcher, L. A. Kent, L. M. Lee, A method for measuring unloading paths in partially compacted strain – rate insensitive porous materials, SLA – 73 – 0152 (Sandia National Laboratories, Albuquerque, NM, 1973).

B. M. Butcher, M. M. Carroll, A. C. Holt, Shock wave compaction of porous aluminum. J. Appl. Phys. 45, 3864 – 3875 (1974).

B. M. Butcher, A. L. Stevens, The shock wave response of Window Rock coal. Int. J. Rock Mech. Mining Sci. & Geomech. Abstr. 12, 147 – 155 (1975).

R. K. Byers, A. J. Chabai, Penetration calculations and measurements for a layered soil target. Int. J. Num. Anal. Meth. Geomech. 1, 107 – 138 (1977).

R. K. Byers, P. Yarrington, A. J. Chabai, Dynamic penetration of soil media by slender projectiles, in *International Journal of Engineering Science: Penetration Mechanics* (Special Issue), ed. By A. C. Eringen, vol. 16 (Pergamon, Oxford, 1978), pp. 835 – 844.

M. J. Carr, R. A. Graham, The effect of shock pressure and temperature on the deformation microstructure of rutile, in *Metallurgical Applications of Shock – Wave and High – Strain – Rate Phenomena*, ed. by L. E. Murr, K. P. Staudhammer, M. Meyers (Marcel Dekker, New York, NY, 1986), pp. 369 – 384.

M. J. Carr, C. R. Hills, R. A. Graham, J. L. Wise, The effects of microstructure on the substructure evolution and mechanical properties of shock – loaded 6061 – T6 aluminum and JBK – 75 stainless steel, in *Shock Waves in Condensed Matter*, ed. by S. C. Schmidt, N. C. Holmes (Elsevier, Amsterdam, 1988), pp. 335 – 338.

D. Carroll, E. Hertel, T. G. Trucano, Simulation of armor penetration by tungsten rods: ALEGRA validation report, SAND97 - 2765 (Sandia National Laboratories, Albuquerque, NM, 1997).

W. H. Casey, M. J. Carr, R. A. Graham, Crystal defects and the dissolution kinetics of shocked rutile, in *Shock Waves in Condensed Matter*, ed. by S. C. Schmidt, N. C. Holmes (Elsevier, Amsterdam, 1988), pp. 331 - 334.

A. J. Chabai, Crater scaling laws for desert alluvium, SC - 4391 (RR) (Sandia National Laboratories, Albuquerque, NM, 1959).

A. J. Chabai, D. M. Hankins, Gravity scaling laws for explosion craters, SC - 4541 (RR) (Sandia National Laboratories, Albuquerque, NM, 1960).

A. J. Chabai, On scaling dimensions of craters produced by buried explosions. J. Geophys. Res. 70, 5075 - 5098 (1965).

A. J. Chabai, R. J. Lawrence, E. G. Young, Elastic - plastic target deformation due to a high speed pulsed water jet impact, SLA - 74 - 5227 (Sandia National Laboratories, Albuquerque, NM, 1974).

A. J. Chabai, C. W. Young, P. Yarrington, W. J. Patterson, R. K. Byers, Terradynamic technology - theory and experiment, in *Recent Advances in Engineering Science*, ed. by G. C. Sih (Lehigh University Publication, Bethlehem, PA, 1977), pp. 67 - 80.

A. R. Champion, W. B. Benedick, Detection of strong shock waves with plastic tapes. Rev. Sci. Instrum. 39(3), 377 - 378 (1968).

A. R. Champion, R. W. Rohde, Hugoniot equation of state and the effect of shock stress amplitude and duration on the hardness of Hadfield steel. J. Appl. Phys. 41(5), 2213 - 2223 (1970).

S. Chantrenne, J. L. Wise, J. R. Asay, M. E. Kipp, C. A. Hall, Design of a sample recovery assembly for magnetic ramp - wave loading, in *Shock Compression of Condensed Matter*, ed. By M. L. Elbert, W. T. Buttler, M. D. Furnish, W. W. Anderson, W. G. Proud, AIP Conference Proceedings, vol. 1195 (AIP, College Park, MD, 2009), pp. 695 - 698.

P. J. Chen, Growth of acceleration waves in isotropic elastic materials. J. Acoust. Soc. Am. 43(5), 982 - 987 (1968a).

P. J. Chen, Thermodynamic influences on the propagation and the growth of acceleration waves in elastic materials. Arch. Ration. Mech. Anal. 31(3), 228 - 254 (1968b).

P. J. Chen, M. E. Gurtin, E. K. Walsh, Shock amplitude variation in polymethyl methacrylate for fixed values of the strain gradient. J. Appl. Phys. 41(8), 3557 - 3558 (1970).

P. J. Chen, The growth of one - dimensional shock waves in elastic nonconductors. Int. J. Solids Struct. 7, 5 - 10 (1971).

P. J. Chen, M. E. Gurtin, Growth and decay of one - dimensional shock waves in fluids with internal state variables. Phys. Fluids 14(6), 1091 - 1094 (1971).

P. J. Chen, M. E. Gurtin, On the use of experimental results concerning steady shock waves to predict the acceleration wave response of nonlinear viscoelastic materials. J. Appl. Mech. 39(1), 295 - 296 (1972).

P. J. Chen, R. A. Graham, L. W. Davison, Analysis of unsteady waves in solids. J. Appl. Phys. 43 (12), 5021–5027 (1972).

P. J. Chen, Growth and decay of waves in solids, in *Handbuch der Physik*, Band VIa (3), ed. by S. Flugge (Springer, Berlin, 1973), pp. 303–402.

P. J. Chen, J. W. Nunziato, On wave propagation in perfectly heat conducting inextensible elastic. J. Elast. 5, 155–160 (1975).

P. J. Chen, J. E. Kennedy, Chemical kinetic and curvature effects on shock-wave evolution in shocked explosives, in *Proceedings of the 6th International Detonation Symposium*, ONR ACR-221, ed. by S. J. Jacobs, D. J. Edwards (Office of Naval Research, Washington, D. C., 1976), pp. 379–388.

P. J. Chen, P. C. Lysne, H. J. Sutherland, Electrical responses of ferroelectric ceramics to dynamic loads of uniaxial strain, in *Propagation of Shock Waves in Solids* (The American Society of Mechanical Engineers, New York, NY, 1976a), pp. 73–78.

P. J. Chen, L. W. Davison, M. F. McCarthy, Electrical responses of nonlinear piezoelectric materials to plane waves of uniaxial strain. J. Appl. Phys. 47(11), 4759–4764 (1976b).

P. J. Chen, S. T. Montgomery, Normal mode responses of linear piezoelectric materials with hexagonal symmetry. Int. J. Solids Struct. 13, 947–955 (1977).

P. J. Chen, S. T. Montgomery, Boundary effects on the normal-mode responses of linear transversely isotropic piezoelectric materials. J. Appl. Phys. 49(2), 900–904 (1978).

P. J. Chen, M. F. McCarthy, T. R. O Leary, One-dimensional shock and acceleration waves in deformable dielectric materials with memory. Arch. Ration. Mech. Anal. 62(2), 189–207 (1978).

P. J. Chen, S. T. Montgomery, A macroscopic theory for the existence of the hysteresis and butterfly loops in ferroelectricity. Ferroelectrics 23(1), 199–207 (1980).

P. J. Chen, T. J. Tucker, One dimensional polar mechanical and dielectric responses of th ferroelectric ceramic PZT 65/35 due to domain switching. Int. J. Eng. Sci. 19, 147–158 (1981).

L. C. Chhabildas, H. M. Gilder, Thermal coefficient of expansion of an activated vacancy in zinc from high pressure self-diffusion experiments. Phys. Rev. B 5, 2135–2144 (1972).

L. C. Chhabildas, A. L. Ruoff, The transition of sulfur to a conducting phase. J. Chem. Phys. 66(3), 983–985 (1977).

L. C. Chhabildas, J. R. Asay, Rise-time measurements of shock transitions in aluminum, copper, steel. J. Appl. Phys. 50(4), 2749–2756 (1979).

L. C. Chhabildas, H. J. Sutherland, J. R. Asay, A velocity interferometer technique to determine shear-wave particle velocity in shock-loaded solids. J. Appl. Phys. 50(8), 5196–5201 (1979).

L. C. Chhabildas, J. W. Swegle, Dynamic pressure-shear loading of materials using anisotropic crystals. J. Appl. Phys. 51(9), 4799–4807 (1980).

L. C. Chhabildas, J. R. Asay, Time-resolved wave profile measurements in copper to megabar pressures, in *High Pressure in Research and Industry* (Proceedings of 6th AIRAPT and 19th EHPRG International Conference), ed. by C.-M. Backman, T. Johannisson, L. Tegnér (Arkitektkopia,

Uppsala, 1982), pp. 183 – 189.

L. C. Chhabildas, R. D. Hardy, Pressure – shear loading techniques for material – property studies, SAND82 – 1546 (Sandia National Laboratories, Albuquerque, NM, 1982).

L. C. Chhabildas, J. W. Swegle, On the dynamical response of particulate – loaded materials I. Pressure – shear loading of alumina particles in an epoxy matrix. J. Appl. Phys. 53(2), 954 – 956 (1982).

L. C. Chhabildas, J. L. Wise, J. R. Asay, Reshock and release behavior of beryllium, in 1981 *Topical Conference on Shock Waves in Condensed Matter*, ed. by W. J. Nellis, L. Seaman, R. A. Graham. AIP Conference Proceedings, vol. 78 (AIP, College Park, MD, 1982), pp. 422 – 426.

L. C. Chhabildas, Dynamic transverse particle velocity measurements using interferometric techniques, in *Proceedings of the SPIE*, vol. 427 (International Society for Optics and Photonics, Bellingham, WA, 1983), pp. 136 – 143.

L. C. Chhabildas, D. E. Grady, Dynamic material response of quartz at high strain rates, in *High Pressure Science and Technology*, (Proceedings of the 9th AIRAPT International High Pressure Conference), vol 3, ed. by C. Homan, R. K. MacCrone, E. Whalley (AIRAPT, Albany, NY, 1984), pp. 147 – 150.

L. C. Chhabildas, M. E. Kipp, Pressure – shear loading of PBX – 9404, in *Proceedings of the $8^{th}$ International Detonation Symposium*, NSWC MP 86 – 194, ed. by J. M. Short, W. E. Deal (Naval Surface Warfare Center, Dahlgren, VA, 1985), pp. 274 – 283.

L. C. Chhabildas, J. M. Miller, Release – adiabat measurements in crystalline quartz, SAND85 – 1092 (Sandia National Laboratories, Albuquerque, NM, 1985).

L. C. Chhabildas, L. M. Barker, Dynamic quasi – isentropic compression of tungsten, in *Shock Waves in Condensed Matter*, ed. by S. C. Schmidt, N. C. Holmes (Elsevier, Amsterdam, 1988), pp. 111 – 114.

L. C. Chhabildas, J. R. Asay, L. M. Barker, Shear strength of tungsten under shock – and quasi – isentropic loading to 250 GPa, SAND88 – 0306 (Sandia National Laboratories, Albuquerque, NM, 1988).

L. C. Chhabildas, L. M. Barker, J. R. Asay, T. G. Trucano, Relationship of fragment size to normalized spall strength for materials. Int. J. Impact Eng. 10, 107 – 124 (1990).

L. C. Chhabildas, L. M. Barker, J. R. Asay, T. G. Trucano, G. I. Kerley, Sandia's new hypervelocity launcher, HVL, SAND91 – 0657 (Sandia National Laboratories, Albuquerque, NM, 1991).

L. C. Chhabildas, J. R. Asay, Dynamic yield strength and spall strength measurements under quasi – isentropic loading, in *Shock – Wave and High – Strain – Rate Phenomena in Materials*, ed. by M. A. Meyers et al. (Marcel Dekker, New York, NY, 1992), pp. 947 – 955.

L. C. Chhabildas, L. M. Barker, J. R. Asay, T. G. Trucano, G. I. Kerley, J. E. Dunn, Launch capabilities to over 10km/s, in *Shock Compression of Condensed Matter*, ed. by S. C. Schmidt, R. D. Dick, J. W. Forbes, D. G. Tasker (Elsevier, Amsterdam, 1992), pp. 1025 – 1031.

L. C. Chhabildas, E. S. Hertel, S. A. Hill, Hypervelocity impact tests and simulations of single Whipple bumper shield concepts at 10km/s. Int. J. Impact Eng. 14, 133 – 144 (1993a).

L. C. Chhabildas, J. E. Dunn, W. D. Reinhart, J. M. Miller, An impact technique to accelerate flyer plates to velocities over 12km/s. Int. J. Impact Eng. 14, 121 – 132 (1993b).

L. C. Chhabildas, T. G. Trucano, W. D. Reinhart, C. A. Hall, Chunk projectile launch using the Sandia hypervelocity launcher facility, SAND94 – 1273 (Sandia National Laboratories, Albuquerque, NM, 1994).

L. C. Chhabildas, L. N. Kmetyk, W. D. Reinhart, C. A. Hall, Enhanced hypervelocity launcher: Capabilities to 16km/s. Int. J. Impact Eng. 17, 183 – 191 (1995).

L. C. Chhabildas, M. D. Furnish, D. E. Grady, Impact of alumina rods – A computational and experimental study. J. Phys. IV (Colloque) 7 (C3), 137 – 143 (1997).

L. C. Chhabildas, M. D. Furnish, W. D. Reinhart, D. E. Grady, Impact of AD995 alumina rods, in *Shock Compression of Condensed Matter*, ed. by S. C. Schmidt, D. P. Dandekar, J. W. Forbes. AIP Conference Proceedings, vol. 429 (AIP, College Park, MD, 1998), pp. 505 – 508.

L. C. Chhabildas, W. D. Reinhart, Intermediate strain – rate loading experiments – technique and applications to ceramics, in *Proceedings of the 15th U. S. Army Symposium on Solid Mechanics*, ed. by S. C. Chou, K. S. Iyer (Battelle, Columbus, OH, 1999), pp. 233 – 240.

L. C. Chhabildas, M. D. Furnish, W. D. Reinhart, Shock induced melting in aluminum: Wave profile measurements, in *Shock Compression of Condensed Matter*, ed. by M. D. Furnish, L. C. Chhabildas, R. S. Hixson. AIP Conference Proceedings, vol. 505 (AIP, College Park, MD, 2000a), pp. 97 – 100.

L. C. Chhabildas, T. G. Trucano, R. M. Summers, W. D. Reinhart, J. S. Peery, D. A. Mosher, G. A. Mann, C. H. Konrad, M. E. Kipp, Experimental benchmark data for ALEGRA code validations, in *Shock Compression of Condensed Matter*, ed. by M. D. Furnish, L. C. Chhabildas, R. S. Hixson. AIP Conference Proceedings, vol. 505 (AIP, College Park, MD, 2000b), pp. 1011 – 1014.

L. C. Chhabildas, W. M. Trott, W. D. Reinhart, J. R. Cogar, G. A. Mann, Incipient spall studies in tantalum—Microstructural effects, in *Shock Compression of Condensed Matter*, ed. by M. D. Furnish, N. N. Thadhani, Y. Horie. AIP Conference Proceedings, vol. 620 (AIP, College Park, MD, 2002), pp. 483 – 486.

L. C. Chhabildas, W. D. Reinhart, T. F. Thornhill, G. C. Bessette, W. V. Saul, R. J. Lawrence, M. E. Kipp, Hypervelocity impacts on aluminum from 6 to 11km/s for hydrocode benchmarking, SAND2003 – 1235 (Sandia National Laboratories, Albuquerque, NM, 2003).

L. C. Chhabildas, M. D. Knudson, Techniques to launch projectile plates to high velocities, in *High Pressure Shock Compression of Solids VIII*, ed. by L. C. Chhabildas, L. W. Davison, Y. Horie (Springer, New York, NY, 2005), pp. 143 – 200.

L. C. Chhabildas, W. D. Reinhart, T. F. Thornhill, J. L. Brown, Shock – induced vaporization in metals. Int. J. Impact Eng. 33(1 – 12), 158 – 168 (2006).

J. Clerouin, P. Renaudin, V. Recoules et al., Equation of state and electrical conductivity of strongly correlated aluminum and copper plasmas. Contrib. Plasma Phys. 43(5 – 6), 269 – 272 (2003).

J. Clerouin, P. Renaudin, Y. Laudernet et al., Electrical conductivity and equation of state study of warm dense copper: measurements and quantum molecular dynamics calculations. Phys. Rev. B 71, 064203 (2005).

K. Cochrane, M. Desjarlais, T. Haill, J. Lawrence, M. Knudson, G. Dunham, Aluminum equation of state validation and verification for the ALEGRA HEDP simulation code, SAND2006 – 1739 (Sandia National Laboratories, Albuquerque, NM, 2006).

K. Cochrane, T. J. Vogler, M. P. Desjarlais, T. R. Mattsson, Density Functional Theory (DFT) simulations of porous tantalum pentoxide, in 18*th American Physical Society Shock Compression in Condensed Matter and* 24*th International Association for the Advancement of High Pressure Science and Technology Conference. Journal of Physics Conference Series*, ed. by W. Buttler, M. Furlanetto, W. Evans, vol. 500 (IOP Publishing, Bristol, 2014), 032005.

G. W. Collins, L. B. Da Silva, P. Celliers, D. M. Gold et al., Measurements of the equation of state of deuterium at the fluid insulator – metal transition. Science 281, 1178 – 1181 (1998).

J. Comley, B. R. Maddox, R. E. Rudd et al., Strength of shock – loaded single – crystal tantalum [100] determined using *in situ* broadband x – ray Laue diffraction. Phys. Rev. Lett. 110, 115501 (2013).

M. Cooper, W. Trott, R. Schmitt, M. Short, S. Jackson, ANFO response to low – stress planar impacts, in *Shock Compression of Condensed Matter*, ed. by M. L. Elert, W. T. Buttler, J. P. Borg, J. L. Jordan, T. J. Vogler. AIP Conference Proceedings, vol. 1426 (AIP, College Park, MD, 2012), pp. 595 – 598.

M. L. Corradini, D. S. Drumheller, Phenomenological Modelling of Steam Explosions, in *Proceedings of ANS/ENS Topical Meeting on Thermal Reactor Safety* (American Nuclear Society, La Grange Park, IL, 1980).

D. A. Crawford, M. Boslough, T. G. Trucano, A. C. Robinson, The impact of comet Shoemaker – Levy 9 on Jupiter. Shock Waves 4(1), 47 – 50 (1994).

D. A. Crawford, M. B. Boslough, T. G. Trucano, A. C. Robinson, The impact of periodic comet Shoemaker – Levy 9 on Jupiter. Int. J. Impact Eng. 17, 253 – 262 (1995).

J. C. Crowhurst, M. R. Armstrong, B. K. Knight, J. M. Zaug, E. M. Behymer, Invariance of the dissipative action at ultrahigh strain rates above the strong shock threshold. Phys. Rev. Lett. 107, 104322 (2011).

R. T. Cygan, W. H. Casey, M. B. Boslough, H. R. Westrich, M. J. Carr, J. R. Holdren Jr., Dissolution kinetics of experimentally shocked silicate minerals. Chem. Geol. 78, 229 – 244 (1989).

R. T. Cygan, M. B. Boslough, R. J. Kirkpatrick, Experimentally shocked quartz, NMR spectroscopy and shock wave barometry, in *Shock Compression of Condensed Matter*, ed. by S. C. Schmidt et al. (Elsevier, Amsterdam, 1990), pp. 653 – 656.

R. T. Cygan, M. B. Boslough, Analysis of experimentally shocked minerals by NMR spectroscopy,

SAND94 - 0294 (Sandia National Laboratories, Albuquerque, NM, 1994).

L. B. Da Silva, P. Celliers, G. W. Collins, K. S. Budil, N. C. Holmes et al., Absolute equation of state measurements on shocked liquid deuterium up to 200 GPa (2Mbar). Phys. Rev. Lett. 78, 483 - 486 (1997).

D. M. Dattelbaum, S. A. Sheffield, D. B. Stahl, A. M. Dattelbaum, W. M. Trott, Influence of hot spot features in the initiation characteristics of heterogeneous nitromethane, in *Proceedings of the 14th International Symposium on Detonation*, ONR 351 - 10 - 185, ed. by S. Peiris, C. Boswell, B. Asay (Office of Naval Research, Washington, D. C., 2010), pp. 611 - 621.

J. - P. Davis, D. B. Hayes, J. R. Asay, P. W. Watts, P. A. Flores, D. B. Reisman, Investigation of liquid - solid phase transition using Isentropic Compression Experiments (ICE), in *Shock Compression of Condensed Matter*, ed. by M. D. Furnish, N. N. Thadhani, Y. Horie. AIP Conference Proceedings, vol. 620 (AIP, College Park, MD, 2002), pp. 221 - 224.

J. - P. Davis, User manual for INVICE 0.1 - beta: A computer code for inverse analysis of isentropic compression experiments, SAND2005 - 2068 (Sandia National Laboratories, Albuquerque, NM, 2005).

J. - P. Davis, S. Foiles, Experimental and computational study of the liquid - solid transition in tin, SAND2005 - 6522 (Sandia National Laboratories, Albuquerque, NM, 2005).

J. - P. Davis, C. Deeney et al., Magnetically driven isentropic compression to multi - megabar pressures using shaped current pulses on the Z accelerator. Phys. Plas. 12, 056310 (2005).

J. - P. Davis, Experimental measurement of the principal isentrope for aluminum 6061 - T6 to 240 GPa. J. Appl. Phys. 99(10), 103512 (2006).

J. - P. Davis, D. B. Hayes, Measurement of the dynamic $\beta - \gamma$ phase boundary in tin, in *Shock Compression of Condensed Matter*, ed. by M. Elert, M. D. Furnish, R. Chau, N. C. Holmes, and J. Nguyen, AIP Conference Proceedings, vol. 955 (AIP, College Park, MD, 2007), pp. 159 - 162.

J. - P. Davis, CHARICE version 1.1 update, SAND2008 - 6035 (Sandia National Laboratories, Albuquerque, NM, 2008).

L. W. Davison, Propagation of plane waves of finite amplitude in elastic solids. J. Mech. Phys. Solids 14, 249 - 270 (1966).

L. W. Davison, Perturbation theory of nonlinear elastic wave propagation. Int. J. Solids Struct. 4, 301 - 322 (1968).

L. W. Davison, J. N. Johnson, Elastoplastic wave propagation and spallation in beryllium: A review, SC - TM - 70 - 634 (Sandia National Laboratories, Albuquerque, NM, 1970).

L. W. Davison, Shock - wave structure in porous solids. J. Appl. Phys. 42 (13), 5503 - 5512 (1971).

L. W. Davison, A. L. Stevens, Continuum measures of spall damage. J. Appl. Phys. 43(3), 988 - 994 (1972).

L. W. Davison, J. Kennedy, F. Coffey (eds.), *Behavior and Utilization of Explosives in Engineering Design* (Proceedings 12th Annual Symposium of New Mexico Section of the American Society of

Mechanical Engineers, Albuquerque, NM, 1972).

L. W. Davison, A. L. Stevens, Thermomechanical constitution of spalling elastic bodies. J. Appl. Phys. 44(2), 668 – 674 (1973).

L. W. Davison, Explosion containment devices: Design considerations, SAND74 – 0218 (Sandia National Laboratories, Albuquerque, NM, 1974).

L. W. Davison, A. L. Stevens, M. E. Kipp, Theory of spall damage accumulation in ductile metals. J. Mech. Phys. Solids 25, 11 – 28 (1977).

L. W. Davison, M. E. Kipp, Calculation of spall accumulation in ductile materials, in *High Velocity Deformation of Solids*, ed. by K. Kawata, J. Shioiri (Springer – Verlag, Berlin, 1978), pp. 163 – 175.

L. W. Davison, R. A. Graham, Shock compression of solids. Physics Reports 55(4), 255 – 359 (1979).

L. W. Davison, Numerical modeling of dynamic material response, in *Shock Waves in Condensed Matter*, ed. by J. R. Asay, R. A. Graham, G. K. Straub (Elsevier, Amsterdam, 1984), pp. 181 – 186.

L. W. Davison, *Fundamentals of Shock Wave Propagation in Solids* (Springer, Berlin, 2008).

M. P. Desjarlais, Practical improvements to the Lee – More conductivity near the metal – insulator transition. Contrib. Plasma Phys. 41(2 – 3), 267 – 270 (2001).

M. P. Desjarlais, J. D. Kress, L. A. Collins, Electrical conductivity for warm, dense aluminum plasmas and liquids. Phys. Rev. E 66, 025401 (2002).

M. P. Desjarlais, Density – functional calculations of the liquid deuterium Hugoniot, reshock, and reverberation timing. Phys. Rev. B 68, 064204 (2003).

A. Dewaele, P. Loubeyre, Mechanical properties of tantalum under high pressure. Phys. Rev. B 72, 134106 (2005).

J. Dietz, D. B. Hayes, Compilation of crater data, SC – RR – 650220 (Sandia National Laboratories, Albuquerque, NM, 1965).

G. Dimonte, D. L. Youngs, A. Dimits et al., A comparative study of the turbulent Rayleigh – Taylor instability using high – resolution three – dimensional numerical simulations: the Alpha – Group collaboration. Phys. Fluids 16(5), 1668 – 1693 (2004).

B. W. Dodson, M. B. Boslough, Techniques for recovery of shock – loaded samples, in *Shock Compression of Condensed Matter*, ed. by S. C. Schmidt, J. N. Johnson, L. W. Davison (Elsevier, Amsterdam, 1990), pp. 767 – 769.

D. W. Doerfler, M. B. Vigil, The Cielo petascale capability computer: Providing large – scale computing for stockpile stewardship. *Stockpile Stewardship Quarterly*, vol. 3(2), pp. 3 – 5 (2013).

D. H. Dolan, M. D. Knudson, C. A. Hall, C. Deeney, A metastable limit for compressed liquid water. Nat. Phys. 3, 339 – 342 (2007).

D. H. Dolan, T. Ao, Cubic zirconia as a dynamic compression window. Appl. Phys. Lett. 93, 021908 (2008).

D. H. Dolan, Accuracy and precision in photonic Doppler velocimetry (PDV). Rev. Sci. Instrum. 81,

53905 (2010).

D. H. Dolan, C. T. Seagle, T. Ao, Dynamic temperature measurements with embedded optical sensors, SAND2013-8203 (Sandia National Laboratories, Albuquerque, NM, 2013a).

D. H. Dolan, R. W. Lemke, R. D. McBride, M. R. Martin, E. Harding et al., Tracking an imploding cylinder with photonic Doppler velocimetry. Rev. Sci. Instrum. 84, 055102 (2013b).

D. S. Drumheller, A. Bedford, On a continuum theory for a laminated medium. J. Appl. Mech. 40, 527–532 (1973).

D. S. Drumheller, C. D. Lundergan, On the behavior of stress waves in composite materials – Part II: Theoretical and experimental studies on the effects of constituent debonding. Int. J. Solids Struct. 11, 75–87 (1975).

D. S. Drumheller, The theoretical treatment of a porous solid using a mixture theory. Int. J. Solids Struct. 14, 441–456 (1978).

D. S. Drumheller, A. Bedford, On the mechanics and thermodynamics of fluid mixtures. Arch. Rat. Mech. Anal. 71, 345–355 (1979).

D. S. Drumheller, A theory for the shock – loaded response of an alumina – filled epoxy mixture, in *Shock Waves in Condensed Matter*, ed. by W. J. Nellis, L. Seaman, R. A. Graham. AIP Conference Proceedings, vol. 78 (AIP, College Park, MD, 1982a), pp. 527–528.

D. S. Drumheller, On the dynamical response of particulate – loaded materials: Part II – A theory with application to alumina particles in an epoxy matrix. J. Appl. Phys. 53, 957–969 (1982b).

D. S. Drumheller, TOM MIX: A computer code for calculating steam explosion phenomena, SAND 81-2520 (Sandia National Laboratories, Albuquerque, NM, 1982c).

D. S. Drumheller, M. E. Kipp, A. Bedford, Transient wave propagation in bubbly liquids. J. Fluid Mech. 119, 347–365 (1982).

D. S. Drumheller, Wavecode constitutive models: Nonhomogeneous mixtures, SAND84-0713 (Sandia National Laboratories, Albuquerque, NM, 1984).

D. S. Drumheller, T. G. Trucano, L. C. Chhabildas, Wavecode constitutive models: Particulate – loaded composites, SAND84-0714 (Sandia National Laboratories, Albuquerque, NM, 1984).

D. S. Drumheller, Hypervelocity impact of mixtures. Int. J. Impact Eng. 5, 261–268 (1987).

D. S. Drumheller, *Introduction to Wave Propagation in Nonlinear Fluids and Solids* (Cambridge University Press, New York, NY, 1998).

G. Dunham, J. E. Bailey, A. Carlson, P. Lake, M. D. Knudson, Diagnostic methods for time – resolved optical spectroscopy of shocked liquid deuterium. Rev. Sci. Instrum. 75, 928–935 (2004).

J. E. Dunn, D. E. Grady, Strain rate dependence in steady plastic shock waves, in *Shock Waves in Condensed Matter*, ed. by Y. M. Gupta (Plenum, New York, NY, 1986), pp. 359–364.

K. E. Duprey, R. J. Clifton, Pressure shear response of thin tantalum foils, in *Shock Compression of Condensed Matter*, ed. by M. D. Furnish, L. C. Chhabildas, R. S. Hixson. AIP Conference Proceedings, vol. 505 (AIP, College Park, MD, 2000), pp. 447–450.

G. E. Duvall, R. A. Graham, Phase transitions under shock – wave loading. Rev. Mod. Phys. 49(3),

523 – 579 (1977).

J. Eggert, M. Bastea et al., Ramp wave stress – density measurements of Ta and W, in *Shock Compression of Condensed Matter*, ed. by M. Elert, M. D. Furnish, R. Chau, N. C. Holmes, J. Nguyen. AIP Conference Proceedings, vol. 955 (AIP, College Park, MD, 2007), pp. 1177 – 1180.

J. C. Eichelberger, D. B. Hayes, Magmatic model for the Mount St. Helens blast of May 18, 1980. J. Geophys. Res. 87(B9), 7727 – 7738 (1982).

P. Embid, M. Baer, Mathematical analysis of a two – phase continuum mixture theory. Cont. Mech. Thermodynam. 4, 279 – 312 (1992).

W. W. Erikson, E. S. Hertel Jr., M. J. Kaneshige, A. M. Renlund, A. C. Ratzel, Energetic materials research at Sandia National Laboratories, SAND2006 – 0806A (Sandia National Laboratories, Albuquerque, NM, 2006).

A. V. Farnsworth Jr., W. M. Trott, R. E. Setchell, A computational study of laser driven flyer plates, in *Shock Compression of Condensed Matter*, ed. by M. D. Furnish, N. N. Thadhani, Y. Horie. AIP Conference Proceedings, vol. 620 (AIP, College Park, MD, 2002), pp. 1355 – 1358.

G. Fenton, D. E. Grady, T. J. Vogler, Intense shock compression of porous solids: application to WC and $Ta_2O_5$, in *Shock Compression of Condensed Matter*, ed. by M. L. Elert, W. T. Buttler, J. P. Borg, J. L. Jordan, T. J. Vogler. AIP Conference Proceedings, vol. 1426 (AIP, College Park, MD, 2012), pp. 1463 – 1466.

D. J. Fogelson, L. M. Lee, D. W. Gilbert, W. R. Conley, R. A. Graham, R. P. Reed, F. Bauer, Fabrication of standardized piezoelectric polymer shock gauges by the Bauer method, in *Shock Waves in Condensed Matter*, ed. by S. C. Schmidt, N. C. Holmes (Elsevier, Amsterdam, 1988), pp. 615 – 618.

J. W. Forbes, The history of the APS Shock compression of condensed matter Topical Group, in *Shock Compression of Condensed Matter*, ed. by M. D. Furnish, N. N. Thadhani, Y. Horie. AIP Conference Proceedings, vol. 620 (AIP, College Park, MD, 2002), pp. 11 – 19.

J. W. Forbes, *Shock Wave Compression of Condensed Matter: A Primer* (Springer, Berlin, 2012).

M. J. Forrestal, D. E. Grady, K. W. Schuler, An experimental method to estimate the dynamic fracture strength of oil shale in the 103 to 104/s strain rate regime. Int. J. Rock Mech. Min. Sci. 15, 263 – 265 (1978).

M. J. Forrestal, T. C. Togami, W. E. Baker, D. J. Frew, Performance evaluation of accelerometers used for penetration experiments. Exp. Mech. 43(1), 90 – 96 (2003).

G. R. Fowles, Shock wave compression of hardened and annealed 2024 aluminum. J. Appl. Phys. 32, 1475 – 1487 (1961).

A. M. Frank, W. M. Trott, Investigation of thin laser – driven flyer plates using streak imaging and stop motion microphotography, in *Shock Compression of Condensed Matter*, ed. by S. C. Schmidt, W. C. Tao. AIP Conference Proceedings, vol. 370 (AIP, College Park, MD, 1996), pp. 1209 – 1212.

D. E. Fratanduono, T. R. Boehly, M. A. Barrios, D. D. Meyerhofer, J. H. Eggert et al., Refractive index of lithium fluoride ramp compressed to 800 GPa. J. Appl. Phys. 109, 123521 (2011).

D. A. Fredenburg, T. J. Vogler, N. N. Thadhani, Meso – scale simulation of the shock compression response of equiaxed and needle morphology Al 6061 – T6 powders, in *Shock Compression of Condensed Matter*, ed. by M. L. Elert, W. T. Buttler, M. D. Furnish, W. W. Anderson, W. G. Proud. AIP Conference Proceedings, vol. 1195 (AIP, College Park, MD, 2009), pp. 1341 – 1344.

D. A. Fredenburg, N. N. Thadhani, T. J. Vogler, Shock consolidation of nano – crystalline 6061 aluminum. Mater. Sci. Eng. A 39, 3349 – 3357 (2010).

J. R. Freeman, J. M. McGlaun, E. C. Cnare, Numerical studies of helical CMF generators, in *Megagauss Physics and Technology*, ed. by P. J. Turchi (Plenum, New York, NY, 1980), pp. 205 – 218.

I. J. Fritz, R. A. Graham, Second – order elastic constants of high – purity vitreous silica. J. Appl. Phys. 45(9), 4124 – 4125 (1974).

N. S. Furman, *Sandia National Laboratories: The Postwar Decade* (University of New Mexico Press, Albuquerque, NM, 1990).

M. D. Furnish, W. A. Bassett, Investigation of the mechanism of the olivine – spinel transition in fayalite by synchrotron radiation. J. Geophys. Res. – Solid Earth 88(B12), 10333 – 10341 (1983).

M. D. Furnish, J. M. Brown, Shock loading of single crystal olivine in the 100 – 200 GPa range. J. Geophys. Res. – Solid Earth 91(B5), 4723 – 4729 (1986).

M. D. Furnish, L. C. Chhabildas, Dynamic material properties of refractory materials – molybdenum, in *High strain rate behavior of refractory metals and alloys*, ed. by R. Asfahani, E. Chen, A. Crowson (The Minerals Metals & Materials Society, Warrendale, PA, 1992), pp. 229 – 240.

M. D. Furnish, Recent advances in methods for measuring the dynamic response of geological materials to 100 GPa. Int. J. Impact Eng. 14, 267 – 277 (1993).

M. D. Furnish, M. B. Boslough, G. T. Gray III, J. L. Remo, Dynamical properties measurements of asteroid, comet and meteorite material applicable to impact modeling and mitigation calculations. Int. J. Impact Eng. 17, 341 – 352 (1995).

M. D. Furnish, J. L. Remo, Ice issues, porosity, and snow experiments for dynamic NEO and comet modeling, in *Near – Earth Objects: United Nations International Conference*, vol. 822 (New York Academy Sciences, New York, NY, 1997), pp. 566 – 582.

M. D. Furnish, L. C. Chhabildas, W. D. Reinhart, Time – resolved particle velocity measurements at impact velocities of 10km/s. Int. J. Impact Eng. 23(1), 261 – 270 (1999).

M. D. Furnish, L. C. Chhabildas, R. E. Setchell, S. T. Montgomery, Dynamic electromechanical characterization of axially poled PZT 95/5, in *Shock Compression of Condensed Matter*, ed. by M. D. Furnish, L. C. Chhabildas, R. S. Hixson. AIP Conference Proceedings, vol. 505 (AIP, College Park, MD, 2000), pp. 975 – 978.

M. D. Furnish, J. – P. Davis, M. Knudson, T. Bergstresser, C. Deeney, J. R. Asay, Using the Saturn accelerator for isentropic compression experiments (ICE), SAND2001 – 3773 (Sandia National Laboratories, Albuquerque, NM, 2001a).

M. D. Furnish, R. J. Lawrence, C. A. Hall, J. R. Asay, D. L. Barker, G. A. Mize, E. A. Marsh,

M. A. Bernard, Radiation – driven shock and debris propagation down a partitioned pipe. Int. J. Impact Eng. 26, 189 – 200 (2001b).

M. D. Furnish, J. Robbins, W. M. Trott, L. C. Chhabildas, R. J. Lawrence, S. T. Montgomery, Multidimensional validation impact tests on PZT 95/5 and ALOX, in *Shock Compression of Condensed Matter*, ed. by M. D. Furnish, N. N. Thadhani, Y. Horie. AIP Conference Proceedings, vol. 620 (AIP, College Park, MD, 2002), pp. 205 – 208.

M. D. Furnish, M. E. Kipp, W. D. Reinhart, T. J. Vogler, W. W. Anderson, R. S. Hixson, Exploring pulse shaping for Z using graded – density impactors on gas guns (final report for LDRD Project 79879), SAND2005 – 6210 (Sandia National Laboratories, Albuquerque, NM, 2005).

M. D. Furnish, W. D. Reinhart, W. M. Trott, L. C. Chhabildas, T. J. Vogler, Variability in dynamic properties of tantalum: Spall, Hugoniot elastic limit and attenuation, in *Shock Compression of Condensed Matter*, ed. by M. D. Furnish, M. Elert, T. P. Russell, C. T. White. AIP Conference Proceedings, vol. 845 (AIP, College Park, MD, 2006), pp. 615 – 618.

M. Furnish, T. J. Vogler, C. S. Alexander, W. D. Reinhart, W. M. Trott, L. C. Chhabildas, Statistics of the Hugoniot elastic limit from line VISAR, in *Shock Compression of Condensed Matter*, ed. by M. Elert, M. D. Furnish, R. Chau, N. C. Holmes, J. Nguyen. AIP Conference Proceedings, vol. 555 (AIP, College Park, MD, 2007), pp. 521 – 524.

M. D. Furnish, L. C. Chhabildas, W. D. Reinhart, W. M. Trott, T. J. Vogler, Determination and interpretation of statistics of spatially resolved waveforms in spalled tantalum for 7 to 13 GPa. Int. J. Plast. 25, 587 – 602 (2009).

J. M. Galbraith, L. E. Murr, A. L. Stevens, Electron microscopy of shock – loaded polycrystalline beryllium, in 32*nd Annual Proceedings Electron Microscopy Society of America*, ed. by C. J. Arceneaux (Claitor's Publishing Co., Baton Rouge, LA, 1974), pp. 506 – 507.

C. W. Gillard, G. S. Ishikawa, J. E. Peterson, J. L. Rapier, J. C. Stover, N. L. Thomas, Laser Velocimeter Development Program AD0834874 (Research and Development Division, Lockheed Missiles and Space Company, Inc., Palo Alto, CA, 1968).

S. F. Glover, L. X. Schneider, K. W. Reed et al., Genesis: A 5 MA programmable pulsed power driver for isentropic compression experiments. IEEE Trans. Plasma Sci. 38(10), 2620 – 2626 (2010).

M. R. Gomez, S. A. Slutz, A. B. Sefkow, K. D. Hahn, S. B. Hansen, P. F. Knapp, P. F. Schmit, C. L. Ruiz, D. B. Sinars, E. C. Harding, C. A. Jennings, T. J. Awe, M. Geissel, D. C. Rovang, I. C. Smith, G. A. Chandler, G. W. Cooper, M. E. Cuneo, A. J. Harvey – Thompson, M. C. Herrmann, M. H. Hess, D. C. Lamppa, M. R. Nartin, R. D. McBride, K. J. Peterson, J. L. Porter, G. A. Rochau, M. E. Savage, D. G. Schroen, W. A. Stygar, R. A. Vesey, Demonstration of thermonuclear conditions in magnetized liner inertial fusion experiments. Phys. Plasmas 22, 056306 (2015).

D. E. Grady, R. E. Hollenbach, High strain rate studies in rock. Geophys. Res. Lett. 4, 263 – 266 (1977).

D. E. Grady, R. E. Hollenbach, K. W. Schuler, J. F. Callender, Strain rate dependence in dolomite inferred from impact and static compression studies. J. Geophys. Res. – Solid Earth and Planets. 82(8),1325 – 1333 (1977).

D. E. Grady, R. E. Hollenbach, K. W. Schuler, Compression wave studies in calcite rock. J. Geophys. Res. 83,2839 – 2849 (1978).

D. E. Grady, Interrelation of flow or fracture and phase transition in the deformation of carbonate rock. J. Geophys. Res. 84(B13),7549 – 7555 (1979).

D. E. Grady, M. E. Kipp, The micromechanics of impact fracture of rock. Int. J. Rock Mech. Mining Sci. 16,293 – 302 (1979).

D. E. Grady, Shock deformation in brittle solids. J. Geophys. Res. 85(B2),913 – 924 (1980).

D. E. Grady, M. E. Kipp, Continuum modeling of explosive fracture in oil shale. Int. J. Rock. Mech. Mining Sci. 17,149 – 157 (1980).

D. E. Grady, Fragmentation of solids under impulsive stress loading. J. Geophys. Res. 86, 1047 – 1054 (1981a).

D. E. Grady, Strain – rate dependence of effective viscosity under steady – wave shock compression. Appl. Phys. Lett. 38,825 – 826 (1981b).

D. E. Grady, Fragment size prediction in dynamic fragmentation, in *Shock Waves in Condensed Matter*, ed. by W. J. Nellis, L. Seaman, R. A. Graham. AIP Conference Proceedings, vol. 78 (AIP, College Park, MD,1982a), pp. 456 – 459.

D. E. Grady, Local inertial effects in dynamic fragmentation. J. Appl. Phys. 53(1), 322 – 325 (1982b) D. E. Grady, Analysis of prompt fragmentation in explosively – loaded uranium cylindrical shells, SAND82 – 0140 (Sandia National Laboratories, Albuquerque, NM,1982c).

D. E. Grady, J. R. Asay, Calculation of thermal trapping in shock deformation of aluminum. J. Appl. Phys. 54,7350 – 7354 (1982).

D. E. Grady, J. R. Asay, R. W. Rohde, J. L. Wise, Microstructure and mechanical properties of precipitation hardened aluminum under high rate deformation, in *Material Behavior Under High Stress and Ultrahigh Loading Rates* (Sagamore Army Materials Research Conference Proceedings), ed. by J. Mescall, V. Weiss, vol. 29 (Plenum, New York, NY,1983), pp. 81 – 100.

D. E. Grady, Microstructural effects on wave propagation in solids. Int. J. Eng. Sci. 22,1181 – 1186 (1984).

D. E. Grady, M. E. Kipp, D. A. Benson, Energy and statistical effects in the dynamic fragmentation of metal rings. *Proceedings of the Conference of the Mechanical Properties of High Rates of Strain*, Inst. Phys. Conf. Series No. 70,315 – 320 (1984).

D. E. Grady, M. E. Kipp, Geometric statistics and dynamic fragmentation. J. Appl. Phys. 58(3), 1210 – 1222 (1985a).

D. E. Grady, M. E. Kipp, Mechanisms of dynamic fragmentation: factors governing fragment size. Mechanics of Materials 4,311 – 320 (1985b).

D. E. Grady, M. D. Furnish, Shock – and release – wave properties of MJ – 2 grout, SAND88 – 1642 (Sandia National Laboratories, Albuquerque, NM,1988).

D. E. Grady, Particle size statistics in dynamic fragmentation. J. Appl. Phys. 68(12), 6099 – 6105 (1990).

D. E. Grady, M. D. Furnish, Hugoniot and release properties of a water – saturated high – silica – content grout, in *Shock Compression of Condensed Matter*, ed. by S. C. Schmidt, J. N. Johnson, L. W. Davison (Elsevier, Amsterdam, 1990), pp. 621 – 624.

D. E. Grady, Dynamics of adiabatic shear. Journal de Physique IV, Colloque C3 Suppl., Vol. 1, 653 – 660 (1991).

D. E. Grady, Shock – compression properties of ceramics, in *Recent Trends in High – Pressure Research* (Proceedings of the International Conference on High Pressure Science and Technology, AIRAPT – XIII), ed. by A. K. Singh (Oxford and IBH Publishing, Oxford, 1992), pp. 641 – 650.

D. E. Grady, Dynamic fracture and fragmentation, in *High – Pressure Shock Compression of Solids*, ed. by J. R. Asay, M. Shahinpoor (Springer, New York, NY, 1993), pp. 265 – 322.

D. E. Grady, Dynamic failure in brittle solids, in *Fracture and Damage of Quasi – Brittle Structures*, ed. by Z. Bazant et al. (E&FN Spon Publications, London, 1994), pp. 259 – 273.

D. E. Grady, Spall and fragmentation in high – temperature metals, in *High – Pressure Shock Compression of Solids II*, ed. by L. Davison, D. E. Grady, M. Shahinpoor (Springer, New York, NY, 1995a), pp. 219 – 236.

D. E. Grady, Dynamic properties of ceramic materials, SAND94 – 3266 (Sandia National Laboratories, Albuquerque, NM, 1995b).

D. E. Grady, Shock wave compression of brittle solids. Mechanics of Materials 29, 181 – 203 (1998).

D. E. Grady, N. A. Winfree, G. I. Kerley, L. T. Wilson, L. D. Kuhns, Computational modeling and wave propagation in media with inelastic deforming microstructure. J. Phys. IV 10, 15 – 20 (2000).

D. E. Grady, N. A. Winfree, A computational model for polyurethane foam, in *Fundamental Issues and Applications of Shock – Wave and High – Strain – Rate Phenomena*, ed. by K. P. Staudhammer, L. E. Murr, M. A. Meyers (Elsevier, New York, NY, 2001), pp. 485 – 491.

D. E. Grady, M. L. Olsen, A statistical and energy based theory of dynamic fragmentation. Int. J. Impact Eng. 29, 293 – 306 (2003).

D. E. Grady, *Fragmentation of Rings and Shells – The Legacy of N. F. Mott* (Springer, New York, NY, 2006).

D. E. Grady, Fragment size distributions from the dynamic fragmentation of brittle solids. Int. J. Impact Eng. 35, 1557 – 1562 (2008).

D. E. Grady, Dynamic fragmentation of solids, in *Shock Wave Science Technology Reference Library. Solids II*, ed. by Y. Horie, vol. 3 (Springer, New York, NY, 2009), pp. 169 – 276.

D. E. Grady, Structured shock waves and the fourth – power law. J. Appl. Phys. 107, 013506 (2010a).

D. E. Grady, Length scales and size distributions in dynamic fragmentation. Int. J. Fracture 163, 85 – 99 (2010b).

D. E. Grady, Adiabatic shear failure in brittle solids. Int. J. Impact Eng. 38, 661 – 667 (2011).

D. E. Grady, G. Fenton, T. Vogler, Equation of state and evidence of enhanced phase transformation for shock compression of distended compounds. Int. J. Impact Eng. 56, 19 – 26 (2013).

D. E. Grady, Unifying role of dissipative action in the dynamic failure of solids. J. Appl. Phys. 117, 165905 (2015).

D. E. Grady, Diffusion of dissipative correlation in the dynamic failure of solids (private communication, 2016).

R. A. Graham, Impact physics, SCR – 59 (Sandia National Laboratories, Albuquerque, NM, 1958).

R. A. Graham, Piezoelectric behavior of impacted quartz. J. Appl. Phys. 32(3), 555 (1961a).

R. A. Graham, Technique for studying piezoelectricity under transient high stress conditions. Rev. Sci. Instrum. 32(12), 1308 – 1313 (1961b).

R. A. Graham, G. E. Ingram, W. D. Ingram, Performance of a high velocity powder gun. SC – 4652 (RR) (Sandia National Laboratories, Albuquerque, NM, 1961).

R. A. Graham, Dielectric anomaly in quartz for high transient stress and field. J. Appl. Phys. 33(5), 1755 – 1758 (1962).

R. A. Graham, O. E. Jones, J. R. Holland, Shock – wave compression of germanium from 20 to 140kbar. J. Appl. Phys. 36, 3955 – 3956 (1965a).

R. A. Graham, F. W. Neilson, W. B. Benedick, Piezoelectric current from shock – loaded quartz – A submicrosecond stress gauge. J. Appl. Phys. 36(5), 1775 – 1783 (1965b).

R. A. Graham, O. E. Jones, J. R. Holland, Physical behavior of germanium under shock wave compression. J. Phys. Chem. Solids 27, 1519 – 1529 (1966).

R. A. Graham, Impact techniques for the study of physical properties of solids under shock – wave loading. J. Basic Eng. Trans. ASME 89, 911 – 918 (1967).

R. A. Graham, R. E. Hutchison, Thermoelastic stress pulses resulting from pulsed electron beams. Appl. Phys. Lett. 11(2), 69 – 71 (1967).

R. A. Graham, D. H. Anderson, J. R. Holland, Shock wave compression of 30% Ni – 70% Fe alloys: the pressure – induced magnetic transition. J. Appl. Phys. 38, 223 – 229 (1967a).

R. A. Graham, R. E. Hutchison, W. B. Benedick, Pulsed electron beam calorimetry utilizing stress wave measurements in solid absorbers, in *9th IEEE Annual Symposium on Electron, Ion, and Laser Beam Technology*, ed. by R. F. W. Pease (San Francisco Press, San Francisco, CA, 1967b), pp. 70 – 76.

R. A. Graham, W. J. Halpin, Dielectric breakdown and recovery of X – cut quartz under shock – wave compression. J. Appl. Phys. 39(11), 5077 – 5082 (1968).

R. A. Graham, G. E. Ingram, A shock – wave stress gauge utilizing the capacitance change of a solid dielectric disc, in *Behavior of Dense Media Under High Dynamic Pressure*, ed. by J. Berger (Gordon and Breach, New York, NY, 1968), pp. 469 – 482.

R. A. Graham, O. E. Jones, A summary of Hugoniot elastic limit measurements, SC – R – 68 – 1857 (Sandia National Laboratories, Albuquerque, NM, 1968).

R. A. Graham, Linear bulk modulus approximation for sapphire. J. Geophys. Res. 76(20), 4908 – 4912 (1971).

R. A. Graham, W. P. Brooks, Shock – wave compression of sapphire from 15 to 420kbar: The effects of large anisotropic compressions. J. Phys. Chem. Solids 32, 2311 – 2330 (1971).

R. A. Graham, Determination of third – and fourth – order longitudinal elastic constants by shock compression techniques: Application to sapphire and fused quartz. J. Acoust. Soc. Am. 51 (5), 1576 – 1581 (1972a).

R. A. Graham, Strain dependence of longitudinal, piezoelectric elastic, and dielectric constants of X – cut quartz. Phys. Rev. B 6(12), 4779 – 4792 (1972b).

R. A. Graham, Plasticity analysis in soil mechanics problems, in *Problems of Plasticity*, ed. By A. Sawczuk (Noordhoff International Publication, Leyden, 1973), pp. 392 – 396.

R. A. Graham, R. D. Jacobson, Lithium niobate stress gauge for pulsed radiation deposition studies. Appl. Phys. Lett. 23(11), 584 – 586 (1973).

R. A. Graham, Shock – wave compression of X – cut quartz as determined by electrical response measurements. J. Phys. Chem. Solids 35, 355 – 372 (1974).

R. A. Graham, Piezoelectric current from shunted and shorted guard – ring quartz gauges. J. Appl. Phys. 46(5), 1901 – 1909 (1975).

R. A. Graham, P. J. Chen, A new electrical to mechanical coupling effect for nonlinear piezoelectric solids. Solid State Commun. 17, 469 – 471 (1975).

R. A. Graham, L. C. Yang, Inherent time delay for dielectric breakdown in shock loaded X – cut quartz. J. Appl. Phys. 46(12), 5300 – 5301 (1975).

R. A. Graham, Pressure dependence of the piezoelectric polarization of $LiNbO_3$ and $LiTaO_3$. Ferroelectrics 10, 65 – 69 (1976).

R. A. Graham, Second – and third – order piezoelectric stress constants of lithium niobate as determined by the impact – loading technique. J. Appl. Phys. 48(6), 2153 – 2163 (1977).

R. A. Graham, J. R. Asay, Measurement of wave profiles in shock – loaded solids. High Temp. High Press. 10(4), 355 – 390 (1978).

R. A. Graham, R. P. Reed (eds.), *Selected Papers on Piezoelectricity and Impulsive Pressure Measurements*, SAND78 – 1911 (Sandia National Laboratories, Albuquerque, NM, 1978).

R. A. Graham, Measurement of wave profiles in shock – loaded solids, in *High – Pressure Science and Technology*, ed. by K. D. Timmerhaus, M. S. Barber, vol. 2 (Plenum, New York, NY, 1979a), pp. 854 – 869.

R. A. Graham, Shock – induced electrical activity in polymeric solids. A mechanically induced bond scission model. J. Phys. Chem. 83(23), 3048 – 3056 (1979b).

R. A. Graham, Electrical activity in shock – loaded polymers, in *High Pressure in Science and Technology*, ed. by K. D. Timmerhaus, M. S. Barber (Pergamon, Oxford, 1980), pp. 1032 – 1039.

R. A. Graham, Active measurements of defect processes in shock – compressed metals and other solids, in *Metallurgical Effects of High – Strain – Rate Deformation and Fabrication*, ed. By M. A. Meyers, L. E. Murr (Plenum, New York, NY, 1981), pp. 375 – 386.

R. A. Graham, B. Morosin, B. W. Dodson, The chemistry of shock compression: A bibliography,

SAND83 – 1887 (Sandia National Laboratories, Albuquerque, NM, 1983).

R. A. Graham, D. B. Webb, Fixtures for controlled explosive loading and preservation of powder samples, in *Shock Waves in Condensed Matter*, ed. by J. R. Asay, R. A. Graham, G. K. Straub (Elsevier, Amsterdam, 1984), pp. 211 – 216.

R. A. Graham, M. J. Carr, Analytical electron microscopy study of shock synthesized zinc ferrite, in *Shock Waves in Condensed Matter*, ed. by Y. M. Gupta (Plenum, New York, NY, 1986), pp. 803 – 808.

R. A. Graham, D. M. Webb, Shock – induced temperature distributions in powder compact recovery fixtures, in *Shock Waves in Condensed Matter*, ed. by Y. M. Gupta (Plenum, New York, NY, 1986), pp. 589 – 593.

R. A. Graham, B. Morosin, Y. Horie, E. L. Venturini, M. B. Boslough, M. J. Carr, D. L. Williamson, Chemical synthesis under shock compression, in *Shock Waves in Condensed Matter*, ed. by Y. M. Gupta (Plenum, New York, NY, 1986a), pp. 693 – 711.

R. A. Graham, B. Morosin, E. L. Venturini, M. J. Carr, E. K. Beauchamp, Shock – compression processes in inorganic powders, in *Metallurgical Applications of Shock – Wave and High – Strain – Rate Phenomena*, ed. by L. E. Murr, K. P. Staudhammer, M. A. Meyers (Marcel Dekker, New York, NY, 1986b), pp. 1005 – 1012.

R. A. Graham, Shock compression of solids as a physical – chemical – mechanical process, in *Shock Waves in Condensed Matter*, ed. by S. C. Schmidt, N. C. Holmes (Elsevier, Amsterdam, 1988), pp. 11 – 19.

R. A. Graham, L. M. Lee, F. Bauer, Response of Bauer piezoelectric polymer stress gauges (PVDF) to shock loading, in *Shock Waves in Condensed Matter*, ed. by S. C. Schmidt, N. C. Holmes (Elsevier, Amsterdam, 1988a), pp. 619 – 622.

R. A. Graham, B. Morosin, D. M. Bush, Shock – induced melting of a KCl: LiCl eutectic powder as determined from electrochemical response measurements, in *Shock Waves in Condensed Matter*, ed. by S. C. Schmidt, N. C. Holmes (Elsevier, Amsterdam, 1988b), pp. 179 – 184.

R. A. Graham, Issues in shock – induced solid state chemistry, in *Behavior of Dense Media under High Dynamic Pressures* (3rd International Symposium High Dynamic Pressures), ed. By R. Cheret (Association Francaise de Pyrotechnie, Paris, 1989), pp. 175 – 180.

R. A. Graham, M. U. Anderson, F. Bauer, R. E. Setchell, Piezoelectric polarization of the ferroelectric polymer PVDF from 10 MPa to 10 GPa: Studies of loading – path dependence, in *Shock Compression of Condensed Matter*, ed. by S. C. Schmidt, R. D. Dick, J. W. Forbes, D. G. Tasker (Elsevier, Amsterdam, 1992), pp. 883 – 886.

F. V. Grigoryev, S. B. Kormer, O. L. Mikhailova, A. P. Tolochko, V. D. Urlin, Experimental determination of the compressibility of hydrogen at densities 0.5 – 2 g/cm3. JETP Lett. 16, 201 – 204 (1972).

T. R. Guess, L. M. Lee, Spall strengths of five carbon materials. SC – DR – 68 – 604 (Sandia National Laboratories, Albuquerque, NM, 1968).

T. A. Haill, C. J. Garasi, A. C. Robinson, ALEGRA – MHD: Version 4.0, SAND2003 – 4074 (Sandia

National Laboratories, Albuquerque, NM, 2003) [Superseded by T. A. Haill, K. R. Cochrane, C. J. Garasi, T. A. Mehlhorn, A. C. Robinson, and R. M. Summers, ALEGRA – MHD: Version 4.6, SAND2004 – 5997 (Sandia National Laboratories, Albuquerque)].

T. A. Haill, K. R. Cochrane, C. J. Garasi, T. A. Mehlhorn, A. C. Robinson, and R. M. Summers, ALEGRA – MHD: Version 4.6, SAND2004 – 5997 (Sandia National Laboratories, Albuquerque, NM, 2005).

T. A. Haill, T. A. Mehlhorn, J. R. Asay, Y. M. Gupta, R. J. Lawrence, C. J. Bakeman, J. LaFollett, A feasibility study for a fragment – producing chemical electrical launcher, in *2007 16th IEEE International Pulsed Power Conference* (IEEE Piscataway, NJ, 2007), vol. 2, pp. 1753 – 1756.

T. A. Haill, C. S. Alexander, J. R. Asay, Simulation and analysis of Magnetically – Applied Pressure – Shear (MAPS) experiments, *18th IEEE International Pulsed Power Conference* (IEEE Piscataway, NJ, 2011), pp. 1093 – 1098.

T. A. Haill, T. R. Mattsson, S. Root et al., Mesoscale simulation of shocked poly – (4 – methyl – 1 – Pentene) (PMP) foams, in *Shock Compression of Condensed Matter*, ed. by M. L. Elert, W. T. Buttler, J. P. Borg, J. L. Jordan, T. J. Vogler. AIP Conference Proceedings, vol. 1426 (AIP, College Park, MD, 2012), pp. 913 – 916.

T. A. Haill, T. R. Mattsson, S. Root et al., Mesoscale simulation of mixed equations of state with application to shocked platinum – doped PMP foams, in *Proceedings of the 12th Hypervelocity Impact Symposium*, Procedia Engineering 58, 309 – 319 (2013).

C. A. Hall, L. C. Chhabildas, W. D. Reinhart, Shock Hugoniot and release in concrete with different aggregate sizes from 3 to 23 GPa. Int. J. Impact Eng. 23, 341 – 351 (1999).

C. A. Hall, J. R. Asay, W. M. Trott, M. Knudson, K. J. Fleming, M. A. Bernard, B. F. Clark, A. Hauer, G. Kyrala, Aluminum Hugoniot measurements on the Sandia Z accelerator, in *Shock Compression of Condensed Matter*, ed. by M. D. Furnish, L. C. Chhabildas, R. S. Hixson. AIP Conference Proceedings, vol. 505 (AIP, College Park, MD, 2000), pp. 1171 – 1174.

C. A. Hall, J. R. Asay, M. D. Knudson, W. A. Stygar, R. B. Spielman, T. D. Pointon, D. B. Reisman, A. Toor, R. C. Cauble, Isentropic compression of solids using pulsed magnetic fields. Rev. Sci. Instrum. 72(9), 3587 – 3595 (2001a).

C. A. Hall, M. D. Knudson, J. R. Asay et al., High velocity flyer plate launch capability on the Sandia Z accelerator. Int. J. Impact Eng. 26, 275 – 287 (2001b).

C. A. Hall, J. R. Asay, M. D. Knudson, D. B. Hayes, R. W. Lemke, J. – P. Davis, C. Deeney, Recent advances in quasi – isentropic compression experiments (ICE) on the Sandia Z accelerator, in *Shock Compression of Condensed Matter*, ed. by M. D. Furnish, N. N. Thadhani, Y. Horie. AIP Conference Proceedings, vol. 620 (AIP, College Park, MD, 2002), pp. 1163 – 1168.

W. J. Halpin, O. E. Jones, R. A. Graham, A submicrosecond technique for simultaneous observation of input and propagated impact stresses, in *Symposium on Dynamic Behavior of Materials* (ASTM Special Technical Publications No. 336), (American Society for Testing and Materials, Philadelphia, PA, 1963), pp. 208 – 218.

W. J. Halpin, R. A. Graham, Shock wave compression of Plexiglas from 3 to 20 kilobars, in *Proceedings of the 4th International Detonation Symposium*, ONR ACR – 126, ed. by S. J. Jacobs, D. Price (Office of Naval Research, Washington, D. C., 1965), pp. 222 – 232.

H. B. Hammel, R. F. Beebe, A. P. Ingersoll et al., HST imaging of atmospheric phenomena created by the impact of Comet Shoemaker – Levy 9. Science 267, 1288 – 1296 (1995).

W. F. Hammetter, J. R. Hellmann, R. A. Graham, B. Morosin, Energy release and transformation of shock – modified zirconia upon annealing to 1550 degrees C, in *Shock Waves in Condensed Matter*, ed. by J. R. Asay, R. A. Graham, G. K. Straub (Elsevier, Amsterdam, 1984), pp. 391 – 394.

W. F. Hammetter, R. A. Graham, B. Morosin, Y. Horie, Effects of shock modification on the self – propagating high temperature synthesis of nickel aluminides, in *Shock Waves in Condensed Matter*, ed. by S. C. Schmidt, N. C. Holmes (Elsevier, Amsterdam, 1988), pp. 431 – 434.

D. L. Hanson, J. R. Asay, C. A. Hall, M. D. Knudson, J. E. Bailey, K. J. Fleming, R. R. Johnston, B. F. Clark, M. A. Bernard, W. W. Anderson, G. Hassall, S. D. Rothman, Progress on deuterium measurements on Z, in *Shock Compression of Condensed Matter*, ed. by M. D. Furnish, L. C. Chhabildas, R. S. Hixson. AIP Conference Proceedings, vol. 505 (AIP, College Park, MD, 2000), pp. 1175 – 1178.

D. L. Hanson, R. R. Johnston, M. D. Knudson, J. R. Asay, C. A. Hall, J. E. Bailey, R. J. Hickman, Advanced cryogenic system capabilities for precision shock physics measurements on Z, in *Shock Compression of Condensed Matter*, ed. by M. D. Furnish, N. N. Thadhani, Y. Horie. AIP Conference Proceedings, vol. 620 (AIP, College Park, MD, 2002a), pp. 1141 – 1144.

D. L. Hanson, M. D. Knudson, J. R. Asay, C. A. Hall, J. E. Bailey, R. W. Lemke, J. – P. Davis, R. B. Spielman, B. V. Oliver, D. B. Hayes, Precision shock physics capabilities for inertial fusion studies using the Z accelerator current drive, in *Inertial Fusion Sciences and Applications*, ed. by K. A. Tanaka, D. D. Meyerhofer, J. Meyer – ter – Vehn (Elsevier, Paris, 2002b), pp. 1091 – 1095.

D. R. Hardesty, P. C. Lysne, Shock initiation and detonation properties of homogeneous explosives, SLA – 74 – 0165 (Sandia National Laboratories, Albuquerque, NM, 1974).

D. R. Hardesty, An investigation of the shock initiation of liquid nitromethane. Combust. Flame 27, 229 – 251 (1976a).

D. R. Hardesty, On the index of refraction of shock – compressed liquid nitromethane. J. Appl. Phys. 47 (5), 1994 – 1998 (1976b).

D. R. Hardesty, J. E. Kennedy, Thermochemical estimation of explosive energy output. Combust. Flame 43, 45 – 59 (1977).

J. K. Hartman, J. L. Wise, R. A. Graham, R. O. Johnson, G. E. Clark, T. J. Burns, Microwave dielectric constant of shock – loaded lithium niobate, in *Shock Waves in Condensed Matter*, ed. by W. J. Nellis, L. Seaman, R. A. Graham. AIP Conference Proceedings, vol. 78 (AIP, College Park, MD, 1982), pp. 277 – 281.

R. S. Hawke, Experiments on hydrogen at megabar pressures: Metallic hydrogen, in *Festkörperprobleme* 14, ed. by H. J. Queisser (Springer, Berlin, 1974), pp. 111 – 118.

R. S. Hawke, A. R. Susoeff, J. A. Ang, C. H. Konrad, C. A. Hall, G. L. Sauve, A. R. Vesey, Performance of hypervelocity armatures with replenished metal vapor plasmas, in *Third European Electromagnetic Launcher Symposium Proceedings*, UCRL – JC – 106828 (Lawrence Livermore National Laboratory, Livermore, CA, 1991a).

R. S. Hawke, A. R. Susoeff, J. R. Asay, J. A. Ang, C. A. Hall et al., Railgun performance with a two – stage light – gas gun injector. IEEE Trans. Magnetics 27, 28 – 32 (1991b).

D. B. Hayes, L. Kennedy, Unfolding of quartz gage records, SC – TM – 690635 (Sandia National Laboratories, Albuquerque, NM, 1969).

D. B. Hayes, Wave propagation in a condensed medium with N transforming phases: Application to solid – I – solid – II – liquid bismuth. J. Appl. Phys. 46, 3438 – 3443 (1975).

D. B. Hayes, D. E. Mitchell, A constitutive equation for the shock response of porous hexanitrostilbene (HNS) explosive, at Symposium on High Pressures, Commissariat a l'Energie Atomique, Paris, France, on August 22, 1978.

D. B. Hayes, D. E. Grady, A thermal – viscous model for heterogeneous yielding in aluminum, in *Shock Waves in Condensed Matter*, ed. by W. J. Nellis, L. Seaman, R. A. Graham. AIP Conference Proceedings, vol. 78 (AIP, College Park, MD, 1982), pp. 412 – 415.

D. B. Hayes, Unsteady compression waves in interferometer windows. J. Appl. Phys. 89, 6484 – 6486 (2001).

D. B. Hayes, C. A. Hall, J. R. Asay, M. D. Knudson, Continuous index of refraction measurements to 20 GPa in Z – cut sapphire using pulsed magnetic loading. J. Appl. Phys. 94, 2331 – 2336 (2003).

D. B. Hayes, C. A. Hall, J. R. Asay, M. D. Knudson, Measurement of the compression isentrope for 6061 – T6 aluminum to 185 GPa and 46% volumetric strain using pulsed magnetic loading. J. Appl. Phys. 96(10), 5520 – 5527 (2004).

J. R. Hellmann, K. Kuroda, A. H. Heuer, R. A. Graham, Microstructural characterization of shock – modified zirconia powders, in *Shock Waves in Condensed Matter*, ed. by J. R. Asay, R. A. Graham, G. K. Straub (Elsevier, Amsterdam, 1984), pp. 387 – 390.

F. Herlach, J. E. Kennedy, The dynamics of imploding liners in magnetic flux compression experiments. J. Phys. D Appl. Phys. 6, 661 – 676 (1973).

W. Herrmann, E. A. Witmer, J. H. Percy, A. H. Jones, Stress wave propagation and spallation in uniaxial strain. ASD – TDR – 62 – 399 (Air Force Systems Command, 1962).

W. Herrmann, A Lagrangian finite difference method for two – dimensional motion including material strength. WL – TR – 64 – 107 (Air Force Weapons Laboratory, 1964).

W. Herrmann, P. Holzhauser, R. J. Thompson, WONDY—A computer program for calculating problems of motion in one dimension, SC – RR – 66 – 601 (Sandia National Laboratories, Albuquerque, NM, 1967).

W. Herrmann, Equation of state of crushable distended materials, SC – RR – 66 – 2678 (Sandia National Laboratories, Albuquerque, NM, 1968).

W. Herrmann, Constitutive equation for the dynamic compaction of ductile porous materials. J.

Appl. Phys. 40(6), 2490 – 2499 (1969a).

W. Herrmann, On the dynamic compaction of initial heated porous materials, SC – DR – 680865 (Sandia National Laboratories, Albuquerque, NM, 1969b).

W. Herrmann, Nonlinear stress waves in metals, in *Wave Propagation in Solids*, ed. by J. Miklowitz (American Society of Mechanical Engineers, New York, NY, 1969c), pp. 129 – 183.

W. Herrmann, R. J. Lawrence, D. S. Mason, Strain hardening and strain rate in one – dimensional wave propagation calculations, SC – RR – 70 – 471 (Sandia National Laboratories, Albuquerque, NM, 1970).

W. Herrmann, Constitutive equations for compaction of porous materials, in *Applied Mechanics Aspects of Nuclear Effects*, ed. by C. C. Wan (American Society of Mechanical Engineers, New York, NY, 1971), pp. 142 – 168.

W. Herrmann, D. L. Hicks, E. G. Young, Attenuation of elastic – plastic stress waves, in *Shock Waves and the Mechanical Properties of Solids*, ed. by J. J. Burke, V. Weiss (Syracuse University Press, Syracuse, NY, 1971), pp. 23 – 64.

W. Herrmann, Constitutive equations for the compaction of porous materials, SC – DC – 71 – 4134 (Sandia National Laboratories, Albuquerque, NM, 1972).

W. Herrmann. On the evaluation of constitutive equations from experiment, in *Recent Advances in Engineering Science* 6, (Proceedings of the Society of Engineering Science 10th Anniversary Meeting, 1973), pp. 297 – 307.

W. Herrmann, J. W. Nunziato, Nonlinear constitutive equations (Chapter 5), in *Dynamic Response of Materials to Intense Impulsive Loading*, ed. by P. C. Chou, A. K. Hopkins (Air Force Materials Laboratory, Wright – Patterson AFB, OH, 1973).

W. Herrmann, Development of a high strain rate constitutive equation for 6061 – T6 aluminum, SLA – 73 – 0897 (Sandia National Laboratories, Albuquerque, NM, 1974).

W. Herrmann, R. J. Lawrence, The effect of material constitutive models on stress wave propagation calculations. J. Eng. Mater. Technol. Trans. ASME 100, 84 – 95 (1978).

W. Herrmann, On constitutive modelling for the shock physicist, in *Shock Waves in Condensed Matter*, ed. by W. J. Nellis, L. Seaman, R. A. Graham. AIP Conference Proceedings, vol. 78 (AIP, College Park, MD, 1982), pp. 346 – 359.

W. Herrmann, L. D. Bertholf, Explicit Lagrangian finite – difference methods, in *Computational Methods for Transient Analysis* (Mechanics and Mathematical Methods—Series of Handbooks), ed. by T. Belytschko, T. Hughes, vol. 1 (Elsevier, North – Holland, 1983), pp. 361 – 415.

W. Herrmann, W. R. Wawersik, S. T. Montgomery, Review of creep modeling for rock salt, in *Mechanics of Engineering Materials*, ed. by C. C. Desai, R. H. Gallagher (Wiley, NY, 1984), pp. 297 – 317.

D. G. Hicks, T. R. Boehly, P. M. Celliers, J. H. Eggert, S. J. Moon, D. D. Meyerhofer, G. W. Collins, Laser – driven single shock compression of fluid deuterium from 45 to 220 GPa. Phys. Rev. B 79, 014112 (2009).

D. L. Hicks, Von Neumann stability of the WONDY wavecode for thermodynamic equations of state, SAND77 - 0934 (Sandia National Laboratories, Albuquerque, NM, 1977).

D. L. Hicks, F. R. Norwood, T. G. Trucano, TOODY - WONDY calculations of penetration events, in *Shock Waves in Condensed Matter*, ed. by W. J. Nellis, L. Seaman, R. A. Graham. AIP Conference Proceedings, vol. 78 (AIP, College Park, MD, 1982), pp. 544 - 547.

M. L. Hobbs, M. R. Baer, B. C. McGee, JCZS: An intermolecular potential database for performing accurate detonation and expansion calculations. Propellants, Explosives and Pyrotechnics 24 (5), 269 - 279 (1999).

B. L. Holian, D. E. Grady, Fragmentation by molecular dynamics: The microscopic "big bang". Phys. Rev. Lett. 60(14), 1355 - 1358 (1988).

K. G. Holland, L. C. Chhabildas, W. D. Reinhart, M. D. Furnish, Experiments of cercom SiC rods under impact, in *Shock Compression of Condensed Matter*, ed. by M. D. Furnish, L. C. Chhabildas, R. S. Hixson. AIP Conference Proceedings, vol. 505 (AIP, College Park, MD, 2000), pp. 585 - 588.

A. C. Holt, M. M. Carroll, B. M. Butcher, Application of a new theory for the pressure - induced collapse of pores in ductile materials, in *Proceedings of the RILEM - IUPAC International Symposium on Pore Structure and Properties of Materials Part 5*, ed. by S. Modry (Academia, Prague, 1974), pp. 63 - 76.

Y. Horie, R. A. Graham, I. K. Simonsen, Observations on the shock - synthesis of intermetallic compounds, in *Metallurgical Applications of Shock - Wave and High - Strain - Rate Phenomena*, ed. by L. E. Murr, K. P. Staudhammer, M. A. Meyers (Marcel Dekker, New York, NY, 1986a), pp. 1023 - 1035.

Y. Horie, D. E. P. Hoy, I. K. Simonsen, R. A. Graham, B. Morosin, Shock synthesis of titanium aluminides, in *Shock Waves in Condensed Matter*, ed. by Y. M. Gupta (Plenum, New York, NY, 1986b), pp. 749 - 754.

Y. Horie, M. E. Kipp, Modeling of shock - induced chemical reactions in powder mixtures. J. Appl. Phys. 63(12), 5718 - 5727 (1988).

G. R. Hough, D. M. Gustafson, R. E. Thursby, Enhanced holographic recording capabilities for dynamic applications, in *Proceedings of the SPIE Ultrahigh and High Speed Photography, Photons, and Velocimetry 1989 Conference*, ed. by P. A. Jaanimagi, vol. 1155 (SPIE, Bellingham, WA, 1990), pp. 181 - 188.

H. Huang, J. R. Asay, Compressive strength measurements in aluminum for shock compression over the stress range of 4 - 22 GPa. J. Appl. Phys. 98, 033524 (2005).

C. F. Huff, R. A. Graham, Pressure measurements very near an electrical arc discharge in a liquid using a lithium niobate piezoelectric transducer. Appl. Phys. Lett 27(4), 163 - 164 (1975).

G. E. Ingram, R. A. Graham, Quartz gauge technique for impact experiments, in *Fifth Symposium (International) on Detonation*, ACR 184 (Office of Naval Research, Washington, D. C., 1970), pp. 369 - 386.

B. J. Jensen, D. B. Holtkamp, P. A. Rigg, D. H. Dolan, Accuracy limits and window corrections for photon Doppler velocimetry. J. Appl. Phys. 101, 13523 (2007).

J. N. Johnson, Shock waves in stress-relaxing solids, WSU SDL 66-01 (Washington State University, Pullman, WA, 1966).

J. N. Johnson, Basic Theory of irreversible thermodynamics with application to the anelastic solids, Internal Report No. 01-67 (Washington State University, Pullman, WA, 1967).

J. N. Johnson, W. Band, Investigation of precursor decay in iron by the artificial viscosity method. J. Appl. Phys. 38(4), 1578-1585 (1967).

J. N. Johnson, A theory of rate-dependent behavior for porous solids: Steady-propagating compaction wave profiles, SC-RR-68-151 (Sandia National Laboratories, Albuquerque, NM, 1968a).

J. N. Johnson, Elastic precursor decay in quartzite for cylindrical and spherical flow. J. Appl. Phys. 39(1), 290-296 (1968b).

J. N. Johnson, Single-particle model of a solid: The Mie-Grüneisen equation. Am. J. Phys. 36(10), 917-919 (1968c).

J. N. Johnson, Constitutive relation for rate-dependent plastic flow in polycrystalline metals. J. Appl. Phys. 40(5), 2287-2293 (1969).

J. N. Johnson, L. M. Barker, Dislocation dynamics and steady plastic wave profiles in 6061-T6 aluminum. J. Appl. Phys. 40(11), 4321-4334 (1969).

J. N. Johnson, O. E. Jones, T. E. Michaels, Dislocation dynamics and single-crystal constitutive relations: shock-wave propagation and precursor decay. J. Appl. Phys. 41(6), 2330-2339 (1970).

J. N. Johnson, Shock propagation produced by planar impact in linearly elastic anisotropic media. J. Appl. Phys. 42(13), 5522-5530 (1971).

J. N. Johnson, R. W. Rohde, Dynamic deformation twinning in shock-loaded iron. J. Appl. Phys. 42(11), 4171-4182 (1971).

J. N. Johnson, An analysis of thermally-induced plane waves in elastic-plastic single crystals. J. Mech. Phys. Solids 20, 367-380 (1972a).

J. N. Johnson, Calculation of plane-wave propagation in anisotropic elastic-plastic solids. J. Appl. Phys. 43(5), 2074-2082 (1972b).

J. N. Johnson, Considerations for the calculation of shock-induced phase transformations in solids, SC-RR-72-0626 (Sandia National Laboratories, Albuquerque, NM, 1972c).

J. N. Johnson, Inelastic plane-wave propagation in anisotropic rocks. J. Geophys. Res. 79(32), 4900-4907 (1974a).

J. N. Johnson, Wave velocities in shock-compressed cubic and hexagonal single crystals above the elastic limit. J. Phys. Chem. Solids 35(5), 609-616 (1974b).

J. N. Johnson, Kinematic waves and group velocity: Application to natural and manmade environment. Am. J. Phys. 43, 681-688 (1974c).

J. N. Johnson, J. R. Asay, D. B. Hayes, Equations of state and shock-induced transformations in solid-I, solid-II, liquid bismuth. J. Phys. Chem. Solids 35, 501-515 (1974).

J. N. Johnson, L. E. Pope, Shock – wave compression of single – crystal beryllium. J. Appl. Phys. 46, 720 – 729 (1975).

J. N. Johnson, Micromechanical considerations in shock compression of solids, in *High – Pressure Shock Compression of Solids*, ed. by J. R. Asay, M. Shahinpoor (Springer, New York, NY, 1993), pp. 222 – 240.

L. Johnson, Sandia National Laboratories: A history of exceptional service in the national interest, SAND97 – 1029, ed. by C. Mora, J. Taylor, R. Ullrich (Sandia National Laboratories, Albuquerque, NM, 1997).

B. Jones, C. J. Garasi, D. J. Ampleford et al., Measurement and modeling of the implosion of wire arrays with seeded instabilities. Phys. Plasmas 13, 056313 (2006).

G. E. Jones, L. D. Bertholf, J. E. Kennedy, Ballistic calculations of R. W. Gurney. Am. J. Phys. 48, 264 – 269 (1980).

O. E. Jones, F. W. Neilson, W. B. Benedick, Dynamic yield behavior of explosively loaded metals determined by a quartz transducer technique. J. Appl. Phys. 33(11), 3224 – 3232 (1962).

O. E. Jones, J. R. Holland, Bauschinger effect in explosively loaded mild steel. J. Appl. Phys. 35, 1771 – 1773 (1964).

O. E. Jones, Piezoelectric and mechanical behavior of X – cut quartz shock loaded at 79 degrees K. Rev. Sci. Instrum. 38(2), 253 – 256 (1967).

O. E. Jones, F. R. Norwood, Axially symmetric cross – sectional strain and stress distributions in suddenly loaded cylindrical elastic bars. J. Appl. Mech. Trans. ASME Ser. E 89, 718 – 724 (1967).

O. E. Jones, J. R. Holland, Effects of grain size on dynamic yielding in explosively loaded mild steel. Acta Metall. 16, 1037 – 1045 (1968).

O. E. Jones, J. D. Mote, Shock – induced dynamic yielding in copper single crystals. J. Appl. Phys. 40(12), 4920 – 4928 (1969).

O. E. Jones, Shock waves and the mechanical properties of solids, in *Engineering Solids under Pressure*, ed. by H. Pugh, D. Li (Institution of Mechanical Engineers, London, 1971), pp. 75 – 86.

O. E. Jones, R. A. Graham, Shear strength effects on phase transition pressures determined from shock – compression experiments, in *Accurate Characterization of the High Pressure Environment*, National Bureau of Standards Special Publication 326, ed. by E. C. Lloyd (U. S. Government Printing Office, Washington, DC, 1971), pp. 229 – 242.

O. E. Jones, Metal response under explosive loading, in *Behavior and Utilization of Explosives in Engineering Design* (Proceedings 12th Annual Symposium New Mexico Section of the American Society of Mechanical Engineers), ed. by L. W. Davison, J. Kennedy, F. Coffey (NM Section ASME, Albuquerque, NM, 1972), pp. 125 – 148.

O. E. Jones, Shock wave mechanics, in *Metallurgical Effects at High Strain Rates*, ed. by R. W. Rohde, B. M. Butcher, J. R. Holland, C. H. Karnes (Plenum, New York, NY, 1973), pp. 33 – 55.

J. D. Kennedy, W. B. Benedick, Shock – induced polymorphic phase transformation in InSb. Bull. Am. Phys. Soc. 10, 1112 (1965).

J. D. Kennedy, W. B. Benedick, Shock – induced phase transition in single crystal CdS. J. Phys. Chem. Solids 27,125 – 127 (1966).

J. E. Kennedy, Quartz gauge study of upstream reaction in a shocked explosive, in *Proceedings of the 5th International Detonation Symposium*, ONR ACR – 184, ed. by S. J. Jacobs, R. Roberts (Office of Naval Research, Washington, D. C. ,1970), pp. 435 – 445.

J. E. Kennedy, Gurney energy of explosives: Estimation of the velocity and impulse imparted to driven metal, SC – RR – 70 – 790 (Sandia National Laboratories, Albuquerque, NM,1971).

J. E. Kennedy, Explosive output for driving metal, in *Behavior and Utilization of Explosives in Engineering Design*, Proceedings 12th Annual Symposium New Mexico Section of American Society of Mechanical Engineers, ed. by L. W. Davison et al. (New Mexico Section of American Society of Mechanical Engineers, New Mexico,1972), pp. 109 – 124.

J. E. Kennedy, Pressure field in a shock – compressed high explosive, in *Proceedings 14th Symposium (International) on Combustion* (The Combustion Institute,1973), vol. 14, pp. 1251 – 1258.

J. E. Kennedy, A. C. Schwarz, Detonation transfer by flyer plate impact, in *Proceedings 8th Symposium on Explosives and Pyrotechnics* (Franklin Institute, Philadelphia, PA,1974).

J. E. Kennedy, J. W. Nunziato, Shock – wave evolution in a chemically reacting solid. J. Mech. Phys. Solids 40,107 – 124 (1976).

J. E. Kennedy, J. W. Nunziato, D. R. Hardesty, Initiation and detonation studies of condensed explosives using interferometric techniques. Acta Astronaut. 3,811 – 823 (1976).

L. W. Kennedy, O. E. Jones, Longitudinal wave propagation in a circular bar loaded suddenly by a radially distributed end stress. J. Appl. Mech. Trans. ASME Ser. E 91,470 – 478 (1969).

G. I. Kerley, Theory of ionization equilibrium: An approximation for the single element case. J. Chem. Phys. 85,5228 – 5231 (1986).

G. I. Kerley, Theoretical equation of state for aluminum. Int. J. Impact Eng. 5,441 – 449 (1987).

G. I. Kerley, Equations of state for calcite materials. I. Theoretical model for dry calcium carbonate. High Press. Res. 2,29 – 47 (1988).

G. I. Kerley, J. L. Wise, Shock – induced vaporization of porous aluminum, in *Shock Waves in Condensed Matter*, ed. by S. C. Schmidt, N. C. Holmes (Elsevier, Amsterdam,1988), pp. 155 – 158.

G. I. Kerley, Equations of state and gas – gas separation in soft – sphere mixtures. J. Chem. Phys. 91, 1204 – 1210 (1989a).

G. I. Kerley, Theoretical model of explosive detonation products: tests and sensitivity studies, in *Proceedings of 9th International Detonation Symposium*, ONR 113291 – 7, ed. by J. M. Short, E. L. Lee (Office of Naval Research, Washington, D. C. ,1989b), pp. 443 – 451.

G. I. Kerley, Theory of calcite equation of state, in *Shock Waves in Condensed Matter*, ed. by S. C. Schmidt, J. N. Johnson, L. W. Davison (Elsevier, Amsterdam,1990), pp. 613 – 616.

G. I. Kerley, Equations of state for hydrogen and deuterium, SAND2003 – 3613 (Sandia National Laboratories, Albuquerque, NM,2003).

K. Y. Kim, L. C. Chhabildas, A. L. Ruoff, Isothermal equations of state for lithium fluoride. J. Appl. Phys. 47(7),2862 – 2866 (1976).

M. E. Kipp, A. L. Stevens, Numerical integration of a spall – damage viscoplastic constitutive model in a one – dimensional wave propagation code, SAND76 – 0061 (Sandia National Laboratories, Albuquerque, NM, 1976).

M. E. Kipp, Calculation of borehole springing in oil shale (Rock Springs Site 6A), SAND77 – 1501 (Sandia National Laboratories, Albuquerque, NM, 1979).

M. E. Kipp, J. W. Nunziato, Numerical simulation of detonation failure in nitromethane, in *Proceedings of the 7th International Detonation Symposium*, NSWC MP 82 – 334, ed. by J. M. Short, S. J. Jacobs (Naval Surface Warfare Center, Dahlgren, VA, 1981), pp. 608 – 619.

M. E. Kipp, J. W. Nunziato, R. E. Setchell, Hot spot initiation of heterogeneous explosives, in *Proceedings of the 7th International Detonation Symposium*, NSWC MP 82 – 334, ed. by J. M. Short, S. J. Jacobs (Naval Surface Warfare Center, Dahlgren, VA, 1981), pp. 394 – 407.

M. E. Kipp, L. W. Davison, Analyses of ductile flow and fracture in two dimensions, in *Shock Waves in Condensed Matter*, ed. by W. J. Nellis, L. Seaman, R. A. Graham. AIP Conference Proceedings, vol. 78 (AIP, College Park, MD, 1982), pp. 442 – 445.

M. E. Kipp, R. J. Lawrence, WONDY V—A one – dimensional finite – difference wave propagation code, SAND81 – 0930 (Sandia National Laboratories, Albuquerque, NM, 1982).

M. E. Kipp, D. E. Grady, Flaw nucleation and energetics of dynamic fragmentation, in *Shock Waves in Condensed Matter*, ed. by J. R. Asay, R. A. Graham, G. K. Straub (Elsevier, Amsterdam, 1983), pp. 159 – 162.

M. E. Kipp, Modeling granular explosive detonations with shear band concepts, in *Proceedings of 8th International Detonation Symposium*, NSWC MP 86 – 194, ed. by J. M. Short, W. E. Deal (Naval Surface Warfare Center, Dahlgren, VA, 1985), pp. 35 – 41.

M. E. Kipp, D. E. Grady, An application of geometric statistics to dynamic fragmentation, in *Shock Waves in Condensed Matter*, ed. by Y. M. Gupta (Plenum, New York, NY, 1986), pp. 435 – 439.

M. E. Kipp, H. J. Melosh, A numerical study of the giant impact origin of the moon: The first half hour. Lunar Planet Sci. 18, 491 – 492 (1987).

M. E. Kipp, R. E. Setchell, P. A. Taylor, Homogeneous reactive kinetics applied to granular HNS, in *Shock Waves in Condensed Matter*, ed. by S. C. Schmidt, N. C. Holmes (Elsevier, Amsterdam, 1988), pp. 539 – 542.

M. E. Kipp, D. E. Grady, J. L. Wise, Planar – shock and penetration response of ceramics, in *Shock – Wave and High – Strain – Rate Phenomena in Materials*, ed. by M. A. Meyers, L. E. Murr, K. P. Staudhammer (Marcel Dekker, New York, NY, 1992), pp. 1083 – 1091.

M. E. Kipp, D. E. Grady, J. W. Swegle, Numerical and experimental studies of high – velocity impact fragmentation. Int. J. Impact Eng. 14, 427 – 1438 (1993).

M. E. Kipp, Target response to debris cloud incidence, in *High – Pressure Science and Technology*, ed. by S. C. Schmidt, J. W. Shaner, G. A. Samara, M. Ross, AIP Conference Proceedings, vol. 309 (AIP, College Park, MD, 1994), pp. 1849 – 1852.

M. E. Kipp, W. D. Reinhart, L. C. Chhabildas, Elastic shock response and spall strength of concrete, in *Shock Compression of Condensed Matter*, ed. by S. C. Schmidt, D. P. Dandekar, J. W. Forbes, AIP Conference Proceedings, vol. 429 (AIP, College Park, MD, 1998), pp. 557 – 560.

M. E. Kipp, R. R. Martinez, E. S. Hertel, E. L. Baker, B. E. Fuchs, C. L. Chin, Experiments and simulations of spinning shaped charges with fluted liners, in *18th International Symposium on Ballistics*, ed. by W. G. Reinecke, vol. 1 (Technomic Publishing Co, Lancaster, PA, 1999a), pp. 499 – 506.

M. E. Kipp, R. R. Martinez, R. A. Benham, S. H. Fischer, Explosive containment chamber vulnerability to chemical munition fragment impact, SAND99 – 0189 (Sandia National Laboratories, Albuquerque, NM, 1999b).

M. E. Kipp, R. R. Martinez, Assessment of chemical munition fragment impact in an explosive containment chamber, SAND2000 – 0327 (Sandia National Laboratories, Albuquerque, NM, 2000).

M. E. Kipp, L. C. Chhabildas, W. D. Reinhart, M. K. Wong, Polyurethane foam impact experiments and simulations, in *Shock Compression of Condensed Matter*, ed. by M. D. Furnish, L. C. Chhabildas, R. S. Hixson, AIP Conference Proceedings, vol. 505 (AIP, College Park, MD, 2000), pp. 313 – 316.

L. N. Kmetyk, L. C. Chhabildas, M. B. Boslough, R. J. Lawrence, Effect of phase change in a debris cloud on a backwall structure, in *High – Pressure Science and Technology*, ed. by S. C. Schmidt, J. W. Shaner, G. A. Samara, M. Ross, AIP Conference Proceedings, vol. 309 (AIP, College Park, MD, 1994), pp. 1829 – 1832.

M. D. Knudson, D. L. Hanson, J. E. Bailey, C. A. Hall, J. R. Asay, W. W. Anderson, Equation of state measurements in liquid deuterium to 70 GPa. Phys. Rev. Lett. 87, 225501 (2001).

M. D. Knudson, D. L. Hanson, J. E. Bailey, R. W. Lemke, C. A. Hall, C. Deeney, J. R. Asay, Equation of state measurements in liquid deuterium to 100 GPa. J. Phys. A: Math. Gen. 36(22), 6149 – 6158 (2003a).

M. D. Knudson, D. L. Hanson, J. E. Bailey, C. A. Hall, J. R. Asay, Use of a wave reverberation technique to infer the density compression of shocked liquid deuterium to 75 GPa. Phys. Rev. Lett. 90(3), 035505 (2003b).

M. D. Knudson, R. W. Lemke, D. B. Hayes, C. A. Hall, C. Deeney, J. R. Asay, Near – absolute Hugoniot measurements in aluminum to 500 GPa using a magnetically accelerated flyer plate technique. J. Appl. Phys. 94, 4420 – 4431 (2003c).

M. D. Knudson, C. A. Hall, R. Lemke, C. Deeney, J. R. Asay, High velocity flyer plate launch capability on the Sandia Z accelerator. Int. J. Impact Eng. 29, 377 – 384 (2003d).

M. D. Knudson, D. L. Hanson, J. E. Bailey, C. A. Hall, J. R. Asay, C. Deeney, Principal Hugoniot, reverberating wave, and mechanical reshock measurements of liquid deuterium to 400 GPa using plate impact techniques. Phys. Rev. B 69(14), 144209 (2004).

M. D. Knudson, J. R. Asay, C. Deeney, Adiabatic release measurements in aluminum from 240 – to 500 – GPa states on the principal Hugoniot. J. Appl. Phys. 97, 073514 (2005).

M. D. Knudson, M. P. Desjarlais, D. H. Dolan, Shock-wave exploration of the high-pressure phases of carbon. Science 322, 1822–1825 (2008).

M. D. Knudson, M. P. Desjarlais, Shock compression of quartz to 1.6 TPa: Redefining a pressure standard. Phys. Rev. Lett. 103, 225501 (2009).

M. D. Knudson, Megaamps, megagauss, megabars: using the Sandia Z machine to perform extreme material dynamic experiments, in *Shock Compression of Condensed Matter*, ed. by M. L. Elert, W. T. Buttler, J. P. Borg, J. L. Jordan, T. J. Vogler. AIP Conference Proceedings, vol. 1426 (AIP, College Park, MD, 2012), pp. 35–42.

M. D. Knudson, M. P. Desjarlais, R. W. Lemke, T. R. Mattsson, Probing the interiors of the ice giants: Shock compression of water to 700 GPa and 38 g/cc. Phys Rev Lett 108, 091102 (2012).

M. D. Knudson, M. P. Desjarlais, A. Becker, R. W. Lemke, K. R. Cochrane, M. E. Savage, D. E. Bliss, T. R. Mattsson, R. Redmer, Direct observation of an abrupt insulator-to-metal transition in dense liquid hydrogen. Science 348, 1455–1460 (2015).

H. Kolsky, An investigation of the mechanical properties of materials at very high rates of loading. Proc. Phys. Soc. Lond. B 62, 676–700 (1949).

C. Konrad, R. Hollenbach, Techniques for determining velocity and position of small hypervelocity spheres, SAND75-0624 (Sandia National Laboratories, Albuquerque, NM, 1975).

C. Konrad, R. Moody, Rear surface pin triggering technique, SAND86-0791 (Sandia National Laboratories, Albuquerque, NM, 1986).

C. H. Konrad, L. C. Chhabildas, M. B. Boslough, A. J. Piekutowski, K. L. Poormon, S. A. Mullin, D. L. Littlefield, Dependence of debris cloud formation on projectile shape, in *High-Pressure Science and Technology*, ed. by S. C. Schmidt, J. W. Shaner, G. A. Samara, M. Ross, AIP Conference Proceedings, vol. 309 (AIP, College Park, MD, 1994), pp. 1845–1848.

C. H. Konrad, W. M. Trott, C. A. Hall, J. S. Lash, R. J. Dukart et al., Use of z-pinch sources for high pressure shock wave experiments, in *Shock Compression of Condensed Matter*, ed. by S. C. Schmidt, D. P. Dandekar, J. W. Forbes, AIP Conference Proceedings, vol. 429 (AIP, College Park, MD, 1998), pp. 997–1000.

C. H. Konrad, W. D. Reinhart, L. C. Chhabildas, G. A. Mann, D. A. Mosher et al., Experimental benchmark data for ALEGRA code calculations, in *Shock Compression of Condensed Matter*, ed. by M. D. Furnish, L. C. Chhabildas, R. S. Hixson. AIP Conference Proceedings, vol. 505 (AIP, College Park, MD, 2000), pp. 1011–1014.

R. G. Kraus, S. Root, R. W. Lemke, S. T. Stewart, S. B. Jacobsen, T. R. Mattsson, Shock thermodynamics of iron and impact vaporization of planetesimal cores. Nat. Geosci. 8, 269–272 (2015).

G. Kresse, J. Hafner, Ab initio molecular dynamics for liquid metals. Phys. Rev. B 47(1), 558–561 (1993).

G. Kresse, J. Hafner, Ab initio molecular-dynamics simulation of the liquid-metal-Amorphous-semiconductor transition in germanium. Phys. Rev. B 49(20), 14251–14269 (1994).

G. Kresse, J. Furthmüller, Efficient iterative schemes for *ab initio* total-energy calculations using a plane - wave basis set. Phys. Rev. B 54(16),11169 - 11186 (1996).

R. D. Krieg, J. C. Swearengen, R. W. Rohde, A physically - based internal variable model for rate - dependent plasticity, in *Elastic Behavior of Pressure Vessel and Piping Compounds*, ed. by T. Y. Chang, E. Krempl (Elsevier, Amsterdam, 1978), pp. 15 - 28.

R. W. Kulterman, F. W. Neilson, W. B. Benedick, Pulse generator based on high shock demagnetization of ferromagnetic material. J. Appl. Phys. 29, 500 - 501 (1958).

J. M. D. Lane, G. S. Grest, A. P. Thompson et al., Shock compression of hydrocarbon polymer foam using molecular dynamics, in *Shock Compression of Condensed Matter*, ed. by M. L. Elert, W. T. Buttler, J. P. Borg, J. L. Jordan, T. J. Vogler, AIP Conference Proceedings, vol. 1426 (AIP, College Park, MD, 2012), pp. 1435 - 1438.

J. Lankford, Mechanisms responsible for strain - rate - dependent compressive strength in ceramic materials. J. Am. Ceram. Soc. 64(2), C33 - C34 (1981).

R. J. Lawrence, WONDY IIIA: A computer program for one - dimensional wave propagation, SC - DR - 70 - 315 (Sandia National Laboratories, Albuquerque, NM, 1970).

R. J. Lawrence, A nonlinear viscoelastic equation of state for use in stress propagation calculations, SLA - 73 - 0635 (Sandia National Laboratories, Albuquerque, NM, 1973).

R. J. Lawrence, L. W. Davison, Analysis of nonlinear plane - wave propagation in piezoelectric solids, SAND77 - 0217 (Sandia National Laboratories, Albuquerque, NM, 1977).

R. J. Lawrence, J. R. Asay, The high pressure multiple shock response of aluminum, in *High - Pressure Science and Technology Sixth AIRAPT Conference*, ed. by K. D. Timmerhaus, M. S. Barber (Plenum, New York, NY, 1979), pp. 88 - 98.

R. J. Lawrence, Enhanced momentum transfer from hypervelocity particle impacts. Int. J. Impact Eng 10, 337 - 349 (1990a).

R. J. Lawrence, Stand - off shields for hypervelocity particles, in *Shock Compression of Condensed Matter*, ed. by S. C. Schmidt, J. N. Johnson, L. W. Davison (Elsevier, Amsterdam, 1990b), pp. 959 - 962.

R. J. Lawrence, J. T. Kare, R. M. Zazworsky, D. K. Monroe, System requirements for low earth orbit launch using laser propulsion, in *Proceedings of the 6th International Conference on Emerging Nuclear Energy Systems* (ICENES 91). Fusion Technol 20, 714 - 718 (1991).

R. J. Lawrence, A simple approach for the design and optimization of stand - off hypervelocity particle shields, in *AIAA Space Programs and Technologies Conference* (AIAA, Huntsville, AL, 1992a), pp. 24 - 27.

R. J. Lawrence, The equivalence of simple models for radiation - induced impulse, in *Shock Compression of Condensed Matter*, ed. by S. C. Schmidt, R. D. Dick, J. W. Forbes, D. G. Tasker (Elsevier, Amsterdam, 1992b), pp. 785 - 788.

R. J. Lawrence, W. M. Trott, Theoretical analysis of a pulsed - laser - driven hypervelocity flyer launcher. Int. J. Impact Eng. 14, 439 - 449 (1993).

R. J. Lawrence, L. N. Kmetyk, L. C. Chhabildas, The influence of phase changes on debris - cloud interactions with protected structures. Int. J. Impact Eng. 17,487–496 (1995).

R. J. Lawrence, J. R. Asay, T. G. Trucano, C. Hall, Analysis of radiation-driven explosive flyers, in *Shock Compression of Condensed Matter*, ed. by M. D. Furnish, L. C. Chhabildas, R. S. Hixson. AIP Conference Proceedings, vol. 505 (AIP, College Park, MD, 2000), pp. 1079–1082.

R. J. Lawrence, M. D. Furnish, T. A. Haill, T. G. Trucano, T. A. Mehlhorn, K. G. Budge, C. A. Hall, J. R. Asay, K. R. Cochrane, J. J. MacFarlane, Radiation-driven dynamic target response for dissimilar material jetting and for debris effects in partitioned pipes, SAND2001-1688C (Sandia National Laboratories, Albuquerque, NM, 2001) [Presented at III Khariton's Topical Scientific Readings International Conference, Sarov, Russia, February 2001].

R. J. Lawrence, T. A. Mehlhorn, T. A. Haill et al., Analysis of radiation-driven jetting experiments on Nova and Z, in *Shock Compression of Condensed Matter*, ed. by M. D. Furnish, N. N. Thadhani, Y. Horie, AIP Conference Proceedings, vol. 620 (AIP, College Park, MD, 2002), pp. 291–294.

R. J. Lawrence, W. D. Reinhart, L. C. Chhabildas, T. F. Thornhill, Spectral measurements of hypervelocity impact flash. Int. J. Impact Eng. 33(1–12), 353–363 (2006).

R. J. Lawrence, L. C. Chhabildas, Simple models for aspects of IFE shock mitigation. Fusion Sci. Technol. 52(3), 494–498 (2007).

R. J. Lawrence, J. R. Asay, Y. M. Gupta, C. J. Bakeman, T. A. Haill, Fragment producing chemical-electrical launcher (FP-CEL): Feasibility study (Part I), SAND2008-7999 (Sandia National Laboratories, Albuquerque, NM, 2009a).

R. J. Lawrence, T. A. Haill, B. L. Freeman, Y. M. Gupta, Fragment producing chemical-electrical launcher (FP-CEL): Numerical analysis (Part II), SAND2008-8000 (Sandia National Laboratories, Albuquerque, NM, 2009b).

R. J. Lawrence, M. D. Furnish, J. L. Remo, Analytic models for pulsed x-ray impulse coupling, in *Shock Compression of Condensed Matter*, ed. by M. L. Elert, W. T. Buttler, J. P. Borg, J. L. Jordan, T. J. Vogler, AIP Conference Proceedings, vol. 1426 (AIP, College Park, MD, 2012), pp. 883–886.

L. M. Lee, Some dynamic mechanical properties of pyrolytic boron nitride, SC-RR-67-2947 (Sandia National Laboratories, Albuquerque, NM, 1967).

L. M. Lee, Dynamic compaction of distended isotropic pyrolytic boron nitride, SC-RR-68-2 (Sandia National Laboratories, Albuquerque, NM, 1968).

L. M. Lee, R. P. May, T. R. Guess, Some dynamic mechanical properties of distended carbons. AIAA J. 8(8), 1421–1428 (1970).

L. M. Lee, Shock response of distended CVD carbon felt, SC-RR-72-0814 (Sandia National Laboratories, Albuquerque, NM, 1972).

L. M. Lee, Low stress shock behavior of cellular concrete, SLA-73-0164 (Sandia National Laboratories, Albuquerque, NM, 1973a).

L. M. Lee, Nonlinearity in the piezoresistance coefficient of impact-loaded manganin. J. Appl. Phys. 44(9), 4017–4022 (1973b).

L. M. Lee, Shock – induced index – of – refraction variations in PMMA, sapphire and lithium fluoride. Ktech Corporation Technical Report No. TR76 – 04 (Ktech Corporation, Albuquerque, NM, 1976).

L. M. Lee, A. C. Schwarz, Shock characterization of hexanitroazobenzene (HNAB), in *Proceedings of the 7th International Detonation Symposium*, NSWC MP 82 – 334, ed. by J. M. Short, S. J. Jacobs (Naval Surface Warfare Center, Dahlgren, VA, 1982), pp. 416 – 424.

L. M. Lee, W. D. Williams, R. A. Graham, F. Bauer, Studies of the Bauer piezoelectric polymer gauge (PVDF) under impact loading, in *Shock Waves in Condensed Matter*, ed. by Y. M. Gupta (Plenum, New York, NY, 1986), pp. 497 – 502.

L. M. Lee, R. A. Graham, F. Bauer, R. P. Reed, Standardized Bauer PVDF piezoelectric polymer shock gauge. J Phys Colloques 49(C3), 651 – 657 (1988).

L. M. Lee, D. A. Hyndman, R. P. Reed, F. Bauer, PVDF applications in shock measurements, in *Shock Compression of Condensed Matter*, ed. by S. C. Schmidt, J. N. Johnson, L. W. Davison (Elsevier, Amsterdam, 1990), pp. 821 – 824.

L. M. Lee, D. E. Johnson, F. Bauer, R. P. Reed, J. I. Greenwoll, Piezoelectric polymer PVDF application under soft x – ray induced shock loading, in *Shock Compression of Condensed Matter*, ed. by S. C. Schmidt, R. D. Dick, J. W. Forbes, D. G. Tasker (Elsevier, Amsterdam, 1992), pp. 879 – 882.

L. M. Lee, S. T. Montgomery, P. H. Jilbert, Multi – element quartz shock gauge development, in *Shock Compression of Condensed Matter*, ed. by M. D. Furnish, L. C. Chhabildas, R. S. Hixson, AIP Conference Proceedings, vol. 505 (AIP, College Park, MD, 2000), pp. 1015 – 1018.

Y. K. Lee, F. L. Williams, R. A. Graham, B. Morosin, Specific surface measurements of shock modified powders, in *Shock Waves in Condensed Matter*, ed. by J. R. Asay, R. A. Graham, G. K. Straub (Elsevier, Amsterdam, 1984), pp. 399 – 402.

Y. T. Lee, R. M. More, An electron conductivity model for dense plasmas. Phys. Fluids 27(5), 1273 – 1286 (1984).

R. W. Lemke, M. D. Knudson, A. C. Robinson, T. A. Haill, K. W. Struve et al., Considerations for generating up to 10Mbar magnetic drive pressures with the refurbished Z machine (ZR), in *Shock Waves in Condensed Matter*, ed. by M. D. Furnish, N. N. Thadhani, Y. Horie, AIP Conference Proceedings, vol. 651 (AIP, College Park, MD, 2002), pp. 299 – 302.

R. W. Lemke, M. D. Knudson, C. A. Hall, T. A. Haill, M. P. Desjarlais et al., Characterization of magnetically accelerated flyer plates. Phys. Plasmas 10, 1092 – 1099 (2003a).

R. W. Lemke, M. D. Knudson, A. C. Robinson et al., Self – consistent, two – dimensional magneto – hydrodynamic simulations of magnetically driven flyer plates. Phys. Plasmas 10(5), 1867 – 1874 (2003b).

R. W. Lemke, M. D. Knudson, J. – P. Davis, D. Bliss, H. C. Harjes, Self – consistent, 2D magneto – hydrodynamic simulations of magnetically driven flyer plate experiments on the Z – machine, in *Shock Compression of Condensed Matter*, ed. by M. D. Furnish, Y. M. Gupta, J. W. Forbes, AIP

Conference Proceedings, vol. 706 (AIP, College Park, MD, 2004), pp. 1175 – 1180.

R. W. Lemke, M. D. Knudson, D. E. Bliss, K. Cochrane, J. – P. Davis, A. A. Giunta, H. C. Harjes, S. A. Slutz, Magnetically accelerated, ultrahigh velocity flyer plates for shock wave experiments. J. Appl. Phys. 98, 073530 (2005).

R. W. Lemke, D. B. Sinars, E. M. Waisman, M. E. Cuneo et al., Effects of mass ablation on the scaling of x – ray power with current in wire – array z pinches. Phys. Rev. Lett. 102, 025005 (2009).

R. W. Lemke, M. D. Knudson, J. – P. Davis, Magnetically driven hyper – velocity launch capability at the Sandia Z accelerator. J. Impact Eng. 38, 480 – 485 (2011).

R. W. Lemke, M. R. Martin, R. D. McBride et al., Determination of pressure and density of shocklessly compressed beryllium from x – ray radiography of a magnetically driven cylindrical liner implosion, in *Shock Compression of Condensed Matter*, ed. by M. L. Elert, W. T. Buttler, J. P. Borg, J. L. Jordan, T. J. Vogler, AIP Conference Proceedings, vol. 1426 (AIP, College Park, MD, 2012), pp. 473 – 476.

R. W. Lemke, M. D. Knudson, K. Cochrane, M. P. Desjarlais, J. R. Asay, On the scaling of the magnetically accelerated flyer plate technique to currents greater than 20 MA, in 18*th American Physical Society Shock Compression in Condensed Matter and 24th International Association for the Advancement of High Pressure Science and Technology Conference*, ed. by W. Buttler, M. Furlanetto, W. Evans, Journal of Physics Conference Series, vol. 500 (IOP Publishing, Bristol, 2014), 152009.

J. F. Leon, R. B. Spielman, J. R. Asay, C. A. Hall, W. A. Stygar, P. L'eplattennier, Flux compression experiments on the Z Accelerator, in *Proceedings* 12*th IEEE International Pulsed Power Conference*, Vol. 1 (IEEE, Piscataway, NJ, 1999), pp. 275 – 278.

H. E. Lindberg, A. L. Florence, Dynamic pulse buckling – Theory and experiment, DNA 6503H (Defense Nuclear Agency, Washington, DC, 1983) [Both Martinus Nijhoff Pubs., Dordrecht, The Netherlands and Springer (in English) published versions of Lindberg and Florence's book in 1987].

J. Lipkin, M. E. Kipp, Wave structure measurement and analysis in hypervelocity impact experiments. J. Appl. Phys. 47(5), 1979 – 1986 (1976).

J. Lipkin, J. R. Asay, Reshock and release of shock – compressed 6061 – T6 aluminum. J. Appl. Phys. 48, 182 – 189 (1977).

W. Lorenzen, B. Holst, R. Redmer, Metallization in hydrogen – helium mixtures. Phys. Rev. B 84, 235109 (2011).

P. Loubeyre, S. Brygoo, J. Eggert, P. M. Celliers, D. K. Spaulding, J. R. Rygg, T. R. Boehly, G. W. Collins, R. Jeanloz, Extended data set for the equation of state of warm dense hydrogen isotopes. Phys. Rev. B 86, 144115 (2012).

C. D. Lundergan, Contact fuzing study – First report, SC – TM – 141 – 57 (12) (Sandia National Laboratories, Albuquerque, NM, 1957).

C. D. Lundergan, A method for measuring (1) the parameter of impact between two surfaces and (2) the properties of the plane shock waves produced, SC – 4421 (Sandia National Laboratories, Albuquerque, NM, 1960).

C. D. Lundergan, The Hugoniot equation of state of 6061 – T6 aluminum at low pressures, SC – 4637 (RR) (Sandia National Laboratories, Albuquerque, NM, 1961).

C. D. Lundergan, J. H. Smith, Method of determining spall thresholds using one – dimensional shock waves, SC – DC – 2629 (Sandia National Laboratories, Albuquerque, NM, 1962).

C. D. Lundergan, Spall Fracture, in *Proceedings of Symposium on Structural Dynamics under High Impulse Loading*, ASD – TDR – 63 – 140 (Wright – Patterson Air Force Base, Dayton, OH, 1963), pp. 357 – 381.

C. D. Lundergan, W. Herrmann, Equation of state of 6061 – T6 aluminum at low pressures. J. Appl. Phys. 34(7), 2046 – 2052 (1963).

C. D. Lundergan, Discussion of the transmitted waveforms in a periodic laminated composite. J. Appl. Phys. 42(11), 4148 – 4155 (1970).

C. D. Lundergan, D. S. Drumheller, Dispersion of shock waves in composite materials, in *Shock Waves and the Mechanical Properties of Solids* (Proceedings of 17th Sagamore Army Materials Research Center Conference), ed. by J. J. Burke, V. Weiss (Syracuse University Press, Syracuse, NY, 1971a), Vol. 17, pp. 141 – 145.

C. D. Lundergan, D. S. Drumheller, Propagation of stress waves in a laminated plate composite. J. Appl. Phys. 42, 669 – 675 (1971b).

C. D. Lundergan, D. S. Drumheller, Propagation of transient stress pulses in an obliquely laminated composite, in *Dynamics of Composite Materials* (Proceedings of Applied Mechanics Division of the ASME), ed. by E. H. Lee (Springer, New York, NY, 1972), pp. 35 – 47.

P. C. Lysne, W. J. Halpin, Shock compression of porous iron in the region of incomplete compaction. J. Appl. Phys. 39, 5488 – 5495 (1968).

P. C. Lysne, R. R. Boade, C. M. Percival, O. E. Jones, Determination of release adiabats and recentered Hugoniot curves by shock reverberation techniques. J. Appl. Phys. 40, 3786 – 3795 (1969).

P. C. Lysne, A comparison of calculated and measured low – stress Hugoniots and release adiabats of dry and water – saturated tuff. J. Geophys. Res. 75, 4375 – 4386 (1970).

P. C. Lysne, Determination of high pressure equations of state by shock loading porous specimens. J. Appl. Phys. 42, 2152 – 2153 (1971a).

P. C. Lysne, Equation of state of liquid CCl4 to 16kbar: A comparison of shock and static experiments. J. Chem. Phys. 55, 5242 – 5246 (1971b).

P. C. Lysne, Nonlinear U(u) Hugoniots of liquids at low pressures. J. Chem. Phys. 57, 492 – 494 (1972a).

P. C. Lysne, One – dimensional theory of polarization by shock waves: Application to quartz gauges. J. Appl. Phys. 43, 425 – 431 (1972b).

P. C. Lysne, Dielectric breakdown of shock – loaded PZT 65/35. J. Appl. Phys. 44, 577 – 582 (1973).

P. C. Lysne, D. R. Hardesty, Fundamental equation of state of liquid nitromethane to 100kbar.

J. Chem. Phys. 59(12),6512 – 6523 (1973).

P. C. Lysne, Prediction of dielectric breakdown in shock – loaded ferroelectric ceramics. J. Appl. Phys. 46,230 – 232 (1975).

P. C. Lysne, L. C. Bartel, Electromechanical response of PZT 65/35 subjected to axial shock loading. J. Appl. Phys. 46,222 – 229 (1975).

P. C. Lysne, C. M. Percival, Electric energy generation by shock compression of ferroelectric ceramics: Normal mode response of PZT 95/5. J. Appl. Phys. 46,1519 – 1525 (1975).

P. C. Lysne, Dielectric properties of shock wave compressed PZT 95/5. J. Appl. Phys. 48,1020 – 1023 (1976).

P. C. Lysne, C. M. Percival, Analysis of shock – wave – actuated ferroelectric power supplies. Ferroelectrics 10,129 – 133 (1976).

P. C. Lysne, Shock – induced polarization of a ferroelectric ceramic. J. Appl. Phys. 48,1024 – 1031 (1977).

P. C. Lysne, Dielectric properties of shock wave compressed PMMA and an alumina – loaded epoxy. J. Appl. Phys. 49,4186 – 4190 (1978a).

P. C. Lysne, Electrical response of relaxing dielectrics compressed by shock waves: The axialmode problem. J. Appl. Phys. 49,4180 – 4185 (1978b).

P. C. Lysne, Dielectric relaxation in insulators slightly damaged by stress pulses. J. Appl. Phys. 54, 3160 – 3165 (1983).

G. A. Lyzenga, T. J. Ahrens, Multi – wavelength optical pyrometer for shock compression experiments. Rev. Sci. Instrum. 50,1421 – 1424 (1979).

R. J. Magyar, S. S. Root, T. A. Haill et al., Equations of state of mixtures: Density functional theory (DFT): Simulations and experiments on Sandia's Z machine, in *Shock Compression of Condensed Matter*, ed. by M. L. Elert, W. T. Buttler, J. P. Borg, J. L. Jordan, T. J. Vogler, AIP Conference Proceedings, vol. 1426 (AIP, College Park, MD, 2012), pp. 1195 – 1198.

M. R. Martin, R. W. Lemke, R. D. McBride et al., Analysis of cylindrical ramp compression experiment with radiography based surface fitting method, in *Shock Compression of Condensed Matter*, ed. by M. L. Elert, W. T. Buttler, J. P. Borg, J. L. Jordan, T. J. Vogler, AIP Conference Proceedings, vol. 1426 (AIP, College Park, MD, 2012), pp. 357 – 360.

A. R. Mathews, R. H. Warnes, G. R. Whittemore, W. F. Hemsing, VISAR line – imaging interferometer. SPIE Proc. No. 1346,133 – 140 (1990).

T. R. Mattsson, J. M. D. Lane, K. R. Cochrane, M. P. Desjarlais, A. P. Thompson, F. Pierce, G. S. Grest, First principles and classical molecular dynamics simulation of shocked polymers. Phys. Rev. B 81,054103 (2010).

T. R. Mattsson, S. Root, A. E. Mattsson, L. Shulenburger, R. J. Magyar, D. G. Flicker, Validating density functional theory (DFT) simulations at high energy – density conditions with liquid krypton shock experiments to 850 GPa on Sandia's Z machine. Phys. Rev. B 90,184105 (2014).

S. Mazevet, M. P. Desjarlais, L. A. Collins et al., Simulations of the optical properties of warm dense aluminum. Phys. Rev. E 71,016409 (2005).

J. M. McAfee, B. W. Asay et al., Deflagration to detonation in granular HMX, in *Proceedings of the Ninth International Detonation Symposium*, ONR 113291-7, ed. by J. M. Short, E. L. Lee (Office of Naval Research, Washington, D. C., 1991), pp. 265-279.

J. M. McGlaun, S. L. Thompson, J. R. Freeman, COMAG-III: A 2-D MHD code for helical CMF generators, in *Megagauss Physics and Technology*, ed. by P. J. Turchi (Plenum, New York, NY, 1980), pp. 193-203.

J. M. McGlaun, Crater: A computer code for calculating late stage crater formation, SAND80-1694 (Sandia National Laboratories, Albuquerque, NM, 1981a).

J. M. McGlaun, New features and revised input instructions for CHARTD, SAND81-2581 (Sandia. National Laboratories, Albuquerque, NM, 1981b).

J. M. McGlaun, Improvements in CSQII: A transmitting boundary condition, SAND82-1248 (Sandia National Laboratories, Albuquerque, NM, 1982).

J. M. McGlaun, S. L. Thompson, M. G. Elrick, CTH: A three-dimensional shock wave physics code. Int. J. Impact Eng. 10,351-360 (1990).

J. M. McGlaun, J. S. Peery, E. S. Hertel, Shock physics code research at Sandia National Laboratories: Massively parallel computers and advanced algorithms, SAND96-0431C (Sandia National Laboratories, Albuquerque, NM, 1996).

J. M. McMahon, M. A. Morales, C. Pierleoni, D. M. Ceperley, The properties of hydrogen and helium under extreme conditions. Rev. Modern Phys. 84,1607-1653 (2012).

T. E. Michaels, Orientation dependence of elastic precursor delay in single crystal tungsten, Ph. D. thesis, Physics Department, Washington State University, Pullman, WA, 1972.

J. M. Miller, L. C. Chhabildas, Low temperature experimental capability for use with gas guns, SAND85-0303 (Sandia National Laboratories, Albuquerque, NM, 1985).

J. C. F. Millet, D. Deas, N. K. Bourne, S. T. Montgomery, The deviatoric response of an alumina filled epoxy composite during shock loading. Appl. Phys. 102,063518 (2007).

S. T. Montgomery, Computer simulations of 75-mm projectiles impacting sand targets, SAND 82-0831. (Sandia National Laboratories, Albuquerque, NM, 1982).

S. T. Montgomery, Creep closure of an opening in a deep potash mine, in *Recent Advances in Engineering Mechanics and Their Impact on Civil Engineering Practice*, ed. by W. F. Chen, A. D. M. Lewis, vol. 2 (American Society of Civil Engineers, New York, NY, 1983), pp. 1024-1027.

S. T. Montgomery, Analysis of transitions between ferroelectric and antiferroelectric states under conditions of uniaxial strain, in *Shock Waves in Condensed Matter*, ed. by Y. M. Gupta (Plenum, New York, NY, 1986), pp. 179-184.

S. T. Montgomery, P. F. Chavez, Basic equations and solution method for the calculation of the transient electromechanical response of dielectric devices, SAND86-0755 (Sandia National Laboratories, Albuquerque, NM, 1986).

S. T. Montgomery, P. J. Chen, Influences of domain switching and dipole dynamics on the normal mode responses of a ferroelectric ceramic bar. Int. J. Solids Struct. 22(11),1293 – 1305 (1986).

S. T. Montgomery, R. A. Graham, F. Bauer, H. Moulard, Copolymer shock gauge response investigation with the fully coupled electromechanical code, SUBWAY, in *Proceedings of the Workshop on the Technology of Ferroelectric Polymers* (1995), pp. 412 – 431.

S. T. Montgomery, R. A. Graham, M. U. Anderson, Return to the shorted and shunted quartz gauge problem: Analysis with the SUBWAY code, in *Shock Compression of Condensed Matter*, ed. by S. C. Schmidt, W. C. Tao, AIP Conference Proceedings, vol. 370 (AIP, College Park, MD, 1996), pp. 1025 – 1028.

S. T. Montgomery, R. M. Brannon, J. Robbins, R. E. Setchell, D. H. Zeuch, Simulation of the effects of shock stress and electrical field strength on shock – induced depoling of normally poled PZT 95/5, in *Shock Compression of Condensed Matter*, ed. by M. D. Furnish, N. N. Thadhani, Y. M. Horie, AIP Conference Proceedings, vol. 620 (AIP, College Park, MD, 2002), pp. 201 – 204.

S. T. Montgomery, D. H. Zeuch, Mechanical properties of engineering ceramics, composites and aerospace materials – A model for the bulk mechanical response of porous ceramics exhibiting a ferroelectric – to – antiferroelectric phase transition during hydrostatic compression, in *Ceramic Engineering and Science Proceedings*, Vol. 25, ed. by E. Lara – Curzio, M. J. Readey (The American Ceramic Society, Westerville, OH, 2004), pp. 313 – 318.

S. T. Montgomery, Effects of porosity and pore morphology on the elastic properties of unpoled PZT 95/5 – 2Nb, SAND2008 – 6185 (Sandia National Laboratories, Albuquerque, NM, 2008).

S. T. Montgomery, Effects of composition on the mechanical response of alumina filled epoxy, SAND2009 – 6399 (Sandia National Laboratories, Albuquerque, NM, 2009).

R. Moody, C. Konrad, Magnetic induction system for two – stage gun projectile velocity measurements, SAND84 – 0638 (Sandia National Laboratories, Albuquerque, NM, 1984).

L. M. Moore, R. A. Graham, R. P. Reed, L. M. Lee, F. Bauer, T. W. Warren, Standardized piezoelectric polymer (PVDF) gauge for detonator response measurements, in *Behaviour of Dense Media Under High Dynamic Pressures* (Association Francaise de Pyrotechnie, Paris, 1989), pp. 35 – 43.

L. M. Moore, R. A. Graham, Response of standardized PVDF piezoelectric polymer gauges to direct shock pressures between 8 and 32 GPa, in *Shock Compression of Condensed Matter*, ed. by S. C. Schmidt, J. N. Johnson, L. W. Davison (Elsevier, Amsterdam, 1990), pp. 813 – 816.

B. Morosin, R. A. Graham, X – ray diffraction line broadening studies on shock – loaded $TiO_2$ and $Al_2O_3$, in *Shock Waves in Condensed Matter*, ed. by J. R. Asay, R. A. Graham, G. K. Straub (Elsevier, Amsterdam, 1984), pp. 355 – 362.

B. Morosin, R. A. Graham, J. R. Hellmann, Monoclinic to tetragonal conversion of zirconia under shock compression, in *Shock Waves in Condensed Matter*, ed. by J. R. Asay, R. A. Graham, G. K. Straub (Elsevier, Amsterdam, 1984), pp. 383 – 386.

B. Morosin, R. A. Graham, X – ray diffraction studies on shock – modified materials, in *Metallurgical Applications of Shock – Wave and High – Strain – Rate Phenomena*, ed. by L. E. Murr, K. P. Staudhammer, M. A. Meyers (Marcel Dekker, New York, NY, 1986), pp. 1037 – 1047.

B. Morosin, E. L. Venturini, R. A. Graham, X‑ray diffraction studies of shock‑synthesized zinc ferrite, in *Shock Waves in Condensed Matter*, ed. by Y. M. Gupta (Plenum, New York, NY, 1986), pp. 797–802.

B. Morosin, R. A. Graham, E. L. Venturini, D. S. Ginley, Shock‑induced chemical synthesis of phases similar to the high temperature superconductor oxides, in *Shock Waves in Condensed Matter*, ed. by S. C. Schmidt, N. C. Holmes (Elsevier, Amsterdam, 1988a), pp. 439–442.

B. Morosin, R. A. Graham, E. L. Venturini, M. J. Carr, D. L. Williamson, Shock‑induced chemical synthesis of barium ferrites, in *Shock Waves in Condensed Matter*, ed. by S. C. Schmidt, N. C. Holmes (Elsevier, Amsterdam, 1988b), pp. 435–438.

B. Morosin, R. A. Graham, S. S. Pollack, X‑ray diffraction line broadening, in *Shock Compression of Condensed Matter*, ed. by S. C. Schmidt, R. D. Dick, J. W. Forbes, D. G. Tasker (Elsevier, Amsterdam, 1992), pp. 613–616.

S. A. Mullin, D. L. Littlefield, L. C. Chhabildas, A. J. Piekutowski, Computational simulations of experimental impact data obtained at 7 to 11km/s with aluminum and zinc, in *High‑Pressure Science and Technology*, ed. by S. C. Schmidt, J. W. Shaner, G. A. Samara, M. Ross, AIP Conference Proceedings, vol. 309 (AIP, College Park, MD, 1994), pp. 1817–1820.

D. E. Munson, L. M. Barker, Dynamically determined pressure‑volume relationships for aluminum, copper, and lead. J. Appl. Phys. 37(4), 1652–1660 (1966).

D. E. Munson, K. W. Schuler, Hugoniot predictions for mechanical mixtures using effective moduli, in *Shock Waves and the Mechanical Properties of Solids*, ed. by J. Burke, V. Weiss (Syracuse University Press, Syracuse, NY, 1971), pp. 185–201.

D. Munson, R. May, Interior ballistics of a two‑stage light gas gun, SAND75‑0323 (Sandia National Laboratories, Albuquerque, NM, 1975).

D. E. Munson, R. R. Boade, K. W. Schuler, Stress wave propagation in Al2O3‑epoxy mixtures. J. Appl. Phys. 49, 4797–4807 (1977).

D. L. Munson, R. J. Lawrence, Dynamic deformation of polycrystalline alumina. J. Appl. Phys. 50(10), 6272–6282 (1979).

S. A. Myers, C. C. Koch, Y. Horie, R. A. Graham, TEM of nickel aluminides produced by shock compaction, in *Shock Waves in Condensed Matter*, ed. by Y. M. Gupta (Plenum, New York, NY, 1986), pp. 755–759.

F. W. Neilson, W. B. Benedick, The piezoelectric response of quartz beyond its Hugoniot elastic limit. Bull. Am. Phys. Soc. Ser. II 5(7), 511 (1960).

F. W. Neilson, W. B. Benedick, W. P. Brooks, R. A. Graham, G. W. Anderson, Electrical and optical effects of shock waves in crystalline quartz, in *Les Ondes de Detonation*, ed. by G. Ribaud (Centre National de la Recherche Scientifique, Paris, 1962), pp. 391–419.

W. J. Nellis, Metastable solid metallic hydrogen. Philos. Mag. B 79(4), 655–661 (1999).

W. J. Nellis, S. T. Weir, A. C. Mitchell, Minimum metallic conductivity of fluid hydrogen at 140 GPa (1.4Mbar). Phys. Rev. B 59(5), 3434–3449 (1999).

W. J. Nellis, Metastable metallic hydrogen glass, UCRL – JC – 142360 (Lawrence Livermore National Laboratory, Livermore, CA, 2001).

W. J. Nellis, Wigner and Huntington: The long quest for metallic hydrogen. High Press. Res. 33(2), 369 – 376 (2013).

T. V. Nordstrom, R. W. Rohde, D. J. Mottern, Explosive strengthening of a Cu – Be alloy. Metall. Trans. 6, 1561 – 1568 (1975).

F. R. Norwood, R. A. Graham, A. Sawaoka, Numerical simulation of a sample recovery fixture for high velocity impact, in *Shock Waves in Condensed Matter*, ed. by Y. M. Gupta (Plenum, New York, NY, 1986), pp. 837 – 842.

J. W. Nunziato, W. Herrmann, The general theory of shock waves in elastic nonconductors. Arch. Ration. Mech. Anal. 47, 272 – 287 (1972).

J. W. Nunziato, K. W. Schuler, E. K. Walsh, The bulk response of viscoelastic solids. Trans. Soc. Rheol. 16, 15 – 32 (1972).

J. W. Nunziato, K. W. Schuler, Evolution of steady shock waves in polymethyl methacrylate. J. Appl. Phys. 44, 4774 – 4775 (1973a).

J. W. Nunziato, K. W. Schuler, Shock pulse attenuation in a nonlinear viscoelastic solid. J. Mech. Phys. Solids 21, 447 – 457 (1973b).

J. W. Nunziato, K. W. Schuler, D. B. Hayes, Wave propagation calculations for nonlinear viscoelastic solids, in *Computational Methods in Nonlinear Mechanics*, ed. by J. T. Oden et al. (The Texas Institute for Computational Mechanics, Austin, TX, 1974a), pp. 489 – 498.

J. W. Nunziato, E. K. Walsh, K. W. Schuler, L. M. Barker, Wave propagation in non – linear viscoelastic solids, in *Mechanics of Solids*, ed. by C. Truesdell (Springer, Berlin, 1974b), pp. 1 – 108 [The second edition was published in 1984 by Springer, New York, NY].

J. W. Nunziato, Acceleration waves in elastic materials with two temperatures. Int. J. Nonlinear Mech. 10, 137 – 142 (1975).

J. W. Nunziato, K. W. Schuler, E. K. Walsh, The influence of precompression on acceleration wave propagation in a nonlinear viscoelastic material. J. Appl. Mech. 42, 731 – 732 (1975).

J. W. Nunziato, J. E. Kennedy, Shock – wave evolution in a chemically reacting solid. J. Mech. Phys. Solids 24, 107 – 124 (1976).

J. W. Nunziato, J. E. Kennedy, D. E. Amos, The thermal ignition time for homogeneous explosives involving two parallel reactions. Combust. Flame 43, 265 – 268 (1977).

J. W. Nunziato, D. S. Drumheller, The thermodynamics of Maxwellian materials. Int. J. Solids Struct. 14, 545 – 558 (1978).

J. W. Nunziato, E. K. Walsh, J. E. Kennedy, A continuum model for hot – spot initiation of granular explosives, in *Behaviour of Dense Media under High Dynamic Pressures* (CEA, Paris, 1978a), pp. 139 – 148.

J. W. Nunziato, E. K. Walsh, J. E. Kennedy, Behavior of one – dimensional acceleration waves in an inhomogeneous granular solid. Int. J. Eng. Sci. 16, 637 – 648 (1978b).

J. W. Nunziato, M. E. Kipp, Numerical studies of initiation, detonation, and detonation failure in nitromethane, SAND81-0669 (Sandia National Laboratories, Albuquerque, NM, 1983).

J. W. Nunziato, Initiation and growth–to–detonation in reactive mixtures, in *Shock Compression of Condensed Matter*, ed. by J. R. Asay, R. A. Graham, G. K. Straub (Elsevier, Amsterdam, 1984), pp. 581–588.

B. V. Oliver, Non–ideal MHD plasma regimes and their relevance to the study of dynamic z–pinches, MRC/ABQ–R–1947 (Mission Research Corporation, Albuquerque, NM, 1999).

D. L. Paisley, Laser–driven miniature flyer plates for shock initiation of secondary explosives, in *Shock Compression of Condensed Matter*, ed. by S. C. Schmidt, J. N. Johnson, L. W. Davison (Elsevier, Amsterdam, 1990), pp. 733–736.

H. R. Pak, Y. Horie, R. A. Graham, Synthesis of nickel–aluminum alloys by shock compression of composite particles, in *Shock Waves in Condensed Matter*, ed. by Y. M. Gupta (Plenum, New York, NY, 1986), pp. 761–766.

H. S. Park, N. R. Barton, J. L. Belof, K. J. M. Blobaum, R. M. Cavallo et al., Experimental results of tantalum material strength at high pressure and high strain rate, in *Shock Compression of Condensed Matter*, ed. by M. L. Elert, W. T. Buttler, J. P. Borg, J. L. Jordan, T. J. Vogler, AIP Conference Proceedings, vol. 1426 (AIP, College Park, MD, 2012), pp. 1371–1374.

S. L. Passman, J. W. Nunziato, P. B. Bailey, E. K. Walsh, A mixture theory for suspensions, in *Rheology*, ed. by G. Astarita, G. Marrucci, L. Nicolais (Plenum, New York, NY, 1980), Vol. 2: Fluids, pp. 583–589.

S. L. Passman, J. W. Nunziato, Shearing flow of a fluid–saturated granular material, in *Mechanics of Structured Media*, ed. by A. P. S. Selvadurai (Elsevier, Amsterdam, 1981), pp. 343–353.

L. E. Pope, L. R. Edwards, The pressure dependence of the austenite start temperature in iron–nickel base alloys. Acta Metall. 21, 281–288 (1973).

L. E. Pope, A. L. Stevens, Wave propagation in beryllium single crystals, in *Metallurgical Effects at High Strain Rates*, ed. by R. W. Rohde, B. M. Butcher, J. R. Holland, C. H. Karnes (Plenum, New York, NY, 1973), pp. 349–366.

L. E. Pope, J. N. Johnson, Shock–wave compression of single–crystal beryllium. J. Appl. Phys. 46(2), 720–729 (1975).

D. L. Preston, D. L. Tonks, D. C. Wallace, Model of plastic deformation for extreme loading conditions. J. Appl. Phys. 93, 211–220 (2003).

G. F. Raiser, J. L. Wise, R. J. Clifton, D. E. Grady, D. E. Cox, Plate impact response of ceramics and glasses. J. Appl. Phys. 75(8), 3862–3869 (1994).

R. P. Reed, Stress pulse–trains from multiple reflections at zone of many discontinuities. A notation for machine solution, SC–4462 (RR) (Sandia National Laboratories, Albuquerque, NM, 1962).

R. P. Reed, D. M. Schuster, Filament fracture and post–impact strength of boron–aluminum composites. J. Compos. Mater. 4, 514–525 (1970).

R. P. Reed, D. E. Munson, Stress pulse attenuation in cloth–laminate quartz phenolic. J. Compos.

Mater. 6(2), 232 - 257 (1972).

R. P. Reed, J. I. Greenwoll, The PVDF piezoelectric polymer shock - stress sensor, SAND88 - 2907 (Sandia National Laboratories, Albuquerque, NM, 1989).

R. P. Reed, R. A. Graham, L. M. Moore, L. M. Lee, D. J. Fogelson, F. Bauer, The Sandia standard for PVDF shock sensors, in *Shock Compression of Condensed Matter*, ed. by S. C. Schmidt, J. N. Johnson, L. W. Davison (Elsevier, Amsterdam, 1990), pp. 825 - 828.

W. D. Reinhart, L. C. Chhabildas, W. M. Trott, D. P. Dandekar, Investigating multi - dimensional effects in single crystal sapphire, in *Shock Compression of Condensed Matter*, ed. by M. D. Furnish, N. N. Thadhani, Y. Horie, AIP Conference Proceedings, vol. 620 (AIP, College Park, MD, 2002), pp. 791 - 794.

W. D. Reinhart, L. C. Chhabildas, Strength properties of Coors AD995 alumina in the shocked state. Int. J. Impact Eng. 29, 601 - 619 (2003).

W. D. Reinhart, L. C. Chhabildas, T. J. Vogler, Investigating phase transitions and strength in single crystal sapphire using shock - reshock loading techniques. Int. J. Impact Eng. 33, 655 - 669 (2006).

W. D. Reinhart, T. J. Vogler, L. C. Chhabildas, Strength measurements on dry Indiana limestone using ramp loading techniques, in *Shock Compression of Condensed Matter*, ed. by M. Elert, M. D. Furnish, R. Chau, N. Holmes, J. Nguyen, AIP Conference Proceedings, vol. 955 (AIP, College Park, MD, 2007), pp. 1409 - 1412.

W. D. Reinhart, T. F. Thornhill, L. C. Chhabildas, W. G. Breiland, J. L. Brown, Temperature measurements of expansion products from shock compressed materials using high - speed spectroscopy. Int. J. Impact Eng. 35, 1745 - 1755 (2008).

D. B. Reisman, A. Toor, R. C. Cauble, C. A. Hall, J. R. Asay, M. D. Knudson, M. D. Furnish, Magnetically driven isentropic compression experiments on the Z accelerator. J. Appl. Phys. 89(3), 1625 - 1633 (2001a).

D. B. Reisman, J. W. Forbes, C. M. Tarver, F. Garcia, D. B. Hayes, M. D. Furnish, J. J. Dick, Isentropic compression of high explosives with the Z accelerator, in *Proceedings of the 12th International Detonation Symposium*, ONR Report 333 - 05 - 2, ed. by J. M. Short, J. L. Maienschein (Office of Naval Research, Washington, DC, 2001b), pp. 343 - 348.

J. L. Remo, M. D. Furnish, R. J. Lawrence, Plasma - driven z - pinch x - ray loading and momentum coupling in meteorite and planetary materials. J. Plasma Phys. 29(2), 121 - 141 (2013).

A. M. Renlund, W. M. Trott, Spectrographic studies of shocked and detonating explosives, in *Shock Waves in Condensed Matter*, ed. by S. C. Schmidt, N. C. Holmes (Elsevier, New York, NY, 1988), pp. 547 - 552.

A. M. Renlund, P. L. Stanton, W. M. Trott, Laser initiation of secondary explosives, in *Proceedings of the 9th International Detonation Symposium*, ONR 113291 - 7, ed. by J. M. Short, E. L. Lee (Office of Naval Research, Washington, DC, 1989), pp. 1118 - 1127.

A. M. Renlund, W. M. Trott, Raman spectroscopic studies of shock - compressed nitromethane - d3, in *Shock Compression of Condensed Matter*, ed. by S. C. Schmidt, J. N. Johnson, L. W. Davison (Elsevier, New York, NY, 1990), pp. 875 – 878.

P. A. Rigg, M. D. Knudson, R. J. Scharff, R. S. Hixson, Determining the refractive index of shocked [100] lithium fluoride to the limit of transmissibility. J. Appl. Phys. 116, 033515 (2014).

A. C. Robinson, T. A. Brunner, S. K. Carroll, R. R. Drake et al., ALEGRA: An Arbitrary Lagrangian – Eulerian multimaterial, multiphysics code, in *Proceedings of the 46th AIAA Aerospace Science Meeting and Exhibit*, AIAA 2008 – 1235 (AIAA, Huntsville, AL, 2008).

A. C. Robinson, J. H. J. Niederhaus, V. G. Weirs, E. Love, Arbitrary Lagrangian – Eulerian 3D ideal MHD algorithms. Int. J. Num. Meth. Fluids 65, 1438 – 1450 (2011).

R. W. Rohde, O. E. Jones, Mechanical and piezoelectric properties of shock – loaded X – cut quartz at 573 degrees K. Rev. Sci. Instrum. 39(3), 313 – 316 (1968).

R. W. Rohde, J. R. Holland, R. A. Graham, Shock – wave – induced reverse martensitic transformation in Fe – 30 pct Ni. Trans. Metall. Soc. AIME 242, 2017 – 2019 (1968).

R. W. Rohde, Dynamic yield behavior of shock – loaded iron from 76 to 573 degrees K. Acta Metall. 17, 353 – 363 (1969).

R. W. Rohde, R. A. Graham, The effect of hydrostatic pressure on the martensitic reversal of an iron – nickel – carbon alloy. Trans. Metall. Soc. AIME 245, 2441 – 2445 (1969).

R. W. Rohde, Temperature dependence of the shock – induced reversal of martensite to austenite in an iron – nickel – carbon alloy. Acta Metall. 18, 903 – 913 (1970).

R. W. Rohde, C. E. Albright, The influence of uniaxial tensile stress upon the austenite start temperature of an iron nickel carbon alloy. Scrip. Metall. 5(2), 151 – 154 (1971).

R. W. Rohde, W. C. Leslie, R. C. Glenn, The dynamic yield behavior of annealed and cold – worked Fe – 0.17 pct Ti alloy. Metallurgical Trans. 3, 323 – 328 (1972).

R. W. Rohde, R. A. Graham, Stability of the magnetic phase transformation in shocked Fe – Ni alloys. Philos. Mag. 28, 941 – 943 (1973).

R. W. Rohde, J. L. Wise, J. G. Byrne, S. Panchanadeeswaran, Microstructural – hardness correlations in shock – loaded and quasi – statically deformed 6061 – T6 aluminum, in *Shock Waves in Condensed Matter*, ed. by J. R. Asay, R. A. Graham, G. K. Straub (Elsevier, Amsterdam, 1984), pp. 407 – 410.

S. Root, J. R. Asay, Loading path and rate dependence of inelastic deformation: X – cut quartz. J. Appl. Phys. 106, 056109 (2009a).

S. Root, J. R. Asay, Loading path dependence of inelastic behavior: X – cut quartz, in *Shock Compression of Condensed Matter*, ed. by M. L. Elert, W. T. Buttler, M. D. Furnish, W. W. Anderson, W. G. Proud, AIP Conference Proceedings, vol. 1195 (AIP, College Park, MD, 2009b), pp. 999 – 1002.

S. Root, R. J. Magyar, J. H. Carpenter, D. L. Hanson, T. R. Mattsson, Shock compression of a fifth period element: Liquid xenon to 840 GPa. Phys. Rev. Lett. 105, 085501 (2010).

S. Root, K. R. Cochrane, J. H. Carpenter, T. R. Mattsson, Carbon dioxide shock and reshock equation of state data to 8Mbar:Experiments and simulations. Phys. Rev. B 87,224102（2013a）.

S. Root,T. A. Haill,J. M. D. Lane,A. P. Thompson,G. S. Grest,D. G. Schroen,T. R. Mattsson,Shock compression of hydrocarbon foam to 400 GPa:Experiments, mesoscale modeling, and atomistic simulations. J. Appl. Phys. 114,103502（2013b）.

S. E. Rosenthal,M. P. Desjarlais,K. R. Cochrane,Equation of state and electron transport effects in exploding wire evolution,in *Digest of Technical Papers PPPS - 2001 IEEE Pulsed Power Plasma Science*,ed. by R. Reinovsky,M. Newton,vol. 1（IEEE,Piscataway,NJ,2001）,pp. 781 - 784.

S. D. Rothman,J. - P. Davis,J. Maw,C. M. Robinson,K. Parker,J. Palmer,Measurement of the principal isentropes of lead and lead - antimony alloy to ~ 400kbar by quasi - isentropic compression. J. Phys. D:Appl. Phys. 38,733 - 740（2005）.

J. S. Rottler,S. L. Thompson,input instructions for the radiation - hydrodynamics code CHARTD, SAND87 - 0651（Sandia National Laboratories,Albuquerque,NM,1987）.

A. Ruoff,L. C. Chhabildas,The sodium chloride primary pressure gauge. J. Appl. Phys. 47（11）, 4867 - 4872（1976）.

E. E. Salpeter,On convection and gravitational layering in Jupiter and in stars of low mass. Ap. J. Lett. 181,L83 - L86（1973）.

T. W. L. Sanford,G. O. Allshouse,B. M. Marder,T. J. Nash,R. C. Mock et al. ,Improved symmetry greatly increases x - ray power from wire - array z - pinches. Phys. Rev. Lett. 77,5063 - 5066（1996）.

G. S. Sarkisov,S. E. Rosenthal,K. R. Cochrane et al. ,Nanosecond electrical explosion of thin aluminum wires in a vacuum:Experimental and computational investigations. Phys. Rev. E 71,046404（2005）.

B. Schmitt,CTH strong scaling results for a one trillion zone problem to 156 million cores, SAND2013 - 8753（Sandia National Laboratories,Albuquerque,NM,2013）.

K. W. Schuler,Propagation of steady shock waves in polymethyl methacrylate. J. Mech. Phys. Solids 18,277 - 293（1970）.

K. W. Schuler,The speed of propagation of release waves in polymethyl methacrylate,in *Proceedings of the 5th International Detonation Symposium*,ONR ACR - 184,ed. by S. J. Jacobs,R. Roberts（Office of Naval Research,Washington,D. C. ,1971）,pp. 470 - 477.

K. W. Schuler,J. W. Nunziato,The dynamic mechanical behavior of polymethyl methacrylate. Rheol. Acta 13,773 - 781（1974）.

K. W. Schuler,J. W. Nunziato,The unloading and reloading behavior of shock compressed polymethyl methacrylate. J. Appl. Phys. 47,2995 - 2998（1976）.

K. W. Schuler,P. C. Lysne,A. L. Stevens,Dynamic mechanical properties of two grades of oil shale. Intl. J. Rock Mech. Min. Sci. 13,91 - 95（1976）.

K. W. Schuler,R. A. Schmidt,Mechanical properties of oil shale of importance to in - situ rubblization,in *Proceedings of the American Nuclear Society Topical Meeting Energy and Mineral Resource Recovery*（ANS,La Grange Park,IL,1977）,pp. 381 - 391.

D. M. Schuster, R. P. Reed, Fracture behavior of shock loaded boron aluminum composite materials. J. Compos. Mater. 3, 562 – 576 (1969).

R. L. Schwoebel, *Explosion aboard the Iowa* (Naval Institute Press, Annapolis, MD, 1999)

A. B. Sefkow, S. A. Slutz, J. M. Koning, M. M. Marimak, K. J. Peterson, D. B. Sinars, R. A. Vesey, Design of magnetized liner inertial fusion experiments using the Z facility. Phys. Plasmas 21, 72711 (2014).

R. E. Setchell, Index of refraction of shock – compressed fused silica and sapphire. J. Appl. Phys. 50, 8186 – 8192 (1979).

R. E. Setchell, Ramp – wave initiation of granular explosives. Combust. Flame 43, 255 – 264 (1981).

R. E. Setchell, Short – pulse shock initiation of granular explosives, in *Proceedings of the 7th International Detonation Symposium*, NSWC MP 82 – 334, ed. by J. M. Short, S. J. Jacobs (Naval Surface Warfare Center, Dahlgren, VA, 1982), pp. 857 – 864.

R. E. Setchell, Effects of precursor waves in shock initiation of granular explosives. Combust. Flame 54, 171 – 182 (1983).

R. E. Setchell, Grain – size effects on the shock sensitivity of HNS explosives. Combust. Flame 56, 343 – 345 (1984).

R. E. Setchell, Experimental studies of chemical reactivity during shock initiation of hexanitrostilbene, in *Proceedings of the 8th International Detonation Symposium*, NSWC MP 86 – 194, ed. by J. M. Short, W. E. Deal (Naval Surface Warfare Center, Dahlgren, VA, 1986), pp. 15 – 25.

R. E. Setchell, Microstructural effects in shock initiation of granular explosives, in *Proceedings of the International Symposium on Pyrotechnics and Explosives*, ed. by D. Jing (China Academic Publishers, Beijing, 1987), p. 635.

R. E. Setchell, P. A. Taylor, A refined equation of state for unreacted hexanitrostilbene. J. Energ. Mater. 6, 157 – 159 (1988).

R. E. Setchell, S. T. Montgomery, L. C. Chhabildas, M. D. Furnish, The effects of shock stress and field strength on shock – induced depoling of normally poled PZT 95/5, in *Shock Compression of Condensed Matter*, ed. by M. D. Furnish, L. C. Chhabildas, R. S. Hixson, AIP Conference Proceedings, vol. 505 (AIP, College Park, MD, 2000), pp. 979 – 982.

R. E. Setchell, Refractive index of sapphire at 532 nm under shock compression and release. J. Appl. Phys. 91, 2833 – 2841 (2002).

R. E. Setchell, Shock wave compression of the ferroelectric ceramic Pb0.99(Zr0.95Ti0.05)0.98Nb0.02O3: Hugoniot states and constitutive mechanical properties. J. Appl. Phys. 94, 573 – 588 (2003).

R. E. Setchell, Shock wave compression of the ferroelectric ceramic Pb0.99(Zr0.95Ti0.05)0.98Nb0.02O3: depoling currents. J. Appl. Phys. 97, 013507 (2005).

R. E. Setchell, S. T. Montgomery, D. E. Cox, M. U. Anderson, Dielectric properties of PZT 95/5 during shock compression under high electric fields, in *Shock Compression of Condensed Matter*, ed. by

M. D. Furnish, M. Elert, T. P. Russell, C. T. White, AIP Conference Proceedings, vol. 845 (AIP, College Park, MD, 2006), pp. 278 – 281.

R. E. Setchell, Shock wave compression of the ferroelectric ceramic Pb0.99(Zr0.95Ti0.05)0.98Nb0.02O3: Microstructural effects. J. Appl. Phys. 101, 053525 (2007).

R. E. Setchell, M. U. Anderson, S. T. Montgomery, Compositional effects of the shock – compression response of alumina – filled epoxy. J. Appl. Phys. 101, 083527 (2007a).

R. E. Setchell, S. T. Montgomery, D. E. Cox, M. U. Anderson, Initial temperature effects on the dielectric properties of PZT 95/5 during shock compression, in *Shock Compression of Condensed Matter*, ed. by M. Elert, M. D. Furnish, R. Chau, N. Holmes, J. Nguyen, AIP Conference Proceedings, vol. 555 (AIP, College Park, MD, 2007b), pp. 193 – 196.

S. A. Sheffield, J. W. Rogers Jr., J. N. Castañeda, Velocity measurements of laser – driven flyers backed by high – impedance windows, in *Shock Waves in Condensed Matter*, ed. by Y. M. Gupta (Plenum, New York, NY, 1986), pp. 541 – 545.

S. A. Silling, P. A. Taylor, J. L. Wise, M. D. Furnish, Micromechanical modeling of advanced materials, SAND94 – 0129 (Sandia National Laboratories, Albuquerque, NM, 1994).

I. K. Simonsen, Y. Horie, R. A. Graham, Shock synthesis of nickel aluminides, in *Shock Waves in Condensed Matter*, ed. by Y. M. Gupta (Plenum, New York, NY, 1986), pp. 743 – 748.

S. A. Slutz, M. C. Herrmann, R. A. Vesey, A. B. Sefkow, D. B. Sinars, D. C. Rovang, K. J. Peterson, M. E. Cuneo, Pulsed power – driven cylindrical liner implosions of laser preheated fuel magnetized with an axial field. Phys. Plasmas 17, 56303 (2010).

J. H. Smith, L. M. Barker, Measurement of tilt, impact velocity, and impact time between two plane surfaces, SC – 4728 (RR) (Sandia National Laboratories, Albuquerque, NM, 1962).

J. E. Smugeresky, T. T. McCabe, R. A. Graham, Effect of powder particle size and shape on the microstructure of explosively compacted stainless steel, in *Shock Waves in Condensed Matter*, ed. by S. C. Schmidt, N. C. Holmes (Elsevier, Amsterdam, 1988), pp. 411 – 414.

B. Song, W. Chen, S. T. Montgomery, M. J. Forrestal, Mechanical response of an alumina – filled epoxy at various strain rates. J. Compos. Mat. 43(14), 1519 – 1536 (2009).

R. B. Spielman, F. Long, T. H. Martin, J. W. Poukey, D. B. Seidel, W. A. Stygar, D. H. McDaniel, M. A. Mostrom, K. W. Struve, P. Corcoran, I. Smith, P. Spence, PBFA II – Z: A 20 – MA driver for z – pinch experiments, in *Digest of Technical Papers 10th IEEE International Pulsed Power Conference*, ed. by W. L. Baker, G. Cooperstein (IEEE, Piscataway, NJ, 1995), pp. 396 – 404.

R. B. Spielman, C. Deeney, G. A. Chandler, M. R. Douglas, D. L. Fehl, M. K. Matzen, D. H. McDaniel, T. J. Nash, J. L. Porter, T. W. L. Sanford, J. F. Seaman, W. A. Stygar, K. W. Struve, S. P. Breeze, J. S. McGurn, J. A. Torres, D. M. Zagar, T. L. Gilliland, D. O. Jobe, J. L. McKenney, R. C. Mock, M. Vargas, T. Wagoner, D. L. Peterson, PBFA Z: A 60 – TW/5 – MJ z – pinch driver, in *Dense Z – Pinches*, AIP Conference Proceedings, vol. 409 (AIP, College Park, MD, 1997), pp. 101 – 118.

G. Stansbery, Space waste (Chapter 26), in *Waste: A Handbook for Management*, ed. By

T. M. Letcher, D. A. Vallero (Elsevier, New York, NY, 2011), pp. 377-391.

P. L. Stanton, R. A. Graham, The electrical and mechanical response of lithium niobate shock loaded above the Hugoniot elastic limit. Appl. Phys. Lett. 31(11), 723-725 (1977).

P. L. Stanton, E. A. Igel, L. M. Lee, J. H. Mohler, G. T. West, Characterization of the DDT explosive, CP, in *Proceedings of the 7th International Detonation Symposium*, NSWC MP 82-334, ed. by J. M. Short, S. J. Jacobs (Naval Surface Warfare Center, Dahlgren, VA, 1982), pp. 865-876.

D. J. Steinberg, S. G. Cochran, M. W. Guinan, A constitutive model for metals applicable at high-strain rate. J. Appl. Phys. 51, 1498-1504 (1980).

D. J. Steinberg, C. M. Lund, A constitutive model for strain rates from 10-4 to 106/s. J. Appl. Phys. 65, 1528-1533 (1989).

D. J. Steinberg, Equation-of-state and strength properties of selected materials, UCRL-MA-106439 (Lawrence Livermore National Laboratory, Livermore, CA, 1996) [This is the revised version; an earlier version with the same report no. was published in 1991].

A. L. Stevens, L. E. Pope, Observations of secondary slip in impact-loaded aluminum single crystals (1). Scripta Metall. 5, 981-986 (1971).

A. L. Stevens, F. R. Tuler, Effect of shock precompression on the dynamic fracture strength of 1020 steel and 6061-T6 aluminum. J. Appl. Phys. 42(13), 5665-5670 (1971).

A. L. Stevens, O. E. Jones, Radial stress release phenomena in plate impact experiments: compression-release. J. Appl. Mech. Trans. ASME 39, 359-366 (1972).

A. L. Stevens, L. W. Davison, W. E. Warren, Spall fracture in aluminum monocrystals: A dislocation-dynamics approach. J. Appl. Phys. 43(12), 4922-4927 (1972).

A. L. Stevens, L. E. Pope, Wave propagation and spallation in textured beryllium, in *Metallurgical Effects at High Strain Rates*, ed. by R. W. Rohde, B. M. Butcher, J. R. Holland, C. H. Karnes (Plenum, New York, NY, 1973), pp. 459-472.

A. L. Stevens, L. W. Davison, W. E. Warren, Void growth during spall fracture of aluminum monocrystals, in *Dynamic Crack Propagation*, ed. by G. C. Sih (Noordhoff, Leyden, 1973), pp. 37-48.

A. L. Stevens, Residual mechanical properties of textured and spalled-damage beryllium, presented at AIAA/ASME/SAE 15th Structures, Structural Dynamics and Materials Conference, AIAA Paper No. 74-399 (AIAA, Reston, VA, 1974).

A. L. Stevens, P. C. Lysne, G. B. Griswold, Rock Springs oil shale fracturization experiment: Experimental results and concept evaluation, SAND74-0372 (Sandia National Laboratories, Albuquerque, NM, 1974).

P. H. Stolz, B. V. Oliver, Growth rates of the m=0 mode for Bennett equilibria with varying radial density and temperature profiles. Phys. Plasmas 8(6), 3096-3098 (2001).

R. H. Stresau, J. E. Kennedy, Critical conditions for shock initiation of detonation in real systems, in *Proceedings of the 6th International Detonation Symposium*, ONR ACR-221, ed. by S. J. Jacobs, D. J. Edwards (Office of Naval Research, Washington, D. C., 1976), pp. 68-75.

R. M. Summers, J. S. Peery, M. K. Wong, E. S. Hertel Jr., T. G. Trucano, L. C. Chhabildas, Recent progress in ALEGRA development and application to ballistic impacts. Int. J. Impact Eng. 20, 779 – 788 (1997).

C. T. Sun, J. D. Achenbach, G. Herrmann, Continuum theory for a laminated medium. J. Appl. Mech. 35, 467 – 475 (1968).

H. J. Sutherland, J. E. Kennedy, Acoustic characterization of two unreacted explosives. J. Appl. Phys. 46 (6), 2439 – 2444 (1975).

H. J. Sutherland, J. W. Nunziato, D. S. Drumheller, J. E. Kennedy, Wave propagation in unreacted, heterogeneous explosive materials, in *Proceedings of 12th Annual Meeting of the Society of Engineering Science*, ed. by M. Stern (Elsevier, Amsterdam, 1975), pp. 509 – 517.

H. J. Sutherland, J. E. Kennedy, J. W. Nunziato, Behavior of the longitudinal acoustic velocity in PBX – 9404 during thermal decomposition, SAND 77 – 0577 (Sandia National Laboratories, Albuquerque, NM, 1977).

J. C. Swearengen, R. W. Rohde, D. L. Hicks, Mechanical state relations for inelastic deformation of iron: The choice of variables. Acta Metall. 24, 969 – 975 (1976).

M. A. Sweeney, History of z – pinch research in the U. S, in *Fifth International Conference on Dense Z Pinches*, ed. by J. Davis, C. Deeney, N. R. Pereira, AIP Conference Proceedings, vol. 651 (AIP, College Park, MD, 2002), pp. 9 – 14.

J. W. Swegle, L. C. Chhabildas, Technique for the generation of pressure – shear loading using anisotropic crystals, in *Shock Waves and High Strain – Rate Phenomena in Metals*, ed. by M. Meyers, L. Murr (Springer, New York, NY, 1981), pp. 401 – 415.

J. W. Swegle, D. E. Grady, Shock viscosity and the prediction of shock wave rise times. J. Appl. Phys. 58 (2), 692 – 701 (1985).

J. W. Swegle, D. E. Grady, Calculation of thermal trapping in shear bands, in *Metallurgical Applications of Shock – Wave and High – Strain – Rate Phenomena*, ed. by L. E. Murr, K. P. Staudhammer, M. A. Meyers (Marcel Dekker, New York, NY, 1986a), pp. 705 – 722.

J. W. Swegle, D. E. Grady, Shock viscosity and the calculations of steady shock wave profiles, in *Shock Waves in Condensed Matter*, ed. by Y. M. Gupta (Plenum, New York, NY, 1986b), pp. 353 – 357.

G. I. Taylor, The testing of materials at high rates of loading. J. Inst. Civil Eng. 26, 486 – 519 (1946).

G. I. Taylor, The use of flat ended projectiles for determining yield stress I. Theoretical considerations. Proc. R. Soc. Lond. A194, 289 – 299 (1948).

L. M. Taylor, D. P. Flanagan, PRONTO – 3D: A three – dimensional transient solid dynamics program, SAND87 – 1912 (Sandia National Laboratories, Albuquerque, NM, 1989).

P. A. Taylor, M. B. Boslough, Y. Horie, Modeling of shock – induced chemistry in nickel – aluminum systems, in *Shock Waves in Condensed Matter*, ed. by S. C. Schmidt et al. (Elsevier, Amsterdam, 1988), pp. 395 – 398.

S. L. Thompson, CHARTD—A computer program for calculating problems of coupled hydrodynamic motion and radiation flow in one dimension, SC – RR – 69 – 613 (Sandia National Laboratories,

Albuquerque, NM, 1969).

S. L. Thompson, Improvements in the CHARTD radiation – hydrodynamic code I: Analytic equations of state, SC – RR – 70 – 28 (Sandia National Laboratories, Albuquerque, NM, 1970).

S. L. Thompson, H. S. Lauson, Improvements in the CHARTD radiation – hydrodynamic code IV: User aid programs, SC – DR – 71 – 0715 (Sandia National Laboratories, Albuquerque, NM, 1972).

S. L. Thompson, Improvements in the CHARTD energy flow hydrodynamic code V: 1972/73 modifications, SLA – 73 – 0477 (Sandia National Laboratories, Albuquerque, NM, 1973).

S. L. Thompson, CKEOS2—An equation of state test program for the CHARTD/CSQ EOS package, SAND76 – 0175 (Sandia National Laboratories, Albuquerque, NM, 1976).

S. L. Thompson, CSQII—An Eulerian finite difference program for two – dimensional material response—Part 1 material sections, SAND77 – 1339 (Sandia National Laboratories, Albuquerque, NM, 1979).

S. L. Thompson, ANEOS analytic equations of state for shock physics codes input manual, SAND89 – 2951 (Sandia National Laboratories, Albuquerque, NM, 1990).

B. J. Thorne, W. Herrmann, TOODY: A computer program for calculating problems of motion in two dimension, SC – RR – 66 – 602 (Sandia National Laboratories, Albuquerque, NM, 1967).

T. F. Thornhill, L. C. Chhabildas, W. D. Reinhart, D. L. Davidson, Particle launch to 19km/s for micro – meteoroid simulation using enhanced three – stage light gas gun hypervelocity launcher techniques. Int. J. Impact Eng. 33, 799 – 811 (2006).

T. F. Thornhill, W. D. Reinhart, L. C. Chhabildas, W. G. Breiland, C. S. Alexander, J. L. Brown, Characterization of prompt flash signatures using high speed broadband diode detectors. Int. J. Impact Eng. 35, 1827 – 1835 (2008).

T. F. Thornhill, L. C. Chhabildas, W. D. Reinhart, Time – resolved optical signatures for Hugoniot state measurements in shock compressed composition B, in *Shock Waves in Condensed Matter*, ed. by M. L. Elert, W. T. Buttler, M. D. Furnish, W. W. Anderson, W. G. Proud, AIP Conference Proceedings, vol. 1195 (AIP, College Park, MD, 2009), pp. 404 – 407.

S. Thunborg, G. E. Ingram, R. A. Graham, Compressed gas gun for controlled planar impacts over a wide velocity range. Rev. Sci. Instrum. 35(1), 11 – 14 (1964).

W. M. Trott, A. M. Renlund, Pulsed – laser – excited Raman spectra of shock – compressed triaminotrinitrobenzene, in *Proceedings of the 9th International Detonation Symposium*, ONR 113291 – 7, ed. by J. M. Short, E. L. Lee (Office of Naval Research, Washington, D. C., 1989), pp. 153 – 161.

W. M. Trott, K. D. Meeks, Acceleration of thin foil targets using fiber – coupled optic pulses, in *Shock Compression of Condensed Matter*, ed. by S. C. Schmidt, J. N. Johnson, L. W. Davison (Elsevier, New York, NY, 1990a), pp. 997 – 1000.

W. M. Trott, K. D. Meeks, High – power Nd glass laser transmission through optical fibers and its use in acceleration of thin foil targets. J. Appl. Phys. 67, 3297 – 3301 (1990b).

W. M. Trott, Investigation of the dynamic behavior of laser – driven flyers, in *High – Pressure Science and Technology*, ed. by S. C. Schmidt, J. W. Shaner, G. A. Samara, M. Ross, AIP Conference Proceedings, vol. 309 (AIP, College Park, MD, 1994), pp. 1655 – 1658.

W. M. Trott, M. D. Knudson, L. C. Chhabildas, J. R. Asay, Measurements of spatially resolved velocity variations in shock compressed heterogeneous materials using a line – imaging velocity interferometer, in *Shock Compression of Condensed Matter*, ed. by M. D. Furnish, L. C. Chhabildas, R. S. Hixson, AIP Conference Proceedings, vol. 505 (AIP, College Park, MD, 2000), pp. 993 – 998.

W. M. Trott, J. N. Castañeda, J. J. O'Hare, M. D. Knudson, L. C. Chhabildas, M. R. Baer, J. R. Asay, Examination of the mesoscopic scale response of shock compressed heterogeneous materials using a line – imaging velocity interferometer, in *Fundamental Issues and Applications of Shock – Wave and High – Strain – Rate Phenomena*, ed. by K. P. Staudhammer, L. E. Murr, M. A. Meyers (Elsevier, New York, NY, 2001), pp. 647 – 654.

W. M. Trott, R. E. Setchell, A. V. Farnsworth Jr., Development of laser – driven flyer techniques for equation – of – state studies of microscale materials, in *Shock Compression of Condensed Matter*, AIP Conference Proceedings, ed. by M. D. Furnish, N. N. Thadhani, Y. Horie, vol. 505 (AIP, College Park, MD, 2002), pp. 1347 – 1350.

W. M. Trott, M. R. Baer, J. N. Castañeda, A. S. Tappan, J. N. Stuecker, J. Cesarano, Shock – induced reaction in a nitromethane – impregnated geometrically regular sample configuration, in *Proceedings of the 13th International Detonation Symposium*, ONR – 351 – 07 – 01, ed. by S. Peiris, R. M. Doherty (Office of Naval Research, Washington, D. C., 2006), pp. 308 – 318.

W. M. Trott, M. R. Baer, J. N. Castañeda, L. C. Chhabildas, J. R. Asay, Investigation of the mesoscopic scale response of low – density pressings of granular sugar under impact. J. Appl. Phys. 101 (2), 024917 (2007).

T. G. Trucano, L. M. Barker, J. R. Asay, G. I. Kerley, Numerical studies of the dynamic isentropic loading of solid molecular hydrogen, in *Shock Waves in Condensed Matter*, ed. by Y. M. Gupta (Plenum, New York, NY, 1986), pp. 461 – 465.

T. G. Trucano, J. R. Asay, Effects of vaporization on debris cloud dynamics. Int. J. Impact Eng. 5, 645 – 653 (1987).

T. G. Trucano, J. R. Asay, L. C. Chhabildas, Hydrocode benchmarking of 1 – D shock vaporization experiments, in *Shock Waves in Condensed Matter*, ed. by S. C. Schmidt, N. C. Holmes (Elsevier, Amsterdam, 1988), pp. 163 – 166.

T. G. Trucano, D. E. Grady, J. M. McGlaun, Fragmentation statistics from Eulerian hydrocode calculations. Int. J. Impact Eng. 10, 587 – 600 (1990).

T. G. Trucano, L. C. Chhabildas, Calculations supporting hypervelocity launcher development, in *High Pressure Science and Technology*, ed. by S. C. Schmidt, J. W. Shaner, G. A. Samara, M. Ross, AIP Conference Proceedings, vol. 309 (AIP, College Park, MD, 1993), pp. 1639 – 1642.

T. G. Trucano, J. M. McGlaun, A. Farnsworth, Computational methods for describing the laser – induced mechanical response of tissue, in *Proceedings of Laser – Tissue Interactions V* (SPIE Proceedings Series 2134A), ed. by S. L. Jacques (SPIE, Bellingham, WA, 1994), pp. 179 – 203.

T. G. Trucano, L. C. Chhabildas, Computational design of hypervelocity launchers. Int. J. Impact Eng. 17,849 – 860 (1995).

T. G. Trucano, D. Grady, G. Kubiak, M. Kipp, R. Olson, A. Farnsworth, Swords to plowshares: Shock wave applications to advanced lithography. Int. J. Impact. Eng. 17,873 – 890 (1995).

T. G. Trucano, K. G. Budge, R. J. Lawrence et al. , Analysis of z pinch shock wave experiments, SAND99 – 1255 (Sandia National Laboratories, Albuquerque, NM, 1999).

R. F. Trunin, L. F. Gudarenko, M. V. Zhernokletov, G. V. Simakov, *Experimental Data on Shock Compression and Adiabatic Expansion of Condensed Matter* (Russian Federal Nuclear Center, Sarov, VNIIEF, 2001).

T. J. Tucker, J. E. Kennedy, D. L. Allensworth, Secondary explosive spark detonators, in *Proceedings of the 7th Symposium on Explosives and Pyrotechnics*, (Franklin Institute, Philadelphia, PA, 1971) [Also appeared as SC – R – 713486. Sandia National Laboratories, Albuquerque, NM].

F. R. Tuler, B. M. Butcher, A criterion for the time dependence of dynamic fracture. Int. J. Fract. Mech. 4(4),431 – 437 (1968).

S. J. Turneaure, Y. M. Gupta, X – ray diffraction and continuum measurements in silicon crystals shocked below the elastic limit. Appl. Phys. Lett. 90,051905 (2007).

A. V. Utkin, G. I. Kanel, S. V. Razorenov, A. A. Bogach, D. E. Grady, Elastic moduli and dynamic yield strength of metals near the melting temperature, in *Shock Compression of Condensed Matter*, ed. by S. Schmidt, D. Dandekar, J. Forbes, AIP Conference Proceedings, vol. 429 (AIP, College Park, MD, 1998), pp. 443 – 446.

E. L. Venturini, B. Morosin, R. A. Graham, Magnetic properties of shock – synthesized and furnace – reacted zinc ferrite, in *Shock Waves in Condensed Matter*, ed. by Y. M. Gupta (Plenum, New York, NY, 1986), pp. 815 – 820.

E. L. Venturini, R. A. Graham, B. Morosin, Static magnetization and microwave loss in shock – modified ferrites, in *Shock Waves in Condensed Matter*, ed. by S. C. Schmidt, N. C. Holmes (Elsevier, Amsterdam, 1988), pp. 451 – 456.

T. J. Vogler, T. F. Thornhill, W. D. Reinhart, L. C. Chhabildas, D. E. Grady, L. V. Wilson, O. Hurricane, A. Woo, Fragmentation of materials in expanding tube experiments. Int. J. Impact Eng. 29,735 – 746 (2003).

T. J. Vogler, J. R. Asay, A distributional model for elastic – plastic behavior of shock – loaded materials, in *Shock Compression of Condensed Matter*, ed. by M. D. Furnish, Y. M. Gupta, J. W. Forbes, AIP Conference Proceedings, vol. 706 (AIP, College Park, MD, 2004), pp. 617 – 620.

T. J. Vogler, W. D. Reinhart, L. C. Chhabildas, Dynamic behavior of boron carbide. J. Appl. Phys. 95, 173 – 4183 (2004).

T. J. Vogler, L. C. Chhabildas, Strength behavior of materials at high pressures. Int. J. Impact Eng. 33,812 – 825 (2006).

T. J. Vogler, M. Y. Lee, D. E. Grady, Static and dynamic compaction of ceramic powders. Int. J. Solids Struct. 44,636 – 658 (2007).

T. J. Vogler, J. D. Clayton, Heterogeneous deformation and spall of an extruded tungsten alloy: Plate impact experiments and crystal plasticity modeling. J. Mech. Phys. Solids 56, 297 – 335 (2008).

T. J. Vogler, W. M. Trott, W. D. Reinhart, C. S. Alexander, M. D. Furnish, M. D. Knudson, L. C. Chhabildas, Using the line – VISAR to study multi – dimensional and meso – scale impact phenomena. Int. J. Impact Eng. 35, 1844 – 1852 (2008).

T. J. Vogler, On measuring the strength of metals at ultra – high strain rates. J. Appl. Phys. 106, 053530 (2009).

T. J. Vogler, C. S. Alexander, J. L. Wise, S. T. Montgomery, Dynamic behavior of tungsten carbide and alumina filled epoxy composites. J. Appl. Phys. 107, 043520 (2010).

T. J. Vogler, C. S. Alexander, T. F. Thornhill, W. D. Reinhart, Pressure – shear experiments on granular materials, SAND2011 – 6700 (Sandia National Laboratories, Albuquerque, NM, 2011).

T. J. Vogler, J. P. Borg, D. E. Grady, On the nature of steady structured waves in heterogeneous materials. J. Appl. Phys. 112, 123507 (2012).

E. K. Walsh, K. W. Schuler, Acceleration wave propagation in a nonlinear viscoelastic solid. J. Appl. Mech. 40, 705 – 710 (1973).

S. L. Wang, M. A. Meyers, R. A. Graham, Shock consolidation of IN – 100 nickel – base superalloy powder, in *Shock Waves in Condensed Matter*, ed. by Y. M. Gupta (Plenum, New York, NY, 1986), pp. 731 – 736.

M. C. Wanke, A. D. Grine, M. A. Mangan, L. C. Chhabildas, W. D. Reinhart, T. F. Thornhill, C. S. Alexander, J. L. Brown, W. G. Breiland, E. A. Shaner, P. A. Miller, Advanced diagnostics for impact – flash spectroscopy on light – gas guns, SAND2007 – 0835 (Sandia National Laboratories, Albuquerque, NM, 2007).

W. R. Wawersik, W. Herrmann, S. T. Montgomery, H. S. Lauson, Excavation design in rock salt – laboratory experiments, material modeling and validations, in *Rock Mechanics: Caverns and Pressure Shafts*, ed. by W. Wittke (Balkema, Rotterdam, 1982), pp. 1345 – 1356.

S. T. Weir, A. C. Mitchell, W. J. Nellis, Metallization of fluid molecular hydrogen at 140 GPa (1.4Mbar). Phys. Rev. Lett. 76, 1860 – 1863 (1996).

G. W. Wellman, K. W. Schuler, Structural consequences of railgun augmentation, IEEE Trans Magnet. 25, 593 – 598 (1988).

E. Wigner, H. B. Huntington, On the possibility of a metallic modification of hydrogen. J. Chem. Phys. 3 (12), 764 – 770 (1935).

F. L. Williams, Y. K. Lee, B. Morosin, R. A. Graham, Catalytic activity of shock modified ZNO for CO oxidation and methanol synthesis, in *Shock Waves in Condensed Matter*, ed. by Y. M. Gupta (Plenum, New York, NY, 1986a), pp. 791 – 796.

F. L. Williams, B. Morosin, R. A. Graham, Influence of shock compression on the specific surface area of inorganic powders, in *Metallurgical Applications of Shock – Wave and High – Strain – Rate Phenomena*, ed. by L. E. Murr, K. P. Staudhammer, M. A. Meyers (Marcel Dekker, New York, NY, 1986b), pp. 1013 – 1022.

W. D. Williams, D. J. Fogelson, L. M. Lee, Carbon piezoresistive stress gauge, in *Shock Waves in Condensed Matter*, ed. by J. R. Asay, R. A. Graham, G. K. Straub (Elsevier, Amsterdam, 1984), pp. 121–124.

D. L. Williamson, B. Morosin, E. L. Venturini, R. A. Graham, Mossbauer study of shock-synthesized zinc ferrite, in *Shock Waves in Condensed Matter*, ed. by Y. M. Gupta (Plenum, New York, NY, 1986), pp. 809–814.

L. T. Wilson, D. R. Reedal, M. E. Kipp, R. R. Martinez, D. E. Grady, Comparison of calculated and experimental results of fragmenting cylinder experiments, in *Fundamental Issues and Applications of Shock - Wave and High - Strain - Rate Phenomena* (Explomet 2000), ed. by K. P. Staudhammer et al. (Elsevier, Amsterdam, 2001), pp. 561–570.

J. M. Winey, J. N. Johnson, Y. M. Gupta, Unloading and reloading response of aluminum single crystals: Time-dependent anisotropic material description. J. Appl. Phys. 112, 093509 (2012).

J. L. Wise, L. C. Chhabildas, J. R. Asay, Shock compression of beryllium, in *Shock Waves in Condensed Matter*, ed. by W. J. Nellis, L. Seaman, R. A. Graham, AIP Conference Proceedings, vol. 78 (AIP, College Park, MD, 1982), pp. 417–421.

J. L. Wise, Refractive index and equation of state of a shock-compressed aqueous solution of zinc chloride, in *Shock Waves in Condensed Matter*, ed. by J. R. Asay, R. A. Graham, G. K. Straub (Elsevier, Amsterdam, 1984), pp. 317–320.

J. L. Wise, L. C. Chhabildas, Laser interferometer measurements of refractive index in shock-compressed materials, in *Shock Waves in Condensed Matter*, ed. by Y. M. Gupta (Plenum, New York, NY, 1986), pp. 441–454.

J. L. Wise, G. I. Kerley, T. G. Trucano, Shock-vaporization studies on zinc and porous carbon, in *Shock Waves in Condensed Matter*, ed. by S. C. Schmidt, R. D. Dick, J. W. Forbes, D. G. Tasker (Elsevier, Amsterdam, 1992), pp. 61–64.

J. L. Wise, D. E. Grady, Dynamic, multiaxial impact response of confined and unconfined ceramic rods, in *High - Pressure Science and Technology*, ed. by S. C. Schmidt, J. W. Shaner, G. A. Samara, M. Ross, AIP Conference Proceedings, vol. 309 (AIP, College Park, MD, 1994), pp. 777–780.

J. L. Wise, S. C. Jones, C. A. Hall, W. D. Reinhart, R. J. Hickman, J. W. Gluth, Effects of annealing and preheating on the impact response of selected braze materials, in *Shock Compression of Condensed Matter*, ed. by M. D. Furnish, M. Elert, T. P. Russell, C. T. White, AIP Conference Proceedings, vol. 845 (AIP, College Park, MD, 2006), pp. 686–689.

J. L. Wise, D. G. Dalton, R. J. Hickman, M. I. Kaufman, S. A. Leffler, M. J. Jones, J. J. Lynch, A. C. Bowers, Sample preheating capability for dynamic material studies, *Bulletin of the American Physical Society*, Vol. 58, No. 7, June 2013, p. 86.

E. P. Yu, B. V. Oliver, D. B. Sinars et al., Steady-state radiation ablation in the wire-array z pinch. Phys. Plasmas 14, 022705 (2007).

E. P. Yu, M. E. Cuneo, M. P. Desjarlais et al., Three-dimensional effects in the wire array z pinch. Phys. Plasmas 15, 056301 (2008).

F. J. Zeigler, WONDY VII: A vectorized version of the WONDY wave propagation code, SAND85 - 2338 (Sandia National Laboratories, Albuquerque, NM, 1986).

F. Zeigler, J. M. McGlaun, S. L. Thompson, T. G. Trucano, Computations of hypervelocity impact using the CTH shock wave physics code, in *Shock Waves in Condensed Matter*, ed. by S. C. Schmidt, N. C. Holmes (Elsevier, Amsterdam, 1988), pp. 191 – 194.

D. H. Zeuch, S. T. Montgomery, J. D. Keck, Hydrostatic and triaxial compression experiments on unpoled PZT 95/5 - 2Nb ceramic: The effects of shear stress on the FR1→AO polymorphic phase transformation. J. Mater. Res. 7(12), 3314 – 3332 (1992).

D. H. Zeuch, S. T. Montgomery, J. D. Keck, Some observations on the effects of shear stress on a polymorphic transformation in perovskite - structured lead - zirconate - titanate ceramic. J. Geophy. Res. 98(B2), 1901 – 1911 (1993).

D. H. Zeuch, S. T. Montgomery, J. D. Keck, Further observations on the effects of nonhydrostatic compression on the FR1→AO polymorphic phase transformation in niobium - doped, lead - zirconate - titanate ceramic. J. Mater. Res. 9(12), 1322 – 1327 (1994).

D. H. Zeuch, S. T. Montgomery, D. J. Holcomb, The effects of nonhydrostatic compression and applied electric field on the electromechanical behavior of poled lead zirconate titanate PZT 95/5 - 2Nb ceramic during the ferroelectric to antiferroelectric polymorphic transformation. J. Mater. Res. 14(5), 1814 – 1827 (1999).

D. H. Zeuch, S. T. Montgomery, D. J. Holcomb, Uniaxial compression experiments on lead zirconate titanate 95/5 - 2Nb ceramic: Evidence for an orientation - dependent, maximum compressive stress criterion for onset of the ferroelectric to antiferroelectric polymorphic transformation. J. Mater. Res. 15(3), 689 – 703 (2000).

S. Zhuang, G. Ravichandran, D. E. Grady, An experimental investigation of shock wave propagation in periodically layered composites. J. Mech. Phys. Solids 51, 245 – 265 (2003).